高等学校教学改革系列教材

高等数学
解题方法技巧精讲教程

主编 李兴华

参编 于 禄 王树忠

机械工业出版社

本书主要依据《全国大学生数学竞赛大纲》及《全国硕士研究生招生考试数学考试大纲》编写，可以作为深入学习"高等数学"的辅导教材.

全书分成两部分，第一部分为基础练习篇，第二部分为综合训练篇. 其中基础练习篇主要是高等数学基础知识的总结和相应的例题分析及相关的练习题，可以起到温故知新的作用，帮助学生提高数学基本素养. 综合训练篇则涉及一些综合性、技巧性强的试题，以提高学生分析问题和解决问题的能力，培养学生的创新意识.

本书可以作为大学生学习"高等数学"的同步辅导教材，也可以作为参加"全国大学生数学竞赛（非数学类）"的学习指导书，还可以作为报考"硕士研究生"的复习教材.

图书在版编目（CIP）数据

高等数学解题方法技巧精讲教程/李兴华主编. —北京：机械工业出版社，2023.9

高等学校教学改革系列教材

ISBN 978 - 7 - 111 - 74216 - 6

Ⅰ.①高…　Ⅱ.①李…　Ⅲ.①高等数学 – 高等学校 – 题解

Ⅳ.①O13 – 44

中国国家版本馆 CIP 数据核字（2023）第 213307 号

机械工业出版社（北京市百万庄大街 22 号　邮政编码 100037）

策划编辑：韩效杰　　　　　　责任编辑：韩效杰　汤　嘉

责任校对：樊钟英　薄萌钰　　封面设计：张　静

责任印制：常天培

北京机工印刷厂有限公司印刷

2024 年 4 月第 1 版第 1 次印刷

184mm×260mm · 21.75 印张 · 561 千字

标准书号：ISBN 978 - 7 - 111 - 74216 - 6

定价：69.80 元

电话服务　　　　　　　　　网络服务

客服电话：010 – 88361066　　机 工 官 网：www.cmpbook.com

　　　　　010 – 88379833　　机 工 官 博：weibo.com/cmp1952

　　　　　010 – 68326294　　金 书 网：www.golden – book.com

封底无防伪标均为盗版　　机工教育服务网：www.cmpedu.com

前　言

在新的时代背景下，专业建设将从学科引导向产业需求方向转变、从专业分割向跨界交叉融合转变、从适应服务向支撑引领转变. 高等学校各专业人才培养目标强调运用数学知识建立数学模型分析和解决复杂问题的能力，旨在为创新人才培养打好数学基础.

本书作为深入学习"高等数学"的辅导教材，目的是培养具有较好数学思维能力的优秀人才，更有效地推动本科数学课程教学创新和人才培养模式改革，以实现整体教育教学质量的提高. 本书同时可以作为参加"全国大学生数学竞赛（非数学类）"的学习指导书，也可以作为报考"硕士研究生"的复习教材. 本书在内容编写上力争覆盖《全国大学生数学竞赛大纲》与《全国硕士研究生招生考试数学考试大纲》. 本书重点突出、难度适当，同时便于自学自测，选材上突出了题目的典型性、代表性，解题方法注重启发性、灵活性，题材广泛，题型多样，以题讲法，借题明理，注重解题思路和规律的分析、解题方法和技巧的提炼，以及有关注意事项的阐释，写作上力求做到逻辑严谨、文字简便、语言流畅、深入浅出，便于学生掌握.

本书的编写依据与素材主要有：

（1）《全国大学生数学竞赛大纲》；

（2）《全国硕士研究生招生考试数学考试大纲》；

（3）《大学数学课程教学基本要求》；

（4）《哈尔滨理工大学高等数学教学大纲》及教学要求；

（5）《高等数学》（第四版）上、下册，同济大学数学教研室编写；

（6）哈尔滨理工大学工科数学教学中心教师多年来的高等数学教学经验及数学竞赛辅导考研辅导班的教学经验.

本书分成两部分：第一部分为基础练习篇；第二部分为综合训练篇. 基础练习篇中的每一章均给出基本要求，每一节均按基本内容、重点与难点、例题分析、习题、习题答案的模块编写. 综合训练篇中给出了十套综合训练题及解答，还给出了近三年全国大学生数学竞赛初赛试题及解答，最后还给出了五套实训自测题.

本书的基础练习篇的第 1 至 6 章由李兴华编写，第 7 至 12 章由于禄编写，综合训练篇由王树忠编写. 本书是黑龙江省高等教育教学改革一般研究项目（SJGY20210691）与重点委托项目（SJGZ20210026、SJGZ20200074）、省规划办重点课题（GJB1423444）以及省数学会教学研究专项课题（HSJG2022022011）的研究成果之一. 机械工业出版社对本书的出版给予了大力支持，在此致谢！

限于编者的水平，书中倘有不妥之处，恳请读者指正.

编者于哈尔滨理工大学工科数学教学中心

目　录

第二部分　综合训练篇

第一部分
基础练习篇

第1章

函数与极限

1. 理解函数的概念，掌握函数的表示方法.

2. 了解函数的奇偶性、单调性、周期性和有界性.

3. 理解复合函数及分段函数的概念，了解反函数及隐函数的概念.

4. 掌握基本初等函数的性质及其图形.

5. 会建立简单应用问题中的函数关系式.

6. 理解极限的概念，理解函数左极限与右极限的概念，以及极限存在与左、右极限之间的关系.

7. 掌握极限的性质及四则运算法则.

8. 掌握极限存在的两个准则，并会利用它们求极限，掌握利用两个重要极限求极限的方法.

9. 理解无穷小、无穷大的概念及无穷小阶的概念，会用等价无穷小求极限.

10. 理解函数连续性（含左连续与右连续）的概念，会判别函数的间断点的类型.

11. 了解连续函数的性质和初等函数的连续性，了解闭区间上连续函数的性质（有界性、最大值和最小值定理、介值定理），并会应用这些性质.

1.1 函数与极限的概念与性质

一、基本内容

1. 函数的概念.

2. 函数的特性：有界性、单调性、奇偶性和周期性.

3. 极限的定义与性质.

4. 极限的运算法则如下：

（1）设在同一极限过程中，$\lim f(x), \lim g(x)$ 存在，则

$$\lim[f(x) \pm g(x)] = \lim f(x) \pm \lim g(x);$$

$$\lim[f(x) \cdot g(x)] = \lim f(x) \cdot \lim g(x);$$

$$\lim \frac{f(x)}{g(x)} = \frac{\lim f(x)}{\lim g(x)} (其中 \lim g(x) \neq 0).$$

（2）若 $\lim f(x) = 0$，函数 $g(x)$ 有界，则

$$\lim(f(x) \cdot g(x)) = 0.$$

（3）若 $\lim\limits_{x \to x_0} \varphi(x) = a$，$\lim\limits_{u \to a} f(u) = A$，且在 x_0 的某一去心邻域内有 $\varphi(x) \neq a$，则

$$\lim\limits_{x \to x_0} f(\varphi(x)) = A.$$

5. 无穷小与无穷大：

（1）无穷小与无穷大的概念及关系；

（2）无穷小与极限的关系；

（3）无穷小的比较.

6. 极限存在的两个准则：夹逼定理、单调有界数列必有极限.

7. 柯西（Cauchy）收敛准则：数列 $\{x_n\}$ 收敛 $\Leftrightarrow$ 对于任意的 $\varepsilon > 0$，存在正整数 N，当 m，$n > N$ 时，均有

$$|x_n - x_m| < \varepsilon.$$

8. 压缩原理：若数列 $\{x_n\}$ 满足

$$|x_{n+1} - x_n| < k|x_n - x_{n-1}|,$$

其中，$k(0 < k < 1)$ 为常数，则数列 $\{x_n\}$ 收敛.

9. 施笃兹（Stolz）定理：若 x_n, y_n 满足：

（1）对充分大的 n，$y_n < y_{n+1}$（n 充分大时，y_n 单调递增）；

（2）$\lim\limits_{n \to \infty} y_n = +\infty$；

（3）$\lim\limits_{n \to \infty} \dfrac{x_{n+1} - x_n}{y_{n+1} - y_n}$ 存在或为 ∞，

则

$$\lim\limits_{n \to \infty} \frac{x_n}{y_n} = \lim\limits_{n \to \infty} \frac{x_{n+1} - x_n}{y_{n+1} - y_n}.$$

10. 两个重要极限：

（1）$\lim\limits_{x \to 0} \dfrac{\sin x}{x} = 1$；

（2）$\lim\limits_{x \to 0} (1 + x)^{\frac{1}{x}} = \mathrm{e}$ 或 $\lim\limits_{x \to \infty} \left(1 + \dfrac{1}{x}\right)^x = \mathrm{e}$.

11. 常用的极限公式：

（1）$\lim\limits_{n \to \infty} q^n = 0$（$|q| < 1$）；

（2）$\lim\limits_{n \to \infty} \sqrt[n]{a} = 1$（$a > 0$）；

（3）$\lim\limits_{n \to \infty} \sqrt[n]{n} = 1$；

（4）$\lim\limits_{n \to \infty} \dfrac{\ln n}{n} = 0$；

（5）$\lim\limits_{n \to \infty} \dfrac{n^k}{a^n} = 0$（$a > 1$）.

二、重点与难点

重点：

1. 函数的概念、复合函数的概念.

2. 无穷小的概念及性质.

3. 极限运算法则、两个重要极限.

难点： 利用极限存在准则与两个重要极限求极限.

三、例题分析

例 1.1.1 （1）设 $f(x) = \arcsin \dfrac{2x-1}{7} + \dfrac{\sqrt{2x-x^2}}{\ln(2x-1)}$，求函数 $f(x)$ 的定义域；

（2）设 $f(x) = \sin x$，$f(\varphi(x)) = 1 - x^2$，求函数 $\varphi(x)$ 的定义域；

（3）设 $f(x) = \begin{cases} -x^2, & x \geq 0 \\ -e^x, & x < 0 \end{cases}$，$\varphi(x) = \ln x$，求函数 $f(\varphi(x))$ 的定义域；

（4）设函数 $f(x)$ 的定义域为 $[0,1]$，求函数 $f(x+a) + f(x-a)$ 的定义域 $(a > 0)$.

解 （1）x 满足：

$$\begin{cases} \left| \dfrac{2x-1}{7} \right| \leq 1, \\ 2x - x^2 \geq 0, \\ 2x - 1 > 0, \\ 2x - 1 \neq 1 \end{cases} \Rightarrow \begin{cases} -3 \leq x \leq 4, \\ 0 \leq x \leq 2, \\ x > \dfrac{1}{2}, \\ x \neq 1 \end{cases} \Rightarrow \dfrac{1}{2} < x < 1 \text{ 或 } 1 < x \leq 2.$$

从而函数 $f(x)$ 的定义域为 $\left(\dfrac{1}{2}, 1 \right) \cup (1, 2]$.

（2）依题意，得 $\sin(\varphi(x)) = 1 - x^2$. 故

$$-1 \leq \sin(\varphi(x)) \leq 1.$$

由 $-1 \leq 1 - x^2 \leq 1$，得 $-\sqrt{2} \leq x \leq \sqrt{2}$.

从而 $\varphi(x)$ 的定义域为 $[-\sqrt{2}, \sqrt{2}]$.

（3）依题意，得 $f(\varphi(x)) = \begin{cases} -\varphi^2(x), & \varphi(x) \geq 0, \\ -e^{\varphi(x)}, & \varphi(x) < 0, \end{cases}$ 即

$$f(\varphi(x)) = \begin{cases} -\ln^2 x, & x \geq 1, \\ -x, & 0 < x < 1. \end{cases}$$

从而函数 $f(\varphi(x))$ 的定义域为 $(0, +\infty)$.

（4）由函数 $f(x)$ 的定义域为 $[0,1]$，得

$$\begin{cases} 0 \leq x + a \leq 1, \\ 0 \leq x - a \leq 1 \end{cases} \Rightarrow \begin{cases} -a \leq x \leq 1 - a, \\ a \leq x \leq 1 + a \end{cases} \Rightarrow a \leq x \leq 1 - a.$$

从而当 $a = 1 - a$，即 $a = \dfrac{1}{2}$ 时，所求函数仅在 $x = \dfrac{1}{2}$ 有定义，其定义域为 $\left\{ \dfrac{1}{2} \right\}$；当 $0 < a < \dfrac{1}{2}$ 时，所求函数的定义域为 $[a, 1-a]$；当 $a > \dfrac{1}{2}$ 时，所求函数的定义域为 ϕ.

例 1.1.2 设 $f(x) = e^x + 2$，$f(\varphi(x)) = x^2$，求 $\varphi(x)$.

解 由 $f(x) = e^x + 2$，知 $f(\varphi(x)) = e^{\varphi(x)} + 2$. 又 $f(\varphi(x)) = x^2$，所以 $e^{\varphi(x)} + 2 = x^2$. 从而

$$\varphi(x) = \ln(x^2 - 2), \quad x \in (-\infty, -\sqrt{2}) \cup (\sqrt{2}, +\infty).$$

例 1.1.3 设 $f(x) = \begin{cases} \ln x, & x > 0, \\ x, & x \le 0, \end{cases}$ 且 $g(x) = \begin{cases} x^2, & x \le 1, \\ x^3, & x > 1, \end{cases}$ 求 $f(g(x))$.

解 （方法 1：先内后外法）：

$$f(g(x)) = \begin{cases} f(x^2), & x \le 1, \\ f(x^3), & x > 1 \end{cases} = \begin{cases} \ln x^2, & x^2 > 0 \text{ 且 } x \le 1, \\ x^2, & x^2 \le 0 \text{ 且 } x \le 1, \\ \ln x^3, & x^3 > 0 \text{ 且 } x > 1, \\ x^3, & x^3 \le 0 \text{ 且 } x > 1 \end{cases}$$

$$= \begin{cases} \ln x^2, & x \le 1 \text{ 且 } x \ne 0, \\ x^2, & x = 0, \\ \ln x^3, & x > 1. \end{cases}$$

（方法 2：先外后内法）：

$$f(g(x)) = \begin{cases} \ln g(x), & g(x) > 0, \\ g(x), & g(x) \le 0 \end{cases} = \begin{cases} \ln x^2, & x \le 1 \text{ 且 } g(x) > 0, \\ \ln x^3, & x > 1 \text{ 且 } g(x) > 0, \\ x^2, & x \le 1 \text{ 且 } g(x) \le 0, \\ x^3, & x > 1 \text{ 且 } g(x) \le 0. \end{cases}$$

因为 $g(x) > 0 \Leftrightarrow x^2 > 0$ 且 $x \le 1$ 或 $x^3 > 0$ 且 $x > 1$,

$\qquad\qquad \Leftrightarrow x \le 1$ 且 $x \ne 0$ 或 $x > 1 \Leftrightarrow x \ne 0$,

所以 $g(x) > 0 \Leftrightarrow x \ne 0$. 故

$$f(g(x)) = \begin{cases} \ln x^2, & x \le 1 \text{ 且 } x \ne 0, \\ \ln x^3, & x > 1 \text{ 且 } x \ne 0, \\ x^2, & x \le 1 \text{ 且 } x = 0, \\ x^3, & x > 1 \text{ 且 } x = 0 \end{cases} = \begin{cases} \ln x^2, & x \le 1 \text{ 且 } x \ne 0, \\ x^2, & x = 0, \\ \ln x^3, & x > 1. \end{cases}$$

例 1.1.4 设函数 $f(x)$ 满足条件 $2f(x) + f\left(\dfrac{1}{x}\right) = \dfrac{a}{x}$（$a$ 为常数），且 $f(0) = 0$，求证：函数 $f(x)$ 是奇函数.

证明 因为 $2f(x) + f\left(\dfrac{1}{x}\right) = \dfrac{a}{x}$,   ①

所以 $2f\left(\dfrac{1}{x}\right) + f(x) = ax$.   ②

由①②，有 $f(x) = \begin{cases} \dfrac{a(2 - x^2)}{3x}, & x \ne 0, \\ 0, & x = 0. \end{cases}$

显然函数 $f(x)$ 是奇函数.

例 1.1.5 设 $y = \begin{cases} x, & x < 1, \\ x^3, & 1 \le x \le 2, \\ 3^x, & x > 2, \end{cases}$ 求其反函数.

解 当 $x < 1$ 时，$y = x$，其反函数为 $y = x$，$x \in (-\infty, 1)$；

当 $1 \le x \le 2$ 时，$y = x^3$，其反函数为 $y = \sqrt[3]{x}$，$x \in [1, 8]$；

当 $x > 2$ 时，$y = 3^x$，其反函数为 $y = \log_3 x$，$x \in (9, +\infty)$，

从而反函数为 $y = \begin{cases} x, & x < 1, \\ \sqrt[3]{x}, & 1 \leqslant x \leqslant 8, \\ \log_3 x, & x > 9. \end{cases}$

例 1.1.6 计算下列极限：

(1) $\lim\limits_{n \to \infty} n\ (\sqrt{n^2 + 1} - n)$；

(2) $\lim\limits_{n \to \infty} \left(1 - \dfrac{1}{2}\right)\left(1 - \dfrac{1}{3}\right)\cdots\left(1 - \dfrac{1}{n}\right)$；

(3) $\lim\limits_{n \to \infty} \dfrac{1}{n}\left[\left(x + \dfrac{1}{n}a\right) + \left(x + \dfrac{2}{n}a\right) + \cdots + \left(x + \dfrac{n-1}{n}a\right)\right]$；

(4) $\lim\limits_{n \to \infty} \sqrt{2} \times \sqrt[4]{2} \times \cdots \times \sqrt[2^n]{2}$；

(5) $\lim\limits_{n \to \infty} \left(\dfrac{1}{3} + \dfrac{1}{15} + \cdots + \dfrac{1}{4n^2 - 1}\right)$；

(6) 设数列 $\{x_n\}$ 满足 $x_1 = a$，$x_2 = b$，$x_{n+2} = \dfrac{x_{n+1} + x_n}{2}$ $(n = 1, 2, \cdots)$，求 $\lim\limits_{n \to \infty} x_n$.

解 (1) 原式 $= \lim\limits_{n \to \infty} \dfrac{n}{\sqrt{n^2 + 1} + n} = \lim\limits_{n \to \infty} \dfrac{1}{\sqrt{1 + \dfrac{1}{n^2}} + 1} = \dfrac{1}{2}$.

(2) 原式 $= \lim\limits_{n \to \infty} \dfrac{2-1}{2} \times \dfrac{3-1}{3} \times \cdots \times \dfrac{n-1}{n} = \lim\limits_{n \to \infty} \dfrac{1}{n} = 0$.

(3) 原式 $= \lim\limits_{n \to \infty} \dfrac{1}{n}\left\{(n-1)x + \dfrac{a}{n}[1 + 2 + \cdots + (n-1)]\right\}$

$= \lim\limits_{n \to \infty} \dfrac{1}{n}\left[(n-1)x + \dfrac{a}{n} \cdot \dfrac{(n-1)n}{2}\right] = \lim\limits_{n \to \infty} \dfrac{n-1}{n}\left(x + \dfrac{a}{2}\right) = x + \dfrac{a}{2}$.

(4) 原式 $= \lim\limits_{n \to \infty} 2^{\frac{1}{2}} \times 2^{\frac{1}{2^2}} \times \cdots \times 2^{\frac{1}{2^n}} = \lim\limits_{n \to \infty} 2^{1 - \left(\frac{1}{2}\right)^n} = 2$.

(5) 因为 $\dfrac{1}{4n^2 - 1} = \dfrac{1}{2}\left(\dfrac{1}{2n-1} - \dfrac{1}{2n+1}\right)$，所以

$$\text{原式} = \lim\limits_{n \to \infty} \dfrac{1}{2}\left[\left(1 - \dfrac{1}{3}\right) + \left(\dfrac{1}{3} - \dfrac{1}{5}\right) + \cdots + \left(\dfrac{1}{2n-1} - \dfrac{1}{2n+1}\right)\right]$$

$$= \lim\limits_{n \to \infty} \dfrac{1}{2}\left(1 - \dfrac{1}{2n+1}\right) = \dfrac{1}{2}.$$

(6) 由 $x_{n+2} = \dfrac{x_{n+1} + x_n}{2}$，得

$$x_{n+2} - x_{n+1} = -\dfrac{1}{2}(x_{n+1} - x_n) \quad (n = 1, 2, \cdots).$$

所以当 $x \geqslant 3$ 时，

$$x_n - x_{n-1} = -\dfrac{1}{2}(x_{n-1} - x_{n-2}) = \left(-\dfrac{1}{2}\right)^{n-2}(x_2 - x_1)$$

$$= \left(-\dfrac{1}{2}\right)^{n-2}(b - a).$$

故

$$x_n = x_1 + \sum_{k=2}^{n} (x_k - x_{k-1}) = x_1 + (b - a) \sum_{k=0}^{n-2} \left(-\frac{1}{2} \right)^k$$

$$= a + \frac{2}{3}(b - a) \left[1 - \left(-\frac{1}{2} \right)^{n-1} \right].$$

所以 $\lim\limits_{n \to \infty} x_n = \frac{1}{3}(2b + a)$.

例 1.1.7 求下列极限:

(1) 设 $x_n = \frac{1}{2} \cdot \frac{3}{4} \cdot \frac{5}{6} \cdot \cdots \cdot \frac{2n-1}{2n}$, 求 $\lim\limits_{n \to \infty} x_n$;

(2) 设 $x_n = \frac{1}{n^2 + n + 1} + \frac{2}{n^2 + n + 2} + \cdots + \frac{n}{n^2 + n + n}$, 求 $\lim\limits_{n \to \infty} x_n$;

(3) 设 $x_n = \sqrt[n]{a_1^n + a_2^n + \cdots + a_k^n}$ ($a_i(i = 1, 2, \cdots, k)$ 皆为大于零的常数, $k \in \mathbf{N}$), 求 $\lim\limits_{n \to \infty} x_n$;

(4) 求 $\lim\limits_{n \to \infty} \frac{2^n}{n!}$; (5) 求 $\lim\limits_{n \to \infty} \frac{\sqrt[3]{n^2} \sin n!}{n + 1}$.

解 (1) 令 $y_n = \frac{2}{3} \cdot \frac{4}{5} \cdot \cdots \cdot \frac{2n}{2n+1}$, 则有

$$0 < x_n < y_n,$$

$$0 < x_n^2 < x_n y_n = \frac{1}{2n + 1}.$$

于是 $0 < x_n < \frac{1}{\sqrt{2n + 1}}$. 又 $\lim\limits_{n \to \infty} \frac{1}{\sqrt{2n + 1}} = 0$, 由夹逼准则, 知 $\lim\limits_{n \to \infty} x_n = 0$.

(2) 因为 $\frac{n(n + 1)}{2(n^2 + n + n)} \leqslant x_n \leqslant \frac{n(n + 1)}{2(n^2 + n + 1)}$,

而

$$\lim_{n \to \infty} \frac{n(n + 1)}{2(n^2 + n + n)} = \lim_{n \to \infty} \frac{n(n + 1)}{2(n^2 + n + 1)} = \frac{1}{2},$$

故 $\lim\limits_{n \to \infty} x_n = \frac{1}{2}$.

(3) 记 $a = \max\{a_1, a_2, \cdots, a_k\}$, 则

$$\sqrt[n]{a^n} \leqslant \sqrt[n]{a_1^n + a_2^n + \cdots + a_k^n} \leqslant \sqrt[n]{ka^n}.$$

而

$$\lim_{n \to \infty} \sqrt[n]{k} = 1, \quad \lim_{n \to \infty} \sqrt[n]{a^n} = a.$$

所以

$$\lim_{n \to \infty} \sqrt[n]{a_1^n + a_2^n + \cdots + a_k^n} = a = \max\{a_1, a_2, \cdots, a_k\}.$$

(4) (方法 1) 因为 $0 < \frac{2^n}{n!} = \frac{2}{1} \cdot \frac{2}{2} \cdot \frac{2}{3} \cdot \cdots \cdot \frac{2}{n} \leqslant \frac{4}{n}$, 而 $\lim\limits_{n \to \infty} \frac{4}{n} = 0$, 故 $\lim\limits_{n \to \infty} \frac{2^n}{n!} = 0$.

(方法 2) 设 $x_n = \frac{2^n}{n!}$, $\frac{x_{n+1}}{x_n} = \frac{\frac{2^{n+1}}{(n+1)!}}{\frac{2^n}{n!}} = \frac{2}{n + 1} \leqslant 1$, 故 $x_{n+1} \leqslant x_n$, 即数列 $\{x_n\}$ 单调递减.

又 $x_n > 0$，即数列 $\{x_n\}$ 有下界，从而数列 $\{x_n\}$ 收敛.

设 $\lim\limits_{n \to \infty} x_n = a$，由 $x_{n+1} = \dfrac{2}{n+1} x_n$，得 $a = 0 \cdot a$. 故 $a = 0$，即 $\lim\limits_{n \to \infty} x_n = 0$.

（5）（方法 1）由于 $\quad 0 \leqslant \left| \dfrac{\sqrt[3]{n^2} \sin n!}{n+1} \right| \leqslant \dfrac{\sqrt[3]{n^2}}{n+1} < \dfrac{\sqrt[3]{n^2}}{n} = \dfrac{1}{\sqrt[3]{n}}$,

因此 $\quad -\dfrac{1}{\sqrt[3]{n}} < \dfrac{\sqrt[3]{n^2} \sin n!}{n+1} < \dfrac{1}{\sqrt[3]{n}}$. 而 $\lim\limits_{n \to \infty} \left(-\dfrac{1}{\sqrt[3]{n}} \right) = \lim\limits_{n \to \infty} \dfrac{1}{\sqrt[3]{n}} = 0$，故

$$\lim_{n \to \infty} \frac{\sqrt[3]{n^2} \sin n!}{n+1} = 0.$$

（方法 2）$\quad \lim\limits_{n \to \infty} \dfrac{\sqrt[3]{n^2}}{n+1} = \lim\limits_{n \to \infty} \dfrac{\frac{1}{\sqrt[3]{n}}}{1 + \frac{1}{n}} = 0$，而 $|\sin n!| \leqslant 1$，由无穷小量与有界函数的积仍是

无穷小量，得 $\quad \lim\limits_{n \to \infty} \dfrac{\sqrt[3]{n^2} \sin n!}{n+1} = 0$.

例 1.1.8 证明下列数列的极限存在，并求出极限.

（1）设 $x_1 = 2$，$x_{n+1} = \dfrac{1}{2} \left(x_n + \dfrac{1}{x_n} \right) (n = 1, 2, \cdots)$；

（2）设 $x_n = \dfrac{11 \cdot 12 \cdot 13 \cdot \cdots \cdot (n+10)}{2 \cdot 5 \cdot 8 \cdot \cdots \cdot (3n-1)} (n = 1, 2, \cdots)$；

（3）设 $x_1 > a > 0$，且 $x_{n+1} = \sqrt{a x_n} \ (n = 1, 2, \cdots)$.

证明 （1）因为 $x_n > 0$，且当 $n > 1$ 时，

$$x_n = \frac{1}{2} \left(x_{n-1} + \frac{1}{x_{n-1}} \right) \geqslant \frac{1}{2} \times 2 \sqrt{x_{n-1} \cdot \frac{1}{x_{n-1}}} = 1,$$

又 $\quad x_{n+1} - x_n = \dfrac{1 - x_n^2}{2 x_n} \leqslant 0$,

所以数列 $\{x_n\}$ 单调减少且有下界. 从而 $\lim\limits_{n \to \infty} x_n$ 存在.

设 $\lim\limits_{n \to \infty} x_n = a$，则有 $a = \dfrac{1}{2} \left(a + \dfrac{1}{a} \right)$. 知 $a = \pm 1$. 又 $x_n \geqslant 1$，故 $\lim\limits_{n \to \infty} x_n = 1$.

（2）因为 $x_{n+1} = \dfrac{n+11}{3n+2} x_n$，所以当 $n > 20$ 时，$0 < x_{n+1} < \dfrac{1}{2} x_n < x_n$. 故数列 $\{x_n\}$ 单调减少

且有下界. 从而 $\lim\limits_{n \to \infty} x_n$ 存在.

设 $\lim\limits_{n \to \infty} x_n = a$，则 $a = \dfrac{1}{3} a$，即 $a = 0$，即 $\lim\limits_{n \to \infty} x_n = 0$.

（3）（方法 1）用数学归纳法证明数列 $\{x_n\}$ 有界.

当 $n = 1$ 时，$x_1 > a$；

设 $n = k$ 时，$x_k > a$ 成立，

则当 $n = k+1$ 时，$x_{k+1} = \sqrt{a x_k} > \sqrt{a \cdot a} = a$.

由数学归纳法，知数列 $\{x_n\}$ 有下界.

又　$x_{n+1} = \sqrt{ax_n} < \sqrt{x_n^2} = x_n$，故数列 $\{x_n\}$ 单调减少．从而 $\lim\limits_{n\to\infty} x_n$ 存在．

设 $\lim\limits_{n\to\infty} x_n = A$，由 $x_n > a$，知 $A \geqslant a > 0$．

于是由　$\lim\limits_{n\to\infty} x_{n+1} = \lim\limits_{n\to\infty} \sqrt{ax_n}$，有 $A^2 = aA$、因为 $A \neq 0$，所以 $A = a$，即　$\lim\limits_{n\to\infty} x_n = a$．

（方法 2）$\lim\limits_{n\to\infty} x_n = \lim\limits_{n\to\infty} a^{\frac{1}{2}} x_{n-1}^{\frac{1}{2}} = \lim\limits_{n\to\infty} a^{\frac{1}{2}} \cdot a^{\frac{1}{2^2}} \cdot x_{n-2}^{\frac{1}{2^2}}$

$$= \lim_{n\to\infty} a^{\frac{1}{2}} \cdot a^{\frac{1}{2^2}} \cdots a^{\frac{1}{2^{n-1}}} \cdot x_1^{\frac{1}{2^{n-1}}} = \lim_{n\to\infty} a^{\frac{1}{2} + \frac{1}{2^2} + \cdots + \frac{1}{2^{n-1}}} \cdot x_1^{\frac{1}{2^{n-1}}}$$

$$= \lim_{n\to\infty} a^{\left(1 - \frac{1}{2^{n-1}}\right)} \cdot x_1^{\frac{1}{2^{n-1}}} = a.$$

例 1.1.9　计算极限 $\lim\limits_{n\to\infty} \dfrac{\sqrt{1} + \sqrt{2} + \cdots + \sqrt{n}}{\sqrt{n+1} + \sqrt{n+2} + \cdots + \sqrt{n+n}}$．

解　记 $x_n = \sqrt{1} + \sqrt{2} + \cdots + \sqrt{n}$，$y_n = \sqrt{n+1} + \sqrt{n+2} + \cdots + \sqrt{n+n}$，则 y_n 单调递增，且 $\lim\limits_{n\to\infty} y_n = +\infty$．于是

$$\lim_{n\to\infty} \frac{\sqrt{1} + \sqrt{2} + \cdots + \sqrt{n}}{\sqrt{n+1} + \sqrt{n+2} + \cdots + \sqrt{n+n}} = \lim_{n\to\infty} \frac{x_n}{y_n} = \lim_{n\to\infty} \frac{x_{n+1} - x_n}{y_{n+1} - y_n}$$

$$= \frac{\sqrt{n+1}}{\sqrt{2n+1} + \sqrt{2n+2} - \sqrt{n+1}} = \frac{1}{2\sqrt{2} - 1}$$

例 1.1.10　求证：$\lim\limits_{x\to\infty} \dfrac{\ln n!}{\ln n^n} = 1$．

证明　由于

$$\frac{\ln n!}{\ln n^n} = \frac{\ln 1 + \ln 2 + \cdots + \ln n}{n \ln n},$$

记 $x_n = \ln 1 + \ln 2 + \cdots + \ln n$，$y_n = n \ln n$，则 x_n, y_n 满足施笃兹定理．于是

$$\lim_{n\to\infty} \frac{x_n}{y_n} = \lim_{n\to\infty} \frac{x_{n+1} - x_n}{y_{n+1} - y_n} = \lim_{n\to\infty} \frac{\ln(n+1)}{(n+1)\ln(n+1) - n\ln n}$$

$$= \lim_{n\to\infty} \frac{\ln(n+1)}{\ln(n+1) + n\ln(n+1) - n\ln n} = \lim_{n\to\infty} \frac{\ln(n+1)}{\ln(n+1) + n\ln\left(1 + \frac{1}{n}\right)}$$

$$= \lim_{n\to\infty} \frac{\ln(n+1)}{\ln(n+1) + \ln\left(1 + \frac{1}{n}\right)^n} = 1.$$

故　$\lim\limits_{n\to\infty} \dfrac{\ln n!}{\ln n^n} = 1$．

例 1.1.11　设 $x_1 = 2$，$x_2 = 2 + \dfrac{1}{x_1}$，$\cdots$，$x_{n+1} = 2 + \dfrac{1}{x_n}$，求证：极限 $\lim\limits_{n\to\infty} x_n$ 存在并求之．

证明　由于 $x_1 > 2$，且

$$x_{n+1} - x_n = \left(2 + \frac{1}{x_n}\right) - \left(2 + \frac{1}{x_{n-1}}\right) = \frac{1}{x_n} - \frac{1}{x_{n-1}} = \frac{x_{n-1} - x_n}{x_n x_{n-1}},$$

因此 $\left| x_{n+1} - x_n \right| < \dfrac{1}{4} \left| x_{n-1} - x_n \right|$. 由压缩原理, 知极限 $\lim\limits_{n\to\infty} x_n$ 存在.

设 $\lim\limits_{n\to\infty} x_n = a$, 则有 $a = 2 + \dfrac{1}{a}$. 解得 $a = 1 + \sqrt{2}$, 即 $\lim\limits_{n\to\infty} x_n = 1 + \sqrt{2}$.

例 1.1.12 设 $a_k > 0\,(k = 1, 2, \cdots)$, 且 $\lim\limits_{\substack{m\to\infty \\ n\to\infty}} \dfrac{a_m}{a_n} = 1$, 求证: 极限 $\lim\limits_{n\to\infty} a_n$ 存在.

证明 先证明 a_n 有界. 由 $\lim\limits_{\substack{m\to\infty \\ n\to\infty}} \dfrac{a_m}{a_n} = 1$, 知存在正整数 N, 当 $m \geq N$ 时, $\left| \dfrac{a_m}{a_N} - 1 \right| < 1$, 即

$\left| \dfrac{a_m}{a_N} \right| < 2$. 故对任意 m, 有

$$\left| a_m \right| \leqslant \max \left\{ \left| a_1 \right|, \left| a_2 \right|, \cdots, \left| a_N \right|, 2 \left| a_N \right| \right\},$$

即 a_n 有界. 设 $\left| a_n \right| \leqslant M\,(n = 1, 2, \cdots)$,

对于任给 $\varepsilon > 0$, 由于 $\lim\limits_{\substack{m\to\infty \\ n\to\infty}} \dfrac{a_m}{a_n} = 1$, 则存在 $N_1 > 0$, 当 $n \geq N_1$, $m > N_1$ 时, 有

$$\left| \dfrac{a_m}{a_n} - 1 \right| < \dfrac{\varepsilon}{M}.$$

于是 $\left| \dfrac{a_m - a_n}{a_n} \right| < \dfrac{\varepsilon}{M}$. 由于 $\left| a_n \right| \leqslant M$, 因此,

$$\left| a_m - a_n \right| < \dfrac{\left| a_n \right| \varepsilon}{M} \leqslant \varepsilon.$$

由柯西收敛准则, 知极限 $\lim\limits_{n\to\infty} a_n$ 存在.

例 1.1.13 求下列极限:

(1) $\lim\limits_{x\to\infty} \dfrac{(4x+1)^{30}(9x+2)^{20}}{(6x-1)^{50}}$;　　(2) $\lim\limits_{x\to1} \dfrac{x + x^2 + \cdots + x^n - n}{x - 1}$;

(3) $\lim\limits_{x\to1} (1 + 2x)^{3x-1}$.

解 (1) 原式 $= \lim\limits_{x\to\infty} \dfrac{\left(4 + \dfrac{1}{x}\right)^{30}\left(9 + \dfrac{2}{x}\right)^{20}}{\left(6 - \dfrac{1}{x}\right)^{50}} = \dfrac{4^{30} \times 9^{20}}{6^{50}} = \left(\dfrac{2}{3}\right)^{10}$.

(2) 原式 $= \lim\limits_{x\to1} \dfrac{(x-1) + (x^2-1) + \cdots + (x^n-1)}{x-1}$

$= \lim\limits_{x\to1} \left[1 + (x+1) + \cdots + (x^{n-1} + x^{n-2} + \cdots + 1) \right]$

$= 1 + 2 + \cdots + n = \dfrac{n(n+1)}{2}$.

(3) 因为 $\lim\limits_{x\to1}(1 + 2x) = 3$, $\lim\limits_{x\to1}(3x - 1) = 2$, 所以

$$\lim\limits_{x\to1}(1 + 2x)^{3x-1} = 3^2 = 9.$$

注 对于幂指函数 $f(x)^{g(x)}\,(f(x) > 0)$, 若 $\lim f(x) = a > 0$, $\lim g(x) = b$, 则 $\lim f(x)^{g(x)} = a^b$.

例 1.1.14 求证：极限 $\lim\limits_{x\to\infty}\dfrac{e^x-e^{-x}}{e^x+e^{-x}}$ 不存在.

证明：因为

$$\lim_{x\to-\infty}\frac{e^x-e^{-x}}{e^x+e^{-x}}=\lim_{x\to-\infty}\frac{e^{2x}-1}{e^{2x}+1}=-1,$$

$$\lim_{x\to+\infty}\frac{e^x-e^{-x}}{e^x+e^{-x}}=\lim_{x\to+\infty}\frac{1-e^{-2x}}{1+e^{-2x}}=1,$$

所以极限 $\lim\limits_{x\to\infty}\dfrac{e^x-e^{-x}}{e^x+e^{-x}}$ 不存在.

注 $\lim\limits_{x\to-\infty}e^x=0$，$\lim\limits_{x\to+\infty}e^x=+\infty$.

例 1.1.15 求下列极限：

(1) $\lim\limits_{x\to+\infty}\dfrac{\sin x}{e^x}$；　　　(2) $\lim\limits_{x\to0}\dfrac{x^2\sin\dfrac{1}{x}}{\sin x}$.

解 (1) 因为 $\lim\limits_{x\to+\infty}\dfrac{1}{e^x}=0$，$|\sin x|\leqslant1$，由无穷小量和有界函数的积仍为无穷小量，可知

$\lim\limits_{x\to+\infty}\dfrac{\sin x}{e^x}=0$.

(2) 由于 $\lim\limits_{x\to0}\dfrac{x}{\sin x}=1$，而 $\lim\limits_{x\to0}x\sin\dfrac{1}{x}=0$（无穷小量乘有界函数仍为无穷小量），因此

$$\lim_{x\to0}\frac{x^2\sin\dfrac{1}{x}}{\sin x}=\lim_{x\to0}\left(x\sin\frac{1}{x}\cdot\frac{x}{\sin x}\right)=0\times1=0.$$

例 1.1.16 已知下列函数的极限，求常数 a，b：

(1) $\lim\limits_{x\to\infty}\left(\dfrac{x^2}{x+1}-ax-b\right)=0$；

(2) $\lim\limits_{x\to1}\dfrac{x^2+ax+b}{x-1}=-1$.

解 (1) 由题意，得 $\lim\limits_{x\to\infty}\left(\dfrac{x^2}{x+1}-ax\right)=b$，

即

$$\lim_{x\to\infty}\frac{x^2-ax^2-ax}{x+1}=\lim_{x\to\infty}\frac{(1-a)x^2-ax}{x+1}=b.$$

所以 $1-a=0$，即 $a=1$. 故 $b=\lim\limits_{x\to\infty}\left(\dfrac{x^2}{x+1}-x\right)=\lim\limits_{x\to\infty}\dfrac{-x}{x+1}=-1$.

(2) 由 $\lim\limits_{x\to1}\dfrac{x^2+ax+b}{x-1}=-1$，且 $\lim\limits_{x\to1}(x-1)=0$，得

$$\lim_{x\to1}(x^2+ax+b)=0,\ 即\ a+b+1=0,\ 即\ b=-(a+1).$$

从而

$$\lim_{x \to 1} \frac{x^2 + ax + b}{x - 1} = \lim_{x \to 1} \frac{x^2 + ax - (a + 1)}{x - 1}$$

$$= \lim_{x \to 1} \frac{(x - 1)(x + 1 + a)}{x - 1} = \lim_{x \to 1}(x + 1 + a)$$

$$= 2 + a = -1.$$

故 $a = -3$. 从而 $b = -(a + 1) = 2$.

例 1.1.17 求下列极限（换元法）：

（1）$\lim\limits_{x \to \frac{\pi}{2}} \dfrac{\cos x}{x - \dfrac{\pi}{2}}$; （2）$\lim\limits_{x \to \frac{\pi}{4}} \tan 2x \tan\left(\dfrac{\pi}{4} - x\right)$.

解 （1）设 $y = x - \dfrac{\pi}{2}$，则 $x = y + \dfrac{\pi}{2}$. 从而

$$原式 = \lim_{y \to 0} \frac{\cos\left(y + \dfrac{\pi}{2}\right)}{y} = -\lim_{y \to 0} \frac{\sin y}{y} = -1.$$

（2）设 $y = \dfrac{\pi}{4} - x$，则 $x = \dfrac{\pi}{4} - y$.

从而

$$原式 = \lim_{y \to 0} \tan\left[2\left(\frac{\pi}{4} - y\right)\right]\tan y = \lim_{y \to 0} \cot 2y \tan y$$

$$= \lim_{y \to 0} \frac{\tan y}{\tan 2y} = \lim_{y \to 0} \frac{y}{2y} \quad （利用当 x \to 0 时, \tan x \sim x）$$

$$= \frac{1}{2}.$$

例 1.1.18 求下列极限：

（1）$\lim\limits_{x \to \infty} \left(\dfrac{x + 1}{x - 1}\right)^x$; （2）$\lim\limits_{x \to 0} (1 + 3x)^{\frac{2}{\sin x}}$;

（3）$\lim\limits_{x \to 0} \cos^2 x^{\frac{1}{\sin^2 x}}$.

解 （1）（方法 1）$原式 = \lim\limits_{x \to \infty} \left(1 + \dfrac{2}{x - 1}\right)^x = \lim\limits_{x \to \infty} \left(1 + \dfrac{2}{x - 1}\right)^{\frac{x - 1}{2} \cdot 2 + 1}$

$$= \left[\lim_{x \to \infty} \left(1 + \frac{2}{x - 1}\right)^{\frac{x - 1}{2}}\right]^2 \cdot \lim_{x \to \infty} \left(1 + \frac{2}{x - 1}\right)$$

$$= e^2 \cdot 1 = e^2.$$

（方法 2）$原式 = e^{\lim\limits_{x \to \infty} x \ln\frac{x + 1}{x - 1}} = e^{\lim\limits_{x \to \infty} x \ln\left(1 + \frac{2}{x - 1}\right)} = e^{\lim\limits_{x \to \infty} x \cdot \frac{2}{x - 1}} = e^2.$ （利用当 $x \to 0$ 时，$\ln(1 + x) \sim x$）

注 此法利用变形 $f(x)^{g(x)} = e^{g(x)\ln f(x)}$ 来求.

（方法 3） $原式 = \lim\limits_{x \to \infty} \left(1 + \dfrac{2}{x - 1}\right)^x = \lim\limits_{x \to \infty} \left(1 + \dfrac{2}{x - 1}\right)^{\frac{x - 1}{2} \cdot \frac{2x}{x - 1}}$,

因为 $\lim\limits_{x \to \infty} \dfrac{2x}{x - 1} = 2$，所以

$$\lim_{x \to \infty} \left(\frac{x+1}{x-1} \right)^x = e^2.$$

（2）原式 $= \lim_{x \to 0} \left[(1+3x)^{\frac{1}{3x}} \right]^{\frac{6x}{\sin x}} = e^6.$

（3）原式 $= \lim_{x \to 0} (1 - \sin^2 x)^{-\frac{1}{\sin^2 x} \times (-1)} = e^{-1}.$

例 1.1.19 设 $\lim\limits_{x \to \infty} \left(\frac{x+2a}{x-a} \right)^{\frac{x}{3}} = 8$，求 a.

解 由于 $\lim\limits_{x \to \infty} \left(\frac{x+2a}{x-a} \right)^{\frac{x}{3}} = 8$，易知 $a \neq 0$，且

$$\lim_{x \to \infty} \left(\frac{x+2a}{x-a} \right)^{\frac{x}{3}} = \lim_{x \to \infty} \left[\left(1 + \frac{3a}{x-a} \right)^{\frac{x-a}{3a}} \right]^a \left(1 + \frac{3a}{x-a} \right)^{\frac{a}{3}} = e^a.$$

因此 $e^a = 8.$ 解得 $a = \ln 8 = 3\ln 2.$

例 1.1.20 求证：函数 $f(x) = x\cos x$ 在区间 $(-\infty, +\infty)$ 内无界，且当 $x \to \infty$ 时，函数 $f(x)$ 不是无穷大量.

证明 取 $x_n = 2n\pi$ $(n = 1, 2, \cdots)$，则

$$x_n \in (-\infty, +\infty)，且 \lim_{n \to \infty} x_n = +\infty$$

$$\lim_{n \to \infty} f(x_n) = \lim_{n \to \infty} 2n\pi \cos 2n\pi = +\infty$$

所以函数 $f(x)$ 在区间 $(-\infty, +\infty)$ 上无界.

取 $x_n = 2n\pi + \frac{\pi}{2} (n = 1, 2, \cdots)$，则

$$x_n \in (-\infty, +\infty)，且 \lim_{n \to \infty} x_n = +\infty.$$

而 $f(x_n) \equiv 0 (n = 1, 2, \cdots)$，所以当 $x \to \infty$ 时，函数 $f(x)$ 不是无穷大量.

四、习题

1. 选择题.

（1）函数 $f(x) = x\sin x$（　　）.

A. 在区间 $(-\infty, +\infty)$ 内有界

B. 当 $x \to \infty$ 时为无穷大量

C. 在区间 $(-\infty, +\infty)$ 内无界

D. 当 $x \to \infty$ 时有极限

（2）当 $n \to \infty$ 时，数列 $x_n = \begin{cases} \dfrac{n^2 + \sqrt{n}}{n}, & n \text{ 为奇数}, \\ \dfrac{1}{n}, & n \text{ 为偶数} \end{cases}$

是（　　）.

A. 无穷大量

B. 无穷小量

C. 有界变量

D. 无界变量

（3）设 $[x]$ 表示不超过 x 的最大整数，则函数 $y = x - [x]$ 是（　　）.

A. 无界函数

B. 周期为 1 的周期函数

C. 单调函数

D. 偶函数

（4）当 $x \to 0$ 时，下列四个无穷小量中比其他三个更高阶的无穷小量是（　　）.

A. $\ln(1 + x)$

B. $e^x - 1$

C. $\tan x - \sin x$

D. $1 - \cos x$

2. 填空题.

（1）设 $f(x) = a^x$ $(a > 0, a \neq 1)$，则 $\lim\limits_{n \to \infty} \frac{1}{n^2} \ln [f(1)f(2) \cdots f(n)] = $ _____.

（2）$\lim\limits_{n \to \infty} \left(\frac{1}{4} + \frac{1}{28} + \cdots + \frac{1}{9n^2 - 3n - 2} \right) = $ _____.

（3）$\lim\limits_{n \to \infty} \frac{3x^2 + 5}{5x + 3} \sin \frac{2}{x} = $ _____.

(4) 若 $a > 0$, $b > 0$, 则 $\lim\limits_{x \to 0} \left(\dfrac{a^x + b^x}{2} \right)^{\frac{3}{x}} =$ _____.

(5) $\lim\limits_{x \to 0+0} \sqrt[x]{\cos \sqrt{x}} =$ _____.

3. 求下列极限:

(1) $\lim\limits_{x \to 0} \arccos \dfrac{\sqrt{1+x} - 1}{\sin x}$;

(2) $\lim\limits_{n \to \infty} (1+x)(1+x^2)(1+x^4) \cdots (1+x^{2^n})$ $(|x| < 1)$;

(3) $\lim\limits_{n \to \infty} \left(\dfrac{1}{2} + \dfrac{3}{4} + \dfrac{5}{8} + \cdots + \dfrac{2n-1}{2^n} \right)$;

(4) $\lim\limits_{x \to 0} \dfrac{\cos x + \cos^2 x + \cdots + \cos^n x - n}{\cos x - 1}$;

(5) 设 $x_0 = 7$, $x_1 = 3$, $3x_n = 2x_{n-1} + x_{n-2}$ $(n \geqslant 2)$, 求 $\lim\limits_{n \to \infty} x_n$;

(6) $\lim\limits_{x \to 2} \dfrac{\sin(x^2 - 5x + 6)}{\sin(x^2 - 6x + 8)}$;

(7) $\lim\limits_{x \to 0} (\cos x)^{\frac{1}{x^2}}$;

(8) $\lim\limits_{n \to \infty} n^2 \left(1 - \cos \dfrac{\pi}{n} \right)$;

(9) $\lim\limits_{x \to 0} (x + e^x)^{\frac{1}{x}}$;

(10) $\lim\limits_{x \to 0} \dfrac{\ln(\sin^2 x + e^x) - x}{\ln(x^2 + e^{2x}) - 2x}$;

(11) $\lim\limits_{x \to +\infty} \dfrac{e^x + \sin x}{e^x - \cos x}$;

(12) $\lim\limits_{x \to 0} \dfrac{x^2 \arctan \dfrac{1}{x}}{\sin 2x}$;

(13) $\lim\limits_{n \to \infty} \sin(\pi \sqrt{n^2 + 1})$.

4. (1) 设 $x_n \leqslant a \leqslant y_n$, 且 $\lim\limits_{n \to \infty}(x_n - y_n) = 0$, 求证: $\lim\limits_{n \to \infty} x_n = \lim\limits_{n \to \infty} y_n = a$;

(2) 求 $\lim\limits_{n \to \infty} \dfrac{2^n n!}{n^n}$;

(3) 设 $x_n = \dfrac{5}{1} \cdot \dfrac{6}{3} \cdot \cdots \cdot \dfrac{n+4}{2n-1}$ $(n = 1, 2, \cdots)$, 求 $\lim\limits_{n \to \infty} x_n$.

五、习题答案

1. (1) C.   (2) D.   (3) B.   (4) C.

2. (1) $\dfrac{1}{2} \ln a$.   (2) $\dfrac{1}{3}$.   (3) $\dfrac{6}{5}$.

(4) $(ab)^{\frac{3}{2}}$.   (5) $e^{-\frac{1}{2}}$.

3. (1) $\dfrac{\pi}{3}$;   (2) $\dfrac{1}{1-x}$;   (3) 3;

(4) $\dfrac{n(n+1)}{2}$;   (5) 4;   (6) $\dfrac{1}{2}$;

(7) $e^{-\frac{1}{2}}$;   (8) $\dfrac{\pi^2}{2}$;   (9) e^2;

(10) 1;   (11) 1;   (12) 0;   (13) 0.

4. (1) 提示: $0 \leqslant a - x_n \leqslant y_n - x_n$;   (2) 提示: $\lim\limits_{n \to \infty} \dfrac{a_{n+1}}{a_n} = \dfrac{2}{e}$;   (3) 0.

1.2 函数的连续性

一、基本内容

1. 函数在点 x_0 连续的定义如下:

设函数 $f(x)$ 在点 x_0 的某一个邻域内有定义.

定义 1: 若 $\lim\limits_{x \to x_0} f(x) = f(x_0)$, 则函数 $f(x)$ 在点 x_0 连续.

定义 2: 设 $\Delta y = f(x_0 + \Delta x) - f(x_0)$, 若

$$\lim\limits_{\Delta x \to 0} \Delta y = 0,$$

则函数 $f(x)$ 在点 x_0 连续.

2. 间断点的分类:

第一类间断点: 若点 x_0 为函数 $f(x)$ 的间断点, 且点 x_0 的左、右极限存在, 则称点 x_0 为函数 $f(x)$ 的第一类间断点. 若 $\lim\limits_{x \to x_0 - 0} f(x) = \lim\limits_{x \to x_0 + 0} f(x)$, 则称点 x_0 为函数 $f(x)$ 的可去间断点;

若 $\lim\limits_{x \to x_0 - 0} f(x) \neq \lim\limits_{x \to x_0 + 0} f(x)$，则称点 x_0 为函数 $f(x)$ 的跳跃间断点.

第二类间断点：不是第一类间断点的任何间断点，称为第二类间断点.

3. 初等函数在其定义区间内是连续的.

4. 闭区间上连续函数的性质：

（1）零点存在定理；

（2）最大值和最小值定理；

（3）有界性定理；

（4）介值定理.

二、重点与难点

重点：

1. 函数连续的概念与运算.

2. 闭区间上连续函数的性质.

难点：

1. 确定函数的间断点的类型.

2. 闭区间上连续函数的性质的应用.

三、例题分析

例 1.2.1 利用函数的连续性求下列极限：

（1）$\lim\limits_{x \to 0} \dfrac{\ln(1 + \cos x)}{e^x + 2}$；   （2）$\lim\limits_{x \to 0} \ln \dfrac{\sin x}{x}$.

解 （1）$\lim\limits_{x \to 0} \dfrac{\ln(1 + \cos x)}{e^x + 2} = \dfrac{\ln(1 + \cos 0)}{e^0 + 2} = \dfrac{1}{3} \ln 2$.

（2）$\lim\limits_{x \to 0} \ln \dfrac{\sin x}{x} = \ln \left(\lim\limits_{x \to 0} \dfrac{\sin x}{x} \right) = \ln 1 = 0$.

例 1.2.2 求函数 $f(x) = \dfrac{1}{1 - e^{\frac{x}{1-x}}}$ 的间断点并判断其类型.

解 当 $x = 1$ 时，函数无定义.

当 $1 - e^{\frac{x}{1-x}} = 0$，即 $x = 0$ 时，函数无定义，从而 $x = 0$ 与 $x = 1$ 是间断点.

因为 $\lim\limits_{x \to 1 + 0} f(x) = \lim\limits_{x \to 1 + 0} \dfrac{1}{1 - e^{\frac{x}{1-x}}} = 1$ 及 $\lim\limits_{x \to 1 - 0} f(x) = \lim\limits_{x \to 1 - 0} \dfrac{1}{1 - e^{\frac{x}{1-x}}} = 0$，所以 $x = 1$ 是第一类间

断点，是跳跃间断点.

因为 $\lim\limits_{x \to 0} f(x) = \lim\limits_{x \to 0} \dfrac{1}{1 - e^{\frac{x}{1-x}}} = \infty$，所以 $x = 0$ 是第二类间断点.

例 1.2.3

设函数 $f(x) = \begin{cases} e^{\frac{1}{x}} + 1, & x < 0, \\ 1, & x = 0, \\ 1 + x\sin\dfrac{1}{x}, & x > 0, \end{cases}$ 求函数 $f(x)$ 的连续区间.

解 函数 $f(x)$ 在 $x \neq 0$ 处显然是连续的.

在 $x = 0$ 处，因 $f(0) = 1$，及

$$\lim_{x \to 0-0} f(x) = \lim_{x \to 0-0} (e^{\frac{1}{x}} + 1) = 1, \lim_{x \to 0+0} f(x) = \lim_{x \to 0+0} \left(1 + x\sin\frac{1}{x}\right) = 1,$$

故在 $x = 0$ 处，有 $\lim_{x \to 0} f(x) = f(0) = 1$. 从而函数 $f(x)$ 在区间 $(-\infty, +\infty)$ 内连续.

例 1.2.4

设 $f(x) = \begin{cases} \dfrac{\ln(1+2x)}{\sqrt{1+x} - \sqrt{1-x}}, & x < 0, \\ a, & x = 0, \\ x^2 + b, & x > 0, \end{cases}$

求 a，b，使函数 $f(x)$ 在 $x = 0$ 处连续.

解
$$\lim_{x \to 0-0} f(x) = \lim_{x \to 0-0} \frac{\ln(1+2x)}{\sqrt{1+x} - \sqrt{1-x}}$$

$$= \lim_{x \to 0-0} \frac{\ln(1+2x)(\sqrt{1+x} + \sqrt{1-x})}{2x}$$

$$= \lim_{x \to 0-0} \frac{2x(\sqrt{1+x} + \sqrt{1-x})}{2x} = 2.$$

而 $\lim_{x \to 0+0} f(x) = \lim_{x \to 0+0} (x^2 + b) = b$，$f(0) = a$，由 $x = 0$ 处的连续性，得 $\lim_{x \to 0-0} f(x) = \lim_{x \to 0+0} f(x) = f(0)$，即 $a = b = 2$.

例 1.2.5 讨论函数 $f(x) = \lim\limits_{n \to \infty} \dfrac{x^{n+2} - x^{-n}}{x^n + x^{-n}}$ 的连续性.

解 若 $x \neq 0$，则

$$f(x) = \lim_{n \to \infty} \frac{x^{2n+2} - 1}{x^{2n} + 1} = \begin{cases} -1, & 0 < |x| < 1, \\ 0, & |x| = 1, \\ x^2, & |x| > 1. \end{cases}$$

而函数 $f(x)$ 在区间 $(-\infty, -1)$，$(-1, 0)$，$(0, 1)$，$(1, +\infty)$ 上是初等函数，故函数 $f(x)$ 连续.

在 $x = -1$ 时，

$$\lim_{x \to 1-0} f(x) = \lim_{x \to 1-0} x^2 = 1, \lim_{x \to -1+0} f(x) = \lim_{x \to -1+0} (-1) = -1,$$

在 $x = 1$ 处，

$$\lim_{x \to 1-0} f(x) = \lim_{x \to 1-0} (-1) = -1, \lim_{x \to 1+0} f(x) = \lim_{x \to 1+0} x^2 = 1,$$

故函数 $f(x)$ 在 $x = 1$，$x = -1$，$x = 0$ 处间断.

例 1.2.6 设函数 $f(x)$ 对一切 x_1，x_2 适合如下等式：

$$f(x_1 + x_2) = f(x_1) + f(x_2),$$

且函数 $f(x)$ 在 $x = 0$ 处连续，求证：函数 $f(x)$ 在任意点 x_0 处连续.

证明 由 $f(x_1 + x_2) = f(x_1) + f(x_2)$，有

$$f(x) = f(x) + f(0).$$

得 $f(0) = 0$. 因为函数 $f(x)$ 在 $x = 0$ 处连续，所以

$$\lim_{x \to 0} f(x) = f(0) = 0.$$

对任意点 x_0, 由已知, 有 $f(x_0 + \Delta x) = f(x_0) + f(\Delta x)$. 则

$$\lim_{\Delta x \to 0} \Delta y = \lim_{\Delta x \to 0} [f(x_0 + \Delta x) - f(x_0)]$$
$$= \lim_{\Delta x \to 0} f(\Delta x) = f(0) = 0.$$

所以函数 $f(x)$ 在 x_0 处连续.

例 1.2.7　设函数 $f(x)$ 在区间 $[0,1]$ 上连续, 且 $0 < f(x) < 1$, 求证: 方程 $f(x) - x = 0$ 在区间 $(0,1)$ 内至少有一个实数根.

证明　设 $F(x) = f(x) - x$, 则函数 $F(x)$ 在区间 $[0,1]$ 上连续.
又

$$F(0) = f(0) > 0, \quad F(1) = f(1) - 1 < 0,$$

由零点定理, 得至少存在一点 $\xi \in (0,1)$, 使

$$F(\xi) = f(\xi) - \xi = 0.$$

命题得证.

例 1.2.8　求证: 关于 x 的方程 $x = a\sin x + b$ (其中 $a > 0$, $b > 0$) 至少有一个不超过 $a + b$ 的正根.

证明　设 $f(x) = a\sin x + b - x$, 则函数 $f(x)$ 在区间 $[0, a+b]$ 上连续, 且

$$f(0) = b > 0, \quad f(a+b) = a[\sin(a+b) - 1].$$

若 $\sin(a+b) = 1$, 则有 $(a+b) = a\sin(a+b) + b$. 则方程有一个根 $(a+b)$.

若 $\sin(a+b) < 1$, 可知 $f(a+b) < 0$. 由零点定理知, 至少存在一点 ξ, 使

$$f(\xi) = a\sin \xi + b - \xi = 0,$$

即

$$\xi = a\sin \xi + b, \xi \in (0, a+b).$$

命题得证.

例 1.2.9　设函数 $f(x)$ 在区间 $[0,2a]$ 上连续, 且 $f(0) = f(2a)$, 求证: 在区间 $[0,a]$ 上至少存在一点 ξ, 使 $f(\xi) = f(\xi + a)$.

证明　设 $F(x) = f(x) - f(x+a)$, $x \in [0,a]$, 则函数 $F(x)$ 在区间 $[0,a]$ 上连续.
又

$$F(0) = f(0) - f(a),$$
$$F(a) = f(a) - f(2a) = f(a) - f(0),$$

当 $f(a) \neq f(0)$ 时, $F(0) \cdot F(a) < 0$, 由零点定理, 得至少存在一点 $\xi \in (0,a)$, 使

$$F(\xi) = f(\xi) - f(\xi + a) = 0,$$

即 $f(\xi) = f(\xi + a)$.

当 $f(a) = f(0)$ 时, 由于 $F(a) = 0$, 取 $\xi = a$, 有

$$F(a) = f(a) - f(a + a) = 0,$$

即 $F(\xi) = f(\xi) - f(\xi + a) = 0$.

命题得证.

例 1.2.10　设函数 $f(x)$ 在区间 $[a,b]$ 上连续, 已知 $x_i \in [a,b]$, $t_i > 0$ $(i = 1, 2, \cdots, n)$, 且 $\sum_{i=1}^{n} t_i = 1$, 求证: 至少存在一点 $\xi \in [a,b]$, 使

$$f(\xi) = t_1 f(x_1) + t_2 f(x_2) + \cdots + t_n f(x_n).$$

证明　因为函数 $f(x)$ 在区间 $[a,b]$ 上连续，所以有

$$M = \max_{x \in [a,b]} f(x), \quad m = \min_{x \in [a,b]} f(x),$$

使得对任何 $x \in [a,b]$，都有 $m \leqslant f(x) \leqslant M$.

由于 $x_i \in [a,b], t_i > 0 \quad (i=1, 2, \cdots, n)$，因此

$$m = mt_1 + mt_2 + \cdots + mt_n$$
$$\leqslant t_1 f(x_1) + t_2 f(x_2) + \cdots + t_n f(x_n)$$
$$\leqslant Mt_1 + Mt_2 + \cdots + Mt_n = M.$$

由介值定理，得至少存在一点 $\xi \in [a,b]$，使

$$f(\xi) = t_1 f(x_1) + t_2 f(x_2) + \cdots + t_n f(x_n).$$

例 1.2.11　设函数 $f(x)$ 在区间 $[0,1]$ 上连续，$f(0) = f(1)$，求证：对于任意正整数 n，必存在 $x_n \in (0,1)$，使 $f(x_n) = f\left(x_n + \dfrac{1}{n}\right)$.

证明　令 $\varphi(x) = f(x) - f\left(x + \dfrac{1}{n}\right)$，则函数 $\varphi(x)$ 在区间 $\left[0, 1 - \dfrac{1}{n}\right]$ 上连续. 故存在最大值 M 与最小值 m，满足 $m \leqslant \varphi\left(\dfrac{k}{n}\right) \leqslant M \ (k = 0, 1, \cdots, n-1)$. 则

$$m \leqslant \frac{1}{n} \sum_{k=0}^{n-1} \varphi\left(\frac{k}{n}\right) \leqslant M.$$

故存在 $x_n \in \left[0, 1 - \dfrac{1}{n}\right]$，使

$$\begin{aligned}
\varphi(x_n) &= \frac{1}{n} \sum_{k=0}^{n-1} \varphi\left(\frac{k}{n}\right) \\
&= \frac{1}{n}\left[\varphi(0) + \varphi\left(\frac{1}{n}\right) + \cdots + \varphi\left(\frac{n-1}{n}\right)\right] \\
&= \frac{1}{n}\left[f(0) - f\left(\frac{1}{n}\right) + f\left(\frac{1}{n}\right) - f\left(\frac{2}{n}\right) + \cdots + f\left(\frac{n-1}{n}\right) - f(1)\right] \\
&= \frac{1}{n}[f(0) - f(1)] = 0,
\end{aligned}$$

即　$f(x_n) = f\left(x_n + \dfrac{1}{n}\right)$.

例 1.2.12　当 $x \in [a,b]$ 时，$a \leqslant f(x) \leqslant b$，且 $|f(x) - f(y)| \leqslant k|x-y|$，其中 $0 < k < 1$ 为常数，设 $x_0 \in [a,b]$，$x_{n+1} = f(x_n)(n = 0, 1, 2, \cdots)$，

求证：(1) 存在唯一的 $\xi \in [a,b]$，使 $f(\xi) = \xi$；(2) $\lim\limits_{n \to \infty} x_n = \xi$.

证明　(1) 由 $|f(x) - f(y)| \leqslant k|x-y|$，知函数 $f(x)$ 连续. 故函数 $g(x) = f(x) - x$ 连续.

由于 $a \leqslant f(x) \leqslant b, x \in [a,b]$，因此

$$g(a) = f(a) - a \geqslant 0, \quad g(b) = f(b) - b \leqslant 0,$$

存在 $\xi \in [a,b]$，使 $g(\xi) = 0, f(\xi) = \xi$.

假设另有 ξ_1，使 $f(\xi_1) = \xi_1$，且 $\xi_1 \neq \xi$，则

$$|\xi_1 - \xi| = |f(\xi_1) - f(\xi)| \leqslant k|\xi_1 - \xi| < |\xi_1 - \xi|.$$

矛盾. 故存在唯一的 ξ, 使 $\xi = f(\xi)$.

(2) 由 $x_0 \in [a, b]$, $x_{n+1} = f(x_n)$ 及已知条件, 知 $x_n \in [a, b]$. 再根据 (1) 的结论, 有

$$|x_n - \xi| = |f(x_{n-1}) - f(\xi)| \leqslant k|x_{n-1} - \xi| \leqslant k^2|x_{n-2} - \xi| \leqslant \cdots \leqslant k^n|x_0 - \xi|.$$

由于 $k < 1$, 因此 $\lim\limits_{n \to \infty} |x_n - \xi| = 0$, 即 $\lim\limits_{n \to \infty}(x_n - \xi) = 0$, $\lim\limits_{n \to \infty} x_n = \xi$.

例 1.2.13 设函数 $f(x)$ 在区间 $(-\infty, +\infty)$ 内连续, 且 $f[f(x)] = x$, 求证: 在区间 $(-\infty, +\infty)$ 内至少有一个 x_0 满足 $f(x_0) = x_0$.

证明 任取 $c \in (-\infty, +\infty)$

若 $f(c) = c$, 则取 $x_0 = c$, 有 $f(x_0) = x_0$.

若 $f(c) \neq c$, 不妨设 $f(c) > c$. 令 $F(x) = f(x) - x$, 则函数 $F(x)$ 在区间 $(-\infty, +\infty)$ 上连续, 且

$$F(c) = f(c) - c > 0, \quad F[f(c)] = f[f(c)] - f(c) = c - f(c) < 0.$$

由零点定理, 知至少有一个 $x_0 \in (c, f(c)) \subseteq (-\infty, +\infty)$, 使

$$F(x_0) = 0$$

即 $f(x_0) - x_0 = 0$, 即 $f(x_0) = x_0$.

四、习题

1. 求下列函数的间断点及其类型:

(1) $f(x) = \dfrac{\dfrac{1}{x} - \dfrac{1}{x+1}}{\dfrac{1}{x-1} + \dfrac{1}{x}}$;

(2) $f(x) = \begin{cases} \cos\dfrac{\pi x}{2}, & |x| \leqslant 1, \\ |x - 1|, & |x| > 1. \end{cases}$

2. 设 $f(x) = \begin{cases} \dfrac{x+a}{2+\mathrm{e}^{\frac{1}{x}}}, & x < 0, \\ \dfrac{\sin x \tan\dfrac{x}{2}}{1 - \cos 2x}, & x > 0, \end{cases}$ 试确定 a, 使 $\lim\limits_{x \to 0} f(x)$ 存在.

3. 设 $\lim\limits_{n \to \infty} \dfrac{x^{2n+1} + (a-1)x^n - 1}{x^{2n} - ax^n - 1} = f(x)$ $(a \neq 0)$.

(1) 求 $f(x)$;

(2) 若当 $x \geqslant 0$ 时, 函数 $f(x)$ 连续, 求 a 的值.

4. 设函数 $f(x)$ 在 $x = 0$ 处连续, 且 $f(0) = 0$, $|g(x)| \leqslant |f(x)|$, 求证: 函数 $g(x)$ 在 $x = 0$ 处也连续.

5. 设函数 $f(x)$ 对一切正实数 x_1, x_2 适合如下等式:

$$f(x_1 x_2) = f(x_1) + f(x_2),$$

且函数 $f(x)$ 在 $x = 1$ 处连续, 求证: 函数 $f(x)$ 在任意点 x_0 $(x_0 > 0)$ 处连续.

6. 设 $f(x) = \begin{cases} \dfrac{1 + x^2 \mathrm{e}^x}{\sqrt{1 + 2x^2}}, & x > 0, \\ g(x), & 0 \leqslant x \leqslant 1, \\ \dfrac{x^2 + 4x - 5}{2x^2 - x - 1}, & x > 1, \end{cases}$ 试确定函数 $g(x)$ 的表达式, 使得函数 $f(x)$ 在区间 $(-\infty, +\infty)$ 内连续, 且使函数 $f(x)$ 在区间 $[0,1]$ 上的图形是以直线 $x = \dfrac{1}{3}$ 为对称轴的一段抛物线.

7. 求证: 方程 $\dfrac{3}{x-1} + \dfrac{4}{x-2} + \dfrac{5}{x-3} = 0$ 在区间 $(1, 2)$ 与 $(2, 3)$ 各有一根.

8. 设函数 $f(x)$ 在区间 $[a, b]$ 上连续, 且 $a < x_1 < x_2 < \cdots < x_n < b$, 求证: 在区间 $[x_1, x_n]$ 中至少存在一点 ξ, 使得

$$f(\xi) = \frac{f(x_1) + f(x_2) + \cdots + f(x_n)}{n}.$$

9. 设函数 $f(x)$ 在区间 $[0,1]$ 上非负连续, 且 $f(0) = f(1) = 0$, 求证: 对任意实数 l $(0 < l < 1)$, 必存在一点 $x_0 \in [0,1]$, 使 $f(x_0) = f(x_0 + l)$.

五、习题答案

1. (1) $x = 0$, 可去间断点; $x = 1$, 可去间断点; $x = -1$, 无穷间断点; $x = \dfrac{1}{2}$, 无穷间断点;

(2) $x = -1$, 跳跃间断点.

2. $a = \dfrac{1}{2}$.

3. （1） $f(x) = \begin{cases} x, & |x| > 1, \\ \dfrac{1}{a} - 1, & x = 1, \\ 1, & |x| < 1; \end{cases}$

（2） $a = \dfrac{1}{2}$.

4. 提示： $g(0) = 0.$

5. 提示： $f(x) - f(x_0) = f\left(\dfrac{x}{x_0}\right).$

6. 提示： $g(x) = 6x^2 - 4x + 1.$

7. 提示：证明函数 $f(x) = \dfrac{3}{x-1} + \dfrac{4}{x-2} + \dfrac{5}{x-3}$ 在区间 $(1,2)$ 与 $(2,3)$ 各有一个零点.

8. 提示：先运用最大值最小值定理，再运用介值定理.

9. 提示：对函数 $F(x) = f(x) - f(x+l)$ 运用零点定理.

1.3 利用等价无穷小求极限

一、基本内容

1. 无穷小的替换定理：

设 $\alpha \sim \alpha'$ ， $\beta \sim \beta'$ ，若 $\lim\dfrac{\alpha'}{\beta'} = A$ （或 ∞ ），则

$$\lim \frac{\alpha}{\beta} = \lim \frac{\alpha'}{\beta'} = A（或 \infty）.$$

注 积因子中的等价无穷小可以替换.

2. 常用等价无穷小：

当 $x \to 0$ 时， $\sin x \sim x$ ； $1 - \cos x \sim \dfrac{1}{2}x^2$ ； $\tan x \sim x$ ； $\arcsin x \sim x$ ； $\arctan x \sim x$ ； $e^x - 1 \sim x$ ； $\ln(1+x) \sim x$ ； $(1+x)^\alpha - 1 \sim \alpha x$.

二、重点与难点

重点：利用等价无穷小计算未定式的极限.

难点：未定式的极限的化简.

三、例题分析

例 1.3.1 求下列极限

（1） $\lim\limits_{x \to 0} \dfrac{\sqrt[m]{(1+x)^n} - 1}{x}$ ；　　（2） $\lim\limits_{x \to 0} \dfrac{1 - \cos x \cos 2x}{x^2}$ ；

（3） $\lim\limits_{x \to 0} \dfrac{\sqrt{1 + \tan x} - \sqrt{1 + \sin x}}{x^3(x - 2\cos x)}$ ；　　（4） $\lim\limits_{x \to 0} \dfrac{\sqrt[m]{5+x} - \sqrt[m]{5}}{x}$.

解 （1）原式 $= \lim\limits_{x \to 0} \dfrac{e^{\frac{n}{m}\ln(1+x)} - 1}{x} = \lim\limits_{x \to 0} \dfrac{\frac{n}{m}\ln(1+x)}{x} = \dfrac{n}{m}$.

（2）原式 $= \lim\limits_{x \to 0} \dfrac{1 - \cos x + \cos x - \cos x \cos 2x}{x^2}$

$$= \lim_{x \to 0} \frac{1 - \cos x}{x^2} + \lim_{x \to 0} \frac{\cos x (1 - \cos 2x)}{x^2}$$

$$= \lim_{x \to 0} \frac{\frac{1}{2} x^2}{x^2} + \lim_{x \to 0} \frac{\frac{1}{2} (2x)^2}{x^2} = \frac{5}{2}.$$

（3）原式 $= \lim_{x \to 0} \dfrac{\tan x - \sin x}{x^3 (x - 2\cos x)(\sqrt{1 + \tan x} + \sqrt{1 + \sin x})}$

$$= -\frac{1}{4} \lim_{x \to 0} \frac{\tan x - \sin x}{x^3} = -\frac{1}{4} \lim_{x \to 0} \frac{\tan x (1 - \cos x)}{x^3}$$

$$= -\frac{1}{4} \lim_{x \to 0} \frac{\tan x \cdot \frac{1}{2} x^2}{x^3} = -\frac{1}{8}.$$

（4）原式 $= \lim_{x \to 0} \dfrac{\sqrt[m]{5 + x} - \sqrt[m]{5}}{x} = \lim_{x \to 0} \dfrac{\sqrt[m]{5}\left(\sqrt[m]{1 + \dfrac{x}{5}} - 1\right)}{x}$

$$= \lim_{x \to 0} \frac{\sqrt[m]{5 + x} - \sqrt[m]{5}}{x} = \sqrt[m]{5} \lim_{x \to 0} \frac{\frac{1}{m} \cdot \frac{x}{5}}{x} = \frac{\sqrt[m]{5}}{5m}.$$

例 1.3.2　求下列极限：

（1）$\displaystyle \lim_{x \to 0} \frac{e^{\tan x} - e^{\sin x}}{\tan x - \sin x}$；　　　（2）$\displaystyle \lim_{x \to \infty} \frac{\ln \sqrt{\sin \frac{1}{x} + \cos \frac{1}{x}}}{\sin \frac{1}{x} + \cos \frac{1}{x} - 1}$；

（3）$\displaystyle \lim_{x \to 0} \frac{\ln(\sin^2 x + e^x) - x}{\ln(x^2 + e^{2x}) - 2x}$；　　（4）$\displaystyle \lim_{x \to a} \tan \frac{\pi x}{2a} \ln\left(2 - \frac{x}{a}\right)$；

（5）已知 $\displaystyle \lim_{x \to 0} \frac{\sqrt{1 + f(x) \sin 2x} - 1}{e^{3x} - 1} = 2$，求 $\displaystyle \lim_{x \to 0} f(x)$.

解　（1）原式 $= \displaystyle \lim_{x \to 0} e^{\sin x} \frac{e^{\tan x - \sin x} - 1}{\tan x - \sin x} = \lim_{x \to 0} \frac{e^{\tan x - \sin x} - 1}{\tan x - \sin x}$

$$= \lim_{x \to 0} \frac{\tan x - \sin x}{\tan x - \sin x} = 1.$$

（2）原式 $= \dfrac{1}{2} \displaystyle \lim_{x \to \infty} \dfrac{\ln\left[1 + \left(\sin \dfrac{1}{x} + \cos \dfrac{1}{x} - 1\right)\right]}{\sin \dfrac{1}{x} + \cos \dfrac{1}{x} - 1}$

$$= \frac{1}{2} \lim_{x \to \infty} \frac{\sin \frac{1}{x} + \cos \frac{1}{x} - 1}{\sin \frac{1}{x} + \cos \frac{1}{x} - 1} = \frac{1}{2}.$$

（3）原式 $= \displaystyle \lim_{x \to 0} \dfrac{\ln\left(1 + \dfrac{\sin^2 x}{e^x}\right)}{\ln\left(1 + \dfrac{x^2}{e^{2x}}\right)} = \lim_{x \to 0} \dfrac{\dfrac{\sin^2 x}{e^x}}{\dfrac{x^2}{e^{2x}}} = 1.$

(4) 原式 $= \lim\limits_{x \to a} \dfrac{\ln\left(2 - \dfrac{x}{a}\right)}{\tan\left(\dfrac{\pi}{2} - \dfrac{\pi x}{2a}\right)} = \lim\limits_{x \to a} \dfrac{\ln\left[1 + \left(1 - \dfrac{x}{a}\right)\right]}{\tan\dfrac{\pi}{2}\left(1 - \dfrac{x}{a}\right)}$

$\qquad = \lim\limits_{x \to a} \dfrac{1 - \dfrac{x}{a}}{\dfrac{\pi}{2}\left(1 - \dfrac{x}{a}\right)} = \dfrac{2}{\pi}.$

(5) 因为 $\lim\limits_{x \to 0} \dfrac{\sqrt{1 + f(x)\sin 2x} - 1}{\mathrm{e}^{3x} - 1} = 2$, $\lim\limits_{x \to 0}(\mathrm{e}^{3x} - 1) = 0$, 所以

$$\lim\limits_{x \to 0}\left[\sqrt{1 + f(x)\sin 2x} - 1\right] = 0.$$

故　$\lim\limits_{x \to 0} f(x)\sin 2x = 0.$ 从而

$$2 = \lim\limits_{x \to 0} \dfrac{\sqrt{1 + f(x)\sin 2x} - 1}{\mathrm{e}^{3x} - 1} = \lim\limits_{x \to 0} \dfrac{\mathrm{e}^{\frac{1}{2}\ln[1 + f(x)\sin 2x]} - 1}{3x}$$

$$= \lim\limits_{x \to 0} \dfrac{\dfrac{1}{2}\ln[1 + f(x)\sin 2x]}{3x} = \dfrac{1}{6}\lim\limits_{x \to 0} \dfrac{f(x)\sin 2x}{x}$$

$$= \dfrac{1}{6}\lim\limits_{x \to 0} \dfrac{f(x) \cdot 2x}{x} = \dfrac{1}{3}\lim\limits_{x \to 0} f(x).$$

故　$\lim\limits_{x \to 0} f(x) = 6.$

例 1.3.3　求下列极限:

(1) $\lim\limits_{x \to 0}(\cos 2x)^{\frac{1}{x^2}}$;　　　(2) $\lim\limits_{x \to 0}(1 + \mathrm{e}^x\sin^2 x)^{\frac{1}{1 - \cos x}}$.

解　(1) 原式 $= \mathrm{e}^{\lim\limits_{x \to 0} \frac{\ln\cos 2x}{x^2}} = \mathrm{e}^{\lim\limits_{x \to 0} \frac{\cos 2x - 1}{x^2}} = \mathrm{e}^{\lim\limits_{x \to 0} \frac{-\frac{1}{2}(2x)^2}{x^2}} = \mathrm{e}^{-2}.$

(2) 原式 $= \mathrm{e}^{\lim\limits_{x \to 0} \frac{\ln(1 + \mathrm{e}^x\sin^2 x)}{1 - \cos x}} = \mathrm{e}^{\lim\limits_{x \to 0} \frac{\mathrm{e}^x\sin^2 x}{\frac{1}{2}x^2}} = \mathrm{e}^2.$

例 1.3.4　当 $x \to 0$ 时, $\sqrt{1 + ax^2} - 1$ 与 $\cos x - 1$ 是等价无穷小, 求 a.

解　依题意, 知 $\lim\limits_{x \to 0} \dfrac{\sqrt{1 + ax^2} - 1}{\cos x - 1} = 1.$ 又

$$\lim\limits_{x \to 0} \dfrac{\sqrt{1 + ax^2} - 1}{\cos x - 1} = \lim\limits_{x \to 0} \dfrac{ax^2}{(\cos x - 1)(\sqrt{1 + ax^2} + 1)}$$

$$= \dfrac{1}{2}\lim\limits_{x \to 0} \dfrac{ax^2}{(\cos x - 1)} = \dfrac{1}{2}\lim\limits_{x \to 0} \dfrac{ax^2}{-\dfrac{x^2}{2}} = -a,$$

所以　$a = -1.$

四、习题

1. 求下列极限:

(1) $\lim\limits_{x \to 0} \dfrac{\mathrm{e}^{5x} - 1}{x}$;　　(2) $\lim\limits_{x \to 0} \dfrac{\sqrt{1 + x\sin x} - 1}{\mathrm{e}^{x^2} - 1}$;

(3) $\lim\limits_{x \to \pi} \dfrac{\ln\sin\dfrac{x}{2}}{1 + \cos x}$;　(4) $\lim\limits_{x \to \frac{\pi}{2}}(\sin x)^{\tan x}$;

(5) $\lim\limits_{x \to 0} \dfrac{\ln(a + x) + \ln(a - x) - 2\ln a}{x^2}(a > 0)$;

(6) $\lim\limits_{x\to 0}\dfrac{\ln\cos 2x}{x^2}$; (7) $\lim\limits_{x\to 0}\dfrac{(1+x)^{\frac{1}{n}}-1}{x}$;

(8) $\lim\limits_{x\to 1}\dfrac{\arctan(2^{\sqrt[3]{x^3-1}}-1)}{\sqrt[5]{1+\sqrt[3]{x^2-1}}-1}$;

(9) $\lim\limits_{x\to 0}\dfrac{e^x+e^{-x}-2}{x^2}$;

(10) $\lim\limits_{x\to 0}\dfrac{(\sqrt[n]{1+x-x^2}-1)\arctan^2 x}{\sin 2x(1-\cos x)}$;

(11) $\lim\limits_{x\to 0}\dfrac{e^{\tan x}-e^{\sin x}}{\sqrt{4+x^3}-2}$;

(12) $\lim\limits_{x\to 0}\dfrac{1}{x}\left(\dfrac{1}{\sin x}-\dfrac{1}{\tan x}\right)$;

(13) $\lim\limits_{x\to 0}\dfrac{1-\cos(1-\cos 2x)}{x^4}$;

(14) $\lim\limits_{x\to 0}\left[1+(\arcsin x)^2\right]^{\cot^2 x}$.

2. 设 $f(x)=\begin{cases}\dfrac{\sin 2x}{x}, & x>0,\\[2mm]\dfrac{e^x-e^{-x}}{x}, & x\leqslant 0,\end{cases}$ 且 $\varphi(x)=2+x+$

$f(x)$，求 $\lim\limits_{x\to 0}\varphi(x)$.

3. 已知 $\lim\limits_{x\to 0}\dfrac{\sqrt{4+xf(x)}-2}{x}=3$，求 $\lim\limits_{x\to 0}f(x)$.

4. 已知当 $x\to 0$ 时，$f(2x)$ 与 $\sin x$ 是等价无穷 小，试求极限 $\lim\limits_{x\to 0}\dfrac{f(3x)}{e^{2x}-1}$.

五、习题答案

1. (1) 5; (2) $\dfrac{1}{2}$; (3) $-\dfrac{1}{4}$;

(4) 1; (5) $-\dfrac{1}{a^2}$; (6) -2; (7) $\dfrac{1}{n}$;

(8) $5\sqrt[3]{\dfrac{3}{2}}\ln 2$; (9) 1; (10) $\dfrac{1}{n}$;

(11) 2; (12) $\dfrac{1}{2}$; (13) 2; (14) e.

2. $\lim\limits_{x\to 0}\varphi(x)=4$.

3. $\lim\limits_{x\to 0}f(x)=12$.

4. 提示：先利用等价无穷小代换，再令 $3x=2u$，则 $\lim\limits_{x\to 0}\dfrac{f(3x)}{e^{2x}-1}=\dfrac{3}{4}$.

第 2 章
导数与微分

基本要求

1. 理解导数与微分的概念，理解导数与微分的关系，理解函数的可导性与连续性之间的关系.

2. 理解导数的几何意义，会求平面曲线的切线方程和法线方程，了解导数的物理意义，会用导数描述一些物理量.

3. 掌握导数的四则运算和复合函数的求导法则，掌握基本初等函数的导数公式，了解微分的四则运算法则和一阶微分形式的不变性，会求函数的微分，了解微分在近似计算中的应用.

4. 了解高阶导数的概念，会求简单函数的 n 阶导数.

5. 会求分段函数的一阶、二阶导数.

6. 会求隐函数和由参数方程所确定的函数的一阶、二阶导数，会求反函数的导数.

2.1 用定义讨论函数的可导性

一、基本内容

1. 导数的定义：设函数 $y = f(x)$ 在点 x_0 的某邻域内有定义，若

$$\lim_{\Delta x \to 0} \frac{f(x_0 + \Delta x) - f(x_0)}{\Delta x}$$

存在，则称函数 $y = f(x)$ 在 x_0 处可导，称此极限为函数 $y = f(x)$ 在 x_0 处的导数，记为 $f'(x_0)$ 或 $\dfrac{\mathrm{d}y}{\mathrm{d}x}\bigg|_{x=x_0}$，$\dfrac{\mathrm{d}f(x)}{\mathrm{d}x}\bigg|_{x=x_0}$，$y'\big|_{x=x_0}$.

注 导数的另一种形式：

$$f'(x_0) = \lim_{x \to x_0} \frac{f(x) - f(x_0)}{x - x_0}$$

若 $\lim\limits_{\Delta x \to 0 + 0} \dfrac{f(x_0 + \Delta x) - f(x_0)}{\Delta x}\left[\text{或} \lim\limits_{\Delta x \to 0 - 0} \dfrac{f(x_0 + \Delta x) - f(x_0)}{\Delta x}\right]$ 存在，则此极限为函数 $y = f(x)$ 在点 x_0 处的右导数（或左导数），记作 $f'_+(x_0)$ [或 $f'_-(x_0)$].

结论：函数 $y = f(x)$ 在点 x_0 处可导 $\Leftrightarrow f'_+(x_0)$，$f'_-(x_0)$ 存在且相等.

2. 微分的定义：设函数 $y = f(x)$ 在某区间内有定义，x_0 及 $x_0 + \Delta x$ 在此区间内，若 $\Delta y =$

$f(x_0 + \Delta x) - f(x_0)$ 可表示为

$$\Delta y = A\Delta x + o(\Delta x)$$

其中，A 为与 Δx 无关的常数，$o(\Delta x)$ 是比 Δx 高阶的无穷小，则称函数 $y = f(x)$ 在 x_0 处可微，$A\Delta x$ 叫作 $y = f(x)$ 在 x_0 处相应于 Δx 的微分，记为 $\mathrm{d}y$，即 $\mathrm{d}y = A\Delta x$.

3. 微分公式：$\mathrm{d}y = f'(x)\mathrm{d}x$.

4. 导数与微分的几何意义：$f'(x_0)$ 表示曲线 $y = f(x)$ 在点 $(x_0, f(x_0))$ 处的切线的斜率；$\mathrm{d}y$ 表示曲线 $y = f(x)$ 在点 $(x_0, f(x_0))$ 处的切线上的点的纵坐标的增量.

5. 可导、可微及连续之间的关系：

（1）函数 $y = f(x)$ 在点 x_0 处可导 $\Leftrightarrow$ 可微，且 $\mathrm{d}y = f'(x_0)\mathrm{d}x$.

（2）函数 $y = f(x)$ 在点 x_0 处可导 $\Rightarrow$ 连续，但连续 $\not\Rightarrow$ 可导.

6. 高阶导数

（1）二阶导数：若函数 $y = f(x)$ 的导数 $f'(x)$ 在点 x 处可导，则称导数 $f'(x)$ 在点 x 处的导数为函数 $f(x)$ 在点 x 处的二阶导数，记作 $f''(x)$，y'' 或 $\dfrac{\mathrm{d}^2 y}{\mathrm{d}x^2}$.

（2）高阶导数.

二、重点与难点

重点：导数的概念、可导性的研判.
难点：分段函数的可导性的讨论.

三、例题分析

例 2.1.1　设函数 $y = f(x)$ 在 x_0 处可导，求极限 $\lim\limits_{x \to 0} \dfrac{f(x_0 + x) - f(x_0 - 3x)}{x}$.

解　原式 $= \lim\limits_{x \to 0} \dfrac{[f(x_0 + x) - f(x_0)] + [f(x_0) - f(x_0 - 3x)]}{x}$

$\qquad = \lim\limits_{x \to 0} \dfrac{f(x_0 + x) - f(x_0)}{x} + 3\lim\limits_{x \to 0} \dfrac{f(x_0 - 3x) - f(x_0)}{-3x}$

$\qquad = f'(x_0) + 3f'(x_0) = 4f'(x_0)$

注　以下解法是错误的：令 $t = x_0 - 3x$，则 $x_0 = t + 3x$. 于是

$$\text{原式} = \lim\limits_{x \to 0} \dfrac{f(t + 4x) - f(t)}{x} = 4\lim\limits_{x \to 0} f'(t)$$

$$= 4\lim\limits_{x \to 0} f'(x_0 - 3x) = 4f'(x_0).$$

例 2.1.2　函数 $f(x) = \begin{cases} \dfrac{x}{1 - \mathrm{e}^{\frac{1}{x}}}, & x \neq 0 \\ 0, & x = 0 \end{cases}$　在 $x = 0$ 处是否连续？是否可导？

解　（1）连续性：由于

$$\lim\limits_{x \to 0+0} f(x) = \lim\limits_{x \to 0+0} \dfrac{x}{1 - \mathrm{e}^{\frac{1}{x}}} = 0 \left(\text{因 } \lim\limits_{x \to 0+0} \mathrm{e}^{\frac{1}{x}} = +\infty\right),$$

$$\lim\limits_{x \to 0-0} f(x) = \lim\limits_{x \to 0-0} \dfrac{x}{1 - \mathrm{e}^{\frac{1}{x}}} = 0 \left(\text{因 } \lim\limits_{x \to 0-0} \mathrm{e}^{\frac{1}{x}} = 0\right),$$

则 $\lim\limits_{x\to 0}f(x)=0=f(0)$. 所以函数 $f(x)$ 在 $x=0$ 处连续.

（2）可导性：由于

$$f'_+(0) = \lim_{x\to 0+0}\frac{f(x)-f(0)}{x-0} = \lim_{x\to 0+0}\frac{1}{1-e^{\frac{1}{x}}} = 0,$$

$$f'_-(0) = \lim_{x\to 0-0}\frac{f(x)-f(0)}{x-0} = \lim_{x\to 0-0}\frac{1}{1-e^{\frac{1}{x}}} = 1,$$

即 $f'_+(0)\neq f'_-(0)$，所以函数 $f(x)$ 在 $x=0$ 处不可导.

例 2.1.3 已知 $f(x)=\begin{cases} x^2\sin\dfrac{1}{x}, & x>0, \\ 0, & x\leqslant 0. \end{cases}$

（1）求 $f'_+(0)$，$f'_-(0)$ 和 $f'(x)$；

（2）求 $\lim\limits_{x\to 0+0}f'(x)$，$\lim\limits_{x\to 0-0}f'(x)$ 和 $\lim\limits_{x\to 0}f'(x)$.

解 （1）因为

$$f'_+(0) = \lim_{x\to 0+0}\frac{f(x)-f(0)}{x-0} = \lim_{x\to 0+0}\frac{x^2\sin\dfrac{1}{x}}{x} = \lim_{x\to 0+0}x\sin\frac{1}{x} = 0,$$

$$f'_-(0) = \lim_{x\to 0-0}\frac{f(x)-f(0)}{x-0} = \lim_{x\to 0-0}\frac{0-0}{x} = 0,$$

故 $f'(0)=0$.

因为当 $x>0$ 时，$f'(x)=\left(x^2\sin\dfrac{1}{x}\right)'=2x\sin\dfrac{1}{x}-\cos\dfrac{1}{x}$；当 $x<0$ 时，$f'(x)=0$，所以

$$f'(x)=\begin{cases} 2x\sin\dfrac{1}{x}-\cos\dfrac{1}{x}, & x>0, \\ 0, & x\leqslant 0. \end{cases}$$

（2）$\lim\limits_{x\to 0-0}f'(x)=\lim\limits_{x\to 0-0}0=0$，但 $\lim\limits_{x\to 0+0}f'(x)=\lim\limits_{x\to 0+0}\left(2x\sin\dfrac{1}{x}-\cos\dfrac{1}{x}\right)$ 不存在，因而 $\lim\limits_{x\to 0}f'(x)$ 不存在.

注 （1）下面求 $f'(0)$ 的方法不对：

$$f'(x)=\begin{cases} \left(x^2\sin\dfrac{1}{x}\right)', & x>0, \\ (0)', & x\leqslant 0 \end{cases} = \begin{cases} 2x\sin\dfrac{1}{x}-\cos\dfrac{1}{x}, & x>0, \\ 0, & x\leqslant 0, \end{cases}$$

所以 $f'(0)=0$.

举反例：取 $f(x)=\begin{cases} x^2, & x\geqslant 0, \\ xe^x, & x<0, \end{cases}$ 则

$$f'_+(0) = \lim_{x\to 0+0}\frac{f(x)-f(0)}{x-0} = 0,\quad f'_-(0) = \lim_{x\to 0-0}\frac{f(x)-f(0)}{x-0} = 1.$$

可知 $f'(0)$ 不存在，而若用

$$f'(x)=\begin{cases} (x^2)', & x\geqslant 0, \\ (xe^x)', & x<0 \end{cases} = \begin{cases} 2x, & x\geqslant 0, \\ (1+x)e^x, & x<0, \end{cases}$$

可得出 $f'(0)=0$ 的错误结论.

可以证明：当 $\lim\limits_{x \to x_0 + 0} f'(x)$，$\lim\limits_{x \to x_0 - 0} f'(x)$ 存在且相等，函数 $f(x)$ 在点 x_0 连续时，函数 $f(x)$ 在点 x_0 可导. 这时用上述方法求 $f'(0)$ 才正确.

因此，在考虑分段函数分界点的可导性时，一定要用导数的定义.

问题： $\lim\limits_{x \to x_0} f'(x)$ 不存在，是否能判定 $f'(x_0)$ 不存在？

不能. 本题中 $\lim\limits_{x \to 0} f'(x)$ 不存在，但是 $f'(0) = 0$. 只有函数 $f'(x)$ 在 $x = 0$ 处连续时，才有 $\lim\limits_{x \to 0} f'(x) = f'(0)$.

例 2.1.4 已知函数 $\varphi(x)$ 在点 $x = a$ 处连续，设 $f(x) = (x-a)\varphi(x)$，$g(x) = |x-a|\varphi(x)$，求 $f'(a)$，$g'(a)$.

解 $f'(a) = \lim\limits_{x \to a} \dfrac{f(x) - f(a)}{x - a} = \lim\limits_{x \to a} \dfrac{(x-a)\varphi(x) - 0}{x - a} = \lim\limits_{x \to a} \varphi(x) = \varphi(a)$，

$$g'_+(a) = \lim\limits_{x \to a+0} \dfrac{g(x) - g(a)}{x - a} = \lim\limits_{x \to a+0} \dfrac{(x-a)\varphi(x) - 0}{x - a} = \varphi(a),$$

$$g'_-(a) = \lim\limits_{x \to a-0} \dfrac{g(x) - g(a)}{x - a} = \lim\limits_{x \to a-0} \dfrac{(a-x)\varphi(x) - 0}{x - a} = -\varphi(a).$$

若 $\varphi(a) = 0$，则 $g'(a) = 0$；若 $\varphi(a) \neq 0$，则 $g'_+(a) \neq g'_-(a)$. 从而 $g'(a)$ 不存在.

注 错误解法：

因为 $f'(x) = [(x-a)\varphi(x)]' = \varphi(x) + (x-a)\varphi'(x)$，所以

$$f'(a) = \varphi(a) + (a-a)\varphi'(a) = \varphi(a).$$

此做法是错误的，因为 $\varphi'(x)$ 可能不存在.

例 2.1.5 设 $f(x) = \begin{cases} \dfrac{1 - \cos x}{\sqrt{x}}, & x > 0 \\ x^2 g(x), & x \leqslant 0 \end{cases}$ 其中函数 $g(x)$ 是有界函数，求 $f'(0)$.

解 因为

$$f'_+(0) = \lim\limits_{x \to 0+0} \dfrac{f(x) - f(0)}{x - 0} = \lim\limits_{x \to 0+0} \dfrac{1 - \cos x}{\sqrt{x} \cdot x} = \lim\limits_{x \to 0+0} \dfrac{\frac{1}{2}x^2}{\sqrt{x} \cdot x} = 0,$$

$$f'_-(0) = \lim\limits_{x \to 0-0} \dfrac{f(x) - f(0)}{x - 0} = \lim\limits_{x \to 0-0} \dfrac{x^2 g(x)}{x} = \lim\limits_{x \to 0-0} x g(x) = 0,$$

所以 $f'(0) = 0$.

例 2.1.6 设 $f(x) = \begin{cases} e^x, & x < 0 \\ a + bx, & x \geqslant 0 \end{cases}$ 当 a, b 为何值时，函数 $f(x)$ 在 $x = 0$ 处可导？

解 因为函数 $f(x)$ 在 $x = 0$ 处连续，而

$$\lim\limits_{x \to 0+0} f(x) = \lim\limits_{x \to 0+0} (a + bx) = a, \quad \lim\limits_{x \to 0-0} f(x) = \lim\limits_{x \to 0-0} e^x = 1,$$

所以 $a = 1$

因为

$$f'_+(0) = \lim\limits_{x \to 0+0} \dfrac{f(x) - f(0)}{x - 0} = \lim\limits_{x \to 0+0} \dfrac{(1 + bx) - 1}{x} = b,$$

$$f'_-(0) = \lim\limits_{x \to 0-0} \dfrac{f(x) - f(0)}{x - 0} = \lim\limits_{x \to 0-0} \dfrac{e^x - 1}{x} = 1,$$

所以 $b = 1$.

例 2.1.7 设函数 $f(x)$ 在区间 $(-\infty, +\infty)$ 上有定义，且对任何 $x, y \in (-\infty, +\infty)$，有 $f(x + y) = f(x)f(y)$，且 $f'(0) = 1$，求证：当 $x \in (-\infty, +\infty)$ 时，

$$f'(x) = f(x).$$

证明 因为对任何 $x, y \in (-\infty, +\infty)$，有 $f(x + y) = f(x)f(y)$，

所以令 $y = 0$，有 $f(x) = f(x)f(0)$，即 $f(x)[1 - f(0)] = 0$.

由 x 的任意性及 $f'(0) = 1$，得 $f(0) = 1$. 则对任何 $x \in (-\infty, +\infty)$，有

$$
\begin{aligned}
f'(x) &= \lim_{\Delta x \to 0} \frac{f(x + \Delta x) - f(x)}{\Delta x} = \lim_{\Delta x \to 0} \frac{f(x)f(\Delta x) - f(x)}{\Delta x} \\
&= \lim_{\Delta x \to 0} \frac{f(x)[f(\Delta x) - 1]}{\Delta x} = f(x) \lim_{\Delta x \to 0} \frac{f(\Delta x) - f(0)}{\Delta x} \\
&= f(x)f'(0) = f(x).
\end{aligned}
$$

例 2.1.8 求证：可导偶函数的导数为奇函数.

证明 设函数 $f(x)$ 是偶函数，则 $f(-x) = f(x)$. 所以

$$
\begin{aligned}
f'(-x) &= \lim_{\Delta x \to 0} \frac{f(-x + \Delta x) - f(-x)}{\Delta x} = \lim_{\Delta x \to 0} \frac{f[-(x - \Delta x)] - f(-x)}{\Delta x} \\
&= \lim_{\Delta x \to 0} \frac{f(x - \Delta x) - f(x)}{\Delta x} = -\lim_{\Delta x \to 0} \frac{f(x - \Delta x) - f(x)}{-\Delta x} = -f'(x).
\end{aligned}
$$

故函数 $f'(x)$ 为奇函数.

例 2.1.9 设函数 $f(x)$ 在 $x = x_0$ 处可导，$\{\alpha_n\}$ 与 $\{\beta_n\}$ 为两个数列，且

$$\alpha_n < x_0 < \beta_n, \lim_{n \to \infty} \alpha_n = \lim_{n \to \infty} \beta_n = x_0,$$

求证：$\lim\limits_{n \to \infty} \dfrac{f(\alpha_n) - f(\beta_n)}{\alpha_n - \beta_n} = f'(x_0)$.

证明

$$
\begin{aligned}
\lim_{n \to \infty} \frac{f(\beta_n) - f(\alpha_n)}{\beta_n - \alpha_n} &= \lim_{n \to \infty} \frac{f(\beta_n) - f(x_0) + f(x_0) - f(\alpha_n)}{\beta_n - \alpha_n} \\
&= \lim_{n \to \infty} \left[\frac{f(\beta_n) - f(x_0)}{\beta_n - \alpha_n} + \frac{f(x_0) - f(\alpha_n)}{\beta_n - \alpha_n} \right] \\
&= \lim_{n \to \infty} \left[\frac{f(\beta_n) - f(x_0)}{\beta_n - x_0} \cdot \frac{\beta_n - x_0}{\beta_n - \alpha_n} + \frac{f(\alpha_n) - f(x_0)}{\alpha_n - x_0} \cdot \frac{x_0 - \alpha_n}{\beta_n - \alpha_n} \right].
\end{aligned}
$$

由于 $\lim\limits_{n \to \infty} \alpha_n = \lim\limits_{n \to \infty} \beta_n = x_0$，因此

$$\lim_{n \to \infty} \frac{f(\beta_n) - f(x_0)}{\beta_n - x_0} = f'(x_0), \lim_{n \to \infty} \frac{f(\alpha_n) - f(x_0)}{\alpha_n - x_0} = f'(x_0).$$

于是

$$\frac{f(\beta_n) - f(x_0)}{\beta_n - x_0} = f'(x_0) + \alpha, \frac{f(\alpha_n) - f(x_0)}{\alpha_n - x_0} = f'(x_0) + \beta,$$

其中 $\lim\limits_{n \to \infty} \alpha = 0$，$\lim\limits_{n \to \infty} \beta = 0$.

因此

$$\lim_{n\to\infty} \frac{f(\beta_n) - f(\alpha_n)}{\beta_n - \alpha_n} = \lim_{n\to\infty} \left[(f'(x_0) + \alpha) \cdot \frac{\beta_n - x_0}{\beta_n - \alpha_n} + (f'(x_0) + \beta) \cdot \frac{x_0 - \alpha_n}{\beta_n - \alpha_n} \right]$$

$$= f'(x_0) + \lim_{n\to\infty} \left[\alpha \cdot \frac{\beta_n - x_0}{\beta_n - \alpha_n} + \beta \cdot \frac{x_0 - \alpha_n}{\beta_n - \alpha_n} \right].$$

由于 $\alpha_n < x_0 < \beta_n$, 则 $\left| \dfrac{\beta_n - x_0}{\beta_n - \alpha_n} \right| \leqslant 1$, $\left| \dfrac{\alpha_n - x_0}{\beta_n - \alpha_n} \right| \leqslant 1$. 因此

$$\lim_{n\to\infty} \left[\alpha \cdot \frac{\beta_n - x_0}{\beta_n - \alpha_n} + \beta \cdot \frac{x_0 - \alpha_n}{\beta_n - \alpha_n} \right] = 0.$$

故 $\lim\limits_{n\to\infty} \dfrac{f(\alpha_n) - f(\beta_n)}{\alpha_n - \beta_n} = f'(x_0)$.

注 题中的已知条件 "$\alpha_n < x_0 < \beta_n$" 是必要的. 将这一条件去掉, 结论就不一定成立.

例如, 对于 $f(x) = \begin{cases} x^2 \sin \dfrac{1}{x}, & x \neq 0 \\ 0, & x = 0, \end{cases}$ 易知 $f'(0) = 0$. 取

$$\alpha_n = \frac{1}{2n\pi + \dfrac{\pi}{2}}, \beta_n = \frac{1}{2n\pi},$$

则 $\lim\limits_{n\to\infty} \alpha_n = \lim\limits_{n\to\infty} \beta_n = 0$. 而

$$\lim_{n\to\infty} \frac{f(\beta_n) - f(\alpha_n)}{\beta_n - \alpha_n} = \lim_{n\to\infty} \frac{-\dfrac{1}{\left(2n\pi + \dfrac{\pi}{2}\right)^2}}{\dfrac{1}{2n\pi} - \dfrac{1}{2n\pi + \dfrac{\pi}{2}}} = -\frac{2}{\pi}.$$

四、习题

1. 选择题.

(1) 设函数 $f(x)$ 在点 x_0 及其邻近有定义, 且有

$$f(x_0 + \Delta x) - f(x_0) = a\Delta x + b(\Delta x)^2,$$

其中 a, b 为常数, 则不正确的是 (　　).

A. 函数 $f(x)$. 在 x_0 处极限存在但不连续

B. 函数 $f(x)$ 在 x_0 处连续

C. 函数 $f(x)$ 在 x_0 处可导, 且 $f'(x_0) = a$

D. 函数 $f(x)$ 在 x_0 处可微, 且 $\mathrm{d}f(x_0) = a\mathrm{d}x$

(2) 设函数 $f(x)$ 在 $x = 0$ 处可导, $F(x) = f(x)$ $(1 + |x|)$, 则 $f(0) = 0$ 是函数 $F(x)$ 在 $x = 0$ 处可导的 (　　).

A. 必要非充分条件

B. 充分非必要条件

C. 充要条件

D. 既非充分也非必要条件

(3) 函数 $f(x) = \begin{cases} \sqrt{|x|}\sin\dfrac{1}{x^2}, & x \neq 0, \\ 0, & x = 0, \end{cases}$ 在 $x = 0$

处 (　　).

A. 极限不存在

B. 极限存在但不连续

C. 连续但不可导

D. 可导

(4) 若 $f(x+1) = af(x)$ 总成立, 且 $f'(0) = b$ (a, b 为非零常数), 则函数 $f(x)$ 在 $x = 1$ 处 (　　).

A. 不可导

B. 可导且 $f'(1) = a$

C. 可导且 $f'(1) = b$

D 可导且 $f'(1) = ab$

2. 设函数 $f(x)$ 在 $x = 1$ 处连续, 且 $\lim\limits_{x\to 1} \dfrac{f(x)}{x-1} = 2$, 求 $f'(1)$.

3. 设函数 $f(x)$ 是偶函数, 且在 $x = 0$ 可导, 求证: $f'(0) = 0$.

4. 设 $f(x) = \begin{cases} x^3 \sin\dfrac{1}{x}, & x \neq 0, \\ 0, & x = 0, \end{cases}$ 求证: 函数 $f(x)$

在 $x=0$ 处连续且有连续导数，但 $f'(x)$ 在 $x=0$ 处不可导.

5. 已知函数 $f(x)$ 在 $x=a$ 处可导，且 $f(a)>0$，求 $\lim\limits_{n\to\infty}\left[\dfrac{f\left(a+\frac{1}{n}\right)}{f(a)}\right]^n$.

6. 已知函数 $f(x)$ 在 $x=a$ 处可导.

（1）求 $\lim\limits_{x\to a}\dfrac{\mathrm{e}^{f(x)}-\mathrm{e}^{f(a)}}{x-a}$；

（2）求 $\lim\limits_{x\to a}\dfrac{\ln f(x)-\ln f(a)}{x-a}$ ［其中 $f(x)>0$］.

7. 设对非零的 x,y 有 $f(xy)=f(x)+f(y)$，且 $f'(1)=a$，求证：当 $x\neq0$ 时，有 $f'(x)=\dfrac{a}{x}$.

8. 设函数 $f(x)$ 的定义域是 $(-\infty,+\infty)$，且对任意的 x 和 h 均有 $f(x+h)=f(x)f(h)$，$f(0)\neq0$.

（1）求证：$f(0)=1$；

（2）若 $f'(0)$ 存在，求证：函数 $f(x)$ 在任一点 x 均可导，且 $f'(x)=f(x)f'(0)$.

五、习题答案

1. （1）A　　（2）C　　（3）C　　（4）D
2. $f'(1)=2$.
3. 提示：先应用导数的定义，再令 $x=-t$.
4. 提示：利用有界函数与无穷小的积.
5. $\mathrm{e}^{f'(a)}$.
6. （1）$\mathrm{e}^{f(a)}f'(a)$；　　（2）$\dfrac{f'(a)}{f(a)}$.
7. 提示：$f(x+h)=f\left(x\left(1+\dfrac{h}{x}\right)\right)=f(x)+f\left(1+\dfrac{h}{x}\right)$.
8. （1）略；（2）提示：$f(x+h)-f(x)=f(x)(f(h)-f(0))$.

2.2　导数的计算与微分

一、基本内容

1. 求导法则：

（1）基本初等函数的求导公式.

（2）四则运算法则：设 u，v 可导，则
$$(u\pm v)'=u'\pm v';\ (uv)'=u'v+uv';$$
$$\left(\dfrac{u}{v}\right)'=\dfrac{u'v-uv'}{v^2}(\text{其中 }v\neq0),\text{特别地，}\left(\dfrac{1}{v}\right)'=-\dfrac{v'}{v^2}.$$

（3）复合函数的求导法则：若函数 $y=f(u)$ 和 $u=g(x)$ 关于其自变量分别可导，则函数 $y=f'(g(x))$ 也可导，且
$$\dfrac{\mathrm{d}y}{\mathrm{d}x}=\dfrac{\mathrm{d}y}{\mathrm{d}u}\cdot\dfrac{\mathrm{d}u}{\mathrm{d}x}\quad(\text{或}\{f(g(x))\}'=f'(u)g'(x))$$

（4）反函数的求导法则：设函数 $y=f(x)$ 在区间 I_x 上单调、可导，且 $f'(x)\neq0$，则其反函数 $x=\varphi(y)$ 在 $I_y=\{y\,|\,y=f(x),x\in I_x\}$ 上也单调、可导，且
$$\varphi'(y)=\dfrac{1}{f'(x)}.$$

（5）隐函数的求导法则：若方程 $F(x,y)=0$ 确定隐函数 $y=y(x)$，则 $F(x,y(x))=0$，两边对 x 逐次求导，可得 $\dfrac{\mathrm{d}y}{\mathrm{d}x}$，$\dfrac{\mathrm{d}^2y}{\mathrm{d}x^2}$，…（表达式含 x，y）.

（6）由参数方程所确定函数的求导法则：

设 $\begin{cases}x=\varphi(t),\\ y=\psi(t),\end{cases}$ 其中函数 $\varphi(t)$，$\psi(t)$ 二阶可导，且 $\varphi'(t)\neq0$，则

$$\frac{\mathrm{d}y}{\mathrm{d}x} = \frac{\psi'(t)}{\varphi'(t)},$$

$$\frac{\mathrm{d}^2 y}{\mathrm{d}x^2} = \frac{\mathrm{d}}{\mathrm{d}x}\left(\frac{\mathrm{d}y}{\mathrm{d}x}\right) = \frac{\mathrm{d}}{\mathrm{d}x}\left[\frac{\psi'(t)}{\varphi'(t)}\right]$$

$$= \frac{\mathrm{d}}{\mathrm{d}t}\left(\frac{\psi'(t)}{\varphi'(t)}\right) \cdot \frac{1}{\varphi'(t)} = \frac{\mathrm{d}}{\mathrm{d}t}\left(\frac{\psi'(t)}{\varphi'(t)}\right) \cdot \frac{1}{\frac{\mathrm{d}x}{\mathrm{d}t}}.$$

（7）莱布尼茨法则：设 u，v 为 n 阶可导函数，则

$$(uv)^{(n)} = u^{(n)}v + nu^{(n-1)}v' + \frac{n(n-1)}{2!}u^{(n-2)}v'' + \cdots + uv^{(n)}.$$

（8）几个常用函数的 n 阶导数公式：

$(a^x)^{(n)} = a^x(\ln a)^n \quad (a > 0, a \neq 1)$；

$(\sin x)^{(n)} = \sin\left(x + \frac{n\pi}{2}\right)$；

$(\cos x)^{(n)} = \cos\left(x + \frac{n\pi}{2}\right)$；

$(\ln(1+x))^{(n)} = (-1)^{n-1}\dfrac{(n-1)!}{(1+x)^n}$；

$(x^\mu)^{(n)} = \mu(\mu-1)\cdots(\mu-n+1)x^{\mu-n}$.

特别地，$(x^n)^{(n)} = n!$.

2. 微分运算法则：

（1）四则运算法则；

（2）一阶微分形式的不变性：无论 u 是自变量还是另一个变量的可微函数，微分形式 $\mathrm{d}y = f'(u)\mathrm{d}u$ 保持不变[其中 $y = f(u)$].

二、重点与难点

重点：导数的计算，特别是复合函数的求导问题.

难点：

1. 复合函数的导数.

2. 隐函数的导数.

3. 计算高阶导数的莱布尼茨公式.

三、例题分析

例 2.2.1 计算下列函数的导数：

（1）$y = \sin^2\left(\dfrac{1-\ln x}{x}\right)$；　　　　　　　（2）$y = \mathrm{e}^{\sin^2 2x}$；

（3）$y = \dfrac{x}{2}\sqrt{x^2-a^2} - \dfrac{a^2}{2}\ln(x + \sqrt{x^2-a^2})$；

（4）$y = \sqrt{x + \sqrt{x + \cos x}}$；　　　　　（5）$y = \dfrac{1}{4}\ln\dfrac{1+x}{1-x} - \dfrac{1}{2}\arctan x$；

（6）$y = \sin x \cos x \cos 2x \cos 4x$.

解 （1）（方法 1：利用复合函数求导法则求导）

$$\frac{\mathrm{d}y}{\mathrm{d}x} = 2\sin\left(\frac{1-\ln x}{x}\right) \cdot \left(\sin\left(\frac{1-\ln x}{x}\right)\right)'$$

$$= 2\sin\left(\frac{1-\ln x}{x}\right) \cdot \cos\left(\frac{1-\ln x}{x}\right) \cdot \left(\frac{1-\ln x}{x}\right)'$$

$$= \frac{\ln x - 2}{x^2}\sin 2\left(\frac{1-\ln x}{x}\right).$$

（方法 2：利用一阶微分形式的不变性）

$$\mathrm{d}y = \mathrm{d}\sin^2\left(\frac{1-\ln x}{x}\right) = 2\sin\left(\frac{1-\ln x}{x}\right) \cdot \mathrm{d}\sin\left(\frac{1-\ln x}{x}\right)$$

$$= 2\sin\left(\frac{1-\ln x}{x}\right) \cdot \cos\left(\frac{1-\ln x}{x}\right) \cdot \mathrm{d}\left(\frac{1-\ln x}{x}\right)$$

$$= \frac{\ln x - 2}{x^2}\sin 2\left(\frac{1-\ln x}{x}\right)\mathrm{d}x.$$

所以　$\dfrac{\mathrm{d}y}{\mathrm{d}x} = \dfrac{\ln x - 2}{x^2}\sin 2\left(\dfrac{1-\ln x}{x}\right)$

（2）$y' = \mathrm{e}^{\sin 2x}(\sin^2 2x)' = \mathrm{e}^{\sin^2 2x}(2\sin 2x)(\sin 2x)'$

$\qquad = \mathrm{e}^{\sin^2 2x}(2\sin 2x)(\cos 2x)(2x)' = 2\mathrm{e}^{\sin^2 2x}\sin 4x.$

（3）$y' = \left(\dfrac{x}{2}\sqrt{x^2-a^2}\right)' - \left[\dfrac{a^2}{2}\ln(x+\sqrt{x^2-a^2})\right]'$

$$= \frac{1}{2}\left(\sqrt{x^2-a^2} + x \cdot \frac{2x}{2\sqrt{x^2-a^2}}\right) - \frac{a^2}{2}\frac{1 + \dfrac{2x}{2\sqrt{x^2-a^2}}}{x+\sqrt{x^2-a^2}}$$

$$= \sqrt{x^2-a^2}.$$

（4）$y' = \dfrac{1}{2\sqrt{x+\sqrt{x+\cos x}}}(x+\sqrt{x+\cos x})'$

$$= \frac{1}{2\sqrt{x+\sqrt{x+\cos x}}}\left[1 + \frac{1}{2\sqrt{x+\cos x}}(x+\cos x)'\right]$$

$$= \frac{1}{2\sqrt{x+\sqrt{x+\cos x}}}\left(1 + \frac{1-\sin x}{2\sqrt{x+\cos x}}\right)$$

$$= \frac{2\sqrt{x+\cos x}+1-\sin x}{4\sqrt{x+\cos x}\sqrt{x+\sqrt{x+\cos x}}}.$$

（5）因为

$$y = \frac{1}{4}\left[\ln(1+x) - \ln(1-x)\right] - \frac{1}{2}\arctan x,$$

所以

$$y' = \frac{1}{4}\left(\frac{1}{1+x} - \frac{-1}{1-x}\right) - \frac{1}{2} \cdot \frac{1}{1+x^2}$$

$$= \frac{1}{4} \cdot \frac{2}{1-x^2} - \frac{1}{2(1+x^2)} = \frac{x^2}{1-x^4}.$$

（6）因为

$$y = \frac{1}{2}\sin 2x \cos 2x \cos 4x = \frac{1}{4}\sin 4x \cos 4x = \frac{1}{8}\sin 8x,$$

所以

$$y' = \frac{1}{8}\cos 8x \cdot (8x)' = \cos 8x.$$

例 2.2.2 计算下列函数的导数：

（1）设 $f(x) = x(x-1)(x-2)\cdots(x-100)$，求 $f'(0)$；

（2）设 $f(t) = \lim\limits_{x\to\infty} t\left(\dfrac{x+t}{x-t}\right)^x$，求 $f'(t)$.

解 （1）（方法1）

$$f'(0) = \lim_{x\to 0}\frac{f(x) - f(0)}{x - 0} = \lim_{x\to 0}(x-1)(x-2)\cdots(x-100) = 100!.$$

（方法2：利用导数运算法则）

记 $f(x) = xg(x)$，其中 $g(x) = (x-1)(x-2)(x-3)\cdots(x-100)$，则
$$f'(x) = g(x) + xg'(x).$$

于是 $f'(0) = g(0) = 100!.$

（2）因为 $\lim\limits_{x\to\infty}\left(\dfrac{x+t}{x-t}\right)^x = \mathrm{e}^{2t}$，所以 $f(t) = t\mathrm{e}^{2t}, f'(t) = (2t+1)\mathrm{e}^{2t}.$

例 2.2.3 计算下列函数的导数：

（1）已知 $y = f\left(\dfrac{3x-2}{3x+2}\right)$，$f'(x) = \arctan x^2$，求 $\dfrac{\mathrm{d}y}{\mathrm{d}x}\Big|_{x=0}$；

（2）$y = \arcsin f(\sqrt{x}) + g(\arctan x^2)$，其中函数 $f(u), g(u)$ 可导；

（3）$y = \mathrm{e}^{f^2(x)}f(\mathrm{e}^{x^2})$.

解 （1）由于

$$y' = f'\left(\frac{3x-2}{3x+2}\right) \cdot \left(\frac{3x-2}{3x+2}\right)' = \arctan\left(\frac{3x-2}{3x+2}\right)^2 \cdot \frac{12}{(3x+2)^2},$$

因此 $\dfrac{\mathrm{d}y}{\mathrm{d}x}\Big|_{x=0} = \dfrac{3\pi}{4}.$

（2）$y' = \dfrac{1}{\sqrt{1-f^2(\sqrt{x})}}[f(\sqrt{x})]' + g'(\arctan x^2)(\arctan x^2)'$

$$= \frac{1}{\sqrt{1-f^2(\sqrt{x})}}f'(\sqrt{x})(\sqrt{x})' + g'(\arctan x^2) \cdot \frac{1}{1+(x^2)^2} \cdot (x^2)'$$

$$= \frac{f'(\sqrt{x})}{2\sqrt{x}\sqrt{1-f^2(\sqrt{x})}} + \frac{2xg'(\arctan x^2)}{1+x^4}.$$

（3）$y' = [\mathrm{e}^{f^2(x)}]'f(\mathrm{e}^{x^2}) + \mathrm{e}^{f^2(x)}[f(\mathrm{e}^{x^2})]'$

$$= \mathrm{e}^{f^2(x)}[f^2(x)]'f(\mathrm{e}^{x^2}) + \mathrm{e}^{f^2(x)}f'(\mathrm{e}^{x^2})(\mathrm{e}^{x^2})'$$

$$= \mathrm{e}^{f^2(x)}2f(x)f'(x)f(\mathrm{e}^{x^2}) + \mathrm{e}^{f^2(x)}f'(\mathrm{e}^{x^2})\mathrm{e}^{x^2}(x^2)'$$

$$= 2f(x)f'(x)f(\mathrm{e}^{x^2})\mathrm{e}^{f^2(x)} + 2xf'(\mathrm{e}^{x^2})\mathrm{e}^{x^2}\mathrm{e}^{f^2(x)}$$

$$= 2\mathrm{e}^{f^2(x)}[f(x)f'(x)f(\mathrm{e}^{x^2}) + xf'(\mathrm{e}^{x^2})\mathrm{e}^{x^2}].$$

例 2.2.4 设 $f(x) = a_1\sin x + a_2\sin 2x + \cdots + a_n\sin nx$ （$a_1, a_2, \cdots, a_n$ 为常数），且 $|f(x)| \leqslant |\sin x|$，求证：$|a_1 + 2a_2 + \cdots + na_n| \leqslant 1$.

证明 因为

$$f'(x) = a_1\cos x + 2a_2\cos 2x + \cdots + na_n\cos nx,$$
$$f'(0) = a_1 + 2a_2 + \cdots + na_n,$$

又

$$f'(0) = \lim_{x\to 0}\frac{f(x) - f(0)}{x - 0}$$

及

$$\left|\frac{f(x) - f(0)}{x - 0}\right| = \frac{f(x)}{|x|} \leqslant \frac{|\sin x|}{|x|} \leqslant 1,$$

所以 $|f'(0)| = \lim\limits_{x\to 0}\left|\dfrac{f(x) - f(0)}{x - 0}\right| \leqslant 1$，即 $|a_1 + 2a_2 + \cdots + na_n| \leqslant 1$.

例 2.2.5 计算下列函数的导数：

（1）$\arctan\dfrac{y}{x} = \ln\sqrt{x^2 + y^2}$，求 $\dfrac{\mathrm{d}y}{\mathrm{d}x}$；

（2）$\sin xy + \ln(y - x) = x$，求 $\dfrac{\mathrm{d}y}{\mathrm{d}x}\bigg|_{x=0}$；

（3）设函数 $f(x)$ 满足 $f(x) + 2f\left(\dfrac{1}{x}\right) = \dfrac{3}{x}$，求 $f'(x)$.

解 （1）方程两边对 x 求导，得

$$\frac{1}{1 + \left(\dfrac{y}{x}\right)^2} \cdot \frac{xy' - y}{x^2} = \frac{1}{\sqrt{x^2 + y^2}} \cdot \frac{2x + 2yy'}{2\sqrt{x^2 + y^2}}.$$

解得 $y' = \dfrac{x + y}{x - y}$.

（2）方程两边对 x 求导，有

$$\cos xy\left(y + x\frac{\mathrm{d}y}{\mathrm{d}x}\right) + \frac{1}{y - x}\left(\frac{\mathrm{d}y}{\mathrm{d}x} - 1\right) = 1. \tag{①}$$

将 $x = 0$ 代入原方程，得 $y = 1$.

将 $x = 0$，$y = 1$ 代入①，得

$$1 + \frac{\mathrm{d}y}{\mathrm{d}x}\bigg|_{x=0} - 1 = 1,$$

即 $\dfrac{\mathrm{d}y}{\mathrm{d}x}\bigg|_{x=0} = 1$.

（3）（方法 1）先求出函数 $f(x)$ 的表达式，再求出 $f'(x)$.

解略.

（方法 2）两边对 x 求导，得

$$f'(x) - \frac{2}{x^2}f'\left(\frac{1}{x}\right) = -\frac{3}{x^2}. \tag{①}$$

将原等式中的 x 换成 $\dfrac{1}{x}$ 后，得

$$f\left(\frac{1}{x}\right) + 2f(x) = 3x.$$

两边对 x 求导, 得

$$-\frac{1}{x^2}f'\left(\frac{1}{x}\right) + 2f'(x) = 3. \qquad ②$$

② × 2 − ①, 得

$$3f'(x) = 6 + \frac{3}{x^2}.$$

故 $f'(x) = 2 + \frac{1}{x^2}$.

例 2. 2. 6 求下列函数的导数:

(1) 设 $x^y = y^x$, 求 $\dfrac{\mathrm{d}y}{\mathrm{d}x}$;　　(2) 设 $y = \dfrac{(x-2)\sqrt[3]{x-5}}{\sqrt[3]{x+1}}$, 求 $\dfrac{\mathrm{d}y}{\mathrm{d}x}$;

(3) 设 $x^{y^2} + y^2\ln x = 4$, 求 $\dfrac{\mathrm{d}y}{\mathrm{d}x}$.

解 (1)（解法 1）方程两边取对数, 得 $y\ln x = x\ln y$.

方程两边对 x 求导, 得

$$y'\ln x + y \cdot \frac{1}{x} = \ln y + x \cdot \frac{1}{y}y'.$$

解得 $y' = \dfrac{xy\ln y - y^2}{xy\ln x - x^2}$.

（解法 2）　由 $x^y = y^x$, 得 $\mathrm{e}^{y\ln x} = \mathrm{e}^{x\ln y}$.

方程两边对 x 求导, 得

$$\mathrm{e}^{y\ln x}(y\ln x)' = \mathrm{e}^{x\ln y}(x\ln y)',$$

$$x^y\left(y'\ln x + y \cdot \frac{1}{x}\right) = y^x\left(\ln y + x \cdot \frac{1}{y}y'\right).$$

因为 $x^y = y^x$, 所以 $y'\ln x + y \cdot \dfrac{1}{x} = \ln y + x \cdot \dfrac{1}{y}y'$.

解得 $y' = \dfrac{xy\ln y - y^2}{xy\ln x - x^2}$.

(2) 两边取对数, 得

$$\ln y = 3\ln(x-2) + \frac{1}{2}\ln(x-5) - \frac{1}{3}\ln(x+1).$$

两边对 x 求导, 得

$$\frac{1}{y} \cdot y' = \frac{3}{x-2} + \frac{1}{2(x-5)} - \frac{1}{3(x+1)}.$$

所以

$$y' = \frac{(x-2)\sqrt[3]{x-5}}{\sqrt[3]{x+1}}\left[\frac{3}{x-2} + \frac{1}{2(x-5)} - \frac{1}{3(x+1)}\right].$$

(3) 方程可化为 $\mathrm{e}^{y^2\ln x} + y^2\ln x = 4$.

令 $u = y^2\ln x$, 方程变为 $\mathrm{e}^u + u = 4$.

两边对 x 求导, 得

$$e^u \frac{du}{dx} + \frac{du}{dx} = 0,$$

即 $(e^u + 1) \frac{du}{dx} = 0.$

而 $(e^u + 1) \neq 0$, 所以 $\frac{du}{dx} = 0.$ 由 $u = y^2 \ln x$, 得

$$\frac{du}{dx} = 2yy' \ln x + y^2 \cdot \frac{1}{x} = 0.$$

故 $y' = \dfrac{y}{2x \ln x}.$

例 2.2.7 求下列函数的导数:

(1) 设 $\begin{cases} x = t - \ln(1+t), \\ y = t^3 + t^2, \end{cases}$ 求 $\dfrac{dy}{dx}$; (2) 设 $\begin{cases} x = e^{\sin t}, \\ y = \sin e^t, \\ z = t^2, \end{cases}$ 求 $\dfrac{dx}{dz}, \dfrac{dy}{dz}.$

解 (1) $\dfrac{dy}{dx} = \dfrac{\dfrac{dy}{dt}}{\dfrac{dx}{dt}} = \dfrac{3t^2 + 2t}{1 - \dfrac{1}{1+t}} = (1+t)(3t+2).$

(2)(方法 1)$\dfrac{dx}{dz} = \dfrac{\dfrac{dx}{dt}}{\dfrac{dz}{dt}} = \dfrac{e^{\sin t} \cos t}{2t}, \dfrac{dy}{dz} = \dfrac{\dfrac{dy}{dt}}{\dfrac{dz}{dt}} = \dfrac{e^t \cos e^t}{2t}.$

(方法 2)$dx = e^{\sin t} \cos t \, dt, \ dy = e^t \cos e^t \, dt, \ dz = 2t \, dt.$
所以

$$\frac{dx}{dz} = \frac{e^{\sin t} \cos t}{2t}, \frac{dy}{dz} = \frac{e^t \cos e^t}{2t}.$$

例 2.2.8 求曲线 $\begin{cases} x + t(1-t) = 0, \\ te^y + y + 1 = 0 \end{cases}$ 在 $t = 0$ 处的切线的方程.

解 将 $te^y + y + 1 = 0$ 两边对 t 求导, 得

$$e^y + te^y \cdot \frac{dy}{dt} + \frac{dy}{dt} = 0.$$

解得 $\dfrac{dy}{dt} = \dfrac{-e^y}{1 + te^y}.$

将 $x + t(1-t) = 0$ 两边对 t 求导, 得 $\dfrac{dx}{dt} + 1 - 2t = 0$, 即 $\dfrac{dx}{dt} = 2t - 1.$

故

$$\frac{dy}{dx} = \frac{y'(t)}{x'(t)} = \frac{e^y}{(1-2t)(1 + te^y)}.$$

当 $t = 0$ 时, $x = 0$, $y = -1$. 故 $\dfrac{dy}{dx} \bigg|_{t=0} = \dfrac{1}{e}.$

于是切线的方程为 $y + 1 = \dfrac{1}{\mathrm{e}}x$，即 $x - \mathrm{e}y - \mathrm{e} = 0$.

例 2.2.9 求下列函数的微分：

（1）设 $y = \mathrm{e}^{\pi - 3x}\cos 3x$，求 $\mathrm{d}y\Big|_{x = \frac{\pi}{3}}$；

（2）设 $y = \mathrm{e}^{\sin x} + \ln \cos \sqrt{x}$，求 $\mathrm{d}y$；

（3）设 $y = f\left(\arctan \dfrac{1}{x}\right)$，函数 $f(u)$ 可导，求 $\mathrm{d}y$；

（4）设 $\mathrm{e}^{x+y} - y\sin x = 0$，求 $\mathrm{d}y$.

解 （1） $\begin{aligned}[t]
\mathrm{d}y &= \cos 3x\,\mathrm{d}(\mathrm{e}^{\pi - 3x}) + \mathrm{e}^{\pi - 3x}\,\mathrm{d}(\cos 3x) \\
&= \cos 3x\,\mathrm{e}^{\pi - 3x}\,\mathrm{d}(\pi - 3x) + \mathrm{e}^{\pi - 3x}(-\sin 3x)\,\mathrm{d}(3x) \\
&= -3\mathrm{e}^{\pi - 3x}\cos 3x\,\mathrm{d}x - 3\mathrm{e}^{\pi - 3x}\sin 3x\,\mathrm{d}x \\
&= -3\mathrm{e}^{\pi - 3x}(\cos 3x + \sin 3x)\,\mathrm{d}x.
\end{aligned}$

于是 $\mathrm{d}y\Big|_{x = \frac{\pi}{3}} = 3\mathrm{d}x$.

（2） $\begin{aligned}[t]
\mathrm{d}y &= \mathrm{e}^{\sin x}\,\mathrm{d}(\sin x) + \frac{1}{\cos \sqrt{x}}\,\mathrm{d}(\cos \sqrt{x}) \\
&= \mathrm{e}^{\sin x}\cos x\,\mathrm{d}x + \frac{1}{\cos \sqrt{x}}(-\sin \sqrt{x})\,\mathrm{d}(\sqrt{x}) \\
&= \mathrm{e}^{\sin x}\cos x\,\mathrm{d}x - \frac{\tan \sqrt{x}}{2\sqrt{x}}\,\mathrm{d}x \\
&= \left(\mathrm{e}^{\sin x}\cos x - \frac{\tan \sqrt{x}}{2\sqrt{x}}\right)\mathrm{d}x.
\end{aligned}$

（3） $\begin{aligned}[t]
\mathrm{d}y &= f'\left(\arctan \frac{1}{x}\right)\mathrm{d}\left(\arctan \frac{1}{x}\right) \\
&= f'\left(\arctan \frac{1}{x}\right) \cdot \frac{1}{1 + \frac{1}{x^2}}\,\mathrm{d}\left(\frac{1}{x}\right) \\
&= f'\left(\arctan \frac{1}{x}\right) \cdot \frac{x^2}{1 + x^2}\left(-\frac{1}{x^2}\right)\mathrm{d}x \\
&= -f'\left(\arctan \frac{1}{x}\right) \cdot \frac{1}{1 + x^2}\,\mathrm{d}x.
\end{aligned}$

（4）方程两边求微分，得
$$\mathrm{d}(\mathrm{e}^{x+y}) - \mathrm{d}(y\sin x) = 0,$$
$$\mathrm{e}^{x+y}\,\mathrm{d}(x + y) - [\sin x\,\mathrm{d}y + y\,\mathrm{d}(\sin x)] = 0,$$
$$\mathrm{e}^{x+y}(\mathrm{d}x + \mathrm{d}y) - \sin x\,\mathrm{d}y - y\cos x\,\mathrm{d}x = 0.$$

解得
$$\mathrm{d}y = \frac{y\cos x - \mathrm{e}^{x+y}}{\mathrm{e}^{x+y} - \sin x}\,\mathrm{d}x = \frac{y(\cos x - \sin x)}{(y - 1)\sin x}\,\mathrm{d}x.$$

例 2.2.10　求下列函数的二阶导数：

(1) 设 $f'(\cos x) = \cos 2x$，求 $f''(x)$；

(2) 设 $e^{x+y} - xy = 1$，求 $y''(0)$；　　　　(3) 设 $\begin{cases} x = e^{2t} - 1, \\ y = 2e^t, \end{cases}$ 求 y''；

(4) 设复合函数 $u = f[\varphi(x) + y^2]$，其中 x，y 满足 $y + e^y = x$，且函数 $f(x)$ 及 $\varphi(x)$ 均二阶可导，求 $\dfrac{d^2 u}{dx^2}$；

(5) 设函数 $y = y(x)$ 二阶可导，且 $\dfrac{dx}{dy} = \dfrac{1}{y'}$，求 $\dfrac{d^2 x}{dy^2}$.

解　(1) $f'(\cos x) = \cos 2x = 2\cos^2 x - 1$，所以

$$f'(x) = 2x^2 - 1, |x| \leqslant 1,$$

$$f''(x) = 4x, |x| \leqslant 1.$$

(2) 易知 $y(0) = 0$，两边对 x 求导，得

$$(1 + y') e^{x+y} - y - xy' = 0. \tag{①}$$

故　$y'(0) = -1$.

式①的两边再对 x 求导，得

$$(1 + y')^2 e^{x+y} + y'' e^{x+y} - 2y' - xy'' = 0. \tag{②}$$

将 $x = 0$，$y = 0$，$y'(0) = -1$ 代入式②，得

$$y''(0) = -2.$$

(3) 由于 $\dfrac{dy}{dx} = \dfrac{y'(t)}{x'(t)} = \dfrac{2e^t}{2e^{2t}} = e^{-t}$，则

$$\frac{d^2 y}{dx^2} = \frac{d}{dx}(e^{-t}) = \frac{d}{dt}(e^{-t}) \cdot \frac{1}{\dfrac{dx}{dt}} = \frac{-e^t}{2e^{2t}} = -\frac{1}{2} e^{-3t}.$$

注　常犯的错误为：$\dfrac{d^2 y}{dx^2} = (e^{-t})' = -e^{-t}$.

(4) 因为 $\dfrac{du}{dx} = f'[\varphi(x) + y^2]\left[\varphi'(x) + 2y\dfrac{dy}{dx}\right]$，

所以　$\dfrac{d^2 u}{dx^2} = f''[\varphi(x) + y^2]\dfrac{d[\varphi(x) + y^2]}{dx}\left[\varphi'(x) + 2y\dfrac{dy}{dx}\right] +$

$$f'[\varphi(x) + y^2]\left[\varphi''(x) + 2\left(\frac{dy}{dx}\right)^2 + 2y\frac{d^2 y}{dx^2}\right]$$

$$= f''[\varphi(x) + y^2]\left[\varphi'(x) + 2y\frac{dy}{dx}\right]^2 +$$

$$f'[\varphi(x) + y^2]\left[\varphi''(x) + 2\left(\frac{dy}{dx}\right)^2 + 2y\frac{d^2 y}{dx^2}\right].$$

再计算 $\dfrac{dy}{dx}, \dfrac{d^2 y}{dx^2}$.

由 $y + e^y = x$，两边对 x 求导，得

$$\frac{\mathrm{d}y}{\mathrm{d}x} + \mathrm{e}^y \frac{\mathrm{d}y}{\mathrm{d}x} = 1.$$

解得

$$\frac{\mathrm{d}y}{\mathrm{d}x} = \frac{1}{1 + \mathrm{e}^y},$$

$$\frac{\mathrm{d}^2 y}{\mathrm{d}x^2} = -\frac{1}{(1 + \mathrm{e}^y)^2} \mathrm{e}^y \frac{\mathrm{d}y}{\mathrm{d}x} = -\frac{\mathrm{e}^y}{(1 + \mathrm{e}^y)^3}.$$

所以

$$\frac{\mathrm{d}^2 u}{\mathrm{d}x^2} = f''[\varphi(x) + y^2]\left[\varphi'(x) + \frac{2y}{1 + \mathrm{e}^y}\right]^2 +$$

$$f'[\varphi(x) + y^2]\left[\varphi''(x) + \frac{2}{(1 + \mathrm{e}^y)^2} - \frac{2y\mathrm{e}^y}{(1 + \mathrm{e}^y)^3}\right]$$

(5) $\dfrac{\mathrm{d}^2 x}{\mathrm{d}y^2} = \dfrac{\mathrm{d}}{\mathrm{d}y}\left(\dfrac{\mathrm{d}x}{\mathrm{d}y}\right) = \dfrac{\mathrm{d}}{\mathrm{d}y}\left(\dfrac{1}{y'}\right) = \dfrac{\mathrm{d}}{\mathrm{d}x}\left(\dfrac{1}{y'}\right)\dfrac{\mathrm{d}x}{\mathrm{d}y}$

$$= -\frac{y''}{y'^2} \cdot \frac{1}{y'} = -\frac{y''}{y'^3}.$$

注 错误解法：$\dfrac{\mathrm{d}^2 x}{\mathrm{d}y^2} = \dfrac{\mathrm{d}}{\mathrm{d}y}\left(\dfrac{1}{y'}\right) = -\dfrac{y''}{y'^2}.$

例 2.2.11 求下列函数的高阶导数：

(1) 设 $y = \dfrac{1}{x^2 - 5x + 4}$，求 $y^{(100)}$；　　　　(2) 设 $y = \cos^2 x$，求 $y^{(n)}$；

(3) 设 $y = \dfrac{x^3}{1 - x}$，求 $y^{(n)}$.

解 (1) 因为

$$y = \frac{1}{3}\left(\frac{1}{x - 4} - \frac{1}{x - 1}\right),$$

所以

$$y^{(100)} = \frac{1}{3}\left[\left(\frac{1}{x - 4}\right)^{(100)} - \left(\frac{1}{x - 1}\right)^{(100)}\right]$$

$$= \frac{1}{3}\left[\frac{100!}{(x - 4)^{101}} - \frac{100!}{(x - 1)^{101}}\right].$$

(2) 因为

$$y = \cos^2 x = \frac{1}{2} + \frac{1}{2}\cos 2x,$$

所以

$$y' = \frac{1}{2} \times 2\cos\left(2x + \frac{\pi}{2}\right) = \cos\left(2x + \frac{\pi}{2}\right),$$

$$y'' = 2\cos\left(2x + 2 \cdot \frac{\pi}{2}\right),$$

$$\vdots$$

$$y^{(n)} = 2^{n-1}\cos\left(2x + \frac{n\pi}{2}\right).$$

（3）因为

$$y = \frac{x^3}{1-x} = -x^2 - x - 1 + \frac{1}{1-x},$$

所以

$$y' = -2x - 1 + \frac{1}{(1-x)^2},$$

$$y'' = -2 + \frac{1 \times 2}{(1-x)^3},$$

$$y''' = \frac{1 \cdot 2 \cdot 3}{(1-x)^4},$$

$$\vdots$$

$$y^{(n)} = \frac{n!}{(1-x)^{n+1}} (n \geqslant 3).$$

例 2.2.12 求函数 $y = x^2 \sin 2x$ 的 n 阶导数.

解 设 $u = \sin 2x$, $v = x^2$, 则

$$u^{(k)} = 2^k \sin\left(2x + \frac{k\pi}{2}\right) \quad (k = 1, 2, \cdots, n),$$

$$v' = 2x, v'' = 2, v^{(k)} = 0 \quad (k = 3, 4, \cdots, n).$$

由莱布尼茨公式，得

$$y^{(n)} = (uv)^{(n)} = u^{(n)}v + nu^{(n-1)}v' + \frac{n(n-1)}{2!}u^{(n-2)}v'' + \cdots + uv^{(n)}$$

$$= x^2 2^n \sin\left(2x + \frac{n\pi}{2}\right) + n \cdot 2x \cdot 2^{n-1} \sin\left[2x + \frac{(n-1)\pi}{2}\right] +$$

$$\frac{n(n-1)}{2!} \cdot 2 \cdot 2^{n-2} \sin\left[2x + \frac{(n-2)\pi}{2}\right]$$

$$= 2^{n-2} \left\{ 4x^2 \sin\left(2x + \frac{n\pi}{2}\right) + 4nx \sin\left[2x + \frac{(n-1)\pi}{2}\right] + \right.$$

$$\left. n(n-1) \sin\left[2x + \frac{(n-2)\pi}{2}\right] \right\}$$

例 2.2.13 求证：函数 $y = \arctan x$ 满足

$$(1+x^2)y^{(n)} + 2(n-1)xy^{(n-1)} + (n-1)(n-2)y^{(n-2)} = 0,$$

其中 $n > 1$.

证明 由于

$$y' = \frac{1}{1+x^2},$$

即

$$(1+x^2)y' = 1,$$

故上式两边对 x 求 $(n-1)$ 阶导数，得

$$[(1+x^2)y']^{(n-1)} = 0 \quad (n-1 > 0).$$

由莱布尼茨公式，得

$$(y')^{(n-1)}(1+x^2) + (n-1)(y')^{(n-2)}(1+x^2)' +$$

$$\frac{(n-1)(n-2)}{2!}(y')^{(n-3)}(1+x^2)''$$

$$= (1+x^2)y^{(n)} + 2(n-1)x(y)^{(n-1)} + (n-1)(n-2)y^{(n-2)} = 0$$

故结论成立.

四、习题

1. 计算下列函数的导数 $\dfrac{\mathrm{d}y}{\mathrm{d}x}$:

(1) $y = \ln\dfrac{1}{\sqrt{x+\sqrt{x^2+1}}}$;

(2) $y = \ln\sqrt{\dfrac{(1-x)\mathrm{e}^x}{\arccos x}}$;

(3) $y = \tan a^x + \arctan x^a \quad (a>0)$;

(4) $\sin xy - \ln\dfrac{x+1}{y} = 1$;

(5) $x^y + y^x = 3$;

(6) $y = x^{2x} + (2x)^x$;

(7) $x = y^y$;

(8) $\begin{cases} x = \arctan t, \\ 2y - ty^2 + \mathrm{e}^t = 5. \end{cases}$

2. 设函数 $f(x)$ 可导,求下列函数的导数 $\dfrac{\mathrm{d}y}{\mathrm{d}x}$:

(1) $y = f(\mathrm{e}^{-x})\mathrm{e}^{f(x)}$;

(2) $y = f^2\left(\sin\dfrac{1}{x}\right)$;

(3) $y = f\left[\dfrac{\ln f(x)}{f(x)}\right]$;

(4) $y^2 f(x) + x f(y) = x^2$.

3. 设 $\begin{cases} x = f(t) - \pi, \\ y = f(\mathrm{e}^{3t}-1), \end{cases}$ 其中函数 $f(x)$ 可导,且 $f'(0) \neq 0$,求 $\dfrac{\mathrm{d}y}{\mathrm{d}x}\Big|_{t=0}$.

4. 已知 $f\left(\dfrac{1}{x}\right) = \dfrac{x}{1+x}$,求 $f'(x)$.

5. 已知 $f'(x) = \dfrac{1}{x}$, $y = f\left(\dfrac{x+1}{x-1}\right)$,求 $\dfrac{\mathrm{d}y}{\mathrm{d}x}$.

6. 已知 $\varphi(x) = a^{f^2(x)}$,且 $f'(x) = \dfrac{1}{f(x)\ln a}$,求证:

$$\varphi'(x) = 2\varphi(x).$$

7. 设函数 $f(x)$ 在区间 $(-\infty, +\infty)$ 内可导,且

$$F(x) = f(x^2-1) + f(1-x^2),$$

求证: $F'(1) = F'(-1)$.

8. 求证:双曲线 $xy = a^2$ (a 为正常数)上任意

一点处的切线与两坐标轴围成的三角形的面积等于常数.

9. 求下列函数的二阶导数:

(1) 设 $xy - \sin(\pi y)^2 = 0$,求 $y'\Big|_{\substack{x=0 \\ y=-1}}$, $y''\Big|_{\substack{x=0 \\ y=-1}}$;

(2) 设 $y = \sin f(x^2)$,且函数 $f(x)$ 有二阶导数,求 $\dfrac{\mathrm{d}^2 y}{\mathrm{d}x^2}$;

(3) 设 $y = f(x+y)$, $f''(x)$ 存在, $f'(x) \neq 1$,求 y'' ;

(4) 设 $y = 1 + x\mathrm{e}^{xy}$,求 $y'\Big|_{x=0}$, $y''\Big|_{x=0}$;

(5) 设 $\begin{cases} x = 3t^2 + 2t + 3 \\ \mathrm{e}^y \sin t - y + 1 = 0 \end{cases}$,求 $\dfrac{\mathrm{d}^2 y}{\mathrm{d}x^2}\Big|_{t=0}$.

10. 求下列函数的 n 阶导数:

(1) 设 $y = \dfrac{1}{\sqrt{1-x^2}}\arcsin x$,求 $y^{(n)}(0)$;

(2) 设 $y = \dfrac{x}{\sqrt[3]{1+x}}$,求 $y^{(n)}$;

(3) 设 $y = f(3x+1)$,其中函数 $f(x)$ 具有 n 阶导数,求 $y^{(n)}$.

五、习题答案

1. (1) $-\dfrac{1}{2\sqrt{x^2-1}}$;

(2) $\dfrac{1}{2}\left(\dfrac{1}{\sqrt{1-x^2}\arccos x} + \dfrac{x}{x-1}\right)$;

(3) $\sec^2(a^x)\cdot a^x\ln a + \dfrac{ax^{a-1}}{1+x^{2a}}$;

(4) $\dfrac{y[1-(x+1)\cos xy]}{[xy\cos xy+1](x+1)}$;

(5) $-\dfrac{x^y\cdot y + y^x\ln y}{x^y\ln x + xy^{x-1}}$;

(6) $\left\{x^{2x}\left(2^x\ln x\ln x + \dfrac{2^x}{x}\right) + (2x)^x[\ln(2x)+1]\right\}$;

(7) $\dfrac{1}{x(1+\ln y)}$;

(8) $\dfrac{(y^2-\mathrm{e}^t)(1+t^2)}{2(1+ty)}$.

2. (1) $-\mathrm{e}^{-x}f'(\mathrm{e}^{-x})\mathrm{e}^{f(x)}+f(\mathrm{e}^{-x})\mathrm{e}^{f(x)}f'(x)$;

(2) $-\dfrac{2}{x^2}f\left(\sin\dfrac{1}{x}\right)\cos\left(\dfrac{1}{x}\right)$;

(3) $f'\left[\dfrac{\ln f(x)}{f(x)}\right]\dfrac{1-\ln[f(x)]}{f^2(x)}f'(x)$;

(4) $\dfrac{2x-f(y)-y^2f'(x)}{2yf(x)-xf'(y)}$.

3. $\dfrac{\mathrm{d}y}{\mathrm{d}x}\bigg|_{t=0}=3$.

4. $-\dfrac{1}{(1+x)^2}$.

5. $\dfrac{2}{1-x^2}$.

6. 提示：利用复合函数的求导法则.

7. 提示：利用复合函数的求导法则.

8. 提示：利用导数的几何意义.

9. (1) $\dfrac{1}{2\pi}$, $\dfrac{1}{2\pi}$;

(2) $-4x^2[f'(x^2)]^2\sin[f(x^2)]+[4x^2f''(x^2)+2f'(x^2)]\cos[f(x^2)]$;

(3) $\dfrac{f''(xy)[1+f'(x+y)]}{[1-f'(x+y)]^3}$;

(4) $1,2$;

(5) $\dfrac{1+\mathrm{e}^2}{8}$.

10. (1) $y^{(2n+1)}(0)=(n!!)^2$, $y^{(2n)}(0)=0$;

(2) $\dfrac{2}{3}\cdot\left(\dfrac{2}{3}-1\right)\cdots\left(\dfrac{2}{3}-n+1\right)(1+x)^{\frac{2}{3}-n}-\left(-\dfrac{1}{3}\right)\left(-\dfrac{1}{3}-1\right)\cdots\left(-\dfrac{1}{3}-n+1\right)(1+x)^{-\frac{1}{3}-n}$;

(3) $3^nf^{(n)}(3x+1)$.

第3章

中值定理与导数应用

基本要求

1. 理解并会用罗尔定理、拉格朗日中值定理和泰勒中值定理，了解并会用柯西中值定理.

2. 掌握用洛必达法则求未定式极限的方法.

3. 理解函数的极值概念，掌握用导数判断函数的单调性和求极值的方法，掌握函数的最大值和最小值的求法及其简单应用.

4. 会用导数判断函数图象的凹凸性和拐点，会求函数图象的水平渐近线、铅直渐近线和斜渐近线，会描述函数的图象.

5. 了解曲率和曲率半径的概念，会求曲率和曲率半径.

6. 了解求方程近似解的二分法和切线法.

3.1 中值定理

一、基本内容

1. 罗尔定理.

2. 拉格朗日中值定理.

拉格朗日公式:

$$f(b) - f(a) = f'(\xi)(b - a) \quad (a < \xi < b).$$

推论: 若函数 $f(x)$ 在区间 I 上可导，且 $f'(x) = 0$，则函数 $f(x)$ 在区间 I 上是一个常数.

3. 柯西中值定理.

公式:

$$\frac{f(b) - f(a)}{g(b) - g(a)} = \frac{f'(\xi)}{g'(\xi)} \quad (a < \xi < b).$$

4. 泰勒中值定理.

（1）带有拉格朗日余项的泰勒公式:

$$f(x) = f(x_0) + f'(x_0)(x - x_0) + \frac{f''(x_0)}{2!}(x - x_0)^2 + \cdots +$$

$$\frac{f^{(n)}(x_0)}{n!}(x - x_0)^n \frac{f^{(n+1)}(\xi)}{(n+1)!}(x - x_0)^{n+1} (\xi \text{ 在 } x \text{ 与 } x_0 \text{ 之间}).$$

麦克劳林公式:

$$f(x) = f(0) + f'(0)x + \frac{f''(0)}{2!}x^2 + \cdots + \frac{f^{(n)}(0)}{n!}x^n + \frac{f^{(n+1)}(\xi)}{(n+1)!}x^{n+1}$$
$$(\xi \text{ 在 } x \text{ 与 } 0 \text{ 之间}).$$

（2）带有皮亚诺余项的泰勒公式：

$$f(x) = f(x_0) + f'(x_0)(x - x_0) + \frac{f''(x_0)}{2!}(x - x_0)^2 + \cdots +$$
$$\frac{f^{(n)}(x_0)}{n!}(x - x_0)^n + o[(x - x_0)^n] \quad (x \to x_0).$$

麦克劳林公式：

$$f(x) = f(0) + f'(0)x + \frac{f''(0)}{2!}x^2 + \cdots + \frac{f^{(n)}(0)}{n!}x^n + o(x^n) \quad (x \to 0).$$

（3）5 个基本初等函数：e^x，$\sin x$，$\cos x$，$\ln(1+x)$，$(1+x)^\alpha (\alpha \in \mathbf{R})$ 在 $x_0 = 0$ 处的带有拉格朗日余项的泰勒公式为

$$e^x = 1 + x + \frac{x^2}{2!} + \cdots + \frac{x^n}{n!} + \frac{e^{\theta x}}{(n+1)!}x^{n+1} (0 < \theta < 1);$$

$$\sin x = x - \frac{x^3}{3!} + \cdots + (-1)^{n-1}\frac{x^{2n-1}}{(2n-1)!}\frac{(-1)^n \cos \theta x}{(2n+1)!}x^{2n+1} (0 < \theta < 1);$$

$$\cos x = 1 - \frac{x^2}{2!} + \cdots + (-1)^n\frac{x^{2n}}{(2n)!} + \frac{(-1)^{n+1}\cos \theta x}{(2n+2)!}x^{2n+2} (0 < \theta < 1);$$

$$\ln(1+x) = x - \frac{x^2}{2} + \cdots + (-1)^{n-1}\frac{x^n}{n} + (-1)^n\frac{1}{(1+\theta x)^{n+1}}\frac{x^{n+1}}{n+1}(0 < \theta < 1);$$

$$(1+x)^\alpha = 1 + \alpha x + \frac{\alpha(\alpha-1)}{2!}x^2 + \cdots + \frac{\alpha(\alpha-1)\cdots(\alpha-n+1)}{n!}x^n +$$
$$\frac{\alpha(\alpha-1)\cdots(\alpha-n)}{(n+1)!}(1+\theta x)^{\alpha-n-1}x^{n+1} (0 < \theta < 1).$$

二、重点与难点

重点：拉格朗日中值定理.

难点：

1. 中值定理的应用.

2. 泰勒公式的应用.

三、例题分析

例 3.1.1 设函数 $f(x)$ 在区间 $[a,b]$ 上连续，在区间 (a,b) 内可导，求证：在区间 (a,b) 内存在一点 ξ，使 $f'(\xi) = \dfrac{f(\xi) - f(a)}{b - \xi}$ 成立.

分析 将 $f'(\xi) = \dfrac{f(\xi) - f(a)}{b - \xi}$ 变形为 $f(\xi) - f(a) = f'(\xi)(b - \xi)$，即

$$f'(\xi)(b - \xi) - f(\xi) + f(a) = 0. \qquad ①$$

将 ξ 换成 x，若能构造一个函数 $F(x)$，使其满足

$$\begin{cases} F'(x) = f'(x)(b - x) - f(x) + f(a), \\ F(a) = F(b), \end{cases}$$

则由罗尔定理，得 $\xi \in (a,b)$，使 $F'(\xi) = 0$，即式①成立.

由于
$$
\begin{aligned}
F'(x) &= bf'(x) - [xf'(x) + f(x)] + f(a) \\
&= [bf(x)]' - [xf(x)]' + [f(a)x]' \\
&= [bf(x) - xf(x) + f(a)x]',
\end{aligned}
$$

可构造辅助函数 $F(x) = bf(x) - xf(x) + f(a)x$.

证明 设 $F(x) = bf(x) - xf(x) + f(a)x$，

由于函数 $f(x)$ 在区间 $[a,b]$ 上连续，在区间 (a,b) 内可导，故函数 $F(x)$ 在区间 $[a,b]$ 上连续，在区间 (a,b) 内可导，且
$$
F(a) = F(b) = bf(a).
$$

由罗尔定理，得在区间 (a,b) 内存在一点 ξ，使 $F'(\xi) = 0$.

由 $F'(x) = f'(x)(b-x) - f(x) + f(a)$，得
$$
f'(\xi)(b - \xi) - f(\xi) + f(a) = 0,
$$

即 $f'(\xi) = \dfrac{f(\xi) - f(a)}{b - \xi}$ $(a < \xi < b)$.

例 3.1.2 求证：关于 x 的方程 $4ax^3 + 3bx^2 + 2cx = a + b + c$ 至少有一个小于 1 的正根.

证明 令 $f(x) = ax^4 + bx^3 + cx^2 - (a + b + c)x$，则
$$
f(0) = f(1) = 0,
$$

且函数 $f(x)$ 在区间 $[0,1]$ 上连续，在区间 $(0,1)$ 内可导.

由罗尔定理，得至少存在一点 $\xi \in (0,1)$，使 $f'(\xi) = 0$，即 $4a\xi^3 + 3b\xi^2 + 2c\xi = a + b + c$，说明此方程至少有一个小于 1 的正根.

例 3.1.3 设函数 $f(x)$ 在区间 $[0,1]$ 上可导，当 $x \in [0,1]$ 时，$0 < f(x) < 1$，且对于所有 $x \in (0,1)$，有 $f'(x) \neq 1$，求证：在区间 $(0,1)$ 内有且仅有一个 x_0，使 $f(x_0) = x_0$.

证明 ① 存在性.

令 $F(x) = f(x) - x$，由于 $0 < f(x) < 1$，故
$$
F(1) = f(1) - 1 < 0, F(0) = f(0) > 0.
$$

由函数 $f(x)$ 在区间 $[0,1]$ 上可导，知函数 $F(x)$ 在区间 $[0,1]$ 连续.

由零点定理，知至少存在一点 $x_0 \in (0,1)$，使 $F(x_0) = 0$，即 $f(x_0) = x_0$.

② 唯一性.

反证法：设有两点 x_1，$x_2 \in (0,1)$，且 $x_1 < x_2$，使得
$$
f(x_1) = x_1, f(x_2) = x_2.
$$

则函数 $F(x) = f(x) - x$ 满足罗尔定理的条件.

由罗尔定理，得在区间 (x_1, x_2) 内至少有一点 ξ，使 $F'(\xi) = 0$，即 $f'(\xi) = 1$，与已知矛盾.

故在区间 $(0,1)$ 内有且仅有一个 x_0，使 $f(x_0) = x_0$.

例 3.1.4 设函数 $f(x)$ 在区间 $[0,1]$ 上连续，在区间 $(0,1)$ 内可微，且
$$
f(1) = 1, f(0) = 0,
$$

则在 $(0,1)$ 内至少存在一点 ξ，使
$$
e^{\xi-1}[f(\xi) + f'(\xi)] = 1.
$$

分析　将 $e^{\xi-1}[f(\xi)+f'(\xi)]=1$ 变形为

$$e^{\xi}[f(\xi)+f'(\xi)]=e.$$

将 ξ 换成 x，有 $e^{x}[f(x)+f'(x)]=e.$

由于 $e^{x}[f(x)+f'(x)]=[e^{x}f(x)]'$，可设 $F(x)=e^{x}f(x)$。而

$$\frac{F(1)-F(0)}{1-0}=F'(\xi)=[e^{x}f(x)']\Big|_{x=\xi},$$

故可用拉格朗日中值定理证明.

证明　设 $F(x)=e^{x}f(x)$，由函数 $f(x)$ 在区间 $[0,1]$ 上连续，在区间 $(0,1)$ 内可导，知函数 $F(x)$ 在区间 $[0,1]$ 上连续，在区间 $(0,1)$ 内可导.

故由拉格朗日中值定理，得在区间 $(0,1)$ 内至少存在一点 ξ，使

$$\frac{F(1)-F(0)}{1-0}=F'(\xi). \qquad ①$$

而　$F(0)=0,F(1)=e,F'(x)=e^{x}[f(x)+f'(x)]$，

故式①可化为 $e^{\xi}[f(\xi)+f'(\xi)]=e$，即

$$e^{\xi-1}[f(\xi)+f'(\xi)]=1.$$

另证　设辅助函数 $F(x)=e^{x}f(x)-ex$，由罗尔定理即可证明. 证略.

例 3.1.5　设函数 $f(x)$ 在区间 $[a,b]$ 上连续，在区间 (a,b) 内二阶可导，且连接 $A(a,f(a))$，$B(b,f(b))$ 的直线与曲线 $y=f(x)$ 相交于 $C(c,f(c))c\in(a,b)$，求证：在区间 (a,b) 内至少存在一点 ξ，使 $f''(\xi)=0$.

证明　由题设，得函数 $f(x)$ 在区间 $[a,c]$，$[c,b]$ 上均满足拉格朗日定理的条件. 故存在 $\xi_1,\xi_2(a<\xi_1<c,c<\xi_2<b)$，使得

$$\frac{f(c)-f(a)}{c-a}=f'(\xi_1),\frac{f(b)-f(c)}{b-c}=f'(\xi_2).$$

而 A，C，B 三点共线，故有

$$\frac{f(c)-f(a)}{c-a}=\frac{f(b)-f(c)}{b-c},$$

即　$f'(\xi_1)=f'(\xi_2)$.

再对函数 $f'(x)$ 在区间 $[\xi_1,\xi_2]$ 上用罗尔定理，得至少存在一点 $\xi\in(\xi_1,\xi_2)\subset(a,b)$，使得 $f''(\xi)=0$.

例 3.1.6　设函数 $f(x)$ 在区间 $[a,+\infty]$ 上连续，且当 $x>a$ 时，$f'(x)>k>0$，其中 k 为常数，求证：若 $f(a)<0$，则方程 $f(x)=0$ 在区间 $\left(a,a-\dfrac{f(a)}{k}\right)$ 内有且仅有一个实根.

证明　由题设，知函数 $f(x)$ 在区间 $\left[a,a-\dfrac{f(a)}{k}\right]$ 上满足拉格朗日定理的条件.

故有

$$f\left(a-\frac{f(a)}{k}\right)-f(a)=f'(\xi)\left[a-\frac{f(a)}{k}-a\right],\xi\in\left(a,a-\frac{f(a)}{k}\right),$$

即

$$f\left(a-\frac{f(a)}{k}\right)=f(a)\left[1-\frac{f'(\xi)}{k}\right].$$

因为 $f(a)<0,f'(x)>k>0$，所以

$$f\left(a - \frac{f(a)}{k}\right) = f(a)\left[1 - \frac{f'(\xi)}{k}\right] > 0.$$

由零点定理，得方程 $f(x) = 0$ 在区间 $\left(a, a - \frac{f(a)}{k}\right)$ 至少有一个实根. 因为 $f'(x) > 0$，所以函数 $f(x)$ 在区间 $(a, +\infty)$ 单调递增. 故方程 $f(x) = 0$ 在区间 $\left(a, a - \frac{f(a)}{k}\right)$ 内有且仅有一个实根.

例 3.1.7 设函数 $f(x)$ 在区间 $[0,1]$ 上连续，在区间 $(0,1)$ 内可微，且

$$f(1) = 1, f(0) = \frac{1}{2},$$

求证：在区间 $(0,1)$ 内至少存在一点 ξ，使 $1 = (1 + \xi)^2 f'(\xi)$.

分析 将 $1 = (1 + \xi)^2 f'(\xi)$ 变形为

$$1 = \frac{f'(\xi)}{\dfrac{1}{(1+\xi)^2}},$$

分母类似 $\frac{1}{1+x}$ 在 $x = \xi$ 处的导数，仅差负号，猜想用柯西中值定理，其中分母函数为 $F(x) = \dfrac{1}{1+x}$.

证明 设 $F(x) = \dfrac{1}{1+x}$，则 $F'(x) = -\dfrac{1}{(1+x)^2}$，且 $F'(x) \neq 0$，$x \in (0,1)$，函数 $f(x)$，$F(x)$ 均满足柯西中值定理的条件. 于是在区间 $(0,1)$ 内至少存在一点 ξ，使

$$\frac{f(1) - f(0)}{F(1) - F(0)} = \frac{f'(\xi)}{F'(\xi)}.$$

由 $f(1) = 1, f(0) = \dfrac{1}{2}$，$F(1) = \dfrac{1}{2}$，$F(0) = 1$，得

$$\frac{1 - \dfrac{1}{2}}{\dfrac{1}{2} - 1} = \frac{f'(\xi)}{-\dfrac{1}{(1+\xi)^2}},$$

即 $(1 + \xi)^2 f'(\xi) = 1$.

另证 设 $F(x) = f(x) + \dfrac{1}{1+x}$，用罗尔定理证明.

例 3.1.8 已知函数 $f(x)$ 在区间 $[a,b]$ 上连续，在区间 (a,b) 内可导 $(a > 0, b > 0)$，求证：关于 x 的方程 $f(b) - f(a) = x\left(\ln \dfrac{b}{a}\right) f'(x)$ 在区间 (a,b) 内至少有一个根.

分析 本题零点定理的条件不具备 [函数 $f'(x)$ 不一定连续]，故考虑用中值定理.

将原式变形为

$$\frac{f(b) - f(a)}{\ln b - \ln a} = x f'(x) = \frac{f'(x)}{\dfrac{1}{x}},$$

可用柯西中值定理.

证明　设 $F(x) = \ln x$，则函数 $f(x)$，$F(x)$ 在区间 $[a,b]$ 上满足柯西中值定理的条件. 故至少存在一点 $\xi \in (a,b)$，使得

$$\frac{f(b) - f(a)}{\ln b - \ln a} = \frac{f'(\xi)}{\frac{1}{\xi}}.$$

从而 $f(b) - f(a) = \xi\left(\ln\frac{b}{a}\right)f'(\xi)$. 故原方程在区间 (a,b) 内至少有一个根.

另证　设 $F(x) = [f(b) - f(a)]\ln x - f(x)\ln\frac{b}{a}$，用罗尔定理证明.

注　下列证法是错误的：

设 $F(x) = \ln x$，因为函数 $f(x)$，$F(x)$ 在区间 $[a,b]$ 上都满足拉格朗日定理的条件，故有

$$\frac{\ln b - \ln a}{b - a} = F'(\xi) = \frac{1}{\xi} \quad (a < \xi < b),$$

$$\frac{f(b) - f(a)}{b - a} = f'(\xi) \quad (a < \xi < b).$$

以上两式相除，得

$$\frac{f(b) - f(a)}{\ln b - \ln a} = \xi f'(\xi) \quad (a < \xi < b).$$

所以在区间 (a,b) 内至少有一点 ξ，为 $\frac{f(b) - f(a)}{\ln b - \ln a} = xf'(x)$ 的根.

上述证法的错误在于忽略了两个不同函数在区间 $[a,b]$ 上运用拉格朗日定理所用的 ξ 一般是不同的，即

$$\frac{\ln b - \ln a}{b - a} = \frac{1}{\xi_1} \quad (a < \xi_1 < b),$$

$$\frac{f(b) - f(a)}{b - a} = f'(\xi_2) \quad (a < \xi_2 < b).$$

因此上述证法是错误的.

例 3.1.9　当 $x > 0$ 时，求证：$x < e^x - 1 < xe^x$.

证明　设 $f(x) = e^x$，则函数 $f(x)$ 在区间 $[0,x]$ 上满足拉格朗日中值定理. 因而有

$$\frac{f(x) - f(0)}{x - 0} = f'(\xi) \quad (0 < \xi < x),$$

即　$\dfrac{e^x - 1}{x} = e^\xi$.

由 $0 < \xi < x$，得 $1 < e^\xi < e^x$. 从而 $1 < \dfrac{e^x - 1}{x} < e^x$，即

$$x < e^x - 1 < xe^x.$$

例 3.1.10　求函数 $f(x) = x^2 e^{-x}$ 在 $x = 0$ 处的 n 阶泰勒展开式（带皮亚诺余项）.

解　由

$$e^x = 1 + x + \frac{x^2}{2!} + \cdots + \frac{x^n}{n!} + o(x^n),$$

得

$$e^{-x} = 1 + (-x) + \frac{(-x)^2}{2!} + \cdots + \frac{(-x)^n}{n!} + o(x^n),$$

即

$$e^{-x} = 1 - x + \frac{x^2}{2!} + \cdots + (-1)^n\frac{x^n}{n!} + o(x^n).$$

故 $$f(x) = x^2\mathrm{e}^{-x} = x^2 - x^3 + \frac{x^4}{2!} + \cdots + (-1)^n \frac{x^{n+2}}{n!} + o(x^{n+2}).$$

注 求已知函数的泰勒展开式有两种方法：

（1）直接法：先求 $f(x_0), f'(x_0), \cdots, f^{(n)}(x_0)$，并且写出函数 $f^{(n+1)}(\xi)$ 的表达式，再代入泰勒公式或麦克劳林公式.

（2）间接法：利用 5 个基本展开式（即 e^x，$\sin x$，$\cos x$，$\ln(1+x)$，$(1+x)^\alpha$ 的展开式）.

例 3.1.11 设函数 $f(x)$ 在区间 $[0,2]$ 上二阶可导，且 $|f(x)| \leq 1$，$|f''(x)| \leq 1$，$x \in [0,2]$，求证：对一切 $x \in [0,2]$，有 $|f'(x)| \leq 2$.

分析 一般估值问题常用泰勒公式. 因已知条件中含有 $f''(x)$，故用一阶泰勒公式.

证明 对任一点 $x \in [0,2]$（x 暂时固定），在 x 处展开为一阶泰勒公式

$$f(t) = f(x) + f'(x)(t-x) + \frac{1}{2!}f''(\xi)(t-x)^2 \quad (\xi \text{ 在 } t \text{ 与 } x \text{ 之间}),$$

分别令 $t = 0$，2 代入上式，得

$$f(0) = f(x) + f'(x)(0-x) + \frac{1}{2!}f''(\xi_1)(0-x)^2 \quad (0 < \xi_1 < x),$$

$$f(2) = f(x) + f'(x)(2-x) + \frac{1}{2!}f''(\xi_2)(2-x)^2 \quad (x < \xi_2 < 2).$$

两式相减并整理，得

$$2f'(x) = f(2) - f(0) + \frac{1}{2}x^2 f''(\xi_1) - \frac{1}{2}(2-x)^2 f''(\xi_2).$$

则

$$2|f'(x)| \leq |f(2)| + |f(0)| + \frac{1}{2}x^2|f''(\xi_1)| + \frac{1}{2}(2-x)^2|f''(\xi_2)|.$$

因为

$$|f(x)| \leq 1, |f''(x)| \leq 1,$$

所以

$$2|f'(x)| \leq 1 + 1 + \frac{1}{2}x^2 + \frac{1}{2}(2-x)^2 = 2 + \frac{x^2 + (2-x)^2}{2}.$$

由于在区间 $[0,2]$ 上，$x^2 + (2-x)^2 \leq 4$，故 $2|f'(x)| \leq 4$，即

$$|f'(x)| \leq 2, x \in [0,2].$$

例 3.1.12 设非负函数 $f(x)$ 在区间 $[0, +\infty)$ 上连续，且 $\lim\limits_{x \to +\infty} f(x) = 0$，求证：函数 $f(x)$ 在区间 $[0, +\infty)$ 上取到最大值.

证明 若 $f(x) \equiv 0$，则结论成立. 若 $f(x) \not\equiv 0$，则存在 $x_0 \in [0, +\infty)$，使 $f(x_0) > 0$.

由于 $\lim\limits_{x \to +\infty} f(x) = 0$，故存在 X，当 $x > X$ 时，有

$$f(x) < f(x_0).$$

由于函数 $f(x)$ 在区间 $[0, X]$ 上连续，故函数 $f(x)$ 在区间 $[0, X]$ 上有最大值 M，即存在 $x_1 \in [0, X]$，使

$$f(x_1) = M \geq f(x_0).$$

又当 $x \in (X, +\infty)$ 时，有
$$f(x) < f(x_0) \le M,$$
故 M 为函数 $f(x)$ 在区间 $[0, +\infty)$ 上的最大值.

例 3.1.13 设函数 $f(x), g(x)$ 在区间 $[a,b]$ 上可微，且 $g'(x) \ne 0$，求证：存在一点 $c \in (a,b)$，使得
$$\frac{f(a) - f(c)}{g(c) - g(b)} = \frac{f'(c)}{g'(c)}.$$

证明 令 $F(x) = f(a)g(x) + g(b)f(x) - f(x)g(x)$，则函数 $F(x)$ 在区间 $[a,b]$ 上连续、可导，且
$$F'(x) = f(a)g'(x) + g(b)f'(x) - f'(x)g(x) - f(x)g'(x).$$

又
$$F(a) = f(a)g(b) = F(b)$$

因此，由罗尔定理，知存在一点 $c \in (a,b)$，使得
$$F'(c) = 0,$$
即
$$f(a)g'(c) + g(b)f'(c) - f'(c)g(c) - f(c)g'(c) = 0.$$

整理，得
$$\frac{f(a) - f(c)}{g(c) - g(b)} = \frac{f'(c)}{g'(c)}.$$

例 3.1.14 设当 $x > 0$ 时，函数 $f(x)$ 有界，且 $f''(x) > 0$，求证：$\lim\limits_{x \to +\infty} f(x)$ 存在.

证明 由于 $f''(x) > 0$，故函数 $f'(x)$ 在区间 $(0, +\infty)$ 单调递增.

当 $x \in (0, +\infty)$ 时，均有 $f'(x) < 0$，则函数 $f(x)$ 在区间 $(0, +\infty)$ 递减. 由于函数 $f(x)$ 有界，故 $\lim\limits_{x \to +\infty} f(x)$ 存在.

若存在 $x_0 \in (0, +\infty)$，使 $f'(x_0) > 0$，则当 $x > x_0$ 时，有 $f'(x) > f'(x_0) > 0$. 因此函数 $f(x)$ 在区间 $(x_0, +\infty)$ 单调递增. 由于函数 $f(x)$ 有界，故 $\lim\limits_{x \to +\infty} f(x)$ 存在.

注 本题的证明从逻辑的角度应该说是较完善了，但实际上本题的证明还不是最完美的，原因是证明的第二部分的假设"存在 $x_0 \in (0, +\infty)$，使 $f'(x_0) > 0$"是不成立的. 证明的第二部分应改成：

若存在 $x_0 \in (0, +\infty)$，使 $f'(x_0) = k > 0$，于是
$$f(x) = f(x_0) + f'(x_0)(x - x_0) + \frac{f''(\xi)}{2!}(x - x_0)^2.$$

则
$$f(x) > f(x_0) + k(x - x_0).$$

由于 $k > 0$，则 $\lim\limits_{x \to +\infty} f(x) = +\infty$. 与已知条件"函数 $f(x)$ 有界"矛盾，因此，当 $x \in (0, +\infty)$ 时，均有 $f'(x) < 0$. 问题得证.

例 3.1.15 设函数 $f(x)$ 在区间 $[0, +\infty)$ 上可导，且 $f'(x) > f(x)$，$f(0) = 0$，求证：当 $x \in (0, +\infty)$ 时，$f(x) > 0$.

证明 （方法 1）由于 $f'(0) > f(0) = 0$，故存在 $\delta > 0$，当 $x \in (0, \delta)$ 时，$f(x) > 0$.

设存在 $x_0 > \delta > 0$，使 $f(x_0) \le 0$，由于函数 $f(x)$ 在区间 $[0, x_0]$ 上连续，故存在 $c \in (0, x_0)$，

使
$$f(c) = \max_{0 \leqslant x \leqslant x_0} f(x) > 0.$$

则 $f'(c) = 0$，与条件 $f'(c) > f(c)$ 矛盾．因此，当 $x \in (0, +\infty)$ 时，$f(x) > 0$．

（方法 2）令 $\varphi(x) = e^{-x} f(x)$，则函数 $\varphi(x)$ 在区间 $[0, +\infty)$ 上连续可导，且
$$\varphi'(x) = e^{-x} f'(x) - e^{-x} f(x) = e^{-x}[f'(x) - f(x)] > 0.$$

从而函数 $\varphi(x)$ 在区间 $[0, +\infty)$ 单调增加．所以当 $(0, +\infty)$ 时，有
$$\varphi(x) > \varphi(0) = 0,$$

即 $e^{-x} f(x) > 0$．从而 $f(x) > 0$．

四、习题

1. 如果 a_1，a_2，$\cdots$，a_n 是满足 $a_1 - \dfrac{a_2}{3} + \cdots +$

$(-1)^{n-1} \dfrac{a_n}{2n-1} = 0$ 的实数，求证：关于 x 的方程

$$a_1 \cos x + a_2 \cos 3x + \cdots + a_n \cos(2n-1)x = 0$$

在区间 $\left(0, \dfrac{\pi}{2}\right)$ 内至少有一个实根．

2. 已知抛物线 $y = -x^2 + Bx + C$ 与 x 轴有两个交点 $(a, 0)$，$(b, 0)$ $(a < b)$，与曲线 $y = f(x)$ 在区间 (a, b) 内有一个交点 $(x_0, f(x_0))$，其中函数 $f(x)$ 在区间 $[a, b]$ 上二阶可导，且 $f(a) = f(b) = 0$，求证：存在 $\xi \in (a, b)$，使 $f''(\xi) = -2$．

3. 设函数 $f(x)$ 在区间 $[1, 2]$ 上有二阶导数，且 $f(2) = 0$，又 $F(x) = (x-1)^2 f(x)$，求证：在区间 $(1, 2)$ 内有一点 ξ，使 $F''(\xi) = 0$．

4. 求证：方程 $\dfrac{2}{3} x^3 - 2x + 1 = 0$ 在区间 $(0, 1)$ 内至多有一个根．

5. 设 $a^2 - 3b < 0$，求证：关于 x 的实系数方程 $x^3 + ax^2 + bx + c = 0$ 只有唯一的实根．

6. 设函数 $f(x)$ 在区间 $[0, +\infty)$ 上连续，在区间 $(0, +\infty)$ 内可导，且
$$f'(x) < k < 0, \quad f(0) > 0,$$

求证：方程 $f(x) = 0$ 在区间 $(0, +\infty)$ 内必有唯一实根．

7. 设函数 $f(x)$ 在区间 $[a, b]$ 上连续，在区间 (a, b) 内可导，$f(a) = f(b)$，且函数 $f(x)$ 不恒为常数，求证：在区间 (a, b) 内存在一点 ξ，使 $f'(\xi) > 0$．

8. 设 $x_1 \neq x_2$，且 $x_1 x_2 > 0$，求证：在 x_1 与 x_2 之间至少存在一点 ξ，使得
$$x_1 e^{x_2} - x_2 e^{x_1} = (1 - \xi) e^{\xi}(x_1 - x_2).$$

9. 设函数 $f(x)$ 在区间 $[a, b]$ 上连续，在区间

(a, b) 内可导，且 $f(b) = f(a) = 0$，求证：至少存在一点 $\xi \in (a, b)$，使

(1) $f'(\xi) + f(\xi) = 0$；

(2) $f'(\xi) - f(\xi) = 0$；

(3) $f'(\xi) = cf(\xi)$．

10. 设 $0 \leqslant a < b$，函数 $f(x)$ 在区间 $[a, b]$ 上连续，在区间 (a, b) 内可导，求证：在区间 (a, b) 内存在三点 x_1，x_2，x_3，使得
$$f'(x_1) = (b + a) \frac{f'(x_2)}{2x_2} = (b^2 + ab + a^2) \frac{f'(x_3)}{3x_3^2}.$$

11. 设函数 $f(x)$ 在区间 $[0, 1]$ 上二阶可导，$f(0) = f(1)$，且 $|f''(x)| \leqslant 2$，求证：$|f'(x)| \leqslant 1$．

五、习题答案

1. 提示：对函数 $f(x) = a_1 \sin x + \dfrac{a_2}{3} \sin 3x + \cdots$

$+ \dfrac{a_n}{2n-1} \sin(2n-1)x$ 应用罗尔定理．

2. 提示：对函数 $g(x) = f(x) + x^2 - Bx - C$ 应用罗尔定理．

3. 提示：先对函数 $F(x)$ 应用罗尔定理，再验证 $F'(x)$ 满足罗尔定理条件．

4. 提示：反证法．

5. 提示：利用零点定理和罗尔定理．

6. 提示：先利用拉格朗日定理，再应用零点定理及单调性．

7. 提示：取 $x_0 \in (a, b)$，使 $f(x_0) \neq f(a)$（不妨设 $f(x_0) > f(a)$ 或 $f(x_0) < f(a)$），再利用拉格朗日定理．

8. 提示：$\dfrac{\frac{e^{x_2}}{x_2} - \frac{e^{x_1}}{x_1}}{\frac{1}{x_2} - \frac{1}{x_1}} = (1 - \xi) e^{\xi}$，再应用柯西定理．

9. （1）提示：对函数 $g(x) = e^x f(x)$ 应用罗

尔定理；

（2）提示：对函数 $g(x) = e^{-x}f(x)$ 应用罗尔定理；

（3）提示：对函数 $g(x) = e^{-\alpha}f(x)$ 应用罗尔定理.

10. 提示：注意到

$$f(b) - f(a) = (b - a)f'(x_1),$$

$$\frac{f(b) - f(a)}{b^2 - a^2} = \frac{f'(x_2)}{2x_2} \ \text{及} \ \frac{f(b) - f(a)}{b^3 - a^3} = \frac{f'(x_3)}{3x_3^2}.$$

11. 提示：根据泰勒公式，有

$$f(0) = f(x) + f'(x)(0 - x) + \frac{f''(\xi)}{2!}(0 - x)^2$$

及

$$f(1) = f(x) + f'(x)(1 - x) + \frac{f''(\eta)}{2!}(1 - x)^2.$$

3.2 未定式的极限问题

一、基本内容

1. 洛必达法则.

设在 x 的某极限过程中，函数 $f(x)$，$F(x)$ 可导，且 $F'(x) \neq 0$，若极限 $\lim \dfrac{f(x)}{F(x)}$ 是 $\dfrac{0}{0}$ 型或 $\dfrac{\infty}{\infty}$ 型未定式，且

$$\lim \frac{f'(x)}{F'(x)} = A(\text{或} \infty),$$

则

$$\lim \frac{f(x)}{F(x)} = \lim \frac{f'(x)}{F'(x)} = A \quad (\text{或} \infty).$$

注　若 $\lim \dfrac{f'(x)}{F'(x)}$ 不存在又不是无穷大，则洛必达法则失效.

2. 几个常用的函数的带皮亚诺余项的麦克劳林公式.

$$e^x = 1 + x + \frac{x^2}{2!} + \cdots + \frac{x^n}{n!} + o(x^n) \quad (x \to 0);$$

$$\sin x = x - \frac{x^3}{3!} + \cdots + (-1)^{n-1}\frac{x^{2n-1}}{(2n-1)!} + o(x^{2n}) \quad (x \to 0);$$

$$\cos x = 1 - \frac{x^2}{2!} + \cdots + (-1)^n\frac{x^{2n}}{(2n)!} + o(x^{2n+1}) \quad (x \to 0);$$

$$\ln(1 + x) = x - \frac{x^2}{2} + \cdots + (-1)^{n-1}\frac{x^n}{n} + o(x^n) \quad (x \to 0);$$

$$(1 + x)^\alpha = 1 + \alpha x + \frac{\alpha(\alpha - 1)}{2!}x^2 + \cdots + \frac{\alpha(\alpha - 1)\cdots(\alpha - n + 1)}{n!}x^n +$$

$$o(x^n) \quad (x \to 0).$$

注　以上带有皮亚诺余项的麦克劳林公式在求极限时经常用到.

二、重点与难点

重点：利用洛必达法则计算未定式的极限.

难点：利用泰勒公式求极限.

三、例题分析

例 3.2.1 求下列极限：

（1）$\lim\limits_{x \to \pi} \dfrac{\sin 3x}{\tan 5x}$；　　　　（2）$\lim\limits_{x \to +\infty} \dfrac{\ln(1 + e^x)}{\sqrt{1 + x^2}}$；

（3）$\lim\limits_{x \to 0} \dfrac{e^x(x - 2) + x + 2}{\sin^3 x}$；（4）$\lim\limits_{x \to 0} \dfrac{e^x + \ln(1 - x) - 1}{x - \arctan x}$；

（5）$\lim\limits_{x \to 0} \dfrac{e^{-\frac{1}{x^2}}}{x^{100}}$；　　　　（6）$\lim\limits_{x \to 0} \dfrac{(1 + x)^{\frac{1}{x}} - e}{x}$；

（7）$\lim\limits_{x \to 0} \dfrac{x^2 \sin \dfrac{1}{x}}{\sin x}$；

（8）设函数 $f(x)$ 二阶可导，且 $f(0) = 0$，$f'(0) = 1$，$f''(0) = 2$，求 $\lim\limits_{x \to 0} \dfrac{f(x) - x}{x^2}$.

解　（1）原式 $= \lim\limits_{x \to \pi} \dfrac{3\cos 3x}{5\sec^2 5x} = -\dfrac{3}{5}$.

（2）原式 $= \lim\limits_{x \to +\infty} \dfrac{\dfrac{e^x}{1 + e^x}}{\dfrac{x}{\sqrt{1 + x^2}}} = 1$.

（3）原式 $= \lim\limits_{x \to 0} \dfrac{e^x(x - 2) + x + 2}{x^3} = \lim\limits_{x \to 0} \dfrac{xe^x - e^x + 1}{3x^2}$

$= \lim\limits_{x \to 0} \dfrac{xe^x}{6x} = \dfrac{1}{6}$.

注　在使用洛必达法则过程中，可利用"等价无穷小替代""提出极限不为 0 的因子"等方法将运算简化.

（4）原式 $= \lim\limits_{x \to 0} \dfrac{e^x - \dfrac{1}{1 - x}}{1 - \dfrac{1}{1 + x^2}} = \lim\limits_{x \to 0} \dfrac{1 + x^2}{1 - x} \cdot \dfrac{(1 - x)e^x - 1}{x^2}$

$= \lim\limits_{x \to 0} \dfrac{(1 - x)e^x - 1}{x^2}$　$\left(\text{因为} \lim\limits_{x \to 0} \dfrac{1 + x^2}{1 - x} = 1\right)$

$= \lim\limits_{x \to 0} \dfrac{-xe^x}{2x} = -\dfrac{1}{2}$.

（5）本题若直接用洛必达法则，则计算过程较麻烦.

令 $u = \dfrac{1}{x^2}$，则

$$\text{原式} = \lim\limits_{u \to +\infty} \dfrac{u^{50}}{e^u} = \lim\limits_{u \to +\infty} \dfrac{50u^{49}}{e^u} = \cdots = \lim\limits_{u \to +\infty} \dfrac{50!}{e^u} = 0.$$

（6）（方法 1）原式 $= \lim\limits_{x \to 0} (1 + x)^{\frac{1}{x}} \dfrac{x - (1 + x)\ln(1 + x)}{x^2(1 + x)}$

$= e \cdot \lim\limits_{x \to 0} \dfrac{x - (1 + x)\ln(1 + x)}{x^2} = e \cdot \lim\limits_{x \to 0} \dfrac{-\ln(1 + x)}{2x} = -\dfrac{e}{2}$.

（方法 2） 原式 $= \lim\limits_{x \to 0} \dfrac{e^{\frac{1}{x}\ln(1+x)} - e}{x} = \lim\limits_{x \to 0} \dfrac{e\left[e^{\frac{1}{x}\ln(1+x)-1} - 1\right]}{x}$

$$= e \cdot \lim\limits_{x \to 0} \dfrac{\dfrac{1}{x}\ln(1+x) - 1}{x} = e \cdot \lim\limits_{x \to 0} \dfrac{\ln(1+x) - x}{x^2}$$

$$= e \cdot \lim\limits_{x \to 0} \dfrac{\dfrac{1}{1+x} - 1}{2x} = -\dfrac{e}{2}\lim\limits_{x \to 0}\dfrac{1}{1+x} = -\dfrac{e}{2}$$

（利用当 $x \to 0$ 时，$e^x - 1 \sim x$）.

（7） 原式 $= \lim\limits_{x \to 0} \dfrac{2x\sin\dfrac{1}{x} - \cos\dfrac{1}{x}}{\cos x}$，此极限不存在，洛必达法则失效.

解法如下：

$$\lim\limits_{x \to 0} \dfrac{x^2 \sin\dfrac{1}{x}}{\sin x} = \lim\limits_{x \to 0} \dfrac{x\sin\dfrac{1}{x}}{\dfrac{\sin x}{x}} = 0.$$

（8） 原式 $= \lim\limits_{x \to 0} \dfrac{f'(x) - 1}{2x} = \dfrac{1}{2}\lim\limits_{x \to 0}\dfrac{f'(x) - f'(0)}{x - 0} = \dfrac{1}{2}f''(0) = 1.$

例 3.2.2 求下列极限：

（1） $\lim\limits_{n \to \infty} n(a^{\frac{1}{n}} - 1)$，$n$ 为自然数，$a > 0$；（2） $\lim\limits_{n \to \infty}\left(1 + \dfrac{1}{n} + \dfrac{1}{n^2}\right)^n$.

解 （1） 因为

$$\lim\limits_{x \to +\infty} x(a^{\frac{1}{x}} - 1) = \lim\limits_{x \to +\infty} \dfrac{a^{\frac{1}{x}} - 1}{\dfrac{1}{x}} = \lim\limits_{t \to +0}\dfrac{a^t - 1}{t} \quad \left(令 t = \dfrac{1}{x}\right)$$

$$= \lim\limits_{t \to +0}\dfrac{a^t \ln a}{1} = \ln a,$$

所以 $\lim\limits_{n \to \infty} n(a^{\frac{1}{n}} - 1) = \ln a.$

注 对 "$\dfrac{0}{0}$" 或 "$\dfrac{\infty}{\infty}$" 型数列不能直接用洛必达法则求导，应利用 "$\lim\limits_{x \to +\infty} f(x) = A$ 是 $\lim\limits_{n \to \infty} f(n) = A$ 的充分条件" 求数列的极限.

（2） 因为

$$\lim\limits_{x \to +\infty}\left(1 + \dfrac{1}{x} + \dfrac{1}{x^2}\right)^x = e^{\lim\limits_{x \to +\infty} x\ln\left(1 + \frac{1}{x} + \frac{1}{x^2}\right)},$$

而

$$\lim\limits_{x \to +\infty} x\ln\left(1 + \dfrac{1}{x} + \dfrac{1}{x^2}\right) = \lim\limits_{x \to +\infty} \dfrac{\ln\left(1 + \dfrac{1}{x} + \dfrac{1}{x^2}\right)}{\dfrac{1}{x}}$$

$$= \lim\limits_{t \to 0+0} \dfrac{\ln(1 + t + t^2)}{t} \quad \left(令 t = \dfrac{1}{x}\right)$$

$$= \lim\limits_{t \to 0+0} \dfrac{\dfrac{1 + 2t}{1 + t + t^2}}{1} = 1,$$

所以

$$\lim_{x \to +\infty} \left(1 + \frac{1}{x} + \frac{1}{x^2} \right)^x = \mathrm{e}.$$

从而

$$\lim_{n \to \infty} \left(1 + \frac{1}{n} + \frac{1}{n^2} \right)^n = \mathrm{e}.$$

例 3.2.3 求下列极限:

(1) $\lim\limits_{x \to 0} (\cos \pi x)^{\frac{1}{x^2}}$;

(2) $\lim\limits_{x \to +\infty} \left(\dfrac{\pi}{2} - \arctan x \right)^{\frac{1}{\ln x}}$;

(3) $\lim\limits_{x \to \infty} \left[(2+x) \mathrm{e}^{\frac{1}{x}} - x \right]$;

(4) $\lim\limits_{x \to 1} (1-x) \tan \dfrac{\pi}{2} x$.

解 (1) 因为

$$\lim_{x \to 0} \frac{\ln \cos \pi x}{x^2} = \lim_{x \to 0} \frac{\dfrac{-\pi \sin \pi x}{\cos \pi x}}{2x} = -\frac{\pi}{2} \lim_{x \to 0} \frac{\sin \pi x}{x} = -\frac{\pi^2}{2},$$

所以原式 $= \mathrm{e}^{\lim\limits_{x \to 0} \frac{\ln \cos \pi x}{x^2}} = \mathrm{e}^{-\frac{\pi^2}{2}}$.

(2) 因为

$$\lim_{x \to +\infty} \frac{\ln\left(\dfrac{\pi}{2} - \arctan x \right)}{\ln x} = \lim_{x \to +\infty} \frac{\dfrac{1}{\dfrac{\pi}{2} - \arctan x} \cdot \left(-\dfrac{1}{1+x^2} \right)}{\dfrac{1}{x}}$$

$$= \lim_{x \to +\infty} \frac{-\dfrac{x}{1+x^2}}{\dfrac{\pi}{2} - \arctan x} = \lim_{x \to +\infty} \frac{\dfrac{1-x^2}{(1+x^2)^2}}{\dfrac{1}{1+x^2}}$$

$$= \lim_{x \to +\infty} \frac{1-x^2}{1+x^2} = -1,$$

所以原式 $= \mathrm{e}^{\lim\limits_{x \to +\infty} \frac{\ln\left(\frac{\pi}{2} - \arctan x \right)}{\ln x}} = \mathrm{e}^{-1}$.

(3) 原式 $= \lim\limits_{x \to \infty} x \left[\left(\dfrac{2}{x} + 1 \right) \mathrm{e}^{\frac{1}{x}} - 1 \right] = \lim\limits_{x \to \infty} \frac{\left(\dfrac{2}{x} + 1 \right) \mathrm{e}^{\frac{1}{x}} - 1}{\dfrac{1}{x}}$

$$= \lim_{t \to 0} \frac{(2t+1) \mathrm{e}^t - 1}{t} \quad \left(\diamondsuit\, t = \frac{1}{x} \right)$$

$$= \lim_{t \to 0} \frac{(2t+3) \mathrm{e}^t}{1} = 3.$$

(4) 原式 $= \lim\limits_{x \to 1} \dfrac{(1-x) \sin \dfrac{\pi}{2} x}{\cos \dfrac{\pi}{2} x} = \lim\limits_{x \to 1} \sin \dfrac{\pi}{2} x \cdot \lim\limits_{x \to 1} \dfrac{(1-x)}{\cos \dfrac{\pi}{2} x}$

$$=\lim_{x\to 1}\frac{(1-x)}{\cos\frac{\pi}{2}x}=\lim_{x\to 1}\frac{-1}{-\frac{\pi}{2}\sin\frac{\pi}{2}x}=\frac{2}{\pi}.$$

例 3.2.4 用泰勒公式求下列极限：

（1）$\lim\limits_{x\to 0}\dfrac{e^{-\frac{x^2}{2}}-\cos x}{x^4}$；　　　（2）$\lim\limits_{x\to 0}\dfrac{e^x\sin x-x(1+x)}{x^3}$．

解　（1）由泰勒公式，知当 $x\to 0$ 时，有

$$e^{-\frac{x^2}{2}}=1+\left(-\frac{1}{2}x^2\right)+\frac{1}{2!}\left(-\frac{1}{2}x^2\right)^2+o(x^4),$$

$$\cos x=1-\frac{1}{2!}x^2+\frac{1}{4!}x^4+o(x^4).$$

故

$$e^{-\frac{x^2}{2}}-\cos x=\frac{1}{12}x^4+o(x^4).$$

从而原式 $=\lim\limits_{x\to 0}\dfrac{\frac{1}{12}x^4+o(x^4)}{x^4}=\dfrac{1}{12}$．

（2）由泰勒公式，知当 $x\to 0$ 时，有

$$e^x=1+x+\frac{1}{2!}x^2+\frac{1}{3!}x^3+o(x^3),$$

$$\sin x=x-\frac{1}{3!}x^3+o(x^3).$$

于是

$$e^x\sin x-x(1+x)=x+x^2+\frac{1}{3}x^3+o(x^3)-x-x^2$$

$$=\frac{1}{3}x^3+o(x^3).$$

故原式 $=\lim\limits_{x\to 0}\dfrac{\frac{1}{3}x^3+o(x^3)}{x^3}=\dfrac{1}{3}$．

四、习题

1. 选择题.

（1）设

$$f(x)=\begin{cases}\dfrac{\sin 2x+e^{2ax}-1}{x}, & x\neq 0,\\ a, & x=0\end{cases}$$

在区间 $(-\infty,+\infty)$ 内连续，则 $a=$（　　）.

A. 1　　　　B. 0

C. -1　　　D. -2

（2）设 $f(x)=\begin{cases}(\cos x)^{x-2}, & x\neq 0,\\ a, & x=0\end{cases}$ 在点 $x=0$

处连续，则 $a=$（　　）.

A. $e^{-\frac{1}{2}}$　　　B. $e^{\frac{1}{2}}$

C. $e^{\frac{3}{2}}$　　　D. $e^{-\frac{3}{2}}$

（3）若当 $x\to 0$ 时，$e^x-(ax^2+bx+1)$ 是比 x^2 较高阶的无穷小，则 a,b 的值分别为（　　）.

A. $\dfrac{1}{2}$，1　　　B. 1，1

C. $-\dfrac{1}{2}$，1　　D. -1，1

（4）若当 $x\to 0$ 时，$e^{\tan x}-e^x$ 与 x^n 是同阶无穷小，则 $n=$（　　）.

A. 1　　　　B. 2

C. 3   D. 4

(5) 若 $\lim\limits_{x\to 0}\dfrac{\ln(1+x)-ax-bx^2}{x^2}=2$，则常数 a，b 的值分别为（   ）.

A. -1，$-\dfrac{5}{2}$ B. 0，-2

C. 0，$-\dfrac{5}{2}$ D. 1，-2

2. 求下列极限：

(1) $\lim\limits_{x\to 0}\dfrac{\sin x-x}{x^3}$；

(2) $\lim\limits_{x\to 0}\dfrac{\tan x-x}{x^2\sin x}$；

(3) $\lim\limits_{x\to 0}\dfrac{x-\arctan x}{(\tan x)^3}$；

(4) $\lim\limits_{x\to 0}\dfrac{3^x+3^{-x}-2}{x^2}$；

(5) $\lim\limits_{x\to 1}\dfrac{x^2-\cos(x-1)}{\ln x}$；

(6) $\lim\limits_{x\to \frac{\pi}{2}}\dfrac{\tan 3x}{\tan x}$；

(7) $\lim\limits_{x\to 0}\dfrac{e^x-e^{\sin x}}{x-\sin x}$；

(8) $\lim\limits_{x\to 0+0}\dfrac{1-e^{\frac{1}{x}}}{x+e^{\frac{1}{x}}}$；

(9) $\lim\limits_{x\to 0}\dfrac{3\sin x+x^2\cos\frac{1}{x}}{(1+\cos x)\ln(1+x)}$；

(10) $\lim\limits_{x\to 0}\dfrac{x-\sin x}{x^2(e^x-1)}$；

(11) $\lim\limits_{x\to 0}\dfrac{\arcsin x-\sin x}{\arctan x-\tan x}$；

(12) $\lim\limits_{x\to 0}\dfrac{xe^{2x}+xe^x-2e^{2x}+2e^x}{(e^x-1)^3}$.

3. 求下列极限：

(1) $\lim\limits_{x\to 0}x\cot 2x$；

(2) $\lim\limits_{x\to \infty}x(e^{\frac{1}{x}}-1)$；

(3) $\lim\limits_{x\to \infty}x\left[\left(1+\dfrac{1}{x}\right)^x-e\right]$；

(4) $\lim\limits_{x\to 0}\left(\dfrac{1}{x}-\dfrac{1}{e^x-1}\right)$；

(5) $\lim\limits_{x\to 0}\left(\dfrac{1}{x^2}-\cot^2 x\right)$；

(6) $\lim\limits_{x\to \frac{\pi}{2}}(\sec x-\tan x)$；

(7) $\lim\limits_{x\to \infty}\left[x-x^2\ln\left(1+\dfrac{1}{x}\right)\right]$；

(8) $\lim\limits_{x\to 0}\cot x\left(\dfrac{1}{\sin x}-\dfrac{1}{x}\right)$；

(9) $\lim\limits_{x\to -\infty}x(\sqrt{x^2+100}+x)$；

(10) $\lim\limits_{x\to 1-0}\sqrt{1-x^2}\cot\left(\dfrac{x}{2}\sqrt{\dfrac{1-x}{1+x}}\right)$.

4. 求下列极限：

(1) $\lim\limits_{n\to \infty}\sqrt[n]{n}$；   (2) $\lim\limits_{n\to \infty}\tan^n\left(\dfrac{\pi}{4}+\dfrac{2}{n}\right)$；

(3) $\lim\limits_{n\to \infty}\left(\dfrac{\sqrt[n]{a}+\sqrt[n]{b}+\sqrt[n]{c}}{3}\right)^n$，其中 a，b，c 均为正数；

(4) $\lim\limits_{x\to 0}\left(\dfrac{\arctan x}{x}\right)^{\frac{1}{x^2}}$；

(5) $\lim\limits_{x\to +\infty}(\text{arccot}\,x)^{\frac{1}{\ln x}}$；

(6) $\lim\limits_{x\to 0}(1+xe^x)^{\frac{1}{x}}$；

(7) $\lim\limits_{x\to \infty}\left(\sin\dfrac{1}{x}+\cos\dfrac{1}{x}\right)^x$；

(8) $\lim\limits_{x\to 0+}\left(\dfrac{1}{\sqrt{x}}\right)^{\tan x}$.

5. 用泰勒公式求下列极限：

(1) $\lim\limits_{x\to 0}\left(\dfrac{1}{x}-\dfrac{1}{\sin x}\right)$；

(2) $\lim\limits_{x\to 0}\dfrac{x\ln(1+x^2)}{e^{x^2}-x-1}$.

五、习题答案

1. (1) D   (2) A   (3) A   (4) C   (5) A

2. (1) $-\dfrac{1}{6}$；   (2) $\dfrac{1}{3}$；   (3) $\dfrac{1}{3}$；

(4) $\ln^2 3$；   (5) 2；   (6) $-\dfrac{1}{3}$；   (7) 1；

(8) -1；   (9) $\dfrac{3}{2}$；   (10) $\dfrac{1}{6}$；

(11) $-\dfrac{1}{2}$；   (12) $\dfrac{1}{6}$.

3. (1) $\dfrac{1}{2}$；   (2) 1；   (3) $-\dfrac{e}{2}$；   (4) $\dfrac{1}{2}$；

(5) $\dfrac{2}{3}$；   (6) ∞；   (7) $\dfrac{1}{2}$；   (8) $\dfrac{1}{6}$；

(9) -50；   (10) 4.

4. (1) 1；(2) e；(3) $\sqrt[3]{abc}$；(4) $e^{-\frac{1}{3}}$；

(5) 1；   (6) e；   (7) e；(8) 1.

5. (1) 0；   (2) 0.

3.3 导数的应用

一、基本内容

1. 函数单调性判别法.

若函数 $f(x)$ 在区间 $[a,b]$ 上连续，在区间 (a,b) 内可导，且 $f'(x)>0$ [或 $f'(x)<0$]，则函数 $f(x)$ 在区间 $[a,b]$ 上单调增加（或单调减少）.

推论 若函数 $f(x)$ 连续且除有限个（或可数个）点之外，$f'(x)>0$（或 $f'(x)<0$），则函数 $f(x)$ 单调增加（或单调减少）.

2. 函数的极值及判别条件.

（1）极值的定义；

（2）判别极值的第一充分条件；

（3）判别极值的第二充分条件.

3. 函数的最大值和最小值.

注 若函数在区间内只有唯一的一个驻点，而实际问题中确有最值，则唯一的驻点就是最值点.

4. 函数图象的凹凸性及拐点.

（1）凹凸性的定义；

（2）凹凸性的判别法；

（3）拐点的定义及判别法.

5. 函数图象的渐近线.

（1）水平渐近线：若 $\lim\limits_{x\to\infty}f(x)=c$，则直线 $y=c$ 是函数 $y=f(x)$ 的图象的水平渐近线.

（2）铅直渐近线：若 $\lim\limits_{x\to x_0}f(x)=\infty$，则直线 $x=x_0$ 是函数 $y=f(x)$ 的图象的铅直渐近线.

（3）斜渐近线：若 $\lim\limits_{x\to\infty}\dfrac{f(x)}{x}=k\neq0$，且 $\lim\limits_{x\to\infty}[f(x)-kx]=b$，

则直线 $y=kx+b$ 是函数 $y=f(x)$ 的图象的斜渐近线.

注 上述定义中的 $x\to x_0$，$x\to\infty$，$f(x)\to\infty$ 还可以是 $x\to x_0^+$，$x\to x_0^-$，$x\to+\infty$，$x\to-\infty$，$f(x)+\infty$，$f(x)\to-\infty$.

6. 函数的作图.

7. 曲线的曲率与曲率半径.

（1）曲率的定义；

（2）曲率的公式：设曲线 $y=f(x)$，函数 $f(x)$ 二阶可导，则曲率

$$k=\frac{|y''|}{(1+y'^2)^{\frac{3}{2}}}$$

（3）曲率半径：$\rho=\dfrac{1}{k}$.

二、重点与难点

重点：应用导数研究函数的单调性、凹凸性及函数的极值.

难点：描绘函数的图象.

三、例题分析

例 3.3.1 讨论下列函数的单调区间和极值：

(1) $f(x) = (x-1)\sqrt[3]{x^2}$；　　　　(2) $f(x) = \begin{cases} (1+x)^3, & x \leqslant 0, \\ (x-1)^2, & x > 0. \end{cases}$

解　(1) $f'(x) = \dfrac{1}{3\sqrt[3]{x}}(5x-2)$.

令 $f'(x) = 0$，得 $x = \dfrac{2}{5}$. 又当 $x = 0$ 时，$f'(x)$ 不存在. 列表如下：

x	$(-\infty, 0)$	0	$\left(0, \dfrac{2}{5}\right)$	$\dfrac{2}{5}$	$\left(\dfrac{2}{5}, +\infty\right)$
$f'(x)$	+	不存在	−	0	+
$f(x)$	↑	极大	↓	极小	↑

所以函数 $f(x)$ 在区间 $(-\infty, 0)$ 和 $\left(\dfrac{2}{5}, +\infty\right)$ 内单调增加，在区间 $\left(0, \dfrac{2}{5}\right)$ 内单调减少，

$f(0) = 0$ 是极大值，$f\left(\dfrac{2}{5}\right) = -\dfrac{3}{25}\sqrt[3]{20}$ 是极小值.

(2) $f'(x) = \begin{cases} 3(1+x)^2, & x \leqslant 0, \\ 2(x-1), & x > 0. \end{cases}$

由于

$$f'_-(0) = \lim_{x \to 0-0} \frac{(1+x)^3 - 1}{x - 0} = 3,$$

$$f'_+(0) = \lim_{x \to 0+0} \frac{(x-1)^2 - 1}{x - 0} = -2,$$

故 $f'(0)$ 不存在. 而 $f'(1) = 0$，$f'(-1) = 0$. 列表如下：

x	$(-\infty, -1)$	-1	$(-1, 0)$	0	$(0, 1)$	1	$(1, +\infty)$
$f'(x)$	+	0	+	不存在	−	0	+
$f(x)$	↑		↑	极大	↓	极小	↑

所以函数 $f(x)$ 在区间 $(-\infty, 0)$ 和 $(1, +\infty)$ 内单调增加，在区间 $(0, 1)$ 内单调减少.

由于区间 $f(x)$ 在 $x = 0$ 连续，所以 $x = 0$ 是极大值点，极大值为 $f(0) = 1$，极小值为 $f(1) = 0$.

注　①在讨论极值时，对驻点和导数不存在的点都要讨论.

②此题 $x = 0$ 是函数 $f(x)$ 的极大值点，要验证函数 $f(x)$ 在 $x = 0$ 处连续.

例 3.3.2 求由方程 $x^3 + 3x^2y - 2y^3 = 2$ 所确定函数 $y = f(x)$ 的极值.

解　将方程两边对 x 求导，得

$$3x^2 + 6xy + 3x^2y' - 6y^2y' = 0.$$

解得 $y' = \dfrac{x(x+2y)}{2y^2 - x^2}$.

令 $y' = 0$，得 $x(x+2y) = 0$. 解得 $x = 0$，$x = -2y$.

将 $x = 0$，$x = -2y$ 代入原方程，得 $\begin{cases} x = 0, \\ y = -1 \end{cases}$ 或 $\begin{cases} x = -2, \\ y = 1. \end{cases}$

又

$$y'' = \frac{(2x + 2xy' + 2y)(2y^2 - x^2) - (x^2 + 2xy)(4yy' - 2x)}{(2y^2 - x^2)^2},$$

故

$$y'' \Big|_{\substack{x=0 \\ y=-1}} < 0, \quad y'' \Big|_{\substack{x=-2 \\ y=1}} > 0$$

所以极大值为 $y(0) = -1$，极小值为 $y(-2) = 1$.

例 3.3.3　求证：

（1）当 $x > 0$ 时，$\ln(1+x) > \dfrac{\arctan x}{1+x}$；

（2）当 $0 < x < 1$ 时，$\dfrac{1-x}{1+x} < \mathrm{e}^{-2x}$；

（3）当 $0 < x < +\infty$ 时，$x \geqslant \mathrm{e}\ln x$；

（4）当 $0 < x < y < \dfrac{\pi}{2}$ 时，$\tan x + \tan y > 2\tan\dfrac{x+y}{2}$.

证明　（1）设 $f(x) = (1+x)\ln(1+x) - \arctan x$，则

$$f'(x) = \ln(1+x) + \frac{x^2}{1+x^2}.$$

因为函数 $f(x)$ 在区间 $[0, +\infty)$ 上连续，在区间 $(0, +\infty)$ 内，$f'(x) > 0$，故函数 $f(x)$ 在区间 $[0, +\infty)$ 内单调增加，又 $f(0) = 0$，所以 当 $x > 0$ 时，$f(x) > f(0) = 0$，即

$$(1+x)\ln(1+x) - \arctan x > 0,$$

亦即　$\ln(1+x) > \dfrac{\arctan x}{1+x}$.

（2）设 $f(x) = (1-x)\mathrm{e}^{2x} - (1+x)$，则

$$f'(x) = (1-2x)\mathrm{e}^{2x} - 1, \quad f''(x) = -4x\mathrm{e}^{2x}.$$

当 $0 < x < 1$ 时，$f''(x) < 0$，而函数 $f'(x)$ 在区间 $[0,1]$ 上连续，所以函数 $f'(x)$ 在区间 $[0,1]$ 上单调减少. 从而 $f'(x) < f'(0) = 0$. 又函数 $f(x)$ 在区间 $[0,1]$ 上连续，由此函数 $f(x)$ 在区间 $[0,1]$ 上单调减少. 故 $f(x) < f(0) = 0$，即 $(1-x)\mathrm{e}^{2x} - (1+x) < 0$，亦即

$$\frac{1-x}{1+x} < \mathrm{e}^{-2x}, \quad x \in (0,1).$$

注　当 $f'(x)$ 的符号不易判断时，若 $f''(x)$ 的符号易判断，则可根据 $f''(x)$ 的符号来判断 $f'(x)$ 的符号.

（3）设 $f(x) = x - \mathrm{e}\ln x$，则 $f'(x) = 1 - \dfrac{\mathrm{e}}{x}$.

令　$f'(x) = 0$，得　$x = \mathrm{e}$.

当　$0 < x < \mathrm{e}$ 时，$f'(x) < 0$；当　$\mathrm{e} < x < +\infty$ 时，$f'(x) > 0$.

故 $x = e$ 是极小值点，且是区间 $(0, +\infty)$ 内唯——个驻点. 故 $f(e)$ 是函数 $f(x)$ 在区间 $(0, +\infty)$ 上的最小值. 从而有 $f(x) \geqslant f(e) = 0$，即当 $0 < x < +\infty$ 时，$x \geqslant e\ln x$.

（4）设 $f(x) = \tan x$，则 $f'(x) = \sec^2 x$，$f''(x) = 2\sec^2 x\tan x$.

当 $0 < x < \dfrac{\pi}{2}$ 时，$f''(x) > 0$，所以函数 $f(x)$ 在区间 $\left(0, \dfrac{\pi}{2}\right)$ 内是凹的，即有

$$\frac{1}{2}[f(x) + f(y)] > f\left(\frac{x+y}{2}\right), 0 < x < y < \frac{\pi}{2}.$$

从而当 $0 < x < y < \dfrac{\pi}{2}$ 时，$\tan x + \tan y > 2\tan\dfrac{x+y}{2}$.

说明　证明不等式的基本方法：
① 利用拉格朗日中值定理；
② 利用函数的单调性；
③ 利用函数的最大（小）值；
④ 利用函数图象的凹凸性；
⑤ 利用泰勒公式.

例 3.3.4　讨论关于 x 的方程 $\ln x = ax$（$a > 0$）的实根个数.

解　设 $F(x) = \ln x - ax$，则只需讨论关于 x 的方程 $F(x) = 0$ 的实根个数. 又

$$F'(x) = \frac{1 - ax}{x},$$

令 $F'(x) = 0$，得 $x = \dfrac{1}{a}$（$a > 0$）.

当 $x \in \left(0, \dfrac{1}{a}\right)$ 时，$F'(x) > 0$；当 $x \in \left(\dfrac{1}{a}, +\infty\right)$ 时，$F'(x) < 0$.

故 $x = \dfrac{1}{a}$ 是函数 $F(x)$ 唯一的极值点且是极大值点，即为最大值点，最大值为

$$F\left(\frac{1}{a}\right) = \ln\frac{1}{a} - 1.$$

关于 x 的方程 $F(x) = 0$ 的实根个数可按下列三种情形进行讨论：

当 $a = \dfrac{1}{e}$ 时，函数 $F(x)$ 的图象与 x 轴相切，此时关于 x 的方程 $F(x) = 0$ 只有一个实根（见图 3-1）.

当最大值 $\ln\dfrac{1}{a} - 1 < 0$，即 $a > \dfrac{1}{e}$ 时，函数 $F(x)$ 的图象与 x 轴不相交，此时关于 x 的方程 $F(x) = 0$ 没有实根（见图 3-2）.

当最大值 $\ln\dfrac{1}{a} - 1 > 0$，即 $0 < a < \dfrac{1}{e}$ 时，由于

$$\lim_{x \to +\infty} F(x) = -\infty, \ \lim_{x \to 0+0} F(x) = -\infty,$$

故函数 $F(x)$ 的图象与 x 轴有两个交点，此时关于 x 的方程 $F(x) = 0$ 有两个实根（见图 3-3）.

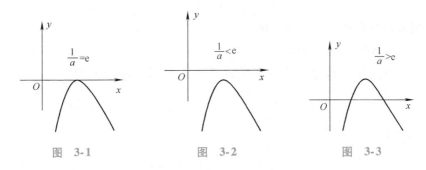

图 3-1   图 3-2   图 3-3

综上，当 $a > \dfrac{1}{e}$ 时，关于 x 的方程 $\ln x = ax$ 没有实根；

当 $a = \dfrac{1}{e}$ 时，关于 x 的方程 $\ln x = ax$ 有一个实根；

当 $0 < a < \dfrac{1}{e}$ 时，关于 x 的方程 $\ln x = ax$ 有两个实根.

注 证明方程的根的存在性及讨论方程的根的个数问题有三种方法：

（1）证明方程存在根用零点定理或用中值定理证.

（2）证明方程 $F(x) = 0$ 的根是唯一（或最多只有一个根）的一般采取两种方法：①证明函数 $F(x)$ 单调；②用反证法，如存在两个根 $x_1 \neq x_2 \Rightarrow F(x_1) = F(x_2) = 0$（用罗尔定理或拉格朗日定理证）$\Rightarrow F'(\xi) = 0 \Rightarrow$ 与已知条件矛盾.

（3）确定方程 $F(x) = 0$ 的根的个数，利用导数与极限确定函数 $F(x)$ 的单调区间、极值及开区间端点的单向极限值（也可用单调性与零点定理结合起来），从而可判定方程 $F(x) = 0$ 的根的个数及根所在的区间.

例 3.3.5 求数列 $\{\sqrt[n]{n}\}$ 的最大项.

解 设 $f(x) = x^{\frac{1}{x}}$ $(x > 0)$，则 $f'(x) = x^{\frac{1}{x}} \cdot \dfrac{1 - \ln x}{x^2}$.

令 $f'(x) = 0$，得 $x = e$.

当 $0 < x < e$ 时，$f'(x) > 0$；当 $x > e$ 时，$f'(x) < 0$. 所以函数 $f(x)$ 在 $x = e$ 处取得极大值. 又函数 $f(x)$ 只有一个驻点，所以极大值就是最大值. 又 $2 < e < 3$，所以最大值在 $\sqrt{2}$ 与 $\sqrt[3]{3}$ 之间，而 $(\sqrt{2})^6 = 8$，$(\sqrt[3]{3})^6 = 9$，故 $\sqrt{2} < \sqrt[3]{3}$. 所以 $\sqrt[3]{3}$ 为最大项.

例 3.3.6 求函数 $f(x) = (x^2 + 3x - 3)e^{-x}$ 在区间 $[-4, +\infty)$ 内的最大值和最小值.

解 由 $f'(x) = -(x + 3)(x - 2)e^{-x}$，可知驻点为 $x = -3$，$x = 2$.

又

$$f(-3) = -3e^3, \quad f(2) = 7e^{-2}, \quad f(-4) = e^4,$$

及

$$\lim_{x \to +\infty} f(x) = 0,$$

故最小值为 $f(-3) = -3e^3$，最大值为 $f(-4) = e^4$.

例 3.3.7 设函数 $f(x)$ 在 x_0 某邻域内有直到 $n + 1$ 阶导数，且

$$f'(x_0) = f''(x_0) = \cdots = f^{(k+1)}(x_0) = 0,$$

$$f^{(k)}(x_0) \neq 0 \quad (k \leq n),$$

求证：（1）当 k 为奇数时，$f(x_0)$ 不是极值；

（2）当 k 为偶数时，$f(x_0)$ 为极值.

证明 在 $x = x_0$ 处将函数 $f(x)$ 按泰勒公式展开. 由题设条件，可得

$$f(x) - f(x_0) = \frac{f^{(k)}(\xi)}{k!}(x - x_0)^k \ (\xi \ 在 \ x \ 与 \ x_0 \ 之间),$$

且在 x_0 某邻域内 $f^{(k)}(\xi)$ 不变号.

（1）当 k 为奇数时，因为当 $x > x_0$ 与 $x < x_0$ 时，$(x - x_0)^k$ 变号，所以 $\frac{f^{(k)}(\xi)}{k!}(x - x_0)^k$ 变号. 从而 $f(x) - f(x_0)$ 变号，即函数 $f(x)$ 在 $x = x_0$ 处不取极值.

（2）当 k 为偶数时，$(x - x_0)^k > 0$.

若 $f^{(k)}(\xi) > 0$，则有 $f(x) - f(x_0) > 0$，即 $f(x) > f(x_0)$，从而函数 $f(x)$ 在 $x = x_0$ 处取极小值.

若 $f^{(k)}(\xi) < 0$，则有 $f(x) - f(x_0) < 0$，即 $f(x) < f(x_0)$，从而函数 $f(x)$ 在 $x = x_0$ 处取极大值.

例 3.3.8 如图 3-4 所示，已知双曲线 $xy = 1$ 在第一象限的分支上有一定点 $P\left(a, \frac{1}{a}\right)$，在给定曲线的第三象限的分支上有一动点 Q，试求使线段 PQ 的长度最短的点 Q 的坐标.

解 设点 Q 的坐标为 $(x, y) = \left(x, \frac{1}{x}\right)$，则

$$f(x) = |PQ|^2 = (x - a)^2 + \left(\frac{1}{x} - \frac{1}{a}\right)^2$$

其中 $x < 0$，$a > 0$. 从而

$$f'(x) = 2(x - a)\left(1 + \frac{1}{ax^3}\right).$$

令 $f'(x) = 0$，得 $x = -\frac{1}{\sqrt[3]{a}}$.

而 $f''(x) = 2 + \frac{6}{x^4} - \frac{4}{ax^3} > 0$，

所以 $x = -\frac{1}{\sqrt[3]{a}}$ 是函数 $f(x)$ 的极小值点，也是最小值点.

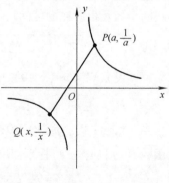

图 3-4

故所求点 Q 的坐标为 $\left(-\frac{1}{\sqrt[3]{a}}, \ -\sqrt[3]{a}\right)$.

例 3.3.9 求下列曲线的凹凸区间和拐点：

（1）$y = x^{\frac{5}{3}}$；　　（2）$y = x^{\frac{3}{5}}$；　　（3）$y = x^{\frac{2}{3}}$.

解 （1）$y' = \frac{5}{3}x^{\frac{2}{3}}$，$y'' = \frac{10}{9}x^{-\frac{1}{3}}$. 令 $y'' = 0$，无根.

当 $x = 0$ 时，$y' = 0$，y'' 不存在，列表如下：

x	$(-\infty,0)$	0	$(0,+\infty)$
y''	$-$	不存在	$+$
y	凸	拐点	凹

所以曲线在区间 $(-\infty,0)$ 内是凸的, 在区间 $(0,+\infty)$ 内是凹的, 拐点为 $(0,0)$.

(2) $y'=\dfrac{3}{5}x^{-\frac{2}{5}}$, $y''=-\dfrac{6}{25}x^{-\frac{7}{5}}$.

当 $x=0$ 时, y 连续, y', y'' 都不存在, 列表如下:

x	$(-\infty,0)$	0	$(0,+\infty)$
y''	$+$	不存在	$-$
y	凹	拐点	凸

所以曲线在区间 $(-\infty,0)$ 内是凹的, 在区间 $(0,+\infty)$ 内是凸的, 拐点为 $(0,0)$.

(3) $y'=\dfrac{2}{3}x^{-\frac{1}{3}}$, $y''=-\dfrac{2}{9}x^{-\frac{4}{3}}$.

当 $x=0$ 时, y 连续, y', y'' 不存在, 列表如下:

x	$(-\infty,0)$	0	$(0,+\infty)$
y''	$-$	不存在	$-$
y	凸	无拐点	凸

所以曲线在区间 $(-\infty,0)$ 和 $(0,+\infty)$ 内是凸的, 无拐点.

注　由于 y' 不存在, 因此, 曲线在区间 $(-\infty,0)$ 和 $(0,+\infty)$ 内是凸的, 但不在区间 $(-\infty,+\infty)$ 内凸.

说明　① 在点 x_0 处函数的一阶导数存在, 而二阶导数不存在时, 如果在 x_0 左右邻近二阶导数符号相反, 那么 $(x_0,f(x_0))$ 是拐点.

② 在点 x_0 处连续, 而一阶、二阶导数都不存在时, 如果在 x_0 左右邻近二阶导数符号相反, 那么 $(x_0,f(x_0))$ 是拐点.

例 3.3.10　设函数 $f(x)$ 连续, 且 $\lim\limits_{x\to0}\dfrac{f(x)-|x|}{x^2}=-1$, 函数 $f(x)$ 在 $x=0$ 处是否可导? $f(0)$ 是否是极值? 如果是极值, 是极大值还是极小值? 证明你的结论.

证明　函数 $f(x)$ 在 $x=0$ 处不可导; $f(0)$ 为极值, 且为极小值.

由于　$\lim\limits_{x\to0}\dfrac{f(x)-|x|}{x^2}=-1$, 因此 $\dfrac{f(x)-|x|}{x^2}=-1+\alpha$　$(\lim\limits_{x\to0}\alpha=0)$.

故 $f(x)-|x|=-x^2+\alpha\cdot x^2$, 即 $f(x)=|x|+o(x)$. 所以 $f(0)=\lim\limits_{x\to0}f(x)=0$.

于是　$f'(0)=\lim\limits_{x\to0}\dfrac{f(x)-f(0)}{x}=\lim\limits_{x\to0}\dfrac{|x|+o(x)}{x}$ 不存在, 即函数 $f(x)$ 在 $x=0$ 处不可导.

又　$f(x)=|x|+o(x)$, 则存在 $x=0$ 的某去心邻域, 有 $f(x)>f(0)=0$. 故 $f(0)$ 为极小值.

例 3.3.11 求曲线 $y = \dfrac{x^2}{x+1}$ 的渐近线.

解 因为 $\lim\limits_{x \to -1} \dfrac{x^2}{x+1} = \infty$，所以 $x = -1$ 是曲线 $y = \dfrac{x^2}{x+1}$ 的铅直渐近线.

由于

$$a = \lim\limits_{x \to \infty} \frac{f(x)}{x} = \lim\limits_{x \to \infty} \frac{x}{x+1} = 1,$$

又

$$b = \lim\limits_{x \to \infty} [f(x) - ax] = \lim\limits_{x \to \infty} \left(\frac{x^2}{x+1} - x \right) = \lim\limits_{x \to \infty} \frac{-x}{x+1} = -1,$$

故 $y = x - 1$ 是曲线 $y = \dfrac{x^2}{x+1}$ 的斜渐近线.

例 3.3.12 作函数 $y = \dfrac{x^2}{x+1}$ 的图象.

解 定义域: $(-\infty, -1) \cup (-1, +\infty)$.

增减、极值、凹向及拐点:

$$y' = \frac{x^2 + 2x}{(x+1)^2}, y'' = \frac{2}{(x+1)^3}$$

令 $y' = 0$，得 $x = 0$ 和 $x = -2$. 令 $y'' = 0$，无根.

列表如下:

x	$(-\infty, -2)$	-2	$(-2, -1)$	$(-1, 0)$	0	$(0, +\infty)$
y'	$+$	0	$-$	$-$	0	$+$
y''	$-$	$-$	$-$	$+$	$+$	$+$
y	增、凸	极大	减、凸	减、凹	极小	增、凹

极大值 $f(-2) = -4$；极小值 $f(0) = 0$.

渐近线: 由上例, 知 $x = -1$ 为铅直渐近线, $y = x - 1$ 为斜渐近线.

补充四点: $A\left(-\dfrac{1}{2}, \dfrac{1}{2}\right)$, $B\left(2, \dfrac{4}{3}\right)$, $C\left(-\dfrac{3}{2}, -\dfrac{9}{2}\right)$, $D\left(-3, -\dfrac{9}{2}\right)$.

作出函数的图象如图 3-5 所示.

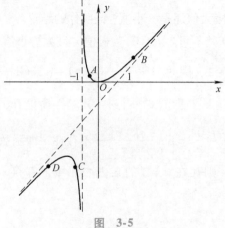

图 3-5

四、习题

1. 求证：函数 $f(x) = \left(1 + \dfrac{1}{x}\right)^x$ 在区间 $(0, +\infty)$ 内单调增加.

2. 求证：方程 $x^2 = x\sin x + \cos x$ 恰好只有两个不同的实数根.

3. 设 $F(x) = \dfrac{f(x) - f(a)}{x - a}$ $(x > a)$，其中函数 $f(x)$ 在区间 $[a, +\infty)$ 上连续，$f''(x)$ 在区间 $(a, +\infty)$ 内存在且大于零，求证：函数 $F(x)$ 在区间 $(a, +\infty)$ 内单调增加.

4. 设函数 $f(x)$ 在区间 $[0, a]$ 可导，$f(0) = 0$，且函数 $f'(x)$ 在区间 $(0, a)$ 内单调增加，求证：函数 $\dfrac{f(x)}{x}$ 在区间 $(0, a)$ 内单调增加.

5. 讨论关于 x 的方程 $xe^{-x} = a$ $(a > 0)$ 的实根个数.

6. 设可导函数 $y = f(x)$ 是由方程 $x^3 - 3xy^2 + 2y^3 = 32$ 所确定的，讨论并求出函数 $f(x)$ 的极值.

7. 求函数 $y = (x - 1)e^{\frac{\pi}{2} + \arctan x}$ 的单调区间和极值，并求该函数的图象的渐近线.

8. 求函数 $f(x) = x^2 e^{-x^2}$ 在区间 $(-\infty, +\infty)$ 内的最大值和最小值.

9. 设 $f(x) = 3x^2 + Ax^{-3}$，$0 < x < +\infty$，其中 $A > 0$，当 A 为何值时，对 $x \in (0, +\infty)$，有 $f(x) \geqslant 20$？

10. 求证：

(1) 当 $0 < x < \dfrac{\pi}{2}$ 时，$\sin x > \dfrac{2}{\pi}x$；

(2) 设 $b > a > e$，$a^b > b^a$.

(3) 当 $0 < x < \dfrac{\pi}{2}$ 时，$\tan x + 2\sin x > 3x$；

(4) 当 $x > 0$ 时，$e^x - 1 - x > 1 - \cos x$；

(5) 当 $x > 0$ 时，$\sin x + \cos x > 1 + x - x^2$；

(6) 当 $x > 0$，$0 < \alpha < 1$ 时，$x^\alpha - \alpha x \leqslant 1 - \alpha$；

11. 若 $f'(x_0) = f''(x_0) = 0$，$f'''(x_0) \neq 0$，则 x_0 是否为极值点？为什么？$(x_0, f(x_0))$ 是否是拐点？为什么？

12. 求函数 $y = |x|e^{-x}$ 的图象的拐点及凹凸区间.

13. 求曲线 $y = e^{\frac{1}{x^2}} \arctan \dfrac{x^2 + x - 1}{(x+1)(x-2)}$ 的渐近线.

五、习题答案

1. 提示：注意到 $f'(x) = \left(1 + \dfrac{1}{x}\right)^x$ $\left[\ln\left(1 + \dfrac{1}{x}\right) - \dfrac{1}{1+x}\right]$，且 $g(x) = \ln\left(1 + \dfrac{1}{x}\right) - \dfrac{1}{1+x}$，$g'(x) = -\dfrac{1}{x(1+x)^2}$.

2. 提示：注意到 $f(x) = x^2 - x\sin x - \cos x$，$f'(x) = x(2 - \cos x)$.

3. 提示：注意到 $F'(x) = \dfrac{f'(x) - f'(c)}{x - a} = f''(\xi)$.

4. 提示：注意到 $\left[\dfrac{f(x)}{x}\right]' = \dfrac{f'(x) - f'(\xi)}{x}$.

5. 当 $a > \dfrac{1}{e}$ 时，0 个；当 $a = \dfrac{1}{e}$ 时，1 个；当 $0 < a < \dfrac{1}{e}$ 时，2 个；当 $a \leqslant 0$ 时，1 个.

6. 极大值 $y(-2) = 2$.

7. 单调递减区间为 $(-\infty, -1)$ 和 $(0, +\infty)$，单调递增区间为 $(-1, 0)$；极小值为 $f(-1) = -2e^{\frac{\pi}{4}}$，极大值为 $f(0) = -e^{\frac{\pi}{2}}$.

8. 最大值 $f(\pm 1) = \dfrac{1}{e}$，最小值 $f(0) = 0$.

9. $A \geqslant 64$.

10. (1) 提示：$f(x) = \sin x - \dfrac{2}{\pi}x$；

(2) 提示：$f(x) = \dfrac{\ln x}{x}$；

(3) 提示：$f(x) = \tan x + 2\sin x - 3x$；

(4) 提示：$f(x) = e^x - 2 - x + \cos x$；

(5) 提示：$f(x) = \sin x + \cos x + x^2 - x - 1$；

(6) 提示：$f(x) = x^\alpha - \alpha x + \alpha - 1$.

11. 提示：利用三阶导数的定义.

12. 凹区间 $(-\infty, 0)$ 和 $(2, +\infty)$，凸区间 $(0, 2)$.

13. 铅直渐近线 $x = 0$，水平渐近线 $y = \dfrac{\pi}{4}$.

第**4**章

不 定 积 分

基本要求

1. 理解原函数和不定积分的概念.
2. 掌握不定积分的基本公式及不定积分的性质.
3. 掌握换元积分法和分部积分法.
4. 会求有理函数、三角函数有理式及简单无理函数的积分.

4.1 不定积分 I

一、基本内容

1. 原函数与不定积分的概念.

2. 不定积分的性质.

(1) $\int [f(x) + g(x)] dx = \int f(x) dx + \int g(x) dx$;

(2) $\int k f(x) dx = k \int f(x) dx (k$ 为常数$)$.

3. 基本积分表.

4. 不定积分法.

(1) 直接积分法, 即仅利用不定积分的性质及基本积分表求不定积分的方法.

(2) 换元积分法

1) 第一类换元法 (也称凑微分法), 即设

$$\int f(x) dx = F(x) + C,$$

则 $\int f[\varphi(x)] \varphi'(x) dx = \int f[\varphi(x)] d\varphi(x) = \int f(u) du [\,令\, u = \varphi(x)\,]$

$$= F(u) + c = F[\varphi(x)] + C$$

注 运算熟练后, 可不必写出中间变量 $u = \varphi(x)$.

2) 第二类换元法. 设函数 $x = \varphi(t)$ 单调、可导, 且 $\varphi'(t) \neq 0$, 又函数 $f[\varphi(t)] \varphi'(t)$ 的原函数为 $F(t)$, 则

$$\int f(x) dx = \int f[\varphi(t)] \varphi'(t) dt [\,令\, x = \varphi(t)\,]$$

$$= F(t) + c = F[\varphi^{-1}(x)] + C,$$

其中，函数 $t = \varphi^{-1}(x)$ 为函数 $x = \varphi(t)$ 的反函数.

第二类换元法主要用来去根号. 基本思想是通过适当的变量代换将其化为有理函数的积分.

常见的变换如下:

若被积函数中有 $\sqrt{a^2 - x^2}$, 则可令 $x = a\sin t$.

若被积函数中有 $\sqrt{a^2 + x^2}$, 则可令 $x = a\tan t$.

若被积函数中有 $\sqrt{x^2 - a^2}$, 则可令 $x = a\sec t$.

注 以上三种情形还可考虑双曲代换（略）.

形如 $\int R(x, \sqrt[n]{ax + b}) \mathrm{d}x$ 的, 可令 $t = \sqrt[n]{ax + b}$.

形如 $\int R\left(x, \sqrt[n]{\dfrac{ax + b}{cx + d}}\right) \mathrm{d}x$ 的, 可令 $t = \sqrt[n]{\dfrac{ax + b}{cx + d}}$.

这里 R 表示有理函数.

被积函数中若有 $\dfrac{1}{x}$, 则可考虑倒代换 $t = \dfrac{1}{x}$.

（3）分部积分法: 设函数 $u(x)$, $v(x)$ 为连续函数, 则

$$\int uv' \mathrm{d}x = uv - \int vu' \mathrm{d}x$$

或写成

$$\int u\mathrm{d}v = uv - \int v\mathrm{d}u.$$

注 有些不定积分不能用初等函数来表示, 如 $\int \mathrm{e}^{x^2} \mathrm{d}x, \int \sin x^2 \mathrm{d}x, \int \cos x^2 \mathrm{d}x, \int \dfrac{1}{\ln x} \mathrm{d}x,$ $\int \dfrac{\mathrm{e}^x}{x} \mathrm{d}x, \int \dfrac{\sin x}{x} \mathrm{d}x, \int \dfrac{\cos x}{x} \mathrm{d}x$ 等.

在积分过程中, 出现了上述积分就不要再做下去了, 应回过头来查查前面的计算是否正确, 或用其他方法.

二、重点与难点

重点:

1. 不定积分的概念及基本积分公式.

2. 换元积分法、分部积分法.

难点:

1. 凑微分的技巧.

2. 分部积分法中 u 与 v 的选取.

三、例题分析

例 4.1.1 计算下列不定积分:

（1） $\displaystyle\int \frac{\mathrm{d}x}{\sqrt{4 - x^2}\arcsin \dfrac{x}{2}}$;

（2） $\displaystyle\int \sqrt{1 + \sin x}\mathrm{d}x$;

(3) $\int \dfrac{\ln \tan x}{\sin 2x}\mathrm{d}x$;

(4) $\int \dfrac{\tan x}{a^2\sin^2 x + b^2\cos^2 x}\mathrm{d}x(a \neq 0, a, b \text{ 为常数})$.

解 (1) $\int \dfrac{\mathrm{d}x}{\sqrt{4 - x^2}\arcsin \dfrac{x}{2}} = \int \dfrac{\mathrm{d}\dfrac{x}{2}}{\sqrt{1 - \left(\dfrac{x}{2}\right)^2}\arcsin \dfrac{x}{2}}$

$$= \int \dfrac{\mathrm{d}\arcsin \dfrac{x}{2}}{\arcsin \dfrac{x}{2}} = \ln\left|\arcsin \dfrac{x}{2}\right| + C.$$

(2) $\int \sqrt{1 + \sin x}\mathrm{d}x = \int \dfrac{\cos x}{\sqrt{1 - \sin x}}\mathrm{d}x = -2\sqrt{1 - \sin x} + C$.

(3) $\int \dfrac{\ln \tan x}{\sin 2x}\mathrm{d}x = \dfrac{1}{2}\int \dfrac{\ln \tan x}{\tan x\cos^2 x}\mathrm{d}x = \dfrac{1}{2}\int \dfrac{\ln \tan x}{\tan x}\mathrm{d}\tan x$

$$= \dfrac{1}{2}\int \ln \tan x\, \mathrm{d}\ln \tan x = \dfrac{1}{4}(\ln \tan x)^2 + C.$$

(4) $\int \dfrac{\tan x}{a^2\sin^2 x + b^2\cos^2 x}\mathrm{d}x = \int \dfrac{\tan x}{a^2\tan^2 x + b^2}\mathrm{d}\tan x$

$$= \dfrac{1}{2}\int \dfrac{\mathrm{d}(\tan x)^2}{a^2\tan^2 x + b^2} = \dfrac{1}{2a^2}\ln|a^2\tan^2 x + b^2| + C.$$

例 4.1.2 计算下列不定积分:

(1) $\int x^3 \sqrt{4 - x^2}\mathrm{d}x$; (2) $\int \dfrac{\mathrm{d}x}{x(x^n + 4)}$;

(3) $\int \dfrac{\mathrm{d}x}{\sin x + \tan x}$; (4) $\int \dfrac{\mathrm{e}^x}{\mathrm{e}^x + 2 + 3\mathrm{e}^{-x}}\mathrm{d}x$.

解 (1) $\int x^3 \sqrt{4 - x^2}\mathrm{d}x = \dfrac{1}{2}\int x^2 \sqrt{4 - x^2}\mathrm{d}x^2$

$$= \dfrac{1}{2}\int (4 - x^2 - 4)\sqrt{4 - x^2}\mathrm{d}(4 - x^2)$$

$$= \dfrac{1}{2}\int \left[(4 - x^2)^{\frac{3}{2}} - 4(4 - x^2)^{\frac{1}{2}}\right]\mathrm{d}(4 - x^2)$$

$$= \dfrac{1}{5}(4 - x^2)^{\frac{5}{2}} - \dfrac{4}{3}(4 - x^2)^{\frac{3}{2}} + C.$$

(2) $\int \dfrac{\mathrm{d}x}{x(x^n + 4)} = \dfrac{1}{4}\int \dfrac{4 + x^n - x^n}{x(x^n + 4)}\mathrm{d}x = \dfrac{1}{4}\int \left(\dfrac{1}{x} - \dfrac{x^{n-1}}{x^n + 4}\right)\mathrm{d}x$

$$= \dfrac{1}{4}\int \dfrac{1}{x}\mathrm{d}x - \dfrac{1}{4n}\int \dfrac{\mathrm{d}(x^n + 4)}{x^n + 4}$$

$$= \dfrac{1}{4}\ln|x| - \dfrac{1}{4n}\ln|x^n + 4| + C.$$

(3) $\displaystyle\int \frac{\mathrm{d}x}{\sin x + \tan x} = \int \frac{\cos x\,\mathrm{d}x}{\sin x(1+\cos x)} = \int \frac{\cos x + 1 - 1}{\sin x(1+\cos x)}\mathrm{d}x$

$\displaystyle\qquad\qquad = \int \frac{1}{\sin x}\mathrm{d}x - \int \frac{1}{\sin x(1+\cos x)}\mathrm{d}x$

$\displaystyle\qquad\qquad = \ln\left|\tan \frac{x}{2}\right| - \frac{1}{4}\int \frac{1}{\sin \dfrac{x}{2}\cos \dfrac{x}{2}\cos^2 \dfrac{x}{2}}\mathrm{d}x$

$\displaystyle\qquad\qquad = \ln\left|\tan \frac{x}{2}\right| - \frac{1}{2}\int \frac{1}{\tan \dfrac{x}{2}\cos^2 \dfrac{x}{2}}\mathrm{d}\tan \frac{x}{2}$

$\displaystyle\qquad\qquad = \ln\left|\tan \frac{x}{2}\right| - \frac{1}{2}\int \frac{1 + \tan^2 \dfrac{x}{2}}{\tan \dfrac{x}{2}}\mathrm{d}\tan \frac{x}{2}$

$\displaystyle\qquad\qquad = \frac{1}{2}\ln\left|\tan \frac{x}{2}\right| - \frac{1}{4}\tan^2 \frac{x}{2} + C.$

(4) $\displaystyle\int \frac{\mathrm{e}^x}{\mathrm{e}^x + 2 + 3\mathrm{e}^{-x}}\mathrm{d}x = \int \frac{\mathrm{e}^{2x}}{\mathrm{e}^{2x} + 2\mathrm{e}^x + 3}\mathrm{d}x$

$\displaystyle\qquad\qquad = \int \frac{\mathrm{e}^x}{\mathrm{e}^{2x} + 2\mathrm{e}^x + 3}\mathrm{d}\mathrm{e}^x = \int \frac{\mathrm{e}^x + 1 - 1}{(\mathrm{e}^x + 1)^2 + 2}\mathrm{d}\mathrm{e}^x$

$\displaystyle\qquad\qquad = \frac{1}{2}\int \frac{\mathrm{d}(\mathrm{e}^x + 1)^2}{(\mathrm{e}^x + 1)^2 + 2} - \int \frac{\mathrm{d}\mathrm{e}^x}{(\mathrm{e}^x + 1)^2 + 2}$

$\displaystyle\qquad\qquad = \frac{1}{2}\ln\left|(\mathrm{e}^x + 1)^2 + 2\right| - \frac{1}{\sqrt{2}}\arctan \frac{\mathrm{e}^x + 1}{\sqrt{2}} + C.$

注 这几道题采用的是加一项减一项再"拆项凑微分"这样一种常见的积分方法. 同学们应注意掌握.

例 4.1.3 计算下列不定积分:

(1) $\displaystyle\int (x\ln x)^{\frac{3}{2}}(\ln x + 1)\mathrm{d}x;$ $\qquad\qquad$ (2) $\displaystyle\int \frac{1 - \ln x}{(x - \ln x)^2}\mathrm{d}x;$

(3) $\displaystyle\int \frac{(1+x)\mathrm{d}x}{x(1 + x\mathrm{e}^x)};$ $\qquad\qquad$ (4) $\displaystyle\int \frac{\mathrm{e}^{\sin 2x}\sin^2 x}{\mathrm{e}^{2x}}\mathrm{d}x.$

解 (1) $\displaystyle\int (x\ln x)^{\frac{3}{2}}(\ln x + 1)\mathrm{d}x = \int (x\ln x)^{\frac{3}{2}}\mathrm{d}(x\ln x) = \frac{2}{5}(x\ln x)^{\frac{5}{2}} + C.$

(2) $\displaystyle\int \frac{1 - \ln x}{(x - \ln x)^2}\mathrm{d}x = \int \frac{1 - \ln x}{x^2\left(1 - \dfrac{\ln x}{x}\right)^2}\mathrm{d}x = \int \frac{1}{\left(1 - \dfrac{\ln x}{x}\right)^2}\mathrm{d}\frac{\ln x}{x}$

$\displaystyle\qquad\qquad = \frac{1}{1 - \dfrac{\ln x}{x}} + C = \frac{x}{x - \ln x} + C.$

(3) $\displaystyle\int \frac{(1+x)\mathrm{d}x}{x(1 + x\mathrm{e}^x)} = \int \frac{\mathrm{e}^x(1+x)\mathrm{d}x}{x\mathrm{e}^x(1 + x\mathrm{e}^x)} = \int \frac{\mathrm{d}(x\mathrm{e}^x)}{x\mathrm{e}^x(1 + x\mathrm{e}^x)}$

$\displaystyle\qquad\qquad = \int \frac{1 + x\mathrm{e}^x - x\mathrm{e}^x}{x\mathrm{e}^x(1 + x\mathrm{e}^x)}\mathrm{d}(x\mathrm{e}^x) = \ln|x\mathrm{e}^x| - \ln|1 + x\mathrm{e}^x| + C.$

(4) $\displaystyle\int \frac{e^{\sin 2x}\sin^2 x}{e^{2x}}dx = \int e^{\sin 2x - 2x}\frac{1 - \cos 2x}{2}dx$

$\qquad\qquad\qquad = \displaystyle\int e^{\sin 2x - 2x}\frac{1}{2}d\Big(x - \frac{1}{2}\sin 2x\Big)$

$\qquad\qquad\qquad = \displaystyle\frac{1}{4}\int e^{\sin 2x - 2x}d(2x - \sin 2x)$

$\qquad\qquad\qquad = -\displaystyle\frac{1}{4}e^{\sin 2x - 2x} + C.$

注 这几道题是将被积函数变形, 再利用某些函数的积或商的微分凑出该微分, 则可积出. 例如, (1) 利用了 $(\ln x + 1)dx = d(x\ln x)$; (2) 利用了 $\dfrac{1 - \ln x}{x^2}dx = d\dfrac{\ln x}{x}$ 等.

例 4.1.4 计算下列不定积分:

(1) $\displaystyle\int \frac{xdx}{(x^2 + 1)\sqrt{1 - x^2}}$;
$\qquad\qquad$ (2) $\displaystyle\int \frac{x + 1}{\sqrt{-x^2 - 4x}}dx.$

解 (1) 由于被积函数有 $\sqrt{1 - x^2}$, 应作变换 $x = \sin t$.

$\qquad$ 原式 $= \displaystyle\int \frac{\sin t\cos t dt}{(\sin^2 t + 1)\cos t} = -\int \frac{d\cos t}{2 - \cos^2 t}$

$\qquad\qquad = -\displaystyle\frac{1}{2\sqrt{2}}\ln\left|\frac{\sqrt{2} + \cos t}{\sqrt{2} - \cos t}\right| + C$

$\qquad\qquad = -\displaystyle\frac{1}{2\sqrt{2}}\ln\left|\frac{\sqrt{2} + \sqrt{1 - x^2}}{\sqrt{2} - \sqrt{1 - x^2}}\right| + C.$

(2) 需先化 $\sqrt{-x^2 - 4x} = \sqrt{2^2 - (x + 2)^2}$.

令 $x + 2 = 2\sin t$, 则

$\qquad$ 原式 $= \displaystyle\int \frac{2\sin t - 1}{2\cos t}\cdot 2\cos tdt = \int (2\sin t - 1)dt$

$\qquad\qquad = -2\cos t - t + c = -\sqrt{-x^2 - 4x} - \arcsin\dfrac{x + 2}{2} + C.$

例 4.1.5 计算下列不定积分:

(1) $\displaystyle\int \frac{dx}{x^2(2 + x^3)^{\frac{5}{3}}}$;
$\qquad\qquad$ (2) $\displaystyle\int \frac{dx}{x^4\sqrt{1 + x^2}}.$

解 (1) 用倒代换 $x = \dfrac{1}{t}$, 得

$\qquad \displaystyle\int \frac{dx}{x^2(2 + x^3)^{\frac{5}{3}}} = \int \frac{-\dfrac{1}{t^2}}{\dfrac{1}{t^2}\Big(2 + \dfrac{1}{t^3}\Big)^{\frac{5}{3}}}dt = -\int \frac{t^5}{(2t^3 + 1)^{\frac{5}{3}}}dt$

$\qquad\qquad = -\displaystyle\frac{1}{6}\int \frac{t^3 d(2t^3 + 1)}{(2t^3 + 1)^{\frac{5}{3}}} = -\frac{1}{12}\int \frac{2t^3 + 1 - 1}{(2t^3 + 1)^{\frac{5}{3}}}d(2t^3 + 1)$

$\qquad\qquad = -\displaystyle\frac{1}{12}\int \left[(2t^3 + 1)^{-\frac{2}{3}} - (2t^3 + 1)^{-\frac{5}{3}}\right]d(2t^3 + 1)$

$$= -\frac{1}{12}\left[3(2t^3+1)^{\frac{1}{3}}+\frac{3}{2}(2t^3+1)^{-\frac{2}{3}}\right]+C$$

$$= -\frac{1}{8}\frac{4t^3+3}{(2t^3+1)^{2/3}}+C = -\frac{4+3x^3}{8x\sqrt[3]{(2+x^3)^2}}+C.$$

(2) 若令 $x=\tan t$，则代换后的积分很麻烦. 这里用倒代换 $x=\dfrac{1}{t}$.

$$原式 = \int\frac{t^4\left(-\dfrac{1}{t^2}\right)}{\sqrt{1+\dfrac{1}{t^2}}}\mathrm{d}t = -\int\frac{t^3}{\sqrt{1+t^2}}\mathrm{d}t = -\frac{1}{2}\int\frac{t^2+1-1}{\sqrt{1+t^2}}\mathrm{d}t^2$$

$$= -\frac{1}{2}\int\left[(t^2+1)^{\frac{1}{2}}-(t^2+1)^{-\frac{1}{2}}\right]\mathrm{d}(t^2+1)$$

$$= -\frac{1}{3}(t^2+1)^{\frac{3}{2}}+\sqrt{t^2+1}+C$$

$$= -\frac{1}{3}\left(1+\frac{1}{x^2}\right)^{\frac{3}{2}}+\sqrt{1+\frac{1}{x^2}}+C.$$

例 4. 1. 6　计算下列不定积分:

(1) $\displaystyle\int\frac{\sqrt{x(x+1)}\,\mathrm{d}x}{\sqrt{x}+\sqrt{x+1}}$;　　　　(2) $\displaystyle\int\frac{\mathrm{d}x}{\sqrt[3]{(1+x)^2(x-1)^4}}$;

(3) $\displaystyle\int\frac{x\mathrm{d}x}{(4-x^2)+\sqrt{4-x^2}}$.

解　(1) 不需换元，对被积函数变形即可直接积出.

$$原式 = \int\frac{\sqrt{x(x+1)}(\sqrt{x}-\sqrt{x+1})}{x-(x+1)}\mathrm{d}x$$

$$= \int\left[\sqrt{x}(x+1)-x\sqrt{x+1}\right]\mathrm{d}x$$

$$= \int\left[x^{\frac{3}{2}}+x^{\frac{1}{2}}-(x+1)^{\frac{3}{2}}+(x+1)^{\frac{1}{2}}\right]\mathrm{d}x$$

$$= \frac{2}{5}x^{\frac{5}{2}}+\frac{2}{3}x^{\frac{3}{2}}-\frac{2}{5}(x+1)^{\frac{5}{2}}+\frac{2}{3}(x+1)^{\frac{3}{2}}+C.$$

(2) 先将其变形，使被积函数含线性根式.

$$\int\frac{\mathrm{d}x}{\sqrt[3]{(1+x)^2(x-1)^4}} = \int\frac{\mathrm{d}x}{(x^2-1)\sqrt[3]{\dfrac{x-1}{x+1}}}$$

作代换 $\sqrt[3]{\dfrac{x-1}{x+1}}=t$，则 $x=\dfrac{1+t^3}{1-t^3}$，$\mathrm{d}x=\dfrac{6t^2\mathrm{d}t}{(1-t^3)^2}$.

$$原式 = \frac{3}{2}\int\frac{\mathrm{d}t}{t^2} = -\frac{3}{2}\cdot\frac{1}{t}+C = -\frac{3}{2}\sqrt[3]{\frac{x+1}{x-1}}+C.$$

(3) $\displaystyle\int\frac{x\mathrm{d}x}{(4-x^2)+\sqrt{4-x^2}} = -\frac{1}{2}\int\frac{\mathrm{d}(4-x^2)}{(4-x^2)+\sqrt{4-x^2}}$.

令 $(4-x^2)=u$，得

原式 $= -\dfrac{1}{2}\displaystyle\int \dfrac{\mathrm{d}u}{u + \sqrt{u}}$.

再令 $\sqrt{u} = t$，得

原式 $= -\displaystyle\int \dfrac{\mathrm{d}t}{1 + t} = -\ln|t + 1| + C = -\ln|\sqrt{u} + 1| + C$

$\qquad = -\ln(\sqrt{4 - x^2} + 1) + C.$

例 4.1.7 计算下列不定积分：

(1) $\displaystyle\int x^{\alpha}\ln x\,\mathrm{d}x$（$\alpha$ 为常数）；

(2) $\displaystyle\int (x + 1)\arctan x\,\mathrm{d}x$；　　　　(3) $\displaystyle\int \dfrac{\ln\cos x}{\cos^2 x}\mathrm{d}x$.

解 (1) 当 $\alpha = -1$ 时，

$$\int x^{\alpha}\ln x\,\mathrm{d}x = \int \dfrac{\ln x}{x}\mathrm{d}x = \dfrac{1}{2}\ln^2 x + C;$$

当 $\alpha \neq -1$ 时，

$$\int x^{\alpha}\ln x\,\mathrm{d}x = \dfrac{1}{\alpha + 1}\int \ln x\,\mathrm{d}x^{\alpha+1}$$

$$= \dfrac{1}{\alpha + 1}\left(x^{\alpha+1}\ln x - \int x^{\alpha+1}\mathrm{d}\ln x\right)$$

$$= \dfrac{1}{\alpha + 1}\left(x^{\alpha+1}\ln x - \int x^{\alpha}\mathrm{d}x\right)$$

$$= \dfrac{x^{\alpha+1}}{\alpha + 1}\ln x - \dfrac{x^{\alpha+1}}{(\alpha + 1)^2} + C.$$

(2) $\displaystyle\int (x + 1)\arctan x\,\mathrm{d}x = \int x\arctan x\,\mathrm{d}x + \int \arctan x\,\mathrm{d}x$

$$= \dfrac{1}{2}\int \arctan x\,\mathrm{d}x^2 + x\arctan x - \int \dfrac{x}{1 + x^2}\mathrm{d}x$$

$$= \dfrac{1}{2}\left[x^2\arctan x - \int \dfrac{x^2}{1 + x^2}\mathrm{d}x\right] + x\arctan x - \dfrac{1}{2}\ln(1 + x^2)$$

$$= \dfrac{1}{2}(x^2\arctan x - x + \arctan x) + x\arctan x - \dfrac{1}{2}\ln(1 + x^2) + C.$$

(3) $\displaystyle\int \dfrac{\ln\cos x}{\cos^2 x}\mathrm{d}x = \int \ln\cos x\,\mathrm{d}\tan x$

$$= \tan x\ln\cos x - \int \tan x\,\mathrm{d}(\ln\cos x)$$

$$= \tan x\ln\cos x + \int \tan x\dfrac{\sin x}{\cos x}\mathrm{d}x$$

$$= \tan x\ln\cos x + \int (\sec^2 x - 1)\mathrm{d}x$$

$$= \tan x\ln\cos x + \tan x - x + C.$$

例 4.1.8 计算下列不定积分：

$(1) \int \dfrac{x^2 e^x}{(x+2)^2}dx;$ 　　　　 $(2) \int \dfrac{x^5}{\sqrt{a^3-x^3}}dx;$

$(3) \dfrac{x e^{\arctan x}}{(1+x^2)^{\frac{3}{2}}}dx;$ 　　　　 $(4) \int \dfrac{x^2}{(x\cos x-\sin x)^2}dx.$

解 $(1) \int \dfrac{x^2 e^x}{(x+2)^2}dx = -\int x^2 e^x d\left(\dfrac{1}{x+2}\right) = -\dfrac{x^2 e^x}{x+2} + \int \dfrac{2x e^x + x^2 e^x}{x+2}dx$

$$= -\dfrac{x^2 e^x}{x+2} + \int x e^x dx = -\dfrac{x^2 e^x}{x+2} + x e^x - e^x + C.$$

$(2) \int \dfrac{x^5}{\sqrt{a^3-x^3}}dx = \dfrac{1}{3}\int \dfrac{x^3 dx^3}{\sqrt{a^3-x^3}} = -\dfrac{2}{3}\int x^3 d(\sqrt{a^3-x^3})$

$$= -\dfrac{2}{3}x^3\sqrt{a^3-x^3} + \dfrac{2}{3}\int \sqrt{a^3-x^3}dx^3$$

$$= -\dfrac{2}{3}x^3\sqrt{a^3-x^3} - \dfrac{4}{9}(a^3-x^3)^{\frac{3}{2}} + C.$$

$(3) \int \dfrac{x e^{\arctan x}}{(1+x^2)^{\frac{3}{2}}}dx = \int \dfrac{x e^{\arctan x}}{\sqrt{1+x^2}}d\arctan x = \int \dfrac{x}{\sqrt{1+x^2}}de^{\arctan x}$

$$= \dfrac{x}{\sqrt{1+x^2}}e^{\arctan x} - \int \dfrac{1}{(1+x^2)^{\frac{3}{2}}}e^{\arctan x}dx$$

$$= \dfrac{x}{\sqrt{1+x^2}}e^{\arctan x} - \int \dfrac{1}{\sqrt{1+x^2}}de^{\arctan x}$$

$$= \dfrac{x}{\sqrt{1+x^2}}e^{\arctan x} - \dfrac{1}{\sqrt{1+x^2}}e^{\arctan x} - \int \dfrac{x e^{\arctan x}}{(1+x^2)^{\frac{3}{2}}}dx.$$

后一积分为原形，移项，得

$$\int \dfrac{x e^{\arctan x}}{(1+x^2)^{\frac{3}{2}}}dx = \dfrac{x-1}{2\sqrt{1+x^2}}e^{\arctan x} + C.$$

$(4) \int \dfrac{x^2}{(x\cos x-\sin x)^2}dx = \int \dfrac{x^2 \cdot x\sin x}{x\sin x(x\cos x-\sin x)^2}dx$

$$= \int \dfrac{x^2}{x\sin x}d\dfrac{1}{x\cos x-\sin x}$$

$$= \dfrac{x}{\sin x}\cdot\dfrac{1}{x\cos x-\sin x} - \int \dfrac{1}{x\cos x-\sin x}\cdot\dfrac{\sin x-x\cos x}{\sin^2 x}dx$$

$$= \dfrac{x}{\sin x}\cdot\dfrac{1}{x\cos x-\sin x} + \int \dfrac{1}{\sin^2 x}dx$$

$$= \dfrac{x}{\sin x(x\cos x-\sin x)} - \cot x + C.$$

四、习题

1. 计算下列不定积分：

$(1) \int \sqrt{\dfrac{\ln(x+\sqrt{1+x^2})}{1+x^2}}dx;$

$(2) \int \dfrac{dx}{1-\cos\left(x+\dfrac{\pi}{4}\right)};$

$(3) \int \dfrac{1+\cos x}{1+\sin^2 x}dx;$

(4) $\displaystyle\int \frac{\mathrm{d}x}{\sin^3 x \cos^5 x}$;

(5) $\displaystyle\int e^{e^x \cos x}(\cos x - \sin x)e^x \mathrm{d}x$;

(6) $\displaystyle\int \frac{\mathrm{d}x}{\sin x + \sin x \cos x}$;

(7) $\displaystyle\int e^{5+\sin^2 2x}\sin 4x \mathrm{d}x$;

(8) $\displaystyle\int \frac{e^{2x}}{\sqrt[4]{e^x + 1}}\mathrm{d}x$.

2. 计算下列不定积分:

(1) $\displaystyle\int \frac{\mathrm{d}x}{1 + \sqrt{x} + \sqrt{1+x}}$;

(2) $\displaystyle\int \frac{\mathrm{d}x}{(1+x^2)\sqrt{1-x^2}}$;

(3) $\displaystyle\int \frac{e^x(1+e^x)}{\sqrt{1-e^{2x}}}\mathrm{d}x$;

(4) $\displaystyle\int \frac{x\mathrm{d}x}{\sqrt{1+x^2+\sqrt{(1+x^2)^3}}}$;

(5) $\displaystyle\int \frac{\mathrm{d}x}{x\sqrt{5x^2+4x+1}}$;

(6) $\displaystyle\int \frac{\mathrm{d}x}{x^2\sqrt{2x^2-2x+1}}$;

(7) $\displaystyle\int \frac{2+x}{\sqrt{4x^2-4x+5}}\mathrm{d}x$.

3. 计算下列不定积分:

(1) $\displaystyle\int \cos(n+1)x\,\sin^{n-1}x \mathrm{d}x$;

(2) $\displaystyle\int \frac{x}{(1+x^2)^2}\arctan x \mathrm{d}x$;

(3) $\displaystyle\int \frac{\ln \cos x}{\cos 2x + 1}\mathrm{d}x$;

(4) $\displaystyle\int \frac{\arcsin x}{x^2}\cdot \frac{1+x^2}{\sqrt{1-x^2}}\mathrm{d}x$.

五、习题答案

1. (1) $\displaystyle\frac{2}{3}\left[\ln\left(x+\sqrt{1+x^2}\right)\right]^{\frac{3}{2}}+C$;

(2) $-\cot\left(\dfrac{x}{2}+\dfrac{\pi}{8}\right)+C$;

(3) $\dfrac{1}{\sqrt{2}}\arctan\sqrt{2}\tan x + \arctan\sin x + C$;

(4) $-\dfrac{1}{2}\tan^{-2}x + \dfrac{1}{4}\tan^3 x + 3\ln\tan x + \dfrac{3}{2}\tan^2 x + C$;

(5) $e^{e^x\cos x}+C$;

(6) $\dfrac{1}{4}\ln\left|\dfrac{\cos x - 1}{\cos x + 1}\right| + \dfrac{1}{2(\cos x + 1)}+C$;

(7) $\dfrac{1}{2}e^{5+\sin^2 2x}+C$;

(8) $\dfrac{4}{7}(e^x+1)^{\frac{7}{4}} - \dfrac{4}{3}(e^x+1)^{\frac{3}{4}}+C$.

2. (1) $\dfrac{x}{2}+\sqrt{x}+\sqrt{x^2+x}+\ln\dfrac{\sqrt{1+\dfrac{1}{x}}-1}{\sqrt{1+\dfrac{1}{x}}+1}+C$;

(2) $\dfrac{1}{\sqrt{2}}\arctan\dfrac{\sqrt{2}x}{\sqrt{1-x^2}}+C$;

(3) $\arcsin e^x - \dfrac{\sqrt{1-e^{2x}}}{e^x}+C$;

(4) $2\sqrt{1+\sqrt{1+x^2}}+C$;

(5) $\ln x - \ln(1+2x+\sqrt{5x^2+4x+1})+C$;

(6) $\sqrt{1+\left(\dfrac{1}{x}-1\right)^2}+\ln\left[\dfrac{1}{x}-1+\sqrt{1+\left(\dfrac{1}{x}-1\right)^2}\right]+C$;

(7) $\dfrac{1}{2}(4x^2-4x+5)^{\frac{1}{2}}+\dfrac{1}{2}\ln(2x-1+\sqrt{4x^2-4x+5})+C$.

3. (1) $\dfrac{1}{n}\cos nx\sin^n x + C$;

(2) $-\dfrac{1}{2(1+x^2)}\arctan x + \dfrac{1}{4}\arctan x + \dfrac{x}{4(1+x^2)}+C$;

(3) $-\dfrac{1+\ln\cos x}{2\cos x}+C$;

(4) $\dfrac{1}{2}\arcsin x - \dfrac{\sqrt{1-x^2}}{x}\arcsin x - \ln\dfrac{\sqrt{1-x^2}}{|x|}+C$.

4.2 不定积分 Ⅱ

一、基本内容

1. 有理函数的积分.
（1）有理真分式的分解定理.
（2）有理函数的积分.

根据上述分解定理，求任何有理函数的积分，可归结为求多项式的积分和如下四种最简分式的不定积分：

$$\int \frac{A}{x-a} \mathrm{d}x;$$

$$\int \frac{A}{(x-a)^n} \mathrm{d}x(n>1 \text{ 为正整数});$$

$$\int \frac{Bx+C}{x^2+px+q} \mathrm{d}x;$$

$$\int \frac{Bx+C}{(x^2+px+q)^n} \mathrm{d}x(n>1 \text{ 为正整数}).$$

上述积分均可积出，且原函数均为初等函数.

2. 三角函数有理式的积分.

形如 $\int R(\sin x,\cos x)\mathrm{d}x$ 的积分（R 表示有理函数），称为三角函数有理式的积分. 一般的积分方法如下：

（1）万能代换：令 $t=\tan \dfrac{x}{2}$，则

$$\int R(\sin x,\cos x)\mathrm{d}x = \int R\left(\frac{2t}{1+t^2},\frac{1-t^2}{1+t^2}\right)\frac{2}{1+t^2}\mathrm{d}t$$

化成了关于 t 的有理函数的积分.

（2）以下情形可采用特殊代换：

若 $R(-\sin x,-\cos x)=R(\sin x,\cos x)$，则可考虑代换

$$t=\tan x.$$

若 $R(-\sin x,\cos x)=-R(\sin x,\cos x)$，则可考虑代换

$$t=\cos x.$$

若 $R(\sin x,-\cos x)=-R(\sin x,\cos x)$，则可考虑代换

$$t=\sin x.$$

3. 各类积分杂题.
（1）分段函数的积分；
（2）抽象函数的积分；
（3）各类方法的综合.

二、重点与难点

重点：有理函数与三角函数有理式的积分.

难点:

1. 积分中的各类代换.

2. 分段函数及抽象函数的不定积分.

三、例题分析

例 4.2.1 计算不定积分 $\int \dfrac{x^3 + x + 6}{(x^2 + 2x + 2)(x^2 - 4)} \mathrm{d}x$.

解 由

$$\frac{x^3 + x + 6}{(x^2 + 2x + 2)(x^2 - 4)} = \frac{Ax + B}{x^2 + 2x + 2} + \frac{C}{x + 2} + \frac{D}{x - 2},$$

得恒等式

$$x^3 + x + 6 = (Ax + B)(x^2 - 4) + C(x^2 + 2x + 2)(x - 2) + D(x^2 + 2x + 2)(x + 2).$$

先用赋值法:

令 $x = -2$, 得 $C = \dfrac{1}{2}$. 令 $x = 2$, 得 $D = \dfrac{2}{5}$.

再比较 x^3 与 x^0 的系数, 得

$$\begin{cases} A + C + D = 1, \\ -4B - 4C + 4D = 6. \end{cases}$$

解得 $A = \dfrac{1}{10}$, $B = -\dfrac{8}{5}$.

所以

$$\int \frac{x^3 + x + 6}{(x^2 + 2x + 2)(x^2 - 4)} \mathrm{d}x = \int \left(\frac{\dfrac{1}{10}x - \dfrac{8}{5}}{x^2 + 2x + 2} + \frac{\dfrac{1}{2}}{x + 2} + \frac{\dfrac{2}{5}}{x - 2} \right) \mathrm{d}x$$

$$= \frac{1}{20} \int \frac{2x + 2 - 34}{x^2 + 2x + 2} \mathrm{d}x + \frac{1}{2}\ln|x + 2| + \frac{2}{5}\ln|x - 2|$$

$$= \frac{1}{20}\ln|x^2 + 2x + 2| - \frac{17}{10}\arctan(x + 1) +$$

$$\frac{1}{2}\ln|x + 2| + \frac{2}{5}\ln|x - 2| + C.$$

注 (1) 有理函数的积分结果仅限于有理函数、对数函数、反正切函数.

(2) 尽管从理论上讲一切有理函数都可利用上面类似的方法积出, 但将一个有理真分式分解成部分分式的计算过程较繁. 在许多问题中, 我们常常采用一些特殊的技巧避开这种繁复.

例 4.2.2 计算下列不定积分:

(1) $\int \dfrac{\mathrm{d}x}{x^4(x^2 + 1)}$; (2) $\int \dfrac{(x^2 + 1)\mathrm{d}x}{x^4 + 1}$.

解 (1) 将被积函数分解成

$$\frac{\mathrm{d}x}{x^4(x^2 + 1)} = \frac{A}{x} + \frac{B}{x^2} + \frac{C}{x^3} + \frac{D}{x^4} + \frac{Ex + F}{x^2 + 1},$$

需待定诸多系数，较麻烦. 这里采用代换的方法，

令 $x = \dfrac{1}{t}$，则

$$\int \frac{\mathrm{d}x}{x^4(x^2+1)} = \int \frac{t^4\left(-\dfrac{1}{t^2}\right)\mathrm{d}t}{1+\dfrac{1}{t^2}} = -\int \frac{t^4}{1+t^2}\mathrm{d}t = -\int\left(t^2-1+\frac{1}{1+t^2}\right)\mathrm{d}t$$

$$= -\frac{1}{3}t^3 + t - \arctan t + C = -\frac{1}{3x^3} + \frac{1}{x} - \arctan\frac{1}{x} + C.$$

（2）此题可将分母分解成

$$(x^4+1) = (x^2+1+\sqrt{2}x)(x^2+1-\sqrt{2}x)$$

后，按一般方法积出，但这里用凑微分法积分.

$$\int \frac{(x^2+1)\mathrm{d}x}{x^4+1} = \int \frac{1+\dfrac{1}{x^2}}{x^2+\dfrac{1}{x^2}}\mathrm{d}x = \int \frac{1+\dfrac{1}{x^2}}{\left(x-\dfrac{1}{x}\right)^2+2}\mathrm{d}x$$

$$= \int \frac{\mathrm{d}\left(x-\dfrac{1}{x}\right)}{\left(x-\dfrac{1}{x}\right)^2+2} = \frac{1}{\sqrt{2}}\arctan\frac{x-\dfrac{1}{x}}{\sqrt{2}} + C$$

$$= \frac{1}{\sqrt{2}}\arctan\frac{x^2-1}{\sqrt{2}x} + C.$$

例 4.2.3 计算下列不定积分：

（1）$\displaystyle\int \frac{x}{x^8-1}\mathrm{d}x$；　　　　　（2）$\displaystyle\int \frac{\mathrm{d}x}{x(x^{10}+1)^2}$；

（3）$\displaystyle\int \frac{x^9-8}{x^{10}+8x}\mathrm{d}x$.

解　（1）$\displaystyle\int \frac{x}{x^8-1}\mathrm{d}x = \int \frac{(x^4+1)-(x^4-1)}{4(x^4+1)(x^4-1)}\mathrm{d}x^2$

$$= \frac{1}{4}\int \frac{\mathrm{d}x^2}{x^4-1} - \frac{1}{4}\int \frac{\mathrm{d}x^2}{x^4+1}$$

$$= \frac{1}{8}\ln\left|\frac{x^2-1}{x^2+1}\right| - \frac{1}{4}\arctan x^2 + C.$$

（2）$\displaystyle\int \frac{\mathrm{d}x}{x(x^{10}+1)^2} = \int \frac{x^9\mathrm{d}x}{x^{10}(x^{10}+1)^2} = \frac{1}{10}\int \frac{\mathrm{d}x^{10}}{x^{10}(x^{10}+1)^2}$.

令 $x^{10}=t$，则

$$原式 = \frac{1}{10}\int \frac{\mathrm{d}t}{t(t+1)^2} = \frac{1}{10}\int \frac{(1+t-t)\mathrm{d}t}{t(t+1)^2}$$

$$= \frac{1}{10}\int \frac{\mathrm{d}t}{t(t+1)} - \frac{1}{10}\int \frac{\mathrm{d}t}{(t+1)^2}$$

$$= \frac{1}{10}\int\left(\frac{1}{t}-\frac{1}{t+1}\right)\mathrm{d}t + \frac{1}{10(t+1)}$$

$$= \frac{1}{10}\ln|t| - \frac{1}{10}\ln|t+1| + \frac{1}{10(t+1)} + C$$

$$= \frac{1}{10}\ln\left|\frac{x^{10}}{1+x^{10}}\right| + \frac{1}{10(x^{10}+1)} + C.$$

(3) $\displaystyle\int \frac{x^9-8}{x^{10}+8x}\mathrm{d}x = \int \frac{x^9-8}{x(x^9+8)}\mathrm{d}x = \int \frac{(x^9-8)x^8}{x^9(x^9+8)}\mathrm{d}x$

$$= \frac{1}{9}\int \frac{2x^9-(x^9+8)}{x^9(x^9+8)}\mathrm{d}x^9$$

$$= \frac{2}{9}\ln|x^9+8| - \frac{1}{9}\ln|x^9| + C.$$

注　上述方法是计算幂次比较高的有理函数积分的常用方法.

例 4.2.4　计算下列不定积分:

(1) $\displaystyle\int \frac{\mathrm{d}x}{(2+\cos x)\sin x}$;　　　　　(2) $\displaystyle\int \frac{1+\cos^2 x}{1+\sin^2 x}\mathrm{d}x$;

(3) $\displaystyle\int \frac{\cos^5 x}{\sin^4 x}\mathrm{d}x.$

解　(1) 用万能代换, 令 $t = \tan\dfrac{x}{2}$, 则

$$\cos x = \frac{1-t^2}{1+t^2}, \quad \sin x = \frac{2t}{1+t^2}, \quad \mathrm{d}x = \frac{2}{1+t^2}\mathrm{d}t.$$

因此

$$\int \frac{\mathrm{d}x}{(2+\cos x)\sin x} = \int \frac{1+t^2}{t(3+t^2)}\mathrm{d}t = \frac{1}{3}\int\left(\frac{1}{t} + \frac{2t}{3+t^2}\right)\mathrm{d}t$$

$$= \frac{1}{3}(\ln|t| + \ln|3+t^2|) + C.$$

$$= \frac{1}{3}\left[\ln\left|\tan\frac{x}{2}\right| + \ln\left(3+\tan^2\frac{x}{2}\right)\right] + C.$$

注　从理论上讲三角函数有理式 $R(\sin x, \cos x)$ 的积分均可用其一般方法——万能代换, 将其转化为有理函数的积分. 但此方法运算过程较繁, 不易积出. 实际上三角函数有理式的积分方法是相当灵活的, 有些积分可采用简便的方法, 如利用三角恒等式、加减项、乘除项等变形或采用其他代换等将积分化繁为简、化难为易, 从而积出.

(2) 令 $t = \tan x$, 则 $x = \arctan t$, $\mathrm{d}x = \dfrac{\mathrm{d}t}{1+t^2}$.

所以

$$\int \frac{1+\cos^2 x}{1+\sin^2 x}\mathrm{d}x = \int \frac{\sec^2 x + 1}{\sec^2 x + \tan^2 x}\mathrm{d}x = \int \frac{t^2+2}{2t^2+1}\cdot\frac{1}{1+t^2}\mathrm{d}t$$

$$= \int \frac{\mathrm{d}t}{2t^2+1} + \int \frac{\mathrm{d}t}{(2t^2+1)(1+t^2)}$$

$$= \int \frac{\mathrm{d}t}{2t^2+1} + \int\left(\frac{2}{2t^2+1} - \frac{1}{1+t^2}\right)\mathrm{d}t$$

$$= \frac{3}{\sqrt{2}}\arctan\sqrt{2}t - \arctan t + C$$

$$= \frac{3}{\sqrt{2}}\arctan\sqrt{2}\tan x - x + C.$$

(3) 对于 $\int \dfrac{\cos^5 x}{\sin^4 x}\mathrm{d}x$,因为 $R(\sin x, -\cos x) = -R(\sin x, \cos x)$,令 $\sin x = t$,则

$$原式 = \int \frac{(1-t^2)^2}{t^4}\mathrm{d}t = \int \frac{1-2t^2+t^4}{t^4}\mathrm{d}t = -\frac{1}{3t^3} + \frac{2}{t} + t + C$$

$$= -\frac{1}{3}\frac{1}{\sin^3 x} + \frac{2}{\sin x} + \sin x + C.$$

例 4.2.5 计算不定积分 $\int \dfrac{\mathrm{d}x}{\sin x\cos^4 x}$.

解　原式 $= \int \dfrac{(\sin^2 x + \cos^2 x)\mathrm{d}x}{\sin x\cos^4 x} = \int \dfrac{\sin x}{\cos^4 x}\mathrm{d}x + \int \dfrac{\mathrm{d}x}{\sin x\cos^2 x}$

$$= -\int \frac{\mathrm{d}\cos x}{\cos^4 x} + \int \frac{\sin^2 x + \cos^2 x}{\sin x\cos^2 x}\mathrm{d}x$$

$$= \frac{1}{3\cos^3 x} + \int \frac{\sin x}{\cos^2 x}\mathrm{d}x + \int \frac{\mathrm{d}x}{\sin x}$$

$$= \frac{1}{3\cos^3 x} + \frac{1}{\cos x} + \ln|\csc x - \cot x| + C.$$

注　本题提供的方法是处理形如 $\int \dfrac{\mathrm{d}x}{\sin^m x\cos^n x}$ (其中 m , n 为正整数)的不定积分的一般方法.

例 4.2.6 求证:

$$\int \frac{a_1\sin x + b_1\cos x}{a\sin x + b\cos x}\mathrm{d}x = Ax + B\ln|a\sin x + b\cos x| + C,$$

其中 A , B 为常数.

证明　在被积函数中为使分子含有分母的导数,可令

$$a_1\sin x + b_1\cos x = A(a\sin x + b\cos x) + B(a\sin x + b\cos x)'$$

$$= A(a\sin x + b\cos x) + B(a\cos x - b\sin x)$$

$$= (Aa - Bb)\sin x + (Ab + Ba)\cos x,$$

比较系数,得 $\begin{cases} Aa - Bb = a_1, \\ Ab + Ba = b_1. \end{cases}$ 解得 $A = \dfrac{aa_1 + bb_1}{a^2 + b^2}$, $B = \dfrac{ab_1 - a_1 b}{a^2 + b^2}$.

于是

$$\int \frac{a_1\sin x + b_1\cos x}{a\sin x + b\cos x}\mathrm{d}x = \int \Big[A + B\frac{(a\sin x + b\cos x)'}{a\sin x + b\cos x} \Big]\mathrm{d}x$$

$$= Ax + B\ln|a\sin x + b\cos x| + C.$$

故

$$\int \frac{a_1\sin x + b_1\cos x}{a\sin x + b\cos x}\mathrm{d}x = Ax + B\ln|a\sin x + b\cos x| + C.$$

注　本题提供的方法适用于分子、分母均为 $\sin x$, $\cos x$ 的一次式的情形.

例 4.2.7 计算不定积分 $\int \dfrac{7\cos x - 4\sin x}{\sin x + 2\cos x}\mathrm{d}x$.

解　设 $7\cos x - 4\sin x = A(\sin x + 2\cos x) + B(\sin x + 2\cos x)'$,则

$$7\cos x - 4\sin x = A(\sin x + 2\cos x) + B(\cos x - 2\sin x)$$
$$= (A - 2B)\sin x + (2A + B)\cos x.$$

解得 $A = 2$, $B = 3$.

于是

$$\int \frac{7\cos x - 4\sin x}{\sin x + 2\cos x} dx = \int \frac{2(\sin x + 2\cos x) + 3(\sin x + 2\cos x)'}{\sin x + 2\cos x} dx$$
$$= \int 2 dx + 3 \int \frac{1}{\sin x + 2\cos x} d(\sin x + 2\cos x)$$
$$= 2x + 3\ln|\sin x + 2\cos x| + C.$$

例 4.2.8 计算下列不定积分:

(1) $\int e^{-x}\arctan e^x dx$;　　　　(2) $\int \frac{x\ln x}{(x^2 - 1)^{\frac{3}{2}}} dx$;

(3) $\int \frac{\arctan x}{x^2(1 + x^2)} dx$.

解 (1) $\int e^{-x}\arctan e^x dx = -\int \arctan e^x de^{-x}$

$$= -e^{-x}\arctan e^x + \int \frac{dx}{1 + e^{2x}}.$$

令 $e^{2x} = u$, 则 $x = \frac{1}{2}\ln u$, $dx = \frac{du}{2u}$.

因此

$$\int \frac{dx}{1 + e^{2x}} = \frac{1}{2}\int \frac{du}{(1 + u)u} = \frac{1}{2}\int \left(\frac{1}{u} - \frac{1}{1 + u}\right) du$$
$$= \frac{1}{2}\ln\left|\frac{u}{u + 1}\right| + C = \frac{1}{2}\ln\left|\frac{e^{2x}}{1 + e^{2x}}\right| + C$$
$$= x - \frac{1}{2}\ln(1 + e^{2x}) + C.$$

所以原式 $= -e^{-x}\arctan e^x + x - \frac{1}{2}\ln(1 + e^{2x}) + C$.

(2) $\int \frac{x\ln x}{(x^2 - 1)^{\frac{3}{2}}} dx = -\int \ln x d\left(\frac{1}{\sqrt{x^2 - 1}}\right) = -\frac{\ln x}{\sqrt{x^2 - 1}} + \int \frac{dx}{x\sqrt{x^2 - 1}}$

$$= -\frac{\ln x}{\sqrt{x^2 - 1}} + \int \frac{dx}{x^2\sqrt{1 - \frac{1}{x^2}}}$$
$$= -\frac{\ln x}{\sqrt{x^2 - 1}} - \arcsin\frac{1}{x} + C.$$

(3) 令 $t = \arctan x$, 则 $x = \tan t$, $dx = \sec^2 t dt$.

因此

$$\int \frac{\arctan x}{x^2(1 + x^2)} dx = \int \frac{t}{\tan^2 t} dt = \int t(\csc^2 t - 1) dt$$
$$= -\int t d\cot t - \frac{1}{2}t^2 = -t\cos t + \ln|\sin t| - \frac{1}{2}t^2 + C$$
$$= -\frac{\arctan x}{x} + \ln\left|\frac{x}{\sqrt{1 + x^2}}\right| - \frac{1}{2}\arctan^2 x + C.$$

例 4.2.9 计算下列不定积分：

（1）$I = \int \dfrac{\cos^2 x - \sin x}{\cos x(1 + \cos x e^{\sin x})}\mathrm{d}x$；

（2）$\int \dfrac{\cos x + x \sin x}{(x + \cos x)^2}\mathrm{d}x$； （3）$\int (\tan x + \sec^2 x)\,e^x\mathrm{d}x$.

解 （1）设 $t = \cos x e^{\sin x}$，则 $\mathrm{d}t = (\cos^2 x - \sin x)\,e^{\sin x}\mathrm{d}x$.

所以

$$
\begin{aligned}
I &= \int \frac{(\cos^2 x - \sin x)\,e^{\sin x}}{\cos x e^{\sin x}(1 + \cos x e^{\sin x})}\mathrm{d}x = \int \frac{\mathrm{d}t}{t(1 + t)} \\
&= \int \left(\frac{1}{t} - \frac{1}{1+t} \right)\mathrm{d}t = \ln |t| - \ln |1 + t| + C \\
&= \sin x + \ln |\cos x| - \ln |1 + \cos x e^{\sin x}| + C.
\end{aligned}
$$

（2）$\begin{aligned}[t]\int \dfrac{\cos x + x \sin x}{(x + \cos x)^2}\mathrm{d}x &= \int \frac{x + \cos x - x(1 - \sin x)}{(x + \cos x)^2}\mathrm{d}x \\
&= \int \frac{\mathrm{d}x}{x + \cos x} + \int x\,\mathrm{d}\left(\frac{1}{x + \cos x} \right) \\
&= \int \frac{\mathrm{d}x}{x + \cos x} + \frac{x}{x + \cos x} - \int \frac{1}{x + \cos x}\mathrm{d}x \\
&= \frac{x}{x + \cos x} + C.
\end{aligned}$

注 利用分部积分去抵消一个较难的积分的方法，在不定积分的计算中常会遇到，应掌握.

（3）$\begin{aligned}[t]\int (\tan x + \sec^2 x)\,e^x\mathrm{d}x &= \int e^x \tan x\,\mathrm{d}x + \int e^x \sec^2 x\,\mathrm{d}x \\
&= \int \tan x\,\mathrm{d}e^x + \int e^x \sec^2 x\,\mathrm{d}x \\
&= e^x \tan x - \int e^x \sec^2 x\,\mathrm{d}x + \int e^x \sec^2 x\,\mathrm{d}x \\
&= e^x \tan x + C.
\end{aligned}$

例 4.2.10 已知 $f'(\ln x) = \begin{cases} 1, & 0 < x \leqslant 1, \\ x, & x > 1, \end{cases}$ 且 $f(0) = 0$，求 $f(x)$.

解 当 $0 < x \leqslant 1$ 时，$f'(\ln x) = 1$，即 $\dfrac{f'(\ln x)}{x} = \dfrac{1}{x}$，两边积分，得

$$
\int \frac{f'(\ln x)}{x}\mathrm{d}x = \int \frac{1}{x}\mathrm{d}x, \quad f(\ln x) = \ln x + C_1.
$$

当 $x > 1$ 时，$f'(\ln x) = x$，即 $\dfrac{f'(\ln x)}{x} = 1$，两边积分，得 $f(\ln x) = x + C_2$.

所以

$$
f(\ln x) = \begin{cases} \ln x + C_1, & 0 < x \leqslant 1, \\ x + C_2, & x > 1. \end{cases}
$$

设 $\ln x = t$，则 $f(t) = \begin{cases} t + c_1, & t \leqslant 0, \\ e^t + c_2, & t > 0. \end{cases}$

由 $f(0) = 0$，得 $c_1 = 0$. 再由函数 $f(t)$ 在 $t = 0$ 处连续，有 $c_2 = -1$.

所以

$$f(x) = \begin{cases} x, & x \leqslant 0, \\ e^x - 1, & x > 0. \end{cases}$$

例 4.2.11 已知 $f(x) = \max\{x^3, x^2, 1\}$，求不定积分 $I = \int f(x) \, dx$.

解 由于

$$f(x) = \max\{x^3, x^2, 1\} = \begin{cases} x^2, & x \leqslant -1, \\ 1, & -1 < x < 1, \\ x^3, & x \geqslant 1, \end{cases}$$

故

$$\int f(x) \, dx = \begin{cases} \dfrac{1}{3}x^3 + C_1, & x \leqslant -1, \\[2mm] x + C_2, & -1 < x < 1, \\[2mm] \dfrac{1}{4}x^4 + C_3, & x \geqslant 1. \end{cases}$$

根据原函数的连续性，得

在 $x = -1$ 处，$\lim\limits_{x \to -1+0}(x + C_2) = \lim\limits_{x \to -1-0}\left(\dfrac{1}{3}x^3 + C_1\right)$，即 $-1 + C_2 = -\dfrac{1}{3} + C_1$.

在 $x = 1$ 处，$\lim\limits_{x \to 1+0}\left(\dfrac{1}{4}x^4 + C_3\right) = \lim\limits_{x \to 1-0}(x + C_2)$，即 $\dfrac{1}{4} + C_3 = 1 + C_2$.

解得 $\begin{cases} C_1 = -\dfrac{2}{3} + C_2, \\[2mm] C_3 = \dfrac{3}{4} + C_2. \end{cases}$

令 $C_2 = C$，得 $\int f(x) \, dx = \begin{cases} \dfrac{1}{3}x^3 - \dfrac{2}{3} + C, & x \leqslant -1, \\[2mm] x + C, & -1 < x < 1, \\[2mm] \dfrac{1}{4}x^4 + \dfrac{3}{4} + C, & x \geqslant 1. \end{cases}$

注 若被积函数为分段函数，则积分时要特别注意原函数的连续性.

例 4.2.12 设 $f'(\sin^2 x + 2) = 4\cos^2 x + 3\tan^2 x \,(0 \leqslant x \leqslant 1)$，求 $f(x)$.

解 设 $t = \sin^2 x + 2$，则

$$\sin^2 x = t - 2, \quad \cos^2 x = 1 - \sin^2 x = 3 - t,$$

$$\tan^2 x = \frac{t - 2}{3 - t}.$$

所以 $f'(t) = 4(3 - t) + 3\dfrac{t - 2}{3 - t} = 9 - 4t - \dfrac{3}{t - 3}$.

于是

$$f(t) = \int \left(9 - 4t - \frac{3}{t-3}\right) dt = 9t - 2t^2 - 3\ln|t-3| + C.$$

所以

$$f(x) = 9x - 2x^2 - 3\ln(3-x) + C \quad (0 \leqslant x \leqslant 1).$$

例 4.2.13 设函数 $f(x)$ 在区间 $[1,2]$ 上连续，在区间 $(1,2)$ 内可导，且 $f(1) = \dfrac{1}{2}$，$f(2) = 2$，求证：存在 $\xi \in (1,2)$，使

$$f'(\xi) = \frac{2f(\xi)}{\xi}.$$

证明 作辅助函数 $F(x) = \dfrac{f(x)}{x^2}$，则 $F(1) = F(2) = \dfrac{1}{2}$，满足罗尔定理的条件，从而存在 $\xi \in (1,2)$，使 $F'(\xi) = 0$. 而

$$F'(x) = \frac{f'(x)x^2 - 2xf(x)}{x^4} = \frac{xf'(x) - 2f(x)}{x^3},$$

则有 $f'(\xi) = \dfrac{2f(\xi)}{\xi}$.

注 以本题为例介绍求辅助函数 $F(x)$ 的不定积分法：

(1) 将所证等式中 ξ 换成 x，即 $f'(x) = \dfrac{2f(x)}{x}$；

(2) 将上式变形为易于积分的形式，即 $\dfrac{f'(x)}{f(x)} = \dfrac{2}{x}$；

(3) 将两边积分，得 $\ln|f(x)| = 2\ln|x| + \ln C$，从而 $f(x) = Cx^2$；

(4) 解出 $C = \dfrac{f(x)}{x^2}$；

(5) 作辅助函数 $F(x) = \dfrac{f(x)}{x^2}$（易验证 $F'(\xi) = 0$ 即为所证）.

四、习题

1. 计算下列不定积分：

(1) $\displaystyle\int \frac{x\ln(x+\sqrt{1+x^2})}{(1+x^2)^2}\,dx$；

(2) $\displaystyle\int \arctan(1+\sqrt{x})\,dx$；

(3) $\displaystyle\int \ln(1+x+\sqrt{2x+x^2})\,dx$；

(4) $\displaystyle\int e^{2x}(\tan x + 1)^2\,dx$；

(5) $\displaystyle\int e^x \frac{1+\sin x}{1+\cos x}\,dx$；

(6) $\displaystyle\int \frac{x+\ln(1-x)}{x^2}\,dx$；

(7) $\displaystyle\int \frac{dx}{(x-1)\sqrt{x^2-2}}$.

2. 设 $f(2+x^4) = \ln\dfrac{5+2x^4}{x^4-1}$，且 $f[\varphi(x)] = \ln(x+1)$，求 $\displaystyle\int \varphi(x)\,dx$.

3. 已知曲线 $y = f(x)$ 在任意点 x 处的切线的斜率为 $ax^2 - 3x - 6$，且当 $x = -1$ 时，$y = \dfrac{11}{2}$ 为极大值，试求曲线 $y = f(x)$，并求函数 $f(x)$ 的极小值.

4. 设 $\displaystyle\int f(x)\,dx = F(x) + C$，函数 $f(x)$ 可微，且函数 $f(x)$ 的反函数 $f^{-1}(x)$ 存在，求证：

$$\int f^{-1}(x)\,dx = xf^{-1}(x) - F[f^{-1}(x)] + C.$$

5. 设函数 $y = y(x)$ 是由方程 $y(x - y^2) = x$ 所确定的隐函数，求 $\displaystyle\int \frac{dx}{x - 3y^2}$.

五、习题答案

1. (1) $\dfrac{x}{2\sqrt{1+x^2}} - \dfrac{\ln\left(x+\sqrt{1+x^2}\right)}{2(1+x^2)} + C$;

   (2) $x\arctan(1+\sqrt{x}) - 2\sqrt{x} + 2\ln(x+2\sqrt{x}+2) + C$;

   (3) $(x+1)\ln(x+1+\sqrt{2x+x^2}) - \sqrt{2x+x^2} + C$;

   (4) $e^{2x}\tan x + C$;　　　(5) $e^x\tan\dfrac{x}{2} + C$;

   (6) $\ln(1-x) - \dfrac{\ln(1-x)}{x} + C$;

   (7) $\arctan\sqrt{x^2-2} + \arctan\dfrac{\sqrt{x^2-2}}{x} + C$.

2. $-x - 3\ln|1-x| + C$.

3. $f(x) = x^3 - \dfrac{3}{2}x^2 - 6x + 2$;　$y(2) = -8$.

4. 提示：先分部积分，再换元 $f^{-1}(x) = u$.

5. $-\ln|y-1| + C$.

第5章

定 积 分

基本要求

1. 定积分的概念.

2. 掌握定积分的性质及积分中值定理.

3. 掌握牛顿—莱布尼茨公式的运用,理解变上限积分作为函数的性质、求导定理及其他有关运算.

4. 熟练掌握定积分的换元法和分部积分法.

5. 理解广义积分的概念,会计算一些简单的广义积分.

5.1 定积分的概念及性质

一、基本内容

1. 定积分的概念.

$$\int_a^b f(x)\,dx = \lim_{\lambda \to 0}\sum_{i=1}^{n} f(\xi_i)\,\Delta x_i$$

注 定积分是与被积函数 $f(x)$ 及积分区间 $[a,b]$ 有关的常数,而与积分变量无关,即

$$\int_a^b f(x)\,dx = \int_a^b f(t)\,dt = \int_a^b f(u)\,du.$$

2. 定积分的性质.

3. 积分变上限函数及其性质.

设函数 $f(x)$ 在区间 $[a,b]$ 上可积,则

$$\varphi(x) = \int_a^x f(t)\,dt \, (a \leqslant x \leqslant b)$$

称为积分上限函数. 它有如下性质:

(1) 函数 $\varphi(x)$ 在区间 $[a,b]$ 上是 x 的连续函数.

(2) 若函数 $f(x)$ 在区间 $[a,b]$ 上连续,则函数 $\varphi(x)$ 在区间 $[a,b]$ 上可导,且

$$\varphi'(x) = f(x).$$

(3) 若函数 $f(x)$ 在区间 $[a,b]$ 上连续,函数 $u(x) \in [a,b]$ 且可导,则有

$$\frac{d}{dx}\int_a^{u(x)} f(t)\,dt = f[u(x)]u'(x).$$

更一般地，有

$$\frac{\mathrm{d}}{\mathrm{d}x}\int_{u_1(x)}^{u_2(x)}f(t)\mathrm{d}t = f[u_2(x)]u_2'(x) - f[u_1(x)]u_1'(x).$$

二、重点与难点

重点：定积分的概念、积分上限函数.

难点：

1. 积分上限函数的导数及其应用.
2. 定积分的各类证明问题.

三、例题分析

例 5.1.1　利用定积分的定义计算极限

$$\lim_{n\to\infty}\frac{1}{n}\left[\sin\frac{\pi}{n} + \sin\frac{2\pi}{n} + \cdots + \sin\frac{(n-1)\pi}{n} + \sin\frac{n\pi}{n}\right].$$

解　这是 n 项和式求极限问题. 考虑能否看成是某函数在某区间上依定积分的定义所作成的积分和式的极限，从而将此极限化为定积分来计算. 为此

$$原式 = \lim_{n\to\infty}\sum_{i=1}^{n}\frac{1}{n}\sin\frac{i}{n}\pi.$$

该和式可以看成是函数 $f(x) = \sin\pi x$ 在区间 $[0,1]$ 上通过如下方法作成的积分和：将区间 $[0,1]$ n 等分，得到 n 个子区间 $\left[\frac{i-1}{n},\frac{i}{n}\right]$，取 ξ_i 为各个子区间的右端点，即 $\xi_i = \frac{i}{n}$（$i = 1,2,\cdots,n$），作积分和

$$\sum_{i=1}^{n}\frac{1}{n}\sin\frac{i}{n}\pi.$$

于是由定积分的定义，有

$$原式 = \lim_{n\to\infty}\sum_{i=1}^{n}\frac{1}{n}\sin\frac{i}{n}\pi = \int_0^1\sin\pi x\mathrm{d}x = \frac{2}{\pi}.$$

注　利用定积分的定义计算极限：

将区间 $[a,b]$ n 等分，记 $x_k = a + k\cdot\frac{b-a}{n}$，$\Delta x_k = \frac{b-a}{n}$，则

$$\int_a^b f(x)\mathrm{d}x = \lim_{n\to\infty}\sum_{k=1}^{n}f(x_k)\Delta x_k$$

或

$$\int_a^b f(x)\mathrm{d}x = \lim_{n\to\infty}\sum_{k=1}^{n}f(x_{k-1})\Delta x_k$$

$$= \lim_{n\to\infty}\sum_{k=1}^{n}f(\xi_k)\Delta x_k(x_{k-1}\leqslant\xi_k\leqslant x_k).$$

注意到 $a = x_0$，$b = x_n$.

特别地，$\lim\limits_{n\to\infty}\sum\limits_{k=1}^{n}f\left(\frac{k}{n}\right)\cdot\frac{1}{n} = \int_0^1 f(x)\mathrm{d}x$　或　$\lim\limits_{n\to\infty}\sum\limits_{k=1}^{n}f\left(\frac{k-1}{n}\right)\cdot\frac{1}{n} = \int_0^1 f(x)\mathrm{d}x.$

例 5.1.2 将区间 $[1,2]$ n 等分，记 $x_k = 1 + k \cdot \dfrac{1}{n}$ $(k = 0,1,2,\cdots,n)$，计算 $\lim\limits_{n\to\infty} \sqrt[n]{x_1 x_2 \cdots x_n}$.

解 记 $A_n = \sqrt[n]{x_1 x_2 \cdots x_n}$，则

$$\ln A_n = \frac{1}{n}\ln(x_1 x_2 \cdots x_n) = \frac{1}{n}\sum_{k=1}^{n}\ln x_k = \sum_{k=1}^{n}\ln x_k \Delta x_k,$$

$$\lim_{n\to\infty}\ln A_n = \lim_{n\to\infty}\sum_{k=1}^{n}\ln x_k \Delta x_k = \int_1^2 \ln x\,\mathrm{d}x = 2\ln 2 - 1.$$

所以 $\lim\limits_{n\to\infty} \sqrt[n]{x_1 x_2 \cdots x_n} = \lim\limits_{n\to\infty} A_n = \lim\limits_{n\to\infty} \mathrm{e}^{A_n} = \mathrm{e}^{2\ln 2 - 1}.$

例 5.1.3 计算 $\lim\limits_{n\to\infty}\dfrac{1^p + 2^p + \cdots + n^p}{n^{p+1}}$ $(p > -1)$.

解
$$\lim_{n\to\infty}\frac{1^p + 2^p + \cdots + n^p}{n^{p+1}} = \lim_{n\to\infty}\frac{1}{n} \cdot \frac{1^p + 2^p + \cdots + n^p}{n^p}$$

$$= \lim_{n\to\infty}\frac{1}{n} \cdot \left[\left(\frac{1}{n}\right)^p + \left(\frac{2}{n}\right)^p + \cdots + \left(\frac{n}{n}\right)^p\right]$$

$$= \lim_{n\to\infty}\sum_{k=1}^{n}\left(\frac{k}{n}\right)^p \cdot \frac{1}{n} = \int_0^1 x^p \mathrm{d}x = \frac{1}{1+p}.$$

例 5.1.4 估计定积分 $\int_0^2 \mathrm{e}^{x^2-x}\mathrm{d}x$ 的范围.

解 函数 $y = \mathrm{e}^{x^2-x}$ 可看成是函数 $y = \mathrm{e}^u$ 与 $u = x^2 - x$ 的复合. 而函数 $y = \mathrm{e}^u$ 关于 u 是单调递增的，故只要考虑函数 $u = x^2 - x$ 在区间 $[0,2]$ 上的最值即可相应地求出函数 $y = \mathrm{e}^u$ 的最值.

对于 $u = x^2 - x$，$u' = 2x - 1$，得驻点 $x = \dfrac{1}{2}$. 则

$$u(0) = 0, \quad u\left(\frac{1}{2}\right) = -\frac{1}{4}, \quad u(2) = 2.$$

故 $u_{\min} = -\dfrac{1}{4}$，$u_{\max} = 2$. 从而 $\mathrm{e}^{-\frac{1}{4}} \leqslant \mathrm{e}^{x^2-x} \leqslant \mathrm{e}^2$，$x \in [0,2]$. 所以

$$2\mathrm{e}^{-\frac{1}{4}} \leqslant \int_0^2 \mathrm{e}^{x^2-x}\mathrm{d}x \leqslant 2\mathrm{e}^2.$$

例 5.1.5 设函数 $f(u)$ 连续，求下列积分限函数的导数：

(1) $F(x) = \displaystyle\int_{x^2}^{\sin x}\cos \pi t^2 \mathrm{d}t$;

(2) $F(x) = \displaystyle\int_a^x (x - t)^2 f(t)\mathrm{d}t$;

(3) $F(x) = \displaystyle\int_0^x f(t - x)\mathrm{d}t$.

解 (1) 直接利用公式，得

$$\frac{\mathrm{d}}{\mathrm{d}x}\int_{\psi(x)}^{\varphi(x)} f(t)\mathrm{d}t = f[\varphi(x)]\varphi'(x) - f[\psi(x)]\psi'(x).$$

所以

$$F'(x) = \cos(\pi\sin^2 x) \cdot \cos x - (\cos \pi x^4) \cdot 2x.$$

(2) 此为含参积分，应将被积函数中的参变量表达式与含积分变量表达式加以分离，然

后把参变量表达式提到积分号外再求导.

$$F(x) = \int_a^x (x^2 - 2tx + t^2) f(t) \mathrm{d}t$$

$$= x^2 \int_a^x f(t) \mathrm{d}t - 2x \int_a^x tf(t) \mathrm{d}t + \int_a^x t^2 f(t) \mathrm{d}t,$$

$$F'(x) = 2x \int_a^x f(t) \mathrm{d}t + x^2 f(x) - 2 \int_a^x tf(t) \mathrm{d}t - 2x^2 f(x) + x^2 f(x)$$

$$= 2x \int_a^x f(t) \mathrm{d}t - 2 \int_a^x tf(t) \mathrm{d}t.$$

（3）该含参表达式无法分离，故采用变量替换，将参变量转到积分限上去再求导. 为此令 $t - x = u$，则

$$F(x) = \int_0^x f(t - x) \mathrm{d}t = \int_{-x}^0 f(u) \mathrm{d}u = - \int_0^{-x} f(u) \mathrm{d}u,$$

$$F'(x) = -f(-x) \cdot (-1) = f(-x).$$

例 5.1.6 求极限 $\lim\limits_{x \to 0} \dfrac{\left(\int_0^x \mathrm{e}^{t^2} \mathrm{d}t \right)^2}{\int_0^x t\mathrm{e}^{2t^2} \mathrm{d}t}$.

解 当 $x \to 0$ 时，这是 "$\dfrac{0}{0}$" 型未定式，用洛必达法则两次，得

$$\lim_{x \to 0} \frac{\left(\int_0^x \mathrm{e}^{t^2} \mathrm{d}t \right)^2}{\int_0^x t\mathrm{e}^{2t^2} \mathrm{d}t} = \lim_{x \to 0} \frac{2 \int_0^x \mathrm{e}^{t^2} \mathrm{d}t \cdot \mathrm{e}^{x^2}}{x\mathrm{e}^{2x^2}} = \lim_{x \to 0} \frac{2 \int_0^x \mathrm{e}^{t^2} \mathrm{d}t}{x\mathrm{e}^{x^2}}$$

$$= \lim_{x \to 0} \frac{2\mathrm{e}^{x^2}}{\mathrm{e}^{x^2} + 2x^2 \mathrm{e}^{x^2}} = 2.$$

例 5.1.7 求 a，b 的值，使 $\lim\limits_{x \to 0} \dfrac{1}{bx - \sin x} \int_0^x \dfrac{t^2}{\sqrt{a + t}} \mathrm{d}t = 1$.

解 当 $x \to 0$ 时，等式左边为 "$\dfrac{0}{0}$" 未定式，将左边用洛必达法则，得

$$左边 = \lim_{x \to 0} \frac{\int_0^x \dfrac{t^2}{\sqrt{a + t}} \mathrm{d}t}{bx - \sin x} = \lim_{x \to 0} \frac{\dfrac{x^2}{\sqrt{a + x}}}{b - \cos x} = 1.$$

由于 $\lim\limits_{x \to 0} \dfrac{x^2}{\sqrt{a + x}} = 0$，故 $\lim\limits_{x \to 0}(b - \cos x) = 0$. 解得 $b = 1$.

又当 $x \to 0$ 时，$1 - \cos x \sim \dfrac{1}{2} x^2$，从而

$$左边 = \lim_{x \to 0} \frac{\dfrac{x^2}{\sqrt{a + x}}}{1 - \cos x} = \lim_{x \to 0} \frac{\dfrac{x^2}{\sqrt{a + x}}}{\dfrac{1}{2} x^2} = \frac{2}{\sqrt{a}}.$$

则有 $\dfrac{2}{\sqrt{a}} = 1$. 解得 $a = 4$，$b = 1$.

例 5.1.8 若函数 $f(x)$ 在区间 $[a,b]$ 上连续，且在区间 (a,b) 内有 $f'(x)<0$，求证：函数

$$F(x) = \frac{1}{x-a}\int_a^x f(t)\,\mathrm{d}t.$$

在区间 (a,b) 内是单调递减的.

证明

$$F'(x) = \frac{-1}{(x-a)^2}\int_a^x f(t)\,\mathrm{d}t + \frac{1}{x-a}f(x)$$

$$= \frac{1}{(x-a)^2}\big[(x-a)f(x) - \int_a^x f(t)\,\mathrm{d}t\big].$$

由积分中值定理，得存在 $\xi_1 \in [a,x]$，使

$$\int_a^x f(t)\,\mathrm{d}t = (x-a)f(\xi_1).$$

则

$$F'(x) = \frac{1}{x-a}[f(x) - f(\xi_1)].$$

由拉格朗日中值定理，得存在 $\xi_2 \in (\xi_1,x)$，使

$$F'(x) = \frac{1}{x-a}f'(\xi_2)(x-\xi_1) < 0.$$

所以函数 $F(x)$ 在区间 (a,b) 内单调递减.

例 5.1.9 已知函数 $f(x)$ 为连续函数，且

$$\int_0^{2x} xf(t)\,\mathrm{d}t + 2\int_x^0 tf(2t)\,\mathrm{d}t = 2x^3(x-1),$$

求函数 $f(x)$ 在区间 $[0,2]$ 上的最大值与最小值.

解 为先求出 $f(x)$，将等式两端对 x 求导，得

$$\int_0^{2x} f(t)\,\mathrm{d}t + 2xf(2x) - 2xf(2x) = 8x^3 - 6x^2,$$

即 $\int_0^{2x} f(t)\,\mathrm{d}t = 8x^3 - 6x^2$.

两端再对 x 求导，得

$$2f(2x) = 24x^2 - 12x,$$

即 $f(2x) = 12x^2 - 6x$.

令 $2x = t$，则 $f(t) = 3t^2 - 3t$. 即可得到 $f(x) = 3x^2 - 3x$.

求其最值如下：

因为 $f'(x) = 6x - 3$，驻点为 $x = \frac{1}{2}$，又

$$f(0) = 0,\ f(2) = 6,\ f\left(\frac{1}{2}\right) = -\frac{3}{4},$$

则函数 $f(x)$ 在区间 $[0,2]$ 上的最大值为 $f(2) = 6$，最小值为 $f\left(\frac{1}{2}\right) = -\frac{3}{4}$.

例 5.1.10 设函数 $f(x)$，$g(x)$ 在区间 $[a,b]$ 上可积，求证：

$$\Big[\int_a^b f(x)g(x)\,\mathrm{d}x\Big]^2 \leqslant \int_a^b f^2(x)\,\mathrm{d}x \cdot \int_a^b g^2(x)\,\mathrm{d}x.$$

证明 对任意实数 λ，有
$$\int_a^b [f(x) - \lambda g(x)]^2 \mathrm{d}x \geq 0,$$
即
$$\lambda^2 \int_a^b g^2(x)\mathrm{d}x - 2\lambda \int_a^b f(x)g(x)\mathrm{d}x + \int_a^b f^2(x)\mathrm{d}x \geq 0.$$

上式左端是一个关于 λ 的二次三项式，要使其值非负，则其判别式 $\Delta \leq 0$，即
$$\Delta = \left[2\int_a^b f(x)g(x)\mathrm{d}x \right]^2 - 4\int_a^b f^2(x)\mathrm{d}x \cdot \int_a^b g^2(x)\mathrm{d}x \leq 0,$$
亦即
$$\left[\int_a^b f(x)g(x)\mathrm{d}x \right]^2 \leq \int_a^b f^2(x)\mathrm{d}x \cdot \int_a^b g^2(x)\mathrm{d}x.$$

例 5.1.11 设函数 $f(x)$ 在区间 $[0,1]$ 上连续且单减，求证：对任何 $\alpha \in [0,1]$，有
$$\int_0^\alpha f(x)\mathrm{d}x \geq \alpha \int_0^1 f(x)\mathrm{d}x.$$

证明 设 $x = \alpha t$，则 $\mathrm{d}x = \alpha \mathrm{d}t$，
$$\int_0^\alpha f(x)\mathrm{d}x = \int_0^1 f(\alpha t)\alpha \mathrm{d}t = \alpha \int_0^1 f(\alpha t)\mathrm{d}t.$$

由 $\alpha \leq 1$，$0 \leq t \leq 1$，得 $\alpha t \leq t$. 又函数 $f(x)$ 单调递减，则 $f(\alpha t) \geq f(t)$. 所以
$$\int_0^\alpha f(x)\mathrm{d}x = \alpha \int_0^1 f(\alpha t)\mathrm{d}t \geq \alpha \int_0^1 f(t)\mathrm{d}t,$$
即 $\int_0^\alpha f(x)\mathrm{d}x \geq \alpha \int_0^1 f(x)\mathrm{d}x.$

例 5.1.12 设函数 $f(x)$ 在区间 $[0,2]$ 上连续，在区间 $(0,2)$ 上可导，且
$$f(0) = f\left(\frac{1}{2}\right) = 0, \quad 2\int_{\frac{1}{2}}^1 f(x)\mathrm{d}x = f(2),$$

求证：在区间 $(0,2)$ 内存在一点 ξ，使 $f''(\xi) = 0$.

证明 因为
$$f(0) = f\left(\frac{1}{2}\right) = 0,$$

由罗尔定理，得存在 $\xi_1 \in \left(0, \frac{1}{2}\right)$，使得 $f'(\xi_1) = 0$.

由积分中值定理，得
$$f(2) = 2\int_{1/2}^1 f(x)\mathrm{d}x = f(\xi_2)\left(\xi_2 \in \left[\frac{1}{2}, 1\right]\right).$$

则在区间 $[\xi_2, 2]$ 上由罗尔定理，得存在 $\xi_3 \in (\xi_2, 2)$，使得 $f'(\xi_3) = 0$，且 $\xi_1 < \xi_3$.
再由 $f'(\xi_1) = f'(\xi_3) = 0$，得在区间 $[\xi_1, \xi_3]$ 上对 $f'(x)$ 再次使用罗尔定理，有
$$f''(\xi) = 0, \xi \in (\xi_1, \xi_3) \subset (0,2).$$

例 5.1.13 若函数 $f(x)$ 在区间 $[a,b]$ 上具有二阶连续导数，求证：在区间 (a,b) 内至少存在一点 ξ，使
$$\int_a^b f(x)\mathrm{d}x = (b-a)f\left(\frac{a+b}{2}\right) + \frac{1}{24}f''(\xi)(b-a)^3.$$

证明　将函数 $f(x)$ 在 $x = \dfrac{a+b}{2}$ 处按二阶泰勒公式展开，得

$$f(x) = f\Big(\frac{a+b}{2}\Big) + f'\Big(\frac{a+b}{2}\Big)\Big(x - \frac{a+b}{2}\Big) + \frac{1}{2!}f''[\xi_1(x)]\Big(x - \frac{a+b}{2}\Big)^2, \xi_1(x) \in (a,b).$$

两端积分，得

$$\int_a^b f(x)\,\mathrm{d}x = \int_a^b f\Big(\frac{a+b}{2}\Big)\mathrm{d}x + \int_a^b f'\Big(\frac{a+b}{2}\Big)\Big(x - \frac{a+b}{2}\Big)\mathrm{d}x +$$

$$\frac{1}{2!}\int_a^b f''[\xi_1(x)]\Big(x - \frac{a+b}{2}\Big)^2\mathrm{d}x$$

$$= f\Big(\frac{a+b}{2}\Big)(b-a) + \frac{1}{2}f'\Big(\frac{a+b}{2}\Big)\Big(x - \frac{a+b}{2}\Big)^2\Big|_a^b +$$

$$\frac{1}{2!}\int_a^b f''[\xi_1(x)]\Big(x - \frac{a+b}{2}\Big)^2\mathrm{d}x$$

$$= f\Big(\frac{a+b}{2}\Big)(b-a) + \frac{1}{2!}\int_a^b f''[\xi_1(x)]\Big(x - \frac{a+b}{2}\Big)^2\mathrm{d}x.$$

由于函数 $f''(x)$ 在区间 $[a,b]$ 上连续，因此，函数 $f''(x)$ 在区间 $[a,b]$ 存在最大值 M 与最小值 m.

则

$$m\Big(x - \frac{a+b}{2}\Big)^2 \leqslant f''[\xi_1(x)]\Big(x - \frac{a+b}{2}\Big)^2 \leqslant M\Big(x - \frac{a+b}{2}\Big)^2.$$

故

$$\frac{1}{12}m(b-a)^3 \leqslant \int_a^b f''[\xi_1(x)]\Big(x - \frac{a+b}{2}\Big)^2\mathrm{d}x \leqslant \frac{1}{12}M(b-a)^3.$$

根据函数 $f''(x)$ 在区间 $[a,b]$ 上的连续性，易知至少存在 $\xi \in (a,b)$，使

$$\int_a^b f''[\xi_1(x)]\Big(x - \frac{a+b}{2}\Big)^2\mathrm{d}x = \frac{1}{12}f''(\xi)(b-a)^3,$$

即

$$\int_a^b f(x)\,\mathrm{d}x = (b-a)f\Big(\frac{a+b}{2}\Big) + \frac{1}{24}f''(\xi)(b-a)^3.$$

例 5.1.14　设函数 $f'(x)$ 在区间 $[a,b]$ 上连续，且 $f(a)=0$，求证：

(1) $|f(x)| \leqslant \displaystyle\int_a^x |f'(t)|\mathrm{d}t$;

(2) $\displaystyle\int_a^b f^2(x)\mathrm{d}x \leqslant \frac{(b-a)^2}{2}\int_a^x [f'(x)]^2\mathrm{d}x$.

证明　(1) 由于 $f(a)=0$，由牛顿—莱布尼茨公式，得

$$f(x) = \int_a^x f'(t)\mathrm{d}t + f(a) = \int_a^x f'(t)\mathrm{d}t \quad (a \leqslant x \leqslant b).$$

由定积分的性质，得

$$|f(x)| = \Big|\int_a^x f'(t)\mathrm{d}t\Big| \leqslant \int_a^x |f'(t)|\mathrm{d}t.$$

(2) 由 (1) 及柯西—施瓦茨不等式，得

$$f^2(x) = |f(x)|^2 \leqslant \Big[\int_a^x |f'(t)|\mathrm{d}t\Big]^2 \leqslant (x-a)\int_a^b [f'(t)]^2\mathrm{d}t.$$

两端积分，得

$$\int_a^b f^2(x)\,\mathrm{d}x \leqslant \int_a^b [f'(t)]^2\,\mathrm{d}t \cdot \int_a^b (x-a)\,\mathrm{d}x$$

$$= \frac{(b-a)^2}{2}\int_a^b [f'(t)]^2\,\mathrm{d}t.$$

例 5.1.15 设函数 $f(x)$ 在区间 $[0,1]$ 上连续、可导，求证：对于 $x \in [0,1]$，有

$$|f(x)| \leqslant \int_0^1 [|f(t)| + |f'(t)|]\,\mathrm{d}t.$$

证明 因为函数 $|f(x)|$ 在区间 $[0,1]$ 上连续，由积分中值定理，得存在 $\xi \in [0,1]$，使得

$$\int_0^1 |f(t)|\,\mathrm{d}t = |f(\xi)|.$$

故

$$\int_0^1 [|f(t)| + |f'(t)|]\,\mathrm{d}t = \int_0^1 |f(t)|\,\mathrm{d}t + \int_0^1 |f'(t)|\,\mathrm{d}t$$

$$= |f(\xi)| + \int_0^1 |f'(t)|\,\mathrm{d}t$$

$$\geqslant |f(\xi)| + \left|\int_x^\xi |f'(t)|\,\mathrm{d}t\right|$$

$$\geqslant |f(\xi)| + \left|\int_x^\xi f'(t)\,\mathrm{d}t\right|$$

$$\geqslant |f(\xi)| + |f(\xi) - f(x)| \geqslant |f(x)|.$$

所以

$$f(x) \leqslant \int_0^1 [|f(t)| + |f'(t)|]\,\mathrm{d}t.$$

例 5.1.16

求极限 $\displaystyle\lim_{x \to +\infty} \frac{\int_0^x |\sin t|\,\mathrm{d}t}{x}$.

解 不妨设 $n = \left[\dfrac{x}{\pi}\right]$，则 $n\pi \leqslant x < (n+1)\pi$，即

$$\frac{1}{(n+1)\pi} < \frac{1}{x} \leqslant \frac{1}{n\pi}.$$

所以

$$\frac{1}{(n+1)\pi}\int_0^{n\pi} |\sin t|\,\mathrm{d}t \leqslant \frac{1}{x}\int_0^x |\sin t|\,\mathrm{d}t \leqslant \frac{1}{n\pi}\int_0^{(n+1)\pi} |\sin t|\,\mathrm{d}t.$$

而

$$\int_0^{n\pi} |\sin t|\,\mathrm{d}t = n\int_0^\pi |\sin t|\,\mathrm{d}t = n\int_0^\pi \sin t\,\mathrm{d}t = 2n,$$

$$\int_0^{(n+1)\pi} |\sin t|\,\mathrm{d}t = 2(n+1),$$

则

$$\frac{2n}{(n+1)\pi} \leqslant \frac{1}{x}\int_0^x |\sin t|\,\mathrm{d}t \leqslant \frac{2(n+1)}{n\pi}.$$

根据夹逼准则，且当 $x \to +\infty$ 时，$n \to \infty$，得

$$\lim_{x \to +\infty} \frac{\int_0^x |\sin t| dt}{x} = \frac{2}{\pi}.$$

例 5.1.17 已知函数 $f(x)$ 是区间 $[0,1]$ 上的连续可微函数，且当 $x \in (0,1)$ 时，有 $0 < f'(x) < 1$，且 $f(0) = 0$，求证：

$$\left[\int_0^1 f(x) dx \right]^2 > \int_0^1 f^3(x) dx.$$

证明 设 $F(x) = \left[\int_0^x f(t) dt \right]^2 - \int_0^x f^3(t) dt$，则 $F(0) = 0$.

又

$$F'(x) = 2\int_0^x f(t) dt \cdot f(x) - f^3(x)$$

$$= f(x) \left[2\int_0^x f(t) dt - f^2(x) \right],$$

设 $G(x) = 2\int_0^x f(t) dt - f^2(x)$，则 $G(0) = 0$，

$$G'(x) = 2f(x) - 2f(x)f'(x) = 2f(x)[1 - f'(x)].$$

又当 $x \in (0,1)$ 时，$0 < f'(x) < 1$，$f(0) = 0$，则函数 $f(x)$ 单调递增，即当 $x > 0$ 时，有 $f(x) > 0$. 所以 $G'(x) > 0$. 故当 $x \in (0,1)$ 时，$G(x) > G(0) = 0$.

从而有 $F'(x) > 0$，即函数 $F(x)$ 单调递增.

所以对任意的 $x \in (0,1)$，有 $F(x) > F(0) = 0$. 故

$$F(1) > F(0) = 0,$$

即

$$\left[\int_0^1 f(x) dx \right]^2 > \int_0^1 f^3(x) dx.$$

例 5.1.18 设函数 $f(x)$ 在区间 $[0,1]$ 上连续且单调递增，$f(0) > 0$，求证：
$$1 \leqslant \int_0^1 f(x) dx \cdot \int_0^1 \frac{1}{f(x)} dx \leqslant \frac{[f(0) + f(1)]^2}{4f(0)f(1)}.$$

证明 先证左边不等式：

对于 $x \in [0,1]$，因为 $f(x) \geqslant f(0) > 0$，设

$$g_1(x) = \sqrt{f(x)}, \quad g_2(x) = \frac{1}{\sqrt{f(x)}}$$

由柯西—施瓦茨不等式，易得

$$1 = \left[\int_0^1 \sqrt{f(x)} \cdot \frac{1}{\sqrt{f(x)}} dx \right]^2 \leqslant \int_0^1 f(x) dx \cdot \int_0^1 \frac{1}{f(x)} dx.$$

再证右边不等式：

由函数 $f(x)$ 单调递增，有

$$\frac{[f(x) - f(0)][f(x) - f(1)]}{f(x)} \leqslant 0,$$

即

$$\frac{f^2(x) + f(0)f(1) - [f(0) + f(1)]f(x)}{f(x)} \leqslant 0,$$

亦即

$$f(x) + \frac{f(0)f(1)}{f(x)} \leqslant f(0) + f(1).$$

两边同时在区间 $[0,1]$ 上积分，得

$$\int_0^1 f(x)\,dx + f(0)f(1)\int_0^1 \frac{1}{f(x)}dx \leqslant f(0) + f(1).$$

左侧利用基本不等式，得

$$2\sqrt{f(0)f(1)\int_0^1 f(x)\,dx \cdot \int_0^1 \frac{1}{f(x)}dx} \leqslant f(0) + f(1).$$

两端平方，得

$$\int_0^1 f(x)\,dx \cdot \int_0^1 \frac{1}{f(x)}dx \leqslant \frac{[f(0) + f(1)]^2}{4f(0)f(1)}.$$

注 此结果的一般形式：若函数 $f(x)$ 在区间 $[a,b]$ 上连续，且 $0 < m \leqslant f(x) \leqslant M$，则有

$$\int_a^b f(x)\,dx \cdot \int_a^b \frac{1}{f(x)}dx \leqslant \frac{(M+m)^2(b-a)^2}{4Mm}.$$

四、习题

1. 将闭区间 $[a,b]$ $(0 < a < b)$ n 等分，其分点 $x_i = a + \frac{i}{n}(b-a)$ $(i = 1,2,\cdots,n)$，求极限 $\lim\limits_{n\to\infty} \sqrt[n]{x_1 x_2 \cdots x_n}$.

2. 用定积分的性质求极限 $\lim\limits_{n\to\infty}\int_a^b e^{-nx^2}dx$ $(0 < a < b)$.

3. 设
$$F(x) = \int_5^x \left[\int_0^{y^2} \frac{t}{\sin t}dt\right]dy,$$
求 $F''(x)$.

4. 设函数 $f(u)$ 在 $u = 0$ 的某邻域内连续，且 $\lim\limits_{u\to 0}\frac{f(u)}{u} = A$，求 $\lim\limits_{x\to 0}\frac{d}{dx}\left[\int_0^1 f(xt)\,dt\right]$.

5. 设 $\begin{cases} x = \int_0^t f(u^2)\,du \\ y = f^2(t^2) \end{cases}$，其中函数 $f(u)$ 二阶可导，且 $f(u) \neq 0$，求 $\frac{d^2 y}{dx^2}$.

6. 设函数 $f(x)$ 连续，$\varphi(x) = \int_0^1 f(xt)\,dt$，且 $\lim\limits_{x\to 0}\frac{f(x)}{x} = A$（$A$ 为常数），求 $\varphi'(x)$，并讨论函数 $\varphi'(x)$ 在 $x = 0$ 处的连续性.

7. 求极限 $\lim\limits_{x\to 0}\dfrac{\int_0^x (\tan t - \sin t)\,dt}{\int_0^{\sin x} t^3\,dt}$.

8. 若函数 $f(x)$ 连续，求极限
$$\lim\limits_{x\to 0}\frac{\int_0^x \left[te^t\int_{t^2}^0 f(\theta)\,d\theta\right]dt}{x^3 e^x}.$$

9. 若函数 $f(x)$ 在 $x = 12$ 的邻域内为可导函数，且
$$\lim\limits_{x\to 12} f(x) = 0, \quad \lim\limits_{x\to 12} f'(x) = a,$$
求 $\lim\limits_{x\to 12}\dfrac{\int_{12}^x \left[t\int_t^{12} f(\theta)\,d\theta\right]dt}{(12-x)^3}$.

10. 设 $s(x) = \int_0^x |\cos t|\,dt$.

(1) 当 n 为正整数，且 $n\pi \leqslant x < (n+1)\pi$ 时，求证：
$$2n \leqslant s(x) < 2(n+1);$$

(2) 求 $\lim\limits_{x\to +\infty}\frac{s(x)}{x}$.

11. 求函数 $f(x) = \int_0^{x^2}(2-t)e^{-t}\,dt$ 的最大值和最小值.

12. 求函数 $f(x) = \int_x^{x+\frac{\pi}{2}}|\sin t|\,dt$ 的最大值和最小值.

13. 设函数 $f(x)$ 在区间 $(0, +\infty)$ 上连续，且

对任意的正数 a，b，积分 $\int_a^{ab} f(x)\,\mathrm{d}x$ 的值与 a 无关，且 $f(1) = 1$，试求 $f(x)$.

14. 若函数 $f(x)$ 在区间 $[2,4]$ 上有连续的导数，且 $f(2) = f(4) = 0$，求证：

$$\left| \int_2^4 f(x)\,\mathrm{d}x \right| \leqslant \max_{2 \leqslant x \leqslant 4} |f'(x)|.$$

15. 设函数 $f(x)$ 在区间 $(-\infty, +\infty)$ 上可导，已知 $f(x) > 0$，且 $f(-x) = f(x)$，设 $g(x) = \int_{-a}^{a} |x - t| f(t)\,\mathrm{d}t (a > 0, x \in [-a, a])$.

（1）求证：函数 $g'(x)$ 是单调增加的；

（2）求出使函数 $g(x)$ 取最小值的 x 值；

（3）若函数 $g(x)$ 的最小值为 $f(a) - a^2 - 1$，求 $f(x)$.

五、习题答案

1. $b^{\frac{b}{b-a}} a^{\frac{a}{a-b}} \mathrm{e}^{-1}$.

2. 提示：$\int_a^b \mathrm{e}^{-nx^2}\,\mathrm{d}x = -\dfrac{1}{2n} \int_a^b \dfrac{1}{x}\mathrm{d}(\mathrm{e}^{-nx^2})$.

3. $\dfrac{2x^3}{\sin x^2}$.

4. $\dfrac{A}{2}$.

5. $\dfrac{4f'(t^2) - 8t^2 f''(t^2)}{f(t^2)}$.

6. $\varphi'(x) = \begin{cases} \dfrac{xf(x) - \int_0^x f(u)\,\mathrm{d}u}{x^2}, & x \neq 0, \\ \dfrac{A}{2}, & x = 0, \end{cases}$ 函数

$\varphi'(x)$ 在 $x = 0$ 处连续.

7. $\dfrac{1}{2}$.

8. 0.

9. $2a$.

10. （1）提示：利用周期函数的积分性质；

（2）$\dfrac{2}{\pi}$.

11. 最大值 $f(\pm\sqrt{2}) = 1 + \mathrm{e}^{-2}$，最小值 $f(0) = 0$.

12. 最大值 $f\left(\dfrac{\pi}{4} + k\pi\right) = \sqrt{2}$，最小值 $f\left(\dfrac{3\pi}{4} + k\pi\right) = 2 - \sqrt{2}$.

13. $\dfrac{1}{x}$.

14. 提示：左 $\leqslant M\int_2^3 (x-2)\,\mathrm{d}x + M\int_3^4 (4-x)\,\mathrm{d}x$.

15. （1）$g''(x) = 2f(x) > 0$；　（2）$x = 0$；

（3）$f(x) = 2\mathrm{e}^{x^2} - 1$.

5.2　定积分的计算

一、基本内容

1. 牛顿—莱布尼茨公式（微积分基本公式）.

设函数 $f(x)$ 是区间 $[a,b]$ 上的连续函数，函数 $F(x)$ 是它的一个原函数，则

$$\int_a^b f(x)\,\mathrm{d}x = F(x)\,\Big|_a^b = F(b) - F(a).$$

该公式将定积分问题转化为求原函数的问题.

2. 定积分的变量替换.

设函数 $f(x)$ 在 $[a,b] \subseteq I$ 上连续，函数 $\varphi(t)$ 满足：

（1）函数 $\varphi(t)$ 在区间 $[\alpha,\beta]$ 上有连续的导数；

（2）$\varphi(\alpha) = a$，$\varphi(\beta) = b$，且当 $t \in [\alpha,\beta]$ 时，$\varphi(t) \in I$，则

$$\int_a^b f(x)\,\mathrm{d}x = \int_\alpha^\beta f[\varphi(t)]\varphi'(t)\,\mathrm{d}t.$$

该公式从右到左进行代换时，即为凑微分法.

3. 定积分的分部积分法.

设函数 $u(x)$，$v(x)$ 在区间 $[a,b]$ 上具有连续的导数，则

$$\int_a^b u(x)\,\mathrm{d}v(x) = u(x)v(x)\Big|_a^b - \int_a^b v(x)\,\mathrm{d}u(x).$$

4. 无穷区间上的积分.

（1）无穷区间上的积分；

（2）无界函数的积分.

5. 常用的定积分公式.

（1）若函数 $f(x)$ 在对称区间 $[-a,a]$ 上连续，则

$$\int_{-a}^a f(x)\,\mathrm{d}x = \int_0^a [f(x)+f(-x)]\,\mathrm{d}x.$$

特别地，有

$$\int_{-a}^a f(x)\,\mathrm{d}x = \begin{cases} 2\int_0^a f(x)\,\mathrm{d}x, & \text{当函数 } f(x) \text{ 为偶函数时,} \\ 0, & \text{当函数 } f(x) \text{ 为奇函数时.} \end{cases}$$

（2）若函数 $f(x)$ 是以 T 为周期的周期函数，则

$$\int_a^{a+T} f(x)\,\mathrm{d}x = \int_0^T f(x)\,\mathrm{d}x.$$

（3）若函数 $f(x)$ 在区间 $[0,1]$ 上连续，则有

$$\int_0^{\frac{\pi}{2}} f(\sin x)\,\mathrm{d}x = \int_0^{\frac{\pi}{2}} f(\cos x)\,\mathrm{d}x = \frac{1}{2}\int_0^{\pi} f(\sin x)\,\mathrm{d}x.$$

（4）若函数 $f(x)$ 在区间 $[0,1]$ 上连续，则有

$$\int_0^{\pi} x f(\sin x)\,\mathrm{d}x = \frac{\pi}{2}\int_0^{\pi} f(\sin x)\,\mathrm{d}x.$$

（5）$\int_0^{\frac{\pi}{2}} f(\sin x,\cos x)\,\mathrm{d}x = \int_0^{\frac{\pi}{2}} f(\cos x,\sin x)\,\mathrm{d}x.$

（6）$\int_0^a f(x)\,\mathrm{d}x = \int_0^{\frac{a}{2}} [f(x)+f(a-x)]\,\mathrm{d}x$

$$= \frac{1}{2}\int_0^a [f(x)+f(a-x)]\,\mathrm{d}x.$$

（7）$\int_0^{\frac{\pi}{2}} \sin^n x\,\mathrm{d}x = \int_0^{\frac{\pi}{2}} \cos^n x\,\mathrm{d}x$

$$= \begin{cases} \dfrac{n-1}{n}\cdot\dfrac{n-3}{n-2}\cdot\cdots\times\dfrac{1}{2}\times\dfrac{\pi}{2}, & \text{当 } n \text{ 为偶数,} \\ \dfrac{n-1}{n}\cdot\dfrac{n-3}{n-2}\cdot\cdots\times\dfrac{2}{3}\times 1, & \text{当 } n \text{ 为奇数.} \end{cases}$$

二、重点与难点

重点：

1. 微积分的基本公式.

2. 定积分的计算、广义积分的计算.

难点：定积分计算中的换元及分部积分的技巧.

三、例题分析

例 5.2.1 计算下列定积分:

$(1)\ \displaystyle\int_{-\frac{\pi}{4}}^{\frac{\pi}{4}}\frac{1+x}{\cos^2 x+1}\mathrm{d}x;$
$\qquad\qquad (2)\ \displaystyle\int_{\frac{1}{4}}^{\frac{1}{2}}\frac{\arcsin\sqrt{x}}{\sqrt{x(1-x)}}\mathrm{d}x;$

$(3)\ \displaystyle\int_{-1}^{1}(x+\sqrt{4-x^2})^2\mathrm{d}x;$

$(4)\ \displaystyle\int_{0}^{\frac{\pi}{2}}\frac{\sin x\cos x}{a^2\sin^2 x+b^2\cos^2 x}\mathrm{d}x$（其中 $a\neq\pm b,\ a\neq 0,\ b\neq 0$）.

解 （1）

$$\int_{-\frac{\pi}{4}}^{\frac{\pi}{4}}\frac{1+x}{\cos^2 x+1}\mathrm{d}x=\int_{-\frac{\pi}{4}}^{\frac{\pi}{4}}\frac{1}{\cos^2 x+1}\mathrm{d}x+\int_{-\frac{\pi}{4}}^{\frac{\pi}{4}}\frac{x}{\cos^2 x+1}\mathrm{d}x$$

$$=2\int_{0}^{\frac{\pi}{4}}\frac{1}{\cos^2 x+1}\mathrm{d}x+0=2\int_{0}^{\frac{\pi}{4}}\frac{\mathrm{d}\tan x}{2+\tan^2 x}$$

$$=\sqrt{2}\arctan\frac{\tan x}{\sqrt{2}}\Big|_{0}^{\frac{\pi}{4}}=\sqrt{2}\arctan\frac{\sqrt{2}}{2}.$$

（2）$\displaystyle\int_{\frac{1}{4}}^{\frac{1}{2}}\frac{\arcsin\sqrt{x}}{\sqrt{x(1-x)}}\mathrm{d}x=2\int_{\frac{1}{4}}^{\frac{1}{2}}\frac{\arcsin\sqrt{x}}{\sqrt{1-(\sqrt{x})^2}}\mathrm{d}\sqrt{x}$

$$=(\arcsin\sqrt{x})^2\Big|_{\frac{1}{4}}^{\frac{1}{2}}=\frac{5}{144}\pi^2.$$

（3）利用奇函数在对称区间上积分为零的性质，得

$$\int_{-1}^{1}(x+\sqrt{4-x^2})^2\mathrm{d}x=\int_{-1}^{1}(x^2+2x\sqrt{4-x^2}+4-x^2)\mathrm{d}x$$

$$=\int_{-1}^{1}2x\sqrt{4-x^2}\mathrm{d}x+\int_{-1}^{1}4\mathrm{d}x=8.$$

（4）$\displaystyle\int_{0}^{\frac{\pi}{2}}\frac{\sin x\cos x}{a^2\sin^2 x+b^2\cos^2 x}\mathrm{d}x=\frac{1}{2}\int_{0}^{\frac{\pi}{2}}\frac{\mathrm{d}\sin^2 x}{b^2+(a^2-b^2)\sin^2 x}$

$$=\frac{1}{2(a^2-b^2)}\ln|b^2+(a^2-b^2)\sin^2 x|\Big|_{0}^{\frac{\pi}{2}}$$

$$=\frac{1}{a^2-b^2}\ln\left|\frac{a}{b}\right|.$$

例 5.2.2 计算定积分 $I=\displaystyle\int_{-\frac{\pi}{4}}^{\frac{\pi}{4}}\frac{\sin^2 t}{1+\mathrm{e}^{-t}}\mathrm{d}t.$

解 $I=\displaystyle\int_{-\frac{\pi}{4}}^{0}\frac{\sin^2 t}{1+\mathrm{e}^{-t}}\mathrm{d}t+\int_{0}^{\frac{\pi}{4}}\frac{\sin^2 t}{1+\mathrm{e}^{-t}}\mathrm{d}t=I_1+I_2.$

在第一个积分中，令 $x=-t$，得

$$I_1=\int_{-\frac{\pi}{4}}^{0}\frac{\sin^2 t}{1+\mathrm{e}^{-t}}\mathrm{d}t=\int_{\frac{\pi}{4}}^{0}\frac{\sin^2 x}{1+\mathrm{e}^{x}}\mathrm{d}(-x)=\int_{0}^{\frac{\pi}{4}}\frac{\sin^2 x}{1+\mathrm{e}^{x}}\mathrm{d}x.$$

则
$$I = \int_0^{\frac{\pi}{4}} \sin^2 x \left(\frac{1}{1 + e^x} + \frac{1}{1 + e^{-x}} \right) dx$$

$$= \int_0^{\frac{\pi}{4}} \sin^2 x dx = \frac{1}{2} \int_0^{\frac{\pi}{4}} (1 - \cos 2x) dx = \frac{\pi - 2}{8}.$$

例 5.2.3 设 $f(x) = \int_1^x \frac{1}{\sqrt{1 + t^4}} dt$ ，计算定积分 $\int_0^1 x^2 f(x) dx$．

解 由于 $f(x) = \int_1^x \frac{1}{\sqrt{1 + t^4}} dt$ ，因此 $f'(x) = \frac{1}{\sqrt{1 + x^4}}$ ， $f(1) = 0$．

于是

$$\int_0^1 x^2 f(x) dx = \frac{1}{3} \int_0^1 f(x) dx^3 = \frac{1}{3} x^3 f(x) \Big|_0^1 - \frac{1}{3} \int_0^1 x^3 df(x)$$

$$= \frac{1}{3} f(1) - \frac{1}{3} \int_0^1 x^3 f'(x) dx = -\frac{1}{3} \int_0^1 x^3 \frac{1}{\sqrt{1 + x^4}} dx$$

$$= -\frac{1}{12} \int_0^1 \frac{1}{\sqrt{1 + x^4}} d(1 + x^4) = -\frac{\sqrt{2} - 1}{6}.$$

例 5.2.4 设函数 $f(x)$ 在区间 $[-a, a]$ （$a > 0$）上连续，求证：

$$\int_{-a}^a f(x) dx = \int_0^a [f(x) + f(-x)] dx,$$

并计算 $\int_{-\frac{\pi}{4}}^{\frac{\pi}{4}} \frac{1}{1 + \sin x} dx$．

证明 $\int_{-a}^a f(x) dx = \int_{-a}^0 f(x) dx + \int_0^a f(x) dx = I_1 + I_2$．

在第一个积分中，令 $x = -t$，得

$$I_1 = \int_{-a}^0 f(x) dx = \int_a^0 f(-t) d(-t) = \int_0^a f(-x) dx.$$

因此

$$原式 = I_1 + I_2 = \int_0^a f(x) dx + \int_0^a f(-x) dx = \int_0^a [f(x) + f(-x)] dx.$$

所以

$$\int_{-\frac{\pi}{4}}^{\frac{\pi}{4}} \frac{1}{1 + \sin x} dx = \int_0^{\frac{\pi}{4}} \left(\frac{1}{1 + \sin x} + \frac{1}{1 - \sin x} \right) dx$$

$$= \int_0^{\frac{\pi}{4}} \frac{2}{\cos^2 x} dx = 2.$$

注 $\int_{-a}^a f(x) dx = \int_0^a [f(x) + f(-x)] dx$ 可作为公式记住．

例 5.2.5 求证： $\int_0^a f(x) dx = \int_0^a f(a - x) dx$ ，并计算 $\int_0^{\frac{\pi}{4}} \frac{1 - \sin 2x}{1 + \sin 2x} dx$．

证明 令 $a - x = t$，得

$$\int_0^a f(a - x) dx = \int_a^0 f(t) (-dt) = \int_0^a f(x) dx.$$

利用该公式，得

$$\int_0^{\frac{\pi}{4}} \frac{1 - \sin 2x}{1 + \sin 2x} dx = \int_0^{\frac{\pi}{4}} \frac{1 - \sin 2\left(\frac{\pi}{4} - x\right)}{1 + \sin 2\left(\frac{\pi}{4} - x\right)} dx$$

$$= \int_0^{\frac{\pi}{4}} \frac{1 - \cos 2x}{1 + \cos 2x} dx = \int_0^{\frac{\pi}{4}} \frac{2\sin^2 x}{2\cos^2 x} dx$$

$$= \int_0^{\frac{\pi}{4}} \tan^2 x dx = \int_0^{\frac{\pi}{4}} (\sec^2 x - 1) dx = 1 - \frac{\pi}{4}.$$

例 5.2.6 计算 $\int_0^a \frac{dx}{x + \sqrt{a^2 - x^2}} (a > 0)$.

解 令 $x = a\sin t$，得

$$\int_0^a \frac{dx}{x + \sqrt{a^2 - x^2}} = \int_0^{\frac{\pi}{2}} \frac{\cos t}{\sin t + \cos t} dt.$$

利用公式，得

$$\int_0^{\frac{\pi}{2}} f(\sin t, \cos t) dt = \int_0^{\frac{\pi}{2}} f(\cos t, \sin t) dt.$$

则有

$$\int_0^{\frac{\pi}{2}} \frac{\cos t}{\sin t + \cos t} dt = \int_0^{\frac{\pi}{2}} \frac{\sin t}{\cos t + \sin t} dt.$$

所以

$$\int_0^a \frac{dx}{x + \sqrt{a^2 - x^2}} = \int_0^{\frac{\pi}{2}} \frac{\cos t}{\sin t + \cos t} dt$$

$$= \frac{1}{2} \int_0^{\frac{\pi}{2}} \frac{\cos t + \sin t}{\sin t + \cos t} dt = \frac{\pi}{4}.$$

例 5.2.7 计算 $\int_0^1 \frac{\ln(1 + x)}{1 + x^2} dx$.

解 令 $x = \tan t$，得

原式 $= \int_0^{\frac{\pi}{4}} \frac{\ln(1 + \tan t)}{1 + \tan^2 t} \sec^2 t dt = \int_0^{\frac{\pi}{4}} \ln(1 + \tan t) dt.$

再作代换 $t = \frac{\pi}{4} - u$，得

$$\int_0^{\frac{\pi}{4}} \ln(1 + \tan t) dt = \int_{\frac{\pi}{4}}^0 \ln\left[1 + \tan\left(\frac{\pi}{4} - u\right)\right](-du)$$

$$= \int_0^{\frac{\pi}{4}} \ln\left(1 + \frac{1 - \tan u}{1 + \tan u}\right) du = \int_0^{\frac{\pi}{4}} \ln\left(\frac{2}{1 + \tan u}\right) du$$

$$= \frac{\pi}{4} \ln 2 - \int_0^{\frac{\pi}{4}} \ln(1 + \tan u) du.$$

故有

$$原式 = \int_0^{\frac{\pi}{4}} \ln(1 + \tan t)\,\mathrm{d}t = \frac{\pi}{8}\ln 2.$$

例 5.2.8　计算 $I = \int_0^{2n\pi} \dfrac{\mathrm{d}x}{\sin^4 x + \cos^4 x}$ (n 为正整数).

解　$I = 2n\displaystyle\int_0^{\pi} \dfrac{\mathrm{d}x}{\sin^4 x + \cos^4 x} = 4n\int_0^{\frac{\pi}{2}} \dfrac{\mathrm{d}x}{\sin^4 x + \cos^4 x}$

$$= 4n\int_0^{\frac{\pi}{2}} \dfrac{2\mathrm{d}x}{2\cos^2 2x + \sin^2 2x}$$

$$= 4n\left(\int_0^{\frac{\pi}{4}} \dfrac{2\mathrm{d}x}{2\cos^2 2x + \sin^2 2x} + \int_{\frac{\pi}{4}}^{\frac{\pi}{2}} \dfrac{2\mathrm{d}x}{2\cos^2 2x + \sin^2 2x} \right).$$

在上面第二个积分中，令 $t = \dfrac{\pi}{2} - x$，得

$$\int_{\frac{\pi}{4}}^{\frac{\pi}{2}} \dfrac{2\mathrm{d}x}{2\cos^2 2x + \sin^2 2x} = \int_0^{\frac{\pi}{4}} \dfrac{2\mathrm{d}t}{2\cos^2 2t + \sin^2 2t}.$$

则

$$I = 8n\int_0^{\frac{\pi}{4}} \dfrac{2\mathrm{d}x}{2\cos^2 2x + \sin^2 2x} = 8n\int_0^{\frac{\pi}{4}} \dfrac{\mathrm{d}\tan 2x}{2 + \tan^2 2x}$$

$$= \dfrac{8n}{\sqrt{2}}\arctan \dfrac{\tan 2x}{\sqrt{2}} \Bigg|_0^{\frac{\pi}{4}} = 2\sqrt{2}n\pi.$$

注　（1）以上计算过程中利用了函数 $f(x)$ 的周期性、奇偶性等特性.

（2）下面的解法错在哪？

$$I = 2n\int_0^{\pi} \dfrac{\mathrm{d}x}{\sin^4 x + \cos^4 x}$$

$$= 2n\int_0^{\pi} \dfrac{\mathrm{d}x}{(\cos^2 x + \sin^2 x)^2 - 2\sin^2 x\cos^2 x}$$

$$= 2n\int_0^{\pi} \dfrac{\mathrm{d}x}{1 - \dfrac{1}{2}\sin^2 2x} = 2n\int_0^{\pi} \dfrac{2\mathrm{d}x}{2 - \sin^2 2x}$$

$$= 2n\int_0^{\pi} \dfrac{2\mathrm{d}x}{2\cos^2 2x + \sin^2 2x} = 2n\int_0^{\pi} \dfrac{\mathrm{d}\tan 2x}{2 + \tan^2 2x}$$

$$= \dfrac{2n}{\sqrt{2}}\arctan \dfrac{\tan 2x}{\sqrt{2}} \Bigg|_0^{\pi} = 0.$$

例 5.2.9　求下列定积分的值：

（1）$\displaystyle\int_0^3 \arcsin \sqrt{\dfrac{x}{1+x}}\,\mathrm{d}x$；　　　　　　（2）$\displaystyle\int_0^{\frac{\pi}{4}} \dfrac{x\sec^2 x}{(1 + \tan x)^2}\,\mathrm{d}x$.

解　（1）原式 $= x\arcsin \sqrt{\dfrac{x}{1+x}} \Bigg|_0^3 - \displaystyle\int_0^3 x\mathrm{d}\left(\sin\sqrt{\dfrac{x}{1+x}} \right)$

$$= 3\arcsin \dfrac{\sqrt{3}}{2} - \int_0^3 \dfrac{x\mathrm{d}x}{2\sqrt{x}(1+x)}$$

$$= \pi - \int_0^3 \frac{x}{1+x} \mathrm{d}\sqrt{x} = \pi - \int_0^3 \frac{x+1-1}{1+x} \mathrm{d}\sqrt{x}$$

$$= \pi - \sqrt{x}\Big|_0^3 + \int_0^3 \frac{1}{1+x} \mathrm{d}\sqrt{x}$$

$$= \pi - \sqrt{3} + \arctan\sqrt{x}\Big|_0^3 = \frac{4}{3}\pi - \sqrt{3}.$$

(2) $\int_0^{\frac{\pi}{4}} \frac{x\sec^2 x}{(1+\tan x)^2} \mathrm{d}x = -\int_0^{\frac{\pi}{4}} x\,\mathrm{d}\frac{1}{1+\tan x}$

$$= -\frac{x}{1+\tan x}\Big|_0^{\frac{\pi}{4}} + \int_0^{\frac{\pi}{4}} \frac{1}{1+\tan x} \mathrm{d}x$$

作代换 $x = \frac{\pi}{4} - t$, 得

$$原式 = -\frac{\pi}{8} + \int_0^{\frac{\pi}{4}} \frac{\mathrm{d}t}{1 + \dfrac{1-\tan t}{1+\tan t}} = -\frac{\pi}{8} + \int_0^{\frac{\pi}{4}} \frac{1+\tan t}{2} \mathrm{d}t$$

$$= -\frac{\pi}{8} + \left(\frac{1}{2}t - \frac{1}{2}\ln|\cos t|\right)\Big|_0^{\frac{\pi}{4}} = \frac{1}{4}\ln 2.$$

例 5.2.10 已知 $f(\pi) = 2$, $\int_0^\pi [f(x) + f''(x)]\sin x\mathrm{d}x = 5$, 求 $f(0)$.

解 $\int_0^\pi [f(x) + f''(x)]\sin x\mathrm{d}x = \int_0^\pi f(x)\sin x\mathrm{d}x + \int_0^\pi f''(x)\sin x\mathrm{d}x$

$$= -\int_0^\pi f(x)\mathrm{d}\cos x + \int_0^\pi \sin x\mathrm{d}f'(x)$$

$$= -\cos x f(x)\Big|_0^\pi + \int_0^\pi \cos x f'(x)\mathrm{d}x +$$

$$\sin x f'(x)\Big|_0^\pi - \int_0^\pi f'(x)\cos x\mathrm{d}x$$

$$= f(\pi) + f(0) = 2 + f(0).$$

由条件, 知 $2 + f(0) = 5$. 所以 $f(0) = 3$.

例 5.2.11 计算 $\int_0^{n\pi} \mathrm{e}^{\frac{x}{\pi}} |\sin x|\mathrm{d}x$ (n 为正整数).

解 令 $t = \dfrac{x}{\pi}$, 得 $x = \pi t$.

当 $x = 0$ 时, $t = 0$; 当 $x = n\pi$ 时, $t = n$.

于是

$$\int_0^{n\pi} \mathrm{e}^{\frac{x}{\pi}} |\sin x|\mathrm{d}x = \int_0^n \mathrm{e}^t |\sin \pi t|\pi \mathrm{d}t = \pi \sum_{k=0}^{n-1} \int_k^{k+1} \mathrm{e}^t |\sin \pi t|\mathrm{d}t$$

$$= \pi \sum_{k=0}^{n-1} (-1)^k \int_k^{k+1} \mathrm{e}^t \sin \pi t\mathrm{d}t$$

$$= \pi \sum_{k=0}^{n-1} (-1)^k (-1)^k \frac{(1+\mathrm{e})\pi}{1+\pi^2} \mathrm{e}^k$$

$$= \pi^2 \frac{1+\mathrm{e}}{1+\pi^2} \sum_{k=0}^{n-1} \mathrm{e}^k = \frac{\pi^2(1+\mathrm{e})}{1+\pi^2} \cdot \frac{\mathrm{e}^n - 1}{\mathrm{e} - 1}.$$

例 5.2.12 若函数 $f(x)$ 是连续函数，求证：

$$\int_0^x \left[\int_0^u f(t)\,dt \right] du = \int_0^x (x-u)f(u)\,du.$$

证明 设 $\varphi(u) = \int_0^u f(t)\,dt$，则

$$左 = \int_0^x \left[\int_0^u f(t)\,dt \right] du = \int_0^x \varphi(u)\,du$$

$$= u\varphi(u)\Big|_0^x - \int_0^x u\varphi'(u)\,du = x\varphi(x) - \int_0^x uf(u)\,du$$

$$= x\int_0^x f(t)\,dt - \int_0^x uf(u)\,du = \int_0^x (x-u)f(u)\,du = 右.$$

证毕.

例 5.2.13 设 $I_k = \int_0^{\frac{\pi}{4}} \tan^{2k} x\,dx$，$k$ 为大于 1 的整数，求出 I_k 的递推公式，并求 I_5.

解 $I_k = \int_0^{\frac{\pi}{4}} \tan^{2k-2} x(\sec^2 x - 1)\,dx$

$$= \int_0^{\frac{\pi}{4}} \tan^{2k-2} x\,d\tan x - \int_0^{\frac{\pi}{4}} \tan^{2k-2} x\,dx = \frac{1}{2k-1} - I_{k-1}.$$

因为

$$I_1 = \int_0^{\frac{\pi}{4}} \tan^2 x\,dx = 1 - \frac{\pi}{4},$$

所以

$$I_5 = \frac{1}{9} - I_4 = \frac{1}{9} - \left(\frac{1}{7} - I_3 \right) = \frac{1}{9} - \frac{1}{7} + \frac{1}{5} - \frac{1}{3} + I_1$$

$$= \frac{1}{9} - \frac{1}{7} + \frac{1}{5} - \frac{1}{3} + 1 - \frac{\pi}{4} = \frac{263}{315} - \frac{\pi}{4}.$$

例 5.2.14 设

$$f(x) = \begin{cases} xe^{-x^2}, & x \geqslant 0, \\ x^2, & x < 0, \end{cases}$$

计算定积分 $\int_1^4 f(x-2)\,dx$.

解 设 $t = x - 2$，则

$$\int_1^4 f(x-2)\,dx = \int_{-1}^2 f(t)\,dt = \int_{-1}^0 t^2\,dt + \int_0^2 te^{-t^2}\,dt$$

$$= \frac{5}{6} - \frac{1}{2}e^{-4}.$$

例 5.2.15 计算定积分 $\int_0^2 x|x-a|\,dx$（a 为常数）.

解 根据 a 的不同情况讨论如下：

当 $a \leqslant 0$ 时，

$$\int_0^2 x|x-a|\,dx = \int_0^2 x(x-a)\,dx = \frac{8}{3} - 2a;$$

当 $0 < a \leqslant 2$ 时,

$$\int_0^2 x \,|\, x - a \,|\, \mathrm{d}x = \int_0^a x(a - x)\,\mathrm{d}x + \int_a^2 x(x - a)\,\mathrm{d}x$$
$$= \frac{8}{3} + \frac{a^3}{3} - 2a;$$

当 $a > 2$ 时,

$$\int_0^2 x \,|\, x - a \,|\, \mathrm{d}x = \int_0^2 x(a - x)\,\mathrm{d}x = -\frac{8}{3} + 2a.$$

所以

$$\int_0^2 x \,|\, x - a \,|\, \mathrm{d}x = \begin{cases} \dfrac{8}{3} - 2a, & a \leqslant 0, \\[2mm] \dfrac{8}{3} + \dfrac{a^3}{3} - 2a, & 0 < a \leqslant 2, \\[2mm] -\dfrac{8}{3} + 2a, & a > 2. \end{cases}$$

例 5.2.16　设函数 $f(x)$ 在区间 $[-\pi, \pi]$ 上连续, 且

$$f(x) = \frac{x}{1 + \cos^2 x} + \int_{-\pi}^{\pi} f(x)\sin x\,\mathrm{d}x,$$

求 $f(x)$.

解　设 $A = \displaystyle\int_{-\pi}^{\pi} f(x)\sin x\,\mathrm{d}x$, 则

$$f(x) = \frac{x}{1 + \cos^2 x} + A.$$

又

$$A = \int_{-\pi}^{\pi} f(x)\sin x\,\mathrm{d}x = \int_{-\pi}^{\pi} \left(\frac{x}{1 + \cos^2 x} + A \right)\sin x\,\mathrm{d}x$$
$$= 2\int_0^{\pi} \frac{x\sin x}{1 + \cos^2 x}\,\mathrm{d}x = \pi\int_0^{\pi} \frac{\sin x}{1 + \cos^2 x}\,\mathrm{d}x$$
$$= -\pi \arctan\cos x \,\Big|_0^{\pi} = \frac{\pi^2}{2},$$

所以

$$f(x) = \frac{x}{1 + \cos^2 x} + \frac{\pi^2}{2}.$$

注　(1) 本题利用了公式

$$\int_0^{\pi} x f(\sin x)\,\mathrm{d}x = \frac{\pi}{2}\int_0^{\pi} f(\sin x)\,\mathrm{d}x.$$

(2) 定积分是一个值, 可作为一个常数对待, 在此类问题中常用.

例 5.2.17　设函数 $f(x)$ 连续, 且 $\displaystyle\int_0^x t f(2x - t)\,\mathrm{d}t = \frac{1}{2}\arctan x^2$, 已知 $f(1) = 1$, 求 $\displaystyle\int_1^2 f(x)\,\mathrm{d}x$.

解　令 $u = 2x - t$, 得

$$\int_0^x t f(2x - t)\,\mathrm{d}t = \int_{2x}^x (2x - u)f(u)(-\mathrm{d}u)$$
$$= 2x\int_x^{2x} f(u)\,\mathrm{d}u - \int_x^{2x} u f(u)\,\mathrm{d}u.$$

于是有

$$2x\int_x^{2x} f(u)\,\mathrm{d}u - \int_x^{2x} uf(u)\,\mathrm{d}u = \frac{1}{2}\arctan x^2.$$

两边对 x 求导, 得

$$2\int_x^{2x} f(u)\,\mathrm{d}u - 2x[2f(2x) - f(x)] - 4xf(2x) + xf(x) = \frac{x}{1+x^4},$$

即

$$2\int_x^{2x} f(u)\,\mathrm{d}u = \frac{x}{1+x^4} + xf(x).$$

令 $x = 1$, 得

$$2\int_1^2 f(u)\,\mathrm{d}u = \frac{1}{2} + f(1) = \frac{3}{2}.$$

所以 $\displaystyle\int_1^2 f(x)\,\mathrm{d}x = \frac{3}{4}$.

例 5.2.18 设函数 $f(x)$, $g(x)$ 在区间 $[-a, a]$ ($a > 0$) 上连续, 函数 $g(x)$ 为偶函数, 且函数 $f(x)$ 满足条件 $f(x) + f(-x) = A$ (A 为常数).

(1) 求证: $\displaystyle\int_{-a}^a f(x)g(x)\,\mathrm{d}x = A\int_0^a g(x)\,\mathrm{d}x$;

(2) 利用 (1) 计算 $\displaystyle\int_{-\frac{\pi}{2}}^{\frac{\pi}{2}} |\sin x|\arctan \mathrm{e}^x \mathrm{d}x$.

(1) 证明 $\displaystyle\int_{-a}^a f(x)g(x)\,\mathrm{d}x = \int_{-a}^0 f(x)g(x)\,\mathrm{d}x + \int_0^a f(x)g(x)\,\mathrm{d}x$.

对第一个积分作代换 $x = -t$, 得

$$\int_{-a}^0 f(x)g(x)\,\mathrm{d}x = \int_0^a f(-t)g(t)\,\mathrm{d}t.$$

于是

$$\int_{-a}^a f(x)g(x)\,\mathrm{d}x = \int_0^a f(-x)g(x)\,\mathrm{d}x + \int_0^a f(x)g(x)\,\mathrm{d}x$$

$$= \int_0^a [f(-x) + f(x)]g(x)\,\mathrm{d}x = A\int_0^a g(x)\,\mathrm{d}x.$$

(2) 解 取 $f(x) = \arctan \mathrm{e}^x$, $g(x) = |\sin x|$, 则函数 $f(x)$, $g(x)$ 在区间 $\left[-\frac{\pi}{2}, \frac{\pi}{2}\right]$ 上连续, 且函数 $g(x)$ 为偶函数. 又函数 $f(x)$ 满足

$$f(x) + f(-x) = \arctan \mathrm{e}^x + \arctan \mathrm{e}^{-x}$$

$$= \arctan \mathrm{e}^x + \arctan \frac{1}{\mathrm{e}^x} = \frac{\pi}{2}.$$

于是

$$\int_{-\frac{\pi}{2}}^{\frac{\pi}{2}} |\sin x|\arctan \mathrm{e}^x \mathrm{d}x = \frac{\pi}{2}\int_0^{\frac{\pi}{2}} |\sin x|\,\mathrm{d}x = \frac{\pi}{2}.$$

例 5.2.19 计算下列无穷积分:

(1) $\displaystyle\int_0^{+\infty} \frac{x\mathrm{e}^{-x}}{(1+\mathrm{e}^{-x})^2}\mathrm{d}x$;

$(2) \int_0^{+\infty} \dfrac{\mathrm{d}x}{(1+x^2)(1+x^\alpha)}(\alpha \geqslant 0).$

解　$(1) \int_0^{+\infty} \dfrac{x\mathrm{e}^{-x}}{(1+\mathrm{e}^{-x})^2}\mathrm{d}x = \int_0^{+\infty} \dfrac{x\mathrm{e}^{-x}}{\mathrm{e}^{-2x}(1+\mathrm{e}^x)^2}\mathrm{d}x$

$$= \int_0^{+\infty} \dfrac{x\mathrm{e}^x}{(1+\mathrm{e}^x)^2}\mathrm{d}x = -\int_0^{+\infty} x\mathrm{d}\dfrac{1}{1+\mathrm{e}^x}$$

$$= -\dfrac{x}{1+\mathrm{e}^x}\Big|_0^{+\infty} + \int_0^{+\infty} \dfrac{1}{1+\mathrm{e}^x}\mathrm{d}x = \int_0^{+\infty} \dfrac{1}{1+\mathrm{e}^x}\mathrm{d}x.$$

作代换，令 $\mathrm{e}^x = t$，得

$$原式 = \int_1^{+\infty} \dfrac{\mathrm{d}t}{(1+t)t} = \int_1^{+\infty}\left(\dfrac{1}{t} - \dfrac{1}{1+t}\right)\mathrm{d}t = \ln\dfrac{t}{1+t}\Big|_1^{+\infty} = \ln 2.$$

(2) 作倒代换 $x = \dfrac{1}{t}$，得

$$原式 = \int_{+\infty}^0 \dfrac{-\dfrac{1}{t^2}}{\left(1 + \dfrac{1}{t^2}\right)\left(1 + \dfrac{1}{t^\alpha}\right)}\mathrm{d}t = \int_0^{+\infty} \dfrac{t^\alpha}{(1+t^2)(1+t^\alpha)}\mathrm{d}t$$

$$= \int_0^{+\infty} \dfrac{t^\alpha + 1 - 1}{(1+t^2)(1+t^\alpha)}\mathrm{d}t = \int_0^{+\infty} \dfrac{\mathrm{d}t}{1+t^2} - \int_0^{+\infty} \dfrac{\mathrm{d}t}{(1+t^2)(1+t^\alpha)}$$

移项，得

$$原式 = \dfrac{1}{2}\int_0^{+\infty} \dfrac{\mathrm{d}t}{1+t^2} = \dfrac{\pi}{4}.$$

例 5.2.20　计算下列定积分：

$(1) \int_{\frac{1}{2}}^{\frac{3}{2}} \dfrac{\mathrm{d}x}{\sqrt{|x-x^2|}}$；

(2) 设 $\varphi(x) = \dfrac{x+1}{x(x-2)}$，求 $\int_1^3 \dfrac{\varphi'(x)}{1+\varphi^2(x)}\mathrm{d}x.$

解　(1) 被积函数有绝对值，且 $x=1$ 为其无穷间断点，故

$$\int_{\frac{1}{2}}^{\frac{3}{2}} \dfrac{\mathrm{d}x}{\sqrt{|x-x^2|}} = \int_{\frac{1}{2}}^1 \dfrac{\mathrm{d}x}{\sqrt{x-x^2}} + \int_1^{\frac{3}{2}} \dfrac{\mathrm{d}x}{\sqrt{x^2-x}},$$

其中

$$\int_{\frac{1}{2}}^1 \dfrac{\mathrm{d}x}{\sqrt{x-x^2}} = \int_{\frac{1}{2}}^1 \dfrac{\mathrm{d}x}{\sqrt{\dfrac{1}{4} - \left(x - \dfrac{1}{2}\right)^2}} = \arcsin(2x-1)\Big|_{\frac{1}{2}}^1 = \dfrac{\pi}{2}.$$

又

$$\int_1^{\frac{3}{2}} \dfrac{\mathrm{d}x}{\sqrt{x^2-x}} = \int_1^{\frac{3}{2}} \dfrac{\mathrm{d}x}{\sqrt{\left(x-\dfrac{1}{2}\right)^2 - \dfrac{1}{4}}}$$

$$= \ln\left(x - \dfrac{1}{2} + \sqrt{x^2-x}\right)\Big|_1^{\frac{3}{2}} = \ln(2+\sqrt 3).$$

所以原式 $= \dfrac{\pi}{2} + \ln (2 + \sqrt{3})$.

（2） $x = 2$ 为该积分的瑕点.

$$\int_1^3 \frac{\varphi'(x)}{1 + \varphi^2(x)} \mathrm{d}x = \int_1^2 \frac{\varphi'(x)}{1 + \varphi^2(x)} \mathrm{d}x + \int_2^3 \frac{\varphi'(x)}{1 + \varphi^2(x)} \mathrm{d}x$$

$$= \arctan \varphi(x) \Big|_1^2 + \arctan \varphi(x) \Big|_2^3$$

$$= \arctan \frac{x+1}{x(x-2)} \Big|_1^2 + \arctan \frac{x+1}{x(x-2)} \Big|_2^3$$

$$= -\frac{\pi}{2} + \arctan 2 + \arctan \frac{4}{3} - \frac{\pi}{2}$$

$$= \arctan 2 + \arctan \frac{4}{3} - \pi.$$

注 这里的

$$\arctan \frac{x+1}{x(x-2)} \Big|_1^2 = \lim_{x \to 2-0} \arctan \frac{x+1}{x(x-2)} + \arctan 2$$

$$= -\frac{\pi}{2} + \arctan 2.$$

同样

$$\arctan \frac{x+1}{x(x-2)} \Big|_2^3 = \arctan \frac{4}{3} - \lim_{x \to 2+0} \arctan \frac{x+1}{x(x-2)}$$

$$= \arctan \frac{4}{3} - \frac{\pi}{2}.$$

四、习题

1. 计算下列定积分：

(1) $\displaystyle\int_0^\pi \frac{x \sin^3 x}{1 + \cos^2 x} \mathrm{d}x$;　　(2) $\displaystyle\int_{-\frac{\pi}{2}}^{\frac{\pi}{2}} \frac{e^x \sin^4 x}{1 + e^x} \mathrm{d}x$;

(3) $\displaystyle\int_{-\frac{\pi}{4}}^{\frac{\pi}{4}} \frac{x}{1 + \sin x} \mathrm{d}x$;

(4) $\displaystyle\int_{\frac{1}{2}}^2 \left(1 + x - \frac{1}{x}\right) e^{x + \frac{1}{x}} \mathrm{d}x$;

(5) $\displaystyle\int_0^1 x \left(\int_1^{x^2} \frac{\sin t}{t} \mathrm{d}t\right) \mathrm{d}x$.

2. 若 $|y| \leqslant 1$，计算 $\displaystyle\int_{-1}^1 |x - y| e^x \mathrm{d}x$.

3. 设 $f(x) = \displaystyle\int_0^x \frac{\sin t}{\pi - t} \mathrm{d}t$，求 $\displaystyle\int_0^\pi f(x) \mathrm{d}x$.

4. 求下列极限：

(1) $\displaystyle\lim_{n \to \infty} \int_0^1 \frac{x^n}{1 + x} \mathrm{d}x$;

(2) $\displaystyle\lim_{n \to \infty} \left[1 - \frac{1}{2} + \frac{1}{3} - \frac{1}{4} + \cdots + (-1)^n \frac{1}{n}\right]$.

5. 设 $f(x) = \displaystyle\int_0^{a-x} e^{y(2a-y)} \mathrm{d}y$，求 $\displaystyle\int_0^a f(x) \mathrm{d}x$.

6. 已知函数 $g(x)$ 在区间 $(-\infty, +\infty)$ 连续，且满足 $g(1) = 5$，$\displaystyle\int_0^1 g(x) \mathrm{d}x = 2$，设 $f(x) = \dfrac{1}{2} \displaystyle\int_0^x g(x-t) t^2 \mathrm{d}t$，求 $f''(1)$ 及 $f'''(1)$.

7. 设 $f(x) = x^2 - x \displaystyle\int_0^2 f(x) \mathrm{d}x + 2 \displaystyle\int_0^1 f(x) \mathrm{d}x$，试求 $f(x)$.

8. 设函数 $f(x)$ 是连续函数，求证：

$$\int_1^a f\left(x^2 + \frac{a^2}{x^2}\right) \cdot \frac{1}{x} \mathrm{d}x = \int_1^a f\left(x + \frac{a^2}{x}\right) \frac{1}{x} \mathrm{d}x \quad (a > 0).$$

9. 设 $p > 0$，求证：

$$\frac{p}{p+1} < \int_0^1 \frac{\mathrm{d}x}{1 + x^p} < 1.$$

10. （第二积分中值定理）若函数 $f(x)$，$g(x)$ 及 $g'(x)$ 在区间 $[a, b]$ 上连续，且函数 $g(x)$ 在区间 $[a, b]$ 上单调，求证：在区间 $[a, b]$ 内至少存在一点 ξ，使

$$\int_a^b f(x) g(x) \mathrm{d}x = g(a) \int_a^\xi f(x) \mathrm{d}x + g(b) \int_\xi^b f(x) \mathrm{d}x,$$

并利用上述结果证明：当 $0 < a < b$ 时，有

$$\lim_{n \to \infty} \int_a^b \frac{\sin nx}{x} dx = 0.$$

11. 计算下列广义积分:

(1) $\int_0^{+\infty} \frac{\ln x}{1 + x^2} dx$;

(2) $\int_0^{\frac{\pi}{2}} \ln \sin x dx$;

(3) $\int_0^{\frac{\pi}{4}} \ln(1 + \tan x) dx$;

(4) $\int_0^1 x^m (\ln x)^n dx \,(m > -1)$;

(5) $\int_1^{+\infty} \frac{dx}{(x + \sqrt{x^2 - 1})^n} \,(n > 1)$.

12. 已知 $\int_0^{+\infty} \frac{\sin x}{x} dx = \frac{\pi}{2}$,求证:

$$\int_0^{+\infty} \frac{\sin^2 x}{x^2} dx = \frac{\pi}{2}.$$

13. 求证:

$$\int_0^{+\infty} \frac{dx}{1 + x^4} = \int_0^{+\infty} \frac{x^2 dx}{1 + x^4} = \frac{\pi}{2\sqrt{2}}.$$

五、习题答案

1. (1) $\frac{\pi^2}{2} - \pi$;

(2) $\frac{3}{16}\pi$;

(3) $2\ln(1 + \sqrt{2}) - \frac{\sqrt{2}}{2}\pi$;

(4) $\frac{3}{2}e^{\frac{5}{2}}$;

(5) $\frac{1}{2}(\cos 1 - 1)$.

2. $2e^y - (e + e^{-1})y - 2e^{-1}$.

3. 2.

4. (1) 0; (2) $\ln 2$.

5. $\frac{1}{2}(e^{a^2} - 1)$.

6. $f''(1) = 2, f'''(1) = 5$.

7. $f(x) = x^2 - \frac{2}{3}x - 1$.

8. 提示:利用定积分的换元法,令 $\frac{a}{x} = t$.

9. 提示:$1 - x^p < \frac{1}{1 + x^p} < 1$

10. 提示:$\varphi(t) = g(a)\int_a^t f(t)dt + g(b)\int_t^b f(t)dt - \int_a^b f(t)g(t)dt.$

11. (1) 0; (2) $-\frac{\pi}{2}\ln 2$;

(3) $\frac{\pi}{8}\ln 2$; (4) $\frac{(-1)^n m! \, n!}{(m + n + 1)!}$;

(5) $\frac{1}{n^2 - 1}$.

12. 提示:利用分部积分公式,同时注意到 $\int_0^{+\infty} \frac{\sin^2 x}{x^2} dx = -\int_0^{+\infty} \sin^2 x d\frac{1}{x}.$

13. 提示:利用倒代换.

第6章

定积分的应用

基本要求

掌握用定积分表达和计算一些几何量与物理量，包括平面图形的面积、平面曲线的弧长、旋转体的体积、平行截面为已知的立体的体积、变力做功、引力、水压力等.

一、基本内容

1. 微元法.
2. 定积分在几何上的应用.

（1）求平面图形的面积：

① 若平面图形是由连续曲线 $y = f_1(x)$，$y = f_2(x)$ 及直线 $x = a$，$x = b$（$a < b$）所围成，则该图形的面积为

$$A = \int_a^b |f_2(x) - f_1(x)| \, \mathrm{d}x.$$

② 若平面图形是由连续曲线 $x = g_1(y)$，$x = g_2(y)$ 及直线 $y = c$，$y = d$（$c < d$）所围成，则该图形的面积为

$$A = \int_c^d |g_2(y) - g_1(y)| \, \mathrm{d}y.$$

③ 若平面图形的边界曲线是由参数方程

$$\begin{cases} x = x(t), \\ y = y(t), \end{cases} \alpha \leqslant t \leqslant \beta$$

表示的分段光滑的封闭曲线，则该曲线所围成图形的面积为

$$A = \left| \int_\alpha^\beta y(t) x'(t) \, \mathrm{d}t \right| = \left| \int_\alpha^\beta x(t) y'(t) \, \mathrm{d}t \right|.$$

④ 由曲线 $r = r(\theta)$ 及射线 $\theta = \alpha$，$\theta = \beta$（$\alpha < \beta$）所围成的平面图形的面积为

$$A = \frac{1}{2} \int_\alpha^\beta r^2(\theta) \, \mathrm{d}\theta.$$

（2）求立体的体积：

① 平行截面为已知的立体的体积：

若立体介于 $a \leqslant x \leqslant b$ 内，在点 x 处垂直 x 轴的截面面积为 $A(x)$，则该立体的体积为

$$V = \int_a^b A(x) \, \mathrm{d}x.$$

② 旋转体的体积：

若旋转体是由连续曲线 $y = f(x)$ 与直线 $x = a$，$x = b$ 及 x 轴所围成的图形绕 x 轴旋转一周而

成，则其体积为

$$V = \pi \int_a^b f^2(x)\,\mathrm{d}x.$$

若旋转体是由上述平面图形绕 y 轴旋转一周而成，则其体积为

$$V = 2\pi \int_a^b x\,|f(x)|\,\mathrm{d}x, 0 \leq a < b.$$

（3）求平面曲线的弧长：

① 若平面曲线的方程为 $y = f(x)$，则介于 $a \leq x \leq b$ 的一段曲线的弧长为

$$s = \int_a^b \sqrt{1 + f'^2(x)}\,\mathrm{d}x.$$

② 若平面曲线的方程由参数方程

$$\begin{cases} x = \varphi(t), \\ y = \psi(t), \end{cases} \alpha \leq t \leq \beta$$

给出，则该段曲线的弧长为

$$s = \int_\alpha^\beta \sqrt{\varphi'^2(t) + \psi'^2(t)}\,\mathrm{d}t.$$

③ 若平面曲线的方程由极坐标

$$r = r(\theta), \alpha \leq \theta \leq \beta$$

给出，则该段曲线的弧长为

$$s = \int_\alpha^\beta \sqrt{r^2(\theta) + r'^2(\theta)}\,\mathrm{d}\theta.$$

3. 定积分在物理上的应用.

（1）求变力沿直线所做的功；

（2）求液体的侧压力；

（3）求细杆对质点的引力.

二、重点与难点

重点：微元法、定积分的几何应用与物理应用.

难点：所求量的微元的建立.

三、例题分析

例 6.1.1 求曲线 $y = |\ln x|$ 与直线 $y = 0$，$x = \mathrm{e}^{-1}$，$x = \mathrm{e}$ 所围成的平面图形的面积.

解 该图形如图 6-1 所示.

取 x 为积分变量，它的变化区间为 $[\mathrm{e}^{-1}, \mathrm{e}]$，相应于区间 $[\mathrm{e}^{-1}, \mathrm{e}]$ 上的任一小区间 $[x, x + \mathrm{d}x]$，所对应的面积元素为

$$\mathrm{d}A = |\ln x|\,\mathrm{d}x.$$

于是

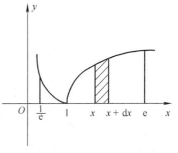

图 6-1

$$A = \int_{\frac{1}{\mathrm{e}}}^{\mathrm{e}} |\ln x|\,\mathrm{d}x = \int_{\frac{1}{\mathrm{e}}}^{1} (-\ln x)\,\mathrm{d}x + \int_1^{\mathrm{e}} \ln x\,\mathrm{d}x$$

$$= x(1 - \ln x)\Big|_{\frac{1}{\mathrm{e}}}^{1} + x(\ln x - 1)\Big|_1^{\mathrm{e}} = 2 - \frac{2}{\mathrm{e}}.$$

例 6.1.2 试求由双纽线 $(x^2 + y^2)^2 = a^2(x^2 - y^2)$ 所围成，且在曲线 $x^2 + y^2 = \dfrac{a^2}{2}$ 内部的图形的面积.

解 因为该图形关于 x 轴、y 轴对称，故总面积为第一象限部分面积的 4 倍. 如图 6-2 所示，在极坐标下双纽线的方程为

$$r^2 = a^2 \cos 2\theta,$$

圆的方程为 $r = \dfrac{a}{\sqrt{2}}$.

由 $\begin{cases} r^2 = a^2 \cos 2\theta, \\ r^2 = \dfrac{a^2}{2}, \end{cases}$ 得 $\theta = \dfrac{\pi}{6}$.

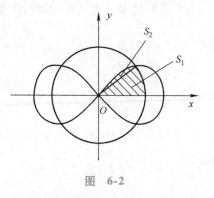

图 6-2

又

$$S_1 = \frac{\dfrac{\pi}{6}}{2\pi} \cdot \frac{a^2}{2}\pi = \frac{\pi}{24}a^2,$$

$$S_2 = \frac{1}{2}\int_{\frac{\pi}{6}}^{\frac{\pi}{4}} r^2(\theta)\,\mathrm{d}\theta = \frac{1}{2}\int_{\frac{\pi}{6}}^{\frac{\pi}{4}} a^2 \cos 2\theta\,\mathrm{d}\theta$$

$$= \left(\frac{1}{4} - \frac{\sqrt{2}}{8}\right)a^2,$$

故

$$S = 4(S_1 + S_2) = \left(\frac{\pi}{6} + 1 - \frac{\sqrt{2}}{2}\right)a^2.$$

例 6.1.3 求两椭圆 $x^2 + \dfrac{y^2}{3} = 1$ 和 $\dfrac{x^2}{3} + y^2 = 1$ 的公共部分的面积 S（如图 6-3 所示）.

解 解方程组 $\begin{cases} x^2 + \dfrac{y^2}{3} = 1, \\ \dfrac{x^2}{3} + y^2 = 1, \end{cases}$ 得交点 $A\left(\dfrac{\sqrt{3}}{2}, \dfrac{\sqrt{3}}{2}\right)$.

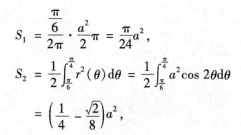

设 S_1 如图 6-3 所示，则

$$S_1 = \int_0^{\frac{\sqrt{3}}{2}} \left[\sqrt{3(1 - x^2)} - \sqrt{1 - \frac{x^2}{3}}\right]\mathrm{d}x = \frac{\sqrt{3}}{12}\pi.$$

又椭圆的面积 $S_2 = \sqrt{3}\pi$，因此

$$S = S_2 - 4S_1 = \frac{2\sqrt{3}}{3}\pi.$$

图 6-3

注 此题亦可在极坐标下计算：

椭圆 $x^2 + \dfrac{y^2}{3} = 1$ 的极坐标方程为 $r^2 = \dfrac{3}{3\cos^2\theta + \sin^2\theta}$，由图形的对称性，可知公共部分的面积

$$S = 8 \times \frac{1}{2} \int_0^{\frac{\pi}{4}} r^2(\theta) \, d\theta = 4 \int_0^{\frac{\pi}{4}} \frac{3}{3\cos^2\theta + \sin^2\theta} \, d\theta$$

$$= 12 \int_0^{\frac{\pi}{4}} \frac{d \tan\theta}{3 + \tan^2\theta} = \frac{12}{\sqrt{3}} \arctan \frac{\tan\theta}{\sqrt{3}} \Big|_0^{\frac{\pi}{4}} = \frac{2\sqrt{3}}{3} \pi.$$

例 6.1.4　求曲线 $y^2 = x^2 - x^4$ 所围成图形的面积.

解　由于曲线 $y^2 = x^2 - x^4$ 关于 x 轴和 y 轴对称，围成一条封闭曲线，故只要计算位于第一象限中图形的面积. 由于在直角坐标下不易计算，故可化成参数方程.

因为 $y^2 = x^2 - x^4 = x^2(1 - x^2) \geq 0$，所以 $|x| \leq 1$. 因而可设 $x = \cos t$. 于是 $y^2 = \cos^2 t \sin^2 t$. 因只考虑第一象限部分，故曲线的参数方程为

$$\begin{cases} x = \cos t, \\ y = \sin t \cos t \end{cases} \quad \left(0 \leq t \leq \frac{\pi}{2}\right).$$

故所求图形的面积为

$$S = 4 \left| \int_0^{\frac{\pi}{2}} y(t) x'(t) \, dt \right| = 4 \int_0^{\frac{\pi}{2}} \sin^2 t \cos t \, dt = \frac{4}{3}.$$

例 6.1.5　设平面图形 A 由 $x^2 + y^2 \leq 2x$ 与 $y \geq x$ 所确定，求图形 A 绕直线 $x = 2$ 旋转一周所得旋转体的体积.

解　如图 6-4 所示，

因是绕 $x = 2$ 旋转，故可取 y 为积分变量，且 $y \in [0, 1]$，图形 A 的两条边界分别为

$$x = 1 - \sqrt{1 - y^2} \ \text{及} \ x = y.$$

于是在区间 $[y, y + dy]$ 上，旋转体的体积元素为

$$dV = \left\{ \pi \left[2 - (1 - \sqrt{1 - y^2}) \right]^2 - \pi(2 - y)^2 \right\} dy$$

$$= 2\pi \left[\sqrt{1 - y^2} - (1 - y)^2 \right] dy,$$

$$V = 2\pi \int_0^1 \left[\sqrt{1 - y^2} - (1 - y)^2 \right] dy$$

$$= 2\pi \left[\frac{\pi}{4} + \frac{1}{3} (1 - y)^3 \Big|_0^1 \right] = \frac{\pi^2}{2} - \frac{2}{3}\pi.$$

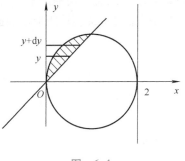

图　6-4

例 6.1.6　求由心形线 $r = 4(1 + \cos\theta)$ 和直线 $\theta = 0$，$\theta = \frac{\pi}{2}$ 所围成图形绕极轴旋转所成旋转体的体积.

解　因为 $x = r\cos\theta = 4(1 + \cos\theta)\cos\theta$，$y = r\sin\theta = 4(1 + \cos\theta)\sin\theta$，

又当 $\theta = 0$ 时，$x = 8$；当 $\theta = \frac{\pi}{2}$ 时，$x = 0$，所以

$$V = \pi \int_0^8 y^2(x) \, dx$$

$$= \pi \int_{\frac{\pi}{2}}^0 \left[4 + (1 + \cos\theta)\sin\theta \right]^2 d\left[4 + (1 + \cos\theta)\cos\theta \right]$$

$$= -64\pi \int_{\frac{\pi}{2}}^0 (1 + \cos\theta)^2 \sin^2\theta (\sin\theta + 2\cos\theta\sin\theta) \, d\theta$$

$$= -64\pi \int_0^{\frac{\pi}{2}} (1 + \cos\theta)^2 (1 - \cos^2\theta)(2\cos\theta + 1)\mathrm{d}\cos\theta$$
$$= 160\pi.$$

例 6.1.7 设有一正椭圆柱体，其底面的长短轴分别为 $2a$，$2b$，用过此柱体底面的短轴，且与底面成 $\alpha\left(0 < \alpha < \dfrac{\pi}{2}\right)$ 角的平面截此柱体，得一楔形体（如图 6-5 所示），求此楔形体的体积 V.

解 底面椭圆的方程 $\dfrac{x^2}{a^2} + \dfrac{y^2}{b^2} = 1$，垂直于 y 轴的平行截面

截此楔形体所得的截面为直角三角形，且

$$A(y) = \frac{1}{2} \cdot x \cdot x \tan\alpha,$$

$$A(y) = \frac{1}{2}a^2\left(1 - \frac{y^2}{b^2}\right)\tan\alpha,$$

所以

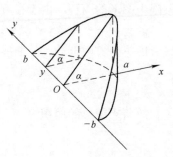

图 6-5

$$V = 2V_1 = 2\int_0^b \frac{1}{2}a^2\left(1 - \frac{y^2}{b^2}\right)\tan\alpha\,\mathrm{d}y = \frac{2}{3}a^2 b\tan\alpha.$$

例 6.1.8 求证：由曲线 $y = -f(x)$ $[f(x) \geqslant 0]$ 及直线 $x = a$，$x = b$ $(0 < a < b)$，$y = 0$ 围成的曲边梯形绕 y 轴旋转所形成的旋转体的体积为

$$V = 2\pi\int_a^b xf(x)\,\mathrm{d}x.$$

证明 将区间 $[a, b]$ 分成 n 个小区间，小区间 $[x, x + \mathrm{d}x]$ 上的小曲边梯形的面积 $\Delta S \approx f(x)\Delta x$，绕 y 轴旋转一周，小旋转体的体积 $\Delta V \approx 2\pi xf(x)\Delta x$，即

$$\mathrm{d}V = 2\pi xf(x)\mathrm{d}x.$$

从而

$$V = 2\pi\int_a^b xf(x)\,\mathrm{d}x.$$

注 利用此公式计算某些旋转体的体积要简便得多，如曲线 $xy = a$ $(a > 0)$ 与直线 $x = a$，$x = 2a$，$y = 0$ 所围图形绕 Oy 轴旋转一周的体积为

$$V = 2\pi\int_a^{2a} x \cdot \frac{a}{x}\mathrm{d}x = 2\pi a^2.$$

例 6.1.9 求悬链线 $y = \dfrac{a}{2}\left(\mathrm{e}^{\frac{x}{a}} + \mathrm{e}^{-\frac{x}{a}}\right)$ 介于 $x = 0$，$x = a$ 间的弧长 s.

解

$$y' = \frac{1}{2}\left(\mathrm{e}^{\frac{x}{a}} - \mathrm{e}^{-\frac{x}{a}}\right),$$

$$\sqrt{1 + y'^2} = \sqrt{1 + \frac{1}{4}\left(\mathrm{e}^{\frac{x}{a}} - \mathrm{e}^{-\frac{x}{a}}\right)^2} = \frac{1}{2}\left(\mathrm{e}^{\frac{x}{a}} + \mathrm{e}^{-\frac{x}{a}}\right),$$

所以

$$s = \int_0^a \sqrt{1 + y'^2}\mathrm{d}x = \frac{1}{2}\int_0^a \left(\mathrm{e}^{\frac{x}{a}} + \mathrm{e}^{-\frac{x}{a}}\right)\mathrm{d}x = \frac{a}{2}(\mathrm{e} - \mathrm{e}^{-1}).$$

例 6.1.10 在星形线 $x = a\cos^3 t$，$y = a\sin^3 t$ 上已知 $A(a,0)$，$B(0,a)$ 两点，求点 M，使 $\overset{\frown}{AM} = \dfrac{1}{4}\overset{\frown}{AB}$.

解 当 $0 \leqslant t \leqslant \alpha \left(0 < \alpha < \dfrac{\pi}{2} \right)$ 时，曲线弧的长度

$$s(\alpha) = \int_0^\alpha \sqrt{[x'(t)]^2 + [y'(t)]^2}\,dt$$

$$= \int_0^\alpha \sqrt{(3a\cos^2 t \sin t)^2 + (3a\sin^2 t\cos t)^2}\,dt$$

$$= 3a\int_0^\alpha \sin t\cos t\,dt = \frac{3a}{2}\sin^2 \alpha.$$

设对应于所求点 M 的参数 $t = t_0$，则

$$\overset{\frown}{AM} = s(t_0) = \frac{3a}{2}\sin^2 t_0 \left(0 < t_0 < \frac{\pi}{2} \right).$$

另一方面，

$$\overset{\frown}{AB} = s\left(\frac{\pi}{2}\right) = \int_0^{\frac{\pi}{2}} \sqrt{[x'(t)]^2 + [y'(t)]^2}\,dt = \frac{3a}{2}.$$

由题意，得 $\overset{\frown}{AM} = \dfrac{1}{4}\overset{\frown}{AB}$.

故有

$$\frac{3a}{2}\sin^2 t_0 = \frac{1}{4} \cdot \frac{3a}{2} = \frac{3a}{8}.$$

解得 $t_0 = \dfrac{\pi}{6}$. 此时

$$x_0 = a\cos^3 \frac{\pi}{6} = \frac{3\sqrt{3}}{8}a, \quad y_0 = a\sin^3 \frac{\pi}{6} = \frac{a}{8}.$$

故点 $M\left(\dfrac{3\sqrt{3}}{8}a, \dfrac{a}{8} \right)$ 即为所求的点.

例 6.1.11 对于函数 $y = \sin x \left(0 \leqslant x \leqslant \dfrac{\pi}{2} \right)$.

（1）当 t 取何值时，图 6-6 中阴影部分的面积 $S_1 + S_2$ 最小？

（2）当 t 取何值时，图 6-6 中阴影部分的面积 $S_1 + S_2$ 最大？

解 $S_1 = t\sin t - \displaystyle\int_0^t \sin x\,dx = t\sin t + \cos t - 1$,

$S_2 = \displaystyle\int_t^{\frac{\pi}{2}} \sin x\,dx - \left(\frac{\pi}{2} - t \right)\sin t = \cos t - \frac{\pi}{2}\sin t + t\sin t$,

$$S(t) = S_1 + S_2 = 2\cos t + 2t\sin t - \frac{\pi}{2}\sin t - 1,$$

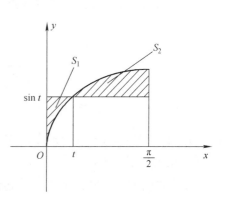

图 6-6

$$S'(t) = 2\left(t - \frac{\pi}{4}\right)\cos t \left(0 \leqslant t \leqslant \frac{\pi}{2}\right)$$

令 $S'(t) = 0$，则在区间 $\left(0, \frac{\pi}{2}\right)$ 内仅有一个极值点 $t = \frac{\pi}{4}$.

因为

$$S''(t) = 2\cos t + 2\left(\frac{\pi}{4} - t\right)\sin t, \quad S''\left(\frac{\pi}{4}\right) > 0$$

故 $t = \frac{\pi}{4}$ 为极小值点.

又

$$S(0) = 1, \quad S\left(\frac{\pi}{2}\right) = \frac{\pi}{2} - 1, \quad S\left(\frac{\pi}{4}\right) = \sqrt{2} - 1,$$

所以当 $t = \frac{\pi}{4}$ 时，$S_1 + S_2$ 最小；当 $t = 0$ 时，$S_1 + S_2$ 最大.

例 6.1.12 设函数 $y = f(x)$ 是区间 $[0,1]$ 上任一非负连续函数.

（1）求证：存在点 $x_0 \in (0,1)$ 使得在区间 $[0, x_0]$ 上以 $f(x_0)$ 为高的矩形面积等于在区间 $[x_0, 1]$ 上以 $y = f(x)$ 为曲边的曲边梯形的面积；

（2）设函数 $f(x)$ 在区间 $(0,1)$ 内可导，且 $f'(x) > \dfrac{-2f(x)}{x}$，求证：（1）中的 x_0 是唯一的.

证明 （1）设辅助函数 $g(x) = -x\displaystyle\int_x^1 f(t)\,\mathrm{d}t$，则函数 $g(x)$ 在区间 $[0,1]$ 上满足罗尔定理的条件. 所以至少存在一点 $x_0 \in (0,1)$，使 $g'(x_0) = 0$.

故

$$g'(x) = -\int_x^1 f(t)\,\mathrm{d}t + xf(x),$$

即

$$x_0 f(x_0) = \int_{x_0}^1 f(t)\,\mathrm{d}t.$$

得证.

（2）因为 x_0 是函数 $g'(x)$ 的零点，所以只要证函数 $g'(x)$ 单调即可.

又

$$g''(x) = f(x) + f(x) + xf'(x) = 2f(x) + xf'(x)$$
$$= x\left[\frac{2f(x)}{x} + f'(x)\right] > 0,$$

所以函数 $g'(x)$ 是单调递增的，其零点 x_0 唯一.

例 6.1.13 设直线 $y = ax$ $(a < 1)$ 与抛物线 $y = x^2$ 所围成图形的面积为 S_1，它们与直线 $x = 1$ 所围成图形的面积为 S_2.

（1）试确定 a 的值，使 $S_1 + S_2$ 达到最小，并求最小值；

（2）求该最小值所对应的平面图形绕 x 轴旋转一周所得旋转体的体积.

解 （1）当 $0 < a < 1$ 时，如图 6-7 所示，

$$S(a) = S_1 + S_2$$
$$= \int_0^a (ax - x^2)\mathrm{d}x + \int_a^1 (x^2 - ax)\mathrm{d}x$$
$$= \frac{a^3}{3} - \frac{a}{2} + \frac{1}{3}.$$

令 $S'(a) = a^2 - \dfrac{1}{2} = 0$，得驻点 $a = \dfrac{\sqrt{2}}{2}$.

又 $S''\left(\dfrac{\sqrt{2}}{2}\right) = \sqrt{2} > 0$，则 $S\left(\dfrac{\sqrt{2}}{2}\right)$ 是极小值，即为最小值，其

值为

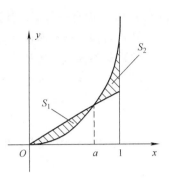

图 6-7

$$S\left(\frac{\sqrt{2}}{2}\right) = \frac{2 - \sqrt{2}}{6}.$$

当 $a \leqslant 0$ 时，如图 6-8 所示，
$$S(a) = S_1 + S_2$$
$$= \int_a^0 (ax - x^2)\mathrm{d}x + \int_0^1 (x^2 - ax)\mathrm{d}x$$
$$= -\frac{a^3}{6} - \frac{a}{2} + \frac{1}{3}.$$

则

$$S'(a) = -\frac{1}{2}(a^2 + 1) < 0,$$

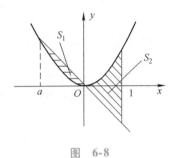

图 6-8

即 S 单调递减. 故当 $a = 0$ 时，S 最小，此时 $S(0) = \dfrac{1}{3}$.

综上所述，当 $a = \dfrac{\sqrt{2}}{2}$ 时，$S\left(\dfrac{\sqrt{2}}{2}\right)$ 为所求最小值，其值为 $S\left(\dfrac{\sqrt{2}}{2}\right) = \dfrac{2 - \sqrt{2}}{6}$.

(2) $V = \pi\displaystyle\int_0^{\frac{\sqrt{2}}{2}} \left(\dfrac{1}{2}x^2 - x^4\right)\mathrm{d}x + \pi\displaystyle\int_{\frac{\sqrt{2}}{2}}^1 \left(x^4 - \dfrac{1}{2}x^2\right)\mathrm{d}x = \dfrac{\sqrt{2} + 1}{30}\pi.$

例 6.1.14 由抛物线 $y = x^2$ 及 $y = 4x^2$ 绕 y 轴旋转一周构成的旋转抛物面的容器的高为 H. 现于其中盛水，水高 $\dfrac{1}{2}H$. 要将水全部抽出，外力需做多少功？

解 建立平面直角坐标系如图 6-9 所示，相应于区间 $[y, y + \mathrm{d}y]$，这一部分水的质量约为

$$\pi\left(y - \frac{y}{4}\right)\mathrm{d}y = \frac{3}{4}\pi y\mathrm{d}y.$$

则抽出这部分水需做的功为

$$\mathrm{d}W = \frac{3}{4}\pi y(H - y)\mathrm{d}y.$$

故

$$W = \frac{3}{4}\pi\int_0^{\frac{H}{2}} y(H - y)\mathrm{d}y = \frac{1}{16}\pi H^3.$$

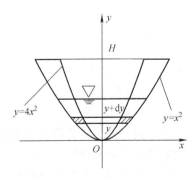

图 6-9

117

例 6.1.15 设有一薄板，其边缘为一抛物线，如图 6-10 所示，铅直垂入水中.

（1）若顶点恰在水面上，试求薄板所受的静压力；将薄板下沉多深，压力加倍？

（2）若将薄板倒置使弦恰在水面，求薄板所受的静压力；将薄板下沉多深，压力加倍？

解 （1）建立平面直角坐标系如图 6-10 所示，设抛物线的方程为

$$y^2 = 2px.$$

将 $x = 20$，$y = 6$ 代入，得

$$p = \frac{9}{10}.$$

故 $y^2 = \frac{9}{5}x.$

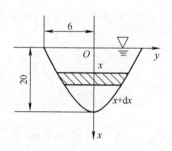

图 6-10

相应于区间 $[x, x+dx]$ 段的薄板所受的压力元素为

$$dF = \gamma \cdot x \cdot 2y dx = 2\gamma x \sqrt{\frac{9x}{5}} dx.$$

故

$$F = \int_0^{20} 2\gamma x \sqrt{\frac{9x}{5}} dx = 1\,920\gamma.$$

设将薄板下沉 h 时压力加倍，故有

$$2 \times 1\,920\gamma = 2\int_0^{20} \gamma(x+h) \sqrt{\frac{9x}{5}} dx.$$

解得 $h = 12$.

（2）建立平面直角坐标系如图 6-11 所示，该抛物线的方程为

$$y^2 = \frac{9}{5}(20 - x).$$

故

$$F = 2\int_0^{20} \gamma x \sqrt{\frac{9}{5}(20 - x)} dx = 1\,280\gamma.$$

设将薄板再下沉 h 时压力加倍，故有

$$2 \times 1\,280\gamma = 2\int_0^{20} \gamma(x+h) \sqrt{\frac{9}{5}(20 - h)} dx.$$

图 6-11

解得 $h = 8$.

例 6.1.16 为清除井底污泥，用缆绳将抓斗放入井底，抓起污泥后提出井口（如图 6-12 所示）. 已知井深 30 m，抓斗自重 400 N，缆绳每米重 50 N，抓斗抓起的污泥重 2 000 N，提升速度为 3 m/s，在提升过程中，污泥以 20 N/s 的速度从抓斗缝隙中漏掉. 现将抓起污泥的抓斗提升至井口，克服重力需做多少焦耳的功 ω？（1 N × 1 m = 1 J）（抓斗的高度及位于井口上方的缆绳长度忽略不计）

解 建立平面直角坐标系如图 6-12 所示.

将抓起污泥的抓斗提升至井口需做功

$$W = W_1 + W_2 + W_3,$$

其中，W_1 是克服抓斗自重所做的功，W_2 是克服缆绳重力所做的功，
W_3 为提出污泥所做的功.

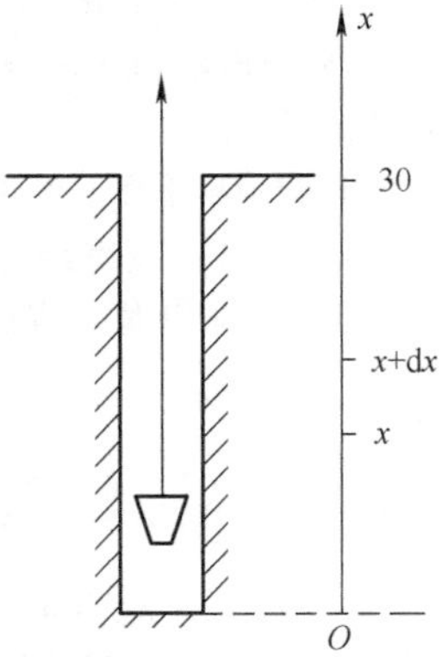

由题意，得

$$W_1 = 400 \times 30 = 12\ 000 \quad (\text{J}).$$

将抓斗由 x 处提升至 $x + \mathrm{d}x$ 处克服缆绳重力所做的功为

$$\mathrm{d}W_2 = 50(30 - x)\mathrm{d}x.$$

从而

$$W_2 = \int_0^{30} 50(30 - x)\mathrm{d}x = 22\ 500(\text{J}).$$

在时间间隔 $[t, t+\mathrm{d}t]$ 内提升污泥需做功

$$\mathrm{d}W_3 = 3(2\ 000 - 20t)\mathrm{d}t,$$

将污泥从井底提升至井口共需时间 $\dfrac{30}{3} = 10$ （s），

所以

$$W_3 = \int_0^{10} 3(2\ 000 - 20t)\mathrm{d}t = 57\ 000(\text{J}).$$

故

$$W = W_1 + W_2 + W_3 = 91\ 500\ \text{J}.$$

图 6-12

例 6.1.17 设有长为 l、质量为 M 的均匀细杆（如图 6-13 所示）点 A（$2l$）处一质量为 m 的质点移到点 B（$3l$）处，求克服引力所做的功.

解 由于当质点 m 由点 A 移到点 B 的过程中引力在变化，不能直接写出，为此，应分两步进行：（1）求出引力；（2）求功.

建立平面直角坐标系如图 6-13 所示，当质点 m 位于点 C 处，坐标为 x，细杆与 m 之间的引力 $F(x)$ 为

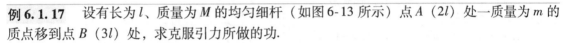

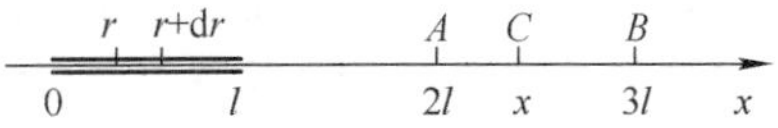

图 6-13

$$F(x) = \int_0^l \frac{km\rho}{(x-r)^2}\mathrm{d}r = \frac{km\rho}{x-r}\bigg|_0^l = km\rho\left(\frac{1}{x-l} - \frac{1}{x}\right),$$

则克服该引力所做的功 W 为

$$W = \int_{2l}^{3l} F(x)\mathrm{d}x = \int_{2l}^{3l} km\rho\left(\frac{1}{x-l} - \frac{1}{x}\right)\mathrm{d}x$$

$$= km\rho\ln\frac{x-l}{x}\bigg|_{2l}^{3l} = km\rho\ln\frac{4}{3} = \frac{kmM}{l}\ln\frac{4}{3}.$$

注 （1）此题用到了二次积分，即先作一次积分，求出变力 $F(x)$，在此过程中先将 x 看成是固定不变的，然后将 $F(x)$ 看成 x 的函数，再作一次积分就可以得到变力所做的功 W.

（2）此题还可采用另一种方法计算：将细杆分成若干小段，其代表小段为 $\mathrm{d}r$，当质点 m 由点 A 移到点 B 处，求克服 $\rho\mathrm{d}r$ 与 m 之间的引力所做的功 $\mathrm{d}W$，然后对 $\mathrm{d}W$ 再进行一次积分 $W = \int_0^l \mathrm{d}W$. 请同学们自己完成.

四、习题

1. 若曲线 $y = \cos x \left(0 \leqslant x \leqslant \dfrac{\pi}{2}\right)$ 与 x 轴、y 轴所围成图形的面积被 $y = a\sin x$，$y = b\sin x$ （$a > b > 0$）

三等分，求 a 与 b.

2. 求由曲线 $y = \lim\limits_{a \to +\infty} \dfrac{x}{1 + x^2 - \mathrm{e}^{ax}}$，$y = \dfrac{1}{2}x$ 及 $x = 1$ 所围成的平面图形的面积.

3. 求由曲线 $x^2 + y^2 = 1$，$(x-1)^2 + y^2 = 1$ 和

$x^2 + (y-1)^2 = 1$ 所围成公共部分图形的面积.

4. 求由曲线 $r(1 + \cos\theta) = 3$ 与 $r\cos\theta = 1$ 所围成图形的面积.

5. 已知 xOy 平面上的正方形 $D = \{(x,y) \mid 0 \leq x \leq 1, 0 \leq y \leq 1\}$ 及直线 $L: x + y = t$ $(t \geq 0)$,若 $S(t)$ 表示正方形 D 位于直线 L 左下方部分的面积,求 $\int_0^x S(t)\,dt(x \geq 0)$.

6. 曲线 $y = \dfrac{1}{\sqrt{x}}$ 的切线与 x 轴和 y 轴围成一个图形. 记切点的横坐标为 a,试求切线的方程和这个图形的面积. 当切点沿曲线趋于无穷远时,该面积的变化趋势如何?

7. 已知一抛物线通过 x 轴上的 A $(1,0)$,B $(3,0)$ 两点.

(1)求证:两坐标轴与该抛物线所围成图形的面积等于 x 轴与该抛物线所围成图形的面积;

(2)计算上述两个平面图形绕 x 轴旋转一周所得的两个旋转体的体积之比.

8. 周长为 $2l$ 的等腰三角形绕其底边旋转成旋转体. 当等腰三角形的腰长与底边长的比是多少时,所得的旋转体体积最大?

9. 设曲线 $y = ax^2$ $(a > 0, x \geq 0)$ 与 $y = 1 - x^2$ 交于点 A,过原点 O 和点 A 的直线与曲线 $y = ax^2$ 围成一平面图形. 当 a 为何值时,该图形绕 x 轴旋转一周所得的旋转体体积最大?最大值是多少?

10. 设函数 $f(x)$ 在闭区间 $[0,1]$ 上连续,在开区间 $(0,1)$ 上 $f(x) > 0$,并满足

$$xf'(x) = f(x) + \frac{3}{2}ax^2 \ (a \text{ 为常数}),$$

又曲线 $y = f(x)$ 与 $x = 1$,$y = 0$ 所围图形 S 的面积为 2,求函数 $f(x)$,当 a 为何值时,图形 S 绕 x 轴旋转一周所得旋转体的体积最小?

11. 一块高为 a、底为 b 的等腰三角形薄板垂直地沉没在水中,顶在下,底与水面相齐. 试计算薄板每面所受的压力. 如果把它倒放,使它的顶与水面相齐,而底与水面平行,压力又如何?

12. 长和宽分别为 a 和 b 的矩形薄板与液面成 α 角斜沉于液体中,长边平行于液面而位于深 h 处,设 $a > b$,液体的密度为 ρ,试求薄板每面所受的压力(重力加速度为 g).

13. 两质点的质量分别为 m_1,m_2,相距为 a. 现将质点 m_2 沿两质点的连线向外平移距离 l,求克服引力所做的功.

14. 用铁锤将铁钉打入木板,设木板对铁钉之阻力与铁钉进入木板的深度成正比,铁锤打击第一次时,

能将铁钉击入木板 $1\,\text{cm}$. 如铁锤每次打击铁钉所做之功相等,铁锤第二次打击时能将铁钉击入多深?

15. 设有质量均匀分布的细直杆 AB,其长度为 l,质量为 M.

(1)在 AB 的延长线上与其一端 A 的距离为 a 处有一质量为 m 的质点 N_1,试求细杆对质点 N_1 的引力;

(2)在 AB 的中垂线上到杆距离为 a 处有一质量为 m 的质点 N_2,求杆对质点 N_2 的引力.

五、习题答案

1. $a = \dfrac{4}{3}$,$b = \dfrac{5}{12}$.

2. $\dfrac{1}{4}$.

3. $\dfrac{5\pi}{12} - \dfrac{\sqrt{3}}{2}$.

4. $\dfrac{2\sqrt{3}}{3}$.

5. $\int_0^x S(t)\,dt = \begin{cases} \dfrac{x^3}{6}, & 0 \leq x < 1, \\ x - 1 + \dfrac{1}{6}(x-2)^3, & 1 \leq x < 2, \\ x - 1, & x \geq 2. \end{cases}$

6. 切线的方程为 $y - \dfrac{1}{\sqrt{a}} = -\dfrac{1}{2a\sqrt{a}}(x - a)$,面积为 $S(a) = \dfrac{9}{4}\sqrt{a}$.

7. (1)提示:抛物线的方程为 $y = a(x-2)^2 - a$;(2)19:8.

8. 腰长与底边长的比是 3:1.

9. $a = 4$,$V = \dfrac{32\sqrt{5}}{1\,875}\pi$.

10. $f(x) = \dfrac{3}{2}ax^2 + (4-a)x$,$a = -5$.

11. $\dfrac{a^2 b}{6}$,$\dfrac{a^2 b}{3}$.

12. $\dfrac{1}{2}\rho gab(2h + b\sin\alpha)$.

13. $W = km_1 m_2 \dfrac{l}{a(a+l)}$.

14. $(\sqrt{2} - 1)\,\text{cm}$.

15. (1) $F = \dfrac{kMm}{a(a+l)}$;

(2) $F_x = 0$,$F_y = \dfrac{2kMm}{a\sqrt{4a^2 + l^2}}$.

第**7**章
空间解析几何与向量代数

基本要求

1. 理解空间直角坐标系,理解向量的概念及其表示.
2. 掌握向量的加法、减法、数量积、向量积的运算.
3. 会运用向量坐标来判定和表达向量之间的关系及计算有关的问题.
4. 掌握两个向量之间的夹角的计算和两向量平行、垂直的条件及单位向量、方向余弦表达式.
5. 掌握平面方程和直线方程,平面、直线相互关系(平行、垂直、相交)的条件和夹角公式,会求点到平面、点到直线的距离.
6. 理解曲面方程的概念,了解常用二次曲面方程及其图形,会求母线平行于坐标轴的柱面方程和以坐标轴为旋转轴的旋转曲面的方程.
7. 了解空间曲线的参数方程和一般方程,以及空间曲线在坐标平面上的投影方程.

7.1 向量的代数运算

一、基本内容

1. 向量的基本概念:模、方向角、方向余弦、向量的坐标表示、基本单位向量、零向量、单位向量等.

2. 向量的运算及运算性质:设
$$a = (a_x, a_y, a_z), \quad b = (b_x, b_y, b_z), \quad c = (c_x, c_y, c_z),$$
向量的加(减)法服从平行四边形法则和三角形法则.

$a \pm b = (a_x \pm b_x, a_y \pm b_y, a_z \pm b_z)$.

数与向量的积 $\lambda a = (\lambda a_x, \lambda a_y, \lambda a_z)$.

向量的数量积 $a \cdot b = |a||b|\cos(\overset{\wedge}{a,b}) = |a|\mathrm{Prj}_a b = |b|\mathrm{Prj}_b a$,

$a \cdot b = a_x b_x + a_y b_y + a_z b_z$,

$a \perp b \Leftrightarrow a \cdot b = 0 \Leftrightarrow a_x b_x + a_y b_y + a_z b_z = 0$.

向量积是一个向量,记为 $a \times b$.

(1) $a \times b$ 的大小为 $|a \times b| = |a||b|\sin(\overset{\wedge}{a,b})$.

(2) $a \times b$ 的方向为 $a \times b \perp a$, $a \times b \perp b$,且 $a \times b$, a, b 成右手系. $|a \times b|$ 表示以向量 a,

b 为邻边的平行四边形的面积.

$$a \times b = \begin{vmatrix} i & j & k \\ a_x & a_y & a_z \\ b_x & b_y & b_z \end{vmatrix} = \begin{vmatrix} a_y & a_z \\ b_y & b_z \end{vmatrix} i + \begin{vmatrix} a_z & a_x \\ b_z & b_x \end{vmatrix} j + \begin{vmatrix} a_x & a_y \\ b_x & b_y \end{vmatrix} k$$

$$= (a_y b_z - b_y a_z) i + (a_z b_x - a_x b_z) j + (a_x b_y - a_y b_x) k.$$

$$a // b \Leftrightarrow a \times b = 0 \Leftrightarrow a = \lambda b \text{ 或 } b = \mu a \Leftrightarrow \frac{a_x}{b_x} = \frac{a_y}{b_y} = \frac{a_z}{b_z}.$$

向量的混合积

$$[a\, b\, c] = a \cdot (b \times c) = b \cdot (c \times a) = c \cdot (a \times b)$$

$$[a\, b\, c] = \begin{vmatrix} a_x & a_y & a_z \\ b_x & b_y & b_z \\ c_x & c_y & c_z \end{vmatrix}$$

混合积的绝对值表示以向量 a，b，c 为棱的平行六面体的体积.

向量 a，b，c 共面 $\Leftrightarrow [a\, b\, c] = 0.$

A，B，C，D 四点共面 $\Leftrightarrow [\overrightarrow{AB}\ \overrightarrow{AC}\ \overrightarrow{AD}] = 0.$

二、重点与难点

重点：向量在空间直角坐标系下的代数运算以及有关结论.

难点：灵活运用向量知识去计算和证明某些问题.

三、例题分析

例 7.1.1　已知向量 $a = (1, 0, -1)$，$b = (2, 3, 1)$.

（1）求向量 b 在三条坐标轴上的投影；

（2）求向量 a 的模及其方向余弦；

（3）求 $2a + b$；

（4）求 $a \cdot b$，$a \times b$；

（5）求与向量 b 平行的单位向量；

（6）求同时垂直于向量 a 与 b 的单位向量；

（7）求向量 a 在向量 b 上的投影及投影向量；

（8）求以向量 a，b 为边的平行四边形的面积.

解　（1）向量 b 在 x 轴、y 轴、z 轴上的投影分别为 2，3，1.

（2）$|a| = \sqrt{1^2 + 0^2 + (-1)^2} = \sqrt{2}$，方向余弦为

$$\cos \alpha = \frac{1}{\sqrt{2}} = \frac{\sqrt{2}}{2}, \cos \beta = 0, \cos \gamma = \frac{-1}{\sqrt{2}} = -\frac{\sqrt{2}}{2}.$$

（3）$2a + b = 2(1, 0, -1) + (2, 3, 1) = (4, 3, -1).$

（4）$a \cdot b = 1 \times 2 + 0 \times 3 + (-1) \times 1 = 1,$

$$a \times b = \begin{vmatrix} i & j & k \\ 1 & 0 & -1 \\ 2 & 3 & 1 \end{vmatrix} = 3i - 3j + 3k.$$

（5）$|\boldsymbol{b}| = \sqrt{2^2 + 3^2 + 1^2} = \sqrt{14}$，与向量 $\boldsymbol{b}$ 平行的单位向量为

$$\boldsymbol{b}_0 = \pm \frac{\boldsymbol{b}}{|\boldsymbol{b}|} = \pm \left(\frac{2}{\sqrt{14}}, \frac{3}{\sqrt{14}}, \frac{1}{\sqrt{14}} \right) = \pm \left(\frac{\sqrt{14}}{7}, \frac{3\sqrt{14}}{14}, \frac{\sqrt{14}}{14} \right).$$

（6）$|\boldsymbol{a} \times \boldsymbol{b}| = 3\sqrt{3}$，同时垂直于向量 $\boldsymbol{a}$ 与 $\boldsymbol{b}$ 的单位向量为

$$\boldsymbol{c}_0 = \pm \frac{\boldsymbol{a} \times \boldsymbol{b}}{|\boldsymbol{a} \times \boldsymbol{b}|} = \pm \left(\frac{1}{\sqrt{3}}, -\frac{1}{\sqrt{3}}, \frac{1}{\sqrt{3}} \right) = \pm \left(\frac{\sqrt{3}}{3}, -\frac{\sqrt{3}}{3}, \frac{\sqrt{3}}{3} \right).$$

（7）因为 $\boldsymbol{a} \cdot \boldsymbol{b} = |\boldsymbol{b}| \mathrm{Prj}_{\boldsymbol{b}} \boldsymbol{a}$，所以向量 $\boldsymbol{a}$ 在向量 $\boldsymbol{b}$ 上的投影为 $\mathrm{Prj}_{\boldsymbol{b}} \boldsymbol{a} = \dfrac{\boldsymbol{a} \cdot \boldsymbol{b}}{|\boldsymbol{b}|} = \dfrac{1}{\sqrt{14}} = \dfrac{\sqrt{14}}{14}.$

于是向量 $\boldsymbol{a}$ 在向量 $\boldsymbol{b}$ 上的投影向量为

$$\mathrm{Prj}_{\boldsymbol{b}} \boldsymbol{a} \cdot \frac{\boldsymbol{b}}{|\boldsymbol{b}|} = \frac{\sqrt{14}}{14} \left(\frac{\sqrt{14}}{7}, \frac{3\sqrt{14}}{14}, \frac{\sqrt{14}}{14} \right) = \left(\frac{1}{7}, \frac{3}{14}, \frac{1}{14} \right).$$

（8）以向量 $\boldsymbol{a}$，$\boldsymbol{b}$ 为边的平行四边形的面积为 $|\boldsymbol{a} \times \boldsymbol{b}| = 3\sqrt{3}.$

例 7.1.2 设向量 $\boldsymbol{a}$ 与 $\boldsymbol{b}$ 共线，已知向量 $\boldsymbol{b} = (4, -1, 3)$，且 $\boldsymbol{a} \cdot \boldsymbol{b} = -26$. 求向量 $\boldsymbol{a}$.

解 因为向量 $\boldsymbol{a}$ 与 $\boldsymbol{b}$ 共线，所以有

$$\boldsymbol{a} = \lambda \boldsymbol{b} = (4\lambda, -\lambda, 3\lambda),$$

其中 λ 为待定常数.

因为 $\boldsymbol{a} \cdot \boldsymbol{b} = -26$，所以 $\lambda \boldsymbol{b} \cdot \boldsymbol{b} = -26$，即 $\lambda = \dfrac{-26}{|\boldsymbol{b}|^2}.$

而

$$|\boldsymbol{b}| = \sqrt{4^2 + (-1)^2 + 3^2} = \sqrt{26},$$

故 $\lambda = -1$. 从而所求向量 $\boldsymbol{a} = -\boldsymbol{b} = (-4, 1, -3).$

例 7.1.3 已知向量 $\boldsymbol{a}$ 与 $\boldsymbol{b}$ 不共线，试求它们的夹角平分线上的单位向量.

解 设向量 $\boldsymbol{a}_0$，$\boldsymbol{b}_0$ 分别为与向量 $\boldsymbol{a}$，$\boldsymbol{b}$ 同方向的单位向量，即

$$\boldsymbol{a}_0 = \frac{\boldsymbol{a}}{|\boldsymbol{a}|}, \qquad \boldsymbol{b}_0 = \frac{\boldsymbol{b}}{|\boldsymbol{b}|}.$$

则向量 $\boldsymbol{a}_0 + \boldsymbol{b}_0$ 同向量 $\boldsymbol{a}$ 与 $\boldsymbol{b}$ 的夹角平分线平行. 从而所求向量 $\boldsymbol{c}_0$ 为

$$\boldsymbol{c}_0 = \pm \frac{\boldsymbol{a}_0 + \boldsymbol{b}_0}{|\boldsymbol{a}_0 + \boldsymbol{b}_0|} = \pm \frac{\dfrac{\boldsymbol{a}}{|\boldsymbol{a}|} + \dfrac{\boldsymbol{b}}{|\boldsymbol{b}|}}{\left| \dfrac{\boldsymbol{a}}{|\boldsymbol{a}|} + \dfrac{\boldsymbol{b}}{|\boldsymbol{b}|} \right|} = \pm \frac{|\boldsymbol{b}|\boldsymbol{a} + |\boldsymbol{a}|\boldsymbol{b}}{\left| |\boldsymbol{b}|\boldsymbol{a} + |\boldsymbol{a}|\boldsymbol{b} \right|}.$$

例 7.1.4 设向量 $\boldsymbol{a} = (1, -1, 1)$，$\boldsymbol{b} = (3, -4, 5)$，且 $\boldsymbol{x} = \boldsymbol{a} + \lambda \boldsymbol{b}$，其中 λ 为常数，求证：使 $|\boldsymbol{x}|$ 最小的向量 $\boldsymbol{x}_1$ 必垂直于向量 $\boldsymbol{b}$.

证明 由于

$$\begin{aligned} |\boldsymbol{x}|^2 &= |\boldsymbol{a} + \lambda \boldsymbol{b}|^2 = (\boldsymbol{a} + \lambda \boldsymbol{b}) \cdot (\boldsymbol{a} + \lambda \boldsymbol{b}) \\ &= \boldsymbol{a} \cdot \boldsymbol{a} + 2\lambda \boldsymbol{a} \cdot \boldsymbol{b} + \lambda^2 \boldsymbol{b} \cdot \boldsymbol{b} = |\boldsymbol{a}|^2 + 2\lambda \boldsymbol{a} \cdot \boldsymbol{b} + \lambda^2 |\boldsymbol{b}|^2, \end{aligned}$$

而 $|\boldsymbol{a}|^2 = 3$，$|\boldsymbol{b}|^2 = 50$，$\boldsymbol{a} \cdot \boldsymbol{b} = 12$. 所以 $|\boldsymbol{x}|^2 = 3 + 24\lambda + 50\lambda^2.$

易知 $\lambda = -\dfrac{6}{25}$ 时，$|\boldsymbol{x}|^2$ 最小，亦即 $|\boldsymbol{x}|$ 最小，此时向量

$$x_1 = a - \frac{6}{25}b = \left(\frac{7}{25}, -\frac{1}{25}, -\frac{5}{25}\right).$$

由于 $x_1 \cdot b = 0$，故 $x_1 \perp b$.

例 7.1.5 已知在平行四边形 $ABCD$ 中，BC 和 CD 的中点分别为 E，F 两点，且 $\overrightarrow{AE} = a$，$\overrightarrow{AF} = b$，试用向量 a，b 表示 $\overrightarrow{BC}$ 和 $\overrightarrow{CD}$（如图 7-1 所示）.

解 因为

$$a = \overrightarrow{AB} + \overrightarrow{BE} = -\overrightarrow{CD} + \frac{1}{2}\overrightarrow{BC}, \qquad ①$$

$$b = \overrightarrow{AD} + \overrightarrow{DF} = \overrightarrow{BC} - \frac{1}{2}\overrightarrow{CD}, \qquad ②$$

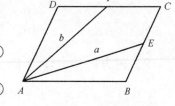

图 7-1

① $\times 2$ — ②，得 $-\frac{3}{2}\overrightarrow{CD} = 2a - b$，即 $\overrightarrow{CD} = \frac{2}{3}(b - 2a)$.

② $\times 2$ — ①，得 $\frac{3}{2}\overrightarrow{BC} = 2b - a$，即 $\overrightarrow{BC} = \frac{2}{3}(2b - a)$.

例 7.1.6 用向量的方法证明三角形的三条高相交于一点.

证明 设三角形 ABC（如图 7-2 所示），两条高 BE 与 CF 相交于一点 P，连接 AP 并延长交 BC 于点 D，现在 AD 是三角形的高，只需证 $AD \perp BC$.

因为 $\overrightarrow{CF} \perp \overrightarrow{AB}$，$\overrightarrow{BE} \perp \overrightarrow{CA}$，所以

$$\overrightarrow{CP} \cdot \overrightarrow{AB} = 0, \quad \overrightarrow{BP} \cdot \overrightarrow{CA} = 0.$$

因为 $\overrightarrow{CP} = \overrightarrow{CA} + \overrightarrow{AP}$，$\overrightarrow{BP} = \overrightarrow{BA} + \overrightarrow{AP}$，所以

$$\overrightarrow{CP} \cdot \overrightarrow{AB} = (\overrightarrow{CA} + \overrightarrow{AP}) \cdot \overrightarrow{AB} = 0, \overrightarrow{BP} \cdot \overrightarrow{CA} = (\overrightarrow{BA} + \overrightarrow{AP}) \cdot \overrightarrow{CA} = 0,$$

即

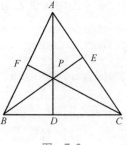

图 7-2

$$\overrightarrow{CA} \cdot \overrightarrow{AB} + \overrightarrow{AP} \cdot \overrightarrow{AB} = 0, \qquad ①$$

$$\overrightarrow{BA} \cdot \overrightarrow{CA} + \overrightarrow{AP} \cdot \overrightarrow{CA} = 0. \qquad ②$$

① + ②，得 $\overrightarrow{AP} \cdot \overrightarrow{AB} + \overrightarrow{AP} \cdot \overrightarrow{CA} = 0$，即 $\overrightarrow{AP} \cdot (\overrightarrow{AB} + \overrightarrow{CA}) = \overrightarrow{AP} \cdot \overrightarrow{CB} = 0$. 故 $\overrightarrow{AP} \perp \overrightarrow{CB}$，即 $\overrightarrow{AD} \perp \overrightarrow{CB}$. 从而 AD 是三角形的高.

例 7.1.7 已知单位向量 $\overrightarrow{OA}$ 与三条坐标轴正向的夹角相等，且为钝角，点 B 是点 $M(1, -3, 2)$ 关于点 $N(-1, 2, 1)$ 对称的点，求 $\overrightarrow{OA} \times \overrightarrow{OB}$.

解 设 $\overrightarrow{OA}$ 的方向余弦分别为 $\cos\alpha$，$\cos\beta$，$\cos\gamma$，则

$$\cos^2\alpha + \cos^2\beta + \cos^2\gamma = 1.$$

而 $\overrightarrow{OA}$ 与三条坐标轴正向的夹角相等且为钝角，所以有

$$\cos\alpha = \cos\beta = \cos\gamma = -\frac{1}{\sqrt{3}} = -\frac{\sqrt{3}}{3}.$$

故 $\overrightarrow{OA} = \left\{ -\frac{\sqrt{3}}{3}, -\frac{\sqrt{3}}{3}, -\frac{\sqrt{3}}{3} \right\}$.

设 $B(x, y, z)$，由点 B 是点 M 关于点 N 对称的点，得

$$-1 = \frac{1+x}{2}, \quad 2 = \frac{-3+y}{2}, \quad 1 = \frac{2+z}{2}.$$

解得 $x = -3$，$y = 7$，$z = 0$. 故 $\overrightarrow{OB} = (-3, 7, 0)$，从而

$$\overrightarrow{OA} \times \overrightarrow{OB} = \begin{vmatrix} \boldsymbol{i} & \boldsymbol{j} & \boldsymbol{k} \\ -\dfrac{\sqrt{3}}{3} & -\dfrac{\sqrt{3}}{3} & -\dfrac{\sqrt{3}}{3} \\ -3 & 7 & 0 \end{vmatrix} = \left(\dfrac{7\sqrt{3}}{3}, \ \sqrt{3}, \ -\dfrac{10\sqrt{3}}{3} \right).$$

例 7.1.8 设向量 $\boldsymbol{a} + 3\boldsymbol{b}$ 与 $7\boldsymbol{a} - 5\boldsymbol{b}$ 垂直，向量 $\boldsymbol{a} - 4\boldsymbol{b}$ 与向量 $7\boldsymbol{a} - 2\boldsymbol{b}$ 垂直，求向量 $\boldsymbol{a}$，$\boldsymbol{b}$ 间的夹角.

解 因为 $\boldsymbol{a} + 3\boldsymbol{b} \perp 7\boldsymbol{a} - 5\boldsymbol{b}$，$\boldsymbol{a} - 4\boldsymbol{b} \perp 7\boldsymbol{a} - 2\boldsymbol{b}$，所以

$$(\boldsymbol{a} + 3\boldsymbol{b}) \cdot (7\boldsymbol{a} - 5\boldsymbol{b}) = 0, (\boldsymbol{a} - 4\boldsymbol{b}) \cdot (7\boldsymbol{a} - 2\boldsymbol{b}) = 0.$$

整理，得

$$7|\boldsymbol{a}|^2 - 15|\boldsymbol{b}|^2 + 16\boldsymbol{a} \cdot \boldsymbol{b} = 0, \qquad ①$$

$$7|\boldsymbol{a}|^2 + 8|\boldsymbol{b}|^2 - 30\boldsymbol{a} \cdot \boldsymbol{b} = 0. \qquad ②$$

由①②，得 $|\boldsymbol{a}|^2 = |\boldsymbol{b}|^2 = 2\boldsymbol{a} \cdot \boldsymbol{b}$.

因为 $\cos(\overset{\wedge}{\boldsymbol{a}, \boldsymbol{b}}) = \dfrac{\boldsymbol{a} \cdot \boldsymbol{b}}{|\boldsymbol{a}||\boldsymbol{b}|} = \dfrac{1}{2}$，所以向量 $\boldsymbol{a}$ 与 $\boldsymbol{b}$ 的夹角为 $\dfrac{\pi}{3}$.

四、习题

1. 求与向量 $\boldsymbol{a} = (2, -1, 2)$ 共线，且满足关系式 $\boldsymbol{a} \cdot \boldsymbol{x} = -18$ 的向量 $\boldsymbol{x}$.

2. 已知向量 $\boldsymbol{a}$ 与 $\boldsymbol{b}$ 的夹角为 $\dfrac{\pi}{3}$，$|\boldsymbol{a}| = 2$，$|\boldsymbol{b}| = 1$，向量 $\boldsymbol{c} = 2\boldsymbol{b} - \boldsymbol{a}$，求 $|\boldsymbol{c}|$ 和 $|\boldsymbol{c} \times \boldsymbol{b}|$.

3. 已知向量 $\boldsymbol{a} = (2, -3, 6)$，$\boldsymbol{b} = (-1, 2, -2)$，向量 $\boldsymbol{c}$ 在向量 $\boldsymbol{a}$ 与 $\boldsymbol{b}$ 的角平分线上，且 $|\boldsymbol{c}| = 3\sqrt{42}$，求向量 $\boldsymbol{c}$.

4. 给定向量 $\boldsymbol{a}$，若向量 $\boldsymbol{b}$ 在向量 $\boldsymbol{a}$ 上的投影等于向量 $\boldsymbol{a}$ 在向量 $\boldsymbol{b}$ 上的投影，求 $|\boldsymbol{b}|$.

5. 在 xOy 平面上，求垂直于向量 $\boldsymbol{a} = \{5, -3, 4\}$，并与它等长的向量 $\boldsymbol{b}$.

6. 已知向量 $\boldsymbol{a} = (2, -1, 1)$，$\boldsymbol{b} = (1, 2, -1)$，$\boldsymbol{c} = (1, 1, -2)$，单位向量 $x\boldsymbol{b} + y\boldsymbol{c}$ 与向量 $\boldsymbol{a}$ 垂直，求 x 和 y 的值.

7. 设 $\boldsymbol{p} = 2\boldsymbol{a} + \boldsymbol{b}$，$\boldsymbol{q} = k\boldsymbol{a} + \boldsymbol{b}$，其中 $|\boldsymbol{a}| = 1$，$|\boldsymbol{b}| = 2$，且 $\boldsymbol{a} \perp \boldsymbol{b}$.

(1) 当 k 为何值时，$\boldsymbol{p} \perp \boldsymbol{q}$?

(2) 当 k 为何值时，以向量 $\boldsymbol{p}$，$\boldsymbol{q}$ 为邻边的平行四边形的面积为 6?

8. 已知向量 $\boldsymbol{a}$，$\boldsymbol{b}$ 为非零向量，且

$$\boldsymbol{a} \cdot \boldsymbol{b} = |\boldsymbol{a} \times \boldsymbol{b}| = (\boldsymbol{a} \times \boldsymbol{b}) \cdot (\boldsymbol{a} \times \boldsymbol{b}),$$

求 $\boldsymbol{a} \cdot \boldsymbol{b}$ 及向量 $\boldsymbol{a}$ 与 $\boldsymbol{b}$ 的夹角.

9. 设 $\boldsymbol{a} = (2, 1, -1)$，$\boldsymbol{b} = (1, -3, 1)$，试在向量 $\boldsymbol{a}$，$\boldsymbol{b}$ 所决定的平面内，求与向量 $\boldsymbol{a}$ 垂直的单位向量.

10. 已知向量 $\overrightarrow{OA} = \boldsymbol{b}$，$\overrightarrow{OB} = \boldsymbol{a}$，$\angle ODA = \dfrac{\pi}{2}$（如图 7-3 所示）.

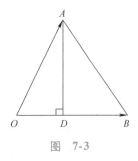

图 7-3

(1) 求证：$\triangle ODA$ 的面积 $S = \dfrac{|\boldsymbol{a} \cdot \boldsymbol{b}||\boldsymbol{a} \times \boldsymbol{b}|}{2|\boldsymbol{a}|^2}$;

(2) 当向量 $\boldsymbol{a}$，$\boldsymbol{b}$ 的夹角 θ 为何值时，$\triangle ODA$ 的面积最大 $\left(0 < \theta < \dfrac{\pi}{2} \right)$?

11. 已知向量 $\boldsymbol{a}$，$\boldsymbol{b}$，$\boldsymbol{c}$ 的混合积为 2，求 $[(\boldsymbol{a} + 2\boldsymbol{b}) \times (\boldsymbol{b} + 2\boldsymbol{c})] \cdot (\boldsymbol{c} + 2\boldsymbol{a})$.

12. 设点 P 是点 A 和点 B 所在直线外的一点，求证：A，B，C 三点共线的充要条件是 $\overrightarrow{PC} = x\overrightarrow{PA} + y\overrightarrow{PB}$，其中 $x + y = 1$.

13. 已知三个非零向量 $\boldsymbol{a}$，$\boldsymbol{b}$，$\boldsymbol{c}$ 中任意两个不共线，但向量 $\boldsymbol{b} + \boldsymbol{c}$ 与 $\boldsymbol{a}$ 共线，向量 $\boldsymbol{a} + \boldsymbol{b}$ 与 $\boldsymbol{c}$ 共线，求 $\boldsymbol{a} + \boldsymbol{b} + \boldsymbol{c}$.

14. 若非零向量 $\boldsymbol{a}$，$\boldsymbol{b}$，$\boldsymbol{c}$ 满足 $\boldsymbol{a} = \boldsymbol{b} \times \boldsymbol{c}$，$\boldsymbol{b} = \boldsymbol{c} \times \boldsymbol{a}$，$\boldsymbol{c} = \boldsymbol{a} \times \boldsymbol{b}$，求证：向量 $\boldsymbol{a}$，$\boldsymbol{b}$，$\boldsymbol{c}$ 相互垂直且均为

单位向量.

15. 若 $a \times b = c \times d$，$a \times c = b \times d$，求证：向量 $a - d$ 与 $b - c$ 共线.

16. 由一点引出三个不共面的向量 a，b，c，求证：通过这三个向量终点的平面垂直于向量 $a \times b + b \times c + c \times a$.

17. 设向量 a，b，c 不共面，向量 a，b，c，d 有共同的起点，且 $d = \alpha a + \beta b + \gamma c$. 系数 α，β，γ 满足什么关系式才能使向量 a，b，c，d 的终点共面？

18. 设向量 p，q，r 互相垂直，且 $|p| = 1$，$|q| = 2$，$|r| = 3$，求向量 $s = p + q + r$ 的长度和它与三个已知向量的夹角的余弦.

五、习题答案

1. $x = (-4, 2, -4)$.

2. $|c| = 2$，$|c \times b| = \sqrt{3}$.

3. $c = (-3, 15, 12)$.

4. $|b| = |a|$.

5. $b = \pm \dfrac{5\sqrt{17}}{17} (3, 5, 0)$.

6. $x = \dfrac{\sqrt{2}}{2}$，$y = -\dfrac{\sqrt{2}}{2}$.

7. （1）-2；　　（2）-1 或 5.

8. $a \cdot b = 1$，$\theta = \dfrac{\pi}{4}$.

9. $\pm \dfrac{\sqrt{93}}{93} (5, -8, 2)$.

10.（1）提示：利用三角形的面积公式 $S = \dfrac{1}{2} |b|^2 \sin \theta \cos \theta$；

　　（2）$\theta = \dfrac{\pi}{4}$.

11. 18.

12. 提示：利用向量的运算.

13. 0.

14. 提示：利用向量的向量积的概念与性质.

15. 提示：$(a - d) \cdot (b - c) = 0$.

16. 提示：$[(a - b) \times (a - c)] \cdot (a \times b + b \times c + c \times a) = 0$.

17. $\alpha + \beta + \gamma = 1$.

18. $|s| = \sqrt{14}$，$\dfrac{\sqrt{14}}{14}$，$\dfrac{\sqrt{14}}{7}$，$\dfrac{3\sqrt{14}}{14}$.

7.2　平面与直线

一、基本内容

1. 平面方程的各种形式.

（1）点法式：已知平面上的一点 $M(x_0, y_0, z_0)$ 及平面的法线向量 $n = (A, B, C)$，则平面方程为

$$A(x - x_0) + B(y - y_0) + C(z - z_0) = 0.$$

（2）一般式：$Ax + By + Cz + D = 0$.

要清楚当一般式方程中缺项时平面所处的特殊位置.

（3）截距式：已知平面在三条坐标轴上的截距分别为 $(a, 0, 0)$，$(0, b, 0)$，$(0, 0, c)$，则平面方程为

$$\frac{x}{a} + \frac{y}{b} + \frac{z}{c} = 1.$$

（4）三点式：已知平面上不共线三点的坐标 $A(x_1, y_1, z_1)$，$B(x_2, y_2, z_2)$，$C(x_3, y_3, z_3)$，则平面方程为

$$\begin{vmatrix} x - x_1 & y - y_1 & z - z_1 \\ x_2 - x_1 & y_2 - y_1 & z_2 - z_1 \\ x_3 - x_1 & y_3 - y_1 & z_3 - z_1 \end{vmatrix} = 0.$$

2. 空间直线方程的各种形式.

（1）对称式（点向式）：已知直线上一点 $M(x_0,y_0,z_0)$ 及方向向量 $s=(m,n,p)$，则直线方程为

$$\frac{x-x_0}{m}=\frac{y-y_0}{n}=\frac{z-z_0}{p}.$$

（2）参数式：$\begin{cases} x=x_0+mt, \\ y=y_0+nt, \\ z=z_0+pt \end{cases}$（$t$ 为参数）.

（3）一般式：$\begin{cases} A_1x+B_1y+C_1z+D_1=0, \\ A_2x+B_2y+C_2z+D_2=0. \end{cases}$

直线的一个方向向量 $s=(A_1,B_1,C_1)\times(A_2,B_2,C_2)$.

（4）两点式：已知直线上的 $M(x_0,y_0,z_0)$，$M_1(x_1,y_1,z_1)$ 两点，则直线方程为

$$\frac{x-x_0}{x_1-x_0}=\frac{y-y_0}{y_1-y_0}=\frac{z-z_0}{z_1-z_0}.$$

3. 平面与平面的关系：重合、平行、垂直、相交.

直线与直线的关系：重合、平行、垂直、相交、异面.

直线与平面的关系：重合、平行、垂直、相交.

平面束方程：

设直线 L：$\begin{cases} A_1x+B_1y+C_1z+D_1=0, \\ A_2x+B_2y+C_2z+D_2=0, \end{cases}$ 则过直线 L 的平面束方程为

$$\lambda(A_1x+B_1y+C_1z+D_1)+\mu(A_2x+B_2y+C_2z+D_2)=0.$$

4. 点到平面的距离、点到直线的距离.

（1）点 $M(x_0,y_0,z_0)$ 到平面 $Ax+By+Cz+D=0$ 的距离为

$$d=\frac{|Ax_0+By_0+Cz_0+D|}{\sqrt{A^2+B^2+C^2}}.$$

（2）点 $M(x_1,y_1,z_1)$ 到直线 $\dfrac{x-x_0}{m}=\dfrac{y-y_0}{n}=\dfrac{z-z_0}{p}$ 的距离为

$$d=\frac{|r\times s|}{|s|},$$

其中 $r=\overrightarrow{M_0M}$，$M_0(x_0,y_0,z_0)$，$s=(m,n,p)$.

二、重点与难点

重点：平面的点法式方程和直线的对称式方程.

难点：恰当运用平面（或直线）方程去处理有关问题.

三、例题分析

例 7.2.1 求满足下列条件的平面方程：

（1）平行于 y 轴，且过 $P(1,-5,1)$ 和 $Q(3,2,-1)$ 两点；

（2）平行于平面 $2x+y+2z+5=0$，且与三个坐标面构成的四面体的体积为 1 个单位

长度;

（3）过 O $(0,0,0)$，A $(0,1,1)$，B $(2,1,0)$ 三点.

解 （1）因为所求平面平行于 y 轴，可设平面方程为
$$Ax + Cz + D = 0.$$

由于 P，Q 两点在平面上，因此，将其坐标代入方程，得
$$\begin{cases} A + C + D = 0, \\ 3A - C + D = 0 \end{cases} \Rightarrow C = A, \ D = -2A.$$

所以平面方程为 $Ax + Az - 2A = 0$，即 $x + z - 2 = 0$.

（2）可设所求平面方程为 $2x + y + 2z + D = 0$，且 $D \neq 0$. 化为截距式为
$$\frac{x}{-\dfrac{D}{2}} + \frac{y}{-D} + \frac{z}{-\dfrac{D}{2}} = 1.$$

因为平面与三个坐标面构成的四面体的体积为 1 个单位长度，所以四面体的体积为
$$V = \frac{1}{6} \left| \left(-\frac{D}{2} \right) \cdot D \cdot \left(-\frac{D}{2} \right) \right| = 1.$$

则 $D = \pm \sqrt[3]{24} = \pm 2\sqrt[3]{3}$. 故平面方程为
$$2x + y + 2z + 2\sqrt[3]{3} = 0 \quad \text{或} \quad 2x + y + 2z - 2\sqrt[3]{3} = 0.$$

（3）可设所求平面方程为 $Ax + By + Cz = 0$. 将 B，C 两点的坐标代入方程，得
$$\begin{cases} B + C = 0, \\ 2A + B = 0 \end{cases} \Rightarrow B = -2A, \ C = 2A.$$

故平面方程为 $Ax - 2Ay + 2Az = 0$，即 $x - 2y + 2z = 0$.

例 7. 2. 2 求下列直线 L 的方程：

（1）直线 L 过点 $P(2, -3, 4)$ 且平行于 z 轴；

（2）直线 L 过点 $P(0, 2, 4)$ 且与两平面 $x - 4z = 3$ 和 $2x - y - 5z = 1$ 的交线平行；

（3）直线 L 过点 $P(-1, 0, 4)$，且平行于平面 Π：$3x - 4y + z = 10$，又与直线 L_0：$x + 1 = y - 3 = \dfrac{z}{2}$ 相交.

解 （1）因为直线 L 平行于 z 轴，所以其方向向量 $s = (0, 0, 1)$. 又直线 L 过点 $P(2, -3, 4)$，由直线的对称式方程，得直线 L 的方程为
$$\frac{x-2}{0} = \frac{y+3}{0} = \frac{z-4}{1} \quad \text{或} \quad \begin{cases} x = 2, \\ y = -3. \end{cases}$$

（2）设所求直线的方向向量为 s，则可取 s 为
$$s = (1, 0, -4) \times (2, -1, -5)$$
$$= \begin{vmatrix} i & j & k \\ 1 & 0 & -4 \\ 2 & -1 & -5 \end{vmatrix} = (-4, -3, -1).$$

则所求直线方程为 $\dfrac{x}{4} = \dfrac{y-2}{3} = \dfrac{z-4}{1}$.

（3）过点 $P(-1, 0, 4)$ 且平行于平面 Π 的方程为
$$3(x+1) - 4y + (z-4) = 0.$$

它与已知直线 L_0 的交点为 $(15,19,32)$，于是所求直线过 $(-1,0,4)$ 和 $(15,19,32)$ 两点，由直线的两点式方程，得

$$L: \frac{x+1}{16} = \frac{y}{19} = \frac{z-4}{28}.$$

例 7.2.3 已知点 $A(1,2,3)$，直线 $L: \frac{x}{1} = \frac{y-4}{-3} = \frac{z-3}{-2}$. 求：（1）点 A 到直线 L 上的投影 M；（2）点 A 关于直线 L 对称的点 A'；（3）点 A 到直线 L 的距离 d.

解 （1）过点 A 作垂直于直线 L 的平面 Π，设直线 L 与平面 Π 的交点为点 M，则点 M 是点 A 在直线 L 上的投影，平面 Π 的方程为

$$(x-1) - 3(y-2) - 2(z-3) = 0,$$

即 $x - 3y - 2z + 11 = 0.$

直线 L 的参数方程为

$$\begin{cases} x = t, \\ y = -3t + 4, \\ z = -2t + 3, \end{cases}$$

代入平面 Π 的方程，得

$$t - 3(-3t + 4) - 2(-2t + 3) + 11 = 0.$$

解得 $t = \frac{1}{2}$. 所以有 $M\left(\frac{1}{2}, \frac{5}{2}, 2\right)$.

（2）设 $A'(x', y', z')$，显然点 $M\left(\frac{1}{2}, \frac{5}{2}, 2\right)$ 为 AA' 的中点. 从而有

$$\frac{1+x'}{2} = \frac{1}{2}, \quad \frac{2+y'}{2} = \frac{5}{2}, \quad \frac{3+z'}{2} = 2.$$

解得 $x' = 0$，$y' = 3$，$z' = 1$. 所以 $A'(0,3,1)$.

（3）点 A 到直线 L 的距离 $d = |AM|$，即

$$d = \sqrt{\left(1 - \frac{1}{2}\right)^2 + \left(2 - \frac{5}{2}\right)^2 + (3-2)^2} = \frac{\sqrt{6}}{2}.$$

例 7.2.4 已知平面方程 $\Pi_1: x - 2y - 2z + 1 = 0$，$\Pi_2: 3x - 4y + 5 = 0$，求平分平面 Π_1 与平面 Π_2 的夹角的平面方程.

解 （方法1）设平面 Π_1 与平面 Π_2 的法向量分别为 $\boldsymbol{n}_1 = (1, -2, -2)$ 和 $\boldsymbol{n}_2 = (3, -4, 0)$，则

$$\boldsymbol{N}_1 = \frac{\boldsymbol{n}_1}{|\boldsymbol{n}_1|} + \frac{\boldsymbol{n}_2}{|\boldsymbol{n}_2|} = \left(\frac{14}{15}, -\frac{22}{15}, -\frac{2}{3}\right),$$

$$\boldsymbol{N}_2 = \frac{\boldsymbol{n}_1}{|\boldsymbol{n}_1|} - \frac{\boldsymbol{n}_2}{|\boldsymbol{n}_2|} = \left(-\frac{4}{15}, \frac{2}{15}, -\frac{2}{3}\right)$$

分别是两个平分平面的法向量. 易得平面 Π_1 与平面 Π_2 的一个交点为 $(-3, -1, 0)$. 所以所求的两个平分平面的方程分别为

$$\frac{14}{15}(x+3) - \frac{22}{15}(y+1) - \frac{2}{3}(z-0) = 0,$$

$$-\frac{4}{15}(x+3) + \frac{2}{15}(y+1) - \frac{2}{3}(z-0) = 0,$$

即 $7x - 11y - 5z + 10 = 0$, $2x - y + 5z + 5 = 0$.

（方法 2） 设 (x,y,z) 为所求平面上的任一点，则它到平面 Π_1 的距离等于它到平面 Π_2 的距离，即

$$\frac{|x - 2y - 2z + 1|}{\sqrt{1^2 + (-2)^2 + (-2)^2}} = \frac{|3x - 4y + 5|}{\sqrt{3^2 + (-4)^2 + 0^2}}.$$

化简并整理，得所求的平面方程为

$$7x - 11y - 5z + 10 = 0, \quad 2x - y + 5z + 5 = 0.$$

（方法 3：利用平面束方程） 设所求平面方程为

$$x - 2y - 2z + 1 + \lambda(3x - 4y + 5) = 0,$$

即

$$(1 + 3\lambda)x - 2(1 + 2\lambda)y - 2z + 1 + 5\lambda = 0,$$

其法向量 $\boldsymbol{n} = (1 + 3\lambda, -2(1 + 2\lambda), -2)$.

因为平面 Π 平分平面 Π_1 与 Π_2，所以有

$$|\cos(\overset{\wedge}{\boldsymbol{n},\boldsymbol{n}_1})| = |\cos(\overset{\wedge}{\boldsymbol{n},\boldsymbol{n}_2})|,$$

即

$$\left|\frac{\boldsymbol{n}_1 \cdot \boldsymbol{n}}{|\boldsymbol{n}_1||\boldsymbol{n}|}\right| = \left|\frac{\boldsymbol{n}_2 \cdot \boldsymbol{n}}{|\boldsymbol{n}_2||\boldsymbol{n}|}\right|.$$

将 $\boldsymbol{n}$, $\boldsymbol{n}_1$, $\boldsymbol{n}_2$ 代入并整理，得 $5(11\lambda + 9) = \pm 3(25\lambda + 11)$. 解得 $\lambda = \pm \dfrac{3}{5}$. 故所求平面方程为

$$7x - 11y - 5z + 10 = 0, \quad 2x - y + 5z + 5 = 0.$$

例 7.2.5 已知直线 L 通过原点，且在过 $P_0(0,0,0)$, $P_1(2,2,0)$, $P_2(0,1,-2)$ 三点的平面上，且与直线

$$L_1: \frac{x+1}{3} = \frac{y-1}{2} = \frac{2z}{1}$$

垂直，求直线 L 的方程.

解 设直线 L 的方向向量 $\boldsymbol{s} = (m,n,p)$，直线 L_1 的方向向量 $\boldsymbol{s}_1 = (3,2,1)$，过 P_0, P_1, P_2 三点的平面法向量为 $\boldsymbol{n}$，则

$$\begin{aligned}
\boldsymbol{n} &= \overrightarrow{P_0P_1} \times \overrightarrow{P_0P_2} = (2,2,0) \times (0,1,-2) \\
&= \begin{vmatrix} \boldsymbol{i} & \boldsymbol{j} & \boldsymbol{k} \\ 2 & 2 & 0 \\ 0 & 1 & -2 \end{vmatrix} = -4\boldsymbol{i} + 4\boldsymbol{j} + 2\boldsymbol{k} = (-4,4,2).
\end{aligned}$$

由题设，知 $\boldsymbol{s} \cdot \boldsymbol{n} = 0$, $\boldsymbol{s} \cdot \boldsymbol{s}_1 = 0$, 即

$$\begin{cases} -4m + 4n + 2p = 0, \\ 3m + 2n + p = 0 \end{cases} \Rightarrow m = 0, \quad p = -2n.$$

所以所求直线方程为 $\dfrac{x}{0} = \dfrac{y}{1} = \dfrac{z}{-2}$.

例 7.2.6 已知直线 L 通过点 $A(1,-2,3)$ 与 z 轴相交，且与直线 L_1：

$$\frac{x}{4} = \frac{y-3}{3} = \frac{z-2}{-2}$$

垂直，求直线 L 的方程.

解 （方法 1：用直线的对称式方程）设直线 L 的方向向量 $s = (m, n, p)$，直线 L_1 的方向向量 $s_1 = (4, 3, -2)$，则由直线 L 与直线 L_1 垂直，得 $s \cdot s_1 = 0$，即

$$4m + 3n - 2p = 0. \qquad ①$$

设 $k = (0, 0, 1)$，$\overrightarrow{OA} = (1, -2, 3)$，

因为直线 L 与 z 轴相交，所以直线 L 在点 A 及 z 轴确定的平面上. 故有

$$(s \times \overrightarrow{OA}) \cdot k = 0,$$

即

$$\begin{vmatrix} m & n & p \\ 1 & -2 & 3 \\ 0 & 0 & 1 \end{vmatrix} = -2m - n = 0. \qquad ②$$

由①②，得 $m = -p$，$n = 2p$. 于是所求直线方程为

$$\frac{x-1}{-1} = \frac{y+2}{2} = \frac{z-3}{1}.$$

（方法 2：用直线的一般式方程）因为直线 L 通过点 A 且垂直于直线 L_1，所以直线 L 在过点 A 且垂直于直线 L_1 的平面 Π_1 上，平面 Π_1 的方程为

$$4(x-1) + 3(y+2) - 2(z-3) = 0,$$

即 $4x + 3y - 2z + 8 = 0$.

因为直线 L 通过点 A 与 z 轴相交，所以直线 L 在由点 A 和 z 轴所确定的平面 Π_2 上. 而平面 Π_2 的法向量

$$n_2 = \overrightarrow{OA} \times k = \begin{vmatrix} i & j & k \\ 1 & -2 & 3 \\ 0 & 0 & 1 \end{vmatrix} = -2i - j,$$

从而平面 Π_2 的方程为 $-2(x-1) - (y+2) = 0$，即 $2x + y = 0$.

于是所求直线方程为

$$\begin{cases} 4x + 3y - 2z + 8 = 0, \\ 2x + y = 0. \end{cases}$$

例 7.2.7 设平面 Π 垂直 xOy 平面，且过从点 $P(1, -1, 1)$ 到直线 $L : \begin{cases} y - z + 1 = 0, \\ x = 0 \end{cases}$ 的垂线，求平面 Π 的方程.

解 因为平面 Π 过点 $P(1, -1, 1)$ 且垂直于 xOy 平面，所以可设平面 Π 的方程为

$$A(x-1) + B(y+1) = 0. \qquad ①$$

设过点 P 垂直于直线 L 的平面 Π_1 的法向量为 n_1，n_1 可取直线 L 的方向向量，即

$$n_1 = (0, 1, -1) \times (1, 0, 0)$$
$$= \begin{vmatrix} i & j & k \\ 0 & 1 & -1 \\ 1 & 0 & 0 \end{vmatrix} = -j - k = (0, -1, -1).$$

平面 Π_1 的方程为 $-(y+1) - (z-1) = 0$，即 $y + z = 0$.

直线 L 与平面 Π_1 的交点，即点 P 到直线 L 的垂足为 $Q\left(0, -\frac{1}{2}, \frac{1}{2}\right)$. 由题设，得点 Q 在

平面 Π 上. 将点 Q 的坐标代入①, 得

$$A(0-1) + B\left(-\frac{1}{2}+1\right) = 0.$$

解得 $A = \frac{1}{2}B$. 于是所求平面方程为 $x + 2y + 1 = 0$.

例 7.2.8 已知直线 $L_1: \dfrac{x-9}{4} = \dfrac{y+2}{-3} = \dfrac{z}{1}$ 及 $L_2: \dfrac{x}{-2} = \dfrac{y+7}{9} = \dfrac{z-2}{2}$, 求直线 L_1 与 L_2 的公垂线方程, 并求直线 L_1 与 L_2 的最短距离.

解 先求公垂线方程.

（方法 1：用直线的对称式方程）设公垂线 L 的方向向量为 s, 直线 L_1 的方向向量为 $s_1 = (4, -3, 1)$, 直线 L_2 的方向向量为 $s_2 = (-2, 9, 2)$, 则 $s /\!/ s_1 \times s_2$, 且

$$s_1 \times s_2 = \begin{vmatrix} i & j & k \\ 4 & -3 & 1 \\ -2 & 9 & 2 \end{vmatrix} = -5(3, 2, -6).$$

取 $s = \{3, 2, -6\}$.

过直线 L 与 L_1 的平面 Π_1, Π_1 的法向量为

$$s_1 \times s = \begin{vmatrix} i & j & k \\ 4 & -3 & 1 \\ 3 & 2 & -6 \end{vmatrix} = (16, 27, 17).$$

又平面 Π_1 过 L_1 上的点 $P_1(9, -2, 0)$, 所以平面 Π_1 的方程为

$$16(x-9) + 27(y+2) + 17z = 0,$$

即 $16x + 27y + 17z - 90 = 0$.

将直线 L_2 的参数方程 $\begin{cases} x = -2t, \\ y = 9t-7, \\ z = 2t+2 \end{cases}$ 代入平面 Π_1 的方程, 求得直线 L_2 与平面 Π_1 的交点 $M_2(-2, 2, 4)$. 故公垂线 L 的方程为

$$\frac{x+2}{3} = \frac{y-2}{2} = \frac{z-4}{-6}.$$

（方法 2：用直线的一般式方程）已求得过直线 L 与 L_1 的平面 Π_1 的方程为

$$16x + 27y + 17z - 90 = 0.$$

再求过直线 L 与 L_2 的平面 Π_2 的方程.

过直线 L 与 L_2 的平面 Π_2 的法向量为

$$s_2 \times s = \begin{vmatrix} i & j & k \\ -2 & 9 & 2 \\ 3 & 2 & -6 \end{vmatrix} = (-58, -6, -31)$$

因为平面 Π_2 过直线 L_2 上的点 $P_2(0, -7, 2)$, 所以平面 Π_2 的方程为

$$58x + 6(y+7) + 31(z-2) = 0,$$

即 $58x + 6y + 31z - 20 = 0$.

从而公垂线方程为

$$\begin{cases} 16x + 27y + 17z - 90 = 0, \\ 58x + 6y + 31z - 20 = 0. \end{cases}$$

再求直线 L_1 与 L_2 的最短距离（利用点到平面的距离公式）.

过直线 L_1 作平面 $\varPi_0$ 平行于直线 L_2，则平面 $\varPi_0$ 的法线向量 $\boldsymbol{n}_0 = (3, 2, -6)$，平面 $\varPi_0$ 的方程为

$$3(x - 9) + 2(y + 2) - 6z = 0,$$

即 $3x + 2y - 6z - 23 = 0$.

直线 L_2 上的点 $P_2(0, -7, 2)$ 到平面 $\varPi_0$ 的距离即为直线 L_1 与 L_2 的最短距离 d，所以

$$d = \frac{\left| 3 \times 0 + 2 \times (-7) - 6 \times 2 - 23 \right|}{\sqrt{3^2 + 2^2 + (-6)^2}} = 7.$$

四、习题

1. 设从原点到平面 $\dfrac{x}{a} + \dfrac{y}{b} + \dfrac{z}{c} = 1$ 的距离为 d，求证：$\dfrac{1}{a^2} + \dfrac{1}{b^2} + \dfrac{1}{c^2} = \dfrac{1}{d^2}$.

2. 求过直线 L：$\begin{cases} x + 5y + z = 0, \\ x - z + 4 = 0. \end{cases}$ 且与平面 $\varPi$：$x - 4y - 8z + 12 = 0$ 相交成 $\dfrac{\pi}{4}$ 角的平面方程.

3. 求通过点 $M(-1, 0, 4)$，且平行于平面 $\varPi$：$3x - 4y + z = 10$，又与直线 $x + 1 = y - 3 = \dfrac{z}{2}$ 相交的直线方程.

4. 已知直线 L 的方程为 $\begin{cases} x - z + 2 = 0, \\ y - 2z + 4 = 0, \end{cases}$ 求直线 L 在平面 $x + y - z = 0$ 上的投影方程.

5. 求 λ，使直线 L_1：$x + 1 = y - 1 = z$ 和直线 L_2：$\dfrac{x - 1}{1} = \dfrac{y + 1}{2} = \dfrac{z - 1}{\lambda}$ 交于一点.

6. 求与平面 $\varPi_1$：$5x - y + 3z - 2 = 0$ 垂直，且与该平面的交线在 xOy 平面上的平面方程.

7. 一直线过点 $M(2, 2, 2)$，且平行于平面 $2x + y - z + 1 = 0$，它到 Ox 轴的距离等于 2，求此直线的方程.

8. 求原点到直线 $\dfrac{x - 2}{3} = \dfrac{y - 1}{4} = \dfrac{z - 2}{5}$ 的距离.

9. 一平面过点 $(1, 1, 1)$ 且与三个坐标面所围成的四面体的体积为 $\dfrac{16}{3}$，而原点到平面的距离为 $\dfrac{2\sqrt{6}}{3}$，求此平面方程.

10. 设直线 L：$\begin{cases} x + y + b = 0, \\ x + ay - z - 3 = 0 \end{cases}$ 在平面 $\varPi$：$2x - 4y - z - 5 = 0$ 上，求 a，b 的值.

11. 设直线 L_1 与 L_2 共面，直线 L_1 的方程为 $\dfrac{x - 7}{1} = \dfrac{y - 3}{2} = \dfrac{z - 5}{2}$，直线 L_2 通过点 $(2, -3, -1)$ 且与 x 轴正向的夹角为 $\dfrac{\pi}{3}$，与 z 轴正向的夹角为锐角，求直线 L_2 的方程.

12. 求两条直线 L_1：$\dfrac{x + 1}{3} = \dfrac{y + 3}{2} = \dfrac{z}{1}$，$L_2$：$\dfrac{x}{1} = \dfrac{y + 5}{2} = \dfrac{z - 2}{7}$ 的公垂线方程.

13. 已知平面 $\varPi$：$x + y + z = 1$ 与直线 L：$\begin{cases} y = 1, \\ z = -1 \end{cases}$ 相交，在平面 $\varPi$ 上求过交点且垂直于 L 的直线方程.

14. 过 $(0, 4, -3)$ 与 $(6, -4, 3)$ 两点作两个平面，都不经过原点，但每个平面在三条轴上的截距之和等于零，求这两个平面方程.

15. 计算平面 $\dfrac{x}{a} + \dfrac{y}{b} + \dfrac{z}{c} = 1$ 被三个坐标平面所截得的三角形的面积.

16. 求证：点 $M(x, y, z)$ 到一通过点 $A(a, b, c)$ 的直线的距离可用公式

$$d = \frac{|\boldsymbol{r} \times \boldsymbol{p}|}{|\boldsymbol{p}|}$$

表示，其中 $\boldsymbol{r} = \overrightarrow{AM}$，$\boldsymbol{p}$ 是直线的任一方向向量.

五、习题答案

1. 提示：点到平面的距离公式.

2. $x + 20y + 7z - 12 = 0$.

3. $\dfrac{x + 1}{16} = \dfrac{y}{19} = \dfrac{z - 4}{28}$.

4. $\begin{cases} 3x - 2y + z - 2 = 0, \\ x + y - z = 0. \end{cases}$

5. $\dfrac{5}{4}$.

6. $15x - 3y - 26z - 6 = 0$.

7. $\dfrac{x-2}{1} = \dfrac{y-2}{0} = \dfrac{z-2}{2}$ 或 $\dfrac{x-2}{1} = \dfrac{y-2}{-2} = \dfrac{z-2}{0}$.

8. $d = 1$.

9. $\dfrac{x}{4} + \dfrac{y}{4} + \dfrac{z}{2} = 1$ 或 $\dfrac{x}{4} + \dfrac{y}{2} + \dfrac{z}{4} = 1$ 或 $\dfrac{x}{2} + \dfrac{y}{4} + \dfrac{z}{4} = 1$.

10. $a = -5,\ b = 2$.

11. $\dfrac{x-2}{\sqrt{2}} = \dfrac{y+3}{\sqrt{3}} = \dfrac{z+1}{\sqrt{3}}$.

12. $\dfrac{x+\frac{1}{4}}{3} = \dfrac{y+\frac{11}{2}}{-5} = \dfrac{z-\frac{1}{4}}{1}$.

13. $\dfrac{x-1}{0} = \dfrac{y-1}{1} = \dfrac{z+1}{-1}$.

14. $\dfrac{x}{3} + \dfrac{y}{-2} + \dfrac{z}{-1} = 1$ 或 $\dfrac{x}{3} + \dfrac{y}{6} + \dfrac{z}{-9} = 1$.

15. $S = \sqrt{a^2b^2 + a^2c^2 + b^2c^2}$.

16. 略

7.3 几种常见曲面和曲线

一、基本内容

1. 曲面的一般方程：$F(x,y,z) = 0$.

2. 几种常见的曲面方程.

圆柱面：$x^2 + y^2 = a^2$.

抛物柱面：$y = ax^2$.

马鞍面：$z = axy$.

圆锥面：$z = a\sqrt{x^2 + y^2}$.

椭球面：$\dfrac{x^2}{a^2} + \dfrac{y^2}{b^2} + \dfrac{z^2}{c^2} = 1$.

单叶双曲面：$\dfrac{x^2}{a^2} + \dfrac{y^2}{b^2} - \dfrac{z^2}{c^2} = 1$.

双叶双曲面：$\dfrac{x^2}{a^2} + \dfrac{y^2}{b^2} - \dfrac{z^2}{c^2} = -1$.

椭圆抛物面：$\dfrac{x^2}{a^2} + \dfrac{y^2}{b^2} = \dfrac{z}{c}$.

3. 旋转曲面的方程：母线为 $\begin{cases} f(y,z) = 0, \\ x = 0, \end{cases}$ 绕 z 轴旋转而得的旋转曲面方程为
$$f(\pm\sqrt{x^2+y^2}, z) = 0.$$

4. 空间曲线的一般方程：
$$\begin{cases} F(x,y,z) = 0, \\ G(x,y,z) = 0. \end{cases}$$

空间曲线的参数方程：
$$\begin{cases} x = x(t), \\ y = y(t), (t \text{ 为参数}). \\ z = z(t) \end{cases}$$

空间曲线 $\varGamma: \begin{cases} F(x,y,z) = 0, \\ G(x,y,z) = 0 \end{cases}$ 在 xOy 平面上的投影曲线为 $\begin{cases} H(x,y) = 0, \\ z = 0, \end{cases}$ 其中 $H(x,y) =$

0 是由曲线 Γ 的方程中消去 z 得到的投影柱面方程.

二、重点与难点

重点：

1. 柱面及旋转曲面的方程.

2. 几种常见的二次曲面.

难点：

1. 从曲面的方程研究它的形状.

2. 画曲面所围成的空间区域的图形.

三、例题分析

例 7.3.1 已知一球面的中心在 $(3,-5,2)$，且与平面 $2x-y+3z+9=0$ 相切，求球面方程.

解 由于球面与平面 $2x-y+3z+9=0$ 相切，因而球的半径就是球心到平面的距离.

由点到直线的距离公式，得

$$R = \frac{|2 \times 3 - 1 \times (-5) + 3 \times 2 + 9|}{\sqrt{2^2 + (-1)^2 + 3^2}} = \frac{26}{\sqrt{14}} = \frac{13}{7}\sqrt{14}.$$

于是球面方程为

$$(x-3)^2 + (y+5)^2 + (z-2)^2 = \frac{338}{7}.$$

例 7.3.2 动点到定点 $P(c,0,0)$，$Q(-c,0,0)$ 的距离之和为 $2a(a>|c|>0)$，求动点的轨迹方程.

解 设动点为 $M(x,y,z)$，由题意，可知 $|PM|+|QM|=2a$，即

$$\sqrt{(x-c)^2 + y^2 + z^2} + \sqrt{(x+c)^2 + y^2 + z^2} = 2a.$$

整理，即得动点的轨迹方程为

$$(a^2-c^2)x^2 + a^2y^2 + a^2z^2 - a^2(a^2-c^2) = 0.$$

即 $\dfrac{x^2}{a^2} + \dfrac{y^2+z^2}{a^2-c^2} = 1$，动点的轨迹为旋转椭球面.

例 7.3.3 已知二次曲面方程为 $\dfrac{x^2}{a^2} + \dfrac{y^2}{b^2} = z+c$，其中 a，b，$c>0$ 为常数.

（1）求二次曲面与各坐标面的截痕；

（2）求二次曲面与平面 $z=-d$ 的截痕.

解 所给二次曲面为椭圆抛物面.

（1）二次曲面与 xOy 平面的截痕的方程为

$$\begin{cases} \dfrac{x^2}{a^2} + \dfrac{y^2}{b^2} = z+c, \\ z = 0, \end{cases}$$

即

$$\begin{cases} \dfrac{x^2}{a^2 c} + \dfrac{y^2}{b^2 c} = 1, \\ z = 0. \end{cases}$$

截痕为 xOy 平面上的椭圆, 两个半轴分别为 $a\sqrt{c}$, $b\sqrt{c}$. 类似地, 与 yOz 平面和 zOx 平面的截痕方程分别为

$$\begin{cases} y^2 = b^2(z+c), \\ x = 0 \end{cases} \text{和} \begin{cases} x^2 = a^2(z+c), \\ y = 0. \end{cases}$$

它们分别为 yOz 平面和 zOx 平面上的抛物线.

（2）二次曲面与 $z = -d$ 的截痕的方程为

$$\begin{cases} \dfrac{x^2}{a^2} + \dfrac{y^2}{b^2} = c - d, \\ z = -d. \end{cases}$$

当 $d < c$ 时, 截痕为椭圆; 当 $d = c$ 时, 截痕为一点 $(0,0,-c)$; 当 $d > c$ 时, 没有截痕（二次曲面与平面 $z = -d$ 不相交）.

例 7.3.4 求曲线 $\begin{cases} x^2 + y^2 + z^2 = 9, \\ x + z = 1 \end{cases}$ 在 xOy 平面上的投影曲线的方程.

解 因为投影曲线是投影柱面与 xOy 平面的交线, 所以从曲线方程

$$\begin{cases} x^2 + y^2 + z^2 = 9, \\ x + z = 1 \end{cases}$$

中消去变量 z, 即得投影柱面方程 $2x^2 - 2x + y^2 = 8$. 于是所求投影曲线方程为

$$\begin{cases} 2x^2 - 2x + y^2 = 8, \\ z = 0 \end{cases} \text{或} \begin{cases} \left(x - \dfrac{1}{2}\right)^2 + \dfrac{y^2}{2} = \dfrac{17}{4}, \\ z = 0. \end{cases}$$

投影曲线是一个椭圆.

例 7.3.5 设锥面方程为 $3(x^2 + y^2) = (z - 3)^2$, 求此锥面与平面 $z = 0$ 所围成的正圆锥的内切球面方程.

解 设所求球面的半径为 R, 由对称性, 知内切球的球心在 z 轴上, 且球心为 $(0,0,R)$. 于是内切球面方程为

$$x^2 + y^2 + (z - R)^2 = R^2.$$

由题设, 得球面切于锥面. 所以球面切于锥面与 yOz 平面的交线为

$$\begin{cases} 3(x^2 + y^2) = (z - 3)^2, \\ x = 0, \end{cases}$$

即 $\begin{cases} \pm\sqrt{3}y = z - 3, \\ x = 0. \end{cases}$ 于是球心到每一条直线的距离为 R, 即

$$\frac{\left| \pm\sqrt{3} \times 0 - R + 3 \right|}{\sqrt{\left(\pm\sqrt{3}\right)^2 + (-1)^2}} = R \quad \text{或} \quad \frac{|-R+3|}{2} = R.$$

解得 $R = 1$ 或 $R = -3$（舍去）. 于是所求球面方程为 $x^2 + y^2 + (z - 1)^2 = 1$.

例 7.3.6 画出下列曲面围成空间区域的图形（第一卦限部分）:

（1）$z = 0$, $x + z = a$ $(a > 0)$, $y = 0$, $x^2 + y^2 = a^2$;

（2）$z = 0$, $z = 3$, $x - y = 0$, $x - \sqrt{3}y = 0$, $x^2 + y = 1$.

解 （1）此区域是由三个平面和一个圆柱面围成的.

$z=0$ 是 xOy 平面；$y=0$ 是 xOz 平面；$x+z=a$ 是平行于 y 轴的平面，在 x 轴、z 轴上的截距为 a；$x^2+y^2=a^2$ 是圆柱面，其母线平行于 z 轴，准线是 xOy 平面上的圆

$$\begin{cases} x^2+y^2=a^2, \\ \quad\quad z=0. \end{cases}$$

由上述曲面围成的立体在第一卦限部分的图形如图 7-4 所示.

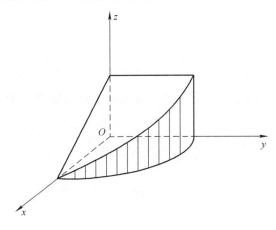

图 7-4

（2）$z=0$ 表示 xOy 平面；$z=3$ 表示平行于 xOy 平面，在 xOy 平面上方；$x-y=0$ 表示过 z 轴的平面，它平分 xOz 平面和 yOz 平面；$x-\sqrt{3}y=0$ 表示通过 z 轴的平面，与 xOz 平面的夹角是 $\dfrac{\pi}{6}$；$x^2+y=1$ 表示母线平行于 z 轴的抛物柱面，准线为 xOy 平面上的抛物线 $\begin{cases} x^2+y=1, \\ \quad z=0, \end{cases}$ 开口方向指向 y 轴的负方向. 由上述曲面围成的区域在第一卦限部分如图 7-5 所示.

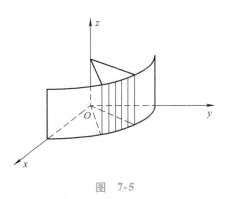

图 7-5

例 7.3.7 设从椭球面 $\dfrac{x^2}{a^2}+\dfrac{y^2}{b^2}+\dfrac{z^2}{c^2}=1$ 的中心出发，沿方向余弦分别为 λ，μ，γ 的方向到椭球面上一点的距离为 r，求证：

$$\frac{1}{r^2}=\frac{\lambda^2}{a^2}+\frac{\mu^2}{b^2}+\frac{\gamma^2}{c^2}.$$

证明 椭球面 $\dfrac{x^2}{a^2}+\dfrac{y^2}{b^2}+\dfrac{z^2}{c^2}=1$ 的中心点为原点 O，通过点 O 平行于向量 $s=(\lambda,\mu,\gamma)$ 的直线方程为 $\dfrac{x}{\lambda}=\dfrac{y}{\mu}=\dfrac{z}{\gamma}$，参数方程为

$$\begin{cases} x=\lambda t, \\ y=\mu t, \\ z=\gamma t. \end{cases}$$

设当 $t=t_0$ 时，直线上对应的点 $M(\lambda t_0,\mu t_0,\gamma t_0)$ 落在椭球面上，则

$$r^2 = |OM|^2 = (\lambda t_0)^2 + (\mu t_0)^2 + (\gamma t_0)^2.$$

因为 λ，μ，γ 为方向余弦，所以 $\lambda^2 + \mu^2 + \gamma^2 = 1$. 故 $r^2 = t_0^2$. 又点 M 在椭球面上，将其坐标代入椭球面方程，有

$$\frac{(\lambda t_0)^2}{a^2} + \frac{(\mu t_0)^2}{b^2} + \frac{(\gamma t_0)^2}{c^2} = 1.$$

从而 $\dfrac{1}{r^2} = \dfrac{\lambda^2}{a^2} + \dfrac{\mu^2}{b^2} + \dfrac{\gamma^2}{c^2}$.

例 7.3.8 已知曲线 $s: \begin{cases} x^2 + y^2 + z^2 = 1 \\ x + y + z = 1 \end{cases}$，求以 s 为准线、顶点在原点的锥面方程.

解 设点 $M(x, y, z)$ 是锥面上的任意点，锥面的顶点为原点 $O(0, 0, 0)$，OM 所在直线的方程为

$$\frac{X - 0}{x - 0} = \frac{Y - 0}{y - 0} = \frac{Z - 0}{z - 0}.$$

化为参数方程为 $\begin{cases} X = xt, \\ Y = yt, \\ Z = zt. \end{cases}$

设 OM 与曲线 s 的交点 M_0 的坐标为 (xt_0, yt_0, zt_0)，点 M_0 在曲线 s 上，将其坐标代入曲线 s 的方程，得

$$\begin{cases} (xt_0)^2 + (yt_0)^2 + (zt_0)^2 = 1, \\ xt_0 + yt_0 + zt_0 = 1. \end{cases}$$

消去 t_0，得到点 $M(x, y, z)$ 满足的方程为

$$\left(\frac{x}{x + y + z}\right)^2 + \left(\frac{y}{x + y + z}\right)^2 + \left(\frac{z}{x + y + z}\right)^2 = 1.$$

化简得所求锥面方程为 $xy + yz + zx = 0$.

四、习题

1. 设一球面与 $x + y + z - 3 = 0$ 和 $x + y + z - 9 = 0$ 相切，且中心在直线 $\begin{cases} 2x - y = 0, \\ 3x - z = 0 \end{cases}$ 上，求该球面的方程.

2. 求过原点且与球面 $x^2 + y^2 + z^2 - 2x + 4y - 6z = 0$ 相切的平面方程.

3. 已知直线 L_1 过点 $(0, 0, -1)$ 且平行于 x 轴，直线 L_2 过点 $(0, 0, 1)$ 且垂直于 xOz 平面，求到两直线等距离的点的轨迹，并作出简图.

4. 设有椭圆 $\begin{cases} \dfrac{x^2}{a^2} + \dfrac{y^2}{b^2} + \dfrac{z^2}{c^2} = 1, \\ z = k, \end{cases}$ 试将此椭圆的面积 A 表示成 k（$0 < k < c$）的函数.

5. 将直线 $\dfrac{x-1}{0} = \dfrac{y}{1} = \dfrac{z}{1}$ 绕 z 轴旋转一周，求旋转曲面的方程.

6. 已知准线为 $\begin{cases} 4x^2 - y^2 = 1, \\ z = 0, \end{cases}$ 求母线的方向数分别为 0，1，1 的柱面方程.

7. 画出旋转抛物面 $z = 8 - x^2 - y^2$ 与平面 $z = 2y$ 所围空间立体的草图，并指出此立体在 yOz 平面、xOy 平面上的投影域 D_1，D_2 的图形.

8. 已知一球面 $x^2 + y^2 + z^2 - 2x + 4y - 6z = 0$ 与一通过球心与直线 $\begin{cases} x = 0, \\ y - z = 0 \end{cases}$ 垂直的平面相交，试求它们的交线在 xOy 平面上的投影.

9. 求证：过 xOy 平面上的曲线 $f(x, y) = 0$，$z = 0$ 上的点引与向量 (a, b, c) 平行的所有直线作成的柱面方程是

$$f\left(x - \frac{a}{c}z, y - \frac{b}{c}z\right) = 0.$$

五、习题答案

1. $(x-1)^2 + (y-2)^2 + (z-3)^2 = 3.$

2. $x - 2y + 3z = 0.$

3. $x^2 - y^2 - 4z = 0.$ 图略.

4. $S = \pi b \left(1 - \dfrac{k^2}{c^2}\right).$

5. $x^2 + y^2 - z^2 = 1.$

6. $4x^2 - (y - z)^2 = 1.$

7. 略.

8. $x^2 + y^2 + 3y + xy - 4 = 0.$

9. 略.

第8章

多元函数的微分法及其应用

基本要求

1. 理解多元函数的概念，会求多元函数的定义域.

2. 了解二元函数的极限和连续函数的概念，以及有界闭区域上连续函数的性质.

3. 理解偏导数与全微分的概念，了解全微分存在的必要条件和充分条件，会求多元函数的偏导数与全微分，了解全微分形式的不变性.

4. 掌握多元复合函数偏导数的求法，会求隐函数（包括由方程组确定的隐函数）的偏导数.

5. 理解方向导数与梯度的概念，并掌握其计算方法.

6. 了解曲线的切线和法平面及曲面的切平面和法线的概念，会求它们的方程.

7. 理解二元函数极值和条件极值的概念，掌握二元函数极值存在的必要条件和充分条件，会求二元函数的极值，会用拉格朗日乘数法求条件极值及有关应用问题.

8.1 多元函数的微分法

一、基本内容

1. 多元函数的概念.

2. 二元函数的极限、连续的概念，闭区域上连续函数的性质.

3. 偏导数的概念.

设函数 $z = f(x, y)$ 在点 $P_0(x_0, y_0)$ 的邻域内有定义，若极限

$$\lim_{\Delta x \to 0} \frac{f(x_0 + \Delta x, y_0) - f(x_0, y_0)}{\Delta x}$$

存在，则称此极限为函数 $z = f(x, y)$ 在点 $P_0(x_0, y_0)$ 处关于自变量 x 的偏导数，记为

$$\frac{\partial z}{\partial x}\bigg|_{\substack{x=x_0 \\ y=y_0}}, \frac{\partial f}{\partial x}\bigg|_{\substack{x=x_0 \\ y=y_0}}, z_x\bigg|_{\substack{x=x_0 \\ y=y_0}}, f_x(x_0, y_0).$$

同样，定义函数 $z = f(x, y)$ 在点 $P_0(x_0, y_0)$ 处关于自变量 y 的偏导数为

$$f_y(x_0, y_0) = \lim_{\Delta y \to 0} \frac{f(x_0, y_0 + \Delta y) - f(x_0, y_0)}{\Delta y}.$$

4. 全微分的概念、可微的充分条件及必要条件.

5. 复合函数的求导法则、隐函数的偏导数的计算.

（1）链式法则：设函数 $u=u(x,y)$，$v=v(x,y)$ 在点 (x,y) 处的偏导数存在，且函数 $z=f(u,v)$ 在对应点 (u,v) 处具有连续偏导数，则

$$\frac{\partial z}{\partial x}=\frac{\partial z}{\partial u}\cdot\frac{\partial u}{\partial x}+\frac{\partial z}{\partial v}\cdot\frac{\partial v}{\partial x},$$

$$\frac{\partial z}{\partial y}=\frac{\partial z}{\partial u}\cdot\frac{\partial u}{\partial y}+\frac{\partial z}{\partial v}\cdot\frac{\partial v}{\partial y}.$$

（2）隐函数的求导法则：设函数 $F(x,y,z)$ 具有连续的偏导数，若 $F_z(x,y,z)\neq0$，则由方程 $F(x,y,z)=0$ 确定的隐函数 $z=f(x,y)$ 的偏导数为

$$\frac{\partial z}{\partial x}=-\frac{F_x(x,y,z)}{F_z(x,y,z)},\frac{\partial z}{\partial y}=-\frac{F_y(x,y,z)}{F_z(x,y,z)}.$$

二、重点与难点

重点：

1. 偏导数的概念及计算.

2. 复合函数与隐函数的微分法.

难点：复合函数的微分法，特别是抽象形式的复合函数的高阶偏导数的计算.

三、例题分析

例 8.1.1 求下列函数的定义域：

（1）$z=\ln\left[(y-x)\sqrt{2x-y}\right]$；

（2）$z=\arcsin\dfrac{x}{y^2}+\ln(1-\sqrt{y})$.

解 （1）欲使函数有意义，则应有

$$\begin{cases}(y-x)\sqrt{2x-y}>0,\\2x-y\geqslant0\end{cases}$$

$$\Leftrightarrow\begin{cases}y-x>0,\\2x-y>0\end{cases}$$

$$\Leftrightarrow x<y<2x.$$

因此，定义域为 $\{(x,y)\mid x<y<2x\}$（见图 8-1）.

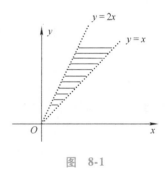

图 8-1

（2）欲使函数有意义，则应有

$$\begin{cases}-1\leqslant\dfrac{x}{y^2}\leqslant1\ \text{且}\ y\neq0,\\1-\sqrt{y}>0\ \text{且}\ y\geqslant0\end{cases}$$

$$\Leftrightarrow\begin{cases}-y^2\leqslant x\leqslant y^2,\\0<y<1.\end{cases}$$

因此，定义域为

$\{(x,y)\mid -y^2<x<y^2\ \text{且}\ 0<y<1\}$（见图 8-2）.

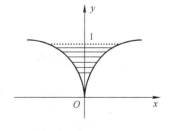

图 8-2

例 8.1.2 求下列函数的极限：

（1）$\lim\limits_{\substack{x\to 0\\y\to 0}}\dfrac{x^3+y^3}{x^2+y^2}$；　　　　　　（2）$\lim\limits_{\substack{x\to 0\\y\to 0}}\dfrac{xy}{\sqrt{4+3xy}-2}$；

（3）$\lim\limits_{\substack{x\to 0\\y\to 1}}\dfrac{1-2xy}{x^2+y^2}$；　　　　　　（4）$\lim\limits_{\substack{x\to\infty\\y\to 1}}\left(1+\dfrac{1}{x}\right)^{\frac{x^2}{x+y}}$．

解　（1）由于 $\lim\limits_{\substack{x\to 0\\y\to 0}}\dfrac{x^3+y^3}{x^2+y^2}=\lim\limits_{\substack{x\to 0\\y\to 0}}\left(\dfrac{x^2}{x^2+y^2}\cdot x+\dfrac{y^2}{x^2+y^2}\cdot y\right)$，同时注意到 $\left|\dfrac{x^2}{x^2+y^2}\right|\leqslant 1$〔当 $(x,$

$y)\neq(0,0)$〕及 $\lim\limits_{x\to 0}x=0$，故

$$\lim\limits_{\substack{x\to 0\\y\to 0}}\dfrac{x^3}{x^2+y^2}=0.$$

同理 $\lim\limits_{\substack{x\to 0\\y\to 0}}\dfrac{y^3}{x^2+y^2}=0$．于是 $\lim\limits_{\substack{x\to 0\\y\to 0}}\dfrac{x^3+y^3}{x^2+y^2}=0$．

（2）$\lim\limits_{\substack{x\to 0\\y\to 0}}\dfrac{xy}{\sqrt{4+3xy}-2}=\lim\limits_{\substack{x\to 0\\y\to 0}}\dfrac{xy\ (\sqrt{4+3xy}+2)}{(\sqrt{4+3xy}-2)\ (\sqrt{4+3xy}+2)}$

$$=\lim\limits_{\substack{x\to 0\\y\to 0}}\dfrac{xy\ (\sqrt{4+3xy}+2)}{3xy}=\dfrac{4}{3}.$$

（3）由于 $\dfrac{1-2xy}{x^2+y^2}$ 在点 $(0,1)$ 处连续，因此

$$\lim\limits_{\substack{x\to 0\\y\to 1}}\dfrac{1-2xy}{x^2+y^2}=\dfrac{1-0}{0+1}=1.$$

（4）原极限属于"1^{∞}"型

$$原式=\lim\limits_{\substack{x\to\infty\\y\to 1}}\left(1+\dfrac{1}{x}\right)^{x\cdot\frac{x}{x+y}}=\lim\limits_{\substack{x\to\infty\\y\to 1}}\left[\left(1+\dfrac{1}{x}\right)^x\right]^{\frac{1}{1+\frac{y}{x}}}=\mathrm{e}^1=\mathrm{e}.$$

例 8.1.3　极限 $\lim\limits_{\substack{x\to 0\\y\to 0}}\dfrac{x^2y^2}{x^2y^2+(x-y)^2}$ 是否存在？

解　当 (x,y) 沿直线 $y=x$ 趋于 $(0,0)$ 时，极限

$$\lim\limits_{\substack{x\to 0\\y=x}}\dfrac{x^2y^2}{x^2y^2+(x-y)^2}=\lim\limits_{x\to 0}\dfrac{x^4}{x^4}=1;$$

当 (x,y) 沿直线 $y=2x$ 趋于 $(0,0)$ 时，极限

$$\lim\limits_{\substack{x\to 0\\y=2x}}\dfrac{x^2y^2}{x^2y^2+(x-y)^2}=\lim\limits_{x\to 0}\dfrac{4x^4}{4x^4+x^2}=0.$$

故 $\lim\limits_{\substack{x\to 0\\y\to 0}}\dfrac{x^2y^2}{x^2y^2+(x-y)^2}$ 不存在.

注　（1）极限 $\lim\limits_{\substack{x\to x_0\\y\to y_0}}f(x,y)=A$，是指 (x,y) 以任何方式趋向于 (x_0,y_0)，其极限值均为 A.

（2）欲证明 $\lim\limits_{\substack{x\to x_0\\y\to y_0}}f(x,y)$ 不存在，只需选两条特殊路径，使其极限值不相同.

例 8.1.4　设 $z=f(x,y)=\sqrt{|xy|}$，函数 $f(x,y)$ 在点 $(0,0)$ 处是否连续？偏导数是否存在？是否可微？

解 由于

$$\lim_{\substack{x\to 0\\y\to 0}}f(x,y)=\lim_{\substack{x\to 0\\y\to 0}}\sqrt{|xy|}=0=f(0,0),$$

因此函数 $f(x,y)$ 在点 $(0,0)$ 处连续.

$$f_x(0,0)=\lim_{\Delta x\to 0}\frac{f(0+\Delta x,0)-f(0,0)}{\Delta x}=\lim_{\Delta x\to 0}\frac{0-0}{\Delta x}=0,$$

$$f_y(0,0)=\lim_{\Delta y\to 0}\frac{f(0,0+\Delta y)-f(0,0)}{\Delta y}=\lim_{\Delta y\to 0}\frac{0-0}{\Delta y}=0,$$

即函数 $f(x,y)$ 在点 $(0,0)$ 处的偏导数 $f_x(0,0)$, $f_y(0,0)$ 存在.

$$\lim_{\rho\to 0}\frac{\Delta z-[f_x(0,0)\Delta x+f_y(0,0)\Delta y]}{\rho}=\lim_{\substack{\Delta x\to 0\\\Delta y\to 0}}\frac{\sqrt{|\Delta x\Delta y|}}{\sqrt{(\Delta x)^2+(\Delta y)^2}},$$

由于

$$\lim_{\substack{\Delta x\to 0\\\Delta y=\Delta x}}\frac{\sqrt{|\Delta x\Delta y|}}{\sqrt{(\Delta x)^2+(\Delta y)^2}}=\frac{1}{\sqrt{2}}\ne 0,$$

因此, $\Delta z-[f_x(0,0)\Delta x-f_y(0,0)\Delta y]$ 不是 ρ 的高阶无穷小. 故函数 $z=f(x,y)$ 在点 $(0,0)$ 处不可微.

注 （1） 函数 $z=f(x,y)$ 在点 (x_0,y_0) 可微 $\Leftrightarrow$

$$\Delta z=f_x(x_0,y_0)\Delta x+f_y(x_0,y_0)\Delta y+o(\rho)$$

或

$$\Delta z-[f_x(x_0,y_0)\Delta x+f_y(x_0,y_0)\Delta y]=o(\rho),$$

其中 $\rho=\sqrt{\Delta x^2+\Delta y^2}$.

（2） 多元函数的偏导数、全微分与连续性的关系：

偏导数存在 $\not\Rightarrow$ 连续；

可微 $\Rightarrow$ 偏导数存在，但偏导数存在 $\not\Rightarrow$ 可微；

偏导数存在且连续 $\Rightarrow$ 可微 $\Rightarrow$ 连续.

例 8.1.5 求下列函数的偏导数：

（1） 设 $z=(1+xy)^{\frac{x}{y}}$，求 $\dfrac{\partial z}{\partial x}$, $\dfrac{\partial z}{\partial y}$;

（2） 设 $f(x,y)=x+(y-1)\arcsin\sqrt{\dfrac{x}{y}}$，求 $f'_x(x,1)$.

解 （1）（方法1）取对数，得 $\ln z=\dfrac{x}{y}\ln(1+xy)$.

方程两边分别对 x, y 求导，得

$$\frac{1}{z}\cdot\frac{\partial z}{\partial x}=\frac{1}{y}\ln(1+xy)+\frac{x}{y}\cdot\frac{1}{1+xy}\cdot y,$$

$$\frac{1}{z}\cdot\frac{\partial z}{\partial y}=-\frac{x}{y^2}\ln(1+xy)+\frac{x}{y}\cdot\frac{1}{1+xy}\cdot x.$$

则 $\dfrac{\partial z}{\partial x}=(1+xy)^{\frac{x}{y}}\left[\dfrac{1}{y}\ln(1+xy)+\dfrac{x}{1+xy}\right]$,

$$\frac{\partial z}{\partial y}=(1+xy)^{\frac{x}{y}}\left[-\frac{x}{y^2}\ln(1+xy)+\frac{x^2}{y(1+xy)}\right]$$

$$= \frac{x}{y}(1 + xy)^{\frac{x}{y}} \left[\frac{x}{1 + xy} - \frac{1}{y}\ln(1 + xy) \right].$$

（方法 2）令 $z = u^v$，其中 $u = 1 + xy$，$v = \frac{x}{y}$，则

$$\frac{\partial z}{\partial x} = \frac{\partial z}{\partial u} \cdot \frac{\partial u}{\partial x} + \frac{\partial z}{\partial v} \cdot \frac{\partial v}{\partial x},$$

即

$$\frac{\partial z}{\partial x} = vu^{v-1} \cdot y + u^v \ln u \cdot \frac{1}{y}.$$

将 u，v 代入，得

$$\frac{\partial z}{\partial x} = \frac{x}{y}(1 + xy)^{\frac{x}{y} - 1} \cdot y + (1 + xy)^{\frac{x}{y}}\ln(1 + xy) \cdot \frac{1}{y}$$

$$= (1 + xy)^{\frac{x}{y}} \left[\frac{x}{1 + xy} + \frac{1}{y}\ln(1 + xy) \right].$$

同理，可得 $\frac{\partial z}{\partial y} = \frac{x}{y}(1 + xy)^{\frac{x}{y}} \left[\frac{x}{1 + xy} - \frac{1}{y}\ln(1 + xy) \right].$

（2）（方法 1）

$$f'_x(x, y) = 1 + (y - 1) \cdot \frac{1}{\sqrt{1 - \frac{x}{y}}} \cdot \frac{1}{2} \frac{1}{\sqrt{\frac{x}{y}}} \cdot \frac{1}{y},$$

故 $f'_x(x, 1) = 1.$

（方法 2）

$$f(x, 1) = x + 0 \cdot \arcsin\sqrt{\frac{x}{1}} = x,$$

故 $f'_x(x, 1) = 1.$

注　$f'_x(x_0, y_0) = \frac{\mathrm{d}}{\mathrm{d}x}f(x, y_0)\big|_{x = x_0}$ 或 $f'_x(x, y_0) = \frac{\mathrm{d}}{\mathrm{d}x}f(x, y_0).$

例 8.1.6　解答下列各题：

（1）设 $\mathrm{e}^z = xyz$，求 $\frac{\partial^2 z}{\partial x^2}$；

（2）设 $u = u(x, y)$，$v = v(x, y)$ 由 $\begin{cases} u + v = x + y, \\ xu + yv = 1 \end{cases}$ 确定，求 $\mathrm{d}u$，$\mathrm{d}v$.

解　（1）方程两边同时对 x 求导，得

$$\mathrm{e}^z \cdot \frac{\partial z}{\partial x} = y\left(z + x\frac{\partial z}{\partial x}\right).$$

因此

$$\frac{\partial z}{\partial x} = \frac{yz}{\mathrm{e}^z - xy} = \frac{yz}{xyz - xy} = \frac{z}{xz - x},$$

$$\frac{\partial^2 z}{\partial x^2} = \frac{\partial}{\partial x}\left(\frac{\partial z}{\partial x}\right) = \frac{\frac{\partial z}{\partial x}(xz - x) - z\left(z + x\frac{\partial z}{\partial x} - 1\right)}{(xz - x)^2}.$$

将 $\frac{\partial z}{\partial x} = \frac{z}{xz - x}$ 代入，得

$$\frac{\partial^2 z}{\partial x^2} = \frac{\dfrac{z}{xz-x} \cdot (xz-x) - z\left(z + x \cdot \dfrac{z}{xz-x} - 1\right)}{(xz-x)^2}$$

$$= \frac{2z^2 - 2z - z^3}{x^2(z-1)^3}.$$

（2）方程两边同时对 x 求导，得

$$\begin{cases} \dfrac{\partial u}{\partial x} + \dfrac{\partial v}{\partial x} = 1, \\ u + x\dfrac{\partial u}{\partial x} + y\dfrac{\partial v}{\partial x} = 0 \end{cases} \Rightarrow \begin{cases} \dfrac{\partial u}{\partial x} + \dfrac{\partial v}{\partial x} = 1, \\ x\dfrac{\partial u}{\partial x} + y\dfrac{\partial v}{\partial x} = -u. \end{cases}$$

解得

$$\frac{\partial u}{\partial x} = -\frac{u+y}{x-y}, \frac{\partial v}{\partial x} = \frac{u+x}{x-y}.$$

同理，可得

$$\frac{\partial u}{\partial y} = -\frac{v+y}{x-y}, \frac{\partial v}{\partial y} = \frac{v+x}{x-y}.$$

于是

$$\mathrm{d}u = \frac{\partial u}{\partial x}\mathrm{d}x + \frac{\partial u}{\partial y}\mathrm{d}y = -\frac{u+y}{x-y}\mathrm{d}x - \frac{v+y}{x-y}\mathrm{d}y,$$

$$\mathrm{d}v = \frac{\partial v}{\partial x}\mathrm{d}x + \frac{\partial v}{\partial y}\mathrm{d}y = \frac{u+x}{x-y}\mathrm{d}x + \frac{v+x}{x-y}\mathrm{d}y.$$

例 8.1.7 求下列函数的偏导数：

（1）设 $f\left(\dfrac{x}{y}, \sqrt{xy}\right) = \dfrac{x^3 - 2xy^2\sqrt{xy} + 3xy^4}{y^3}$，求 $f'_x(x,y)$，$f'_y(x,y)$；

（2）设 $z = \dfrac{1}{x}f(xy) + yf(x-y)$，其中函数 f 可微，求 $\dfrac{\partial z}{\partial x}$，$\dfrac{\partial z}{\partial y}$；

（3）设 $x^2 + z^2 = y\varphi\left(\dfrac{z}{y}\right)$，其中函数 φ 可微，求 $\dfrac{\partial z}{\partial x}$，$\dfrac{\partial z}{\partial y}$.

解 （1）$f\left(\dfrac{x}{y}, \sqrt{xy}\right) = \left(\dfrac{x}{y}\right)^3 - 2\dfrac{x}{y}\sqrt{xy} + 3xy$.

令 $\dfrac{x}{y} = u$，$\sqrt{xy} = v$，则 $f(u,v) = u^3 - 2uv + 3v^2$.

故

$$f(x,y) = x^3 - 2xy + 3y^2.$$

于是 $f'_x(x,y) = 3x^2 - 2y$，$f'_y(x,y) = -2x + 6y$.

（2）记 $u = xy$，$v = x - y$，同时注意到函数 f 为一元函数，得

$$\frac{\partial z}{\partial x} = -\frac{1}{x^2}f(u) + \frac{1}{x}f'(u) \cdot y + yf'(v) \cdot 1,$$

即

$$\frac{\partial z}{\partial x} = -\frac{1}{x^2}f(xy) + \frac{y}{x}f'(xy) + yf'(x-y).$$

同理，可得

$$\frac{\partial z}{\partial y} = f'(xy) + f(x - y) - yf'(x - y).$$

（3）（方法1）令 $F(x,y,z) = x^2 + z^2 - y\varphi\left(\dfrac{z}{y}\right)$，得

$$F'_x = 2x, \quad F'_y = -\varphi\left(\frac{z}{y}\right) + \frac{z}{y}\varphi'\left(\frac{z}{y}\right), \quad F'_z = 2z - \varphi'\left(\frac{z}{y}\right).$$

故

$$\frac{\partial z}{\partial x} = -\frac{F'_x}{F'_z} = -\frac{2x}{2z - \varphi'\left(\frac{z}{y}\right)}, \quad \frac{\partial z}{\partial y} = -\frac{F'_y}{F'_z} = \frac{y\varphi\left(\frac{z}{y}\right) - z\varphi'\left(\frac{z}{y}\right)}{2yz - y\varphi'\left(\frac{z}{y}\right)}.$$

（方法2）方程两边同时对 x，y 求导，得

$$2x + 2z \cdot \frac{\partial z}{\partial x} = y\varphi'\left(\frac{z}{y}\right) \cdot \frac{1}{y} \cdot \frac{\partial z}{\partial x},$$

$$2z \cdot \frac{\partial z}{\partial y} = \varphi\left(\frac{z}{y}\right) + y\varphi'\left(\frac{z}{y}\right)\left(-\frac{z}{y^2} + \frac{1}{y} \cdot \frac{\partial z}{\partial y}\right).$$

解得 $\dfrac{\partial z}{\partial x} = -\dfrac{2x}{2z - \varphi'\left(\frac{z}{y}\right)}$，$\dfrac{\partial z}{\partial y} = \dfrac{y\varphi\left(\frac{z}{y}\right) - z\varphi'\left(\frac{z}{y}\right)}{2yz - y\varphi'\left(\frac{z}{y}\right)}$.

例 8.1.8　设 $w = f(t)$，$t = \varphi(xy, x^2 + y^2)$，其中函数 f，φ 具有连续的二阶导数及偏导数，求 $\dfrac{\partial^2 w}{\partial x^2}$.

解　$\dfrac{\partial w}{\partial x} = f'(t) \cdot \dfrac{\partial t}{\partial x} = f'(t)(\varphi'_1 \cdot y + \varphi'_2 \cdot 2x)$，

$$\begin{aligned}
\frac{\partial^2 w}{\partial x^2} &= f''(t) \cdot \frac{\partial t}{\partial x}(\varphi'_1 \cdot y + \varphi'_2 \cdot 2x) + f'(t) \cdot \frac{\partial}{\partial x}(\varphi'_1 \cdot y + \varphi'_2 \cdot 2x) \\
&= f''(t) \cdot (\varphi'_1 \cdot y + \varphi'_2 \cdot 2x)^2 + f'(t)(\varphi''_{11} \cdot y^2 + \varphi''_{12} \cdot 2xy + \\
&\quad 2\varphi'_2 + 2x\varphi''_{21} \cdot y + 2x\varphi''_{22} \cdot 2x) \\
&= f''(t) \cdot (\varphi'_1 \cdot y + \varphi'_2 \cdot 2x)^2 + f'(t)(y^2\varphi''_{11} + 4xy\varphi''_{12} + \\
&\quad 4x^2\varphi''_{22} + 2\varphi'_2).
\end{aligned}$$

例 8.1.9　设函数 $z = z(x,y)$ 是由方程 $F\left(x + \dfrac{z}{y}, y + \dfrac{z}{x}\right) = 0$ 所确定的，其中函数 F 具有连续的偏导数，求证：

$$x\frac{\partial z}{\partial x} + y\frac{\partial z}{\partial y} = z - xy.$$

证明　方程两边同时对 x 求导，得

$$F'_1 \cdot \left(1 + \frac{1}{y} \cdot \frac{\partial z}{\partial x}\right) + F'_2 \cdot \left(\frac{1}{x} \cdot \frac{\partial z}{\partial x} - \frac{z}{x^2}\right) = 0.$$

解得

$$x\frac{\partial z}{\partial x} = \frac{yzF'_2 - x^2 yF'_1}{xF'_1 + yF'_2}.$$

同理，可得

$$y \frac{\partial z}{\partial y} = \frac{xzF'_1 - y^2 xF'_2}{xF'_1 + yF'_2}.$$

于是

$$x \frac{\partial z}{\partial x} + y \frac{\partial z}{\partial y} = \frac{yzF'_2 - x^2 yF'_1 + xzF'_1 - y^2 xF'_2}{xF'_1 + yF'_2}$$

$$= \frac{z(yF'_2 + xF'_1) - xy(xF'_1 + yF'_2)}{xF'_1 + yF'_2}$$

$$= z - xy.$$

例 8.1.10　设函数 $z = z(x, y)$ 是由方程

$$\varphi(bz - cy, cx - az, ay - bx) = 0$$

确定的，且函数 φ 具有连续的偏导数，求 $a \frac{\partial z}{\partial x} + b \frac{\partial z}{\partial y}$.

解　方程两边同时对 x 求导，得

$$\varphi'_1 \cdot \left(b \frac{\partial z}{\partial x} \right) + \varphi'_2 \cdot \left(c - a \frac{\partial z}{\partial x} \right) + \varphi'_3 \cdot (-b) = 0.$$

解得

$$\frac{\partial z}{\partial x} = \frac{b\varphi'_3 - c\varphi'_2}{b\varphi'_1 - a\varphi'_2}.$$

同理，可得

$$\frac{\partial z}{\partial y} = \frac{c\varphi'_1 - a\varphi'_3}{b\varphi'_1 - a\varphi'_2}.$$

因此

$$a \frac{\partial z}{\partial x} + b \frac{\partial z}{\partial y} = \frac{ab\varphi'_3 - ac\varphi'_2 + bc\varphi'_1 - ab\varphi'_3}{b\varphi'_1 - a\varphi'_2} = c.$$

例 8.1.11　设函数 $u(x, y)$ 具有连续的二阶偏导数，且满足

$$\frac{\partial^2 u}{\partial x^2} - \frac{\partial^2 u}{\partial y^2} = 0, \quad u(x, 2x) = x, \quad u'_x(x, 2x) = x^2,$$

求 $u''_{xx}(x, 2x)$，$u''_{xy}(x, 2x)$.

解　方程 $u(x, 2x) = x$ 两边同时对 x 求导，得

$$u'_x(x, 2x) \cdot 1 + u'_y(x, 2x) \cdot 2 = 1.$$

因为 $u'_x(x, 2x) = x^2$，所以

$$u'_y(x, 2x) = \frac{1}{2}(1 - x^2).$$

两边再对 x 求导，得

$$u''_{yx}(x, 2x) + 2u''_{yy}(x, 2x) = -x. \tag{①}$$

由 $u'_x(x, 2x) = x^2$ 两边对 x 求导，得

$$u''_{xx}(x, 2x) + 2u''_{xy}(x, 2x) = 2x. \tag{②}$$

由式①和式②，$u''_{xy} = u''_{yx}$，及题设条件 $u''_{xx} - u''_{yy} = 0$，得

$$u''_{xx}(x, 2x) = u''_{yy}(x, 2x) = -\frac{4}{3}x,$$

$$u''_{xy}(x,2x) = u''_{yx}(x,2x) = \frac{5}{3}x.$$

例 8.1.12 设函数 $z = z(x,y)$ 满足方程 $z'_x - z'_y = 0$，试求此方程在变量替换 $x = \frac{\xi + \eta}{2}$，$y = \frac{\xi - \eta}{2}$ 下的新方程，并求出原方程的解 $z(x,y)$.

解 由变换式，有

$$z = z(x,y) = z\left(\frac{\xi + \eta}{2}, \frac{\xi - \eta}{2}\right) = F(\xi,\eta),$$

其中 $\xi = x + y$，$\eta = x - y$.

由复合函数的求导法则，得

$$\frac{\partial z}{\partial x} = \frac{\partial z}{\partial \xi} \cdot \frac{\partial \xi}{\partial x} + \frac{\partial z}{\partial \eta} \cdot \frac{\partial \eta}{\partial x} = \frac{\partial z}{\partial \xi} + \frac{\partial z}{\partial \eta}.$$

同理

$$\frac{\partial z}{\partial y} = \frac{\partial z}{\partial \xi} - \frac{\partial z}{\partial \eta}.$$

代入原方程，得

$$\frac{\partial z}{\partial \eta} = 0.$$

解此方程，得 $z = \varphi(\xi)$（φ 为任意可微函数）. 故原方程的解为

$$z = \varphi(x + y).$$

例 8.1.13 设对任意 x 和 y，有 $\left(\frac{\partial f}{\partial x}\right)^2 + \left(\frac{\partial f}{\partial y}\right)^2 = 4$，用变量替换

$$\begin{cases} x = uv, \\ y = \frac{1}{2}(u^2 - v^2) \end{cases}$$

将函数 $f(x,y)$ 变换成函数 $g(u,v)$，试求关系式

$$a\left(\frac{\partial g}{\partial u}\right)^2 - b\left(\frac{\partial g}{\partial v}\right)^2 = u^2 + v^2$$

中的常数 a 和 b.

解 由已知条件，得

$$g(u,v) = f\left[uv, \frac{1}{2}(u^2 - v^2)\right],$$

$$\frac{\partial g}{\partial u} = \frac{\partial f}{\partial x} \cdot \frac{\partial x}{\partial u} + \frac{\partial f}{\partial y} \cdot \frac{\partial y}{\partial u} = v\frac{\partial f}{\partial x} + u\frac{\partial f}{\partial y},$$

$$\frac{\partial g}{\partial v} = \frac{\partial f}{\partial x} \cdot \frac{\partial x}{\partial v} + \frac{\partial f}{\partial y} \cdot \frac{\partial y}{\partial v} = u\frac{\partial f}{\partial x} - v\frac{\partial f}{\partial y}.$$

代入 $a\left(\frac{\partial g}{\partial u}\right)^2 - b\left(\frac{\partial g}{\partial v}\right)^2 = u^2 + v^2$，得

$$a\left(v\frac{\partial f}{\partial x} + u\frac{\partial f}{\partial y}\right)^2 - b\left(u\frac{\partial f}{\partial x} - v\frac{\partial f}{\partial y}\right)^2 = u^2 + v^2,$$

即

$$(av^2 - bu^2)\left(\frac{\partial f}{\partial x}\right)^2 + (2a + 2b)uv\frac{\partial f}{\partial x} \cdot \frac{\partial f}{\partial y} +$$

$$\left(au^2 - bv^2\right)\left(\frac{\partial f}{\partial y}\right)^2 = u^2 + v^2.$$

于是 $2a + 2b = 0$，即 $a = -b$. 代入上式，得

$$a(u^2 + v^2)\left[\left(\frac{\partial f}{\partial x}\right)^2 + \left(\frac{\partial f}{\partial y}\right)^2\right] = u^2 + v^2.$$

由于 $\left(\frac{\partial f}{\partial x}\right)^2 + \left(\frac{\partial f}{\partial y}\right)^2 = 4$，所以 $4a = 1$，即

$$a = \frac{1}{4}, \quad b = -\frac{1}{4}.$$

四、习题

1. 设 $z = xf\left(\frac{y}{x}\right) + g\left(\frac{x}{y}\right)$，其中函数 f, g 二次可微，计算

$$x^2 z''_{xx} + 2xy z''_{xy} + y^2 z''_{yy}.$$

2. 设 $\begin{cases} x = \mathrm{e}^u + u\sin v, \\ y = \mathrm{e}^u - u\cos v, \end{cases}$ 求 $\dfrac{\partial u}{\partial x}$, $\dfrac{\partial u}{\partial y}$.

3. 设函数 $z = f(x,y)$ 满足 $f_x(x,x^2) = x$, $f(x,x^2) = 1$，其中函数 f 有一阶连续偏导数，求 $f_y(x,x^2)$.

4. 设 $u = (x,y,z)$，且满足

$$\varphi(u^2 - x^2, u^2 - y^2, u^2 - z^2) = 0,$$

其中函数 φ 具有连续的偏导数，求证：

$$\frac{1}{x} \cdot \frac{\partial u}{\partial x} + \frac{1}{y} \cdot \frac{\partial u}{\partial y} + \frac{1}{z} \cdot \frac{\partial u}{\partial z} = \frac{1}{u}.$$

5. 若 $\lim\limits_{\substack{x \to 0 \\ y = kx}} f(x,y) = A$ 对任意常数 k 均成立，则是否一定有 $\lim\limits_{\substack{x \to 0 \\ y \to 0}} f(x,y) = A$? 说明理由.

6. 设 $z = f(u)$，且 $u = \varphi(u) + \displaystyle\int_y^x p(t)\,\mathrm{d}t$，其中函数 f, φ 可微，且 $\varphi'(u) \neq 1$，求 $p(x)z'_y + p(y)z'_x$.

7. 设 $z = \arctan\dfrac{x}{y}$, $x = u + v$, $y = u - v$，求证：

$$\frac{\partial z}{\partial u} + \frac{\partial z}{\partial v} = \frac{u - v}{u^2 + v^2}.$$

8. 验证函数 $u = \sqrt{x^2 + y^2 + z^2}$ 满足

$$\frac{\partial^2 u}{\partial x^2} + \frac{\partial^2 u}{\partial y^2} + \frac{\partial^2 u}{\partial z^2} = \frac{2}{u}.$$

9. 设函数 $z = f(x,y)$ 满足方程

$$x\frac{\partial f}{\partial x} + y\frac{\partial f}{\partial y} = 0,$$

求证：函数 $f(x,y)$ 在极坐标系中只是 θ 的函数.

10. 设函数 $z = z(x,y)$ 满足方程

$$z''_{xx} + 2z''_{xy} + z''_{yy} = 0,$$

作变量替换 $\xi = x + y$, $\eta = x - y$, 且 $u = xy - z$.

（1）求函数 $u(x,y)$ 在此变换下应满足的方程；

（2）求原方程的解 $z(x,y)$.

11. 作变换替换：

$$u = x, \quad v = x^2 - y^2,$$

求方程 $y\dfrac{\partial z}{\partial x} + x\dfrac{\partial z}{\partial y} = 0$ 的解.

12. 作变换替换：

$$\xi = x, \eta = y - x, \zeta = z - x,$$

求方程 $\dfrac{\partial u}{\partial x} + \dfrac{\partial u}{\partial y} + \dfrac{\partial u}{\partial z} = 0$ 的解.

五、习题答案

1. 0.

2. $\dfrac{\partial u}{\partial x} = \dfrac{\sin v}{1 + \mathrm{e}^u\sin v - \mathrm{e}^u\cos v}$,

$\dfrac{\partial u}{\partial y} = \dfrac{-\cos v}{1 + \mathrm{e}^u\sin v - \mathrm{e}^u\cos v}$.

3. $-\dfrac{1}{2}$.

4. 提示：利用复合函数的求导法则求出 $\dfrac{\partial u}{\partial x}$, $\dfrac{\partial u}{\partial y}$, $\dfrac{\partial u}{\partial z}$.

5. 反例：$f(x,y) = \dfrac{y^2}{x}$.

6. 0.

7. 提示：利用复合函数的求导法则.

8. 提示：注意 $\dfrac{\partial u}{\partial x} = \dfrac{x}{u}$, $\dfrac{\partial^2 u}{\partial x^2} = \dfrac{u^2 - x^2}{u^3}$.

9. 提示：利用直角坐标与极坐标的关系及复合函数的求导法则.

10. （1）$\dfrac{\partial^2 u}{\partial \xi^2} = \dfrac{1}{2}$;

（2）$z = xy - \dfrac{1}{4}(x + y)^2 + (x + y)\varphi(x - y) + \psi(x - y)$.

11. $z = \varphi(x^2 - y^2)$.

12. $u = \varphi(y - x, z - x)$.

8.2 多元函数微分法的应用

一、基本内容

1. 曲线的切线与法平面.

（1）设空间曲线 Γ 的参数方程为

$$\begin{cases} x = x(t), \\ y = y(t), \\ z = z(t), \end{cases}$$

则曲线 Γ 在点 $M_0(x_0, y_0, z_0)$（对应的参数 $t = t_0$）的切向量为

$$\boldsymbol{T} = (x'(t_0), y'(t_0), z'(t_0)).$$

其切线方程为

$$\frac{x - x_0}{x'(t_0)} = \frac{y - y_0}{y'(t_0)} = \frac{z - z_0}{z'(t_0)},$$

法平面方程为

$$x'(t_0)(x - x_0) + y'(t_0)(y - y_0) + z'(t_0)(z - z_0) = 0.$$

（2）设空间曲线 Γ 的一般方程为

$$\begin{cases} F(x, y, z) = 0, \\ G(x, y, z) = 0. \end{cases} \qquad ①$$

1）记 $\boldsymbol{n}_1 = (F_x, F_y, F_z) \big|_{M_0}$，$\boldsymbol{n}_2 = (G_x, G_y, G_z) \big|_{M_0}$，则曲线 Γ 在点 M_0 的切向量为 $\boldsymbol{T} = \boldsymbol{n}_1 \times \boldsymbol{n}_2$.

2）当 $\dfrac{\partial(F, G)}{\partial(y, z)} \big|_{M_0} \neq 0$，则曲线 L 在点 M_0 处的切向量为

$$\boldsymbol{T} = (1, y'(x_0), z'(x_0)),$$

其中 $y'(x)$，$z'(x)$ 是通过方程组①两边对 x 求导所得.

2. 曲面的切平面与法线.

设曲面 Σ 的方程为

$$F(x, y, z) = 0,$$

则曲面 Σ 在点 $M_0(x_0, y_0, z_0)$ 的法向量 $\boldsymbol{n} = (F_x, F_y, F_z) \big|_{M_0} = (A, B, C)$.

其切平面方程为

$$A(x - x_0) + B(y - y_0) + C(z - z_0) = 0,$$

法线方程为

$$\frac{x - x_0}{A} = \frac{y - y_0}{B} = \frac{z - z_0}{C}.$$

3. 方向导数与梯度.

（1）方向导数：设函数 $z = f(x, y)$ 在点 $P(x, y)$ 的某一邻域内有定义，则函数在点 P 处沿射线 l 的方向导数的定义为

$$\frac{\partial z}{\partial l} = \lim_{\rho \to 0} \frac{f(x + \Delta x, y + \Delta y) - f(x, y)}{\rho},$$

其中，$\rho = |PP'| = \sqrt{\Delta x^2 + \Delta y^2}$，点 $P'(x + \Delta x, y + \Delta y)$ 为射线 l 上的另一点.

当函数 $z = f(x, y)$ 在点 $P(x, y)$ 处可微时，有

$$\frac{\partial z}{\partial l} = \frac{\partial z}{\partial x} \cos \alpha + \frac{\partial z}{\partial y} \sin \alpha,$$

其中，α 为 x 轴到射线 l 的转角.

注　若三元函数 $u = f(x, y, z)$ 在点 $P(x, y, z)$ 处可微，则函数 $u = f(x, y, z)$ 沿方向 $\boldsymbol{l} = (\cos \alpha, \cos \beta, \cos \gamma)$ 的方向导数为

$$\frac{\partial f}{\partial l} = \frac{\partial f}{\partial x} \cos \alpha + \frac{\partial f}{\partial y} \cos \beta + \frac{\partial f}{\partial z} \cos \gamma.$$

（2）梯度：函数 $u = f(x, y, z)$ 在点 $P(x, y, z)$ 的梯度为

$$\mathbf{grad}u = \frac{\partial f}{\partial x}\boldsymbol{i} + \frac{\partial f}{\partial y}\boldsymbol{j} + \frac{\partial f}{\partial z}\boldsymbol{k}.$$

方向导数与梯度的关系为

$$\frac{\partial u}{\partial l} = \mathbf{grad}u \cdot \boldsymbol{l}_0,$$

其中向量 $\boldsymbol{l}_0$ 为与向量 $\boldsymbol{l}$ 同方向的单位向量.

注　沿梯度方向的方向导数的值最大，其值为 $|\mathbf{grad}u|$.

4. 多元函数的极值（必要条件和充分条件）、条件极值和拉格朗日乘数法.

二、重点与难点

重点：

1. 偏导数在几何上的应用.

2. 函数极值的计算.

难点： 条件极值与最值问题的实际应用.

三、例题分析

例 8.2.1　求螺旋线 $x = a\cos t$，$y = a\sin t$，$z = bt$ 在任意点 M（对应 $t = t_0$）处的切线及法平面方程，并证明曲线上任意一点处的切线与 z 轴相交成定角.

解　$x'(t) = -a\sin t$，$y'(t) = a\cos t$，$z'(t) = b$.

在该点处的切线方程为

$$\frac{x - a\cos t_0}{-a\sin t_0} = \frac{y - a\sin t_0}{a\cos t_0} = \frac{z - bt_0}{b}.$$

法平面方程为

$$-a\sin t_0 (x - a\cos t_0) + a\cos t_0 (y - a\sin t_0) + b(z - bt_0) = 0,$$

即 $ax\sin t_0 - ay\cos t_0 - bz + b^2 t_0 = 0$.

又曲线的切向量为 $\boldsymbol{T} = (-a\sin t_0, \ a\cos t_0, \ b)$，$z$ 轴方向向量为 $\boldsymbol{k} = (0, 0, 1)$，二者的交角 φ 的余弦

$$\cos \varphi = \frac{0 \cdot (-\sin t_0) + 0 \cdot (a\cos t_0) + 1 \cdot b}{\sqrt{(-a\sin t_0)^2 + (a\cos t_0)^2 + b^2}} = \frac{b}{\sqrt{a^2 + b^2}}$$

为常数，故切线与 z 轴的交角为定角.

例 8.2.2 求空间曲线 Γ：$x = \frac{1}{4}t^4$，$y = \frac{1}{3}t^3$，$z = \frac{1}{2}t^2$ 的平行于平面 Π：$x + 3y + 2z = 0$ 的切线方程.

解 设曲线上点 $M_0(x_0, y_0, z_0)$（对应于 $t = t_0$）处的切线平行于已知平面 Π. 又曲线 Γ 在点 M_0 的切向量为 $\boldsymbol{T} = (t_0^3, t_0^2, t_0)$. 所以由 $\boldsymbol{T} \cdot \boldsymbol{n} = 0$，得

$$(t_0^3, t_0^2, t_0) \cdot (1, 3, 2) = t_0^3 + 3t_0^2 + 2t_0 = t_0(t_0 + 1)(t_0 + 2) = 0.$$

解得 $t_0 = 0$（舍去，因 $\boldsymbol{T}|_{t=0} = 0$），$t_0 = -1$，$t_0 = -2$.

当 $t_0 = -1$ 时，点 M_0 为 $\left(\frac{1}{4}, -\frac{1}{3}, \frac{1}{2}\right)$，曲线的切向量为 $\boldsymbol{T} = (-1, 1, -1)$，所求切线方程为

$$\frac{4x - 1}{4} = \frac{3y + 1}{-3} = \frac{2z - 1}{2}.$$

当 $t_0 = -2$ 时，点 M_0 为 $\left(4, -\frac{8}{3}, 2\right)$，曲线的切向量为 $\boldsymbol{T} = (-8, 4, -2)$，所求切线方程为

$$\frac{x - 4}{4} = \frac{3y + 8}{-6} = \frac{z - 2}{1}.$$

例 8.2.3 设有曲面 Σ：$\frac{x^2}{2} + y^2 + \frac{z^2}{4} = 1$ 和平面 Π：$2x + 2y + z + 5 = 0$，求曲面 Σ 上某点的切平面，使切平面与平面 Π 平行.

解 曲面 Σ 上任意一点 $M(x_0, y_0, z_0)$ 处的法向量为 $\boldsymbol{n} = \left(x_0, 2y_0, \frac{1}{2}z_0\right)$，

要使点 M 的切平面与平面 Π 平行，则应有 $\dfrac{x_0}{2} = \dfrac{2y_0}{2} = \dfrac{\frac{1}{2}z_0}{1} = t$.

将 $x_0 = 2t$，$y_0 = t$，$z_0 = 2t$ 代入曲面方程，得

$$\frac{4t^2}{2} + t^2 + \frac{4t^2}{4} = 1.$$

解得 $t = \pm\frac{1}{2}$. 于是切点 M 的坐标为 $\left(1, \frac{1}{2}, 1\right)$ 或 $\left(-1, -\frac{1}{2}, -1\right)$. 所以切平面方程为

$$2(x - 1) + 2\left(y - \frac{1}{2}\right) + (z - 1) = 0$$

或

$$2(x + 1) + 2\left(y + \frac{1}{2}\right) + (z + 1) = 0,$$

即 $2x + 2y + z - 4 = 0$ 或 $2x + 2y + z + 4 = 0$.

例8.2.4 求椭球面 Σ：$x^2 + 2y^2 + 3z^2 = 21$ 上某点 $M(x_0, y_0, z_0)$ 处的切平面 Π 的方程，使平面 Π 过已知直线 L：$\dfrac{x-6}{2} = \dfrac{y-3}{1} = \dfrac{2z-1}{-2}$.

解 令 $F(x, y, z) = x^2 + 2y^2 + 3z^2 - 21$，则

$$F'_x = 2x, F'_y = 4y, F'_z = 6z.$$

椭球面在点 $M(x_0, y_0, z_0)$ 处的切平面 Π 的方程为

$$2x_0(x - x_0) + 4y_0(y - y_0) + 6z_0(z - z_0) = 0.$$

同时注意到 $x_0^2 + 2y_0^2 + 3z_0^2 = 21$，故上述方程化简为

$$x_0 x + 2y_0 y + 3z_0 z = 21.$$

因为直线 L 在此平面上，所以任取直线 L 上 $A\left(6, 3, \dfrac{1}{2}\right)$，$B\left(0, 0, \dfrac{7}{2}\right)$ 两点，代入平面 Π 的方程，得

$$6x_0 + 6y_0 + \frac{3}{2}z_0 = 21, \qquad\qquad ①$$

$$z_0 = 2. \qquad\qquad ②$$

又点 M 在曲面上，

$$x_0^2 + 2y_0^2 + 3z_0^2 = 21. \qquad\qquad ③$$

由式①、式②和式③解得切点 M 的坐标为 $(3, 0, 2)$ 或 $(1, 2, 2)$. 因此所求切平面方程为

$$x + 2z = 7 \text{ 或 } x + 4y + 6z = 21.$$

例8.2.5 求空间曲线 $\begin{cases} x^2 + y^2 = \dfrac{1}{2}z^2, \\ x + y + 2z = 4 \end{cases}$，在点 $M(1, -1, 2)$ 处的切线方程与法平面方程.

解 （方法1）设 $F(x, y, z) = x^2 + y^2 - \dfrac{1}{2}z^2$，$G(x, y, z) = x + y + 2z - 4$，则

$$\boldsymbol{n}_1 = (F_x, F_y, F_z)_M = (2, -2, -2),$$
$$\boldsymbol{n}_2 = (G_x, G_y, G_z)_M = \{1, 1, 2\}.$$

所以曲线在点 M 的切向量可取

$$\boldsymbol{T} = \boldsymbol{n}_1 \times \boldsymbol{n}_2 = \begin{vmatrix} \boldsymbol{i} & \boldsymbol{j} & \boldsymbol{k} \\ 2 & -2 & -2 \\ 1 & 1 & 2 \end{vmatrix} = (-2, -6, 4).$$

故所求切线方程为

$$\frac{x-1}{1} = \frac{y+1}{3} = \frac{z-2}{-2},$$

法平面方程为

$$(x - 1) + 3(y + 1) - 2(z - 2) = 0,$$

即 $x + 3y - 2z + 6 = 0$.

（方法2）设曲线的参数方程为

$$\begin{cases} x = x, \\ y = y(x), \\ z = z(x). \end{cases}$$

将方程组 $\begin{cases} x^2 + y^2 = \dfrac{1}{2}z^2, \\ x + y + 2z = 4 \end{cases}$ 对 x 求导，得

$$\begin{cases} 2x + 2y \cdot y'(x) = z \cdot z'(x), \\ 1 + y'(x) + 2z'(x) = 0. \end{cases}$$

解得

$$y'(x) = \frac{-(4x + z)}{4y + z}, \quad z'(x) = \frac{2x - 2y}{4y + z}.$$

曲线在点 M 处的切向量为

$$\boldsymbol{T} = (1, y'(x), z'(x))_M = (1, 3, -2).$$

故所求切线方程为

$$\frac{x - 1}{1} = \frac{y + 1}{3} = \frac{z - 2}{-2},$$

法平面方程为 $x + 3y - 2z + 6 = 0$.

例 8.2.6 设函数 $F(u, v, w)$ 是可微函数，且

$$F'_u(2, 2, 2) = F'_w(2, 2, 2) = 3, F'_v(2, 2, 2) = -6,$$

曲面 $F(x + y, y + z, z + x) = 0$ 过点 $(1, 1, 1)$，求曲面过该点的切平面与法线方程.

解 设 $G(x, y, z) = F(x + y, y + z, z + x)$，则

$$G'_x = F'_u + F'_w, G'_y = F'_u + F'_v, G'_z = F'_v + F'_w.$$

在点 $(1, 1, 1)$ 处

$$u = x + y = 2, v = y + z = 2, w = z + x = 2.$$

故

$$G'_x(1, 1, 1) = F'_u(2, 2, 2) + F'_w(2, 2, 2) = 6,$$
$$G'_y(1, 1, 1) = F'_u(2, 2, 2) + F'_v(2, 2, 2) = -3,$$
$$G'_z(1, 1, 1) = F'_v(2, 2, 2) + F'_w(2, 2, 2) = -3.$$

所以曲面的法向量为 $\boldsymbol{n} = (6, -3, -3)$. 故所求的切平面方程为

$$2(x - 1) - (y - 1) - (z - 1) = 0,$$

即 $2x - y - z = 0$.

法线方程为 $\dfrac{x - 1}{2} = \dfrac{y - 1}{-1} = \dfrac{z - 1}{-1}$.

例 8.2.7 求函数 $z = \ln(x + y)$ 在位于抛物线 $y^2 = 4x$ 上点 $(1, 2)$ 处沿着这抛物线在此点切线方向的方向导数.

解 先求曲线 $y^2 = 4x$ 在点 $(1, 2)$ 处的切线方向，即切线与 x 轴正向的夹角 α，为此，求 $y'|_{x=1}$.

由于 $2yy' = 4$，故 $y' = \dfrac{2}{y}$. 因此 $y'|_{x=1} = 1$. 注意到切线有两个方向角，因此，取 $\alpha = \dfrac{\pi}{4}$ 或 $\alpha = \dfrac{5}{4}\pi$.

又

$$\frac{\partial z}{\partial x}\bigg|_{(1,2)} = \frac{1}{x+y}\bigg|_{(1,2)} = \frac{1}{3},$$

$$\frac{\partial z}{\partial y}\bigg|_{(1,2)} = \frac{1}{x+y}\bigg|_{(1,2)} = \frac{1}{3},$$

因此，当 $\alpha = \dfrac{\pi}{4}$ 时，

$$\frac{\partial z}{\partial l} = \frac{1}{3}\cos\frac{\pi}{4} + \frac{1}{3}\sin\frac{\pi}{4} = \frac{\sqrt{2}}{3};$$

当 $\alpha = \dfrac{5}{4}\pi$ 时，

$$\frac{\partial z}{\partial l} = \frac{1}{3}\cos\frac{5}{4}\pi + \frac{1}{3}\sin\frac{5}{4}\pi = -\frac{\sqrt{2}}{3}.$$

例 8.2.8 求函数 $z = 1 - \left(\dfrac{x^2}{a^2} + \dfrac{y^2}{b^2}\right)$ 在点 $P\left(\dfrac{a}{\sqrt{2}}, \dfrac{b}{\sqrt{2}}\right)$ 处沿曲线 $\dfrac{x^2}{a^2} + \dfrac{y^2}{b^2} = 1$ 在该点的内法线方向的方向导数.

解 令 $f(x,y) = \dfrac{x^2}{a^2} + \dfrac{y^2}{b^2}$，则

$$\mathbf{grad}f(x,y) = \frac{2x}{a^2}\boldsymbol{i} + \frac{2y}{b^2}\boldsymbol{j}.$$

曲线 $\dfrac{x^2}{a^2} + \dfrac{y^2}{b^2} = 1$ [为 $w = f(x,y)$ 的等高线] 在点 P 处的法线方向为

$$\boldsymbol{n} = \pm\mathbf{grad}f(x,y)\bigg|_P = \pm\left(\frac{\sqrt{2}}{a}, \frac{\sqrt{2}}{b}\right).$$

由于梯度方向从低值指向高值，故内法线方向为

$$\boldsymbol{n}_{内} = -\mathbf{grad}f(x,y)\big|_P = -\left(\frac{\sqrt{2}}{a}, \frac{\sqrt{2}}{b}\right),$$

即

$$\cos\alpha = -\frac{b}{\sqrt{a^2+b^2}}, \cos\beta = -\frac{a}{\sqrt{a^2+b^2}},$$

又

$$\frac{\partial z}{\partial x}\bigg|_P = -\frac{\sqrt{2}}{a}, \frac{\partial z}{\partial y}\bigg|_P = -\frac{\sqrt{2}}{b}.$$

于是

$$\frac{\partial z}{\partial n} = \left(-\frac{\sqrt{2}}{a}\right)\left(-\frac{b}{\sqrt{a^2+b^2}}\right) + \left(-\frac{\sqrt{2}}{b}\right)\left(-\frac{a}{\sqrt{a^2+b^2}}\right) = \frac{1}{ab}\sqrt{2(a^2+b^2)}.$$

例 8.2.9 在椭球面 $2x^2 + 2y^2 + z^2 = 1$ 上求一点，使得函数

$$f(x,y,z) = x^2 + y^2 + z^2$$

沿着方向 $\overrightarrow{AB} = (1, -1, 0)$ 的方向导数具有最大值.

解 （方法1）设所求椭球面上的点为 $M(x_0, y_0, z_0)$，则函数 $f(x,y,z)$ 在点 M 处的梯度为

$$\mathbf{grad}f(x_0, y_0, z_0) = (2x_0, 2y_0, 2z_0).$$

因为函数 $f(x,y,z)$ 在点 M 处沿其梯度方向导数最大，故梯度 $\mathbf{grad}f(x_0,y_0,z_0)$ 与 $\overrightarrow{AB}$ 同方向.

因此 $\mathbf{grad}f = \lambda\,\overrightarrow{AB}(\lambda>0,待定)$，即

$$\begin{cases} 2x_0 = \lambda, \\ 2y_0 = -\lambda, \\ 2z_0 = 0 \end{cases} \Rightarrow \begin{cases} x_0 = \dfrac{\lambda}{2}, \\ y_0 = -\dfrac{\lambda}{2}, \\ z_0 = 0. \end{cases}$$

因为点 $M(x_0,y_0,z_0)$ 在椭球面上，所以有

$$2\cdot\left(\frac{\lambda}{2}\right)^2 + 2\cdot\left(-\frac{\lambda}{2}\right)^2 + 0 = 1.$$

解得 $\lambda=1$. 故所求的点为 $M\left(\dfrac{1}{2},-\dfrac{1}{2},0\right)$.

（方法2） $\overrightarrow{AB}$ 的方向余弦为

$$\boldsymbol{a}_0 = (\cos\alpha,\cos\beta,\cos\gamma) = \left(\frac{\sqrt{2}}{2},-\frac{\sqrt{2}}{2},0\right),$$

$$\frac{\partial f}{\partial l} = \frac{\partial f}{\partial x}\cos\alpha + \frac{\partial f}{\partial y}\cos\beta + \frac{\partial f}{\partial z}\cos\gamma$$

$$= 2x\cdot\frac{\sqrt{2}}{2} + 2y\cdot\left(-\frac{\sqrt{2}}{2}\right) + 2z\cdot 0 = \sqrt{2}(x-y).$$

问题归结为求 $\dfrac{\partial f}{\partial l}$ 在条件 $2x^2+2y^2+z^2=1$ 的最大值，引入拉格朗日函数

$$F(x,y,z) = \sqrt{2}(x-y) + \lambda(2x^2+2y^2+z^2-1).$$

令

$$\begin{cases} F_x = \sqrt{2} + 4\lambda x = 0, \\ F_y = -\sqrt{2} + 4\lambda y = 0, \\ F_z = 2\lambda z = 0, \\ 2x^2+2y^2+z^2-1 = 0, \end{cases}$$

解得 $x = -y = \pm\dfrac{1}{2}$，$z=0$.

在点 $\left(\dfrac{1}{2},-\dfrac{1}{2},0\right)$ 处，$\dfrac{\partial f}{\partial l}=\sqrt{2}$；在点 $\left(-\dfrac{1}{2},\dfrac{1}{2},0\right)$ 处，$\dfrac{\partial f}{\partial l}=-\sqrt{2}$.

由于 $\dfrac{\partial f}{\partial l}$ 在椭球面上连续，故 $\dfrac{\partial f}{\partial l}$ 在椭球面一定存在最大值，$\left(\dfrac{1}{2},-\dfrac{1}{2},0\right)$ 即为所求最大值点.

例 8.2.10 设 $f(x,y,z)=\ln(x^2+y^2+z^2)$.

（1）求函数 $f(x,y,z)$ 在点 $A(1,2,-2)$ 处的梯度；

（2）何处的梯度平行于 $\boldsymbol{a}=\boldsymbol{i}+2\boldsymbol{k}$？

（3）何处的梯度垂直于 $\boldsymbol{a}=\boldsymbol{i}+2\boldsymbol{k}$？

（4）何处的梯度为0？

解　$\mathbf{grad}f(x,y,z) = \dfrac{\partial f}{\partial x}\boldsymbol{i} + \dfrac{\partial f}{\partial y}\boldsymbol{j} + \dfrac{\partial f}{\partial z}\boldsymbol{k}$

$$= \frac{2x}{x^2 + y^2 + z^2}\boldsymbol{i} + \frac{2y}{x^2 + y^2 + z^2}\boldsymbol{j} + \frac{2z}{x^2 + y^2 + z^2}\boldsymbol{k}.$$

（1）$\mathbf{grad}f(1,2,-2) = \dfrac{2}{9}\boldsymbol{i} + \dfrac{4}{9}\boldsymbol{j} - \dfrac{4}{9}\boldsymbol{k}$；

（2）要使 $\mathbf{grad}f(x,y,z) \;//\; \boldsymbol{a}$，则应有

$$\frac{2x}{x^2 + y^2 + z^2} : 1 = \frac{2y}{x^2 + y^2 + z^2} : 0 = \frac{2z}{x^2 + y^2 + z^2} : 2,$$

即 $\dfrac{2x}{1} = \dfrac{y}{0} = \dfrac{z}{1}.$

在该直线上的点处的梯度平行于 $\boldsymbol{a}$.

（3）要使 $\mathbf{grad}f(x,y,z) \perp \boldsymbol{a}$，则应有

$$\frac{2x}{x^2 + y^2 + z^2} \cdot 1 + \frac{2y}{x^2 + y^2 + z^2} \cdot 0 + \frac{2z}{x^2 + y^2 + z^2} \cdot 2 = 0,$$

即 $x + 2z = 0.$

上述平面上的点处的梯度垂直于 $\boldsymbol{a}$.

（4）要使 $\mathbf{grad}f(x,y,z) = 0$，则应有

$$\begin{cases} \dfrac{2x}{x^2 + y^2 + z^2} = 0, \\[2mm] \dfrac{2y}{x^2 + y^2 + z^2} = 0, \\[2mm] \dfrac{2z}{x^2 + y^2 + z^2} = 0, \end{cases} \quad 即 \begin{cases} x = 0, \\ y = 0, \\ z = 0. \end{cases}$$

但 $(0,0,0)$ 不在 $f(x,y,z)$ 的定义域内，故任意点处的梯度均不为 0.

例 8.2.11　设 $f(x,y) = 3x + 4y - ax^2 - 2ay^2 - 2bxy$，$a$，$b$ 满足什么条件时，函数 $f(x,y)$ 有极大值、极小值？

解　令 $\begin{cases} f'_x(x,y) = 3 - 2ax - 2by = 0, \\ f'_y(x,y) = 4 - 4ay - 2bx = 0. \end{cases}$

当 $2a^2 - b^2 \neq 0$，解得驻点为

$$x_0 = \frac{3a - 2b}{2a^2 - b^2}, \quad y_0 = \frac{4a - 3b}{2(2a^2 - b^2)}.$$

记
$$A = f''_{xx}(x_0, y_0) = -2a,$$
$$B = f''_{xy}(x_0, y_0) = -2b,$$
$$C = f''_{yy}(x_0, y_0) = -4a.$$

则有　$B^2 - AC = -4(2a^2 - b^2).$

当 $B^2 - AC < 0$，即 $2a^2 - b^2 > 0$ 时，函数 $f(x,y)$ 有极值，此时，当 $A = -2a > 0$，即 $a < 0$ 时，函数 $f(x,y)$ 有极小值，当 $A = -2a < 0$，即 $a > 0$ 时，函数 $f(x,y)$ 有极大值.

例 8.2.12　求由方程 $2x^2 + y^2 + z^2 + 2xy - 2x - 2y - 4z + 4 = 0$ 所确定的函数 $z = z(x,y)$ 的极值.

解　由隐函数求导数，得

$$4x + 2z \frac{\partial z}{\partial x} + 2y - 2 - 4 \frac{\partial z}{\partial x} = 0, \quad ①$$

$$2y + 2z \frac{\partial z}{\partial y} + 2x - 2 - 4 \frac{\partial z}{\partial y} = 0. \quad ②$$

由极值的必要条件, 得 $\frac{\partial z}{\partial x} = \frac{\partial z}{\partial y} = 0$. 于是

$$\begin{cases} 2x + y - 1 = 0, \\ y + x - 1 = 0. \end{cases}$$

解得驻点为 $(0,1)$.

将 $x = 0$, $y = 1$ 代入题中原方程, 解得两个隐函数的值分别为

$$z_1 = z_1(0,1) = 1, \quad z_2 = z_2(0,1) = 3.$$

对式①式②求二阶导数, 得

$$4 + 2 \left(\frac{\partial z}{\partial x} \right)^2 + 2z \frac{\partial^2 z}{\partial x^2} - 4 \frac{\partial^2 z}{\partial x^2} = 0, \quad ③$$

$$2 \frac{\partial z}{\partial x} \frac{\partial z}{\partial y} + 2z \frac{\partial^2 z}{\partial x \partial y} + 2 - 4 \frac{\partial^2 z}{\partial x \partial y} = 0, \quad ④$$

$$2 + 2 \left(\frac{\partial z}{\partial y} \right)^2 + 2z \frac{\partial^2 z}{\partial y^2} - 4 \frac{\partial^2 z}{\partial y^2} = 0. \quad ⑤$$

先将 $x = 0$, $y = 1$, $z_1 = 1$ 分别代入式③、式④和式⑤, 得

$$A_1 = \frac{\partial^2 z}{\partial x^2} = 2 > 0, \quad B_1 = \frac{\partial^2 z}{\partial x \partial y} = 1, \quad C_1 = \frac{\partial^2 z}{\partial y^2} = 1.$$

$$B_1^2 - A_1 C_1 = -1 < 0.$$

故隐函数 $z_1(x,y)$ 在 $(0,1)$ 有极小值 1.

再将 $x = 0$, $y = 1$, $z_2 = 3$ 分别代入式③ ~ 式⑤, 得

$$A_2 = -2 < 0, \quad B_2 = -1, \quad C_2 = -1.$$

因为 $$B_2^2 - A_2 C_2 = -1 < 0$$

故隐函数 $z_2(x,y)$ 在 $(0,1)$ 有极大值 3.

例 8.2.13 求函数 $z = f(x,y) = x^2 + y^2 + 2xy - 2x$ 在区域 $D: x^2 + y^2 \le 1$ 上的最值.

解 先求函数在区域 D 内的驻点, 因为方程组

$$\begin{cases} f'_x = 2x + 2y - 2 = 0, \\ f'_y = 2y + 2x = 0 \end{cases}$$

无解, 可知该函数在区域 D 内无驻点.

再求函数在区域 D 的边界上的可疑点, 等价于求函数

$$z = f(x,y) = x^2 + y^2 + 2xy - 2x$$

在条件 $x^2 + y^2 - 1 = 0$ 下的极值点, 引入拉格朗日函数

$$F(x,y) = x^2 + y^2 + 2xy - 2x + \lambda (x^2 + y^2 - 1).$$

令 $$\begin{cases} F'_x = 2x + 2y - 2 + 2\lambda x = 0, \\ F'_y = 2y + 2x + 2\lambda y = 0, \\ x^2 + y^2 - 1 = 0, \end{cases}$$

得驻点为 $\left(-\dfrac{\sqrt{3}}{2}, -\dfrac{1}{2} \right)$，$\left(\dfrac{\sqrt{3}}{2}, -\dfrac{1}{2} \right)$，$(0,1)$. 又

$$f\left(-\frac{\sqrt{3}}{2}, -\frac{1}{2} \right) = 1 + \frac{3}{2}\sqrt{3}, \quad f\left(\frac{\sqrt{3}}{2}, -\frac{1}{2} \right) = 1 - \frac{3}{2}\sqrt{3}, \quad f(0,1) = 1,$$

因此，最大值为 $1 + \dfrac{3}{2}\sqrt{3}$，最小值为 $1 - \dfrac{3}{2}\sqrt{3}$.

例 8.2.14 求内接于椭球面 $\dfrac{x^2}{a^2} + \dfrac{y^2}{b^2} + \dfrac{z^2}{c^2} = 1$，且棱平行于对称轴的最大长方体.

解 设内接长方体在第一象限的顶点坐标为 (x,y,z)，则问题归结为求函数 $V = 8xyz$ 在条件

$$\frac{x^2}{a^2} + \frac{y^2}{b^2} + \frac{z^2}{c^2} = 1\,(x > 0, y > 0, z > 0)$$

下的最大值、引入拉格朗日函数

$$F(x,y,z) = xyz + \lambda \left(\frac{x^2}{a^2} + \frac{y^2}{b^2} + \frac{z^2}{c^2} - 1 \right).$$

令

$$\begin{cases} F'_x = yz + \dfrac{2\lambda}{a^2}x = 0, \\[2mm] F'_y = xz + \dfrac{2\lambda}{b^2}y = 0, \\[2mm] F'_z = xy + \dfrac{2\lambda}{c^2}z = 0, \\[2mm] \dfrac{x^2}{a^2} + \dfrac{y^2}{b^2} + \dfrac{z^2}{c^2} - 1 = 0. \end{cases}$$

解此方程组，得 $\dfrac{x^2}{a^2} = \dfrac{y^2}{b^2} = \dfrac{z^2}{c^2} = \dfrac{1}{3}$. 从而有 $x = \dfrac{a}{\sqrt{3}}$，$y = \dfrac{b}{\sqrt{3}}$，$z = \dfrac{c}{\sqrt{3}}$，

根据问题的实际意义，知 V 的最大值为 $\dfrac{8}{3\sqrt{3}}abc$.

四、习题

1. 设

$$f(x,y) = \begin{cases} \dfrac{xy}{\sqrt{x^2+y^2}}, & x^2+y^2 \neq 0, \\[2mm] 0, & x^2+y^2 = 0, \end{cases}$$

求函数 $f(x,y)$ 在点 $(0,0)$ 处沿向量 $\boldsymbol{l} = (1,1)$ 的方向导数.

2. 在平面 $3x - 2z = 0$ 上求一点，使它与点 $A(1,1,1)$ 及点 $B(2,3,4)$ 的距离平方之和为最小.

3. 求函数 $z = x^2 - y^2$ 在区域 $x^2 + y^2 \leq 4$ 上的最大值、最小值.

4. 求函数 $u = \dfrac{1}{r}$（其中 $r = \sqrt{x^2+y^2+z^2}$）在

点 $P_0(x_0,y_0,z_0)$ 处的梯度，并证明该点的梯度与球面 $x^2 + y^2 + z^2 = r_0^2$ 垂直.

5. 求证：曲面 $\sqrt{x} + \sqrt{y} + \sqrt{z} = \sqrt{a}$ $(a > 0)$ 上任意点处的切平面在各坐标轴上的截距之和为 a.

6. 在椭球面 $\dfrac{x^2}{a^2} + \dfrac{y^2}{b^2} + \dfrac{z^2}{c^2} = 1$ 上求一点 M，使曲面在该点处的法线与三条坐标轴的正向成等角.

7. 在半径为 R 的球内嵌入一个圆柱，使其表面积最大.

8. 求证：曲面 $xyz = a^3$ $(a > 0)$ 的切平面与坐标面围成的四面体的体积为常数.

9. 过直线

$$\begin{cases} x + 28y - 2z + 17 = 0, \\ 5x + 8y - z + 1 = 0 \end{cases}$$

作球面 $x^2 + y^2 + z^2 = 1$ 的切平面，并求其方程.

10. 求由方程 $2x^2 + 2y^2 + z^2 + 8xz - z + 8 = 0$ 所确定的函数 $z = z(x,y)$ 的极值.

11. 求函数 $z = x^2 + y^2$ 在点 $\left(\dfrac{1}{2}, \dfrac{1}{\sqrt{6}} \right)$ 处沿 $2x^2 + 3y^2 = 1$ 的外法线方向上的方向导数.

12. 在第一象限内作椭球面

$$\frac{x^2}{a^2} + \frac{y^2}{b^2} + \frac{z^2}{c^2} = 1$$

的切平面，使切平面与坐标面围成的四面体有最小的体积.

五、习题答案

1. $\dfrac{1}{2}$.

2. $\left(\dfrac{21}{13}, 2, \dfrac{63}{26} \right)$.

3. 最大值 $z(\pm 2, 0) = 4$，最小值 $z(0, \pm 2) = -4$.

4. $-\dfrac{1}{r_0^3}(x_0, y_0, z_0)$，证明略.

5. 略.

6. $\pm \left(\dfrac{a^2}{\sqrt{a^2 + b^2 + c^2}}, \dfrac{b^2}{\sqrt{a^2 + b^2 + c^2}}, \right.$
$\left. \dfrac{c^2}{\sqrt{a^2 + b^2 + c^2}} \right).$

7. $r = \sqrt{\dfrac{5 + \sqrt{5}}{10}} R, h = 2\sqrt{\dfrac{5 - \sqrt{5}}{10}} R.$

8. 略.

9. $3x - 4y - 5 = 0$ 或 $1\,161x - 492y - 72z - 1\,263 = 0.$

10. $z(-2, 0) = 1, z\left(\dfrac{16}{7}, 0 \right) = -\dfrac{8}{7}.$

11. $\dfrac{2}{5}\sqrt{10}.$

12. $\dfrac{x}{a} + \dfrac{y}{b} + \dfrac{z}{c} = \sqrt{3}.$

第 9 章
重 积 分

基本要求

1. 理解二重积分、三重积分的概念，了解重积分的性质，了解二重积分的中值定理.
2. 掌握二重积分的计算方法（直角坐标、极坐标），会计算三重积分（直角坐标、柱面坐标、球面坐标）.
3. 了解二重积分的换元公式及其应用.
4. 会用重积分求一些几何量、物理量（如面积、体积、质量、重心、转动惯量等）.

9.1 二重积分

一、基本内容

1. 二重积分的定义.
2. 二重积分的性质.
3. 二重积分的计算.

（1）利用直角坐标计算二重积分：

① 若区域 D 为 X 形域（如图 9-1 所示），

则区域 D 可表示为 $\begin{cases} a \leqslant x \leqslant b, \\ y_1(x) \leqslant y \leqslant y_2(x), \end{cases}$

此时，$\displaystyle\iint\limits_{D} f(x,y)\,\mathrm{d}x\mathrm{d}y = \int_a^b \mathrm{d}x \int_{y_1(x)}^{y_2(x)} f(x,y)\,\mathrm{d}y.$

② 若区域 D 为 Y 形域（如图 9-2 所示），

则区域 D 可表示为

$\begin{cases} c \leqslant y \leqslant d, \\ x_1(y) \leqslant x \leqslant x_2(y). \end{cases}$

此时，$\displaystyle\iint\limits_{D} f(x,y)\,\mathrm{d}x\mathrm{d}y = \int_c^d \mathrm{d}y \int_{x_1(y)}^{x_2(y)} f(x,y)\,\mathrm{d}x.$

（2）利用极坐标计算二重积分：

① 若区域 D（如图 9-3 所示）可表示为

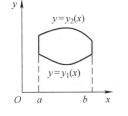
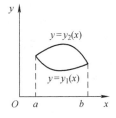

图 9-1

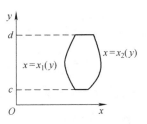
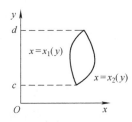

图 9-2

$$\begin{cases} a \leqslant \theta \leqslant \beta, \\ 0 \leqslant r \leqslant r(\theta), \end{cases}$$

则此时，$\iint\limits_D f(x,y)\,dxdy = \int_\alpha^\beta d\theta \int_0^{r(\theta)} f(r\cos\theta, r\sin\theta)\,r\,dr$.

② 若区域 D（如图 9-4 所示）可表示为

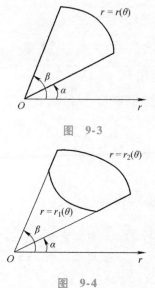

图 9-3

$$\begin{cases} \alpha \leqslant \theta \leqslant \beta, \\ r_1(\theta) \leqslant r \leqslant r_2(\theta), \end{cases}$$

则此时，$\iint\limits_D f(x,y)\,dxdy = \int_\alpha^\beta d\theta \int_{r_1(\theta)}^{r_2(\theta)} f(r\cos\theta, r\sin\theta)\,r\,dr$.

（3）利用对称性计算二重积分：

① 若区域 $D = D_1 \cup D_2$ 关于 x 轴对称，则

$$\iint\limits_D f(x,y)\,dxdy = \begin{cases} 0, & f(x,-y) = -f(x,y), \\ 2\iint\limits_{D_1} f(x,y)\,dxdy, & f(x,-y) = f(x,y). \end{cases}$$

图 9-4

② 若区域 $D = D_1 \cup D_2$ 关于 y 轴对称，则

$$\iint\limits_D f(x,y)\,dxdy = \begin{cases} 0, & f(-x,y) = -f(x,y), \\ 2\iint\limits_{D_1} f(x,y)\,dxdy, & f(-x,y) = f(x,y). \end{cases}$$

③ 若区域 $D = D_1 \cup D_2$ 关于原点对称，则

$$\iint\limits_D f(x,y)\,dxdy = \begin{cases} 0, & f(-x,-y) = -f(x,y), \\ 2\iint\limits_{D_1} f(x,y)\,dxdy, & f(-x,-y) = f(x,y). \end{cases}$$

④ 若区域 D 关于直线 $y = x$ 对称，则

$$\iint\limits_D f(x,y)\,dxdy = \iint\limits_D f(y,x)\,dxdy.$$

4. 二重积分的换元法.

设变量替换：$x = x(u,v)$，$y = y(u,v)$，将 uOv 平面上的有界闭区域 D' 一对一变为 xOy 平面的有界闭区域 D，且函数 $x = x(u,v)$，$y = y(u,v)$ 在区域 D' 有连续的一阶偏导数，则

$$\iint\limits_D f(x,y)\,dxdy = \iint\limits_{D'} f[x(u,v), y(u,v)]\,|J|\,dudv,$$

其中 $J = \dfrac{\partial(x,y)}{\partial(u,v)} \neq 0$.

5. 二重积分的应用.

（1）设曲面 Σ 的方程为 $z = f(x,y)$，它在 xOy 平面的投影区域为区域 D，且函数 $f(x,y)$ 在区域 D 上有连续的一阶偏导数，则曲面 Σ 的面积为

$$A = \iint\limits_D \sqrt{1 + z_x^2 + z_y^2}\,dxdy.$$

（2）设平面薄片的面密度为 $\rho = \rho(x,y)$，薄片占有 xOy 平面上的闭区域 D.

① 薄片的质量：$M = \iint\limits_D \rho(x,y)\,dxdy$.

② 薄片的重心：

$$\bar{x} = \frac{\iint\limits_D x\rho(x,y)\,\mathrm{d}x\mathrm{d}y}{\iint\limits_D \rho(x,y)\,\mathrm{d}x\mathrm{d}y}, \quad \bar{y} = \frac{\iint\limits_D y\rho(x,y)\,\mathrm{d}x\mathrm{d}y}{\iint\limits_D \rho(x,y)\,\mathrm{d}x\mathrm{d}y}.$$

③ 薄片的转动惯量：

$$I_x = \iint\limits_D y^2\rho(x,y)\,\mathrm{d}x\mathrm{d}y, \quad I_y = \iint\limits_D x^2\rho(x,y)\,\mathrm{d}x\mathrm{d}y,$$

$$I_o = \iint\limits_D (x^2 + y^2)\rho(x,y)\,\mathrm{d}x\mathrm{d}y.$$

二、重点与难点

重点：二重积分的计算.

难点：积分区域的确定.

三、例题分析

例 9.1.1　计算 $\iint\limits_D \dfrac{x^2}{y^2}\mathrm{d}x\mathrm{d}y$，其中区域 D 是由直线 $y=x$，$x=2$，$xy=1$

围成的区域（如图 9-5 所示）.

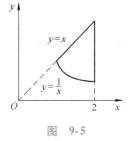

图　9-5

解　（方法 1）将区域 D 看成 X 形域，则区域 D 可表示为

$$D:\begin{cases} 1 \leqslant x \leqslant 2, \\ \dfrac{1}{x} \leqslant y \leqslant x. \end{cases}$$

于是

$$\iint\limits_D \frac{x^2}{y^2}\mathrm{d}x\mathrm{d}y = \int_1^2 \mathrm{d}x \int_{\frac{1}{x}}^{x} \frac{x^2}{y^2}\mathrm{d}y = \int_1^2 x^2 \left(-\frac{1}{x} + x \right)\mathrm{d}x = \frac{9}{4}.$$

（方法 2）将区域 D 看成 Y 形域，则 $D = D_1 \cup D_2$，其中

$$D_1:\begin{cases} \dfrac{1}{2} \leqslant y \leqslant 1, \\ \dfrac{1}{y} \leqslant x \leqslant 2; \end{cases} \qquad D_2:\begin{cases} 1 \leqslant y \leqslant 2, \\ y \leqslant x \leqslant 2. \end{cases}$$

故

$$\iint\limits_D \frac{x^2}{y^2}\mathrm{d}x\mathrm{d}y = \iint\limits_{D_1} \frac{x^2}{y^2}\mathrm{d}x\mathrm{d}y + \iint\limits_{D_2} \frac{x^2}{y^2}\mathrm{d}x\mathrm{d}y$$

$$= \int_{\frac{1}{2}}^{1} \mathrm{d}y \int_{\frac{1}{y}}^{2} \frac{x^2}{y^2}\mathrm{d}x + \int_1^2 \mathrm{d}y \int_y^2 \frac{x^2}{y^2}\mathrm{d}x$$

$$= \int_{\frac{1}{2}}^{1} \left(\frac{8}{3y^2} - \frac{1}{3y^5} \right)\mathrm{d}y + \int_1^2 \left(\frac{8}{3y^2} - \frac{y}{3} \right)\mathrm{d}y = \frac{9}{4}.$$

例 9.1.2　计算 $I = \int_0^1 \mathrm{d}x \int_{x^2}^1 \dfrac{xy}{\sqrt{1+y^3}}\mathrm{d}y$.

解　积分 $\displaystyle\int_{x^2}^{1}\dfrac{xy}{\sqrt{1+y^3}}\mathrm{d}y$ 较困难，因此，考虑交换积分次序，其积

分区域 D 为

$$D:\begin{cases} 0\leqslant x\leqslant 1, \\ x^2\leqslant y\leqslant 1. \end{cases}$$

如图 9-6 所示，于是区域 D 又可表示为

$$D:\begin{cases} 0\leqslant y\leqslant 1, \\ 0\leqslant x\leqslant\sqrt{y}. \end{cases}$$

故

$$I = \int_0^1\mathrm{d}x\int_{x^2}^1\frac{xy}{\sqrt{1+y^3}}\mathrm{d}y = \int_0^1\mathrm{d}y\int_0^{\sqrt{y}}\frac{xy}{\sqrt{1+y^3}}\mathrm{d}x$$

$$= \int_0^1\frac{y^2}{2\sqrt{1+y^3}}\mathrm{d}y = \frac{1}{3}\sqrt{1+y^3}\ \Big|_0^1 = \frac{1}{3}(\sqrt{2}-1).$$

例 9.1.3　设矩形域 D：$0\leqslant x\leqslant\pi$，$0\leqslant y\leqslant\pi$，计算 $\displaystyle\iint\limits_{D}|\sin(x+y)|\mathrm{d}x\mathrm{d}y$.

解　由于

$$|\sin(x+y)| = \begin{cases} \sin(x+y), & 0\leqslant x+y\leqslant\pi, \\ -\sin(x+y), & \pi\leqslant x+y\leqslant 2\pi, \end{cases}$$

因此，将矩形域 D 分成 D_1 与 D_2 两部分（如图 9-7 所示），其中

$$D_1:\begin{cases} 0\leqslant x\leqslant\pi, \\ 0\leqslant y\leqslant\pi-x; \end{cases}$$

$$D_2:\begin{cases} 0\leqslant x\leqslant\pi, \\ \pi-x\leqslant y\leqslant\pi. \end{cases}$$

于是

$$\iint\limits_{D}|\sin(x+y)|\mathrm{d}x\mathrm{d}y$$

$$= \iint\limits_{D_1}\sin(x+y)\mathrm{d}x\mathrm{d}y + \iint\limits_{D_2}[-\sin(x+y)]\mathrm{d}x\mathrm{d}y$$

$$= \int_0^\pi\mathrm{d}x\int_0^{\pi-x}\sin(x+y)\mathrm{d}y - \int_0^\pi\mathrm{d}x\int_{\pi-x}^\pi\sin(x+y)\mathrm{d}y$$

$$= \int_0^\pi(1+\cos x)\mathrm{d}x + \int_0^\pi[\cos(x+\pi)+1]\mathrm{d}x = 2\pi.$$

例 9.1.4　计算 $I = \displaystyle\iint\limits_{D}(|x-y|+2)\mathrm{d}x\mathrm{d}y$，其中区域 D 为 $x^2+y^2\leqslant 1$

在第一象限的部分.

解　利用极坐标计算. 因为 $|x-y| = \begin{cases} x-y, & x\geqslant y, \\ y-x, & x<y, \end{cases}$ 故将区域 D

分成 D_1 与 D_2 两部分（如图 9-8 所示），其中

$$D_1:\begin{cases} 0\leqslant\theta\leqslant\dfrac{\pi}{4}, \\ 0\leqslant r\leqslant 1; \end{cases}$$

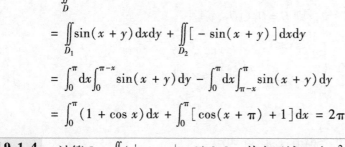

图 9-7

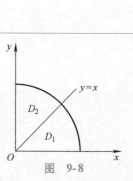

图 9-8

$$D_2 : \begin{cases} \dfrac{\pi}{4} \leqslant \theta \leqslant \dfrac{\pi}{2}, \\ 0 \leqslant r \leqslant 1. \end{cases}$$

于是

$$\begin{aligned}
1 &= \iint\limits_{D} |x - y| \, \mathrm{d}x\mathrm{d}y + \iint\limits_{D} 2\mathrm{d}x\mathrm{d}y \\
&= \iint\limits_{D_1} (x - y) \, \mathrm{d}x\mathrm{d}y + \iint\limits_{D_2} (y - x) \, \mathrm{d}x\mathrm{d}y + 2\iint\limits_{D} \mathrm{d}x\mathrm{d}y \\
&= \int_0^{\frac{\pi}{4}} \mathrm{d}\theta \int_0^1 (r\cos\theta - r\sin\theta) r\mathrm{d}r + \\
&\quad \int_{\frac{\pi}{4}}^{\frac{\pi}{2}} \mathrm{d}\theta \int_0^1 (r\sin\theta - r\cos\theta) r\mathrm{d}r + 2 \cdot \frac{\pi}{4} \\
&= \frac{2}{3}(\sqrt{2} - 1) + \frac{\pi}{2}.
\end{aligned}$$

例 9.1.5　计算二重积分

$$I = \iint\limits_{D} \sqrt{x^2 + y^2} \, \mathrm{d}x\mathrm{d}y,$$

其中,区域 D 为 $x^2 + y^2 \leqslant a^2$ 和 $\left(x - \dfrac{a}{2}\right)^2 + y^2 \geqslant \dfrac{a^2}{4}$ 的公共部分 (如图 9-9 所示).

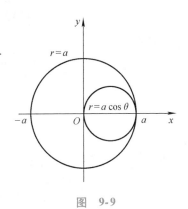

　　解　区域 $D = D_1 \cup D_2$,其中

$$D_1 : \begin{cases} -\dfrac{\pi}{2} \leqslant \theta \leqslant \dfrac{\pi}{2}, \\ a\cos\theta \leqslant r \leqslant a; \end{cases} \quad D_2 : \begin{cases} \dfrac{\pi}{2} \leqslant \theta \leqslant \dfrac{3\pi}{2}, \\ 0 \leqslant r \leqslant a. \end{cases}$$

故

$$\begin{aligned}
I &= \iint\limits_{D} r \cdot r\mathrm{d}r\mathrm{d}\theta = \int_{-\frac{\pi}{2}}^{\frac{\pi}{2}} \mathrm{d}\theta \int_{a\cos\theta}^{a} r^2 \mathrm{d}r + \int_{\frac{\pi}{2}}^{\frac{3}{2}\pi} \mathrm{d}\theta \int_0^a r^2 \mathrm{d}r \\
&= \frac{1}{3} \int_{-\frac{\pi}{2}}^{\frac{\pi}{2}} (a^3 - a^3\cos^3\theta) \, \mathrm{d}\theta + \frac{\pi}{3}a^3 \\
&= \frac{2}{3}a^3\left(\pi - \frac{2}{3}\right).
\end{aligned}$$

图　9-9

例 9.1.6　计算二重积分

$$I = \iint\limits_{D} x[1 + yf(x^2 + y^2)] \, \mathrm{d}x\mathrm{d}y$$

其中,区域 D 是由 $y = x^3$,$y = 1$ 和 $x = -1$ 所围成的区域,函数 f 是区域 D 上的连续函数.

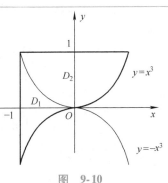

　　解　先用曲线 $y = -x^3$ 将区域 D 分成 D_1 和 D_2 两部分 (如图 9-10 所示).

　　再将 I 分成两部分,且记为

图　9-10

$$I = \iint\limits_{D} x\mathrm{d}x\mathrm{d}y + \iint\limits_{D} xyf(x^2 + y^2)\mathrm{d}x\mathrm{d}y = I_1 + I_2.$$

则有

$$I_1 = \iint\limits_{D_1} x\mathrm{d}x\mathrm{d}y + \iint\limits_{D_2} x\mathrm{d}x\mathrm{d}y = 0 + \int_{-1}^{0} x\mathrm{d}x \int_{x^3}^{-x^3} \mathrm{d}y = \int_{-1}^{0} -2x^4 \mathrm{d}x = -\frac{2}{5}.$$

由于函数 $xyf(x^2 + y^2)$ 既是关于 x 的奇函数，也是关于 y 的奇函数，故

$$I_2 = \iint\limits_{D_1} xyf(x^2 + y^2)\mathrm{d}x\mathrm{d}y + \iint\limits_{D_2} xyf(x^2 + y^2)\mathrm{d}x\mathrm{d}y = 0.$$

因此 $I = I_1 + I_2 = -\dfrac{2}{5}.$

例 9.1.7 计算 $I = \iint\limits_{D} \dfrac{a\varphi(x) + b\varphi(y)}{\varphi(x) + \varphi(y)}\mathrm{d}x\mathrm{d}y$，其中区域 D 为 $x^2 + y^2 \leqslant R^2$.

解 由于函数 $\varphi(x)$ 为未知函数，直接用将二重积分化成二次积分的方法是计算不出来的. 为此，利用轮换对称性. 由于区域 D 关于直线 $y = x$ 对称，因此，有

$$\iint\limits_{D} \frac{\varphi(x)}{\varphi(x) + \varphi(y)}\mathrm{d}x\mathrm{d}y = \iint\limits_{D} \frac{\varphi(y)}{\varphi(x) + \varphi(y)}\mathrm{d}x\mathrm{d}y.$$

于是

$$I = \frac{1}{2}\Big[\iint\limits_{D} \frac{a\varphi(x) + b\varphi(y)}{\varphi(x) + \varphi(y)}\mathrm{d}x\mathrm{d}y + \iint\limits_{D} \frac{a\varphi(y) + b\varphi(x)}{\varphi(x) + \varphi(y)}\mathrm{d}x\mathrm{d}y \Big]$$

$$= \frac{1}{2}\iint\limits_{D}(a + b)\mathrm{d}x\mathrm{d}y = \frac{a + b}{2}\pi R^2.$$

例 9.1.8 交换下列二重积分的积分次序：

（1）$I = \displaystyle\int_{0}^{1}\mathrm{d}x\int_{0}^{\sqrt{2x-x^2}} f(x,y)\mathrm{d}y + \int_{1}^{2}\mathrm{d}x\int_{0}^{2-x} f(x,y)\mathrm{d}y$；

（2）$I = \displaystyle\int_{-\sqrt{2}}^{\sqrt{2}}\mathrm{d}x\int_{x^2}^{4-x^2} f(x,y)\mathrm{d}y.$

解 （1）积分区域 $D = D_1 \cup D_2$，其中

$$D_1 : \begin{cases} 0 \leqslant x \leqslant 1, \\ 0 \leqslant y \leqslant \sqrt{2x - x^2}; \end{cases} \quad D_2 : \begin{cases} 1 \leqslant x \leqslant 2, \\ 0 \leqslant y \leqslant 2 - x. \end{cases}$$

作出区域 $D = D_1 \cup D_2$ 的图形（见图 9-11），于是区域 D 可表示为

$$D : \begin{cases} 0 \leqslant y \leqslant 1, \\ 1 - \sqrt{1 - y^2} \leqslant x \leqslant 2 - y. \end{cases}$$

故

$$I = \int_{0}^{1}\mathrm{d}y\int_{1-\sqrt{1-y^2}}^{2-y} f(x,y)\mathrm{d}x.$$

（2）区域 D 为

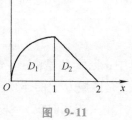

图 9-11

$$\begin{cases} -\sqrt{2} \leqslant x \leqslant \sqrt{2}, \\ x^2 \leqslant y \leqslant 4 - x^2. \end{cases}$$

作出区域 D 的图形（见图 9-12），于是区域 D 可表示为 $D = D_1 \cup D_2$，其中

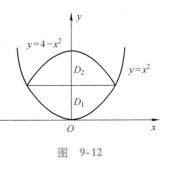

$$D_1 : \begin{cases} 0 \leqslant y \leqslant 2, \\ -\sqrt{y} \leqslant x \leqslant \sqrt{y}; \end{cases} \quad D_2 : \begin{cases} 2 \leqslant y \leqslant 4, \\ -\sqrt{4-y} \leqslant x \leqslant \sqrt{4-y}. \end{cases}$$

故 $I = \displaystyle\int_0^2 \mathrm{d}y \int_{-\sqrt{y}}^{\sqrt{y}} f(x,y)\,\mathrm{d}x + \int_2^4 \mathrm{d}y \int_{-\sqrt{4-y}}^{\sqrt{4-y}} f(x,y)\,\mathrm{d}x.$

图 9-12

例 9.1.9 计算 $I = \displaystyle\iint\limits_{D} \cos\left(\dfrac{x-y}{x+y}\right)\mathrm{d}x\mathrm{d}y$，其中区域 D 由 $x+y=1$，$x=0$ 及 $y=0$ 围成.

解 令 $u = x - y$，$v = x + y$ 则区域 D 变成区域 D'（如图 9-13 所示），且

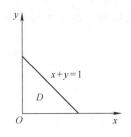 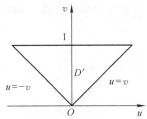

图 9-13

$$J = \frac{\partial(x,y)}{\partial(u,v)} = \begin{vmatrix} \dfrac{1}{2} & \dfrac{1}{2} \\[2mm] -\dfrac{1}{2} & \dfrac{1}{2} \end{vmatrix} = \frac{1}{2}.$$

故

$$I = \iint\limits_{D'} \cos\frac{u}{v} \,|J|\,\mathrm{d}u\mathrm{d}v = \frac{1}{2}\int_0^1 \mathrm{d}v \int_{-v}^{v} \cos\frac{u}{v}\,\mathrm{d}u$$

$$= \frac{1}{2}\int_0^1 2\sin 1 \cdot v\mathrm{d}v = \frac{1}{2}\sin 1.$$

例 9.1.10 求由曲线 $x+y=a$，$x+y=b$，$y=kx$ 及 $y=mx$（$0 < a < b$，$0 < k < m$）所围图形的面积.

解 利用二重积分的换元公式来计算.

设 $u = x + y$，$v = \dfrac{y}{x}$，则区域 D 变换成区域 D'（如图 9-14 所示）

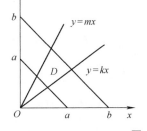 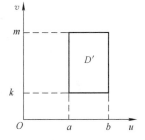

图 9-14

$$J = \frac{\partial(x,y)}{\partial(u,v)} = \frac{1}{\dfrac{\partial(u,v)}{\partial(x,y)}} = \frac{1}{\begin{vmatrix} 1 & 1 \\[2mm] -\dfrac{y}{x^2} & \dfrac{1}{x} \end{vmatrix}} = \frac{x^2}{x+y} = \frac{u}{(1+v)^2}.$$

于是

$$S_D = \iint\limits_D \mathrm{d}x\mathrm{d}y = \iint\limits_D |J|\mathrm{d}u\mathrm{d}v$$

$$= \int_a^b \mathrm{d}u \int_k^m \frac{u}{(1+v)^2}\mathrm{d}v = \frac{(b^2-a^2)(m-k)}{2(1+m)(1+k)}.$$

例 9.1.11 设函数 $f(x)$ 是区间 $[0,1]$ 上的正值连续函数，且函数 $f(x)$ 单调递减，求证：

$$\frac{\int_0^1 xf^2(x)\mathrm{d}x}{\int_0^1 xf(x)\mathrm{d}x} \leqslant \frac{\int_0^1 f^2(x)\mathrm{d}x}{\int_0^1 f(x)\mathrm{d}x}.$$

证明 将原不等式变形为

$$\int_0^1 xf^2(x)\mathrm{d}x \cdot \int_0^1 f(x)\mathrm{d}x \leqslant \int_0^1 f^2(x)\mathrm{d}x \cdot \int_0^1 xf(x)\mathrm{d}x,$$

即

$$\int_0^1 xf^2(x)\mathrm{d}x \cdot \int_0^1 f(y)\mathrm{d}y \leqslant \int_0^1 f^2(y)\mathrm{d}y \cdot \int_0^1 xf(x)\mathrm{d}x,$$

$$\iint\limits_D xf(x)f(y)[f(x)-f(y)]\mathrm{d}x\mathrm{d}y \leqslant 0,$$

其中区域 $D = \{(x,y) \mid 0 \leqslant x \leqslant 1, 0 \leqslant y \leqslant 1\}$ 关于直线 $y=x$ 对称.

由轮换对称性，得

$$I = \iint\limits_D xf(x)f(y)[f(x)-f(y)]\mathrm{d}x\mathrm{d}y$$

$$= \iint\limits_D yf(y)f(x)[f(y)-f(x)]\mathrm{d}x\mathrm{d}y.$$

故

$$I = \frac{1}{2}\left\{\iint\limits_D xf(x)f(y)[f(x)-f(y)]\mathrm{d}x\mathrm{d}y + \right.$$

$$\left. \iint\limits_D yf(y)f(x)[f(y)-f(x)]\mathrm{d}x\mathrm{d}y\right\}$$

$$= \frac{1}{2}\iint\limits_D f(x)f(y)[f(x)-f(y)](x-y)\mathrm{d}x\mathrm{d}y.$$

由于函数 $f(x)$ 单调递减，故 $(x-y)[f(x)-f(y)] \leqslant 0$. 因此

$$I = \iint\limits_D xf(x)f(y)[f(x)-f(y)]\mathrm{d}x\mathrm{d}y \leqslant 0,$$

即原不等式成立.

例 9.1.12 质量均匀分布的薄片在 xOy 平面上所占的区域 D 是由半径为 R 的半圆和一边长为 $2R$ 的矩形组成（如图 9-15 所示），欲使区域 D 的重心落在圆心，矩形另一边应为多长？

解 取坐标系如图 9-15 所示. 设矩形的另一边长为 a，欲使重心落在圆心上，应有

$$\bar{x} = \frac{\iint\limits_{D} x\rho \mathrm{d}x\mathrm{d}y}{\iint\limits_{D} \rho \mathrm{d}x\mathrm{d}y} = 0,$$

$$\bar{y} = \frac{\iint\limits_{D} y\rho \mathrm{d}x\mathrm{d}y}{\iint\limits_{D} \rho \mathrm{d}x\mathrm{d}y} = 0.$$

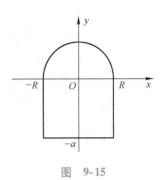

图 9-15

而

$$\iint\limits_{D} y\rho \mathrm{d}x\mathrm{d}y = \int_{-R}^{R} \mathrm{d}x \int_{-a}^{\sqrt{R^2-x^2}} y\rho \mathrm{d}y$$

$$= \rho \int_{-R}^{R} \frac{1}{2}(R^2 - x^2 - a^2)\mathrm{d}x = \left(\frac{2}{3}R^3 - a^2 R\right)\rho.$$

由 $\bar{y} = 0$，得 $\frac{2}{3}R^3 = a^2 R$，即 $a = \sqrt{\frac{2}{3}}R$.

例 9.1.13 求椭圆柱面$\frac{x^2}{5} + \frac{y^2}{9} = 1$ 位于 xOy 平面上方

和平面 $z = y$ 下方那部分的面积.

解 由于柱面

$$\frac{x^2}{5} + \frac{y^2}{9} = 1$$

如图 9-16 所示，在 xOy 平面的投影是曲线，而不是区域；故不能投影到 xOy 平面上计算. 因此，将曲面投影到 xOz 平面.

由

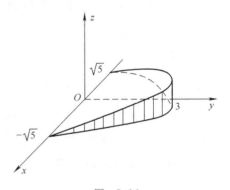

图 9-16

$$\begin{cases} \dfrac{x^2}{5} + \dfrac{y^2}{9} = 1, \\ z = y \end{cases}$$

消去 y，得$\frac{x^2}{5} + \frac{z^2}{9} = 1$. 从而曲面在 xOz 平面的投影区域为

$$D_{xz} = \left\{ (x,z) \mid 0 \leqslant z \leqslant \frac{3\sqrt{5}}{5}\sqrt{5-x^2},\ -\sqrt{5} \leqslant x \leqslant \sqrt{5} \right\}.$$

由 $\frac{x^2}{5} + \frac{y^2}{9} = 1$，得

$$\frac{\partial y}{\partial x} = \frac{3}{\sqrt{5}} \cdot \frac{-x}{\sqrt{5-x^2}},\ \frac{\partial y}{\partial z} = 0.$$

故

$$A = \iint\limits_{D} \sqrt{1 + \left(\frac{\partial y}{\partial x}\right)^2 + \left(\frac{\partial y}{\partial z}\right)^2}\,dzdx = \iint\limits_{D} \sqrt{\frac{25 + 4x^2}{5(5 - x^2)}}\,dzdx$$

$$= \int_{-\sqrt{5}}^{\sqrt{5}}dx\int_0^{\frac{3\sqrt{5}}{5}\sqrt{5-x^2}} \sqrt{\frac{25 + 4x^2}{5(5 - x^2)}}\,dz = \frac{3}{5}\cdot 2\int_0^{\sqrt{5}} \sqrt{25 + 4x^2}\,dx$$

$$= 9 + \frac{15}{4}\ln 5.$$

四、习题

1. 设 $f(x) = \int_x^1 e^{-t^2}\,dt$，计算 $\int_0^1 f(x)\,dx$.

2. 设函数 $f(x)$ 在区间 $[0,1]$ 上连续，且满足 $\int_0^1 f(x)\,dx = A$，试计算 $\int_0^1 dx\int_x^1 f(x)f(y)\,dy$.

3. 计算 $\iint\limits_{D} \frac{y}{(1 + x^2 + y^2)^{\frac{3}{2}}}\,dxdy$，其中区域 D 为矩形域：$0\leqslant x\leqslant 1$，$0\leqslant y\leqslant 1$.

4. 计算 $\iint\limits_{D}(x + |y|)\,dxdy$，其中区域 D 为 $|x| + |y|\leqslant 1$.

5. 求证：

$$\iint\limits_{D}f(xy)\,dxdy = \ln 2\int_1^2 f(u)\,du,$$

其中区域 D 是由双曲线 $xy = 1$，$xy = 2$，与直线 $y = x$，$y = 4x$（$x > 0$，$y > 0$）所围成的区域.

6. 设 $F(t) = \iint\limits_{D}f(x,y)\,dxdy$，其中

$$f(x,y) = \begin{cases}1, & 0\leqslant x\leqslant 1,0\leqslant y\leqslant 1, \\ 0, & \text{其他},\end{cases}$$

且区域 D：$x + y\leqslant t$，求 $F(t)$.

7. 将

$$I = \int_0^{\frac{R}{\sqrt{1+R^2}}}dx\int_0^{Rx} f\left(\frac{y}{x}\right)dy + \int_{\frac{R}{\sqrt{1+R^2}}}^{R}dx\int_0^{\sqrt{R^2-x^2}} f\left(\frac{y}{x}\right)dy$$

化为极坐标下的二次积分.

8. 计算 $\iint\limits_{D}(x + y)\,dxdy$，其中区域 D 为 $x^2 + y^2\leqslant x + y$.

9. 计算 $\iint\limits_{D} \frac{\sin xy}{x}\,dxdy$，其中区域 D 由 $x\geqslant y^2$ 与 $(x - 1)^2 + y^2\leqslant$ 围成.

10. 求由抛物线 $y = x^2$ 及 $y = 1$ 所围成的薄片（面密度为常数 ρ）关于直线 $y = -1$ 的转动惯量.

11. 计算 $\iint\limits_{D} \frac{y\sin(x - 1)}{x - 1}\,dxdy$，其中区域 D 是由 $x = y + 2$ 及 $x = y^2$ 所围成的区域.

12. 计算 $\iint\limits_{D}(x^2 + y^2)\,dxdy$，其中区域 D：$\frac{x^2}{a^2} + \frac{y^2}{b^2}\leqslant 1$（$a > 0$，$b > 0$）.

13. 计算 $I = \iint\limits_{D}(x^2 + y^2)\,dxdy$，其中区域 D 为 $\sqrt{2x - x^2}\leqslant y\leqslant \sqrt{4 - x^2}$.

14. 设函数 $f(x)$ 是区间 $[0,1]$ 上的单调递增的连续函数，求证：

$$\frac{\int_0^1 xf^3(x)\,dx}{\int_0^1 xf^2(x)\,dx}\geqslant \frac{\int_0^1 f^3(x)\,dx}{\int_0^1 f^2(x)\,dx}.$$

五、习题答案

1. $\frac{1}{2}(1 - e^{-1})$.

2. $\frac{1}{3}A^2$.

3. $\ln\frac{2 + \sqrt{2}}{1 + \sqrt{3}}$.

4. $\frac{2}{3}$.

5. 提示：利用二重积分的换元法.

6. $F(t) = \begin{cases}0, & t < 0, \\ \frac{t^2}{2}, & 0\leqslant t < 1, \\ 1 - \frac{1}{2}(2 - t)^2, & 1\leqslant t < 2, \\ 1, & t\geqslant 2.\end{cases}$

7. $\int_0^{\arctan R}d\theta\int_0^R f(\tan\theta)r\,dr$.

8. $\frac{\pi}{2}$.

9. 0.

10. $\dfrac{103}{30}\rho$.

11. $3 - \sin 3$.

12. $\dfrac{ab}{4}(a^2 + b^2)\pi$.

13. $\dfrac{5}{4}\pi$.

14. 提示：化成二重积分，再注意 $f^2(x)f^2(y)$ $[f(x) - f(y)](x-y) \geqslant 0$.

9.2 三重积分

一、基本内容

1. 三重积分的定义.

2. 三重积分的计算.

（1）利用直角坐标计算三重积分：

① 投影法（"先一后二"法）设空间闭区域 Ω 可表示为

$$\Omega : \begin{cases} a \leqslant x \leqslant b, \\ y_1(x) \leqslant y \leqslant y_2(x), \\ z_1(x,y) \leqslant z \leqslant z_2(x,y), \end{cases}$$

此时

$$\iiint\limits_{\Omega} f(x,y,z)\,\mathrm{d}V$$

$$= \iint\limits_{D} \mathrm{d}x\mathrm{d}y \int_{z_1(x,y)}^{z_2(x,y)} f(x,y,z)\,\mathrm{d}z$$

$$= \int_a^b \mathrm{d}x \int_{y_1(x)}^{y_2(x)} \mathrm{d}y \int_{z_1(x,y)}^{z_2(x,y)} f(x,y,z)\,\mathrm{d}z.$$

② 截面法（"先二后一"法）设区域 Ω 在 z 轴上的投影区间为 $[c_1, c_2]$，在此区间内任取一点 z，作平行于 xOy 面的平面，截区域 Ω 得截面 D_z（如图 9-17 所示），则区域 Ω 可表示为

$$\Omega = \{(x,y,z) \mid (x\ y) \in D_z, c_1 \leqslant z \leqslant c_2\},$$

此时，有 $\iiint\limits_{\Omega} f(x,y,z)\,\mathrm{d}V = \int_{c_1}^{c_2} \mathrm{d}z \iint\limits_{D_z} f(x,y)\,\mathrm{d}x\mathrm{d}y.$

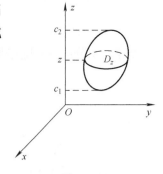

图 9-17

（2）利用柱面坐标计算三重积分：

令 $\begin{cases} x = r\cos\theta, \\ y = r\sin\theta, \\ z = z, \end{cases}$

得

$$\iiint\limits_{\Omega} f(x,y,z)\,\mathrm{d}x\mathrm{d}y\mathrm{d}z = \iiint\limits_{\Omega} f(r\cos\theta, r\sin\theta, z)\,r\mathrm{d}r\mathrm{d}\theta\mathrm{d}z.$$

注　一般地，当积分区域为圆柱域，或区域 Ω 的投影域为圆域时，采用柱面坐标计算三重积分.

（3）利用球面坐标计算三重积分：

令

$$\begin{cases} x = r \sin \varphi \cos \theta, \\ y = r \sin \varphi \sin \theta, \\ z = r \cos \varphi, \end{cases}$$

得

$$\iiint\limits_{\Omega} f(x,y,z) \, \mathrm{d}x\mathrm{d}y\mathrm{d}z$$

$$= \iiint\limits_{\Omega} f(r \sin \varphi \cos \theta, r \sin \varphi \sin \theta, r \cos \varphi) r^2 \sin \varphi \, \mathrm{d}r\mathrm{d}\theta\mathrm{d}\varphi.$$

注 一般地，当积分区域 Ω 为球域，特别地，当被积函数 $f(x,y,z)$ 具有 $f(x^2 + y^2 + z^2)$ 的形式时，宜采用球面坐标计算三重积分.

（4）利用对称性计算三重积分：

① 若区域 Ω 关于 xOy 平面对称，且 $f(x,y,-z) = -f(x,y,z)$，则

$$\iiint\limits_{\Omega} f(x,y,z) \, \mathrm{d}V = 0.$$

② 若区域 Ω 关于 xOz 平面对称，且 $f(x,-y,z) = -f(x,y,z)$，则

$$\iiint\limits_{\Omega} f(x,y,z) \, \mathrm{d}V = 0.$$

③ 若区域 Ω 关于 yOz 平面对称，且 $f(-x,y,z) = -f(x,y,z)$，则

$$\iiint\limits_{\Omega} f(x,y,z) \, \mathrm{d}V = 0.$$

3. 三重积分的应用（质量、重心、转动惯量、体积等）

二、重点与难点

重点：三重积分的计算.
难点：积分区域的确定及坐标系的适当选择.

三、例题分析

例 9.2.1 计算 $\displaystyle\iiint\limits_{\Omega} \frac{\mathrm{d}x\mathrm{d}y\mathrm{d}z}{(1 + x + y + z)^3}$，其中区域 Ω 为 $x = 0$，$y = 0$，$z = 0$ 及 $x + y + z = 1$ 所围成的四面体.

解 区域 Ω（如图 9-18 所示）可表示为

$$\Omega : \begin{cases} 0 \leqslant x \leqslant 1, \\ 0 \leqslant y \leqslant 1 - x, \\ 0 \leqslant z \leqslant 1 - x - y. \end{cases}$$

于是

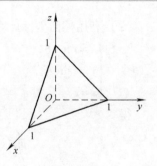

图 9-18

$$\iiint\limits_{\Omega} \frac{\mathrm{d}x\mathrm{d}y\mathrm{d}z}{(1 + x + y + z)^3}$$

$$= \int_0^1 \mathrm{d}x \int_0^{1-x} \mathrm{d}y \int_0^{1-x-y} \frac{1}{(1 + x + y + z)^3} \mathrm{d}z$$

$$= \frac{1}{2} \int_0^1 \mathrm{d}x \int_0^{1-x} \Big[\frac{1}{(1 + x + y)^2} - \frac{1}{2^2} \Big] \mathrm{d}y$$

$$= \frac{1}{2} \int_0^1 \Big(-\frac{1}{1 + x + y} - \frac{1}{4}y \Big) \Big|_0^{1-x} \mathrm{d}x = \frac{1}{8} \int_0^1 \Big[\frac{4}{1 + x} - (2 + 1 - x) \Big] \mathrm{d}x$$

$$= \frac{1}{16}(8\ln 2 - 5).$$

例 9. 2. 2   用"先二后一"法计算下列三重积分:

(1) $I = \iiint\limits_{x^2+y^2+z^2 \leqslant 1} \mathrm{e}^{|z|} \mathrm{d}x\mathrm{d}y\mathrm{d}z$;

(2) $I = \iiint\limits_{\Omega} x^2 \mathrm{d}V$, 其中区域 Ω 为 $\dfrac{x^2}{a^2} + \dfrac{y^2}{b^2} + \dfrac{z^2}{c^2} \leqslant 1$;

(3) $I = \iiint\limits_{\Omega} (x + y + x^2 + y^2) \mathrm{d}V$, 其中区域 Ω 由 $z = \sqrt{x^2 + y^2}$ 及 $z = 1$, $z = 2$ 围成.

解   (1) 将区域 Ω(如图 9-19 所示)表示为

$$\Omega : \begin{cases} -1 \leqslant z \leqslant 1, \\ (x, y) \in D_z, \end{cases}$$

其中区域 D_z: $x^2 + y^2 \leqslant 1 - z^2$.

于是

$$I = \int_{-1}^1 \mathrm{d}z \iint\limits_{D_z} \mathrm{e}^{|z|} \mathrm{d}x\mathrm{d}y$$

$$= \pi \int_{-1}^1 \mathrm{e}^{|z|} (1 - z^2) \mathrm{d}z$$

$$= 2\pi \int_0^1 \mathrm{e}^z (1 - z^2) \mathrm{d}z = 2\pi.$$

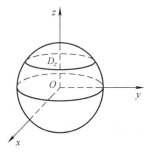

图 9-19

(2) 将区域 Ω(如图 9-20 所示)表示为

$$\Omega : \begin{cases} -a \leqslant x \leqslant a, \\ (y, z) \in D_x, \end{cases} \quad 其中区域 D_x : \frac{y^2}{b^2} + \frac{z^2}{c^2} \leqslant 1 - \frac{x^2}{a^2}.$$

于是

$$I = \int_{-a}^a \mathrm{d}x \iint\limits_{D_x} x^2 \mathrm{d}y\mathrm{d}z = \int_{-a}^a x^2 \cdot \pi bc \Big(1 - \frac{x^2}{a^2} \Big) \mathrm{d}x$$

$$= 2\pi bc \int_0^a x^2 \Big(1 - \frac{x^2}{a^2} \Big) \mathrm{d}x = \frac{4}{15} \pi a^3 bc.$$

(3) 由于区域 Ω(如图 9-21 所示)关于 yOz 平面与 xOz 平面对称, 故

$$\iiint\limits_{\Omega} x \mathrm{d}V = \iiint\limits_{\Omega} y \mathrm{d}V = 0.$$

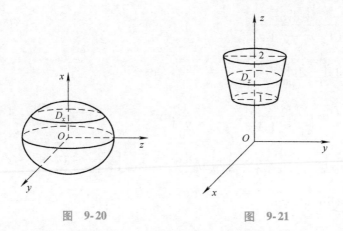

图 9-20   图 9-21

又区域 Ω 可表示为

$$\Omega:\begin{cases} 1 \leqslant z \leqslant 2, \\ (x,y) \in D_z, \end{cases} \text{其中区域 } D_z : x^2 + y^2 \leqslant z^2,$$

故

$$I = \iiint_\Omega x \mathrm{d}V + \iiint_\Omega y \mathrm{d}V + \iiint_\Omega (x^2 + y^2) \mathrm{d}V$$

$$= \iiint_\Omega (x^2 + y^2) \mathrm{d}V = \int_1^2 \mathrm{d}z \iint_{D_z} (x^2 + y^2) \mathrm{d}x\mathrm{d}y$$

$$= \int_1^2 \mathrm{d}z \int_0^{2\pi} \mathrm{d}\theta \int_0^z r^2 \cdot r\mathrm{d}r = 2\pi \int_1^2 \frac{1}{4} z^4 \mathrm{d}z = \frac{31}{10}\pi.$$

例 9.2.3 计算

$$\iiint_\Omega xyz \mathrm{d}V,$$

其中区域 Ω 为球 $x^2 + y^2 + z^2 \leqslant 1$ 在第一卦限的部分.

解 （方法 1：用直角坐标计算）区域 Ω（如图 9-22 所示）可
表示为

$$\Omega:\begin{cases} 0 \leqslant x \leqslant 1, \\ 0 \leqslant y \leqslant \sqrt{1 - x^2}, \\ 0 \leqslant z \leqslant \sqrt{1 - x^2 - y^2}. \end{cases}$$

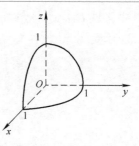

图 9-22

故

$$I = \int_0^1 \mathrm{d}x \int_0^{\sqrt{1-x^2}} \mathrm{d}y \int_0^{\sqrt{1-x^2-y^2}} xyz \mathrm{d}z$$

$$= \frac{1}{2} \int_0^1 \mathrm{d}x \int_0^{\sqrt{1-x^2}} xy(1 - x^2 - y^2) \mathrm{d}y$$

$$= \frac{1}{2} \int_0^1 x \left[\frac{1}{2}(1 - x^2)^2 - \frac{1}{4}(1 - x^2)^2 \right] \mathrm{d}x$$

$$= \frac{1}{8} \int_0^1 x(1 - x^2)^2 \mathrm{d}x = \frac{1}{48}.$$

（方法2：用柱面坐标计算）区域 Ω 可表示为

$$\Omega: \begin{cases} 0 \leq \theta \leq \dfrac{\pi}{2}, \\ 0 \leq r \leq 1, \\ 0 \leq z \leq \sqrt{1 - r^2}. \end{cases}$$

于是

$$I = \int_0^{\frac{\pi}{2}} \mathrm{d}\theta \int_0^1 \mathrm{d}r \int_0^{\sqrt{1-r^2}} r^3 \cos\theta \sin\theta \cdot z \mathrm{d}z$$

$$= \int_0^{\frac{\pi}{2}} \cos\theta \sin\theta \mathrm{d}\theta \int_0^1 r^3 \cdot \frac{1}{2}(1 - r^2)\mathrm{d}r$$

$$= \frac{1}{2} \int_0^{\frac{\pi}{2}} \cos\theta \sin\theta \mathrm{d}\theta \int_0^1 (r^3 - r^5)\mathrm{d}r = \frac{1}{48}.$$

（方法3：用球面坐标计算）区域 Ω 可表示为

$$\Omega: \begin{cases} 0 \leq \theta \leq \dfrac{\pi}{2}, \\ 0 \leq \varphi \leq \dfrac{\pi}{2}, \\ 0 \leq r \leq 1. \end{cases}$$

于是

$$I = \int_0^{\frac{\pi}{2}} \mathrm{d}\theta \int_0^{\frac{\pi}{2}} \mathrm{d}\varphi \int_0^1 r^5 \sin^3\varphi \cos\varphi \cos\theta \sin\theta \mathrm{d}r$$

$$= \int_0^{\frac{\pi}{2}} \cos\theta \sin\theta \mathrm{d}\theta \int_0^{\frac{\pi}{2}} \sin^3\varphi \cos\varphi \mathrm{d}\varphi \int_0^1 r^5 \mathrm{d}r$$

$$= \frac{1}{48}.$$

例 9.2.4 计算 $\iiint\limits_{\Omega} (x^2 + y^2)\mathrm{d}V$，其中区域 Ω 是由曲线 $\begin{cases} y^2 = 2z, \\ x = 0 \end{cases}$ 绕 z 轴旋转一周而成的曲面与平面 $z = 2$，$z = 8$ 所围成的立体.

解 曲线 $\begin{cases} y^2 = 2z, \\ x = 0 \end{cases}$ 绕 z 轴旋转一周所得的旋转曲面方程为 $z = \dfrac{1}{2}(x^2 + y^2)$（如图 9-23 所示）.

（方法1：用柱面坐标计算）将区域 Ω 分为

$$\Omega_1: \begin{cases} x^2 + y^2 \leq 4, \\ 2 \leq z \leq 8; \end{cases} \quad \Omega_2: \begin{cases} 4 \leq x^2 + y^2 \leq 16, \\ \dfrac{1}{2}(x^2 + y^2) \leq z \leq 8. \end{cases}$$

故

$$I = \iiint\limits_{\Omega_1} (x^2 + y^2)\mathrm{d}V + \iiint\limits_{\Omega_2} (x^2 + y^2)\mathrm{d}V$$

$$= \int_0^{2\pi} \mathrm{d}\theta \int_0^2 r^3 \mathrm{d}r \int_2^8 \mathrm{d}z + \int_0^{2\pi} \mathrm{d}\theta \int_2^4 r^3 \mathrm{d}r \int_{\frac{1}{2}r^2}^8 \mathrm{d}z.$$

$$= 336\pi$$

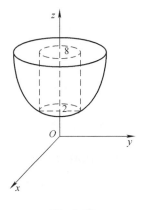

图 9-23

（方法 2：用"先二后一"法计算）区域 Ω 可表示为

$$\Omega:\begin{cases}2\leqslant z\leqslant 8,\\(x,y)\in D_z,\end{cases}\text{其中区域 }D_z:x^2+y^2\leqslant 2z.$$

故

$$I=\int_2^8 \mathrm{d}z\iint\limits_{D_z}(x^2+y^2)\mathrm{d}x\mathrm{d}y=\int_2^8\mathrm{d}z\int_0^{2\pi}\mathrm{d}\theta\int_0^{\sqrt{2z}}r^3\mathrm{d}r$$

$$=2\pi\int_2^8 z^2\mathrm{d}z=336\pi.$$

例 9.2.5 计算 $I=\iiint\limits_{\Omega}(ax+by+cz)^2\mathrm{d}V$，其中区域 Ω 为 $x^2+y^2+z^2\leqslant R^2$.

解 利用对称性及轮换性计算，得

$$I=\iiint\limits_{\Omega}(a^2x^2+b^2y^2+c^2z^2)\mathrm{d}V+\iiint\limits_{\Omega}(2abxy+2bcyz+2aczx)\mathrm{d}V.$$

由区域 Ω 的对称性及被积分函数的奇偶性，得

$$\iiint\limits_{\Omega}xy\mathrm{d}V=\iiint\limits_{\Omega}yz\mathrm{d}V=\iiint\limits_{\Omega}zx\mathrm{d}V=0,$$

及

$$\iiint\limits_{\Omega}x^2\mathrm{d}V=\iiint\limits_{\Omega}y^2\mathrm{d}V=\iiint\limits_{\Omega}z^2\mathrm{d}V.$$

故

$$I=a^2\iiint\limits_{\Omega}x^2\mathrm{d}V+b^2\iiint\limits_{\Omega}y^2\mathrm{d}V+c^2\iiint\limits_{\Omega}z^2\mathrm{d}V$$

$$=(a^2+b^2+c^2)\iiint\limits_{\Omega}x^2\mathrm{d}V$$

$$=\frac{1}{3}(a^2+b^2+c^2)\iiint\limits_{\Omega}(x^2+y^2+z^2)\mathrm{d}V$$

$$=\frac{1}{3}(a^2+b^2+c^2)\int_0^{2\pi}\mathrm{d}\theta\int_0^{\pi}\mathrm{d}\varphi\int_0^R r^2\cdot r^2\sin\varphi\mathrm{d}r$$

$$=\frac{4}{15}\pi R^5(a^2+b^2+c^2).$$

例 9.2.6 计算 $I=\iiint\limits_{\Omega}y\cos(z+x)\mathrm{d}V$，其中区域 Ω 为抛物柱面 $y=\sqrt{x}$ 与平面 $y=0$，$z=0$ 及 $x+z=\frac{\pi}{2}$ 围成的区域.

解 区域 Ω 如图 9-24 所示，区域 Ω 可表示为

$$\Omega:\begin{cases}0\leqslant x\leqslant\dfrac{\pi}{2},\\0\leqslant y\leqslant\sqrt{x},\\0\leqslant z\leqslant\dfrac{\pi}{2}-x.\end{cases}$$

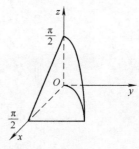

图 9-24

于是

$$I = \int_0^{\frac{\pi}{2}} dx \int_0^{\sqrt{x}} y dy \int_0^{\frac{\pi}{2}-x} \cos(z+x) dz$$

$$= \int_0^{\frac{\pi}{2}} dx \int_0^{\sqrt{x}} y \cdot \sin(z+x) \Big|_0^{\frac{\pi}{2}-x} dy$$

$$= \int_0^{\frac{\pi}{2}} \frac{x}{2}(1 - \sin x) dx = \frac{1}{2}\int_0^{\frac{\pi}{2}}(x - x\sin x) dx = \frac{\pi^2 - 8}{16}.$$

例 9.2.7 计算 $I = \int_{-1}^1 dx \int_0^{\sqrt{1-x^2}} dy \int_1^{1+\sqrt{1-x^2-y^2}} \frac{1}{\sqrt{x^2+y^2+z^2}} dz.$

解 直接计算较困难，将三次积分化为三重积分，再利用球面坐标计算，积分区域为

$$\Omega: \begin{cases} -1 \leqslant x \leqslant 1, \\ 0 \leqslant y \leqslant \sqrt{1-x^2}, \\ 1 \leqslant z \leqslant 1 + \sqrt{1-x^2-y^2}. \end{cases}$$

如图 9-25 所示，可将区域 Ω 表示为

$$\Omega: \begin{cases} 0 \leqslant \theta \leqslant \pi, \\ 0 \leqslant \varphi \leqslant \dfrac{\pi}{4}, \\ \dfrac{1}{\cos\varphi} \leqslant r \leqslant 2\cos\varphi. \end{cases}$$

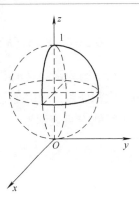

图 9-25

故

$$I = \iiint_\Omega \frac{1}{\sqrt{x^2+y^2+z^2}} dV$$

$$= \int_0^\pi d\theta \int_0^{\frac{\pi}{4}} d\varphi \int_{\frac{1}{\cos\varphi}}^{2\cos\varphi} \frac{1}{r} \cdot r^2 \sin\varphi dr$$

$$= \pi \int_0^{\frac{\pi}{4}} \frac{1}{2}\left(4\cos^2\varphi - \frac{1}{\cos^2\varphi}\right)\sin\varphi d\varphi = \left(\frac{7}{6} - \frac{2}{3}\sqrt{2}\right)\pi.$$

例 9.2.8 计算 $\iiint_\Omega (x^2+y^2) dV$，其中区域 Ω 为球面 $z = \sqrt{a^2-x^2-y^2}$，$z = \sqrt{b^2-x^2-y^2}$（$b > a > 0$）及 $z = 0$ 围成的区域.

解 用球面坐标计算，区域 Ω 可表示为

$$\Omega: \begin{cases} 0 \leqslant \theta \leqslant 2\pi, \\ 0 \leqslant \varphi \leqslant \dfrac{\pi}{2}, \\ a \leqslant r \leqslant b. \end{cases}$$

于是

$$I = \int_0^{2\pi} d\theta \int_0^{\frac{\pi}{2}} d\varphi \int_a^b r^2 \sin^2\varphi \cdot r^2 \sin\varphi dr$$

$$= \int_0^{2\pi} d\theta \int_0^{\frac{\pi}{2}} \sin^3\varphi \cdot \frac{1}{5}(b^5 - a^5) d\varphi$$

$$= \frac{2\pi}{5}(b^5 - a^5)\int_0^{\frac{\pi}{2}} \sin^3\varphi d\varphi = \frac{4}{15}\pi(b^5 - a^5).$$

例 9.2.9 设 $F(t) = \iiint\limits_{\Omega}[z^2 + f(x^2 + y^2)]dV$，其中函数 $f(u)$ 为连续函数，区域 Ω 由圆柱 $x^2 + y^2 = t^2$ 及 $z = 0$，$z = h$ $(h > 0)$ 围成，计算 $F'(t)$ 及 $\lim\limits_{t \to 0}\dfrac{F(t)}{t^2}$.

解 因为函数 $f(u)$ 没具体给出，所以 $F(t)$ 不能直接计算，先利用柱面坐标将三重积分化为三次积分，再利用变上限积分求 $F'(t)$.

区域 Ω 可表示为

$$\Omega: \begin{cases} 0 \leqslant \theta \leqslant 2\pi, \\ 0 \leqslant r \leqslant |t|, \\ 0 \leqslant z \leqslant h. \end{cases}$$

于是

$$F(t) = \iiint\limits_{\Omega}[z^2 + f(x^2 + y^2)]dV = \int_0^{2\pi} d\theta \int_0^{|t|} dr \int_0^h [z^2 + f(r^2)]r dz$$

$$= 2\pi \int_0^{|t|}\left[\frac{1}{3}h^3 r + hrf(r^2)\right]dr = \frac{\pi}{3}h^3 t^2 + 2\pi h \int_0^{|t|} rf(r^2)dr.$$

当 $t > 0$ 时，

$$F(t) = \frac{\pi}{3}h^3 t^2 + 2\pi h \int_0^t rf(r^2)dr,$$

$$F'(t) = \frac{2\pi}{3}h^3 t + 2\pi htf(t^2);$$

当 $t < 0$ 时，

$$F(t) = \frac{\pi}{3}h^3 t^2 + 2\pi h \int_0^{-t} rf(r^2)dr,$$

$$F'(t) = \frac{2\pi}{3}h^3 t + 2\pi h \cdot (-t)f(t^2) \cdot (-1) = \frac{2\pi}{3}h^3 t + 2\pi htf(t^2).$$

故有 $F'(t) = \dfrac{2\pi}{3}h^3 t + 2\pi htf(t^2)$.

于是

$$\lim_{t \to 0}\frac{F(t)}{t^2} = \lim_{t \to 0}\frac{F'(t)}{2t} = \lim_{t \to 0}\pi h\left[\frac{1}{3}h^2 + f(t^2)\right] = \pi h\left[\frac{1}{3}h^2 + f(0)\right].$$

例 9.2.10 计算三重积分 $I = \iiint\limits_{\Omega}\sqrt{x^2 + y^2 + z^2}dV$，其中区域 Ω 由球面 $y = \sqrt{4 - x^2 - z^2}$ 与 $y = \sqrt{x^2 + z^2}$ 围成.

解 由于区域 Ω 是由锥面与球面围成的区域，且被积函数为 $f(x^2 + y^2 + z^2)$ 的形式. 这是一个典型的利用球面坐标计算的三重积分，但不能用通常的球面坐标计算，应将区域 Ω 向 xOz 平面上投影（如图 9-26 所示）.

令

$$\begin{cases} z = r\sin\varphi\cos\theta, \\ x = r\sin\varphi\sin\theta, \\ y = r\cos\varphi, \end{cases}$$

则区域 Ω 可表示为

$$\Omega: \begin{cases} 0 \leqslant \theta \leqslant 2\pi, \\ 0 \leqslant \varphi \leqslant \dfrac{\pi}{4}, \\ 0 \leqslant r \leqslant 2. \end{cases}$$

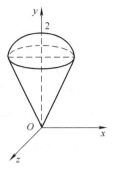

图 9-26

于是

$$I = \iiint\limits_{\Omega} \sqrt{x^2 + y^2 + z^2}\,\mathrm{d}V = \int_0^{2\pi}\mathrm{d}\theta\int_0^{\frac{\pi}{4}}\mathrm{d}\varphi\int_0^2 r \cdot r^2\sin\varphi\,\mathrm{d}r$$

$$= \int_0^{2\pi}\mathrm{d}\theta\int_0^{\frac{\pi}{4}}\sin\varphi \cdot \frac{r^4}{4}\bigg|_0^2\,\mathrm{d}\varphi = 8\pi\int_0^{\frac{\pi}{4}}\sin\varphi\,\mathrm{d}\varphi = 8\pi\left(1 - \frac{\sqrt{2}}{2}\right).$$

例 9.2.11 设一均匀物体占有空间闭区域 Ω，其中区域 Ω 由抛物面 $z = x^2 + y^2$ 及平面 $z = 1$ 围成（如图 9-27 所示），求该物体的重心.

解 根据区域 Ω 的对称性，可知 $\bar{x} = \bar{y} = 0$.

用柱面坐标计算，区域 Ω 可表示为

$$\Omega: \begin{cases} 0 \leqslant \theta \leqslant 2\pi, \\ 0 \leqslant r \leqslant 1, \\ r^2 \leqslant z \leqslant 1. \end{cases}$$

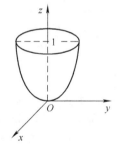

图 9-27

于是

$$V = \iiint\limits_{\Omega}\mathrm{d}V = \int_0^{2\pi}\mathrm{d}\theta\int_0^1\mathrm{d}r\int_{r^2}^1 r\,\mathrm{d}z$$

$$= \int_0^{2\pi}\mathrm{d}\theta\int_0^1(r - r^3)\,\mathrm{d}r = \frac{\pi}{2}.$$

又

$$\iiint\limits_{\Omega}z\,\mathrm{d}V = \int_0^{2\pi}\mathrm{d}\theta\int_0^1\mathrm{d}r\int_{r^2}^1 zr\,\mathrm{d}z = \int_0^{2\pi}\mathrm{d}\theta\int_0^1 r \cdot \frac{1}{2}(1 - r^4)\,\mathrm{d}r = \frac{\pi}{3}.$$

故

$$\bar{z} = \frac{\iiint\limits_{\Omega}z\,\mathrm{d}V}{V} = \frac{\dfrac{\pi}{3}}{\dfrac{\pi}{2}} = \frac{2}{3},$$

所以所求重心为 $\left(0, 0, \dfrac{2}{3}\right)$.

四、习题

1. 计算 $I = \iiint\limits_{\Omega} xy \, dV$，其中区域 Ω 是由曲面 $z = xy$

与平面 $x + y = 1$，$z = 0$ 所围成的区域.

2. 计算 $I = \iiint\limits_{\Omega} \dfrac{1}{x^2 + y^2} dV$，其中区域 Ω 是由平面

$x = 1$，$x = 2$，$z = 0$，$y = x$ 及 $z = y$ 所围成的区域.

3. 计算 $I = \iiint\limits_{\Omega} \dfrac{1}{\sqrt{x^2 + y^2 + (z-2)^2}} dV$，其中区

域 Ω 为 $x^2 + y^2 + z^2 \leq 1$.

4. 计算 $\iiint\limits_{\Omega} f(x, y, z) dV$，其中区域 Ω 为球形域：

$x^2 + y^2 + z^2 \leq 1$，被积分函数

$$f(x, y, z) = \begin{cases} 0, & z \geq \sqrt{x^2 + y^2}, \\ \sqrt{x^2 + y^2}, & 0 \leq z < \sqrt{x^2 + y^2}, \\ \sqrt{x^2 + y^2 + z^2}, & z < 0. \end{cases}$$

5. 计算 $\iiint\limits_{\Omega} (x + y + z + \sqrt{x^2 + y^2}) dV$，其中区域 Ω

为 $z \geq \sqrt{x^2 + y^2}$ 与 $a^2 \leq x^2 + y^2 + z^2 \leq 4a^2$（$a > 0$）的

公共部分.

6. 计算 $\iiint\limits_{\Omega} \left(\dfrac{x^2}{a^2} + \dfrac{y^2}{b^2} + \dfrac{z^2}{c^2} \right) dV$，其中区域 Ω 为 $\dfrac{x^2}{a^2} +$

$\dfrac{y^2}{b^2} + \dfrac{z^2}{c^2} \leq 1$.

7. 求证：由 $x = a$，$x = b(a < b)$，$y = f(x) > 0$ 及

$y = 0$ 所围成的平面图形绕 x 轴旋转一周所形成的立

体（密度 $\rho = 1$）关于 x 轴的转动惯量为

$$I_x = \dfrac{\pi}{2} \int_a^b f^4(x) \, dx,$$

其中函数 $f(x)$ 连续.

8. 计算 $\iiint\limits_{\Omega} (x + z) e^{-(x^2 + y^2 + z^2)} dV$，其中区域 Ω 为

$1 \leq x^2 + y^2 + z^2 \leq 4$，$x \geq 0$，$y \geq 0$，$z \geq 0$.

9. 计算 $\iiint\limits_{\Omega} |x^2 + y^2 + z^2 - 1| dV$，其中区域 Ω 是

由曲面 $z = \sqrt{x^2 + y^2}$ 及平面 $z = 1$ 围成的区域.

10. 计算 $\iiint\limits_{\Omega} (2y + \sqrt{x^2 + y^2}) dV$，其中区域 Ω 是

由球面 $z = \sqrt{4a^2 - x^2 - y^2}$，$z = \sqrt{a^2 - x^2 - y^2}$（$a > 0$）

与锥面 $z = \sqrt{x^2 + y^2}$ 围成的区域.

11. 在半径为 R 的均匀半球旁，拼上一底面半径为 R、高为 h 的均匀圆柱，使圆柱的底面圆与半球的底面圆重合. 当 h 多大时，拼得的整个物体的重心恰在球心上（注：半球与圆柱的密度相同）？

12. 求半径为 R 的均匀球对它的一条切线的转动惯量（密度 $\rho = 1$）.

13. 设均匀圆柱 Ω 为 $x^2 + y^2 \leq a^2$，$0 \leq z \leq h$，其密度为 ρ，求均匀圆柱 Ω 对位于点 $(0, 0, b)(b > h)$ 处单位质量的质点 M 的引力 $\boldsymbol{F}$.

14. 设由球面 $x^2 + y^2 + z^2 = 2az$（$a > 0$）所围成的物体上各点的密度与该点到原点的距离成正比（比例系数为 k），求该物体的重心.

五、习题答案

1. $\dfrac{1}{840}$.

2. $\dfrac{1}{2} \ln 2$.

3. $\dfrac{8}{3} \pi$.

4. π.

5. $\dfrac{15}{16} a^4 \pi$.

6. $\dfrac{4}{5} \pi$.

7. 略.

8. $\dfrac{1}{2} (2e^{-1} - 5e^{-4})$.

9. $\dfrac{15 - 8\sqrt{2}}{30} \pi$.

10. $\dfrac{15}{16} a^4 \pi (\pi - 2)$.

11. $h = \dfrac{\sqrt{2}}{2} R$.

12. $\dfrac{8}{15} \pi R^5 + \dfrac{4}{3} \pi R^3$.

13. $(0, 0, \pi G g \rho [\sqrt{a^2 + b^2} - \sqrt{a^2 + (h - b)^2} - h])$.

14. $\left(0, 0, \dfrac{8}{7} a \right)$.

第 **10** 章

曲线积分与曲面积分

基本要求

1. 理解两类曲线积分的概念，了解两类曲线积分的性质，了解两类曲线积分的关系.

2. 掌握计算两类曲线积分的方法，对曲线的不同表达式能熟练地将曲线积分转换成定积分.

3. 掌握格林公式，并能灵活地使用平面曲线积分与路径无关的条件，会求全微分的原函数.

4. 了解两类曲面积分的概念、性质及两类曲面积分的关系，掌握两类曲面积分的计算方法.

5. 掌握高斯公式，了解斯托克斯公式，会用高斯公式计算曲面积分.

6. 了解散度和旋度的概念，并会计算.

7. 能用曲线积分及曲面积分求一些物理量与几何量（曲面面积、弧长、质量、功及流量等）.

10.1　曲线积分

一、基本内容

1. 对弧长的曲线积分的概念、性质.

2. 对弧长的曲线积分的计算法.

(1) 设平面曲线 L 的参数方程为

$$x = x(t),\ y = y(t),\ \alpha \leqslant t \leqslant \beta,$$

其中，函数 $x(t)$，$y(t)$ 在区间 $[\alpha, \beta]$ 上具有连续的导数，则

$$\int_L f(x,y)\,\mathrm{d}s = \int_\alpha^\beta f[x(t),y(t)] \cdot \sqrt{x'^2(t) + y'^2(t)}\,\mathrm{d}t.$$

(2) 设平面曲线 L 的方程为 $y = y(x)$，$a \leqslant x \leqslant b$，其中函数 $y'(x)$ 在区间 $[a,b]$ 上连续，则

$$\int_L f(x,y)\,\mathrm{d}s = \int_a^b f[x,y(x)] \cdot \sqrt{1 + y'^2(x)}\,\mathrm{d}x.$$

(3) 若空间曲线 Γ 的参数方程为

$$x = x(t),\ y = y(t),\ z = z(t),\ \alpha \leqslant t \leqslant \beta,$$

其中，函数 $x(t)$，$y(t)$，$z(t)$ 在区间 $[\alpha,\beta]$ 上具有连续的导数，则

$$\int_{\Gamma} f(x,y,z)\,\mathrm{d}s = \int_{\alpha}^{\beta} f[x(t),y(t),z(t)] \cdot \sqrt{x'^2(t)+y'^2(t)+z'^2(t)}\,\mathrm{d}t.$$

3. 对坐标的曲线积分的概念、性质.

4. 对坐标的曲线积分的计算法.

（1）设平面曲线 L 的参数方程为 $x = x(t)$，$y = y(t)$，其中曲线 L 的起点对应的参数为 $t = \alpha$，曲线 L 的终点对应的参数为 $t = \beta$，且函数 $x(t)$，$y(t)$ 具有连续的导数，则

$$\int_{L} P(x,y)\,\mathrm{d}x + Q(x,y)\,\mathrm{d}y = \int_{\alpha}^{\beta} \{P[x(t),y(t)] \cdot x'(t) + Q[x(t),y(t)] \cdot y'(t)\}\,\mathrm{d}t.$$

（2）设平面曲线 L 的方程为 $y = y(x)$，其中曲线 L 的起点对应于 $x = a$，曲线 L 的终点对应于 $x = b$，且函数 $y'(x)$ 连续，则

$$\int_{L} P(x,y)\,\mathrm{d}x + Q(x,y)\,\mathrm{d}y = \int_{a}^{b} \{P[x,y(x)] + Q[x,y(x)] \cdot y'(x)\}\,\mathrm{d}x$$

（3）若空间曲线 Γ 的参数方程为

$$x = x(t),\ y = y(t),\ z = z(t),$$

其中，曲线 Γ 的起点对应的参数为 $t = \alpha$，曲线 Γ 的终点对应的参数为 $t = \beta$，且函数 $x(t)$，$y(t)$，$z(t)$ 具有连续的导数，则

$$\int_{\Gamma} P(x,y,z)\,\mathrm{d}x + Q(x,y,z)\,\mathrm{d}y + R(x,y,z)\,\mathrm{d}z$$

$$= \int_{\alpha}^{\beta} \{P[x(t),y(t),z(t)] \cdot x'(t) + Q[\cdot] \cdot y'(t) + R[\cdot] \cdot z'(t)\}\,\mathrm{d}t.$$

5. 两类曲线积分的联系.

$$\int_{L} (P\cos\alpha + Q\cos\beta)\,\mathrm{d}s = \int_{L} P\,\mathrm{d}x + Q\,\mathrm{d}y,$$

其中，$\alpha(x,y)$，$\beta(x,y)$ 为有向曲线弧 L 上点 (x,y) 处的切向量的方向角.

注　若向量 $\boldsymbol{n} = (\cos\alpha,\cos\beta)$ 为曲线弧 L 上点 (x,y) 处的外法向量，则

$$\int_{L} (P\cos\alpha + Q\cos\beta)\,\mathrm{d}s = \int_{L} P\,\mathrm{d}y - Q\,\mathrm{d}x.$$

6. 格林公式.

设函数 $P(x,y)$，$Q(x,y)$ 在由分段光滑的闭曲线 L 围成的闭区域 D 上具有一阶连续的偏导数，则有

$$\oint_{L} P\,\mathrm{d}x + Q\,\mathrm{d}y = \iint_{D} \left(\frac{\partial Q}{\partial x} - \frac{\partial P}{\partial y}\right)\mathrm{d}x\mathrm{d}y,$$

其中，曲线 L 取正向.

7. 平面上曲线积分与路径无关的条件.

设区域 G 是平面单连通域，函数 $P(x,y)$，$Q(x,y)$ 在区域 G 内具有一阶连续偏导数，则 $\int_{L} P\,\mathrm{d}x + Q\,\mathrm{d}y$ 在区域 G 内与路径无关 $\Leftrightarrow \dfrac{\partial Q}{\partial x} = \dfrac{\partial P}{\partial y}$ 在区域 G 内恒成立.

二、重点与难点

重点：

1. 两类曲线积分的计算.

2. 格林公式及其应用.

难点：利用格林公式计算曲线积分，特别是函数 $P(x,y)$，$Q(x,y)$ 的偏导数不连续的情形

三、例题分析

例 10.1.1 计算下列第一类曲线积分：

（1）$\int_L x \mathrm{d}s$，其中曲线 L 为双曲线 $xy=1$ 从点 $\left(\frac{1}{2},2\right)$ 到点 $(1,1)$ 的一段弧；

（2）$\oint_L (x^2+y^2)\mathrm{d}s$，其中曲线 L 为圆 $x^2+y^2=ax(a>0)$.

解 （1）曲线 L 的方程为 $y=\frac{1}{x}$，$\frac{1}{2}\leqslant x\leqslant 1$，则

$$\int_L x\mathrm{d}s = \int_{\frac{1}{2}}^1 x\sqrt{1+\frac{1}{x^4}}\mathrm{d}x = \int_{\frac{1}{2}}^1 \frac{\sqrt{1+x^4}}{x}\mathrm{d}x \ (\text{令 } t=\sqrt{1+x^4})$$

$$= \int_{\frac{\sqrt{17}}{4}}^{\sqrt{2}} \frac{t^2}{2(t^2-1)}\mathrm{d}t = \frac{\sqrt{2}}{2} - \frac{\sqrt{17}}{8} - \frac{1}{2}\ln\frac{1+\sqrt{2}}{4+\sqrt{17}}.$$

（2）（方法1）取曲线 L 的参数方程为

$$x=a\cos^2\theta,\ y=a\sin\theta\cos\theta\left(-\frac{\pi}{2}\leqslant\theta\leqslant\frac{\pi}{2}\right).$$

则

$$x^2+y^2=ax=a^2\cos^2\theta \text{ 且 } \sqrt{x'^2(\theta)+y'^2(\theta)}=a.$$

于是

$$\oint_L(x^2+y^2)\mathrm{d}s = \int_{-\frac{\pi}{2}}^{\frac{\pi}{2}} a^2\cos^2\theta\sqrt{x'^2(\theta)+y'^2(\theta)}\mathrm{d}\theta$$

$$= \int_{-\frac{\pi}{2}}^{\frac{\pi}{2}} a^3\cos^2\theta\mathrm{d}\theta = 2\int_0^{\frac{\pi}{2}} a^3\cdot\frac{1+\cos2\theta}{2}\mathrm{d}\theta$$

$$= a^3\left(\theta+\frac{1}{2}\sin2\theta\right)\Big|_0^{\frac{\pi}{2}} = \frac{\pi}{2}a^3.$$

（方法2）取曲线 L 的参数方程为

$$x=\frac{a}{2}+\frac{a}{2}\cos\theta,\ y=\frac{a}{2}\sin\theta\ (0\leqslant\theta\leqslant2\pi).$$

则

$$x^2+y^2=ax=\frac{1}{2}a^2(1+\cos\theta) \text{ 且 } \sqrt{x'^2(\theta)+y'^2(\theta)}=\frac{a}{2}.$$

于是

$$\oint_L(x^2+y^2)\mathrm{d}s = \int_0^{2\pi}\frac{1}{2}a^2(1+\cos\theta)\cdot\frac{a}{2}\mathrm{d}\theta$$

$$= \frac{1}{4}a^3(\theta+\sin\theta)\Big|_0^{2\pi} = \frac{\pi}{2}a^3.$$

例 10.1.2 设曲线 L 为 $\frac{x^2}{2^2}+\frac{y^2}{3^2}=1$，其周长为 l，求 $\oint_L(xy^2+9x^2+4y^2)\mathrm{d}s$.

解 由于积分曲线 L 关于 y 轴对称,又函数 xy^2 为关于 x 的奇函数,则 $\oint_L xy^2 \mathrm{d}s = 0$.

又曲线 L 的方程可化为 $9x^2 + 4y^2 = 36$. 故

$$\oint_L (9x^2 + 4y^2)\mathrm{d}s = \oint_L 36\mathrm{d}s = 36l.$$

于是

$$\oint_L (xy^2 + 9x^2 + 4y^2)\mathrm{d}s = 36l.$$

注 (1) 若曲线 L 关于 y 轴对称,则

$$\int_L f(x,y)\mathrm{d}s = \begin{cases} 0, & f(-x,y) = -f(x,y), \\ 2\displaystyle\int_{L_1} f(x,y)\mathrm{d}s, & f(-x,y) = f(x,y), \end{cases}$$

其中,曲线 L_1 为曲线 L 在 $x \geq 0$ 的部分曲线.

(2) 若曲线 L 关于 x 轴对称,则

$$\int_L f(x,y)\mathrm{d}s = \begin{cases} 0, & f(x,-y) = -f(x,y), \\ 2\displaystyle\int_{L_1} f(x,y)\mathrm{d}s, & f(x,-y) = f(x,y), \end{cases}$$

其中,曲线 L_1 为曲线 L 在 $y \geq 0$ 的部分曲线.

例 10.1.3 设曲线 $\varGamma$ 为球面 $x^2 + y^2 + z^2 = 1$ 与 $x + y + z = 0$ 的交线,计算曲线积分 $\oint_\varGamma \left(\dfrac{x}{3} + \dfrac{y^2}{2} \right)\mathrm{d}s$.

解 由于曲线 $\varGamma$ 的对称性,利用轮换对称性,得

$$\oint_\varGamma x\mathrm{d}s = \oint_\varGamma y\mathrm{d}s = \oint_\varGamma z\mathrm{d}s \ \text{及} \oint_\varGamma x^2\mathrm{d}s = \oint_\varGamma y^2\mathrm{d}s = \oint_\varGamma z^2\mathrm{d}s.$$

因此

$$\oint_\varGamma x\mathrm{d}s = \frac{1}{3}\oint_\varGamma (x + y + z)\mathrm{d}s = \frac{1}{3}\oint_\varGamma 0 \cdot \mathrm{d}s = 0,$$

$$\oint_\varGamma y^2\mathrm{d}s = \frac{1}{3}\oint_\varGamma (x^2 + y^2 + z^2)\mathrm{d}s = \frac{1}{3}\oint_\varGamma \mathrm{d}s = \frac{2}{3}\pi.$$

于是

$$\oint_\varGamma \left(\frac{x}{3} + \frac{y^2}{2} \right)\mathrm{d}s = \oint_\varGamma \frac{x}{3}\mathrm{d}s + \oint_\varGamma \frac{y^2}{2}\mathrm{d}s = \frac{1}{3}\pi.$$

例 10.1.4 计算下列曲线积分:

(1) 计算 $\int_L xy^2\mathrm{d}y - x^2y\mathrm{d}x$,其中曲线 L 为从点 $A(1,0)$ 到点 $B(0,1)$ 的直线段;

(2) 计算 $\int_L (2xy + 3x\sin x)\mathrm{d}x + (x^2 - ye^y)\mathrm{d}y$,其中曲线 L 为沿摆线 $x = t - \sin t$,$y = 1 - \cos t$ 从点 $O(0,0)$ 到点 $A(\pi,2)$ 的一段弧.

解 (1) 曲线 L 的方程为 $y = 1 - x$,当点 A 变到点 B 时,x 从 1 变到 0,故

$$\int_L xy^2\mathrm{d}y - x^2y\mathrm{d}x = \int_1^0 x(1-x)^2\mathrm{d}(1-x) - x^2(1-x)\mathrm{d}x$$

$$= \int_0^1 (x - x^2)\mathrm{d}x = \frac{1}{6}.$$

（2）因为

$$\frac{\partial Q}{\partial x} = \frac{\partial P}{\partial y} = 2x,$$

所以曲线积分与路径无关，选积分路径为折线$\widehat{OBA}$（如图 10-1 所示）.
故

$$\int_L (2xy + 3x \sin x)\mathrm{d}x + (x^2 - y\mathrm{e}^y)\mathrm{d}y$$

$$= \int_{OB} + \int_{BA} = \int_0^\pi 3x \sin x\mathrm{d}x + \int_0^2 (\pi^2 - y\mathrm{e}^y)\mathrm{d}y$$

$$= 3\pi + 2\pi^2 - \mathrm{e}^2 - 1.$$

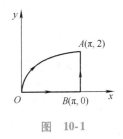

图 10-1

例 10.1.5 设空间曲线 Γ 为球面 $x^2 + y^2 + z^2 = R^2$ 与平面 $x + y = R$ 的交线，从 y 轴正向看去是顺时针方向，计算 $\oint_\Gamma \frac{1}{2}y^2 \mathrm{d}x - xz\mathrm{d}y + \frac{1}{2}y^2 \mathrm{d}z$.

解 曲线 Γ 的方程可改写成

$$\begin{cases} \left(y - \frac{R}{2}\right)^2 + \frac{1}{2}z^2 = \left(\frac{R}{2}\right)^2, \\ x = R - y. \end{cases}$$

于是曲线 Γ 的参数方程为

$$x = \frac{R}{2}(1 - \cos\theta), \ y = \frac{R}{2}(1 + \cos\theta), \ z = \frac{R}{\sqrt{2}}\sin\theta.$$

因为 θ 从 π 变到 $-\pi$，故

$$原式 = \int_\pi^{-\pi} \left\{ \frac{1}{2}\left[\frac{R}{2}(1 + \cos\theta)\right]^2 \frac{R}{2}\sin\theta - \right.$$

$$\frac{R}{2}(1 - \cos\theta)\frac{R}{\sqrt{2}}\sin\theta \cdot \left(-\frac{R}{2}\sin\theta\right) +$$

$$\left. \frac{1}{2}\left[\frac{R}{2}(1 + \cos\theta)\right]^2 \frac{R}{\sqrt{2}}\cos\theta \right\}\mathrm{d}\theta$$

$$= 0 - \int_{-\pi}^\pi \frac{\sqrt{2}}{8}R^3(\sin^2\theta - \cos\theta\sin^2\theta)\mathrm{d}\theta -$$

$$\int_{-\pi}^\pi \frac{\sqrt{2}}{16}R^3(1 + \cos\theta)^2\cos\theta\mathrm{d}\theta$$

$$= -\frac{\sqrt{2}}{4}R^3\pi.$$

例 10.1.6 试求 a，b，使 $(ay^2 - 2xy)\mathrm{d}x + (bx^2 + 2xy)\mathrm{d}y$ 是某一个函数 $u(x,y)$ 的全微分，并求出 $u(x,y)$.

解 由于 $P(x,y) = ay^2 - 2xy$，$Q(x,y) = bx^2 + 2xy$，欲使 $P\mathrm{d}x + Q\mathrm{d}y$ 是某个函数 $u(x,y)$ 的全微分，则应有

$$\frac{\partial Q}{\partial x} = \frac{\partial P}{\partial y},$$

即 $2bx + 2y = 2ay - 2x$. 因此 $a = 1$，$b = -1$.

则所求的函数为

$$u(x,y) = \int_{(0,0)}^{(x,y)} P\mathrm{d}x + Q\mathrm{d}y + C$$

$$= \int_0^x 0 \cdot \mathrm{d}x + \int_0^y (-x^2 + 2xy)\mathrm{d}y + C$$

$$= -x^2 y + xy^2 + C,$$

其中, C 为任意常数.

例 10.1.7 计算曲线积分 $I = \int_L (y + 2xy)\mathrm{d}x + (x^2 + 2x + y^2)\mathrm{d}y$, 其中曲线 L 为 $x^2 + y^2 = 4x$ 的上半圆周由点 $A(4,0)$ 到点 $O(0,0)$ 的一段弧 (如图 10-2 所示).

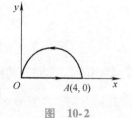

图 10-2

解 (方法1: 利用格林公式) 取 $L' = L + \overline{QA}$, 则曲线 L' 为封闭曲线, 记

$$P = y + 2xy, \frac{\partial P}{\partial y} = 1 + 2x,$$

$$Q = x^2 + 2x + y^2, \frac{\partial Q}{\partial x} = 2x + 2,$$

$$\oint_{L'} P\mathrm{d}x + Q\mathrm{d}y = \int_L P\mathrm{d}x + Q\mathrm{d}y + \int_{OA} P\mathrm{d}x + Q\mathrm{d}y.$$

于是

$$\int_L P\mathrm{d}x + Q\mathrm{d}y = \oint_{L'} P\mathrm{d}x + Q\mathrm{d}y - \int_{OA} P\mathrm{d}x + Q\mathrm{d}y.$$

由格林公式, 得

$$I_1 = \oint_{L'} P\mathrm{d}x + Q\mathrm{d}y = \iint_D \left(\frac{\partial Q}{\partial x} - \frac{\partial P}{\partial y}\right)\mathrm{d}x\mathrm{d}y = \iint_D \mathrm{d}x\mathrm{d}y = 2\pi.$$

对于 $I_2 = \int_{OA} P\mathrm{d}x + Q\mathrm{d}y = \int_{OA} (y + 2xy)\mathrm{d}x + (x^2 + 2x + y^2)\mathrm{d}y,$

因在直线 $\overline{OA}$ 上, $y = 0$, 故 $I_2 = 0$. 从而

$$I = \int_L (y + 2xy)\mathrm{d}x + (x^2 + 2x + y^2)\mathrm{d}y = I_1 - I_2 = 2\pi.$$

(方法2) $I = \int_L (2y + 2xy)\mathrm{d}x + (x^2 + 2x + y^2)\mathrm{d}y - \int_L y\mathrm{d}x = I_1 - I_2.$

在 I_1 中, 记 $P = 2y + 2xy$, $Q = x^2 + 2x + y^2$, 则 $\frac{\partial P}{\partial y} = \frac{\partial Q}{\partial x}$. 故曲线积分 I_1 与路径无关. 于是

$$I_1 = \int_{AO} (2y + 2xy)\mathrm{d}x + (x^2 + 2x + y^2)\mathrm{d}y$$

在直线 $\overline{AO}$ 上, $y = 0$. 故 $I_1 = 0$.

又曲线 L 的参数方程为

$$\begin{cases} x = 2 + 2\cos t, \\ y = 2\sin t, \end{cases}$$

参数 t 从 0 变到 π, 故

$$I_2 = \int_L y\mathrm{d}x = \int_0^\pi 2\sin t(-2\sin t)\mathrm{d}t = -2\pi.$$

从而 $I = I_1 - I_2 = 2\pi.$

例 10.1.8　计算 $\oint_L \dfrac{x\mathrm{d}y - y\mathrm{d}x}{4x^2 + y^2}$，其中曲线 L 为圆周：$(x-1)^2 + y^2 = a^2\,(a \neq 1)$ 取逆时针方向.

解　记

$$P(x,y) = \frac{-y}{4x^2 + y^2}, \ Q(x,y) = \frac{x}{4x^2 + y^2}.$$

则

$$\frac{\partial Q}{\partial x} = \frac{y^2 - 4x^2}{(4x^2 + y^2)^2} = \frac{\partial P}{\partial y}$$

在除原点（0,0）之外处处成立.

当 $a < 1$ 时，曲线 L 所围成的闭区域 D 内不含原点（如图 10-3a 所示），则

$$\oint_L \frac{x\mathrm{d}y - y\mathrm{d}x}{4x^2 + y^2} = \iint_D \left(\frac{\partial Q}{\partial x} - \frac{\partial P}{\partial y}\right)\mathrm{d}x\mathrm{d}y = 0.$$

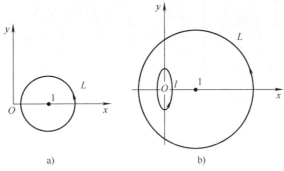

图　10-3

当 $a > 1$ 时，曲线 L 所围成的闭区域 D 内含有原点（如图 10-3b 所示），不能直接应用格林公式，作足够小的椭圆 l：$4x^2 + y^2 = r^2$（取逆时针方向），则在曲线 L 与 l 围成的区域上应用格林公式，有

$$\oint_{L+l^-} \frac{x\mathrm{d}y - y\mathrm{d}x}{4x^2 + y^2} = \iint_D \left(\frac{\partial Q}{\partial x} - \frac{\partial P}{\partial y}\right)\mathrm{d}x\mathrm{d}y = 0,$$

即

$$\oint_L \frac{x\mathrm{d}y - y\mathrm{d}x}{4x^2 + y^2} - \oint_l \frac{x\mathrm{d}y - y\mathrm{d}x}{4x^2 + y^2} = 0, \ \oint_L \frac{x\mathrm{d}y - y\mathrm{d}x}{4x^2 + y^2} = \oint_l \frac{x\mathrm{d}y - y\mathrm{d}x}{4x^2 + y^2}.$$

又曲线 l 的参数方程为 $x = \dfrac{r}{2}\cos\theta$，$y = r\sin\theta$，$\theta$ 从 0 变到 2π，故

$$\oint_L \frac{x\mathrm{d}y - y\mathrm{d}x}{4x^2 + y^2} = \oint_l \frac{x\mathrm{d}y - y\mathrm{d}x}{4x^2 + y^2}$$

$$= \int_0^{2\pi} \frac{\dfrac{r}{2}\cos\theta\,\mathrm{d}(r\sin\theta) - r\sin\theta\,\mathrm{d}\left(\dfrac{r}{2}\cos\theta\right)}{r^2}$$

$$= \int_0^{2\pi} \frac{1}{2}\mathrm{d}\theta = \pi.$$

例 10.1.9　计算 $I = \oint_L \dfrac{(x+y)\mathrm{d}x - (x-y)\mathrm{d}y}{x^2+y^2}$，其中曲线 L 是沿曲线 $y = \pi\cos x$ 由 $A(\pi,-\pi)$ 到 $B(-\pi,-\pi)$ 的一段弧.

解　若直接将 $y = \pi\cos x$ 代入进行计算，则较复杂.

由于

$$\frac{\partial Q}{\partial x} = \frac{x^2 - 2xy - y^2}{(x^2+y^2)^2} = \frac{\partial P}{\partial y}$$

除原点之外处处成立，因此，曲线积分 I 在不包含原点的区域内与路径无关.

（方法 1）选取积分路径为折线 $\overset{\frown}{ACDB}$（如图 10-4a 所示），则

$$\int_L = \int_{\overset{\frown}{ACDB}} = \int_{\overline{AC}} + \int_{\overline{CD}} + \int_{\overline{DB}}$$

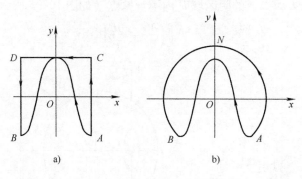

图　10-4

其中，$\overline{AC}$：$x = \pi$；$\overline{CD}$：$y = \pi$；$\overline{DB}$：$x = -\pi$. 所以

$$I = \int_{-\pi}^{\pi} \frac{-(\pi - y)}{\pi^2 + y^2}\mathrm{d}y + \int_{\pi}^{-\pi} \frac{x+\pi}{x^2+\pi^2}\mathrm{d}x + \int_{\pi}^{-\pi} \frac{-(-\pi-y)}{\pi^2+y^2}\mathrm{d}y$$

$$= -\int_{-\pi}^{\pi} \frac{\pi - x}{\pi^2 + x^2}\mathrm{d}x - \int_{-\pi}^{\pi} \frac{x+\pi}{x^2+\pi^2}\mathrm{d}x - \int_{-\pi}^{\pi} \frac{\pi+x}{\pi^2+x^2}\mathrm{d}x$$

$$= -\int_{-\pi}^{\pi} \frac{3\pi + x}{\pi^2 + x^2}\mathrm{d}x = -\frac{3}{2}\pi.$$

（方法 2）选取积分路径为以原点为圆心、经过 A，B 两点的半径为 $\sqrt{2}\pi$ 的圆弧 $\overset{\frown}{ANB}$（如图 10-4b 所示），则其参数方程为

$$\begin{cases} x = \sqrt{2}\pi\cos t, \\ y = \sqrt{2}\pi\sin t, \end{cases}$$

其中，t 从 $-\dfrac{\pi}{4}$ 变到 $\dfrac{5}{4}\pi$. 于是

$$\int_L = \int_{\overset{\frown}{ANB}}$$

$$= \int_{-\frac{\pi}{4}}^{\frac{5}{4}\pi} \left[\frac{\sqrt{2}\pi(\cos t + \sin t)\cdot(-\sqrt{2}\pi\sin t)}{2\pi^2} - \frac{\sqrt{2}\pi(\cos t - \sin t)\cdot(\sqrt{2}\pi\cos t)}{2\pi^2} \right]\mathrm{d}t$$

$$= -\int_{-\frac{\pi}{4}}^{\frac{5}{4}\pi} \mathrm{d}t = -\frac{3}{2}\pi.$$

（方法 3）连接 AB，则曲线 $L' = \overline{BA} + L$ 为封闭曲线，再作足够小的圆周 l：$x^2 + y^2 = r^2$

（如图 10-5 所示），则易知

$$\oint_{L'} = \oint_{l}.$$

又

$$\oint_{l} = \oint_{l} \frac{(x+y)\,\mathrm{d}x - (x-y)\,\mathrm{d}y}{r^2}$$

$$= \frac{1}{r^2} \iint_{D} (-2)\,\mathrm{d}x\mathrm{d}y = -2\pi,$$

$$\int_{\overline{BA}} = \int_{-\pi}^{\pi} \frac{x-\pi}{x^2+\pi^2}\mathrm{d}x = -\frac{\pi}{2}.$$

于是

$$I = \int_{L} = \oint_{L'} - \int_{\overline{BA}}$$

$$= -2\pi - \left(-\frac{\pi}{2}\right) = -\frac{3}{2}\pi.$$

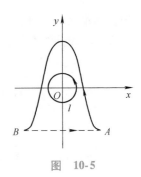

图　10-5

例 10.1.10　计算曲线积分

$$\int_{\widehat{AMB}} \left[\varphi(y)\mathrm{e}^x - my\right]\mathrm{d}x + \left[\varphi'(y)\mathrm{e}^x - m\right]\mathrm{d}y,$$

其中，函数 $\varphi(y)$，$\varphi'(y)$ 为连续函数，$\widehat{AMB}$ 为连接 $A(x_1,y_1)$ 和 $B(x_2,y_2)$ 两点的在线段 $\overline{AB}$ 下方的任意曲线，且与线段 $\overline{AB}$ 围成的面积为 S（如图 10-6 所示）.

　解　作线段 $\overline{BC}$ 和 $\overline{CA}$，其中点 C 的坐标为 (x_1,y_2)，取曲线为

$$L = \widehat{AMB} + \overline{BC} + \overline{CA}.$$

　由格林公式，得

$$\oint_{L} = \iint_{D} \left(\frac{\partial Q}{\partial x} - \frac{\partial P}{\partial y}\right)\mathrm{d}x\mathrm{d}y = \iint_{D} m\mathrm{d}x\mathrm{d}y = mS + \frac{1}{2}m(y_2-y_1)(x_2-x_1).$$

　又

$$\int_{\overline{BC}} P\mathrm{d}x + Q\mathrm{d}y = \int_{x_2}^{x_1} \left[\varphi(y_2)\mathrm{e}^x - my_2\right]\mathrm{d}x$$

$$= \varphi(y_2)(\mathrm{e}^{x_1} - \mathrm{e}^{x_2}) - my_2(x_1 - x_2),$$

$$\int_{\overline{CA}} P\mathrm{d}x + Q\mathrm{d}y = \int_{y_2}^{y_1} \left[\varphi'(y)\mathrm{e}^{x_1} - m\right]\mathrm{d}y$$

$$= \left[\varphi(y_1) - \varphi(y_2)\right]\mathrm{e}^{x_1} - m(y_1 - y_2),$$

于是

$$\int_{\widehat{AMB}} = \oint_{L} - \int_{\overline{BC}} - \int_{\overline{CA}}$$

$$= mS + \frac{1}{2}m(y_2-y_1)(x_2-x_1) + \mathrm{e}^{x_2}\varphi(y_2) - \mathrm{e}^{x_1}\varphi(y_1) + m(y_1-y_2).$$

例 10.1.11　设曲线 L 为任一简单封闭的光滑曲线，向量 $\boldsymbol{l}$ 为一常向量，求证：

$$\oint_{L} \cos(\boldsymbol{l},\boldsymbol{n})\mathrm{d}s = 0,$$

其中，向量 n 为闭曲线 L 的外法向量.

证明 设曲线 L 为正向曲线，且 $l = ai + bj$，向量 n_0 为单位外法向量，记 $n_0 = (\cos \alpha, \cos \beta)$，于是

$$\cos(l, n) = \cos(l, n_0) = \frac{l \cdot n_0}{|l| \, |n_0|} = \frac{a\cos \alpha + b\cos \beta}{\sqrt{a^2 + b^2}}.$$

从而有

$$\oint_L \cos(l, n) \mathrm{d}s = \oint_L \frac{a\cos \alpha + b\cos \beta}{\sqrt{a^2 + b^2}} \mathrm{d}s = \oint_L \frac{a\mathrm{d}y - b\mathrm{d}x}{\sqrt{a^2 + b^2}}$$

$$= \iint_D \left(\frac{\partial Q}{\partial x} - \frac{\partial P}{\partial y} \right) \mathrm{d}x\mathrm{d}y = \iint_D 0\mathrm{d}x\mathrm{d}y = 0.$$

例 10.1.12 设函数 $\varphi(y)$，$f(y)$ 是二阶可微的函数，确定 $\varphi(y)$ 与 $f(y)$，使曲线积分

$$\oint_L 2[x\varphi(y) + f(y)]\mathrm{d}x + [x^2 f(y) + 2xy^2 - 2x\varphi(y)]\mathrm{d}y = 0,$$

且 $\varphi(0) = -2$，$f(0) = 1$，其中曲线 L 是平面上任一条简单闭曲线.

解 由于对任意闭曲线 L，有

$$\oint_L P\mathrm{d}x + Q\mathrm{d}y = 0,$$

故 $\displaystyle\int_L P\mathrm{d}x + Q\mathrm{d}y$ 与路径无关. 则有 $\dfrac{\partial P}{\partial y} = \dfrac{\partial Q}{\partial x}$，即

$$2[x\varphi'(y) + f'(y)] = 2xf(y) + 2y^2 - 2\varphi(y).$$

在整个 xOy 平面内恒成立，比较两边 x 的同次幂，则有 $\begin{cases} \varphi'(y) = f(y), \\ f'(y) = y^2 - \varphi(y). \end{cases}$

由此得

$$\varphi''(y) = f'(y) = y^2 - \varphi(y), \quad \varphi''(y) + \varphi(y) = y^2.$$

解得

$$\varphi(y) = c_1 \cos y + c_2 \sin y + y^2 - 2.$$

所以

$$f(y) = \varphi'(y) = -c_1 \sin y + c_2 \cos y + 2y.$$

由 $\varphi(0) = -2$，$f(0) = 1$，得 $c_1 = 0$，$c_2 = 1$. 于是

$$\varphi(y) = \sin y + y^2 - 2, \quad f(y) = \cos y + 2y.$$

例 10.1.13 已知曲线积分 $\displaystyle\oint_L \frac{x\mathrm{d}y - y\mathrm{d}x}{y^2 + \varphi(x)} = A$（$A$ 为常数），其中函数 $\varphi(x)$ 为可导函数，且 $\varphi(1) = 1$，曲线 L 为环绕原点一周的任意光滑闭曲线的正向，试求 $\varphi(x)$ 及 A.

解 记

$$P = -\frac{y}{y^2 + \varphi(x)}, \quad Q = \frac{x}{y^2 + \varphi(x)}.$$

对于任意一条不包围原点的光滑闭曲线 L，将曲线 L 分成为 $L = L_2 + L_1^-$（如图 10-7 所示），再补上一条光滑曲线 L_3，使得曲线 $L_3 + L_1$ 与 $L_3 + L_2$ 都成为环绕原点一周的正向闭曲线.

由已知条件，得

$$\int_{L_3+L_1} = \int_{L_3+L_2} = A.$$

因此 $\int_{L_1} = \int_{L_2}$. 故 $\oint_L = \int_{L_2+L_1^-} = \int_{L_2} - \int_{L_1} = 0.$

这表明，曲线积分 $\int_L \dfrac{x\mathrm{d}y - y\mathrm{d}x}{y^2 + \varphi(x)}$ 在不包含原点的单连通区域内与

路径无关. 因此

$$\frac{\partial Q}{\partial x} = \frac{\partial P}{\partial y}(x^2 + y^2 \neq 0),$$

即

$$-\frac{[y^2 + \varphi(x)] - 2y^2}{[y^2 + \varphi(x)]^2} = \frac{[y^2 + \varphi(x)] - x\varphi'(x)}{[y^2 + \varphi(x)]^2}.$$

所以 $x\varphi'(x) = 2\varphi(x)$. 解得 $\varphi(x) = cx^2$. 由于 $\varphi(1) = 1$，故有 $\varphi(x) = x^2$.

若取曲线 L 的参数方程为 $x = \cos t$，$y = \sin t$ $(0 \leqslant t \leqslant 2\pi)$，则有

$$A = \oint_L \frac{x\mathrm{d}y - y\mathrm{d}x}{y^2 + \varphi(x)} = \int_0^{2\pi} (\cos^2 t + \sin^2 t)\mathrm{d}t = 2\pi.$$

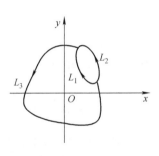

图 10-7

四、习题

1. 计算 $\oint_L |xy| \mathrm{d}s$，其中曲线 L 是椭圆 $\dfrac{x^2}{a^2} + \dfrac{y^2}{b^2} = 1$.

2. 计算 $I = \oint_L \dfrac{\cos(\boldsymbol{r},\boldsymbol{n})}{r}\mathrm{d}s$，其中 $\boldsymbol{r} = x\boldsymbol{i} + y\boldsymbol{j}$，$r = |\boldsymbol{r}|$，曲线 L 为不通过 $O(0,0)$ 的任意正向简单闭曲线，向量 $\boldsymbol{n}$ 为曲线 L 的外法向量.

3. 设区域 D 是由 $y = x$，$y = 4x$，$xy = 1$，$xy = 4$ 所围成的区域，曲线 L 是它的正向周界，函数 $F(u)$ 具有连续导数，求证：

$$I = \oint_L \frac{F(xy)}{y}\mathrm{d}y = \ln 2 \int_1^4 f(u)\mathrm{d}u,$$

其中 $F'(u) = f(u)$.

4. 计算 $\displaystyle\int_L \dfrac{y^2}{\sqrt{a^2 + x^2}}\mathrm{d}x + [4x + 2y\ln(x + \sqrt{a^2 + x^2})]\mathrm{d}y$，其中曲线 L 是由点 $A(a,0)$ 沿椭圆 $\dfrac{x^2}{a^2} + \dfrac{y^2}{b^2} = 1$ $(y \leqslant 0)$ 到点 $B(-a,0)$ $(a > 0)$ 的曲线弧.

5. 在过 $O(0,0)$ 和 $A(\pi,0)$ 两点的曲线族 $y = a\sin x$ 中，求一条曲线 L，使该曲线从点 O 到点 A 的积分

$$\int_L (1 + y^3)\mathrm{d}x + (2x + y)\mathrm{d}y$$

的值为最小 $(a > 0)$.

6. 试确定常数 λ，使得在任何不经过 $y = 0$ 的区域上的曲线积分

$$\int_L \frac{x}{y}(x^2 + y^2)^\lambda \mathrm{d}x - \frac{x^2}{y^2}(x^2 + y^2)^\lambda \mathrm{d}y$$

与路径无关，并求

$$u(x,y) = \int_{(1,1)}^{(x,y)} \frac{x}{y}(x^2 + y^2)^\lambda \mathrm{d}x - \frac{x^2}{y^2}(x^2 + y^2)^\lambda \mathrm{d}y.$$

7. 质点 $M(x,y)$ 沿着以线段 $\overline{AB}$ 为直径的半圆周（直径 $\overline{AB}$ 下方的），从点 $A(1,2)$ 移动到点 $B(3,4)$ 的过程中受变力 $\boldsymbol{F}$ 的作用，变力 $\boldsymbol{F}$ 的大小等于 $M(x,y)$ 与 $O(0,0)$ 两点之间的距离，方向垂直于 $\overrightarrow{OM}$，且与 y 轴正向的夹角小于 $\dfrac{\pi}{2}$，求变力 $\boldsymbol{F}$ 对质点 $M(x,y)$ 所做的功.

五、习题答案

1. $\dfrac{4ab(a^2 + ab + b^2)}{3(a + b)}$.

2. 0.

3. 提示：先用格林公式，再应用二重积分的换元法.

4. $-2\pi ab$.

5. $y = \sin x$

6. $\lambda = -\dfrac{1}{2}$，$u(x,y) = \sqrt{x^2 + y^2} - \sqrt{1 + y^2} + \dfrac{\sqrt{x^2 + y^2}}{y} - \sqrt{x^2 + 1}$.

7. 提示：注意到力 $\boldsymbol{F} = -y\boldsymbol{i} + x\boldsymbol{j}$，所做的功为 $W = 2(\pi - 1)$.

10.2 曲面积分

一、基本内容

1. 第一类曲面积分的概念、性质.

2. 第一类曲面积分的计算法.

（1）若曲面 Σ 的方程为 $z = z(x,y)$，曲面 Σ 在 xOy 平面上的投影域为 D_{xy}，则

$$\iint_{\Sigma} f(x,y,z) \, \mathrm{d}s = \iint_{D_{xy}} f[x,y,z(x,y)] \sqrt{1 + z_x^2 + z_y^2} \, \mathrm{d}x\mathrm{d}y.$$

（2）若曲面 Σ 的方程为 $x = x(y,z)$ 或 $y = y(x,z)$，则有

$$\iint_{\Sigma} f(x,y,z) \, \mathrm{d}S = \iint_{D_{yz}} f[x(y,z),y,z] \sqrt{1 + x_y^2 + x_z^2} \, \mathrm{d}y\mathrm{d}z$$

或

$$\iint_{\Sigma} f(x,y,z) \, \mathrm{d}S = \iint_{D_{xz}} f[x,y(x,z),z] \sqrt{1 + y_x^2 + y_z^2} \, \mathrm{d}x\mathrm{d}z.$$

其中，区域 D_{yz} 和 D_{xz} 是曲面 Σ 在 yOz 平面和 xOz 平面上的投影区域.

3. 第二类曲面积分的概念、性质.

4. 第二类曲面积分的计算法.

（1）若曲面 Σ 的方程为 $z = z(x,y)$，曲面 Σ 在 xOy 平面上的投影域为 D_{xy}，则有

$$\iint_{\Sigma} R(x,y,z) \, \mathrm{d}x\mathrm{d}y \xlongequal[\text{下侧}]{\text{上侧}} \pm \iint_{D_{xy}} R[x,y,z(x,y)] \, \mathrm{d}x\mathrm{d}y.$$

（2）若曲面 Σ 的方程为 $x = x(y,z)$ 或 $y = y(x,z)$，则有

$$\iint_{\Sigma} P(x,y,z) \, \mathrm{d}y\mathrm{d}z \xlongequal[\text{后侧}]{\text{前侧}} \pm \iint_{D_{yz}} P[x(y,z),y,z] \, \mathrm{d}y\mathrm{d}z$$

或

$$\iint_{\Sigma} Q(x,y,z) \, \mathrm{d}z\mathrm{d}x \xlongequal[\text{左侧}]{\text{右侧}} \pm \iint_{D_{xz}} Q[x,y(x,z),z] \, \mathrm{d}z\mathrm{d}x,$$

其中，区域 D_{yz} 和 D_{xz} 是曲面 Σ 在 yOz 平面和 xOz 平面上的投影区域.

5. 两类曲面积分的关系.

$$\iint_{\Sigma} P\mathrm{d}y\mathrm{d}z + Q\mathrm{d}z\mathrm{d}x + R\mathrm{d}x\mathrm{d}y = \iint_{\Sigma} (P\cos\alpha + Q\cos\beta + R\cos\gamma) \, \mathrm{d}S,$$

其中，$\cos\alpha$，$\cos\beta$，$\cos\gamma$ 为曲面 Σ 的法向量 $\boldsymbol{n}$ 的方向余弦.

6. 高斯公式.

设空间有界闭区域 Ω 是空间二维单连通区域，其边界曲面为 Σ，函数 $P(x,y,z)$，$Q(x,y,z)$，$R(x,y,z)$ 在闭区域 Ω 上具有一阶连续的偏导数，则有

$$\iiint_{\Omega} \left(\frac{\partial P}{\partial x} + \frac{\partial Q}{\partial y} + \frac{\partial R}{\partial z} \right) \mathrm{d}V = \oiint_{\Sigma} P\mathrm{d}y\mathrm{d}z + Q\mathrm{d}z\mathrm{d}x + R\mathrm{d}x\mathrm{d}y$$

$$= \oiint_{\Sigma} (P\cos\alpha + Q\cos\beta + R\cos\gamma) \, \mathrm{d}S,$$

其中，曲面 Σ 取外侧，$\cos\alpha$，$\cos\beta$，$\cos\gamma$ 是曲面 Σ 上法向量 $\boldsymbol{n}$ 的方向余弦.

7. 斯托克斯公式.

8. 向量场的散度、旋度、流量、环流量.

设向量场

$$\boldsymbol{A} = P(x,y,z)\boldsymbol{i} + Q(x,y,z)\boldsymbol{j} + R(x,y,z)\boldsymbol{k},$$

且函数 P，Q，R 具有一阶连续的偏导数.

（1）散度：$\mathrm{div}\boldsymbol{A} = \dfrac{\partial P}{\partial x} + \dfrac{\partial Q}{\partial y} + \dfrac{\partial R}{\partial z}.$

（2）旋度：$\mathbf{rot}\boldsymbol{A} = \begin{vmatrix} \boldsymbol{i} & \boldsymbol{j} & \boldsymbol{k} \\ \dfrac{\partial}{\partial x} & \dfrac{\partial}{\partial y} & \dfrac{\partial}{\partial z} \\ P & Q & R \end{vmatrix}.$

（3）向量场 $\boldsymbol{A}$ 通过曲面 Σ 指定侧的流量.

$$\varPhi = \iint\limits_{\Sigma} \boldsymbol{A} \cdot \boldsymbol{n}\mathrm{d}S = \iint\limits_{\Sigma} (P\cos\alpha + Q\cos\beta + R\cos\gamma)\mathrm{d}S$$

$$= \iint\limits_{\Sigma} P\,\mathrm{d}y\mathrm{d}z + Q\,\mathrm{d}z\mathrm{d}x + R\,\mathrm{d}x\mathrm{d}y,$$

其中，向量 $\boldsymbol{n} = (\cos\alpha, \cos\beta, \cos\gamma)$ 为有向曲面 Σ 的单位法向量.

（4）向量场 $\boldsymbol{A}$ 沿有向闭曲线 $\varGamma$ 的环流量

$$\varPhi = \oint_{\varGamma} \boldsymbol{A} \cdot \boldsymbol{t}\mathrm{d}s = \oint_{\varGamma} (P\cos\lambda + Q\cos\mu + R\cos\nu)\mathrm{d}s$$

$$= \oint_{\varGamma} P\mathrm{d}x + Q\mathrm{d}y + R\mathrm{d}z,$$

其中，向量 $\boldsymbol{t} = (\cos\lambda, \cos\mu, \cos\nu)$ 为有向曲线 $\varGamma$ 的单位切向量.

二、重点与难点

重点：

1. 两类曲面积分的计算.

2. 高斯公式及其应用.

难点： 利用高斯公式计算曲面积分，特别是曲面不封闭的情形.

三、例题分析

例 10.2.1 计算 $\iint\limits_{\Sigma}(x^2 + y^2)\mathrm{d}S$，曲面 Σ 为曲面 $z = \sqrt{x^2+y^2}$ 及平面 $z=1$ 所围成的立体表面.

解 记 $\Sigma = \Sigma_1 + \Sigma_2$，其中 Σ_1：$z = \sqrt{x^2+y^2}$，Σ_2：$z=1$，曲面 Σ_1 与 Σ_2 在 xOy 平面的投影区域均为 $D_{xy} = \{(x,y) \mid x^2+y^2 \leqslant 1\}$.

对于曲面 Σ_1：$z = \sqrt{x^2+y^2}$，有 $\sqrt{1 + z_x^2 + z_y^2} = \sqrt{1 + \left(\dfrac{x}{z}\right)^2 + \left(\dfrac{y}{z}\right)^2} = \sqrt{2}.$

对于曲面 Σ_2，$z=1$，有 $\sqrt{1 + z_x^2 + z_y^2} = \sqrt{1 + 0 + 0} = 1.$

于是

$$\iint\limits_{\Sigma} (x^2 + y^2)\,\mathrm{d}S = \iint\limits_{\Sigma_1} + \iint\limits_{\Sigma_2} = (\sqrt{2} + 1)\iint\limits_{D_{xy}} (x^2 + y^2)\,\mathrm{d}x\mathrm{d}y$$

$$= (\sqrt{2} + 1)\int_0^{2\pi}\mathrm{d}\theta\int_0^1 r^3\,\mathrm{d}r = \frac{\sqrt{2} + 1}{2}\pi.$$

例 10.2.2 计算曲面积分 $\oiint\limits_{\Sigma}(x^2 + y^2 + z^2)\,\mathrm{d}S$,其中曲面 Σ 是球面 $x^2 + y^2 + z^2 = 2az$($a > 0$).

解 记 $\Sigma = \Sigma_1 + \Sigma_2$,其中曲面 Σ_1 为上半球面,曲面 Σ_2 为下半球面.

对于曲面 Σ_1: $z = a + \sqrt{a^2 - x^2 - y^2}$,有

$$\frac{\partial z}{\partial x} = \frac{-x}{\sqrt{a^2 - x^2 - y^2}}, \quad \frac{\partial z}{\partial y} = \frac{-y}{\sqrt{a^2 - x^2 - y^2}}.$$

故

$$\sqrt{1 + \left(\frac{\partial z}{\partial x}\right)^2 + \left(\frac{\partial z}{\partial y}\right)^2} = \frac{a}{\sqrt{a^2 - x^2 - y^2}} = \frac{a}{z - a}.$$

于是

$$\iint\limits_{\Sigma_1}(x^2 + y^2 + z^2)\,\mathrm{d}S = \iint\limits_{\Sigma_1}2az\,\mathrm{d}S$$

$$= \iint\limits_{\Sigma_1}2a(z - a)\,\mathrm{d}S + \iint\limits_{\Sigma_1}2a^2\,\mathrm{d}S$$

$$= \iint\limits_{D_1}2a^2\,\mathrm{d}x\mathrm{d}y + \iint\limits_{\Sigma_1}2a^2\,\mathrm{d}S$$

$$= 2a^2 \cdot a^2\pi + 2a^2 \cdot 2\pi a^2 = 6\pi a^4.$$

同理,对于曲面 Σ_2: $z = a - \sqrt{a^2 - x^2 - y^2}$,有

$$\iint\limits_{\Sigma_2}(x^2 + y^2 + z^2)\,\mathrm{d}S = 2\pi a^4.$$

故 $\oiint\limits_{\Sigma}(x^2 + y^2 + z^2)\,\mathrm{d}S = 8\pi a^4.$

例 10.2.3 计算 $\iint\limits_{\Sigma}(xy + yz + zx)\,\mathrm{d}S$,其中曲面 Σ 为锥面 $z = \sqrt{x^2 + y^2}$ 被曲面 $x^2 + y^2 = 2ax$ 所截得的部分.

解
$$\iint\limits_{\Sigma}(xy + yz + zx)\,\mathrm{d}S = \iint\limits_{\Sigma}xy\,\mathrm{d}S + \iint\limits_{\Sigma}yz\,\mathrm{d}S + \iint\limits_{\Sigma}zx\,\mathrm{d}S.$$

由于曲面 Σ 关于 xOz 平面对称,又函数 xy 及 yz 关于 y 为奇函数,故

$$\iint\limits_{\Sigma}xy\,\mathrm{d}S = \iint\limits_{\Sigma}yz\,\mathrm{d}S = 0.$$

对于曲面 Σ: $z = \sqrt{x^2 + y^2}$,有

$$\sqrt{1 + z_x^2 + z_y^2} = \sqrt{2},$$

且曲面 Σ 在 xOy 平面的投影区域为

$$D_{xy} : \{ (x,y) \mid x^2 + y^2 \leqslant 2ax \}.$$

则

$$\iint_{\Sigma} zx\mathrm{d}S = \iint_{D_{xy}} x \sqrt{x^2 + y^2} \sqrt{2}\mathrm{d}x\mathrm{d}y$$

$$= \sqrt{2}\int_{-\frac{\pi}{2}}^{\frac{\pi}{2}}\mathrm{d}\theta\int_{0}^{2a\cos\theta} r\cos\theta \cdot r \cdot r\mathrm{d}r$$

$$= \frac{\sqrt{2}}{4}\int_{-\frac{\pi}{2}}^{\frac{\pi}{2}}\cos\theta \cdot (2a)^4\cos^4\theta\mathrm{d}\theta = \frac{64}{15}\sqrt{2}a^4.$$

于是 $\displaystyle\iint_{\Sigma}(xy + yz + zx)\mathrm{d}S = \frac{64}{15}\sqrt{2}a^4.$

注 （1）若曲面 Σ 关于 xOy 平面对称，且函数 $f(x,y,z)$ 关于 z 为奇函数，则

$$\iint_{\Sigma}f(x,y,z)\mathrm{d}S = 0.$$

（2）若曲面 Σ 关于 yOz 平面对称，且函数 $f(x,y,z)$ 关于 x 为奇函数，则

$$\iint_{\Sigma}f(x,y,z)\mathrm{d}S = 0.$$

（3）若曲面 Σ 关于 xOz 平面对称，且函数 $f(x,y,z)$ 关于 y 为奇函数，则

$$\iint_{\Sigma}f(x,y,z)\mathrm{d}S = 0.$$

例 10.2.4 设曲面 Σ 为球面 $x^2 + y^2 + z^2 = 1$ 的外侧，计算

$$\oiint_{\Sigma}\frac{1}{x}\mathrm{d}y\mathrm{d}z + \frac{1}{y}\mathrm{d}z\mathrm{d}x + \frac{1}{z}\mathrm{d}x\mathrm{d}y.$$

解 由于函数 $P = \dfrac{1}{x}$，$Q = \dfrac{1}{y}$，$R = \dfrac{1}{z}$ 在曲面 Σ 围成的空间闭区域内不连续，因此，不能应用高斯公式．曲面 Σ 在 xOy 平面上的投影区域为

$$D_{xy} = \{ (x,y) \mid x^2 + y^2 \leqslant 1 \}.$$

记 $\Sigma = \Sigma_1 + \Sigma_2$，其中曲面 Σ_1 为 $z = \sqrt{1 - x^2 - y^2}$ 取上侧；曲面 Σ_2 为 $z = -\sqrt{1 - x^2 - y^2}$ 取下侧

于是 $\displaystyle\oiint_{\Sigma}\frac{1}{z}\mathrm{d}x\mathrm{d}y = \iint_{\Sigma_1}\frac{1}{z}\mathrm{d}x\mathrm{d}y + \iint_{\Sigma_2}\frac{1}{z}\mathrm{d}x\mathrm{d}y$

$$= \iint_{D_{xy}}\frac{1}{\sqrt{1 - x^2 - y^2}}\mathrm{d}x\mathrm{d}y - \iint_{D_{xy}}\frac{1}{-\sqrt{1 - x^2 - y^2}}\mathrm{d}x\mathrm{d}y$$

$$= 2\iint_{D_{xy}}\frac{1}{\sqrt{1 - x^2 - y^2}}\mathrm{d}x\mathrm{d}y = 2\int_{0}^{2\pi}\mathrm{d}\theta\int_{0}^{1}\frac{r}{\sqrt{1 - r^2}}\mathrm{d}r = 4\pi.$$

同理，可得

$$\oiint_{\Sigma}\frac{1}{y}\mathrm{d}z\mathrm{d}x = \oiint_{\Sigma}\frac{1}{x}\mathrm{d}y\mathrm{d}z = 4\pi.$$

因此 $\displaystyle\oiint_{\Sigma}\frac{1}{x}\mathrm{d}y\mathrm{d}z + \frac{1}{y}\mathrm{d}z\mathrm{d}x + \frac{1}{z}\mathrm{d}x\mathrm{d}y = 12\pi.$

例 10.2.5 设曲面 Σ 为由 $x^2 + y^2 = R^2$，$z = R$，$z = -R$ 所围立体的边界曲面的外侧，计算 $\oiint\limits_{\Sigma} \dfrac{x\mathrm{d}y\mathrm{d}z + z^2\mathrm{d}x\mathrm{d}y}{x^2 + y^2 + z^2}$.

解 记 $\Sigma = \Sigma_1 + \Sigma_2 + \Sigma_3$，其中曲面 $\Sigma_1: z = R(x^2 + y^2 \leqslant R^2)$ 取上侧，曲面 $\Sigma_2: z = -R(x^2 + y^2 \leqslant R^2)$ 取下侧，曲面 $\Sigma_3: x^2 + y^2 = R^2(-R \leqslant z \leqslant R)$ 取外侧，则

$$\oiint\limits_{\Sigma} \frac{x\mathrm{d}y\mathrm{d}z + z^2\mathrm{d}x\mathrm{d}y}{x^2 + y^2 + z^2} = \iint\limits_{\Sigma_1} \frac{x\mathrm{d}y\mathrm{d}z + z^2\mathrm{d}x\mathrm{d}y}{x^2 + y^2 + z^2} + \iint\limits_{\Sigma_2} \frac{x\mathrm{d}y\mathrm{d}z + z^2\mathrm{d}x\mathrm{d}y}{x^2 + y^2 + z^2} + \iint\limits_{\Sigma_3} \frac{x\mathrm{d}y\mathrm{d}z + z^2\mathrm{d}x\mathrm{d}y}{x^2 + y^2 + z^2},$$

$$\iint\limits_{\Sigma_1} \frac{x\mathrm{d}y\mathrm{d}z + z^2\mathrm{d}x\mathrm{d}y}{x^2 + y^2 + z^2} = \iint\limits_{D_{xy}} \frac{R^2}{x^2 + y^2 + R^2}\mathrm{d}x\mathrm{d}y = I_1,$$

$$\iint\limits_{\Sigma_2} \frac{x\mathrm{d}y\mathrm{d}z + z^2\mathrm{d}x\mathrm{d}y}{x^2 + y^2 + z^2} = -\iint\limits_{D_{xy}} \frac{(-R)^2}{x^2 + y^2 + R^2}\mathrm{d}x\mathrm{d}y = -I_1,$$

其中 $D_{xy} = \{(x,y) \mid x^2 + y^2 \leqslant R^2\}$.

$$\iint\limits_{\Sigma_3} \frac{x\mathrm{d}y\mathrm{d}z + z^2\mathrm{d}x\mathrm{d}y}{x^2 + y^2 + z^2} = \iint\limits_{\Sigma_3} \frac{x\mathrm{d}y\mathrm{d}z}{R^2 + z^2},$$

这里 $\Sigma_3 = \Sigma_3' + \Sigma_3''$，曲面 Σ_3' 为曲面 Σ_3 的 $x \geqslant 0$ 的部分曲面，取前侧；曲面 Σ_3'' 为曲面 Σ_3 的 $x \leqslant 0$ 的部分曲面，取后侧；曲面 Σ_3' 与曲面 Σ_3'' 在 yOz 平面的投影区域为

$$D_{yz} = \{(y,z) \mid |y| \leqslant R, |z| \leqslant R\}.$$

则

$$\iint\limits_{\Sigma_3} \frac{x\mathrm{d}y\mathrm{d}z}{R^2 + z^2} = \iint\limits_{\Sigma_3'} + \iint\limits_{\Sigma_3''}$$

$$= \iint\limits_{D_{yz}} \frac{\sqrt{R^2 - y^2}}{R^2 + z^2}\mathrm{d}y\mathrm{d}z - \iint\limits_{D_{yz}} \frac{-\sqrt{R^2 - y^2}}{R^2 + z^2}\mathrm{d}y\mathrm{d}z$$

$$= 2\iint\limits_{D_{yz}} \frac{\sqrt{R^2 - y^2}}{R^2 + z^2}\mathrm{d}y\mathrm{d}z$$

$$= 2\int_{-R}^{R} \sqrt{R^2 - y^2}\,\mathrm{d}y \int_{-R}^{R} \frac{1}{R^2 + z^2}\mathrm{d}z = \frac{1}{2}\pi^2 R.$$

于是

$$\oiint\limits_{\Sigma} \frac{x\mathrm{d}y\mathrm{d}z + z^2\mathrm{d}x\mathrm{d}y}{x^2 + y^2 + z^2} = \iint\limits_{\Sigma_1} \frac{x\mathrm{d}y\mathrm{d}z + z^2\mathrm{d}x\mathrm{d}y}{x^2 + y^2 + z^2} + \iint\limits_{\Sigma_2} \frac{x\mathrm{d}y\mathrm{d}z + z^2\mathrm{d}x\mathrm{d}y}{x^2 + y^2 + z^2} + \iint\limits_{\Sigma_3} \frac{x\mathrm{d}y\mathrm{d}z + z^2\mathrm{d}x\mathrm{d}y}{x^2 + y^2 + z^2}$$

$$= I_1 - I_1 + \frac{1}{2}\pi R^2 = \frac{1}{2}\pi^2 R.$$

例 10.2.6 计算曲线积分

$$\iint\limits_{\Sigma} [f(x,y,z) + x]\mathrm{d}y\mathrm{d}z + [2f(x,y,z) + y]\mathrm{d}z\mathrm{d}x + [f(x,y,z) + z]\mathrm{d}x\mathrm{d}y,$$

其中，函数 $f(x,y,z)$ 为连续函数，曲面 Σ 为平面 $x - y + z = 1$ 在第四卦限部分的上侧（如图 10-8 所示）.

解 （方法 1）将其化为第一类曲面积分，曲面 Σ 的法向量 $\boldsymbol{n}$ 的方向余弦为

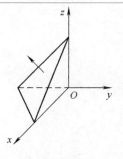

图 10-8

$$\cos \alpha = \frac{1}{\sqrt{3}}, \quad \cos \beta = -\frac{1}{\sqrt{3}}, \quad \cos \gamma = \frac{1}{\sqrt{3}}.$$

故

$$\iint\limits_{\Sigma} [f(x,y,z) + x]\mathrm{d}y\mathrm{d}z + [2f(x,y,z) + y]\mathrm{d}z\mathrm{d}x + [f(x,y,z) + z]\mathrm{d}x\mathrm{d}y$$

$$= \iint\limits_{\Sigma} \left\{ \frac{1}{\sqrt{3}}[f(x,y,z) + x] - \frac{1}{\sqrt{3}}[2f(x,y,z) + y] + \frac{1}{\sqrt{3}}[f(x,y,z) + z] \right\}\mathrm{d}S$$

$$= \iint\limits_{\Sigma} \frac{1}{\sqrt{3}}(x - y + z)\mathrm{d}S = \frac{1}{\sqrt{3}}\iint\limits_{\Sigma}\mathrm{d}S = \frac{1}{\sqrt{3}}\iint\limits_{D_{xy}} \sqrt{3}\mathrm{d}x\mathrm{d}y = \frac{1}{2}.$$

（方法 2）将对坐标 y,z 的积分转化成对坐标 x,y 的曲面积分，注意到 $\cos \alpha = \frac{1}{\sqrt{3}} = \frac{\sqrt{3}}{3}$,

$\cos \beta = -\frac{1}{\sqrt{3}} = -\frac{\sqrt{3}}{3}, \quad \cos \gamma = \frac{1}{\sqrt{3}} = \frac{\sqrt{3}}{3}.$

则

$$\iint\limits_{\Sigma} [f(x,y,z) + x]\mathrm{d}y\mathrm{d}z$$

$$= \iint\limits_{\Sigma} [f(x,y,z) + x]\cos \alpha \mathrm{d}S$$

$$= \iint\limits_{\Sigma} [f(x,y,z) + x]\frac{\cos \alpha}{\cos \gamma}\mathrm{d}x\mathrm{d}y = \iint\limits_{\Sigma} [f(x,y,z) + x]\mathrm{d}x\mathrm{d}y.$$

同理

$$\iint\limits_{\Sigma} [2f(x,y,z) + y]\mathrm{d}z\mathrm{d}x = \iint\limits_{\Sigma} [2f(x,y,z) + y]\frac{\cos \beta}{\cos \gamma}\mathrm{d}x\mathrm{d}y$$

$$= -\iint\limits_{\Sigma} [2f(x,y,z) + y]\mathrm{d}x\mathrm{d}y$$

因此

$$原式 = \iint\limits_{\Sigma} [f(x,y,z) + x]\mathrm{d}x\mathrm{d}y - \iint\limits_{\Sigma} [2f(x,y,z) + y]\mathrm{d}x\mathrm{d}y +$$

$$\iint\limits_{\Sigma} [f(x,y,z) + z]\mathrm{d}x\mathrm{d}y$$

$$= \iint\limits_{\Sigma} (x - y + z)\mathrm{d}x\mathrm{d}y = \iint\limits_{D_{xy}}\mathrm{d}x\mathrm{d}y = \frac{1}{2}.$$

例 10.2.7 已知曲面 Σ 是由 $x = \sqrt{y^2 + z^2}$ 与两个球面 $x^2 + y^2 + z^2 = 1$, $x^2 + y^2 + z^2 = 2$ （$x \geqslant 0$）所围立体表面的外侧，计算曲面积分

$$\oiint\limits_{\Sigma} x^3\mathrm{d}y\mathrm{d}z + [y^3 + f(yz)]\mathrm{d}z\mathrm{d}x + [z^3 + f(yz)]\mathrm{d}x\mathrm{d}y,$$

其中，函数 $f(u)$ 是连续可微的奇函数.

解 记 $P = x^3$, $Q = y^3 + f(yz)$, $R = z^3 + f(yz)$.

应用高斯公式，得

$$原式 = \iiint\limits_{\Omega} \left(\frac{\partial P}{\partial x} + \frac{\partial Q}{\partial y} + \frac{\partial R}{\partial z} \right) \mathrm{d}V$$

$$= \iiint\limits_{\Omega} \left[3x^2 + 3y^2 + zf'(yz) + 3z^2 + yf'(yz) \right] \mathrm{d}V$$

$$= 3\iiint\limits_{\Omega} (x^2 + y^2 + z^2) \mathrm{d}V + \iiint\limits_{\Omega} zf'(yz) \mathrm{d}V + \iiint\limits_{\Omega} yf'(yz) \mathrm{d}V.$$

由于函数 $f(u)$ 是连续可微的奇函数，故函数 $f'(u)$ 是连续的偶函数. 又区域 Ω 关于 xOy 平面对称，且函数 $zf'(yz)$ 关于 z 为奇函数，则 $\iiint\limits_{\Omega} zf'(yz) \mathrm{d}V = 0.$ 同理

$$\iiint\limits_{\Omega} yf'(yz) \mathrm{d}V = 0.$$

于是原式 $= 3\iiint\limits_{\Omega} (x^2 + y^2 + z^2) \mathrm{d}V.$

利用球面坐标进行计算，令

$$y = r \sin\varphi\cos\theta, \ z = r\sin\varphi\sin\theta, \ x = r\cos\varphi,$$

得

$$原式 = 3\int_0^{2\pi} \mathrm{d}\theta \int_0^{\frac{\pi}{4}} \sin\varphi \mathrm{d}\varphi \int_1^{\sqrt{2}} r^4 \mathrm{d}r = \frac{3}{5}(9\sqrt{2} - 10)\pi.$$

例 10.2.8 设曲面 Σ 为下半球面 $z = -\sqrt{a^2 - x^2 - y^2} \ (a > 0)$ 取上侧，计算曲线积分 $\iint\limits_{\Sigma} \dfrac{x\mathrm{d}y\mathrm{d}z + y^2\mathrm{d}z\mathrm{d}x + (z+1)^2\mathrm{d}x\mathrm{d}y}{x^2 + y^2 + z^2}.$

解 化简，得

$$原式 = \iint\limits_{\Sigma} \frac{x\mathrm{d}y\mathrm{d}z + y^2\mathrm{d}z\mathrm{d}x + (z+1)^2\mathrm{d}x\mathrm{d}y}{a^2}.$$

取 $\Sigma' = \Sigma + \Sigma_1$，其中曲面 Σ_1 为 $z = 0(x^2 + y^2 \leqslant a^2)$ 取下侧，则曲面 Σ' 为封闭曲面（取内侧），在曲面 Σ' 应用高斯公式，得

$$\oiint\limits_{\Sigma'} = -\frac{1}{a^2} \iiint\limits_{\Omega} \left(\frac{\partial P}{\partial x} + \frac{\partial Q}{\partial y} + \frac{\partial R}{\partial z} \right) \mathrm{d}V$$

$$= -\frac{1}{a^2} \iiint\limits_{\Omega} (1 + 2y + 2z + 2) \mathrm{d}V$$

$$= -\frac{1}{a^2} \iiint\limits_{\Omega} 2y \mathrm{d}V - \frac{3}{a^2} \iiint\limits_{\Omega} \mathrm{d}V - \frac{1}{a^2} \iiint\limits_{\Omega} 2z \mathrm{d}V$$

$$= 0 - \frac{3}{a^2} \cdot \frac{2}{3}\pi a^3 - \frac{2}{a^2} \int_0^{2\pi} \mathrm{d}\theta \int_{\frac{\pi}{2}}^{\pi} \mathrm{d}\varphi \int_0^a r\cos\varphi \cdot r^2 \sin\varphi \mathrm{d}r$$

$$= -2\pi a - \frac{2}{a^2} \cdot \left(-\frac{1}{4}\pi a^4 \right) = \frac{1}{2}\pi a^2 - 2\pi a.$$

又

$$\iint\limits_{\Sigma_1} = -\frac{1}{a^2}\iint\limits_{D_{xy}}\mathrm{d}x\mathrm{d}y = -\frac{1}{a^2}\cdot a^2\pi = -\pi.$$

于是

$$\iint\limits_{\Sigma}\frac{x\mathrm{d}y\mathrm{d}z + y^2\mathrm{d}z\mathrm{d}x + (z+1)^2\mathrm{d}x\mathrm{d}y}{a^2} = \oiint\limits_{\Sigma'} - \iint\limits_{\Sigma_1} = \frac{1}{2}\pi a^2 - 2\pi a + \pi.$$

因此，原式 $= \frac{1}{2}\pi a^2 - 2\pi a + \pi.$

例 10.2.9 计算曲面积分 $\iint\limits_{\Sigma}x\mathrm{d}y\mathrm{d}z + y\mathrm{d}z\mathrm{d}x + z\mathrm{d}x\mathrm{d}y$，其中曲面 Σ 是柱面 $x^2 + y^2 = 1$ 介于 $z = -1$，$z = 3$ 之间部分的外侧.

解 （方法 1：直接计算） 由于曲面 Σ 为柱面 $x^2 + y^2 = 1$ 的部分，在 xOy 平面的投影为 $\mathrm{d}x\mathrm{d}y = 0\left(\gamma = \frac{\pi}{2}\right)$，故 $\iint\limits_{\Sigma}z\mathrm{d}x\mathrm{d}y = 0.$

对于积分 $\iint\limits_{\Sigma}x\mathrm{d}y\mathrm{d}z$，记 $\Sigma = \Sigma_1 + \Sigma_2$，其中曲面 $\Sigma_1: x = \sqrt{1-y^2}$ 取前侧，曲面 $\Sigma_2: x = -\sqrt{1-y^2}$ 取后侧，且曲面 Σ_1 与曲面 Σ_2 在 yOz 平面的投影区域均为

$$D_{yz} = \{(x,y) \mid -1 \leqslant z \leqslant 3, \ -1 \leqslant y \leqslant 1\}.$$

于是

$$\iint\limits_{\Sigma}x\mathrm{d}y\mathrm{d}z = \iint\limits_{\Sigma_1}x\mathrm{d}y\mathrm{d}z + \iint\limits_{\Sigma_2}x\mathrm{d}y\mathrm{d}z = \iint\limits_{D_{yz}}\sqrt{1-y^2}\mathrm{d}y\mathrm{d}z - \iint\limits_{D_{yz}} -\sqrt{1-y^2}\mathrm{d}y\mathrm{d}z$$

$$= 2\iint\limits_{D_{yz}}\sqrt{1-y^2}\mathrm{d}y\mathrm{d}z = \int_{-1}^{3}\mathrm{d}z\int_{-1}^{1}\sqrt{1-y^2}\mathrm{d}y = 4\pi.$$

由轮换对称性，知 $\iint\limits_{\Sigma}y\mathrm{d}z\mathrm{d}x = \iint\limits_{\Sigma}x\mathrm{d}y\mathrm{d}z = 4\pi.$

于是

$$原式 = \iint\limits_{\Sigma}x\mathrm{d}y\mathrm{d}z + \iint\limits_{\Sigma}y\mathrm{d}z\mathrm{d}x + \iint\limits_{\Sigma}z\mathrm{d}x\mathrm{d}y = 8\pi.$$

（方法 2：用高斯公式计算） 记 $\Sigma' = \Sigma + \Sigma_1 + \Sigma_2$，其中曲面 $\Sigma_1: z = -1(x^2 + y^2 \leqslant 1)$ 取下侧，曲面 $\Sigma_2: z = 3(x^2 + y^2 \leqslant 1)$ 取上侧，则曲面 Σ' 为封闭曲面（取外侧）.

于是

$$\oiint\limits_{\Sigma'}x\mathrm{d}y\mathrm{d}z + y\mathrm{d}z\mathrm{d}x + z\mathrm{d}x\mathrm{d}y = \iiint\limits_{\Omega}\left(\frac{\partial P}{\partial x} + \frac{\partial Q}{\partial y} + \frac{\partial R}{\partial z}\right)\mathrm{d}V$$

$$= \iiint\limits_{\Omega}3\mathrm{d}V = 12\pi.$$

又

$$\iint\limits_{\Sigma_1}x\mathrm{d}y\mathrm{d}z + y\mathrm{d}z\mathrm{d}x + z\mathrm{d}x\mathrm{d}y = \iint\limits_{\Sigma_1}z\mathrm{d}x\mathrm{d}y = -\iint\limits_{D_{xy}}(-1)\mathrm{d}x\mathrm{d}y = \iint\limits_{D_{xy}}\mathrm{d}x\mathrm{d}y = \pi,$$

$$\iint\limits_{\Sigma_2}x\mathrm{d}y\mathrm{d}z + y\mathrm{d}z\mathrm{d}x + z\mathrm{d}x\mathrm{d}y = \iint\limits_{\Sigma_2}z\mathrm{d}x\mathrm{d}y = \iint\limits_{D_{xy}}3\mathrm{d}x\mathrm{d}y = 3\pi,$$

从而 $\displaystyle\iint_{\Sigma} = \oiint_{\Sigma'} - \iint_{\Sigma_1} - \iint_{\Sigma_2} = 8\pi.$

例 10.2.10 设曲面 Σ 是光滑闭曲面，V 是曲面 Σ 所围立体 Ω 的体积，且向量 $\boldsymbol{r} = x\boldsymbol{i} + y\boldsymbol{j} + z\boldsymbol{k}$，$\theta$ 是 Σ 的外法向量 $\boldsymbol{n}$ 与 $\boldsymbol{r}$ 的夹角，求证：

$$V = \frac{1}{3}\oiint_{\Sigma} |\boldsymbol{r}| \cos\theta \mathrm{d}S.$$

证明 设向量 $\boldsymbol{n}_0 = (\cos\alpha, \cos\beta, \cos\gamma)$ 是曲面 Σ 上的点 (x, y, z) 处的外单位法向量，则

$$\cos\theta = \frac{\boldsymbol{r} \cdot \boldsymbol{n}_0}{|\boldsymbol{r}||\boldsymbol{n}_0|} = \frac{x\cos\alpha + y\cos\beta + z\cos\gamma}{|\boldsymbol{r}|}.$$

因此

$$\oiint_{\Sigma} |\boldsymbol{r}| \cos\theta \mathrm{d}s = \oiint_{\Sigma} (x\cos\alpha + y\cos\beta + z\cos\gamma)\mathrm{d}S$$

$$= \iiint_{\Omega} (1 + 1 + 1)\mathrm{d}x\mathrm{d}y\mathrm{d}z = 3V.$$

于是 $V = \dfrac{1}{3}\oiint_{\Sigma} |\boldsymbol{r}| \cos\theta \mathrm{d}S.$

例 10.2.11 设曲面 Σ 是球面 $x^2 + y^2 + z^2 = a^2$ 的外侧，计算曲面积分

$$\oiint_{\Sigma} \frac{x}{r^3}\mathrm{d}y\mathrm{d}z + \frac{y}{r^3}\mathrm{d}z\mathrm{d}x + \frac{z}{r^3}\mathrm{d}x\mathrm{d}y,$$

其中 $r = \sqrt{x^2 + y^2 + z^2}$.

解 （方法 1）由对称性，可知

$$\oiint_{\Sigma} \frac{x}{r^3}\mathrm{d}y\mathrm{d}z = \oiint_{\Sigma} \frac{y}{r^3}\mathrm{d}z\mathrm{d}x = \oiint_{\Sigma} \frac{z}{r^3}\mathrm{d}x\mathrm{d}y.$$

故

$$\oiint_{\Sigma} \frac{x}{r^3}\mathrm{d}y\mathrm{d}z + \frac{y}{r^3}\mathrm{d}z\mathrm{d}x + \frac{z}{r^3}\mathrm{d}x\mathrm{d}z = 3\oiint_{\Sigma} \frac{z}{r^3}\mathrm{d}x\mathrm{d}y.$$

记 $\Sigma = \Sigma_1 + \Sigma_2$，其中曲面 Σ_1：$z = \sqrt{a^2 - x^2 - y^2}$（取上侧），曲面 Σ_2：$z = -\sqrt{a^2 - x^2 - y^2}$（取下侧），且曲面 Σ_1，Σ_2 在 xOy 平面上的投影区域均为

$$D_{xy} = \{(x, y) \mid x^2 + y^2 \leqslant a^2\}.$$

于是

$$\oiint_{\Sigma} \frac{z}{r^3}\mathrm{d}x\mathrm{d}y = \iint_{\Sigma_1} + \iint_{\Sigma_2}$$

$$= \iint_{D_{xy}} \frac{\sqrt{a^2 - x^2 - y^2}}{a^3}\mathrm{d}x\mathrm{d}y - \iint_{D_{xy}} \frac{-\sqrt{a^2 - x^2 - y^2}}{a^3}\mathrm{d}x\mathrm{d}y$$

$$= \frac{2}{a^3}\iint_{D_{xy}} \sqrt{a^2 - x^2 - y^2}\mathrm{d}x\mathrm{d}y$$

$$= \frac{2}{a^3}\int_0^{2\pi}\mathrm{d}\theta\int_0^a \sqrt{a^2 - r^2}\,r\mathrm{d}r = \frac{4\pi}{3}.$$

从而原式 $= 3\oiint\limits_{\Sigma} \dfrac{z}{r^3}\mathrm{d}x\mathrm{d}y = 4\pi.$

（方法 2） 设 $\cos\alpha$，$\cos\beta$，$\cos\gamma$ 为曲面 Σ 的外法向量的方向余弦，则

$$\cos\alpha = \frac{x}{r}, \quad \cos\beta = \frac{y}{r}, \quad \cos\gamma = \frac{z}{r}.$$

由两类曲线积分的关系，得

$$\oiint\limits_{\Sigma} \frac{x}{r^3}\mathrm{d}y\mathrm{d}z + \frac{y}{r^3}\mathrm{d}z\mathrm{d}x + \frac{z}{r^3}\mathrm{d}x\mathrm{d}y$$

$$= \oiint\limits_{\Sigma}\left(\frac{x}{r^3}\cos\alpha + \frac{y}{r^3}\cos\beta + \frac{z}{r^3}\cos\gamma \right)\mathrm{d}S$$

$$= \oiint\limits_{\Sigma}\left(\frac{x^2}{r^4} + \frac{y^2}{r^4} + \frac{z^2}{r^4} \right)\mathrm{d}S = \oiint\limits_{\Sigma}\frac{1}{r^2}\mathrm{d}S = \oiint\limits_{\Sigma}\frac{1}{a^2}\mathrm{d}S = 4\pi.$$

（方法 3） 利用高斯公式将原积分化简，得

$$\oiint\limits_{\Sigma} \frac{x}{r^3}\mathrm{d}y\mathrm{d}z + \frac{y}{r^3}\mathrm{d}z\mathrm{d}x + \frac{z}{r^3}\mathrm{d}x\mathrm{d}y$$

$$= \oiint\limits_{\Sigma} \frac{x}{a^3}\mathrm{d}y\mathrm{d}z + \frac{y}{a^3}\mathrm{d}z\mathrm{d}x + \frac{z}{a^3}\mathrm{d}x\mathrm{d}y$$

$$= \frac{1}{a^3}\oiint\limits_{\Sigma} x\mathrm{d}y\mathrm{d}z + y\mathrm{d}z\mathrm{d}x + z\mathrm{d}x\mathrm{d}y = \frac{1}{a^3}\iiint\limits_{\Omega} 3\mathrm{d}V = 4\pi.$$

注　当曲面 Σ_1 为上半球面 $x^2 + y^2 + z^2 = a^2$（$z \geq 0$）的上侧时，曲面积分

$$\oiint\limits_{\Sigma} \frac{x}{r^3}\mathrm{d}y\mathrm{d}z + \frac{y}{r^3}\mathrm{d}z\mathrm{d}x + \frac{z}{r^3}\mathrm{d}x\mathrm{d}y = 2\pi.$$

例 10.2.12　计算曲面积分

$$\iint\limits_{\Sigma} \frac{x\mathrm{d}y\mathrm{d}z + y\mathrm{d}z\mathrm{d}x + z\mathrm{d}x\mathrm{d}y}{\sqrt{(x^2 + y^2 + z^2)^3}},$$

其中，曲面 Σ 为 $1 - \dfrac{z}{5} = \dfrac{(x-2)^2}{16} + \dfrac{(y-1)^2}{9}$（$z \geq 0$）的上侧.

解　该题直接计算较复杂，故用高斯公式.

取 $\Sigma' = \Sigma + \Sigma_1 + \Sigma_2$，其中曲面 Σ_1：$x^2 + y^2 + z^2 = a^2$（$a \geq 0$，a 足够小）取下侧，曲面 Σ_2：$z = 0$ $\left[x^2 + y^2 \geq a^2,\ \text{且} \dfrac{(x-2)^2}{16} + \dfrac{(y-1)^2}{9} \leq 1 \right]$ 取下侧，则曲面 Σ' 为封闭曲面（取外侧）. 设曲面 Σ' 围成的闭区域为 Ω（如图 10-9 所示），记

$$P = \frac{x}{\sqrt{(x^2 + y^2 + z^2)^3}}, \quad Q = \frac{y}{\sqrt{(x^2 + y^2 + z^2)^3}}$$

$$R = \frac{z}{\sqrt{(x^2 + y^2 + z^2)^3}}.$$

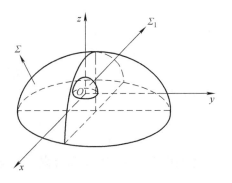

图 10-9

则 $\dfrac{\partial P}{\partial x} + \dfrac{\partial Q}{\partial y} + \dfrac{\partial R}{\partial z} = 0$ 在区域 $\varOmega$ 上恒成立. 故

$$\oiint\limits_{\varSigma'} = \iiint\limits_{\varOmega}\left(\dfrac{\partial P}{\partial x} + \dfrac{\partial Q}{\partial y} + \dfrac{\partial R}{\partial z}\right)\mathrm{d}V = 0,$$

即 $\quad \iint\limits_{\varSigma} + \iint\limits_{\varSigma_1} + \iint\limits_{\varSigma_2} = 0.$

所以 $\quad \iint\limits_{\varSigma} = -\iint\limits_{\varSigma_1} - \iint\limits_{\varSigma_2} = -\iint\limits_{\varSigma_1} - 0 = \iint\limits_{\varSigma'_1}$（曲面 $\varSigma'_1$ 为与曲面 $\varSigma_1$ 反向的曲面）

$$= \iint\limits_{\varSigma_1} \dfrac{x\mathrm{d}y\mathrm{d}z + y\mathrm{d}z\mathrm{d}x + z\mathrm{d}x\mathrm{d}y}{\sqrt{(x^2 + y^2 + z^2)^3}}$$

$$= \iint\limits_{\varSigma_1} \dfrac{x\mathrm{d}y\mathrm{d}z + y\mathrm{d}z\mathrm{d}x + z\mathrm{d}x\mathrm{d}y}{r^3} = 2\pi. \quad\text{（参考上题）}$$

注 本题选自同济大学编《高等数学（第四版）》，原书所给的结果与本书计算结果不同，请大家注意.

例 10.2.13 设曲线 $\varGamma$ 为球面 $x^2 + y^2 + z^2 = a^2$ 与柱面 $x^2 + y^2 = ax$（$a > 0$）的交线位于 xOy 平面上方的部分，从 x 轴正向看上去为逆时针方向，计算

$$\oint_{\varGamma}(y^2 - z^2)\,\mathrm{d}x + (z^2 - x^2)\,\mathrm{d}y + (x^2 - y^2)\,\mathrm{d}z.$$

解 设曲面 $\varSigma$ 为球面 $x^2 + y^2 + z^2 = a^2$ 位于柱面 $x^2 + y^2 = ax$（$z \geqslant 0$）内的部分曲面，取上侧（与闭曲线 $\varGamma$ 的正向服从右手法则）. 记

$$P = y^2 - z^2,\ Q = z^2 - x^2,\ R = x^2 - y^2.$$

应用斯托克斯公式，得

$$\text{原式} = \iint\limits_{\varSigma} \begin{vmatrix} \mathrm{d}y\mathrm{d}z & \mathrm{d}z\mathrm{d}x & \mathrm{d}x\mathrm{d}y \\ \dfrac{\partial}{\partial x} & \dfrac{\partial}{\partial y} & \dfrac{\partial}{\partial z} \\ P & Q & R \end{vmatrix}$$

$$= -2\iint\limits_{\varSigma}(y + z)\,\mathrm{d}y\mathrm{d}z + (z + x)\,\mathrm{d}z\mathrm{d}x + (x + y)\,\mathrm{d}x\mathrm{d}y.$$

由于曲面 $\varSigma$ 的方向余弦为

$$\cos\alpha = \dfrac{x}{a},\ \cos\beta = \dfrac{y}{a},\ \cos\gamma = \dfrac{z}{a},$$

由两类曲面积分的关系得

$$\text{原式} = -\dfrac{4}{a}\iint\limits_{\varSigma}(yz + zx + xy)\,\mathrm{d}S.$$

由于曲面 $\varSigma$ 关于 xOz 平面对称，且函数 $yz + xy$ 关于 y 为奇函数，

故 $\quad \iint\limits_{\varSigma}(yz + xy)\,\mathrm{d}S = 0.$

于是

$$原式 = -\frac{4}{a}\iint_{\Sigma}zx\,dS = -\frac{4}{a}\iint_{\Sigma}zx\frac{1}{\cos\gamma}dxdy = -4\iint_{\Sigma}xdxdy$$

$$= -4\iint_{D_{xy}}xdxdy = -4\int_{\frac{\pi}{2}}^{\frac{\pi}{2}}d\theta\int_{1}^{a\cos\theta}r^2\cos\theta dr = -\frac{1}{2}\pi a^3,$$

其中区域 D_{xy} 为曲面 Σ 在 xOy 平面的投影域，且 $D_{xy} = \{(x,y)\mid x^2+y^2\leqslant ax\}$.

四、习题

1. 计算曲面积分

$$\iint_{\Sigma}(8y+1)xdydz + 2(1-y^2)dzdx - 4yzdxdy,$$

其中曲面 Σ 是由曲线 $\begin{cases}z=\sqrt{y-1},\\x=0\end{cases}(1\leqslant y\leqslant 3)$ 绕 y 轴旋转一周所得的曲面，它的法向量与 y 轴正向的夹角大于 $\frac{\pi}{2}$.

2. 计算曲面积分 $I = \oiint_{\Sigma}\frac{\cos(\boldsymbol{n},\boldsymbol{r})}{r^2}dS$，其中曲面 Σ 是任一不自相交光滑曲面，向量 $\boldsymbol{n}$ 是曲面 Σ 上任一点 $M(x,y,z)$ 的外法向量，点 $O(0,0,0)$ 不在曲面 Σ 上. $\boldsymbol{r} = \overrightarrow{OM} = x\boldsymbol{i}+y\boldsymbol{j}+z\boldsymbol{k}$，$r = |\boldsymbol{r}|$.

3. 把第二类曲面积分

$$\iint_{\Sigma}P(x,y,z)dydz + Q(x,y,z)dzdx + R(x,y,z)dxdy$$

化为第一类曲面积分，其中函数 P,Q,R 为连续函数，曲面 Σ 为抛物面 $z = 8-(x^2+y^2)$ 在 $z\geqslant 0$ 部分的上侧.

4. 设 $L(x,y,z)$ 为原点到球面 $x^2+y^2+z^2 = R^2$ 上点 $P(x,y,z)$ 的切平面的距离，求积分 $\iint_{\Sigma}L(x,y,z)dS$，其中曲面 Σ 为球面 $x^2+y^2+z^2 = R^2$.

5. 设 $F(t) = \iint_{\Sigma}f(x,y,z)dS$，其中

$$f(x,y,z) = \begin{cases}x^2+y^2, & z\geqslant\sqrt{x^2+y^2},\\0, & z<\sqrt{x^2+y^2},\end{cases}$$

且曲面 Σ 为 $x^2+y^2+z^2 = t^2$，求 $F(t)$.

6. 计算曲面积分

$$\iint_{\Sigma}x^3dydz + \left[\frac{1}{z}f\left(\frac{y}{z}\right)+y^3\right]dzdx + \left[\frac{1}{y}f\left(\frac{y}{z}\right)+z^3\right]dxdy,$$

其中曲面 Σ 是曲面 $z = \sqrt{x^2+y^2}$ 及 $z = \sqrt{1-x^2-y^2}$，$z = \sqrt{4-x^2-y^2}$ 所围成立体的外侧，函数 $f'(u)$ 是连续函数.

7. 设曲面 Σ 为 $x^2+y^2+z^2 = 1$，$\boldsymbol{F} = P\boldsymbol{i}+Q\boldsymbol{j}+R\boldsymbol{k}$，其中函数 $P(x,y,z)$，$Q(x,y,z)$，$R(x,y,z)$ 具有连续的偏导数，求证：$\oiint_{\Sigma}\mathbf{rot}\boldsymbol{A}\cdot\boldsymbol{n}dS = 0$，其中向量 $\boldsymbol{n}$ 为曲面 Σ 的外法向量.

8. 设曲面 Σ 为 $z = \frac{1}{2}(x^2+y^2)$（$0\leqslant z\leqslant 1$），其上任意一点处的面密度为 $\mu(x,y,z) = z$，试求曲面 Σ 的质量.

9. 计算曲面积分

$$\iint_{\Sigma}\frac{xdydz + ydzdx + zdxdy}{(x^2+y^2+z^2)^{\frac{3}{2}}},$$

其中曲面 Σ 为 $\frac{x^2}{a^2}+\frac{y^2}{b^2}+\frac{z^2}{c^2} = 1$ 的上半椭球面的上侧.

五、习题答案

1. 34π.

2. 0.

3. $\iint_{\Sigma}\frac{2xP+2yQ+R}{\sqrt{1+4x^2+4y^2}}dS$.

4. $4\pi R^3$.

5. $\frac{8-5\sqrt{2}}{6}t^3$.

6. $\frac{93}{5}(2-\sqrt{2})\pi$.

7. 提示：先求出 $\mathbf{rot}\,\boldsymbol{A}$，再应用高斯公式.

8. $\frac{2\pi}{15}(6\sqrt{3}+1)$.

9. 2π.

第 **11** 章

无 穷 级 数

基本要求

1. 理解常数项级数收敛、发散及收敛级数的和的概念.

2. 掌握级数的基本性质及收敛的必要条件，掌握几何级数和 p – 级数的收敛与发散的条件，会用正项级数的比较审敛法、比值审敛法和根值审敛法.

3. 掌握交错级数的莱布尼茨判别法，了解任意项级数绝对收敛与条件收敛的概念，以及绝对收敛与条件收敛的关系.

4. 明确函数项级数的收敛域及和函数的概念，熟练掌握幂级数的收敛半径、收敛区间及收敛域的求法.

5. 了解幂级数在其收敛区间内的一些基本性质（和函数的连续性、逐项微分和逐项积分），并会利用性质求一些幂级数在收敛区间内的和函数，由此求出某些数项级数的和，了解函数展开为泰勒级数的充要条件.

6. 掌握 e^x, $\sin x$, $\cos x$, $\ln(1 + x)$ 和 $(1 + x)^\alpha$ 的麦克劳林展开式，会用它们将一些简单函数间接展开成幂级数，了解幂级数在近似计算中的简单应用.

7. 了解傅里叶级数的概念和函数展开为傅里叶级数的狄利克雷定理，会将定义在区间 $[-l, l]$ 上的函数展开为傅里叶级数，会将定义在区间 $[0, l]$ 上的函数展开为正弦级数与余弦级数，会写傅里叶级数的和函数的表达式.

11.1 常数项级数

一、基本内容

1. 无穷级数的定义、部分和、级数的收敛与发散.

2. 级数的基本性质.

级数收敛的必要条件：级数 $\displaystyle\sum_{n=1}^{\infty} u_n$ 收敛 $\Rightarrow \lim_{n\to\infty} u_n = 0$.

级数发散的充分条件：$\displaystyle\lim_{n\to\infty} u_n \neq 0 \Rightarrow$ 级数 $\displaystyle\sum_{n=1}^{\infty} u_n$ 发散.

3. 正项级数、正项级数收敛的判别法.

（1）正项级数 $\displaystyle\sum_{n=1}^{\infty} u_n$ 收敛的充要条件是其部分和数列有界.

（2）正项级数的积分判别法：设正项级数 $\sum\limits_{n=1}^{\infty} u_n$ ，若

① 函数 $f(x)$ 在 $x \geqslant 1$ 时为单调减少的正值连续函数；

② $u_n = f(n)$ ；

则级数 $\sum\limits_{n=1}^{\infty} u_n$ 收敛的充要条件为积分 $\int_1^{+\infty} f(x)\,\mathrm{d}x$ 收敛.

（3）正项级数的等价无穷小的审敛法则：设级数 $\sum\limits_{n=1}^{\infty} u_n$ 与 $\sum\limits_{n=1}^{\infty} v_n$ 均为正项级数，若当 $n \to$

∞ 时， $u_n \sim v_n$ ，则级数 $\sum\limits_{n=1}^{\infty} u_n$ 与 $\sum\limits_{n=1}^{\infty} v_n$ 同敛、同散.

4．交错级数及交错级数的审敛准则.

5．任意项级数的绝对收敛和条件收敛、绝对收敛级数的性质.

二、重点与难点

重点：

1．级数敛散的概念.

2．正项级数的比较审敛法与比值审敛法.

3．交错级数的莱布尼茨定理.

难点： 比较审敛法的应用.

三、例题分析

例 11.1.1 根据级数收敛与发散的定义判别下列级数的敛散性，若级数收敛，求级数的和.

（1） $\sum\limits_{n=1}^{\infty} \dfrac{n}{(n+1)!}$ ；   （2） $\sum\limits_{n=1}^{\infty} \left(\sqrt{n+2} - 2\sqrt{n+1} + \sqrt{n} \right)$ ；

（3） $\sum\limits_{n=1}^{\infty} \sin \dfrac{n\pi}{6}$ ；   （4） $\sum\limits_{n=1}^{\infty} \arctan \dfrac{1}{2n^2}$ ；

（5） $\sum\limits_{n=1}^{\infty} \dfrac{n}{3^n}$.

解 （1） $u_n = \dfrac{n}{(n+1)!} = \dfrac{1}{n!} - \dfrac{1}{(n+1)!}$ ，

$$s_n = \sum_{k=1}^{n} u_k = \left(1 - \frac{1}{2!} \right) + \left(\frac{1}{2!} - \frac{1}{3!} \right) + \cdots + \left[\frac{1}{n!} - \frac{1}{(n+1)!} \right]$$

$$= 1 - \frac{1}{(n+1)!},$$

$$\lim_{n\to\infty} s_n = \lim_{n\to\infty} \left[1 - \frac{1}{(n+1)!} \right] = 1,$$

所以级数 $\sum\limits_{n=1}^{\infty} \dfrac{n}{(n+1)!}$ 收敛，其和为 1.

（2）$u_n = \sqrt{n+2} - 2\sqrt{n+1} + \sqrt{n}$,

$$s_n = \sum_{k=1}^{n} u_k = (\sqrt{3} - 2\sqrt{2} + 1) + (\sqrt{4} - 2\sqrt{3} + \sqrt{2}) + \cdots +$$

$$(\sqrt{n+2} - 2\sqrt{n+1} + \sqrt{n})$$

$$= 1 - \sqrt{2} + (\sqrt{n+2} - \sqrt{n+1})$$

$$= 1 - \sqrt{2} + \frac{1}{\sqrt{n+2} + \sqrt{n+1}},$$

$$\lim_{n\to\infty} s_n = \lim_{n\to\infty} \left(1 - \sqrt{2} + \frac{1}{\sqrt{n+2} + \sqrt{n+1}}\right) = 1 - \sqrt{2}.$$

所以级数 $\sum_{n=1}^{\infty} (\sqrt{n+2} - 2\sqrt{n+1} + \sqrt{n})$ 收敛, 其和为 $1 - \sqrt{2}$.

（3）$u_n = \sin\frac{n\pi}{6}$,

$$s_n = \sum_{k=1}^{n} u_k = \sin\frac{\pi}{6} + \sin\frac{2\pi}{6} + \cdots + \sin\frac{n\pi}{6}.$$

用 $2\sin\frac{\pi}{12}$ 乘上式两端, 得

$$2\sin\frac{\pi}{12} s_n = \sum_{k=1}^{n} 2\sin\frac{\pi}{12}\sin\frac{k\pi}{6}$$

$$= \sum_{k=1}^{n} \left[\cos\frac{(2k-1)\pi}{12} - \cos\frac{(2k+1)\pi}{12}\right]$$

$$= \cos\frac{\pi}{12} - \cos\frac{(2n+1)\pi}{12}.$$

所以 $s_n = \frac{1}{2\sin\frac{\pi}{12}}\left[\cos\frac{\pi}{12} - \cos\frac{(2n+1)\pi}{12}\right].$

因此 $\lim_{n\to\infty} s_n = \lim_{n\to\infty}\frac{1}{2\sin\frac{\pi}{12}}\left[\cos\frac{\pi}{12} - \cos\frac{(2n+1)\pi}{12}\right]$ 不存在.

故级数 $\sum_{n=1}^{\infty} \sin\frac{n\pi}{6}$ 发散.

（4）由于 $u_n = \arctan\frac{1}{2n^2}$, 用数学归纳法求得

$$s_1 = \arctan\frac{1}{2} = \arctan\frac{1}{1+1},$$

$$s_2 = \arctan\frac{1}{2} + \arctan\frac{1}{8} = \arctan\frac{\frac{1}{2} + \frac{1}{8}}{1 - \frac{1}{2}\times\frac{1}{8}}$$

$$= \arctan\frac{2}{3} = \arctan\frac{2}{2+1}.$$

设当 $n = k - 1$ 时, 有

$$s_{k-1} = \arctan \frac{k-1}{(k-1)+1} = \arctan \frac{k-1}{k}.$$

则当 $n = k$ 时, 有

$$s_k = s_{k-1} + u_k = \arctan \frac{k-1}{k} + \arctan \frac{1}{2k^2}$$

$$= \arctan \frac{\dfrac{k-1}{k} + \dfrac{1}{2k^2}}{1 - \dfrac{k-1}{k} \cdot \dfrac{1}{2k^2}} = \arctan \frac{k}{k+1}.$$

所以 $\quad s_n = \arctan \dfrac{n}{n+1}.$

因此 $\displaystyle \lim_{n \to \infty} s_n = \lim_{n \to \infty} \arctan \frac{n}{n+1} = \arctan 1 = \frac{\pi}{4}.$

故级数 $\displaystyle \sum_{n=1}^{\infty} \arctan \frac{1}{2n^2}$ 收敛, 其和为 $\dfrac{\pi}{4}.$

（5） $u_n = \dfrac{n}{3^n},$

$$s_n = \sum_{k=1}^{n} u_k = \frac{1}{3} + \frac{2}{3^2} + \cdots + \frac{n}{3^n}.$$

而

$$\frac{1}{3} s_n = \frac{1}{3^2} + \frac{2}{3^3} + \cdots + \frac{n}{3^{n+1}},$$

于是

$$s_n - \frac{1}{3} s_n = \frac{1}{3} + \frac{1}{3^2} + \cdots + \frac{1}{3^n} - \frac{n}{3^{n+1}},$$

$$\frac{2}{3} s_n = \frac{\dfrac{1}{3} - \dfrac{1}{3^{n+1}}}{1 - \dfrac{1}{3}} - \frac{n}{3^{n+1}},$$

$$s_n = \frac{3}{2} \left[\frac{3}{2} \left(\frac{1}{3} - \frac{1}{3^{n+1}} \right) - \frac{n}{3^{n+1}} \right],$$

$$\lim_{n \to \infty} s_n = \lim_{n \to \infty} \frac{3}{2} \left[\frac{3}{2} \left(\frac{1}{3} - \frac{1}{3^{n+1}} \right) - \frac{n}{3^{n+1}} \right] = \frac{3}{4}.$$

所以级数 $\displaystyle \sum_{n=1}^{\infty} \frac{n}{3^n}$ 收敛, 其和为 $\dfrac{3}{4}.$

例 11.1.2 设数列 $\{na_n\}$ 的极限存在, 级数 $\displaystyle \sum_{n=1}^{\infty} n(a_n - a_{n-1})$ 收敛, 求证: 级数 $\displaystyle \sum_{n=1}^{\infty} a_n$ 收敛.

证明 设 $\displaystyle \lim_{n \to \infty} na_n = L, \ s = \sum_{n=1}^{\infty} n(a_n - a_{n-1}),$

由于

$$\sum_{k=0}^{n-1} a_k = na_n - \sum_{k=1}^{n} k(a_k - a_{k-1}),$$

因而

$$\lim_{n\to\infty}\sum_{k=0}^{n-1}a_k = \lim_{n\to\infty}na_n - \lim_{n\to\infty}\sum_{k=1}^{n}k(a_k - a_{k-1}) = L - s.$$

故级数 $\sum\limits_{k=0}^{\infty}a_k$ 收敛. 从而级数 $\sum\limits_{n=1}^{\infty}a_n$ 收敛.

例 11.1.3 判别下列级数的敛散性:

(1) $\sum\limits_{n=1}^{\infty}\dfrac{a}{1+a^n}$ $(a>0)$;　　　　(2) $\sum\limits_{n=1}^{\infty}\dfrac{n^n}{(n+1)^{n+1}}$;

(3) $\sum\limits_{n=1}^{\infty}\dfrac{n!}{n^n}$;　　　　　　　　(4) $\sum\limits_{n=1}^{\infty}\dfrac{1}{n}\ln\left(1+\dfrac{1}{n}\right)$;

(5) $\sum\limits_{n=1}^{\infty}n\tan\dfrac{\pi}{2^{n+1}}$;　　　　(6) $\sum\limits_{n=1}^{\infty}\left(\arcsin\dfrac{\pi}{n}\right)^n$.

解 (1) $u_n = \dfrac{a}{1+a^n}$,

因为

$$\lim_{n\to\infty}u_n = \lim_{n\to\infty}\frac{a}{1+a^n} = \begin{cases} a, & 0<a<1, \\ \dfrac{1}{2}, & a=1, \\ 0, & a>1, \end{cases}$$

所以当 $0<a\leqslant 1$ 时, $\lim\limits_{n\to\infty}u_n\neq 0$, 不满足级数收敛的必要条件, 此时级数 $\sum\limits_{n=1}^{\infty}\dfrac{a}{1+a^n}$ 发散.

当 $a>1$ 时, $u_n = \dfrac{a}{1+a^n} < \dfrac{1}{a^{n-1}} = \left(\dfrac{1}{a}\right)^{n-1}$, 由于 $a>1$, 即 $\dfrac{1}{a}<1$, 因此级数 $\sum\limits_{n=1}^{\infty}\left(\dfrac{1}{a}\right)^{n-1}$ 收

敛. 从而由比较审敛法, 知级数 $\sum\limits_{n=1}^{\infty}\dfrac{a}{1+a^n}$ 收敛.

(2) 当 $n\to\infty$ 时, 有 $\dfrac{n^n}{(n+1)^{n+1}} \sim \dfrac{1}{\mathrm{e}(n+1)}$.

又级数 $\sum\limits_{n=1}^{\infty}\dfrac{1}{\mathrm{e}(n+1)}$ 发散, 故 $\sum\limits_{n=1}^{\infty}\dfrac{n^n}{(n+1)^{n+1}}$ 发散.

(3) $u_n = \dfrac{n!}{n^n}$,

$$\lim_{n\to\infty}\frac{u_{n+1}}{u_n} = \lim_{n\to\infty}\frac{(n+1)!}{(n+1)^{n+1}}\cdot\frac{n^n}{n!} = \lim_{n\to\infty}\frac{1}{\left(1+\dfrac{1}{n}\right)^n} = \frac{1}{\mathrm{e}} < 1.$$

由比值审敛法, 知级数 $\sum\limits_{n=1}^{\infty}\dfrac{n!}{n^n}$ 收敛.

(4) 当 $n\to\infty$ 时, 有 $\dfrac{1}{n}\ln\left(1+\dfrac{1}{n}\right) \sim \dfrac{1}{n^2}$.

又级数 $\sum\limits_{n=1}^{\infty}\dfrac{1}{n^2}$ 收敛, 故级数 $\sum\limits_{n=1}^{\infty}\dfrac{1}{n}\ln\left(1+\dfrac{1}{n}\right)$ 收敛.

(5) 当 $n\to\infty$ 时, 有 $n\tan\dfrac{\pi}{2^{n+1}} \sim n\dfrac{\pi}{2^{n+1}}$.

考虑级数 $\sum\limits_{n=1}^{\infty} n \dfrac{\pi}{2^{n+1}}$，由于

$$\lim_{n\to\infty} \frac{u_{n+1}}{u_n} = \lim_{n\to\infty} \frac{(n+1)\dfrac{\pi}{2^{n+2}}}{n\dfrac{\pi}{2^{n+1}}} = \lim_{n\to\infty} \frac{n+1}{2n} = \frac{1}{2} < 1,$$

因此，级数 $\sum\limits_{n=1}^{\infty} n \dfrac{\pi}{2^{n+1}}$ 收敛. 从而级数 $\sum\limits_{n=1}^{\infty} n \tan \dfrac{\pi}{2^{n+1}}$ 收敛.

（6） $u_n = \left(\arcsin \dfrac{\pi}{n} \right)^n$，

$$\lim_{n\to\infty} \sqrt[n]{u_n} = \lim_{n\to\infty} \sqrt[n]{\left(\arcsin \frac{\pi}{n} \right)^n} = \lim_{n\to\infty} \arcsin \frac{\pi}{n} = 0 < 1.$$

由根值审敛法，知级数 $\sum\limits_{n=1}^{\infty} \left(\arcsin \dfrac{\pi}{n} \right)^n$ 收敛.

例 11.1.4 设 $a_n > 0$ （$n = 1,\ 2,\ \cdots$）单调，且级数 $\sum\limits_{n=1}^{\infty} \dfrac{1}{a_n}$ 收敛，求证：级数 $\sum\limits_{n=1}^{\infty} \dfrac{n}{a_1 + a_2 + \cdots + a_n}$ 收敛.

证明 由于 a_n （$n = 1,\ 2,\ \cdots$）单调，故偶数项

$$\frac{2n}{a_1 + a_2 + \cdots + a_{2n}} < \frac{2n}{na_n} = \frac{2}{a_n},$$

奇数项

$$\frac{2n+1}{a_1 + a_2 + \cdots + a_{2n+1}} < \frac{2n+1}{(n+1)a_n} < \frac{2(n+1)}{(n+1)a_n} = \frac{2}{a_n}.$$

因为级数 $\sum\limits_{n=1}^{\infty} \dfrac{2}{a_n}$ 收敛，所以根据比较审敛法，知级数 $\sum\limits_{n=1}^{\infty} \dfrac{n}{a_1 + a_2 + \cdots + a_n}$ 收敛.

例 11.1.5 讨论级数 $\sum\limits_{n=1}^{\infty} \left(\dfrac{1}{\sqrt{n}} - \sqrt{\ln \dfrac{n+1}{n}} \right)$ 的敛散性.

解 当 $x \to 0$ 时，有 $\lim\limits_{x\to 0} \dfrac{x - \ln(1+x)}{x^2} = \dfrac{1}{2}$，即

$$x - \ln(1+x) \sim \frac{x^2}{2}.$$

因此 $\dfrac{1}{n} - \ln\left(1 + \dfrac{1}{n} \right) \sim \dfrac{1}{2n^2}$.

故

$$\frac{1}{\sqrt{n}} - \sqrt{\ln \frac{n+1}{n}} = \frac{\dfrac{1}{n} - \ln\left(1 + \dfrac{1}{n} \right)}{\dfrac{1}{\sqrt{n}} + \sqrt{\ln \dfrac{n+1}{n}}}$$

$$= \frac{\dfrac{1}{n} - \ln\left(1 + \dfrac{1}{n} \right)}{\dfrac{1}{\sqrt{n}}\left[1 + \sqrt{\dfrac{\ln\left(1 + \dfrac{1}{n} \right)}{\dfrac{1}{n}}} \right]} \sim \frac{1}{4n^{\frac{3}{2}}}.$$

又级数 $\sum\limits_{n=1}^{\infty} \dfrac{1}{4n^{\frac{3}{2}}}$ 收敛，从而级数 $\sum\limits_{n=1}^{\infty}\left(\dfrac{1}{\sqrt{n}} - \sqrt{\ln\dfrac{n+1}{n}}\right)$ 收敛.

例 11.1.6 利用积分判别法判别下列级数的敛散性：

(1) $\sum\limits_{n=1}^{\infty} \dfrac{1}{(n+1)\ln^2(n+1)}$；　　　　(2) $\sum\limits_{n=2}^{\infty} \dfrac{1}{n\ln n\ln(\ln n)}$.

解 (1) 设 $f(x) = \dfrac{1}{(x+1)\ln^2(x+1)}$ $(x>0)$，则它是正值单调递减的连续函数，且

$f(n) = \dfrac{1}{(n+1)\ln^2(n+1)}$.

由于

$$\int_1^{+\infty} f(x)\,\mathrm{d}x = \int_1^{+\infty} \dfrac{1}{(x+1)\ln^2(x+1)}\,\mathrm{d}x = \dfrac{1}{\ln 2},$$

故广义积分 $\displaystyle\int_1^{+\infty} \dfrac{1}{(x+1)\ln^2(x+1)}\,\mathrm{d}x$ 收敛.

由积分判别法，知级数 $\sum\limits_{n=1}^{\infty} \dfrac{1}{(n+1)\ln^2(n+1)}$ 收敛.

(2) 设 $f(x) = \dfrac{1}{x\ln x\ln(\ln x)}$ $(x\geqslant 3)$，则它是正值单调减少的连续函数，且 $f(n) =$

$\dfrac{1}{n\ln n\ln(\ln n)}$.

由于

$$\int_3^{+\infty} f(x)\,\mathrm{d}x = \int_3^{+\infty} \dfrac{1}{x\ln x\ln(\ln x)}\,\mathrm{d}x = \left[\ln\ln(\ln x)\right]_3^{+\infty} = +\infty,$$

故广义积分 $\displaystyle\int_3^{+\infty} \dfrac{1}{x\ln x\ln(\ln x)}\,\mathrm{d}x$ 发散.

由积分判别法，知级数 $\sum\limits_{n=2}^{\infty} \dfrac{1}{n\ln n\ln(\ln n)}$ 发散.

例 11.1.7 下列级数是否收敛？若收敛，是绝对收敛还是条件收敛？

(1) $\sum\limits_{n=1}^{\infty} \dfrac{(-1)^n}{n-\ln n}$；　　　　(2) $\sum\limits_{n=1}^{\infty} \dfrac{(-1)^n}{n^p}$；

(3) $\sum\limits_{n=2}^{\infty} \sin\left(n\pi + \dfrac{1}{\ln n}\right)$.

解 (1) $u_n = \dfrac{(-1)^n}{n-\ln n}$，而 $|u_n| = \dfrac{1}{n-\ln n} > \dfrac{1}{n}$，由于级数 $\sum\limits_{n=1}^{\infty}\dfrac{1}{n}$ 发散，故级数 $\sum\limits_{n=1}^{\infty}|u_n|$ 发散.

又 $\ln\left(1+\dfrac{1}{n}\right) < 1$，即 $\ln(n+1) - \ln n < 1$，故 $(n+1) - \ln(n+1) > n - \ln n$. 即 $|u_{n+1}| < |u_n|$.

而 $$\lim_{n \to \infty} |u_n| = \lim_{n \to \infty} \frac{1}{n - \ln n} = \lim_{n \to \infty} \frac{\dfrac{1}{n}}{1 - \dfrac{\ln n}{n}} = 0,$$

由莱布尼茨判别法，知级数 $\displaystyle\sum_{n=1}^{\infty} \frac{(-1)^n}{n - \ln n}$ 收敛，且条件收敛．

（2）$u_n = \dfrac{(-1)^n}{n^p}$，级数 $\displaystyle\sum_{n=1}^{\infty} |u_n| = \sum_{n=1}^{\infty} \frac{1}{n^p}$ 当 $p > 1$ 时，收敛；当 $p \le 1$ 时，发散．

当 $p > 0$ 时，$|u_{n+1}| = \dfrac{1}{(n+1)^p} < \dfrac{1}{n^p} = |u_n|$，且 $\displaystyle\lim_{n \to \infty} |u_n| = 0$，故级数 $\displaystyle\sum_{n=1}^{\infty} \frac{(-1)^n}{n^p}$ 收敛．

当 $p < 0$ 时，$\displaystyle\lim_{n \to \infty} u_n = \lim_{n \to \infty} \frac{(-1)^n}{n^p}$ 不存在，故级数 $\displaystyle\sum_{n=1}^{\infty} \frac{(-1)^n}{n^p}$ 发散．

综上所述，级数当 $p > 1$ 时，绝对收敛；当 $0 < p \le 1$ 时，条件收敛；当 $p \le 0$ 时，发散．

（3）由 $u_n = \sin\left(n\pi + \dfrac{1}{\ln n}\right) = (-1)^n \sin\dfrac{1}{\ln n}$，可见级数 $\displaystyle\sum_{n=2}^{\infty}\left(n\pi + \frac{1}{\ln n}\right)$ 为交错级数．

由对数函数的单调性及 $\sin x$ 在区间 $\left[0, \dfrac{\pi}{2}\right]$ 上的单调性，可知数列 $\left\{\sin\dfrac{1}{\ln n}\right\}$ $(n \ge 2)$ 为单调递减的，即 $|u_n| < |u_{n+1}|$．又 $\displaystyle\lim_{n \to \infty} |u_n| = 0$，由莱布尼茨判别法，知所给级数 $\displaystyle\sum_{n=2}^{\infty} \sin\left(n\pi + \frac{1}{\ln n}\right)$ 收敛．

对于 $\displaystyle\sum_{n=2}^{\infty} |u_n| = \sum_{n=2}^{\infty} \sin\frac{1}{\ln n}$，由于 $\displaystyle\lim_{n \to \infty} \frac{\sin\dfrac{1}{\ln n}}{\dfrac{1}{\ln n}} = 1 \neq 0$，根据极限形式的比较审敛法，知级数 $\displaystyle\sum_{n=2}^{\infty} \sin\frac{1}{\ln n}$ 与 $\displaystyle\sum_{n=2}^{\infty} \frac{1}{\ln n}$ 的敛散性相同．而由 $\dfrac{1}{\ln n} > \dfrac{1}{n}$ $(n \ge 2)$，级数 $\displaystyle\sum_{n=2}^{\infty} \frac{1}{n}$ 发散，得级数 $\displaystyle\sum_{n=2}^{\infty} \frac{1}{\ln n}$ 发散．从而级数 $\displaystyle\sum_{n=2}^{\infty} \sin\frac{1}{\ln n}$ 发散．故级数 $\displaystyle\sum_{n=2}^{\infty} \sin\left(n\pi + \frac{1}{\ln n}\right)$ 条件收敛．

例 11.1.8 求证：$\displaystyle\lim_{n \to \infty} \frac{1! + 2! + \cdots + n!}{(2n)!!} = 0$．

证明 考虑正项级数 $\displaystyle\sum_{n=1}^{\infty} u_n = \sum_{n=1}^{\infty} \frac{1! + 2! + \cdots + n!}{(2n)!!}$．

$$u_n = \frac{1! + 2! + \cdots + n!}{(2n)!!} < \frac{n! + n! + \cdots + n!}{(2n)!!} = \frac{n \cdot n!}{2^n \cdot n!} = \frac{n}{2^n}.$$

因为级数 $\displaystyle\sum_{n=1}^{\infty} \frac{n}{2^n}$ 收敛，所以级数 $\displaystyle\sum_{n=1}^{\infty} u_n$ 收敛．

由级数收敛的必要条件，知

$$\lim_{n \to \infty} \frac{1! + 2! + \cdots + n!}{(2n)!!} = 0.$$

例 11.1.9 设函数 $f(x)$ 满足：(a) 为单调函数；(b) $\lim\limits_{x\to\infty}f(x)=A$；(c) $f''(x)>0$，求证：

(1) 级数 $\sum\limits_{n=1}^{\infty}\left[f(n+1)-f(n)\right]$ 收敛；

(2) 级数 $\sum\limits_{n=1}^{\infty}f'(n)$ 收敛.

证明 (1)
$$s_n=\sum_{k=1}^{n}\left[f(k+1)-f(k)\right]=f(n+1)-f(1),$$
$$\lim_{n\to\infty}s_n=\lim_{n\to\infty}\left[f(n+1)-f(1)\right]=A-f(1).$$

因为级数 $\sum\limits_{n=1}^{\infty}\left[f(n+1)-f(n)\right]$ 的部分和数列收敛，所以级数 $\sum\limits_{n=1}^{\infty}\left[f(n+1)-f(n)\right]$ 收敛.

(2) 由条件 $f''(x)>0$，知函数 $f'(x)$ 为单调递增函数. 又
$$\lim_{n\to\infty}\left[f(n+1)-f(n)\right]=0,$$
$$f(n+1)-f(n)=f'(\xi_n)\,(n<\xi_n<n+1),$$
所以 $\lim\limits_{n\to\infty}f'(\xi_n)=0$. 从而 $\lim\limits_{n\to\infty}f'(x)=0$.

又函数 $f'(x)$ 为单调递增函数，知 $f'(x)<0$，且 $f(n+1)-f(n)<0$. 显然级数 $\sum\limits_{n=1}^{\infty}\left[f(n)-f(n+1)\right]$ 收敛，且为正项级数.

由微分中值定理，得
$$f(n)-f(n+1)=-f'(\xi_n)>-f'(n+1)>0.$$

由正项级数的比较审敛法，知级数 $\sum\limits_{n=1}^{\infty}\left[-f'(n+1)\right]$ 收敛. 从而级数 $\sum\limits_{n=1}^{\infty}f'(n)$ 收敛.

例 11.1.10 设 $a_n=\int_0^{\frac{\pi}{4}}\tan^n x\,\mathrm{d}x$.

(1) 求 $\sum\limits_{n=1}^{\infty}\dfrac{1}{n}(a_n+a_{n+2})$ 的值；

(2) 求证：对任意的常数 $\lambda>0$，级数 $\sum\limits_{n=1}^{\infty}\dfrac{a_n}{n^{\lambda}}$ 收敛.

解 (1) 由于

$$\frac{1}{n}(a_n+a_{n+2})=\frac{1}{n}\int_0^{\frac{\pi}{4}}\tan^n x(1+\tan^2 x)\,\mathrm{d}x$$

$$=\frac{1}{n}\int_0^{\frac{\pi}{4}}\tan^n x\,\sec^2 x\,\mathrm{d}x\quad(\diamondsuit\ t=\tan x)$$

$$=\frac{1}{n}\int_0^1 t^n\,\mathrm{d}t=\frac{1}{n(n+1)},$$

部分和
$$s_n=\sum_{k=1}^{n}\frac{1}{k}(a_k+a_{k+2})=\sum_{k=1}^{n}\frac{1}{k(k+1)}=1-\frac{1}{n+1},$$
$$\lim_{n\to\infty}s_n=1,$$

故 $\sum\limits_{n=1}^{\infty} \dfrac{1}{n}(a_n + a_{n+2}) = 1.$

（2）证明 $a_n = \int_0^{\frac{\pi}{4}} \tan^n x \mathrm{d}x = \int_0^1 \dfrac{t^n}{1+t^2}\mathrm{d}t < \int_0^1 t^n \mathrm{d}t = \dfrac{1}{n+1},$

$$\dfrac{a_n}{n^\lambda} < \dfrac{1}{n^\lambda(n+1)} < \dfrac{1}{n^{\lambda+1}}.$$

由于 $\lambda > 0$，则 $\lambda + 1 > 1.$ 所以级数 $\sum\limits_{n=1}^{\infty} \dfrac{1}{n^{\lambda+1}}$ 收敛. 从而级数 $\sum\limits_{n=1}^{\infty} \dfrac{a_n}{n^\lambda}$ 收敛.

四、习题

1. 选择题.

（1）设常数 $k > 0$，且级数 $\sum\limits_{n=1}^{\infty} a_n^2$ 收敛，则级数 $\sum\limits_{n=1}^{\infty} (-1)^n \dfrac{|a_n|}{\sqrt{n^2+k}}($ ）.

A. 绝对收敛　　　　B. 条件收敛

C. 发散　　　　　　D. 敛散性与 k 有关

（2）设级数 $\sum\limits_{n=1}^{\infty} (-1)^n a_n 3^n$ 收敛，则级数 $\sum\limits_{n=1}^{\infty} a_n($ ）.

A. 绝对收敛　　　　B. 条件收敛

C. 发散　　　　　　D. 敛散性不能确定

（3）设级数 $\sum\limits_{n=1}^{\infty} a_n$ 收敛，则下列级数收敛的是（ ）.

A. $\sum\limits_{n=1}^{\infty} a_n^2$　　　B. $\sum\limits_{n=1}^{\infty} (-1)^n a_n$

C. $\sum\limits_{n=1}^{\infty} \dfrac{a_n^2}{n}$　　D. $\sum\limits_{n=1}^{\infty} (a_n - a_{n-1})$

（4）设级数 $\sum\limits_{n=1}^{\infty} (-1)^n u_n$ 条件收敛，则下述论断成立的是（ ）.

A. 级数 $\sum\limits_{n=1}^{\infty} u_n$ 发散　B. 级数 $\sum\limits_{n=1}^{\infty} u_{2n}$ 收敛

C. 级数 $\sum\limits_{n=1}^{\infty} u_n^2$ 发散

D. 级数 $\sum\limits_{n=1}^{\infty} (u_{2n} - u_{2n-1})$ 收敛

（5*）设函数 $f(x) = \begin{cases} \dfrac{\sin x}{x}, & x \neq 0, \\ 1, & x = 0, \end{cases}$ 则级数

$f(0) + f'(0) + \cdots + f^{(n)}(0) + \cdots$

的收敛性为（ ）.

A. 发散　　　　　　B. 敛散性不能确定

C. 条件收敛　　　　D. 绝对收敛

2. 判别下列级数的敛散性：

（1）$\sum\limits_{n=1}^{\infty} \arctan \dfrac{1}{n^2+1}$；

（2）$\sum\limits_{n=1}^{\infty} \dfrac{(\ln n)^3}{n^{\frac{5}{4}}}$；

（3）$\sum\limits_{n=1}^{\infty} \int_0^{\frac{1}{2}} \dfrac{x^n}{1+x}\mathrm{d}x$；

（4）$\sum\limits_{n=1}^{\infty} \dfrac{1}{(an^2+bn+c)^\beta}$ （$a>0$，$b>0$，$c>0$ 均为常数，β 为常数）；

（5）$\sum\limits_{n=1}^{\infty} \dfrac{\sqrt{n}+\sin n}{n^2-n+1}$；　（6）$\sum\limits_{n=1}^{\infty} \dfrac{n^n}{(n!)^2}$.

3. 判别下列级数是绝对收敛、条件收敛还是发散：

（1）$\sum\limits_{n=1}^{\infty} (-1)^{n-1}\left(1 - \cos\dfrac{1}{\sqrt{n}}\right)$；

（2）$\sum\limits_{n=1}^{\infty} \sin(\pi\sqrt{n^2+a^2})$；

（3）$\sum\limits_{n=1}^{\infty} \dfrac{\sin\frac{n\pi}{4}}{n(\ln n)^2}$；

（4）$\sum\limits_{n=1}^{\infty} (-1)^{n-1} \arcsin^n\left(\dfrac{1}{n}\right)$；

（5）$\sum\limits_{n=1}^{\infty} \sin\dfrac{n^2+n\alpha+\beta}{n}\pi$ （α，β 为常数，且 $\beta \neq 0$）；

（6）$\sum\limits_{n=1}^{\infty} \dfrac{(-1)^n}{\ln(e^n+e^{-n})}$.

4. 当 a，b 为何值时，级数 $\sum\limits_{n=1}^{\infty} [\ln n + a\ln(n+1) + b\ln(n+2)]$ 收敛？

5. 判别下列级数的敛散性（$p > 0$）：

(1) $\displaystyle\sum_{n=2}^{\infty} \frac{1}{n \ln^p n}$;

(2) $\displaystyle\sum_{n=2}^{\infty} \frac{1}{n(\ln n)^{1+p}\ln(\ln n)}$.

6. 判别下列级数的敛散性:

(1) $\displaystyle\sum_{n=1}^{\infty} \left(\frac{b}{a_n}\right)^n$, 其中 $\lim\limits_{n\to\infty} a_n = a$, 且 $a \neq b$, a, b 及 a_n 均为正数;

(2) $\displaystyle\sum_{n=1}^{\infty} \frac{1}{u_n}$, 其中 $u_n = \displaystyle\int_0^n \sqrt[4]{1+x^4}\,\mathrm{d}x$;

(3) $\displaystyle\sum_{n=1}^{\infty} \left(\frac{na}{n+1}\right)^n$ $(a > 0)$;

(4) $\displaystyle\sum_{n=1}^{\infty} \left[\frac{1}{n} - \ln\left(1 + \frac{1}{n}\right)\right]$.

7. 判别下列级数的敛散性:

(1) $\displaystyle\sum_{n=1}^{\infty} \left(1 - \frac{x_n}{x_{n+1}}\right)$, 其中数列 $\{x_n\}$ 是递增有界的正数列;

(2) $\displaystyle\sum_{n=1}^{\infty} \int_0^{\frac{1}{n}} \frac{\sqrt{x}}{1+x}\,\mathrm{d}x$.

8. 判别下列级数的敛散性, 若级数收敛, 则求出级数的和.

(1) $\displaystyle\sum_{n=1}^{\infty} \frac{2^n - 1}{2^n}$; (2) $\displaystyle\sum_{n=1}^{\infty} \frac{2n-1}{2^n}$;

(3) $\displaystyle\sum_{n=1}^{\infty} \frac{n}{2^n}$.

9. 求证:

$$\lim_{n\to\infty} \frac{(a+1)(2a+1)\cdots(na+1)}{(b+1)(2b+1)\cdots(nb+1)} = 0,$$

其中 $0 < a < b$.

10. 若 $0 < a < a_n < b$, 求证: 正项级数 $\displaystyle\sum_{n=1}^{\infty} u_n$ 与 $\displaystyle\sum_{n=1}^{\infty} a_n u_n$ 具有相同的敛散性.

11. 设级数 $\displaystyle\sum_{n=1}^{\infty} a_n$, 其中 $a_n \geq 0$, 若存在一个正数 b, 使得

$$a_{n+1} < b(a_n - a_{n+1}) \quad (n = 1, 2, \cdots),$$

求证: 级数 $\displaystyle\sum_{n=1}^{\infty} a_n$ 收敛.

12. 设

$$a_1 = 2, \quad a_{n+1} = \frac{1}{2}\left(a_n + \frac{1}{a_n}\right)(n = 1, 2, \cdots),$$

求证: (1) $\lim\limits_{n\to\infty} a_n$ 存在; (2) 级数 $\displaystyle\sum_{n=1}^{\infty} \left(\frac{a_n}{a_{n+1}} - 1\right)$ 收敛.

13*. 设 x_n 是方程 $x = \tan x$ 的正根(按递增顺序排列), 求证: 级数 $\displaystyle\sum_{n=1}^{\infty} \frac{1}{x_n^2}$ 收敛.

五、习题答案

1. (1) A (2) A (3) D (4) D (5) C.

2. (1) 收敛; (2) 收敛; (3) 收敛;

   (4) 当 $\beta > \frac{1}{2}$ 时, 收敛; 当 $\beta \leq \frac{1}{2}$ 时, 发散;

   (5) 收敛; (6) 收敛.

3. (1) 条件收敛; (2) 条件收敛;

   (3) 绝对收敛; (4) 绝对收敛;

   (5) 当 α 不是整数时, 发散; 当 α 是整数时, 条件收敛;

   (6) 条件收敛.

4. $a = -2$, $b = 1$.

5. (1) 当 $p > 1$ 时, 收敛; 当 $p \leq 1$ 时, 发散;

   (2) 收敛.

6. (1) 当 $a > b$ 时, 收敛; 当 $a < b$ 时, 发散;

   (2) 收敛;

   (3) 当 $0 < a < 1$ 时, 收敛; 当 $a \geq 1$ 时, 发散;

   (4) 收敛.

7. (1) 收敛; (2) 收敛.

8. (1) 发散; (2) 收敛且 $S = 3$;

   (3) 收敛且 $S = 2$.

9. 提示: 级数 $\displaystyle\sum_{n=1}^{\infty} \frac{(a+1)(2a+1)\cdots(na+1)}{(b+1)(2b+1)\cdots(nb+1)}$ 收敛.

10. 提示: 利用正项级数的比较判别法.

11. 提示: 注意到 $a_{n+1} < \dfrac{b}{1+b} a_n$.

12. 提示: (1) 数列 $\{a_n\}$ 单调有界;

   (2) 利用正项级数的比较判别法的极限形式.

13. 提示: $(n-1)\pi < x_n < (n-1)\pi + \dfrac{1}{2}\pi$.

11.2 幂级数

一、基本内容

1. 幂级数的收敛半径、收敛域、阿贝尔（Abel）定理.

2. 幂级数的和函数的性质：和函数的连续性、逐项微分、逐项积分.

3. 利用和函数的性质求幂级数的和函数及将函数展开成幂级数，在求解过程中常要用到常见函数的幂级数展开式.

4. 熟悉下面常见函数的幂级数展开式：

$$\frac{1}{1-x} = 1 + x + x^2 + \cdots + x^n + \cdots \quad (-1 < x < 1);$$

$$e^x = 1 + x + \frac{x^2}{2!} + \frac{x^3}{3!} + \cdots + \frac{x^n}{n!} + \cdots \quad (-\infty < x < +\infty);$$

$$\sin x = x - \frac{x^3}{3!} + \frac{x^5}{5!} - \cdots + (-1)^{n-1}\frac{x^{2n-1}}{(2n-1)!} + \cdots \quad (-\infty < x < +\infty);$$

$$\cos x = 1 - \frac{x^2}{2!} + \frac{x^4}{4!} - \cdots + (-1)^n\frac{x^{2n}}{(2n)!} + \cdots \quad (-\infty < x < +\infty);$$

$$\ln(1+x) = x - \frac{x^2}{2} + \frac{x^3}{3} - \cdots + (-1)^n\frac{x^{n+1}}{n+1} + \cdots \quad (-1 < x \leqslant 1);$$

$$(1+x)^m = 1 + mx + \frac{m(m-1)x^2}{2!} + \cdots + \frac{m(m-1)\cdots(m-n+1)x^n}{n!} + \cdots \quad (-1 < x < 1);$$

$$\sqrt{1+x} = 1 + \frac{1}{2}x - \frac{1}{2\times4}x^2 + \frac{1\times3}{2\times4\times6}x^3 - \frac{1\times3\times5}{2\times4\times6\times8}x^4 + \cdots \quad (-1 \leqslant x \leqslant 1);$$

$$\frac{1}{\sqrt{1+x}} = 1 - \frac{1}{2}x + \frac{1\times3}{2\times4}x^2 - \frac{1\times3\times5}{2\times4\times6}x^3 + \frac{1\times3\times5\times7}{2\times4\times6\times8}x^4 + \cdots \quad (-1 < x \leqslant 1).$$

5. 用正项级数敛散性判别法求幂级数的收敛半径.

二、重点与难点

重点：幂级数的收敛域与函数的幂级数展开.

难点：函数的幂级数展开与幂级数的和函数计算.

三、例题分析

例 11.2.1　求下列幂级数的收敛半径及收敛域：

(1) $\sum_{n=1}^{\infty} \frac{(-1)^{n-1}}{3^n \cdot n} x^n$;

(2) $\sum_{n=1}^{\infty} \frac{2n-1}{2^n} x^{2n-2}$;

(3) $\sum_{n=1}^{\infty} \frac{(x-5)^n}{\sqrt{n}}$;

(4) $\sum_{n=1}^{\infty} \left[\frac{(-1)^n}{2^n} + 3^n\right] x^n$.

解　(1) 因为　$a_n = \frac{(-1)^{n-1}}{3^n \cdot n}$

$$\rho = \lim_{n \to \infty} \left| \frac{a_{n+1}}{a_n} \right| = \lim_{n \to \infty} \frac{3^n \cdot n}{3^{n+1} \cdot (n+1)} = \frac{1}{3},$$

所以收敛半径 $R = \dfrac{1}{\rho} = 3$.

当 $x = -3$ 时，级数成为 $\displaystyle\sum_{n=1}^{\infty} \frac{(-1)^{2n-1}}{n} = -\sum_{n=1}^{\infty} \frac{1}{n}$，是发散的；

当 $x = 3$ 时，级数成为 $\displaystyle\sum_{n=1}^{\infty} \frac{(-1)^{n-1}}{n}$，是收敛的.

从而幂级数 $\displaystyle\sum_{n=1}^{\infty} \frac{(-1)^{n-1}}{3^n \cdot n} x^n$ 的收敛域为 $(-3, 3]$.

（2）此幂级数缺项（只含有偶数项，不含奇数项），不能直接用求收敛半径的公式.

（方法1）设 $x^2 = t$，则原级数成为 $\displaystyle\sum_{n=1}^{\infty} \frac{2n-1}{2^n} t^{n-1}$，此级数可利用求收敛半径的公式. 由于

$$\lim_{n \to \infty} \left| \frac{a_{n+1}}{a_n} \right| = \lim_{n \to \infty} \frac{(2n+1) \cdot 2^n}{2^{n+1} \cdot (2n-1)} = \frac{1}{2},$$

因此，此级数的收敛半径 $R = 2$. 所以 $x^2 < 2$，即 $|x| < \sqrt{2}$，原收敛半径 $R = \sqrt{2}$.

当 $x = \pm\sqrt{2}$ 时，级数成为 $\displaystyle\sum_{n=1}^{\infty} \frac{2n-1}{2}$，是发散的.

从而幂级数 $\displaystyle\sum_{n=1}^{\infty} \frac{2n-1}{2^n} x^{2n-2}$ 的收敛域为 $(-\sqrt{2}, \sqrt{2})$.

（方法2）级数的一般项 $u_n = \dfrac{2n-1}{2^n} x^{2n-2}$，所以

$$\rho = \lim_{n \to \infty} \left| \frac{u_{n+1}}{u_n} \right| = \lim_{n \to \infty} \frac{(2n+1) \cdot |x^{2n}| \cdot 2^n}{2^{n+1} \cdot |x^{2n-2}| \cdot (2n-1)} = \frac{1}{2} |x|^2.$$

由正项级数的比值审敛法，知当 $\dfrac{1}{2}|x|^2 < 1$，即 $|x| < \sqrt{2}$ 时，幂级数收敛；当 $\dfrac{1}{2}|x|^2 > 1$，即 $|x| > \sqrt{2}$ 时，幂级数发散. 故收敛半径 $R = \sqrt{2}$.

当 $x = \pm\sqrt{2}$ 时，级数成为 $\displaystyle\sum_{n=1}^{\infty} \frac{2n-1}{2}$，是发散的.

从而幂级数的收敛域为 $(-\sqrt{2}, \sqrt{2})$.

（3）此幂级数不是标准形. 设 $t = x - 5$，则级数变为 $\displaystyle\sum_{n=1}^{\infty} \frac{t^n}{\sqrt{n}}$. 由 $\displaystyle\lim_{n \to \infty} \left| \frac{a_{n+1}}{a_n} \right| = \lim_{n \to \infty} \frac{\sqrt{n}}{\sqrt{n+1}} = 1$，得此幂级数的收敛半径 $R = 1$.

当 $|t| = |x-5| < 1$，即 $4 < x < 6$ 时，级数 $\displaystyle\sum_{n=1}^{\infty} \frac{(x-5)^n}{\sqrt{n}}$ 收敛；

当 $x = 4$ 时，级数成为 $\displaystyle\sum_{n=1}^{\infty} \frac{(-1)^n}{\sqrt{n}}$，是收敛的；

当 $x = 6$ 时，级数成为 $\displaystyle\sum_{n=1}^{\infty} \frac{1}{\sqrt{n}}$，是发散的.

从而级数 $\sum\limits_{n=1}^{\infty} \dfrac{(x-5)^n}{\sqrt{n}}$ 的收敛域为 $[4,6)$.

（4）此题可以直接利用公式求收敛半径及收敛域. 这里我们采用幂级数的性质来求，原级数可表示成两个级数的和

$$\sum_{n=1}^{\infty}\left[\dfrac{(-1)^n}{2^n}+3^n\right]x^n = \sum_{n=1}^{\infty}\dfrac{(-1)^n}{2^n}x^n + \sum_{n=1}^{\infty}3^n x^n.$$

幂级数 $\sum\limits_{n=1}^{\infty}\dfrac{(-1)^n}{2^n}x^n$ 的收敛半径 $R_1=2$；

幂级数 $\sum\limits_{n=1}^{\infty}3^n x^n$ 的收敛半径 $R_2=\dfrac{1}{3}$，收敛域为 $\left(-\dfrac{1}{3},\dfrac{1}{3}\right)$.

所以原级数的收敛半径 $R=\min(R_1,R_2)=\dfrac{1}{3}$，收敛域为 $\left(-\dfrac{1}{3},\dfrac{1}{3}\right)$.

例 11.2.2 求下列级数的收敛域：

（1）$\sum\limits_{n=1}^{\infty}\dfrac{n^2}{x^n}\ (x\neq 0;)$　　　（2）$\sum\limits_{n=1}^{\infty}ne^{-nx}$.

解　（1）设 $t=\dfrac{1}{x}$，级数成为 $\sum\limits_{n=1}^{\infty}n^2 t^n$，收敛半径 $R=1$.

从而当 $|t|=\left|\dfrac{1}{x}\right|<1$，即 $x<-1$ 或 $x>1$ 时，级数 $\sum\limits_{n=1}^{\infty}\dfrac{n^2}{x^n}$ 收敛.

当 $x=\pm1$ 时，级数成为 $\sum\limits_{n=1}^{\infty}(\pm1)^n n^2$，是发散的，故原级数 $\sum\limits_{n=1}^{\infty}\dfrac{n^2}{x^n}\ (x\neq 0)$ 的收敛域为 $(-\infty,-1)\cup(1,+\infty)$.

（2）设 $t=e^{-x}$，级数成为 $\sum\limits_{n=1}^{\infty}n t^n$，收敛半径 $R=1$.

从而当 $|t|=|e^{-x}|<1$，即 $x>0$ 时，级数 $\sum\limits_{n=1}^{\infty}ne^{-nx}$ 收敛；当 $x=0$ 时，级数成为 $\sum\limits_{n=1}^{\infty}n$ 是发散的. 故原级数 $\sum\limits_{n=1}^{\infty}ne^{-nx}$ 的收敛域为 $(0,+\infty)$.

例 11.2.3 利用逐项微分、逐项积分求下列各级数在收敛区间内的和函数：

（1）$\sum\limits_{n=1}^{\infty}nx^{n-1}\ (|x|<1)$；　　　（2）$\sum\limits_{n=1}^{\infty}\dfrac{(-1)^{n-1}x^{2n}}{n(2n-1)}\ (|x|\leqslant1)$；

（3）$\sum\limits_{n=0}^{\infty}\dfrac{(n-1)^2}{n+1}x^n\ (|x|<1)$.

解　（1）设 $s(x)=\sum\limits_{n=1}^{\infty}nx^{n-1}$，逐项积分，得

$$\int_0^x s(x)\,\mathrm{d}x = \int_0^x\left(\sum_{n=1}^{\infty}nx^{n-1}\right)\mathrm{d}x = \sum_{n=1}^{\infty}x^n = \dfrac{x}{1-x},\ x\in(-1,1).$$

再逐项求导，得 $s(x)=\dfrac{1}{(1-x)^2}$，$x\in(-1,1)$.

（2）设 $s(x) = \sum\limits_{n=1}^{\infty} \dfrac{(-1)^{n-1}x^{2n}}{n(2n-1)}$，则 $s(0) = 0$. 逐项求导，得

$$s'(x) = \sum_{n=1}^{\infty} \frac{(-1)^{n-1}2x^{2n-1}}{(2n-1)}, \quad s'(0) = 0.$$

再逐项求导，得

$$s''(x) = 2\sum_{n=1}^{\infty} (-1)^{n-1}x^{2n-2} = \frac{2}{1+x^2}, \quad x \in (-1,1).$$

逐项积分，得 $s'(x) = 2\arctan x$，$x \in (-1,1)$.

再逐项积分，得

$$s(x) = \int_0^x 2\arctan x\,dx = 2x\arctan x - \ln(1+x^2), \quad x \in [-1,1].$$

（3）设

$$s(x) = \sum_{n=0}^{\infty} \frac{(n-1)^2}{n+1}x^n = \sum_{n=0}^{\infty} \frac{(n+1-2)^2}{n+1}x^n$$

$$= \sum_{n=0}^{\infty} (n+1)x^n - 4\sum_{n=0}^{\infty} x^n + 4\sum_{n=0}^{\infty} \frac{1}{n+1}x^n,$$

又设

$$s_1(x) = \sum_{n=0}^{\infty} (n+1)x^n, \quad s_2(x) = \sum_{n=0}^{\infty} x^n, \quad s_3(x) = \sum_{n=0}^{\infty} \frac{1}{n+1}x^n,$$

则

$$s_1(x) = \left[\int_0^x \left(\sum_{n=0}^{\infty} (n+1)x^n\right)dx\right]' = \left(\sum_{n=0}^{\infty} x^{n+1}\right)'$$

$$= \left(\frac{x}{1-x}\right)' = \frac{1}{(1-x)^2}, \qquad x \in (-1,1),$$

$$s_2(x) = \sum_{n=0}^{\infty} x^n = \frac{1}{1-x}, \qquad x \in (-1,1),$$

$$s_3(x) = \frac{1}{x}\sum_{n=0}^{\infty} \frac{1}{n+1}x^{n+1} = \frac{1}{x}\int_0^x \left(\sum_{n=0}^{\infty} \frac{1}{n+1}x^{n+1}\right)'dx$$

$$= \frac{1}{x}\int_0^x \frac{dx}{1-x} = -\frac{1}{x}\ln(1-x), \quad x \in (-1,1), \text{且 } x \neq 0.$$

而 $s_3(0) = 1$，所以

$$s(x) = \begin{cases} \dfrac{1}{(1-x)^2} - \dfrac{4}{1-x} - \dfrac{4}{x}\ln(1-x), & x \in (-1,1)\text{且}x\neq0, \\ 1, & x = 0. \end{cases}$$

例 11.2.4 求级数 $\sum\limits_{n=3}^{\infty} \dfrac{1}{n(n-2)2^n}$ 的和.

解 考虑幂级数 $\sum\limits_{n=3}^{\infty} \dfrac{x^n}{n(n-2)}$，它在区间 $[-1,1]$ 上收敛，只要取 $x = \dfrac{1}{2}$，则为所给级数 $\sum\limits_{n=3}^{\infty} \dfrac{1}{n(n-2)2^n}$. 为此，先求幂级数 $\sum\limits_{n=3}^{\infty} \dfrac{x^n}{n(n-2)}$ 的和函数.

令

$$s(x) = \sum_{n=3}^{\infty} \frac{x^n}{n(n-2)} = \frac{1}{2}\left(\sum_{n=3}^{\infty} \frac{x^n}{n-2} - \sum_{n=3}^{\infty} \frac{x^n}{n} \right),$$

$$s_1(x) = \sum_{n=3}^{\infty} \frac{x^n}{n-2}, \quad s_2(x) = \sum_{n=3}^{\infty} \frac{x^n}{n},$$

则

$$s(x) = \frac{1}{2}[s_1(x) - s_2(x)].$$

而

$$s_1(x) = \sum_{n=3}^{\infty} \frac{x^n}{n-2} = x^2 \sum_{n=3}^{\infty} \frac{x^{n-2}}{n-2} = -x^2 \ln(1-x),$$

$$s_2(x) = \sum_{n=3}^{\infty} \frac{x^n}{n} = -\ln(1-x) - x - \frac{x^2}{2},$$

所以

$$s(x) = \frac{1}{2}[s_1(x) - s_2(x)] = \frac{1}{2}(1-x^2)\ln(1-x) + \frac{x}{2} + \frac{x^2}{4}.$$

从而 $\displaystyle\sum_{n=3}^{\infty} \frac{1}{n(n-2)2^n} = s\left(\frac{1}{2}\right) = \frac{5}{16} - \frac{3}{8}\ln 2.$

例 11.2.5 将下列函数展开成 x 的幂级数:

(1) $f(x) = x \arctan x - \ln\sqrt{1+x^2}$;

(2) $f(x) = \displaystyle\int_0^x \frac{\sin t}{t}\mathrm{d}t$;

(3) $f(x) = \dfrac{\mathrm{d}}{\mathrm{d}x}\left(\dfrac{\mathrm{e}^x - 1}{x}\right).$

解 (1) 由于 $(\arctan x)' = \dfrac{1}{1+x^2}$, 而

$$\frac{1}{1+x^2} = 1 - x^2 + x^4 - \cdots + (-1)^n x^{2n} + \cdots, \qquad x \in (-1,1),$$

因此

$$\arctan x = x - \frac{x^3}{3} + \frac{x^5}{5} - \cdots + (-1)^{n-1}\frac{x^{2n-1}}{2n-1} + \cdots, \qquad x \in [-1,1].$$

又

$$\ln\sqrt{1+x^2} = \frac{1}{2}\ln(1+x^2) = \frac{1}{2}\sum_{n=1}^{\infty}(-1)^{n-1}\frac{x^{2n}}{n}, \qquad x \in [-1,1],$$

从而

$$\begin{aligned}
f(x) &= x \arctan x - \ln\sqrt{1+x^2} \\
&= \sum_{n=1}^{\infty}(-1)^{n-1}\frac{x^{2n}}{2n-1} - \frac{1}{2}\sum_{n=1}^{\infty}(-1)^{n-1}\frac{x^{2n}}{n} \\
&= \sum_{n=1}^{\infty}(-1)^{n-1}\left(\frac{1}{2n-1} - \frac{1}{2n}\right)x^{2n} \\
&= \sum_{n=1}^{\infty}(-1)^{n-1}\frac{1}{2n(2n-1)}x^{2n}, \qquad x \in [-1,1].
\end{aligned}$$

(2) 由 $\sin t = \sum\limits_{n=0}^{\infty} \dfrac{(-1)^n t^{2n+1}}{(2n+1)!}$, $t \in (-\infty, +\infty)$, 得

$$\frac{\sin t}{t} = \sum_{n=0}^{\infty} \frac{(-1)^n t^{2n}}{(2n+1)!}, \quad t \neq 0.$$

因此

$$\int_0^x \frac{\sin t}{t} \mathrm{d}t = \int_0^x \sum_{n=0}^{\infty} \frac{(-1)^n t^{2n}}{(2n+1)!} \mathrm{d}t = \sum_{n=0}^{\infty} \frac{(-1)^n x^{2n+1}}{(2n+1)(2n+1)!} \quad (x \neq 0).$$

(3) 由于

$$\mathrm{e}^x = 1 + x + \frac{x^2}{2!} + \cdots + \frac{x^n}{n!} + \cdots, \quad x \in (-\infty, +\infty),$$

因此, 有

$$\frac{\mathrm{e}^x - 1}{x} = 1 + \frac{x}{2!} + \frac{x^2}{3!} + \cdots + \frac{x^{n-1}}{n!} + \cdots \quad (x \neq 0).$$

从而

$$\frac{\mathrm{d}}{\mathrm{d}x}\left(\frac{\mathrm{e}^x - 1}{x}\right) = \frac{1}{2!} + \frac{2x}{3!} + \cdots + \frac{(n-1)x^{n-2}}{n!} + \cdots \quad (x \neq 0).$$

例 11.2.6 将下列函数展开成 $(x-2)$ 的幂级数:

(1) $f(x) = \dfrac{1}{x(x-1)}$;　　　　(2) $f(x) = \dfrac{1}{x^2}$.

解 (1) $f(x) = \dfrac{1}{x(x-1)} = \dfrac{1}{x-1} - \dfrac{1}{x}$,

而

$$\frac{1}{x-1} = \frac{1}{1+(x-2)} = \sum_{n=0}^{\infty} (-1)^n (x-2)^n, \quad x \in (1,3),$$

$$\frac{1}{x} = \frac{1}{2+(x-2)} = \frac{1}{2} \cdot \frac{1}{1 + \dfrac{x-2}{2}}$$

$$= \frac{1}{2} \sum_{n=0}^{\infty} (-1)^n \left(\frac{x-2}{2}\right)^n, \quad x \in (0,4),$$

所以

$$f(x) = \sum_{n=0}^{\infty} (-1)^n (x-2)^n - \frac{1}{2} \sum_{n=0}^{\infty} (-1)^n \left(\frac{x-2}{2}\right)^n$$

$$= \sum_{n=0}^{\infty} (-1)^n \left(1 - \frac{1}{2^{n+1}}\right)(x-2)^n, \quad x \in (1,3).$$

(2) $f(x) = \dfrac{1}{x^2} = \left(-\dfrac{1}{x}\right)'$,

而 $\dfrac{1}{x} = \dfrac{1}{2} \sum\limits_{n=0}^{\infty} (-1)^n \left(\dfrac{x-2}{2}\right)^n$, $x \in (0,4)$,

逐项求导, 得

$$\frac{1}{x^2} = \left(-\frac{1}{x}\right)' = \frac{1}{4} \sum_{n=0}^{\infty} (-1)^n \left(\frac{x-2}{2}\right)^n, \quad x \in (0,4).$$

所以

$$f(x) = \frac{1}{4}\sum_{n=0}^{\infty}(-1)^n\left(\frac{x-2}{2}\right)^n(n+1)$$

$$= \sum_{n=0}^{\infty}\frac{(-1)^n n}{2^{n+2}}(x-2)^n, \quad x \in (0,4).$$

例 11. 2. 7 已知 $\sum_{n=0}^{\infty}\frac{1}{(2n+1)^2} = \frac{\pi^2}{8}$，试求 $\int_0^2 \frac{1}{x}\ln\frac{2+x}{2-x}dx$ 的值.

解 设 $x = 2t$，则当 $x = 0$ 时，$t = 0$；当 $x = 2$ 时；$t = 1$；
$dx = 2dt$.

因此

$$\int_0^2 \frac{1}{x}\ln\frac{2+x}{2-x}dx = \int_0^1 \frac{1}{t}\ln\frac{1+t}{1-t}dt = \int_0^1 \frac{1}{t}\left[\ln(1+t) - \ln(1-t)\right]dt.$$

由于 $\ln(1+t) = \sum_{n=1}^{\infty}(-1)^{n-1}\frac{t^n}{n}$，$\ln(1-t) = -\sum_{n=1}^{\infty}\frac{t^n}{n}$，因此

$$\frac{1}{t}\left[\ln(1+t) - \ln(1-t)\right] = 2\sum_{n=1}^{\infty}\frac{t^{2n-2}}{2n-1}.$$

从而

$$\int_0^2 \frac{1}{x}\ln\frac{2+x}{2-x}dx = \int_0^1\left(2\sum_{n=1}^{\infty}\frac{t^{2n-2}}{2n-1}\right)dt = 2\sum_{n=1}^{\infty}\frac{1}{(2n-1)^2}$$

$$= 2\sum_{n=0}^{\infty}\frac{1}{(2n+1)^2} = \frac{\pi^2}{4}.$$

例 11. 2. 8 求下列极限:

(1) $\lim\limits_{x\to 0}\dfrac{\dfrac{x^2}{2}+1-\sqrt{1+x^2}}{(\cos x - e^{x^2})\sin x^2}$；

(2) $\lim\limits_{n\to\infty}\left(\dfrac{1}{a}+\dfrac{2}{a^2}+\cdots+\dfrac{n}{a^n}\right)$，$(a>1)$.

解 (1) 由于当 $x\to 0$ 时，$\sin x^2 \sim x^2$，

$$\sqrt{1+x^2} = (1+x^2)^{\frac{1}{2}} = 1 + \frac{1}{2}x^2 + \frac{\frac{1}{2}\left(\frac{1}{2}-1\right)}{2!}x^4 + o(x^4),$$

$$\cos x = 1 - \frac{1}{2!}x^2 + o(x^2),$$

$$e^{x^2} = 1 + x^2 + o(x^2),$$

故

$$\lim\limits_{x\to 0}\frac{\frac{x^2}{2}+1-\sqrt{1+x^2}}{(\cos x - e^{x^2})\sin x^2} = \lim\limits_{x\to 0}\frac{\frac{x^2}{2}+1-\left[1+\frac{1}{2}x^2 - \frac{1}{8}x^4 + o(x^4)\right]}{x^2\left[1 - \frac{1}{2!}x^2 - 1 - x^2 + o(x^2)\right]}$$

$$= \lim\limits_{x\to 0}\frac{\frac{1}{8}x^4 + o(x^4)}{-\frac{3}{2}x^4 + o(x^4)} = -\frac{1}{12}.$$

（2）所求极限实际上是级数 $\displaystyle\sum_{n=1}^{\infty}\frac{n}{a^n}$（$a>1$）的和.

考虑幂级数 $\displaystyle\sum_{n=1}^{\infty}nx^n$，设 $s(x)=\displaystyle\sum_{n=1}^{\infty}nx^n$，

则

$$s(x)=x\sum_{n=1}^{\infty}nx^{n-1}=x\left(\sum_{n=1}^{\infty}x^n\right)'=x\left(\frac{1}{1-x}\right)'=\frac{x}{(1-x)^2},\quad x\in(-1,1).$$

取 $x=\dfrac{1}{a}$（$a>1$），则有

$$\lim_{n\to\infty}\left(\frac{1}{a}+\frac{2}{a^2}+\cdots+\frac{n}{a^n}\right)=s\left(\frac{1}{a}\right)=\frac{a}{(a-1)^2}.$$

四、习题

1. 求下列幂级数的收敛半径、收敛域：

（1）$\displaystyle\sum_{n=1}^{\infty}\frac{1}{n^p}x^n$；

（2）$\displaystyle\sum_{n=1}^{\infty}\frac{x^{2n-1}}{(2n-1)(2n-1)!}$；

（3）$\displaystyle\sum_{n=1}^{\infty}\frac{x^n}{a^n+b^n}$（$a>0,b>0$）；

（4）$\displaystyle\sum_{n=1}^{\infty}\frac{\ln(n+1)}{n+1}x^{n+1}$；

（5）$\displaystyle\sum_{n=1}^{\infty}\frac{(-1)^nx^{2n-1}}{5^n\sqrt{n+1}}$；

（6）$\displaystyle\sum_{n=1}^{\infty}\frac{1}{1+\frac{1}{2}+\cdots+\frac{1}{n}}x^n$.

2. 求下列级数的收敛域：

（1）$\displaystyle\sum_{n=1}^{\infty}\frac{1}{n}(2x+1)^n$；

（2）$\displaystyle\sum_{n=1}^{\infty}2^n(x+a)^{2n}$；

（3）$\displaystyle\sum_{n=1}^{\infty}(2^n+\sqrt{n})(x+1)^n$；

（4）$\displaystyle\sum_{n=1}^{\infty}\frac{1}{n}\left(\frac{x-2}{x}\right)^n$；

（5）$\displaystyle\sum_{n=1}^{\infty}\frac{(-1)^{n-1}}{(n^2+2n+3)^x}$；

（6）$\displaystyle\sum_{n=1}^{\infty}\frac{n+2}{2^n}e^{-nx}$.

3. 讨论级数 $\displaystyle\sum_{n=1}^{\infty}\frac{1}{1-x^n}$ 的收敛性.

4. 求下列幂级数的和函数：

（1）$\displaystyle\sum_{n=0}^{\infty}\frac{x^{2n}}{(2n)!}$；

（2）$\displaystyle\sum_{n=1}^{\infty}\frac{n}{n+1}x^n$（$|x|<1$）.

5. 求幂级数的收敛域及和函数：

（1）$\displaystyle\sum_{n=1}^{\infty}\frac{2n-1}{2^n}x^{2n-2}$；

（2）$\displaystyle\sum_{n=1}^{\infty}\frac{1+n^2}{n!\cdot2^n}x^n$.

6. 求幂级数 $\displaystyle\sum_{n=1}^{\infty}\frac{n^2+1}{n}x^n$ 的收敛域及和函数.

7. 求极限 $\displaystyle\lim_{n\to\infty}\left(\frac{1}{2}+\frac{3}{2^2}+\frac{5}{2^3}+\cdots+\frac{2n-1}{2^n}\right)$.

8. 将下列函数展开成 x 的幂级数：

（1）$f(x)=\sin^2x\cos x$；

（2）$f(x)=\arctan\dfrac{1+x}{1-x}$；

（3）$f(x)=\ln\sqrt{\dfrac{1+x}{1-x}}$；

9. 将函数 $f(x)=\displaystyle\int_x^1\ln\frac{3+t}{3-t}dt$ 展成麦克劳林级数，并确定收敛半径.

10. 将函数 $f(x)=\dfrac{d}{dx}\left(\dfrac{\cos x-1}{x}\right)$ 展成 x 的幂级数，指出收敛区间，并利用展开式求级数 $\displaystyle\sum_{n=1}^{\infty}(-1)^n\frac{2n-1}{(2n)!}\left(\frac{\pi}{2}\right)^{2n}$ 的和.

五、习题答案

1.（1）收敛半径 $R=1$，当 $p>1$ 时，收敛域是

$[-1,1]$；当 $0<p<1$ 时，收敛域是 $[-1,1)$；当 $p\leqslant0$ 时，收敛域是 $(-1,1)$；

(2) 收敛半径 $R=+\infty$；收敛域是 $(-\infty,+\infty)$；

(3) 收敛半径 $R=\max\{a,b\}$，收敛域是 $(-R,+R)$；

(4) 收敛半径 $R=1$，收敛域是 $[-1,1)$；

(5) 收敛半径 $R=\sqrt5$，收敛域是 $[-\sqrt5,\sqrt5]$；

(6) 收敛半径 $R=1$，收敛域是 $[-1,1)$.

2. (1) $[-1,0)$；

(2) $\left(-a-\dfrac1{\sqrt2},-a+\dfrac1{\sqrt2}\right)$；

(3) $\left(-\dfrac32,-\dfrac12\right)$；

(4) $\left(\dfrac12,+\infty\right)$；

(5) $(0,+\infty)$；(6) $(\ln2,+\infty)$.

3. 当 $x>1$ 或 $x<-1$ 时，收敛；当 $-1<x<1$ 时，发散.

4. (1) $\dfrac12(\mathrm e^x+\mathrm e^{-x})$；

(2) $f(x)=\begin{cases}\dfrac1x\ln(1-x)+\dfrac1{1-x}, & |x|<1\text{ 且 }x\neq0,\\ 0, & x=0.\end{cases}$

5. (1) $s(x)=\dfrac{2+x^2}{(2-x^2)^2}$，$x\in(-\sqrt2,\sqrt2)$；

(2) $s(x)=\left(1+\dfrac x2+\dfrac{x^2}4\right)\mathrm e^{\frac x2}$，$x\in(-\infty,+\infty)$.

6. $s(x)=\dfrac x{(1-x)^2}-\ln(1-x)$，$x\in(-1,1)$.

7. $s=3$.

8. (1) $f(x)=\dfrac14\displaystyle\sum_{n=1}^\infty\dfrac{(3^{2n-1})(-1)^{n-1}}{(2n)!}x^{2n}$，$x\in(-\infty,+\infty)$；

(2) $f(x)=\dfrac\pi4+\displaystyle\sum_{n=0}^\infty\dfrac{(-1)^n}{(2n+1)!}x^{2n+1}$，$x\in[-1,1)$；

(3) $f(x)=\displaystyle\sum_{n=0}^\infty\dfrac1{2n+1}x^{2n+1}$，$x\in(-1,1)$.

9. $f(x)=10\ln2-6\ln3-\displaystyle\sum_{n=0}^\infty\dfrac{2x^{2n+2}}{(2n+1)(2n+2)3^{2n+1}}$，收敛半径 $R=3$.

10. $f(x)=\displaystyle\sum_{n=1}^\infty\dfrac{(-1)^n(2n-1)}{(2n)!}x^{2n-2}$，$\displaystyle\sum_{n=1}^\infty\dfrac{(-1)^n(2n-1)}{(2n)!}\left(\dfrac\pi2\right)^{2n}=1-\dfrac\pi2$.

11.3 傅里叶级数

一、基本内容

1. 三角函数系的正交性、三角级数.

2. 傅里叶系数与傅里叶级数.

设函数 $f(x)$ 是以 2π 为周期的周期函数，且能展开成三角级数：

$$f(x)=\frac{a_0}2+\sum_{n=1}^\infty(a_n\cos nx+b_n\sin nx),\qquad\text{①}$$

其中

$$a_0=\frac1\pi\int_{-\pi}^\pi f(x)\,\mathrm dx,$$

$$a_n=\frac1\pi\int_{-\pi}^\pi f(x)\cos nx\mathrm dx,\quad n=1,2,\cdots,$$

$$b_n=\frac1\pi\int_{-\pi}^\pi f(x)\sin nx\mathrm dx,\quad n=1,2,\cdots,$$

称系数 $a_0,a_1,b_1,\cdots,a_n,b_n,\cdots$ 为函数 $f(x)$ 的傅里叶系数，如此得到的三角级数①叫做函数 $f(x)$ 的傅里叶级数.

3. 收敛定理（狄利克雷充分条件）：设函数 $f(x)$ 是周期为 2π 的周期函数，若它满足：

（1）在一个周期内连续或只有有限个第一类间断点；

（2）在一个周期内至多只有有限个极值点，

则函数 $f(x)$ 的傅里叶级数收敛，并且

当 x 是函数 $f(x)$ 的连续点时，级数收敛于 $f(x)$；

当 x 是函数 $f(x)$ 的间断点时，级数收敛于

$$\frac{1}{2}[f(x-0)+f(x+0)].$$

若设 $f(x)$ 的傅里叶级数①的和函数为 $s(x)$，则在一个周期 $[-\pi,\ \pi]$ 上，有

$$s(x) = \begin{cases} f(x), & x \in (-\pi,\ \pi) \text{ 为连续点,} \\ \dfrac{f(x-0)+f(x+0)}{2}, & x \in (-\pi,\ \pi) \text{ 为间断点,} \\ \dfrac{f(-\pi+0)+f(\pi-0)}{2}, & x = \pm\pi. \end{cases}$$

4. 奇、偶函数的傅里叶级数及求函数的正弦级数与余弦级数.

当函数 $f(x)$ 为奇函数，或函数 $f(x)$ 作奇延拓时，可得函数 $f(x)$ 的正弦级数

$$\sum_{n=1}^{\infty} b_n \sin nx,$$

其中

$$b_n = \frac{2}{\pi}\int_0^\pi f(x)\sin nx\,\mathrm{d}x,\ n = 1,2,\cdots.$$

当函数 $f(x)$ 为偶函数，或函数 $f(x)$ 作偶延拓时，可得函数 $f(x)$ 的余弦级数

$$\frac{a_0}{2} + \sum_{n=1}^{\infty} a_n \cos nx,$$

其中

$$a_n = \frac{2}{\pi}\int_0^\pi f(x)\cos nx\,\mathrm{d}x,\ n = 0,1,2,\cdots.$$

5. 以 $2l$ 为周期的函数的傅里叶级数.

设函数 $f(x)$ 是以 $2l$ 为周期的满足收敛定理条件的函数，则函数 $f(x)$ 的傅里叶级数为

$$\frac{a_0}{2} + \sum_{n=1}^{\infty}\left(a_n\cos\frac{n\pi}{l}x + b_n\sin\frac{n\pi}{l}x\right), \qquad ②$$

其中

$$a_n = \frac{1}{l}\int_{-l}^{l} f(x)\cos\frac{n\pi}{l}x\,\mathrm{d}x,\ n = 0,1,2,\cdots,$$

$$b_n = \frac{1}{l}\int_{-l}^{l} f(x)\sin\frac{n\pi}{l}x\,\mathrm{d}x,\ n = 1,2,\cdots.$$

设级数②的和函数为 $s(x)$，则在区间 $[-l,\ l]$ 上有

$$s(x) = \begin{cases} f(x), & x \in (-l,\ l) \text{ 为连续点,} \\ \dfrac{f(x-0)+f(x+0)}{2}, & x \in (-l,\ l) \text{ 为间断点,} \\ \dfrac{f(-l+0)+f(l-0)}{2}, & x = \pm l. \end{cases}$$

对于以 $2l$ 为周期的奇、偶函数，及奇、偶延拓，同样对应有正弦级数与余弦级数.

6. 当函数 $f(x)$ 是以 $2l$ 为周期的满足收敛定理条件的函数，且已知函数 $f(x)$ 在区间 $[0, 2l]$ 上的表达式，那么对应的傅里叶系数公式为

$$a_0 = \frac{1}{l}\int_0^{2l} f(x)\,\mathrm{d}x,$$

$$a_n = \frac{1}{l}\int_0^{2l} f(x)\cos\frac{n\pi}{l}x\,\mathrm{d}x, \quad n = 1,2,\cdots,$$

$$b_n = \frac{1}{l}\int_0^{2l} f(x)\sin\frac{n\pi}{l}x\,\mathrm{d}x, \quad n = 1,2,\cdots.$$

特别地，当 $l = \pi$ 时，

$$a_0 = \frac{1}{\pi}\int_0^{2\pi} f(x)\,\mathrm{d}x,$$

$$a_n = \frac{1}{\pi}\int_0^{2\pi} f(x)\cos nx\,\mathrm{d}x, \quad n = 1,2,\cdots,$$

$$b_n = \frac{1}{\pi}\int_0^{2\pi} f(x)\sin nx\,\mathrm{d}x, \quad n = 1,2,\cdots.$$

二、重点与难点

重点：

1. 周期为 2π 的函数的傅里叶级数的展开.

2. 函数的正、余弦级数展开.

难点： 级数展开的收敛问题.

三、例题分析

例 11.3.1 将函数 $f(x) = \arcsin(\sin x)$ 展开为傅里叶级数.

解 因为函数 $f(x)$ 是以 2π 为周期的函数，所以它在区间 $[-\pi,\pi)$ 上的表达式为

$$f(x) = \begin{cases} -\pi - x, & -\pi \leqslant x < -\dfrac{\pi}{2}, \\[2mm] x, & -\dfrac{\pi}{2} \leqslant x < \dfrac{\pi}{2}, \\[2mm] \pi - x, & \dfrac{\pi}{2} \leqslant x < \pi. \end{cases}$$

由于函数 $f(x)$ 满足收敛定理的条件，且函数 $f(x)$ 是连续函数，因此它的傅里叶级数收敛于函数 $f(x)$.

显然，函数 $f(x)$ 是奇函数.

所以 $a_n = 0$，$n = 0,1,2,\cdots$，

$$b_n = \frac{2}{\pi}\int_0^{\pi} f(x)\sin nx\,\mathrm{d}x,$$

$$b_n = \frac{2}{\pi}\left[\int_0^{\frac{\pi}{2}} x\sin nx\,\mathrm{d}x + \int_{\frac{\pi}{2}}^{\pi}(\pi - x)\sin nx\,\mathrm{d}x\right]$$

$$= \begin{cases} 0, & n = 2k, \\[2mm] \dfrac{4(-1)^{k-1}}{\pi(2k-1)^2}, & n = 2k - 1. \end{cases}$$

所以

$$\arcsin(\sin x) = \frac{4}{\pi}\sum_{n=1}^{\infty}\frac{(-1)^{n-1}}{(2n-1)^2}\sin(2n-1)x, \ -\infty < x < +\infty.$$

例 11.3.2 设 $f(x) = x^2$，$x \in [0, \pi]$，分别对函数 $f(x)$ 作（1）奇延拓；（2）偶延拓；（3）零延拓，将函数 $f(x)$ 展开为以 2π 为周期的傅里叶级数.

解（1）将函数 $f(x)$ 作奇延拓，得

$$a_n = 0, \ n = 0, 1, 2, \cdots,$$

$$b_n = \frac{2}{\pi}\int_0^{\pi}x^2\sin nx\,dx$$

$$= \frac{2}{\pi}\Big[-\frac{1}{n}x^2\cos nx\,\Big|_0^{\pi} + \frac{2}{n}\int_0^{\pi}x\cos nx\,dx\Big]$$

$$= \frac{2}{\pi}\Big[\frac{(-1)^{n+1}\pi^2}{n} + \frac{2}{n^2}x\sin nx\,\Big|_0^{\pi} - \frac{2}{n^2}\int_0^{\pi}\sin nx\,dx\Big]$$

$$= \frac{2}{\pi}\Big[\frac{(-1)^{n+1}\pi^2}{n} + \frac{2}{n^3}\cos nx\,\Big|_0^{\pi}\Big]$$

$$= \frac{2}{\pi}\Big\{\frac{(-1)^{n+1}\pi^2}{n} + \frac{2}{n^3}[(-1)^n - 1]\Big\}.$$

所以

$$x^2 = 2\pi\sum_{n=1}^{\infty}\frac{(-1)^{n+1}}{n}\sin nx - \frac{8}{\pi}\sum_{n=1}^{\infty}\frac{1}{(2n-1)^3}\sin(2n-1)x, \ 0 \leqslant x < \pi.$$

（2）将函数 $f(x)$ 作偶延拓，则 $b_n = 0$，$n = 1, 2, \cdots,$

$$a_0 = \frac{2}{\pi}\int_0^{\pi}x^2\,dx = \frac{2}{3}\pi^2,$$

$$a_n = \frac{2}{\pi}\int_0^{\pi}x^2\cos nx\,dx$$

$$= \frac{2}{\pi}\Big(\frac{x^2}{n}\sin nx\,\Big|_0^{\pi} - \frac{2}{n}\int_0^{\pi}x\sin nx\,dx\Big)$$

$$= \frac{2}{\pi}\Big(\frac{2}{n^2}x\cos nx\,\Big|_0^{\pi} - \frac{2}{n^2}\int_0^{\pi}\cos nx\,dx\Big)$$

$$= \frac{4}{n^2}(-1)^n, \qquad n = 1, 2, \cdots.$$

所以

$$x^2 = \frac{\pi^2}{3} + 4\sum_{n=1}^{\infty}\frac{(-1)^n}{n^2}\cos nx, \ 0 \leqslant x \leqslant \pi.$$

（3）将函数 $f(x)$ 作零延拓，即令

$$g(x) = \begin{cases} f(x) = x^2, & 0 \leqslant x \leqslant \pi, \\ 0, & -\pi < x < 0, \end{cases}$$

则

$$a_0 = \frac{1}{\pi}\int_{-\pi}^{\pi} g(x)\,\mathrm{d}x = \frac{1}{\pi}\int_0^{\pi} x^2\,\mathrm{d}x = \frac{1}{3}\pi^2,$$

$$a_n = \frac{1}{\pi}\int_{-\pi}^{\pi} g(x)\cos nx\mathrm{d}x = \frac{1}{\pi}\int_0^{\pi} x^2\cos nx\mathrm{d}x$$

$$= \frac{2}{n^2}(-1)^n, \qquad n = 1,2,\cdots,$$

$$b_n = \frac{1}{\pi}\int_{-\pi}^{\pi} g(x)\sin nx\mathrm{d}x = \frac{1}{\pi}\int_0^{\pi} x^2\sin nx\mathrm{d}x$$

$$= \frac{\pi}{n}(-1)^{n+1} + \frac{2}{\pi n^3}\big[(-1)^n - 1\big], \qquad n = 1,2,\cdots.$$

所以

$$x^2 = \frac{\pi^2}{6} + \sum_{n=1}^{\infty}\Big[\frac{2}{n^2}(-1)^n\cos nx + \frac{\pi}{n}(-1)^{n+1}\sin nx\Big] -$$

$$\frac{4}{\pi}\sum_{n=1}^{\infty}\frac{1}{(2n-1)^3}\sin(2n-1)x, \qquad 0 \leqslant x < \pi.$$

例 11.3.3　若函数 $f(x) = \begin{cases} -x+1, & -1 \leqslant x < 0, \\ x+1, & 0 \leqslant x < 1 \end{cases}$ 是周期为 2 的周期函数，试将函数 $f(x)$ 展开

成傅里叶级数，并求级数 $\displaystyle\sum_{n=1}^{\infty}\frac{1}{(2n-1)^2}$ 的和.

解　因为函数 $f(x)$ 满足收敛定理的条件，且是连续函数，所以它的傅里叶级数收敛于函数 $f(x)$. 由于 $l=1$，函数 $f(x)$ 为偶函数，故 $b_n = 0$，$n = 1,2,\cdots$，

$$a_0 = 2\int_0^1 f(x)\,\mathrm{d}x = 2\int_0^1 (x+1)\,\mathrm{d}x = 3,$$

$$a_n = 2\int_0^1 f(x)\cos n\pi x\mathrm{d}x = 2\int_0^1 (x+1)\cos n\pi x\mathrm{d}x$$

$$= 2\Big[\frac{(x+1)}{n\pi}\sin n\pi x\ \Big|_0^1 - \frac{1}{n\pi}\int_0^1 \sin n\pi x\mathrm{d}x\Big] = \frac{2}{n^2\pi^2}\cos n\pi x\ \Big|_0^1$$

$$= \begin{cases} -\dfrac{4}{n^2\pi^2}, & n = 2k-1, \\ 0, & n = 2k, \end{cases} \qquad k = 1,2,\cdots.$$

所以

$$f(x) = \frac{3}{2} - \frac{4}{\pi^2}\sum_{n=1}^{\infty}\frac{1}{(2n-1)^2}\cos(2n-1)\pi x, \qquad -\infty < x < +\infty.$$

取 $x=0$，则有 $\displaystyle\sum_{n=1}^{\infty}\frac{1}{(2n-1)^2} = \frac{\pi^2}{8}$.

例 11.3.4　将函数

$$f(x) = \begin{cases} \cos\dfrac{\pi}{l}x, & 0 \leqslant x \leqslant \dfrac{l}{2}, \\ 0, & \dfrac{l}{2} < x \leqslant l \end{cases} \qquad (l > 0)$$

展开为以 $2l$ 为周期的余弦函数，并求级数的和函数 $s(x)$.

解 将函数 $f(x)$ 进行偶延拓，则函数 $f(x)$ 满足收敛定理的条件，在区间 $[0,l]$ 上函数 $f(x)$ 的傅里叶级数收敛于函数 $f(x)$.

则

$$b_n = 0, \quad n = 1,2,\cdots,$$

$$a_0 = \frac{2}{l}\int_0^l f(x)\,\mathrm{d}x = \frac{2}{l}\int_0^{\frac{l}{2}} \cos\frac{\pi}{l}x\,\mathrm{d}x = \frac{2}{\pi},$$

$$a_1 = \frac{2}{l}\int_0^l f(x)\cos\frac{\pi}{l}x\,\mathrm{d}x = \frac{2}{l}\int_0^{\frac{l}{2}} \cos\frac{\pi}{l}x\,\cos\frac{\pi}{l}x\,\mathrm{d}x = \frac{1}{2},$$

$$a_n = \frac{2}{l}\int_0^l f(x)\cos\frac{n\pi x}{l}\,\mathrm{d}x = \frac{2}{l}\int_0^{\frac{l}{2}} \cos\frac{\pi x}{l}\cos\frac{n\pi x}{l}\,\mathrm{d}x$$

$$= \frac{1}{l}\int_0^{\frac{l}{2}} \left[\cos(1-n)\frac{\pi x}{l} + \cos(1+n)\frac{\pi x}{l}\right]\mathrm{d}x$$

$$= \frac{1}{l}\left[\frac{\sin(1-n)\frac{\pi x}{l}}{(1-n)\frac{\pi}{l}} + \frac{\sin(1+n)\frac{\pi x}{l}}{(1+n)\frac{\pi}{l}}\right]_0^{\frac{l}{2}}$$

$$= \frac{1}{\pi}\left[\frac{\sin\frac{(1-n)\pi}{2}}{1-n} + \frac{\sin\frac{(1+n)\pi}{2}}{1+n}\right], \quad n = 2,3,\cdots$$

$$= \begin{cases} 0, & n = 2k-1, \\ \dfrac{2}{\pi}\cdot\dfrac{(-1)^{k+1}}{4k^2-1}, & n = 2k, \end{cases} \quad k = 1,2,\cdots.$$

所以

$$f(x) = \frac{1}{\pi} + \frac{1}{2}\cos\frac{\pi x}{l} + \frac{2}{\pi}\sum_{n=1}^{\infty} \frac{(-1)^{n+1}}{4n^2-1}\cos\frac{2n\pi x}{l}, \quad x \in [0,l].$$

设级数的和函数为 $s(x)$，则

$$s(x) = \begin{cases} \cos\frac{\pi}{l}x, & \left(2k-\dfrac{1}{2}\right)l \leqslant x \leqslant \left(2k+\dfrac{1}{2}\right)l, \\ 0, & \left(2k+\dfrac{1}{2}\right)l < x < \left[(2k+1)+\dfrac{1}{2}\right]l, \end{cases} \quad k = 0, \pm 1, \pm 2, \cdots.$$

例 11.3.5 设以 $2l(l>0)$ 为周期的脉冲电压的脉冲波形状如图 11-1 所示，其中 t 为时间.

(1) 将脉冲电压 $f(t)$ 在区间 $[-l,l]$ 上展为以 $2l$ 为周期的傅里叶级数；

(2) 将脉冲电压 $f(t)$ 在区间 $[0,2l]$ 上展为以 $2l$ 为周期的傅里叶级数；

(3) (1) 和 (2) 的傅里叶级数相同吗？为什么？作出级数的和函数 $s(x)$ 的图象.

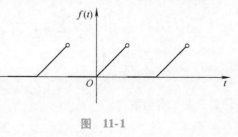

图 11-1

解 (1) 因为函数 $f(t)$ 在区间 $[-l,l]$ 上的表达式为

$$f(t) = \begin{cases} 0, & -l \leqslant t \leqslant 0, \\ t, & 0 < t < 1, \end{cases}$$

且满足收敛定理的条件，所以

$$a_0 = \frac{1}{l}\int_{-l}^{l} f(t)\,\mathrm{d}t = \frac{1}{l}\int_0^l t\,\mathrm{d}t = \frac{l}{2},$$

$$a_n = \frac{1}{l}\int_{-l}^{l} f(t)\cos\frac{n\pi t}{l}\mathrm{d}t = \frac{1}{l}\int_0^l t\cos\frac{n\pi t}{l}\mathrm{d}t$$

$$= \frac{l}{n^2\pi^2}(\cos n\pi - 1) = \begin{cases} 0, & n = 2k, \\ -\dfrac{2l}{n^2\pi^2}, & n = 2k-1, \end{cases} \quad k = 1,2,\cdots,$$

$$b_n = \frac{1}{l}\int_{-l}^{l} f(t)\sin\frac{n\pi t}{l}\mathrm{d}t = \frac{1}{l}\int_0^l t\sin\frac{n\pi t}{l}\mathrm{d}t$$

$$= \frac{1}{l}\left(-\frac{l}{n\pi}\right)(l\cos n\pi) = \frac{l}{n\pi}(-1)^{n+1}, \qquad n = 1,2,\cdots.$$

所以

$$f(t) = \frac{l}{4} - \frac{2l}{\pi^2}\sum_{n=1}^{\infty}\frac{1}{(2n-1)^2}\cos\frac{(2n-1)\pi}{l}t + \frac{l}{\pi}\sum_{n=1}^{\infty}\frac{(-1)^{n+1}}{n}\sin\frac{n\pi t}{l}$$

$$\neq (2k+1)l, \ k = 0, \pm 1, \pm 2,\cdots.$$

（2）因为函数 $f(t)$ 在区间 $[0, 2l]$ 上的表达式为

$$f(t) = \begin{cases} t, & 0 \leqslant t < 1, \\ 0, & l \leqslant t < 2l, \end{cases}$$

且满足收敛定理的条件，所以

$$a_0 = \frac{1}{l}\int_0^{2l} f(t)\,\mathrm{d}t = \frac{1}{l}\int_0^l t\,\mathrm{d}t = \frac{l}{2},$$

$$a_n = \frac{1}{l}\int_0^{2l} f(t)\cos\frac{n\pi t}{l}\mathrm{d}t = \frac{1}{l}\int_0^l t\cos\frac{n\pi t}{l}\mathrm{d}t$$

$$= \frac{l}{n^2\pi^2}(\cos n\pi - 1) = \begin{cases} 0, & n = 2k, \\ -\dfrac{2l}{n^2\pi^2}, & n = 2k-1, \end{cases} \quad k = 1,2,\cdots,$$

$$b_n = \frac{1}{l}\int_0^{2l} f(t)\sin\frac{n\pi t}{l}\mathrm{d}t = \frac{1}{l}\int_0^l t\sin\frac{n\pi t}{l}\mathrm{d}t$$

$$= \frac{l}{n\pi}(-1)^{n+1}, \qquad n = 1,2,\cdots.$$

所以

$$f(t) = \frac{l}{4} - \frac{2l}{\pi^2}\sum_{n=1}^{\infty}\frac{1}{(2n-1)^2}\cos\frac{(2n-1)\pi}{l}t + \frac{l}{\pi}\sum_{n=1}^{\infty}\frac{(-1)^{n+1}}{n}\sin\frac{n\pi t}{l}$$

$$\neq (2k+1)l, \ k = 0, \pm 1, \pm 2,\cdots.$$

（3）（1）和（2）的傅里叶级数是相同的，因为（1）和（2）是同一个周期函数 $f(t)$ 在相同的周期 $2l$ 上的展开式，和函数 $s(x)$ 的图象如图 11-2 所示.

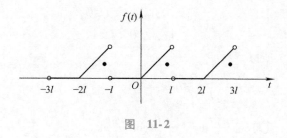

图 11-2

例 11. 3. 6 已知周期为 2π 的函数

$$f(x) = \begin{cases} -1, & -\pi \leqslant x < 0, \\ 1, & 0 \leqslant x < \pi \end{cases}$$

的傅里叶级数展开式为

$$f(x) = \frac{4}{\pi} \sum_{n=1}^{\infty} \frac{1}{2n-1} \sin(2n-1)x, \quad -\infty < x < +\infty,$$

$$x \neq k\pi, \ k = 0, \pm 1, \pm 2, \cdots$$

根据上式求周期为 2π 的函数

$$f_1(x) = \begin{cases} a, & -\pi \leqslant x < 0, \\ b, & 0 \leqslant x < \pi \end{cases} \quad \text{及} \quad f_2(x) = \begin{cases} -x, & -\pi \leqslant x < 0, \\ x, & 0 \leqslant x < \pi \end{cases}$$

的傅里叶级数的展开式.

解 由于 $f_1(x) = \dfrac{a+b}{2} - \dfrac{a-b}{2} f(x)$,

因而

$$f_1(x) = \frac{a+b}{2} - \frac{a-b}{2} \cdot \frac{4}{\pi} \sum_{n=1}^{\infty} \frac{1}{2n-1} \sin(2n-1)x$$

$$= \frac{a+b}{2} - \frac{2(a-b)}{\pi} \sum_{n=1}^{\infty} \frac{1}{2n-1} \sin(2n-1)x,$$

$$x \neq k\pi, \ k = 0, \pm 1, \pm 2, \cdots.$$

$$f_2(x) = \int_0^x f(x)\,\mathrm{d}x = \int_0^x \frac{4}{\pi} \sum_{n=1}^{\infty} \frac{1}{2n-1} \sin(2n-1)x\,\mathrm{d}x$$

$$= -\frac{4}{\pi} \sum_{n=1}^{\infty} \frac{1}{(2n-1)^2} \cos(2n-1)x \ \Big|_0^x$$

$$= -\frac{4}{\pi} \sum_{n=1}^{\infty} \frac{\cos(2n-1)x}{(2n-1)^2} + \frac{4}{\pi} \sum_{n=1}^{\infty} \frac{1}{(2n-1)^2}.$$

将 $f_2\left(\dfrac{\pi}{2}\right) = \dfrac{\pi}{2}$ 代入上式, 得 $\dfrac{4}{\pi} \sum\limits_{n=1}^{\infty} \dfrac{1}{(2n-1)^2} = \dfrac{\pi}{2}$.

从而

$$f_2(x) = \frac{\pi}{2} - \frac{4}{\pi} \sum_{n=1}^{\infty} \frac{\cos(2n-1)x}{(2n-1)^2}, \quad -\infty < x < +\infty.$$

例 11.3.7 设函数 $f(x)$ 在区间 $[-\pi, \pi]$ 为偶函数，且满足

$$f\left(\frac{\pi}{2} + x\right) = -f\left(\frac{\pi}{2} - x\right),$$

求证：函数 $f(x)$ 的余弦展开式中系数 $a_{2n} = 0$.

证明 $a_{2n} = \dfrac{2}{\pi}\displaystyle\int_0^\pi f(x)\cos 2nx\,\mathrm{d}x$

$$= \frac{2}{\pi}\int_0^{\frac{\pi}{2}} f(x)\cos 2nx\,\mathrm{d}x + \frac{2}{\pi}\int_{\frac{\pi}{2}}^\pi f(x)\cos 2nx\,\mathrm{d}x.$$

设 $t = \dfrac{\pi}{2} - x$，则第一积分

$$\int_0^{\frac{\pi}{2}} f(x)\cos 2nx\,\mathrm{d}x = \int_0^{\frac{\pi}{2}} f\left(\frac{\pi}{2} - t\right)\cos(n\pi - 2nt)\,\mathrm{d}t.$$

设 $t = x - \dfrac{\pi}{2}$，则第二积分

$$\int_{\frac{\pi}{2}}^\pi f(x)\cos 2nx\,\mathrm{d}x = \int_0^{\frac{\pi}{2}} f\left(\frac{\pi}{2} + t\right)\cos(n\pi + 2nt)\,\mathrm{d}t.$$

由于

$$f\left(\frac{\pi}{2} + x\right) = -f\left(\frac{\pi}{2} - x\right), \text{ 即 } \cos(n\pi - 2nt) = \cos(n\pi + 2nt).$$

故 $a_{2n} = 0$，$n = 0, 1, 2, \cdots$.

例 11.3.8 设函数 $f(x)$ 是以 2π 为周期的连续函数，其傅里叶系数为 a_n，b_n.

（1）求函数 $f(x + l)$（l 为常数）的傅里叶系数；

（2）求函数 $F(x) = \dfrac{1}{\pi}\displaystyle\int_{-\pi}^\pi f(t)f(x + t)\,\mathrm{d}t$ 的傅里叶系数，并利用所得结果推出

$$\frac{1}{\pi}\int_{-\pi}^\pi f^2(t)\,\mathrm{d}t = \frac{a_0^2}{2} + \sum_{n=1}^\infty (a_n^2 + b_n^2).$$

解 （1）设函数 $f(x + l)$ 的傅里叶系数为 A_n，B_n，则

$$A_n = \frac{1}{\pi}\int_{-\pi}^\pi f(x + l)\cos nx\,\mathrm{d}x.$$

令 $t = x + l$，则

$$A_n = \frac{1}{\pi}\int_{-\pi+l}^{\pi+l} f(t)\cos n(t - l)\,\mathrm{d}t$$

$$= \frac{1}{\pi}\int_{-\pi}^\pi f(t)(\cos nt\cos nl + \sin nt\sin nl)\,\mathrm{d}t$$

$$= \left[\frac{1}{\pi}\int_{-\pi}^\pi f(t)\cos nt\,\mathrm{d}t\right]\cos nl + \left[\frac{1}{\pi}\int_{-\pi}^\pi f(t)\sin nt\,\mathrm{d}t\right]\sin nl$$

$$= a_n\cos nl + b_n\sin nl, \qquad n = 0, 1, 2, \cdots.$$

同理可得 $B_n = b_n\cos nl - a_n\sin nl$，$\qquad n = 1, 2, \cdots$.

（2）因为 $F(x + 2\pi) = \dfrac{1}{\pi}\displaystyle\int_{-\pi}^\pi f(t)f(x + 2\pi + t)\,\mathrm{d}t$

$$= \frac{1}{\pi}\int_{-\pi}^{\pi} f(t)f(x+t)\mathrm{d}t = F(x),$$

所以函数 $F(x)$ 是以 2π 为周期的函数. 设其傅里叶系数 A_n, B_n, 则有

$$A_0 = \frac{1}{\pi}\int_{-\pi}^{\pi} F(x)\mathrm{d}x = \frac{1}{\pi}\int_{-\pi}^{\pi}\left[\frac{1}{\pi}\int_{-\pi}^{\pi} f(t)f(x+t)\mathrm{d}t\right]\mathrm{d}x$$

$$= \frac{1}{\pi}\int_{-\pi}^{\pi} f(t)\left[\frac{1}{\pi}\int_{-\pi}^{\pi} f(x+t)\mathrm{d}x\right]\mathrm{d}t$$

$$= \frac{1}{\pi}\int_{-\pi}^{\pi} f(t)\left[\frac{1}{\pi}\int_{-\pi+t}^{\pi+t} f(u)\mathrm{d}u\right]\mathrm{d}t$$

$$= \frac{1}{\pi}\int_{-\pi}^{\pi} a_0 f(t)\mathrm{d}t = a_0^2,$$

$$A_n = \frac{1}{\pi}\int_{-\pi}^{\pi} F(x)\cos nx\mathrm{d}x = \frac{1}{\pi}\int_{-\pi}^{\pi}\left[\frac{1}{\pi}\int_{-\pi}^{\pi} f(t)f(x+t)\mathrm{d}t\right]\cos nx\mathrm{d}x$$

$$= \frac{1}{\pi}\int_{-\pi}^{\pi} f(t)\left[\frac{1}{\pi}\int_{-\pi}^{\pi} f(x+t)\cos nx\mathrm{d}x\right]\mathrm{d}t$$

$$= \frac{1}{\pi}\int_{-\pi}^{\pi}\left[a_n f(t)\cos nt + b_n f(t)\sin nt\right]\mathrm{d}t = a_n^2 + b_n^2.$$

因为

$$F(-x) = \frac{1}{\pi}\int_{-\pi}^{\pi} f(t)f(-x+t)\mathrm{d}t \quad (\diamondsuit -x+t = u)$$

$$= \frac{1}{\pi}\int_{-x-\pi}^{-x+\pi} f(x+u)f(u)\mathrm{d}u = \frac{1}{\pi}\int_{-\pi}^{\pi} f(x+u)f(u)\mathrm{d}u = F(x),$$

所以函数 $F(x)$ 为偶函数. 故 $B_n = 0$ $(n=1,2,\cdots)$.

由于函数 $F(x)$ 处处连续, 因而

$$F(x) = \frac{1}{\pi}\int_{-\pi}^{\pi} f(t)f(x+t)\mathrm{d}t = \frac{A_0}{2} + \sum_{n=1}^{\infty} A_n\cos nx$$

$$= \frac{a_0^2}{2} + \sum_{n=1}^{\infty}(a_n^2 + b_n^2)\cos nx.$$

取 $x=0$, 则有

$$\frac{1}{\pi}\int_{-\pi}^{\pi} f^2(t)\mathrm{d}t = \frac{a_0^2}{2} + \sum_{n=1}^{\infty}(a_n^2 + b_n^2).$$

四、习题

1. 已知函数 $f(x) = e^{-x}$ 在区间 $(0, 2\pi)$ 上的傅里叶级数展开式为

$$f(x) = \frac{1-e^{-2\pi}}{2\pi} + \frac{1}{\pi}\sum_{n=1}^{\infty}\frac{1-e^{-2\pi}}{1+n^2}(\cos nx - n\sin nx),$$

则级数 $\sum_{n=1}^{\infty}\frac{1}{1+n^2}$ 的和等于_____.

2. 设函数 $f(x) = e^x$ 在区间 $(-\pi, \pi)$ 上以 2π 为周期的傅里叶级数的和函数为 $s(x)$, 求 $s(0)$,

$s(-2)$, $s\left(\frac{3\pi}{2}\right)$, $s\left(-\frac{4}{3}\pi\right)$ 的值.

3. 设函数 $f(x)$ 是以 2π 为周期的周期函数, 且在区间 $(0, 2\pi)$ 上,

$$f(x) = \begin{cases} \sin x, & 0 \leqslant x < \pi, \\ 0, & \pi \leqslant x \leqslant 2\pi, \end{cases}$$

试将函数展开成傅里叶级数, 并求级数 $\sum_{n=1}^{\infty}\frac{1}{4n^2-1}$ 的和.

4. 将函数 $f(x) = \frac{\pi}{4}$ $(0 < x < \pi)$ 展开成正弦级

数，并求下列数项级数的和：

(1) $1 - \dfrac{1}{3} + \dfrac{1}{5} - \dfrac{1}{7} + \cdots$;

(2) $1 + \dfrac{1}{3} - \dfrac{1}{5} - \dfrac{1}{7} + \dfrac{1}{9} + \dfrac{1}{11} - \cdots$;

(3) $1 - \dfrac{1}{5} + \dfrac{1}{7} - \dfrac{1}{11} + \dfrac{1}{13} - \dfrac{1}{17} + \cdots$.

5. 设 $f(x) = x + 1$，$0 < x < \pi$.

(1) 将函数 $f(x)$ 在区间 $(0, \pi)$ 内展开成正弦级数，并作出函数 $f(x)$ 和级数的和函数 $s(x)$ 的图象；

(2) 将函数 $f(x)$ 在区间 $(0, \pi)$ 内展开成余弦级数，并作出函数 $f(x)$ 和级数的和函数 $s(x)$ 的图象.

6. 将函数 $f(x) = \begin{cases} 1 - \dfrac{x}{2h}, & 0 \le x < 2h, \\ 0, & 2h < x \le \pi \end{cases}$ 展开成余弦级数.

7. 由展开式

$$x^2 = \dfrac{1}{3} + \dfrac{4}{\pi^2} \sum_{n=1}^{\infty} (-1)^n \dfrac{\cos n\pi x}{n^2}, \qquad [-1, 1].$$

求级数 $\displaystyle\sum_{n=1}^{\infty} \dfrac{1}{n^2}$ 及 $\displaystyle\sum_{n=1}^{\infty} \dfrac{(-1)^{n+1}}{n^2}$ 的 和，并推出 $\displaystyle\sum_{n=1}^{\infty} \dfrac{1}{(2n)^2} = \dfrac{\pi^2}{24}$.

8. 已知函数 $f(x) = x^2$ 在区间 $[-1, 1]$ 上的傅里叶展开式为

$$x^2 = \dfrac{1}{3} + \dfrac{4}{\pi^2} \sum_{n=1}^{\infty} (-1)^n \dfrac{\cos n\pi x}{n^2}, \ -1 \le x \le 1,$$

试求下列函数在区间 $[-1, 1]$ 上的傅里叶级数展开式：

(1) $f(x) = x$;   (2) $f(x) = x^3$.

9. 求形如 $\displaystyle\sum_{n=1}^{\infty} b_n \sin nx$ 的级数，使此级数在区间 $(0, \pi)$ 中的和函数是 $\dfrac{1}{2}(\pi - x)$，并求此级数在 $x = \dfrac{\pi}{2}$ 时级数的和.

10. 设函数 $f(x)$ 是以 2π 为周期的函数，求证：

(1) 若 $f(x - \pi) = -f(x)$，则函数 $f(x)$ 的傅里叶系数为

$a_0 = 0$，$a_{2n} = 0$，$b_{2n} = 0$（$n = 1, 2, \cdots$）；

(2) 若 $f(x - \pi) = f(x)$，则函数 $f(x)$ 的傅里叶系数为

$a_{2n+1} = 0$，$b_{2n+1} = 0$（$n = 0, 1, 2, \cdots,$）.

五、习题答案

1. $\dfrac{\pi}{2} \cdot \dfrac{1 + e^{-2\pi}}{1 - e^{-2\pi}} - \dfrac{1}{2}$.

2. $s(0) = 1$，$s(-2) = e^{-2}$，$s\left(\dfrac{3\pi}{2}\right) = e^{-\frac{\pi}{2}}$，$s\left(-\dfrac{4\pi}{3}\right) = e^{\frac{2\pi}{3}}$.

3. $f(x) = \dfrac{1}{\pi} + \dfrac{1}{2}\sin x - \dfrac{2}{\pi}\displaystyle\sum_{n=1}^{\infty} \dfrac{1}{4n^2 - 1}\cos nx$，

$\displaystyle\sum_{n=1}^{\infty} \dfrac{1}{4n^2 - 1} = \dfrac{1}{2}$.

4. $\dfrac{\pi}{4} = \displaystyle\sum_{n=1}^{\infty} \dfrac{1}{2n - 1}\sin(2n - 1)x$.

(1) $1 - \dfrac{1}{3} + \dfrac{1}{5} - \dfrac{1}{7} + \cdots = \dfrac{\pi}{4}$;

(2) $1 + \dfrac{1}{3} - \dfrac{1}{5} - \dfrac{1}{7} + \dfrac{1}{9} + \dfrac{1}{11} - \cdots = \dfrac{\sqrt{2}\pi}{4}$;

(3) $1 - \dfrac{1}{5} + \dfrac{1}{7} - \dfrac{1}{11} + \dfrac{1}{13} - \dfrac{1}{17} + \cdots = \dfrac{\sqrt{3}\pi}{6}$.

5. (1) $\dfrac{2}{\pi}\displaystyle\sum_{n=1}^{\infty} \dfrac{1}{n}[1 - (\pi + 1)(-1)^n]\sin nx$;

(2) $\dfrac{\pi + 2}{2} + \dfrac{2}{\pi}\displaystyle\sum_{n=1}^{\infty} \dfrac{1}{n^2}[(-1)^n - 1]\cos nx$.

6. $f(x) = \dfrac{h}{\pi} + \dfrac{1}{\pi h}\displaystyle\sum_{n=1}^{\infty} \dfrac{1}{n^2}[1 - \cos 2nh]\cos nx$.

7. $\displaystyle\sum_{n=1}^{\infty} \dfrac{1}{n^2} = \dfrac{\pi^2}{6}$，$\displaystyle\sum_{n=1}^{\infty} \dfrac{(-1)^{n+1}}{n^2} = \dfrac{\pi^2}{12}$，推导略.

8. (1) $x = \dfrac{\pi}{2}\displaystyle\sum_{n=1}^{\infty} \dfrac{(-1)^{n+1}}{n}\sin n\pi x$;

(2) $x^3 = \dfrac{2}{\pi}\displaystyle\sum_{n=1}^{\infty} \dfrac{(-1)^{n+1}}{n}\left(1 - \dfrac{6}{n^2}\right)\sin n\pi x$.

9. $\dfrac{\pi}{4}$.

10. 提示：利用定积分的换元法及周期函数的积分性质.

第 **12** 章

微 分 方 程

基本要求

1. 常微分方程的概念，微分方程的阶，微分方程的解、通解和特解，微分方程的初值问题.

2. 一阶微分方程（可分离变量的方程、齐次方程、一阶线性方程、伯努利方程、全微分方程).

3. 可降阶的高阶微分方程.

4. 线性微分方程解的性质、结构.

5. 二阶常系数齐次线性微分方程及非齐次线性微分方程，欧拉方程.

6. 包含两个未知函数的一阶常系数线性微分方程组，微分方程的幂级数解法，微分方程的简单应用.

12.1 一阶微分方程

一、基本内容

一阶微分方程：未知函数的导数为一阶的微分方程，常见的几种形式及解法.

1. 可分离变量的方程： $\dfrac{\mathrm{d}y}{\mathrm{d}x} = p(x)q(y)$. ①

解法： $\displaystyle\int \frac{1}{q(y)}\mathrm{d}y = \int p(x)\,\mathrm{d}x$ （分离变量再积分).

2. 齐次方程： $\dfrac{\mathrm{d}y}{\mathrm{d}x} = \varphi\left(\dfrac{y}{x}\right)$. ②

解法：作变量代换 $u = \dfrac{y}{x}$，齐次方程化为可分离变量的方程

$$\frac{\mathrm{d}u}{\varphi(u) - u} = \frac{\mathrm{d}x}{x}$$

后再积分，就可求得方程的解.

3. 可化为齐次方程的方程：

$$\frac{\mathrm{d}y}{\mathrm{d}x} = f\left(\frac{ax + by + c}{a_1 x + b_1 y + c_1}\right),$$ ③

其中，$c^2 + c_1^2 \neq 0$，且 $\begin{vmatrix} a & b \\ a_1 & b_1 \end{vmatrix} \neq 0$.

解法：作变量代换 $\begin{cases} x = X + x_0, \\ y = Y + y_0, \end{cases}$ 原方程化为齐次方程

$$\frac{dY}{dX} = f\left(\frac{aX + bY}{a_1 X + b_1 Y} \right),$$

其中，x_0，y_0 为关于 x，y 的二元一次方程组 $\begin{cases} ax + by + c = 0, \\ a_1 x + b_1 y + c_1 = 0 \end{cases}$ 的解.

再按齐次方程求解.

4. 一阶线性方程：$\dfrac{dy}{dx} + P(x)y = Q(x)$. ④

解一阶线性微分方程常用的方法是常数变易法，应用该法可求得方程④的通解为

$$y = e^{-\int P(x)dx} \left[\int Q(x) e^{\int P(x)dx} dx + C \right].$$

在求解一阶线性微分方程时，可直接利用通解公式. 但注意，方程必须写成④的标准形式. 此类方程也有其他解法.

5. 伯努利方程：

$$y' + P(x)y = Q(x)y^n (n \neq 0, 1). ⑤$$

解法：作变量代换 $z = y^{1-n}$，将方程⑤化为一阶线性方程
$z' + (1-n)P(x)z = (1-n)Q(x)$，再解一阶线性微分方程.

另外，此方程也可用常数变易法解.

6. 全微分方程：

$$P(x,y)dx + Q(x,y)dy = 0, ⑥$$

这里 $\dfrac{\partial P}{\partial y} = \dfrac{\partial Q}{\partial x}$.

解法：设函数 $u(x,y)$ 的全微分为 $P(x,y)dx + Q(x,y)dy$，则

$$u(x,y) = \int_{x_0}^{x} P(x,y_0)dx + \int_{y_0}^{y} Q(x,y)dy.$$

通解为

$$\int_{x_0}^{x} P(x,y_0)dx + \int_{y_0}^{y} Q(x,y)dy = C.$$

另外，还可用不定积分找原函数的方法.

有些方程可以通过乘一个积分因子后转化为全微分方程.

7. 对不属于上述几种形式的一阶微分方程，一般要通过变量代换的方法求解.

二、重点与难点

重点：

1. 可分离变量方程与一阶线性方程的解法.

2. 实际问题的微分方程模型.

难点：

1. 用变量代换把非典型方程化为典型方程求解.

2. 积分因子及实际问题的微分方程建模.

三、例题分析

例 12.1.1 求下列微分方程的通解:

(1) $dx + xy dy = y^2 dx + y dy$;   (2) $\dfrac{dy}{dx} = \dfrac{2x^3 y - y^4}{x^4 - 2xy^3}$;

(3) $(1 + y^2) dx = (\arctan y - x) dy$.

解 (1) 原方程整理成 $(1 - y^2) dx = y(1 - x) dy$.

当 $(1 - y^2) \neq 0$，$1 - x \neq 0$ 时，有

$$\frac{y}{1 - y^2} dy = \frac{1}{1 - x} dx.$$

此为可分离变量方程，两边积分，得

$$\ln |1 - y^2| = 2\ln |1 - x| + C_1.$$

故通解为

$$C(1 - x)^2 + y^2 = 1,$$

其中，常数 $C = \pm e^{C_1} \neq 0$.

当 $(1 - y^2) = 0$，即 $y = \pm 1$ 时，是原方程的解，在通解中取 $C = 0$.

当 $1 - x = 0$，即 $x = 1$ 时，也是原方程的解，不含在通解中.

(2) 容易看出方程是齐次方程 $\dfrac{dy}{dx} = \dfrac{2\left(\dfrac{y}{x}\right) - \left(\dfrac{y}{x}\right)^4}{1 - 2\left(\dfrac{y}{x}\right)^3}$.

令 $u = \dfrac{y}{x}$，得 $y = ux$，$\dfrac{dy}{dx} = u + x\dfrac{du}{dx}$.

代入方程，得 $u + x\dfrac{du}{dx} = \dfrac{2u - u^4}{1 - 2u^3}$，即 $\dfrac{dx}{x} = \dfrac{1 - 2u^2}{u + u^4} du$.

亦即

$$\frac{dx}{x} = \left(\frac{1}{u} - \frac{1}{u+1} - \frac{2u-1}{u^2 - u + 1}\right) du.$$

积分，得

$$x = \frac{cu}{(u+1)(u^2 - u + 1)}.$$

将 $u = \dfrac{y}{x}$ 代入，得方程的通解为 $x^3 + y^3 = Cxy$.

(3) 所求方程中把 x 看成函数，y 看作自变量，则方程是一阶线性方程

$$\frac{dx}{dy} + \frac{1}{1 + y^2} x = \frac{\arctan y}{1 + y^2}.$$

直接代入一阶线性微分方程的通解公式，得通解

$$\begin{aligned}
x &= e^{-\int \frac{1}{1+y^2} dy}\left[\int \frac{\arctan y}{1 + y^2} e^{\int \frac{1}{1+y^2} dy} dy + C\right] \\
&= e^{-\arctan y}\left[\int e^{\arctan y} \arctan y\, d(\arctan y) + C\right] \\
&= e^{-\arctan y}\left[e^{\arctan y} \arctan y - e^{\arctan y} + C\right].
\end{aligned}$$

从而通解为 $x = \arctan y - 1 + Ce^{-\arctan y}$.

例 12.1.2 求微分方程 $x^2 y' + xy = y^2$ 满足初始条件 $y(1) = 1$ 的特解.

解 （方法1）原式可写成 $y' = \dfrac{y^2 - xy}{x^2}$.

令 $y = xu$, 有 $x\dfrac{du}{dx} + u = u^2 - u$, 即 $x\dfrac{du}{dx} = u^2 - 2u$.

易知 $u = 0$ 或 $u = 2$ 都是解, 分别对应于 $y = 0$ 或 $y = 2x$, 均不满足初始条件, 舍去.

以下考虑 $u^2 - 2u \neq 0$, 分离变量, 得 $\dfrac{du}{u^2 - 2u} = \dfrac{dx}{x}$.

两端积分, 得 $\dfrac{u-2}{u} = Cx^2$, 即 $\dfrac{y-2x}{y} = Cx^2$.

由 $y(1) = 1$, 得 $C = -1$, 即所求特解为 $y = \dfrac{2x}{1 + x^2}$.

（方法2：按解伯努利方程的方法）

$y = 0$ 是方程的一个解, 但不满足初始条件, 舍去.

以下考虑 $y \neq 0$ 的情形, 以 y^2 除以方程两边, 得原方程成为

$$\frac{x^2}{y^2}y' + \frac{x}{y} = 1.$$

令 $\dfrac{1}{y} = z$, 则有

$$-x^2 z' + xz = 1 \text{ 或 } z' - \frac{1}{x}z = -\frac{1}{x^2}.$$

解得

$$z = x\left[\int -\frac{1}{x^3}dx + C\right] = \frac{1}{2x} + Cx.$$

所以 $y = \dfrac{2x}{1 + 2Cx^2}$.

再由 $y(1) = 1$, 得 $C = \dfrac{1}{2}$. 于是特解为 $y = \dfrac{2x}{1 + x^2}$.

例 12.1.3 解下列方程：

(1) $\dfrac{dy}{dx} = \dfrac{1}{x - y} + 1$;

(2) $x\dfrac{dy}{dx} + x + \sin(x + y) = 0$, $y\left(\dfrac{\pi}{2}\right) = 0$.

解 （1）作变量代换：令 $u = x - y$, 代入方程, 得可分离变量的方程

$$1 - \frac{du}{dx} = \frac{1}{u} + 1,$$

即 $u\,du = -dx$.

两端积分, 得 $\dfrac{1}{2}u^2 = -x + C_1$. 于是原方程的通解为

$$(x - y)^2 = -2x + C \quad (C = 2C_1).$$

（2）令 $u = x + y$，代入方程，得

$$x\left(\frac{\mathrm{d}u}{\mathrm{d}x} - 1\right) + x + \sin u = 0,$$

$$\frac{\mathrm{d}u}{\sin u} = -\frac{1}{x}\mathrm{d}x.$$

两端积分，得

$$\ln|\csc u - \cot u| = -\ln|x| + \ln|C|,$$

即

$$\frac{1 - \cos u}{\sin u} = \frac{C}{x}.$$

将 $u = x + y$ 代入，得原方程的通解为

$$\frac{1 - \cos(x + y)}{\sin(x + y)} = \frac{C}{x}.$$

由 $y\left(\frac{\pi}{2}\right) = 0$，得 $C = \frac{\pi}{2}$. 于是原方程的特解为

$$\frac{1 - \cos(x + y)}{\sin(x + y)} = \frac{\pi}{2x}.$$

例 12.1.4 用两种方法解下列微分方程：

（1）$(x^2 + 1)\dfrac{\mathrm{d}y}{\mathrm{d}x} + 2xy = 4x^2$；　　　　　　（2）$y' + y\cos x = \mathrm{e}^{-\sin x}$.

解（1）（方法 1：用通解公式）原方程可写成

$$\frac{\mathrm{d}y}{\mathrm{d}x} + \frac{2x}{x^2 + 1}y = \frac{4x^2}{x^2 + 1}.$$

它为一阶线性微分方程. 由通解公式，得

$$y = \mathrm{e}^{-\int \frac{2x}{x^2+1}\mathrm{d}x}\left[\int \frac{4x^2}{x^2 + 1}\mathrm{e}^{\int \frac{2x}{x^2+1}\mathrm{d}x}\mathrm{d}x + C\right]$$

$$= \mathrm{e}^{-\ln(x^2+1)}\left[\int \frac{4x^2}{x^2 + 1} \cdot (x^2 + 1)\mathrm{d}x + C\right]$$

$$= \frac{1}{x^2 + 1}\left(\frac{4}{3}x^3 + C\right).$$

（方法 2）原方程可化为 $[(x^2 + 1)y]' = 4x^2$.

积分，得

$$(x^2 + 1)y = \frac{4}{3}x^3 + C.$$

于是 $y = \dfrac{1}{x^2 + 1}\left(\dfrac{4}{3}x^3 + C\right).$

（2）（方法 1）由通解公式，得

$$y = \mathrm{e}^{-\int \cos x\mathrm{d}x}\left(\int \mathrm{e}^{-\sin x}\mathrm{e}^{\int \cos x\mathrm{d}x}\mathrm{d}x + C\right) = \mathrm{e}^{-\sin x}(x + C).$$

（方法 2）方程两边同乘 $\mathrm{e}^{\sin x}$，得

$$\mathrm{e}^{\sin x}y' + y\mathrm{e}^{\sin x}\cos x = 1,$$

即 $(\mathrm{e}^{\sin x}y)' = 1.$

积分，得 $e^{\sin x} y = x + C.$

于是微分方程的通解为

$$y = e^{-\sin x}(x + C).$$

例 12.1.5 求下列微分方程的通解：

（1）$x dx + y dy + \dfrac{x dy - y dx}{x^2 + y^2} = 0$；

（2）$(e^x + 3y^2) dx + 2xy dy = 0.$

解 （1）原方程可化为

$$\left(x - \frac{y}{x^2 + y^2}\right) dx + \left(y + \frac{x}{x^2 + y^2}\right) dy = 0.$$

设 $P(x, y) = x - \dfrac{y}{x^2 + y^2}$，$Q(x, y) = y + \dfrac{x}{x^2 + y^2}$，

易验证，当 $x^2 + y^2 \neq 0$ 时，$\dfrac{\partial P}{\partial y} = \dfrac{\partial Q}{\partial x}.$

故原方程为全微分方程.

用凑微分的方法，得

$$\frac{1}{2} d(x^2 + y^2) + d\left(\arctan \frac{y}{x}\right) = 0.$$

于是原方程的通解为

$$\frac{1}{2}(x^2 + y^2) + \arctan \frac{y}{x} = C.$$

（2）记 $P(x, y) = e^x + 3y^2$，$Q(x, y) = 2xy$，则

$$\frac{\partial P}{\partial y} = 6y, \quad \frac{\partial Q}{\partial x} = 2y.$$

因为 $\dfrac{\partial P}{\partial y} \neq \dfrac{\partial Q}{\partial x}$，所以原方程不是全微分方程.

而

$$\frac{1}{Q}\left(\frac{\partial P}{\partial y} - \frac{\partial Q}{\partial x}\right) = \frac{2}{x},$$

故方程有仅与 x 有关的积分因子

$$u(x) = e^{\int \frac{2}{x} dx} = x^2.$$

用 x^2 乘方程的两端，得

$$x^2 e^x dx + (3x^2 y^2 dx + 2x^3 y) dy = 0,$$

$$d\left(\int x^2 e^x dx\right) + d(x^3 y^2) = 0.$$

从而原方程的通解为 $(x^2 - 2x + 2)e^x + x^3 y^2 = C.$

例 12.1.6 求满足方程 $\displaystyle\int_0^x f(t) dt = x + \int_0^x t f(x - t) dt$ 的可微函数 $f(x)$.

解 令 $u = x - t$，则 $du = -dt.$

故

$$\int_0^x tf(x-t)\,\mathrm{d}t = \int_x^0 (x-u)f(u)\,\mathrm{d}(-u) = x\int_0^x f(u)\,\mathrm{d}u - \int_0^x uf(u)\,\mathrm{d}u.$$

代入原方程，得

$$\int_0^x f(t)\,\mathrm{d}t = x + x\int_0^x f(t)\,\mathrm{d}t - \int_0^x tf(t)\,\mathrm{d}t.$$

上式两端对 x 求导，得

$$f(x) = 1 + \int_0^x f(t)\,\mathrm{d}t,\ \text{且}\,f(0) = 1.$$

上式再求导，得

$$f'(x) = f(x),\ f(0) = 1.$$

所以 $f(x) = Ce^x$. 由 $f(0) = 1$，得 $C = 1$. 故原方程的通解为 $f(x) = e^x$.

例 12.1.7 若 $f(0) = \dfrac{1}{2}$，确定函数 $f(x)$ 使曲线积分

$$\int_{P_1}^{P_2} [e^x + f(x)]y\mathrm{d}x - f(x)\mathrm{d}y$$

与路径无关，并求当 P_1，P_2 两点的坐标分别为 $(0,0)$，$(1,1)$ 时，此曲线积分的值.

解 设 $P(x,y) = [e^x + f(x)]y$，$Q(x,y) = -f(x)$，

由 $\dfrac{\partial P}{\partial y} = \dfrac{\partial Q}{\partial x}$，有 $e^x + f(x) = -f'(x)$，即

$$f'(x) + f(x) = -e^x.$$

这是一阶线性微分方程，其通解为

$$f(x) = e^{-x}\left(-\frac{1}{2}e^{2x} + C\right).$$

由 $f(0) = \dfrac{1}{2}$，求得 $C = 1$. 所以 $f(x) = -\dfrac{1}{2}e^x + e^{-x}$.

$$\int_{(0,0)}^{(1,1)} [e^x + f(x)]y\mathrm{d}x - f(x)\mathrm{d}y$$

$$= \int_{(0,0)}^{(1,1)} \left(\frac{1}{2}e^x + e^{-x}\right)y\mathrm{d}x + \left(\frac{1}{2}e^x - e^{-x}\right)\mathrm{d}y$$

$$= \int_0^1 \left(-\frac{1}{2}\right)\mathrm{d}y + \int_0^1 \left(\frac{1}{2}e^x + e^{-x}\right)\mathrm{d}x = \frac{e}{2} - e^{-1}.$$

例 12.1.8 曲线 $y = f(x)$ $[f(x) \geqslant 0, f(0) = 0]$ 围成一个以区间 $[0,x]$ 为底边的曲边梯形，其面积与函数 $f(x)$ 的 $n+1$ 次幂成正比. 已知 $f(1) = 1$，求这曲线的方程.

解 由题设，得 $\displaystyle\int_0^x y\mathrm{d}x = ky^{n+1}$（$k$ 为待定系数）.

两边对 x 求导，得

$$y = k(n+1)y^n \cdot y',$$

即

$$\mathrm{d}x = k(n+1)y^{n-1}\mathrm{d}y.$$

积分，得

$$x = k\frac{n+1}{n}y^n + C.$$

由 $y\big|_{x=0}=0$，得 $C=0$. 则 $x=k\dfrac{n+1}{n}y^n$.

由 $y\big|_{x=1}=1$，得 $k\dfrac{n+1}{n}=1$. 从而 $x=y^n$，即所求曲线的方程为 $y=\sqrt[n]{x}$.

四、习题

1. 求解下列微分方程：

（1）$\cos^2 x\dfrac{\mathrm{d}y}{\mathrm{d}x}+y=\tan x$；

（2）$\dfrac{1}{\sqrt{y^2-x^2}}\mathrm{d}x-\dfrac{x}{y\sqrt{y^2-x^2}}\mathrm{d}y=0$；

（3）$3\mathrm{e}^x\tan y\mathrm{d}x+(2-\mathrm{e}^x)\sec^2 y\mathrm{d}y=0$；

（4）$(y^3-x^2)\mathrm{d}y+xy\mathrm{d}x=0$；

（5）$(y')^2-2y'+y=4x$；

（6）$y-xy'=a(y^2+y')$.

2. 求下列微分方程满足初始条件的特解：

（1）$\mathrm{e}^y\mathrm{d}x+(x\mathrm{e}^y-2y)\mathrm{d}y=0$，$y\big|_{x=2}=0$；

（2）$y'=\dfrac{x}{y}+\dfrac{y}{x}$，$y\big|_{x=1}=2$；

（3）$y'\sec^2 y+\dfrac{x}{1+x^2}\tan y=x$，$y\big|_{x=0}=0$.

3. 用两种方法解下列微分方程：

（1）$xy'+y=x^2+3x+2$；

（2）$(x^2-1)y'+2xy=\cos x$；

（3）$(x^2+1)y'-2xy=(1+x^2)^2$.

4. 解下列微分方程：

（1）$\dfrac{\mathrm{d}y}{\mathrm{d}x}=\dfrac{y}{2x}+\dfrac{1}{2y}\tan\dfrac{y^2}{x}$；

（2）$y'=\dfrac{y^3}{2xy^2-x^2}$（令 $y^2=u$）；

（3）$\dfrac{2x}{y^3}\mathrm{d}x+\dfrac{y^2-3x^2}{y^4}\mathrm{d}y=0$.

5. 已知可微函数 $f(x)$ 满足方程 $\displaystyle\int_0^x f(t)\mathrm{d}t=x+\int_0^x tf(x-t)\mathrm{d}t$，求 $f(x)$.

6. 已知 $\displaystyle\int_0^1 f(ux)\mathrm{d}u=\dfrac{1}{2}f(x)+1$，求 $f(x)$.

7. 设可微函数 $f(x)$ 满足 $\displaystyle\int_1^x\dfrac{f(t)}{f^2(t)+t}\mathrm{d}t=f(x)-1$，求 $f(x)$.

8. 设函数 $f(x)$ 可微，且满足 $f(x)=\cos 2x+\displaystyle\int_0^x f(t)\sin t\mathrm{d}t$，求 $f(x)$.

9. 已知 $f(\pi)=1$，试确定 $f(x)$，使曲线积分

$$I=\int_{(1,0)}^{(\pi,\pi)}\left[\sin x-f(x)\right]\dfrac{y}{x}\mathrm{d}x+f(x)\mathrm{d}y$$

与路径无关，并求 I 的值.

10. 设当 $x>0$ 时，函数 $f(x)$ 为连续可微函数，且 $f(1)=2$，对 $x>0$ 的任一闭曲线 Γ，有

$$\oint_\Gamma 4x^3 y\mathrm{d}x+xf(x)\mathrm{d}y=0,$$

求 $f(x)$，并计算

$$I=\int_{(2,0)}^{(2,3)}4x^3 y\mathrm{d}x+xf(x)\mathrm{d}y.$$

11. 设曲线上任意点 $P(x,y)$ 处的法线介于点 P 和 x 轴间的线段等于常数 a，求曲线的方程.

12. 设 $y_0(x)$ 是微分方程 $y'=a(x)y^2+b(x)y+r(x)$ 的一个特解，通过变量替换 $u(x)=\dfrac{1}{y-y_0(x)}$，求原方程的通解.

五、习题答案

1.（1）$y=\dfrac{\tan^3 x}{3}\mathrm{e}^{-\tan x}+C$；

（2）$x=Cy$；

（3）$(\mathrm{e}^x-2)^3=C\tan y$；

（4）$2y^3+x^2=Cy^2$；

（5）$x+C=3\left[\sqrt{1+4x-y}-9\ln(3+\sqrt{1+4x-y})\right]$；

（6）$x+a=(ax+C)y$.

2.（1）$x\mathrm{e}^y-y^2=2$；（2）$y^2=2x^2\ln x+4x^2$；

（3）$\tan y=\dfrac{1+x^2}{3}-\dfrac{1}{3\sqrt{1+x^2}}$.

3.（1）$xy=\dfrac{x^3}{3}+\dfrac{3}{2}x^2+2x+C$；

（2）$(x^2-1)y=\sin x+C$；

（3）$\dfrac{y}{x^2+1}=x+\dfrac{x^3}{3}+C$.

4.（1）$\sin\left(\dfrac{y^2}{x}\right)=Cx$；（2）$Cy^2=\mathrm{e}^{\frac{y^2}{x}}$；

（3）$x^2=y^2+Cy^3$.

5. $f(x)=\mathrm{e}^x$.

6. $f(x)=2+Cx$.

7. $f(x)=\sqrt{x}$.

8. $f(x)=4(\cos x-1)+\mathrm{e}^{1-\cos x}$.

9. $f(x)=\dfrac{\pi-1-\cos x}{x}$，$I=\pi$.

10. $f(x)=\dfrac{x^4+1}{x}$，$I=51$.

11. $y\sqrt{1+y^2}+\ln(y+\sqrt{1+y^2})=2ax+C$.

12. 提示：$u'=a(x)+b(x)u$.

12. 2　可降阶的高阶微分方程

一、基本内容

1. $y^{(n)} = f(x)$ 型方程

方程特点：左端为 n 阶导数，右端只是 x 的函数.

方程解法：两端积分 n 次即可得到通解.

2. $y'' = f(x, y')$ 型方程

方程特点：左端为二阶导数，右端不显含函数 y.

方程解法：设 $p = y'$，则 $\dfrac{\mathrm{d}p}{\mathrm{d}x} = y''$，原方程降为一阶微分方程

$$\frac{\mathrm{d}p}{\mathrm{d}x} = f(x, p).$$

求得其通解为 $p = \varphi(x, C_1)$. 则原方程的通解为 $y = \displaystyle\int \varphi(x, C_1)\,\mathrm{d}x + C_2$.

3. $y'' = f(y, y')$ 型方程

方程特点：左端为二阶导数，不显含自变量 x.

方程解法：设 $p = y'$，则 $y'' = p\dfrac{\mathrm{d}p}{\mathrm{d}y}$，原方程降为一阶微分方程

$$p\frac{\mathrm{d}p}{\mathrm{d}y} = f(y, p).$$

求得其通解为 $p = \varphi(y, C_1)$. 则原方程的通解为 $\displaystyle\int \frac{\mathrm{d}y}{\varphi(y, C_1)} = x + C_2$.

4. $y^{(n)} = f[x, y^{(n-1)}]$ 型方程

方程特点：左端为 n 阶导数，右端只显含 $x, y^{(n-1)}$；

方程的解法：设 $p = y^{(n-1)}$，则 $\dfrac{\mathrm{d}p}{\mathrm{d}x} = y^{(n)}$，原方程降为一阶微分方程

$$\frac{\mathrm{d}p}{\mathrm{d}x} = f(x, p).$$

求得其通解为 $p = \varphi(x, C_1)$，即 $y^{(n-1)} = \varphi(x, C_1)$. 此方程型同 1，按 1 的解法即可得到原方程的通解.

二、重点与难点

重点：几种可降阶微分方程的类型及解法.

难点：求解二阶可降阶的微分方程 $y'' = f(x, y')$ 与 $y'' = f(y, y')$.

三、例题分析

例 12. 2. 1　求下列微分方程的通解：

(1) $y'' = \dfrac{1}{\sqrt{1 + x^2}}$；　　　　　　(2) $(x + 1)y'' + y' = \ln(x + 1)$；

(3) $y'' + \dfrac{2}{1-y} y'^2 = 0$;   (4) $\dfrac{\mathrm{d}^5 y}{\mathrm{d}x^5} - \dfrac{1}{x} \cdot \dfrac{\mathrm{d}^4 y}{\mathrm{d}x^4} = 0$.

解 （1）对方程两边积分，得

$$y' = \ln(x + \sqrt{1+x^2}) + C_1.$$

再积分，得原方程的通解为

$$y = x\ln(x + \sqrt{1+x^2}) - \sqrt{1+x^2} + C_1 x + C_2.$$

（2）令 $p = y'$，则 $\dfrac{\mathrm{d}p}{\mathrm{d}x} = y''$，

代入原方程，得

$$\frac{\mathrm{d}p}{\mathrm{d}x} + \frac{1}{x+1} p = \frac{1}{x+1} \ln(x+1).$$

这是一阶微分方程，解得 $p = \ln(x+1) - 1 + \dfrac{C_1}{x+1}$，

即

$$\frac{\mathrm{d}y}{\mathrm{d}x} = \ln(x+1) - 1 + \frac{C_1}{x+1}.$$

积分，得原方程的通解为 $y = (x + 1 + C_1)\ln(x+1) - 2x + C_2$.

（3）令 $p = y'$，则 $y'' = p\dfrac{\mathrm{d}p}{\mathrm{d}y}$.

代入原方程，得

$$p\frac{\mathrm{d}p}{\mathrm{d}y} + \frac{2}{1-y} p^2 = 0.$$

当 $p = 0$，即 $y = C$ 时，是方程的解.

当 $p \neq 0$ 时，方程为

$$\frac{\mathrm{d}p}{\mathrm{d}y} + \frac{2}{1-y} p = 0.$$

分离变量并积分，得 $p = C_1(1-y)^2$，即 $\dfrac{\mathrm{d}y}{\mathrm{d}x} = C_1(1-y)^2$.

分离变量并积分，得原方程的通解为

$$\frac{1}{1-y} = C_1 x + C_2.$$

（4）令 $p = \dfrac{\mathrm{d}^4 y}{\mathrm{d}x^4}$，则 $\dfrac{\mathrm{d}p}{\mathrm{d}x} = \dfrac{\mathrm{d}^5 y}{\mathrm{d}x^5}$.

代入原方程，得

$$\frac{\mathrm{d}p}{\mathrm{d}x} - \frac{p}{x} = 0.$$

解得通解为 $p = Cx$，即 $\dfrac{\mathrm{d}^4 y}{\mathrm{d}x^4} = Cx$.

逐次积分，即可得原方程的通解为

$$y = C_1 x^5 + C_2 x^3 + C_3 x^2 + C_4 x + C_5.$$

例 12.2.2 求微分方程 $xyy'' + x(y')^2 - yy' = 0$ 的通解.

解 此微分方程不属于我们给出的几种可降阶的类型，但我们发现 $xyy'' + x(y')^2 = x(yy')'$，故可设 $p = yy'$. 则 $\dfrac{\mathrm{d}p}{\mathrm{d}x} = (yy')'$. 代入原方程，得

$$x \frac{\mathrm{d}p}{\mathrm{d}x} - p = 0.$$

分离变量并积分，得 $p = C_1 x$，即 $yy' = C_1 x$.

分离变量并积分，即可得原方程的通解为 $y^2 = C_1 x^2 + C_2$.

例 12.2.3 求微分方程 $yy'' = 2(y'^2 - y')$ 满足初始条件 $y(0) = 1$，$y'(0) = 2$ 的特解.

解 令 $y' = p$，则 $y'' = p\dfrac{\mathrm{d}p}{\mathrm{d}y}$.

代入原方程，得

$$yp \frac{\mathrm{d}p}{\mathrm{d}y} = 2(p^2 - p).$$

当 $p \neq 0$ 时，上式为 $y\dfrac{\mathrm{d}p}{\mathrm{d}y} = 2(p - 1)$.

分离变量并积分，得

$$p = 1 + Cy^2, \quad \text{即 } y' = 1 + Cy^2.$$

由初始条件 $y(0) = 1$，$y'(0) = 2$，得 $C = 1$. 故

$$y' = 1 + y^2, \quad \text{即} \frac{\mathrm{d}y}{\mathrm{d}x} = 1 + y^2.$$

分离变量并积分，得 $\arctan y = x + C$.

由 $y(0) = 1$，得 $C = \dfrac{\pi}{4}$. 从而得原方程的特解为

$$\arctan y = x + \frac{\pi}{4} \quad \text{或} \quad y = \frac{1 + \tan x}{1 - \tan x}.$$

例 12.2.4 如图 12-1 所示，已知某曲线在第一象限内通过原点，曲线上任一点 M 处的切线段 MT、线段 PM 以及 x 轴所围成三角形 PMT 的面积与曲边三角形 OPM 的面积之比为常数 $k\left(k > \dfrac{1}{2}\right)$，又设点 M 处的导数恒为正值，试求曲线方程.

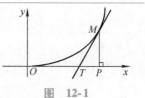

图 12-1

解 设所求曲线方程为 $y = y(x)$，任取曲线上一点 $M(x, y)$ $(x > 0, y > 0)$，则

$$PM = y(x), \frac{PM}{TP} = y'(x), TP = \frac{y(x)}{y'(x)}.$$

由题设，得

$$\frac{1}{2} PM \cdot TP = k \int_0^x y(t)\,\mathrm{d}t,$$

即

$$\frac{y^2}{y'} = 2k \int_0^x y(t)\,\mathrm{d}t.$$

两边对 x 求导，得

$$\frac{2yy'^2 - y^2y''}{y'^2} = 2ky,$$

即 $yy'' + 2(k-1)y'^2 = 0$.

显然这是一个可降阶的二阶微分方程.

令 $y' = p$，则 $y'' = p\dfrac{\mathrm{d}p}{\mathrm{d}y}$.

代入原方程并整理，得

$$\frac{\mathrm{d}p}{p} = 2(1-k)\frac{\mathrm{d}y}{y}.$$

积分，得 $p = C_1 y^{2(1-k)}$，即 $\dfrac{\mathrm{d}y}{\mathrm{d}x} = C_1 y^{2(1-k)}$.

分离变量并积分，得

$$\frac{1}{2k-1}y^{2k-1} = C_1 x + C_2.$$

由曲线过原点，即 $y(0) = 0$，可得 $C_2 = 0$.

故所求曲线方程为 $y = Cx^{\frac{1}{2k-1}}$（C 为任意常数）.

四、习题

1. 解下列微分方程：

(1) $xy'' - 3y' = x^2$；　　(2) $y'' = \sqrt{1+(y')^2}$；

(3) $y'' = \dfrac{y'}{x} + x$；　　(4) $y'' - \dfrac{1}{x}y' + (y')^2 = 0$.

2. 求下列初值问题的特解：

(1) $\begin{cases} xy'' + y' + x = 0, \\ y(1) = 0, y'(1) = 0; \end{cases}$

(2) $\begin{cases} (a-x)y'' = k\sqrt{1+y'^2}, \\ y(0) = 0, y'(0) = 0 \end{cases}$（$a$，$k$ 为常数）；

(3) $\begin{cases} (1-x^2)y'' - xy' = 0, \\ y(0) = 0, y'(0) = 1. \end{cases}$

3. 设函数 $f(x)$ 具有连续的二阶导数，$f(0) = 0$，$f'(0) = 3$，求 $u(x,y)$，使其全微分为

$$\mathrm{d}u = 4f(x)y\mathrm{d}x + [4xf(x) - (1+x^2)f'(x)]\mathrm{d}y.$$

4. 在上半平面求一条向上凹的曲线，其上任一点 $P(x,y)$ 处的曲率等于此曲线在该点的法线段 PQ 的长度的倒数（点 Q 是法线与 x 轴的交点），且曲线在点 $(1,1)$ 处的切线与 x 轴平行.

5. 位于原点的我舰向位于 x 轴上距原点 1 个单位长度的点 A 处的敌舰发射制导鱼雷，且鱼雷永远对准敌舰，设敌舰以最大速度 v_0 沿平行于 y 轴的直线行驶，又设鱼雷的速度是敌舰的 5 倍，求鱼雷的轨迹曲线方程，敌舰行驶多远时，将被鱼雷击中？

五、习题答案

1. (1) $y = -\dfrac{x^2}{4} + C_1 x^4 + C_2$；

(2) $y = \dfrac{C}{2}\mathrm{e}^x - \dfrac{1}{2C}\mathrm{e}^{-x}$；

(3) $y = \dfrac{x^3}{3} + C_1 x^2 + C_2$；

(4) $y = 2C_1 \arctan C_1 x + C_2$.

2. (1) $y = \dfrac{1}{4}(1-x^2) + \dfrac{1}{2}\ln x$；

(2) $y = \dfrac{a^k}{2(1-k)}(a-x)^{1-k} + \dfrac{1}{2a^k(1+k)}(a-x)^{1+k} + \dfrac{a}{k^2-1}$；

(3) $y = \arcsin x$.

3. $u = (x^4 + 6x^2 - 3)y$.

4. $(x-1)^2 + y^2 = 1$.

5. $y = -\dfrac{5}{8}(1-x)^{\frac{4}{5}} + \dfrac{5}{12}(1-x)^{\frac{6}{5}} + \dfrac{5}{24}$，当敌舰行驶 $\dfrac{5}{24}$ 个单位长度时，将被鱼雷击中.

12.3　高阶线性微分方程

一、基本内容

1. 二阶线性微分方程的解的结构.

方程的一般形式为

$$y'' + p(x)y' + q(x)y = f(x).　　　　①$$

当 $f(x) = 0$ 时，方程①成为

$$y'' + p(x)y' + q(x)y = 0.　　　　②$$

它称为二阶齐次线性方程.

当 $f(x) \neq 0$ 时，方程①称为二阶非齐次线性方程.

方程的解的结构：若 $y_1(x)$ 与 $y_2(x)$ 是方程②的两个线性无关的解，则

$$Y = C_1 y_1(x) + C_2 y_2(x)　(C_1, C_2 \text{ 为任意常数})$$

是齐次线性方程②的通解.

若 y^* 是非齐次线性方程①的特解，Y 是齐次线性方程②的通解，则

$$y = Y + y^*$$

是非齐次线性方程①的通解.

2. 二阶常系数齐次线性方程的解法.

方程的形式：

$$y'' + py' + qy = 0,　　　　③$$

其中，p，q 为常数，

它的特征方程为

$$r^2 + pr + q = 0$$

根据特征根 r_1，r_2 的三种不同情形，常系数齐次线性方程③的通解列表如下：

特征方程的根 r_1，r_2	方程的通解
$r_1 \neq r_2$（单实根）	$y = C_1 e^{r_1 x} + C_2 e^{r_2 x}$
$r_1 = r_2$（重根）	$y = (C_1 + C_2 x) e^{r_1 x}$
$r_{1,2} = \alpha \pm i\beta$（复根）	$y = e^{\alpha x}(C_1 \cos \beta x + C_2 \sin \beta x)$

3. 二阶常系数非齐次线性方程的解法.

方程的形式：

$$y'' + py' + qy = f(x),　　　　④$$

其中，p，q 为常数，$f(x) \neq 0$.

方程④的通解为 $y = Y + y^*$，其中 Y 为方程④对应的齐次方程③的通解，y^* 是方程④的一个特解. 可以利用待定系数法求 y^*，y^* 的形式确定如下：

$f(x)$ 的形式	条　件	特解 y^* 的形式
$f(x) = e^{\lambda x} P_m(x)$	λ 不是特征根	$y^* = e^{\lambda x} Q_m(x)$
	λ 是特征根（单根）	$y^* = x e^{\lambda x} Q_m(x)$
	λ 是特征根（重根）	$y^* = x^2 e^{\lambda x} Q_m(x)$
$f(x) = e^{\lambda x}[P_l(x)\cos \omega x +$ $P_n(x)\sin \omega x]$	$\lambda \pm i\omega$ 不是特征根	$y^* = e^{\lambda x}[R_m^{(1)}(x)\cos \omega x + R_m^{(2)}(x)\sin \omega x]$
	$\lambda \pm i\omega$ 是特征根	$y^* = x e^{\lambda x}[R_m^{(1)}(x)\cos \omega x + R_m^{(2)}(x)\sin \omega x]$

4. 二阶线性方程的另一种解法——常数变易法.

已知二阶齐次线性方程②的一个特解 $y_1(x)$，设 $y_2(x) = \mu(x)y_1(x)$ 是方程②的另一个特解，其中函数 $\mu(x)$ 是待定函数，将 $y_2(x)$ 代入②可求出

$$\mu(x) = \int\Big[\frac{1}{y_1^2}e^{\int p(x)dx}\Big]dx.$$

于是方程②的通解为

$$Y = C_1 y_1(x) + C_2 y_2(x).$$

设 $y^* = \mu_1(x)y_1(x) + \mu_2(x)y_2(x)$ 是二阶非齐次线性方程①的一个特解，其中函数 $\mu_1(x), \mu_2(x)$ 为待定函数，将 y^* 代入，得到方程组

$$\begin{cases} \mu_1' y_1 + \mu_2' y_2 = 0, \\ \mu_1' y_1' + \mu_2' y_2' = f(x). \end{cases}$$

解之，得 μ_1', μ_2'. 再积分，得

$$\mu_1(x) = -\int \frac{y_2 f(x)}{y_1 y_2' - y_1' y_2}dx, \quad \mu_2(x) = \int \frac{y_1 f(x)}{y_1 y_2' - y_1' y_2}dx.$$

于是二阶非齐次线性方程①的特解

$$y^* = \Big[-\int \frac{y_2 f(x)}{y_1 y_2' - y_1' y_2}dx\Big]y_1(x) + \Big[\int \frac{y_1 f(x)}{y_1 y_2' - y_1' y_2}dx\Big]y_2(x),$$

从而方程①的通解为 $y = Y + y^*$.

二、重点与难点

重点：

1. 二阶线性微分方程的解的结构.

2. 二阶常系数线性微分方程的解法.

难点：二阶常系数非齐次线性微分方程的特解的求法.

三、例题分析

例 12.3.1 求下列微分方程的通解：

(1) $y'' + y' - 6y = 0$；　　　　(2) $y'' - 6y' + 9y = 0$；

(3) $y'' - 2y' + 2y = 0$；　　　　(4) $y^{(5)} + 2y''' + y' = 0$.

解 (1) 特征方程为 $r^2 + r - 6 = 0$，其根为 $r_1 = 2, r_2 = -3$. 因此，方程的通解为 $y = C_1 e^{2x} + C_2 e^{-3x}$.

(2) 特征方程为 $r^2 - 6r + 9 = 0$，其根为 $r_1 = r_2 = 3$. 因此，方程的通解为 $y = (C_1 + C_2 x)e^{3x}$.

(3) 特征方程为 $r^2 - 2r + 2 = 0$，其根为 $r_1 = 1 + i, r_2 = 1 - i$. 因此，方程的通解为 $y = e^x(C_1 \cos x + C_2 \sin x)$.

(4) 特征方程为 $r^5 + 2r^3 + r = 0$，其根为 $r_1 = 0, r_{2,3,4,5} = \pm i$（二重根）. 因此，方程的通解为 $y = C_1 + (C_2 + C_3 x)\cos x + (C_4 + C_5 x)\sin x$.

例 12.3.2 求下列微分方程的通解：

(1) $y'' + y = (x-2)e^{3x}$；　　　　(2) $y'' + y' - 2y = e^x$；

(3) $y'' - 3y' + 2y = \mathrm{e}^{-x}\cos x$;　　　　(4) $y'' - 2y' + 5y = \mathrm{e}^{x}\sin 2x$.

解　（1）特征方程为 $r^2 + 1 = 0$，其根为 $r = \pm \mathrm{i}$. 所以原方程对应的齐次方程的通解为

$$Y = C_1\cos x + C_2\sin x.$$

因 $\lambda = 3$ 不是特征方程的根，故设特解为

$$y^* = (ax + b)\mathrm{e}^{3x}.$$

将 y^*，$y^{*\prime}$，$y^{*\prime\prime}$ 代入原方程，解得 $a = \dfrac{1}{10}$，$b = -\dfrac{13}{50}$.

所以

$$y^* = \left(\frac{1}{10}x - \frac{13}{50}\right)\mathrm{e}^{3x}.$$

从而原方程的通解为 $y = C_1\cos x + C_2\sin x + \left(\dfrac{1}{10}x - \dfrac{13}{50}\right)\mathrm{e}^{3x}$.

（2）特征方程为 $r^2 + r - 2 = 0$，其根为 $r_1 = -2$，$r_2 = 1$. 所以对应的齐次方程的通解

$$Y = C_1\mathrm{e}^{-2x} + C_2\mathrm{e}^{x}.$$

因 $\lambda = 1$ 是特征方程的单根，故设特解为 $y^* = ax\mathrm{e}^{x}$.

将 y^*，$y^{*\prime}$，$y^{*\prime\prime}$ 代入原方程，解得 $a = \dfrac{1}{3}$. 所以 $y^* = \dfrac{1}{3}x\mathrm{e}^{x}$.

从而原方程的通解为

$$y = C_1\mathrm{e}^{-2x} + C_2\mathrm{e}^{x} + \frac{1}{3}x\mathrm{e}^{x}.$$

（3）特征方程为 $r^2 - 3r + 2 = 0$，其根为 $r_1 = 1$，$r_2 = 2$. 所以对应的齐次方程的通解为

$$Y = C_1\mathrm{e}^{x} + C_2\mathrm{e}^{2x}.$$

因 $-1 + \mathrm{i}$ 不是特征方程的根，故设特解为

$$y^* = \mathrm{e}^{-x}(a\cos x + b\sin x).$$

将 y^*，$y^{*\prime}$，$y^{*\prime\prime}$ 代入原方程，解得 $a = \dfrac{1}{10}$，$b = -\dfrac{1}{10}$.

所以

$$y^* = \frac{1}{10}\mathrm{e}^{-x}(\cos x - \sin x).$$

从而原方程的通解为

$$y = C_1\mathrm{e}^{x} + C_2\mathrm{e}^{2x} + \frac{1}{10}\mathrm{e}^{-x}(\cos x - \sin x).$$

（4）特征方程为 $r^2 - 2r + 5 = 0$，其根为 $r_{1,2} = 1 \pm 2\mathrm{i}$. 所以对应的齐次方程的通解为

$$y = \mathrm{e}^{x}(C_1\cos 2x + C_2\sin 2x).$$

因 $1 \pm 2\mathrm{i}$ 为特征方程的根，故设特解为

$$y^* = x\mathrm{e}^{x}(a\cos 2x + b\sin 2x).$$

将 y^*，$y^{*\prime}$，$y^{*\prime\prime}$ 代入原方程，解得 $a = -\dfrac{1}{4}$，$b = 0$.

所以

$$y^* = -\frac{x}{4}\mathrm{e}^{x}\cos 2x.$$

从而原方程的通解为

$$y = e^x(C_1\cos 2x + C_2\sin 2x) - \frac{x}{4}e^x\cos 2x.$$

例 12.3.3 求微分方程 $y'' + 4y = \frac{1}{2}(x + \cos 2x)$ 满足条件 $y(0) = y'(0) = 0$ 的特解.

解 特征方程为 $r^2 + 4 = 0$，其根为 $r = \pm 2i$. 所以对应的齐次方程的通解为

$$Y = C_1\cos 2x + C_2\sin 2x.$$

$$f(x) = \frac{1}{2}(x + \cos 2x) = f_1(x) + f_2(x),$$

其中, $f_1(x) = \frac{1}{2}x$, $f_2(x) = \frac{1}{2}\cos 2x$.

设 $y_1^* = ax + b$，将 y_1^*, $y_1^{*'}$, $y_1^{*''}$ 代入原方程，得

$$y'' + 4y = f_1(x).$$

解得 $a = \frac{1}{8}$, $b = 0$. 所以 $y_1^* = \frac{1}{8}x$.

设 $y_2^* = x(c\cos 2x + d\sin 2x)$，将 y_2^*, $y_2^{*'}$, $y_2^{*''}$ 代入原方程，得

$$y'' + 4y = f_2(x).$$

解得 $c = 0$, $d = \frac{1}{8}$. 所以 $y_2^* = \frac{1}{8}x\sin 2x$.

从而原方程的通解为

$$y = C_1\cos 2x + C_2\sin 2x + \frac{1}{8}x + \frac{1}{8}x\sin 2x.$$

将 $y(0) = y'(0) = 0$ 代入，解得 $C_1 = 0$, $C_2 = -\frac{1}{16}$.

故满足初始条件的特解为

$$y = -\frac{1}{16}\sin 2x + \frac{1}{8}x(1 + \sin 2x).$$

例 12.3.4 求微分方程 $f'(x) = f(1 - x)$ 的通解.

解 由 $f'(x)$ 存在, $f'(x) = f(1 - x)$，知 $f''(x)$ 存在，且

$$f''(x) = -f'(1 - x).$$

又

$$f'(1 - x) = f[1 - (1 - x)] = f(x),$$

故有 $f''(x) + f(x) = 0$. 此方程的通解为

$$f(x) = C_1\cos x + C_2\sin x.$$

将其代入原方程，得

$$-C_1\sin x + C_2\cos x = C_1\cos(1 - x) + C_2\sin(1 - x).$$

从而可求得 $C_2 = \frac{1 + \sin 1}{\cos 1}C_1$.

故所求的通解为

$$f(x) = C\left(\cos x + \frac{1 + \sin 1}{\cos 1}\sin x\right).$$

例 12.3.5 设已给二阶线性微分方程
$$y'' + p(x)y' + q(x)y = 0,$$
其中，函数 $p(x)$ 为可微函数，函数 $q(x)$ 为连续函数，现通过变量替换 $y = u(x)z(x)$，把上述方程化为以 $z(x)$ 为未知函数的方程 $z'' + R(x)z = 0$，试确定函数 $u(x)$ 及 $R(x)$ 的数学表达式.

解 因为 $y = uz$，所以
$$y' = u'z + uz', \quad y'' = u''z + 2u'z' + uz''.$$

把 y'，y'' 的解析式代入 $y'' + p(x)y' + q(x)y = 0$ 中并整理，得
$$y'' + p(x)y' + q(x)y = uz'' + (2u' + pu)z' + (u'' + pu' + qu)z = 0.$$

令 $2u' + pu = 0$，得 $u = Ce^{-\int \frac{p(x)}{2}dx}$.

则
$$u' = -\frac{Cp(x)}{2}e^{-\int \frac{p(x)}{2}dx},$$
$$u'' = \frac{Cp^2(x)}{4}e^{-\int \frac{p(x)}{2}dx} - \frac{Cp'(x)}{2}e^{-\int \frac{p(x)}{2}dx}.$$

把 u，u'，u'' 代入 $u'' + pu' + qu$ 中，得
$$u'' + pu' + qu = C\left[-\frac{p'(x)}{2} - \frac{p^2(x)}{4} + q(x)\right]e^{-\int \frac{p(x)}{2}dx}.$$

于是原二阶微分方程化为
$$z''Ce^{-\int \frac{p(x)}{2}dx} + 0 \cdot z' + \left[-\frac{p'(x)}{2} - \frac{p^2(x)}{4} + q(x)\right]Ce^{-\int \frac{p(x)}{2}dx} = 0.$$

所以取
$$R(x) = q(x) - \frac{p'(x)}{2} - \frac{p^2(x)}{4}, \quad u(x) = Ce^{-\int \frac{p(x)}{2}dx}.$$

则通过变量代换 $y = u(x)z(x)$ 即可将原方程化为
$$z'' + R(x)z = 0.$$

例 12.3.6 求一曲线，使其满足 $y''' - y'' - 2y' = 0$，且过点 $(0, -3)$，在该点处的曲率为 0，并有倾角为 $\arctan 6$ 的切线.

解 微分方程是常系数线性齐次方程，其特征方程为 $r^3 - r^2 - 2r = 0$，其根为 $r_1 = -1$，$r_2 = 2$，$r_3 = 0$.

故通解为
$$y = C_1e^{-x} + C_2e^{2x} + C_3.$$

因积分曲线过点 $(0, -3)$，故
$$C_1 + C_2 + C_3 = -3. \tag{①}$$

又曲率为 0，即 $\left|\dfrac{y''}{(1 + y'^2)^{\frac{3}{2}}}\right| = 0$，

所以 $y''|_{x=0} = 0$，即
$$C_1 + 4C_2 = 0. \tag{②}$$

又 $y' = -C_1e^{-x} + 2C_2e^{2x}$，由曲线在点 $(0, -3)$ 处有倾角为 $\arctan 6$ 的切线，得 $y'|_{x=0} = 6$，即

$$-C_1 + 2C_2 = 6. \qquad ③$$

由式①、式②、式③，得 $C_1 = -4$，$C_2 = 1$，$C_3 = 0$.

故所求曲线方程为

$$y = -4\mathrm{e}^{-x} + \mathrm{e}^{2x}.$$

例 12.3.7 求微分方程 $x^2 y'' + x y' + y = x$ 的通解.

解 设 $x = \mathrm{e}^t$，$t = \ln x$，则

$$\frac{\mathrm{d}y}{\mathrm{d}x} = \frac{\mathrm{d}y}{\mathrm{d}t} \cdot \frac{1}{x}, \ \frac{\mathrm{d}^2 y}{\mathrm{d}x^2} = \left(\frac{\mathrm{d}^2 y}{\mathrm{d}t^2} - \frac{\mathrm{d}y}{\mathrm{d}t} \right) \cdot \frac{1}{x^2}.$$

代入原方程，得 $\dfrac{\mathrm{d}^2 y}{\mathrm{d}t^2} + y = 0$.

其特征方程为 $r^2 + 1 = 0$，所以 $r_1 = \mathrm{i}$，$r_2 = -\mathrm{i}$. 故

$$y = C_1 \cos t + C_2 \sin t = C_1 \cos \ln x + C_2 \sin \ln x.$$

设非齐次方程的特解为 $y^* = A\mathrm{e}^t = Ax$.

求出 $y^{*\prime}$，$y^{*\prime\prime}$，代入原方程，得 $A = \dfrac{1}{2}$.

故原方程的通解为

$$y = C_1 \cos \ln x + C_2 \sin \ln x + \frac{1}{2}x.$$

例 12.3.8 设二阶连续可微的函数 $f(x)$ 满足 $f(1) = 1$，$f'(1) = 2$，且使得曲线积分

$$\int_{\widehat{AB}} y\left[xf'(x) + f(x) \right] \mathrm{d}x - x^2 f'(x) \mathrm{d}y$$

与路径无关，求 $f(x)$.

解 设

$$P(x,y) = y\left[xf'(x) + f(x) \right], \ Q(x,y) = -x^2 f'(x).$$

由于曲线积分与路径无关，故

$$\frac{\partial P}{\partial y} = \frac{\partial Q}{\partial x}.$$

而

$$\frac{\partial P}{\partial y} = xf'(x) + f(x), \ \frac{\partial Q}{\partial x} = -2xf'(x) - x^2 f''(x).$$

故

$$xf'(x) + f(x) = -2xf'(x) - x^2 f''(x).$$

从而函数 $f(x)$ 满足初值问题

$$\begin{cases} x^2 f''(x) + 3xf'(x) + f(x) = 0, \\ f(1) = 1, f'(1) = 2 \end{cases}$$

的方程为欧拉方程，求得通解为 $y = \dfrac{1}{x}(C_1 + C_2 \ln x)$.

利用初值条件，确定常数 C_1，C_2，得 $C_1 = 1$，$C_2 = 3$.

故所求函数为

$$f(x) = \frac{1}{x}(1 + 3\ln x).$$

四、习题

1. 解下列微分方程:

(1) $2y'' + 5y' = \cos^2 x$;

(2) $y'' - 2y' + y = x + 2xe^x$;

(3) $y'' - 3y' = 2e^{2x}\sin x$;

(4) $y^{(5)} + 2y''' + y' = 0$.

2. 求下列微分方程的特解:

(1) $y'' + y = -\sin 2x$, $y(\pi) = y'(\pi) = 1$;

(2) $y'' - y' = 2(1-x)$, $y(0) = y'(0) = 1$;

(3) $y'' + 4y = 3|\sin x|$, 且满足 $y\left(\dfrac{\pi}{2}\right) = 0$, $y'\left(\dfrac{\pi}{2}\right) = 1$, $-\pi \leqslant x \leqslant \pi$.

3. 设函数 $f(x)$ 是以 2π 为周期的二阶连续可微函数, 且满足
$$f(x) + 3f'(x + \pi) = \sin x,$$
求 $f(x)$.

4. 研究微分方程 $y'' + 4y' + a^2 y = e^{-2x}$ 的通解形式, 其中 a 为实数 (特解中的待定系数不要求具体算出).

5. 设微分方程 $y'' + p(x)y' + q(x)y = f(x)$ 的三个特解分别是 $y_1 = x$, $y_2 = e^x$, $y_3 = e^{2x}$, 试求此方程满足条件 $y(0) = 1$, $y'(0) = 3$ 的特解.

6. 设二阶常系数线性微分方程 $y'' + \alpha y' + \beta y = \gamma e^x$ 的一个特解为 $y = e^{2x} + (1 + x)e^x$, 试确定常数 α, β, γ, 并求该方程的通解.

7. 求满足微分方程 $y''' - y' = 1$ 的解, 使其在原点有拐点, 且在原点处的切线为 x 轴.

8. 已知函数 $f(x)$ 的图象在原点处与曲线 $y = x^3 - 2x^2$ 相切, 且满足关系
$$f'(x) + 2\int_0^x f(t)\,dt = -3f(x) - 3xe^{-x},$$
求 $f(x)$.

9. 已知 $f'(0) = 1$, 且函数 $f(x)$ 二阶导数连续, 试确定满足曲线积分
$$f(x) = 1 + \frac{1}{3}\int_0^x \left[-f''(t) - 2f(t) + 6te^{-t}\right]dt$$
的 $f(x)$.

10. 设函数 $f(x)$ 具有二阶连续导数, $f(0) = 0$, $f'(0) = 1$, 且微分方程
$$[xy(x + y) - f(x)y]dx + [f'(x) + x^2 y]dy = 0$$
为全微分方程, 求 $f(x)$ 及此全微分方程的通解.

11. 确定函数 $f(x)$, $\varphi(x)$, 使曲线积分
$$\int_\Gamma \left\{\frac{\varphi(x)}{2}y^2 + [x^2 - f(x)]y\right\}dx + [f(x)y + \varphi(x)]dy + z\,dz$$
沿任意闭曲线的积分都等于零. 若上面确定的函数 $f(x)$, $\varphi(x)$ 满足条件 $f(0) = -1$, $\varphi(0) = 0$, 试计算沿曲线 Γ 从点 $M_0(0,1,0)$ 到 $M_1\left(\dfrac{\pi}{2}, 0, 1\right)$ 的曲线积分.

五、习题答案

1. (1) $y = C_1 e^{-\frac{5}{2}x} + C_2 + \dfrac{5}{4}\sin 2x + \cos 2x$;

(2) $y = (C_1 + C_2 x)e^x + \dfrac{1}{3}x^3 e^x + x + 2$;

(3) $y = C_1 + C_2 e^{3x} - \dfrac{1}{5}e^{2x}(3\sin x + \cos x)$;

(4) $y = C_1 + (C_2 + C_3 x)\cos x + (C_4 + C_5 x)\sin x$.

2. (1) $y = -\dfrac{1}{3}\sin x - \cos x + \dfrac{1}{3}\sin 2x$;

(2) $y = e^x + x^2$;

(3) $y = \begin{cases} \cos 2x + \dfrac{1}{2}\sin 2x - \sin x, & -\pi \leqslant x < 0, \\ \cos 2x - \dfrac{1}{2}\sin 2x + \sin x, & 0 \leqslant x < \pi. \end{cases}$

3. $y = C_1 e^{\frac{\sqrt{3}}{3}x} + C_2 e^{-\frac{\sqrt{3}}{3}x} + \dfrac{1}{4}\sin x + \dfrac{1}{4}\cos x$.

4. 提示: 讨论 a 的取值范围.

5. $y = 3e^{2x} - 2e^x$.

6. $y = C_1 e^x + C_2 e^{2x} + xe^x$.

7. $y = \dfrac{1}{2}e^x - \dfrac{1}{2}e^{-x} - x$.

8. $f(x) = 6e^{-x} - 6e^{-2x} + \left(\dfrac{3}{2}x^2 - 6x\right)e^{-x}$

9. $f(x) = 3e^{-x} - 4e^{-2x} - 2x(x + 1)e^{-x}$.

10. $f(x) = \sin x + 3\cos x + x^2 - 2$.

11. $f(x) = 2x - 2\sin x - \cos x$, $\varphi(x) = \sin x - 2\cos x + 2$.

第二部分
综合训练篇

综合训练题（一）

1. 计算极限 $\lim\limits_{n\to\infty}\left(\dfrac{1^3+2^3+\cdots+n^3}{n^3}-\dfrac{n}{4}\right)$.

2. 设函数 $f(x)$ 在区间 $[0,1]$ 具有连续的二阶导数，且 $f(1)=3$，试计算极限 $\lim\limits_{n\to\infty}\displaystyle\int_0^1 nx^{n-1}f(x)\,\mathrm{d}x$.

3. 已知 $I(r)=\displaystyle\oint_{x^2+xy+y^2=r^2}\dfrac{y\mathrm{d}x-x\mathrm{d}y}{(x^2+y^2)^2}$，求 $\lim\limits_{r\to+\infty}I(r)$.

4. 设函数 $f(x)$ 在区间 $[-a,a]\,(a>0)$ 上具有二阶连续导数，且 $f(0)=0$，求证：存在点 $\eta\in[-a,a]$，使得 $a^3f''(\eta)=3\displaystyle\int_{-a}^a f(x)\,\mathrm{d}x$.

5. 设数列 $\{a_n\}$，$\{b_n\}$ 为满足 $\mathrm{e}^{a_n}=a_n+\mathrm{e}^{b_n}\,(n\geqslant1)$ 的两个实数列，已知 $a_n>0\,(n\geqslant1)$ 且级数 $\displaystyle\sum_{n=1}^\infty a_n$ 收敛，求证：级数 $\displaystyle\sum_{n=1}^\infty\dfrac{b_n}{a_n}$ 收敛.

6. 设有曲面 $\Sigma:|x|+|y|+|z|=1$，计算 $\displaystyle\oiint_{\Sigma}(x+|y|)\,\mathrm{d}S$.

7. 设函数 $f(x)$ 在区间 $[0,+\infty)$ 上连续且单调递减，$0<a<b$，求证：
$$a\int_0^b f(x)\,\mathrm{d}x\leqslant b\int_0^a f(x)\,\mathrm{d}x.$$

8. 设函数 $u=f(\sqrt{x^2+y^2})$ 具有连续二阶偏导数，且满足
$$\dfrac{\partial^2 u}{\partial x^2}+\dfrac{\partial^2 u}{\partial y^2}-\dfrac{1}{x}\dfrac{\partial u}{\partial x}+u=x^2+y^2,$$
求函数 u 的表达式.

9. 设有曲面 $S:z=\sqrt{4+x^2+4y^2}$ 与平面 $\pi:x+2y+2z=2$，在曲面 S 上求一点，使得该点距离平面 π 的距离最近，并求出此最近距离.

10. 求级数 $\displaystyle\sum_{n=3}^\infty\dfrac{1}{n(n-2)2^n}$ 的和.

参考答案

1. 计算极限 $\lim\limits_{n\to\infty}\left(\dfrac{1^3+2^3+\cdots+n^3}{n^3}-\dfrac{n}{4}\right)$.

解 $\quad\lim\limits_{n\to\infty}\left(\dfrac{1^3+2^3+\cdots+n^3}{n^3}-\dfrac{n}{4}\right)=\lim\limits_{n\to\infty}\dfrac{4(1^3+2^3+\cdots+n^3)-n^4}{4n^3}$

$\qquad\qquad=\lim\limits_{n\to\infty}\dfrac{4\left[\dfrac{n(n+1)}{2}\right]^2-n^4}{4n^3}$.

$\qquad\qquad=\lim\limits_{n\to\infty}\dfrac{2n^3+n^2}{4n^3}=\dfrac{1}{2}$.

2. 设函数 $f(x)$ 在区间 $[0,1]$ 具有连续的二阶导数，且 $f(1) = 3$，试计算极限 $\lim\limits_{n\to\infty}\int_0^1 nx^{n-1}f(x)\,\mathrm{d}x$.

解 根据分部积分法，得

$$\lim_{n\to\infty}\int_0^1 nx^{n-1}f(x)\,\mathrm{d}x = \lim_{n\to\infty}\int_0^1 f(x)\,\mathrm{d}x^n = \lim_{n\to\infty}\left[x^n f(x)\,\Big|_0^1 - \int_0^1 x^n\,\mathrm{d}f(x)\right]$$

$$= \lim_{n\to\infty}\left[f(1) - \int_0^1 x^n f'(x)\,\mathrm{d}x\right]$$

$$= \lim_{n\to\infty}\left[3 - \frac{1}{n+1}\int_0^1 f'(x)\,\mathrm{d}x^{n+1}\right]$$

$$= \lim_{n\to\infty}\left[3 - \frac{1}{n+1}f'(1) + \frac{1}{n+1}\int_0^1 x^{n+1}f''(x)\,\mathrm{d}x\right].$$

由于函数 $f''(x)$ 在区间 $[0,1]$ 连续，因此，存在 $M>0$，使 $|f''(x)|\le M$.
于是

$$\left|\int_0^1 x^{n+1}f''(x)\,\mathrm{d}x\right| \le \int_0^1 |x^{n+1}f''(x)|\,\mathrm{d}x \le \int_0^1 M\,\mathrm{d}x = M.$$

因此 $\lim\limits_{n\to\infty}\int_0^1 nx^{n-1}f(x)\,\mathrm{d}x = 3$.

3. 已知 $I(r) = \oint\limits_{x^2+xy+y^2=r^2} \dfrac{y\,\mathrm{d}x - x\,\mathrm{d}y}{(x^2+y^2)^2}$，求 $\lim\limits_{r\to+\infty} I(r)$.

解 取正交变换 $x = \dfrac{1}{\sqrt{2}}(u+v)$，$y = \dfrac{1}{\sqrt{2}}(u-v)$，将积分曲线

$$x^2 + xy + y^2 = r^2$$

化成 $\dfrac{3}{2}u^2 + \dfrac{1}{2}v^2 = r^2$，且有 $x^2 + y^2 = u^2 + v^2$.

于是

$$I(r) = \oint\limits_{\frac{3}{2}u^2+\frac{1}{2}v^2=r^2} \frac{u\,\mathrm{d}v - v\,\mathrm{d}u}{(u^2+v^2)^2}.$$

代入曲线的参数方程 $u = \sqrt{\dfrac{2}{3}}r\cos t$，$v = \sqrt{2}r\sin t$，得

$$I(r) = \frac{1}{r^2}\int_0^{2\pi} \frac{\mathrm{d}t}{\left(\dfrac{2}{3}\cos^2 t + 2\sin^2 t\right)^2}.$$

从而 $\lim\limits_{r\to+\infty} I(r) = 0$.

4. 设函数 $f(x)$ 在区间 $[-a,a]\,(a>0)$ 上具有二阶连续导数，且 $f(0)=0$，求证：存在点 $\eta\in[-a,a]$，使得 $a^3 f''(\eta) = 3\int_{-a}^a f(x)\,\mathrm{d}x$.

证明 由泰勒公式，得

$$f(x) = f(0) + f'(0)x + \frac{1}{2}f''(\xi)x^2 = f'(0)x + \frac{1}{2}f''(\xi)x^2,$$

其中，ξ 在 0 与 x 之间.

两边积分，得

$$\int_{-a}^{a} f(x)\,\mathrm{d}x = f'(0)\int_{-a}^{a} x\,\mathrm{d}x + \frac{1}{2}\int_{-a}^{a} f''(\xi)x^2\,\mathrm{d}x = \frac{1}{2}\int_{-a}^{a} f''(\xi)x^2\,\mathrm{d}x.$$

因为函数 $f''(x)$ 在区间 $[-a,a]$ 上连续，所以函数 $f''(x)$ 在区间 $[-a,a]$ 上存在最大值与最小值，分别记为 M,m. 则

$$m \leqslant f''(\xi) \leqslant M,$$

即 $mx^2 \leqslant f''(\xi)x^2 \leqslant Mx^2.$

进而有

$$\int_{-a}^{a} mx^2\,\mathrm{d}x \leqslant \int_{-a}^{a} f'(\xi)x^2\,\mathrm{d}x \leqslant \int_{-a}^{a} Mx^2\,\mathrm{d}x,$$

即

$$\frac{2}{3}ma^3 \leqslant \int_{-a}^{a} f''(\xi)x^2\,\mathrm{d}x \leqslant \frac{2}{3}Ma^3,$$

即 $m \leqslant \dfrac{3}{2a^3}\displaystyle\int_{-a}^{a} f''(\xi)x^2\,\mathrm{d}x \leqslant M.$

对函数 $f''(x)$ 在区间 $[-a,a]$ 上应用介值定理，得存在点 $\eta \in [-a,a]$，使得

$$f''(\eta) = \frac{3}{a^3}\int_{-a}^{a} f(x)\,\mathrm{d}x,$$

即

$$a^3 f''(\eta) = 3\int_{-a}^{a} f(x)\,\mathrm{d}x.$$

5. 设数列 $\{a_n\}$，$\{b_n\}$ 为满足 $\mathrm{e}^{a_n} = a_n + \mathrm{e}^{b_n}$ $(n \geqslant 1)$ 的两个实数列，已知 $a_n > 0$ $(n \geqslant 1)$ 且级数 $\displaystyle\sum_{n=1}^{\infty} a_n$ 收敛，求证：级数 $\displaystyle\sum_{n=1}^{\infty} \frac{b_n}{a_n}$ 收敛.

证明 由于级数 $\displaystyle\sum_{n=1}^{\infty} a_n$ 收敛，则 $\displaystyle\lim_{n\to\infty} a_n = 0$. 又 $a_n > 0$，且

$$b_n = \ln(\mathrm{e}^{a_n} - a_n) = \ln\left(1 + a_n + \frac{a_n^2}{2} + o(a_n^2) - a_n\right) = \ln\left(1 + \frac{a_n^2}{2} + o(a_n^2)\right)$$

$$\sim \frac{a_n^2}{2} + o(a_n^2) \sim \frac{a_n^2}{2}, n \to \infty.$$

所以 $b_n > 0$，$\dfrac{b_n}{a_n} \sim \dfrac{a_n}{2}$. 因此级数 $\displaystyle\sum_{n=1}^{\infty} \frac{b_n}{a_n}$ 收敛.

6. 设有曲面 $\Sigma: |x| + |y| + |z| = 1$，计算 $\displaystyle\oiint_{\Sigma}(x + |y|)\,\mathrm{d}S$.

解 曲面 $\Sigma: |x| + |y| + |z| = 1$ 包含 8 个子平面，每个子平面都是边长为 $\sqrt{2}$ 的正三角形，其面积是 $\dfrac{\sqrt{3}}{2}$.

由奇偶对称性和轮转对称性，知

$$\oiint_{\Sigma}(x + |y|)\,\mathrm{d}S = \oiint_{\Sigma}|y|\,\mathrm{d}S = \oiint_{\Sigma}|x|\,\mathrm{d}S = \oiint_{\Sigma}|z|\,\mathrm{d}S = \frac{1}{3}\oiint_{\Sigma}(|x| + |y| + |z|)\,\mathrm{d}S$$

$$= \frac{1}{3}\oiint_{\Sigma}1\,\mathrm{d}S = \frac{1}{3} \times 8 \times \frac{\sqrt{3}}{2} = \frac{4\sqrt{3}}{3}.$$

7. 设函数 $f(x)$ 在区间 $[0, +\infty)$ 上连续且单调递减，$0 < a < b$，求证：

$$a \int_0^b f(x) \, dx \leqslant b \int_0^a f(x) \, dx.$$

解 令 $F(x) = x \int_0^a f(t) \, dt - a \int_0^x f(t) \, dt \ (x > a)$，则

$$F'(x) = \int_0^a f(t) \, dt - a f(x).$$

由积分中值定理，知存在 $\xi \in (0, a)$，使得

$$F'(x) = a f(\xi) - a f(x) = a [f(\xi) - f(x)].$$

由 $0 < \xi < a < x$ 及函数 $f(x)$ 单调递减，知 $F'(x) \geqslant 0$. 因此，函数 $F(x)$ 在区间 $[a, b]$ 上单调递增. 故有 $F(b) \geqslant F(a)$，即 $a \int_0^b f(x) \, dx \leqslant b \int_0^a f(x) \, dx.$

8. 设函数 $u = f(\sqrt{x^2 + y^2})$ 具有连续二阶偏导数，且满足

$$\frac{\partial^2 u}{\partial x^2} + \frac{\partial^2 u}{\partial y^2} - \frac{1}{x} \frac{\partial u}{\partial x} + u = x^2 + y^2,$$

求函数 u 的表达式.

解 设 $r = \sqrt{x^2 + y^2}$，则 $\dfrac{\partial u}{\partial x} = f'(r) \dfrac{\partial r}{\partial x} = f'(r) \dfrac{x}{r}$.

于是

$$\frac{\partial^2 u}{\partial x^2} = \frac{f'(r)}{r} - \frac{x^2}{r^3} f'(r) + \frac{x^2}{r^2} f''(r).$$

同理 $\dfrac{\partial^2 u}{\partial y^2} = \dfrac{f'(r)}{r} - \dfrac{y^2}{r^3} f'(r) + \dfrac{y^2}{r^2} f''(r)$.

代入方程，得

$$f''(r) + f(r) = r^2.$$

解得 $f(r) = C_1 \cos r + C_2 \sin r + r^2 - 2$，即

$$u = C_1 \cos \sqrt{x^2 + y^2} + C_2 \sin \sqrt{x^2 + y^2} + x^2 + y^2 - 2.$$

9. 设曲面 $S: z = \sqrt{4 + x^2 + 4y^2}$ 与平面 $\pi: x + 2y + 2z = 2$，在曲面 S 上求一点，使得该点距离平面 π 的距离最近，并求出此最近距离.

解 设点 $M(x, y, z)$ 为曲面 S 上的一点，则点 M 到平面 π 的距离为

$$d(x, y, z) = \frac{|x + 2y + 2z - 2|}{3},$$

且 $z = \sqrt{4 + x^2 + 4y^2}$.

下面求函数

$$f(x, y, z) = d^2(x, y, z) = \frac{(x + 2y + 2z - 2)^2}{9}$$

在条件 $4 + x^2 + 4y^2 - z^2 = 0$ 下的最小值.

引入

$$F(x, y, z) = \frac{(x + 2y + 2z - 2)^2}{9} + \lambda (4 + x^2 + 4y^2 - z^2),$$

则

$$\begin{cases} F_x = \dfrac{2}{9}(x + 2y + 2z - 2) + 2\lambda x = 0, \\[2mm] F_y = \dfrac{4}{9}(x + 2y + 2z - 2) + 8\lambda y = 0, \\[2mm] F_z = \dfrac{4}{9}(x + 2y + 2z - 2) - 2\lambda z = 0, \\[2mm] 4 + x^2 + 4y^2 - z^2 = 0. \end{cases}$$

解得驻点为 $\left(-\sqrt{2}, -\dfrac{\sqrt{2}}{2}, 2\sqrt{2} \right)$. 于是最近距离 $d_{\min} = \dfrac{2\sqrt{2} - 2}{3}$.

10. 求级数 $\displaystyle\sum_{n=3}^{\infty} \dfrac{1}{n(n-2)2^n}$ 的和.

解 先求幂级数 $\displaystyle\sum_{n=3}^{\infty} \dfrac{x^n}{n(n-2)}$ 的和函数. 令 $s(x) = \displaystyle\sum_{n=3}^{\infty} \dfrac{x^n}{n(n-2)}$, 得

$$s(x) = \sum_{n=3}^{\infty} \dfrac{x^n}{n(n-2)} = \dfrac{1}{2}\left(\sum_{n=3}^{\infty} \dfrac{x^n}{n-2} - \sum_{n=3}^{\infty} \dfrac{x^n}{n} \right).$$

记 $s_1(x) = \displaystyle\sum_{n=3}^{\infty} \dfrac{x^n}{n-2}$, $s_2(x) = \displaystyle\sum_{n=3}^{\infty} \dfrac{x^n}{n}$, 则

$$s(x) = \dfrac{1}{2}[s_1(x) - s_2(x)].$$

由于

$$s_1(x) = \sum_{n=3}^{\infty} \dfrac{x^n}{n-2} = x^2 \sum_{n=3}^{\infty} \dfrac{x^{n-2}}{n-2} = -x^2 \ln(1-x),$$

$$s_2(x) = \sum_{n=3}^{\infty} \dfrac{x^n}{n} = -\ln(1-x) - x - \dfrac{x^2}{2}.$$

因此

$$s(x) = \dfrac{1}{2}[s_1(x) - s_2(x)] = \dfrac{1}{2}(1 - x^2)\ln(1-x) + \dfrac{x}{2} + \dfrac{x^2}{4}.$$

从而 $\displaystyle\sum_{n=3}^{\infty} \dfrac{1}{n(n-2)2^n} = s\left(\dfrac{1}{2} \right) = \dfrac{5}{16} - \dfrac{3}{8}\ln 2.$

综合训练题（二）

1. 计算极限 $\lim\limits_{n\to\infty} n^2(\sqrt[n]{x} - \sqrt[n+1]{x})$ $(x>0)$.

2. 设函数 $f(t)$ 在 $t\neq 0$ 时具有一阶连续导数，且 $f(1)=0$，求函数 $f(x^2-y^2)$，使得曲线积分

$$\oint_L [y(2-f(x^2-y^2))]\mathrm{d}x + xf(x^2-y^2)\mathrm{d}y$$

与路径无关，其中曲线 L 为任一不与直线 $y=\pm x$ 相交的分段光滑闭曲线.

3. 设函数 $u=f(x,y)$ 具有二阶连续偏导数，且满足公式

$$4\frac{\partial^2 u}{\partial x^2} + 12\frac{\partial^2 u}{\partial x\partial y} + 5\frac{\partial^2 u}{\partial y^2} = 0,$$

确定 a,b 的值使得公式在变换：$\xi = x+ay$，$\eta = x+by$ 下简化为 $\dfrac{\partial^2 u}{\partial \eta \partial \xi}=0$.

4. 设函数 $f(x)$ 在区间 $[0,1]$ 上连续、可导，已知 $f(1)-f(0)=1$，求证：$\int_0^1 [f'(x)]^2\mathrm{d}x \geqslant 1$.

5. 计算 $I = \oiint\limits_{\Sigma} x\mathrm{d}y\mathrm{d}z + y\mathrm{d}x\mathrm{d}z + z\mathrm{d}x\mathrm{d}y$，其中曲面是柱面 $x^2+y^2=1$ 介于 $z=-1$ 和 $z=3$ 之间部分的外侧.

6. 设关于 x 的方程 $x^n+nx-1=0$（其中 n 正整数）.（1）求证：方程有唯一的正实根 x_n；（2）求证：当 $\alpha>1$ 时，级数 $\sum\limits_{n=1}^{\infty} x_n^{\alpha}$ 收敛.

7. 设函数 $f(x)$ 在区间 $[-a,a]$ 上连续，在开区间 (a,b) 内可导，$0\leqslant a<b\leqslant\dfrac{\pi}{2}$，求证：在区间 (a,b) 内至少存在两点 ξ_1，ξ_2，使 $f'(\xi_2)\tan\dfrac{a+b}{2}=f'(\xi_1)\dfrac{\sin\xi_2}{\cos\xi_1}$.

8. 求图形 $x^2+xy+y^2=1$ 围成的面积 A.

9. 设 $u_n>0$，若 $\lim\limits_{n\to\infty}\dfrac{\ln u_n}{\ln n}=-q$，求证：当 $q>1$ 时，级数 $\sum\limits_{n=1}^{\infty} u_n$ 收敛；当 $q<1$ 时，级数 $\sum\limits_{n=1}^{\infty} u_n$ 发散.

10. 设函数 $f(x)$ 在区间 $[a,b]$ 上存在二阶导数，且 $f(a)=f(b)=0$ 及满足关系式 $f''(x)+[f'(x)]^2-f(x)=0$，求证：$f(x)\equiv 0$.

参考答案

1. 计算极限 $\lim\limits_{n\to\infty} n^2(\sqrt[n]{x} - \sqrt[n+1]{x})$ $(x>0)$.

解　$\lim\limits_{n\to\infty} n^2(\sqrt[n]{x} - \sqrt[n+1]{x}) = \lim\limits_{n\to\infty} n^2 \sqrt[n+1]{x}\left[x^{\frac{1}{n(n+1)}} - 1\right]$

$\qquad = \lim\limits_{n\to\infty} n^2 x^{\frac{1}{n+1}}\left[x^{\frac{1}{n(n+1)}} - 1\right]$

$$= \lim_{n \to \infty} \frac{n^2}{n(n+1)} \cdot \frac{x^{\frac{1}{n+1}}\left[x^{\frac{1}{n(n+1)}} - 1\right]}{\frac{1}{n(n+1)}}$$

$$= \lim_{n \to \infty} \frac{x^{\frac{1}{n(n+1)}} - 1}{\frac{1}{n(n+1)}} = \ln x.$$

注意：$\lim\limits_{y \to 0} \dfrac{x^y - 1}{y}(x > 0) = \lim\limits_{y \to 0} \dfrac{x^y \ln x}{1} = \ln x.$

2. 设函数 $f(t)$ 在 $t \neq 0$ 时具有一阶连续导数，且 $f(1) = 0$，求函数 $f(x^2 - y^2)$，使得曲线积分

$$\int_L \left[y(2 - f(x^2 - y^2))\right]\mathrm{d}x + xf(x^2 - y^2)\mathrm{d}y$$

与路径无关，其中曲线 L 为任一不与直线 $y = \pm x$ 相交的分段光滑闭曲线.

解　记 $P(x,y) = y[2 - f(x^2 - y^2)]$，$Q(x,y) = xf(x^2 - y^2)$，由于曲线积分与路径无关，则有 $\dfrac{\partial P}{\partial y} = \dfrac{\partial Q}{\partial x}$. 得

$$(x^2 - y^2)f'(x^2 - y^2) + f(x^2 - y^2) = 1.$$

令 $x^2 - y^2 = t$，则 $tf'(t) + f(t) = 1$，$[tf(t)]' = 1$，$f(1) = 0$.

解得 $f(t) = 1 - \dfrac{1}{t}$，即

$$f(x^2 - y^2) = 1 - \frac{1}{x^2 - y^2}.$$

3. 设函数 $u = f(x,y)$ 具有二阶连续偏导数，且满足公式

$$4 \frac{\partial^2 u}{\partial x^2} + 12 \frac{\partial^2 u}{\partial x \partial y} + 5 \frac{\partial^2 u}{\partial y^2} = 0,$$

确定 a，b 的值使得公式在变换：$\xi = x + ay$，$\eta = x + by$ 下简化为 $\dfrac{\partial^2 u}{\partial \eta \partial \xi} = 0$.

解　由于

$$\frac{\partial u}{\partial x} = \frac{\partial u}{\partial \xi} + \frac{\partial u}{\partial \eta}, \frac{\partial^2 u}{\partial x^2} = \frac{\partial^2 u}{\partial \xi^2} + 2 \frac{\partial^2 u}{\partial \eta \partial \xi} + \frac{\partial^2 u}{\partial \eta^2}, \frac{\partial u}{\partial y} = \frac{\partial u}{\partial \xi}a + \frac{\partial u}{\partial \eta}b,$$

且

$$\frac{\partial^2 u}{\partial y^2} = a^2 \frac{\partial^2 u}{\partial \xi^2} + 2ab \frac{\partial^2 u}{\partial \eta \partial \xi} + b^2 \frac{\partial^2 u}{\partial \eta^2},$$

及

$$\frac{\partial^2 u}{\partial x \partial y} = a \frac{\partial^2 u}{\partial \xi^2} + (a + b) \frac{\partial^2 u}{\partial \eta \partial \xi} + b \frac{\partial^2 u}{\partial \eta^2}.$$

代入公式 $4 \dfrac{\partial^2 u}{\partial x^2} + 12 \dfrac{\partial^2 u}{\partial x \partial y} + 5 \dfrac{\partial^2 u}{\partial y^2} = 0$，得

$$4\left(\frac{\partial^2 u}{\partial \xi^2} + 2 \frac{\partial^2 u}{\partial \eta \partial \xi} + \frac{\partial^2 u}{\partial \eta^2}\right) + 12\left[a \frac{\partial^2 u}{\partial \xi^2} + (a + b) \frac{\partial^2 u}{\partial \eta \partial \xi} + b \frac{\partial^2 u}{\partial \eta^2}\right] +$$

$$5\left(a^2 \frac{\partial^2 u}{\partial \xi^2} + 2ab \frac{\partial^2 u}{\partial \eta \partial \xi} + b^2 \frac{\partial^2 u}{\partial \eta^2}\right) = 0.$$

化简，得

$$(5a^2 + 12a + 4)\frac{\partial^2 u}{\partial \xi^2} + \left[10ab + 12(a+b) + 8\right]\frac{\partial^2 u}{\partial \eta \partial \xi} + (5b^2 + 12b + 4)\frac{\partial^2 u}{\partial \eta^2} = 0.$$

可得

$$\begin{cases} 5a^2 + 12a + 4 = 0, \\ 5b^2 + 12b + 4 = 0, \\ 10ab + 12(a+b) + 8 \neq 0. \end{cases}$$

所以 $\begin{cases} a = -2, \\ b = -\dfrac{2}{5} \end{cases}$ 或 $\begin{cases} a = -\dfrac{2}{5}, \\ b = -2. \end{cases}$

4. 设函数 $f(x)$ 在区间 $[0,1]$ 上连续、可导，已知 $f(1) - f(0) = 1$，求证：$\displaystyle\int_0^1 [f'(x)]^2 dx \geq 1.$

证明 令 $F(x) = x\displaystyle\int_0^x [f'(t)]^2 dt - \left[\displaystyle\int_0^x f'(t)dt\right]^2$ $(0 \leq x \leq 1)$，得 $F(0) = 0.$

所以

$$F'(x) = \int_0^x [f'(t)]^2 dt + x[f'(x)]^2 - 2f'(x)\int_0^x f'(t)dt$$

$$= \int_0^x [f'(t)]^2 dt + \int_0^x [f'(x)]^2 dt - 2f'(x)\int_0^x f'(t)dt$$

$$= \int_0^x \left\{[f'(t)]^2 - 2f'(x)f'(t) + [f'(x)]^2\right\}dt$$

$$= \int_0^x [f'(t) - f'(x)]^2 dt \geq 0.$$

进而证得函数 $F(x)$ 在区间 $[0,1]$ 上单调递增. 故有 $F(1) \geq F(0) = 0$，即

$$F(1) = \int_0^1 [f'(t)]^2 dt - \left[\int_0^1 f'(t)dt\right]^2$$

$$= \int_0^1 [f'(t)]^2 dt - [f(1) - f(0)]^2 = \int_0^1 [f'(t)]^2 dt - 1 \geq 0.$$

5. 计算 $I = \oiint\limits_{\Sigma} x dy dz + y dx dz + z dx dy$，其中曲面是柱面 $x^2 + y^2 = 1$ 介于 $z = -1$ 和 $z = 3$ 之间部分的外侧.

解 （方法 1：直接计算）柱面在 xOy 平面的投影区域为 $D_{xy}: x^2 + y^2 = 1$，其面积 $dxdy = 0.$

则 $\oiint\limits_{\Sigma} z dx dy = 0.$

柱面在 yOz 平面的投影区域为 $D_{yz}: -1 \leq z \leq 3, -1 \leq y \leq 1$，且柱面 $\Sigma = \Sigma_{前} + \Sigma_{后}$，其中 $\Sigma_{前}: x = \sqrt{1 - y^2}$，$\Sigma_{后}: x = -\sqrt{1 - y^2}$.

则

$$\oiint\limits_{\Sigma} x dy dz = \oiint\limits_{\Sigma_{前}} x dy dz + \oiint\limits_{\Sigma_{后}} x dy dz$$

$$= \iint\limits_{D_{yz}} \sqrt{1 - y^2} dy dz - \iint\limits_{D_{yz}} \left(-\sqrt{1 - y^2}\right) dy dz$$

$$= 2\iint\limits_{D_{yz}} \sqrt{1 - y^2} dy dz$$

$$= 2\int_{-1}^3 dz \int_{-1}^1 \sqrt{1 - y^2} dy = 4\pi.$$

由轮转对称性，知 $\oiint\limits_{\Sigma} y\mathrm{d}x\mathrm{d}z = \oiint\limits_{\Sigma} x\mathrm{d}y\mathrm{d}z = 4\pi$.

于是

$$I = \oiint\limits_{\Sigma} x\mathrm{d}y\mathrm{d}z + y\mathrm{d}x\mathrm{d}z + z\mathrm{d}x\mathrm{d}y = 8\pi.$$

（方法2：利用高斯公式计算）取 $\Sigma' = \Sigma_1 + \Sigma_2 + \Sigma$，其中 Σ_1：$z = -1$，取下侧；Σ_2：$z = 3$，取上侧；Σ：$x^2 + y^2 = 1$，取外侧.

由高斯公式，得

$$\oiint\limits_{\Sigma'} x\mathrm{d}y\mathrm{d}z + y\mathrm{d}x\mathrm{d}z + z\mathrm{d}x\mathrm{d}y = \iiint\limits_{\Omega}\left(\frac{\partial P}{\partial x} + \frac{\partial Q}{\partial y} + \frac{\partial R}{\partial z}\right)\mathrm{d}x\mathrm{d}y\mathrm{d}z$$

$$= 3\iiint\limits_{\Omega}\mathrm{d}x\mathrm{d}y\mathrm{d}z = 12\pi,$$

其中

$$\oiint\limits_{\Sigma_1} x\mathrm{d}y\mathrm{d}z + y\mathrm{d}x\mathrm{d}z + z\mathrm{d}x\mathrm{d}y = -\iint\limits_{D_{xy}}(-1)\mathrm{d}x\mathrm{d}y = \pi,$$

$$\oiint\limits_{\Sigma_2} x\mathrm{d}y\mathrm{d}z + y\mathrm{d}x\mathrm{d}z + z\mathrm{d}x\mathrm{d}y = \iint\limits_{D_{xy}}3\mathrm{d}x\mathrm{d}y = 3\pi.$$

于是

$$\oiint\limits_{\Sigma} x\mathrm{d}y\mathrm{d}z + y\mathrm{d}x\mathrm{d}z + z\mathrm{d}x\mathrm{d}y = 12\pi - \oiint\limits_{\Sigma_1} - \oiint\limits_{\Sigma_2} = 12\pi - \pi - 3\pi = 8\pi.$$

6. 设关于 x 的方程 $x^n + nx - 1 = 0$（其中 n 正整数），（1）求证：方程有唯一的正实根 x_n；（2）求证：当 $\alpha > 1$ 时，级数 $\sum\limits_{n=1}^{\infty} x_n^{\alpha}$ 收敛.

证明　（1）令 $f(x) = x^n + nx - 1$，则函数 $f(x)$ 在区间 $[0,1]$ 连续，且
$$f'(x) = nx^{n-1} + n > 0\ [x \in (0, +\infty)].$$
因此函数 $f(x)$ 在区间 $[0, +\infty]$ 上单调递增.

又
$$f(0) = -1,\ f(1) = n,$$
由零点定理及函数 $f(x)$ 的单调性，知存在 $x_n \in (0,1) \subseteq (0, +\infty)$，使得 $f(x_n) = 0$，即关于 x 的方程 $x^n + nx - 1 = 0$ 存在唯一的正实根.

（2）由于 $f(x_n) = x_n^n + nx_n - 1 = 0$，因此，$0 < x_n = \dfrac{1 - x_n^n}{n} < \dfrac{1}{n}$.

于是当 $\alpha > 1$ 时，有 $x_n^{\alpha} < \dfrac{1}{n^{\alpha}}$. 所以级数 $\sum\limits_{n=1}^{\infty} x_n^{\alpha}$ 收敛.

7. 设函数 $f(x)$ 在区间 $[-a,a]$ 上连续，在开区间 (a,b) 内可导，$0 \leqslant a < b \leqslant \dfrac{\pi}{2}$，求证：在区间 (a,b) 内至少存在两点 ξ_1, ξ_2，使 $f'(\xi_2)\tan\dfrac{a+b}{2} = f'(\xi_1)\dfrac{\sin\xi_2}{\cos\xi_1}$.

证明　设 $g_1(x) = \sin x$，由柯西中值定理，得

$$\frac{f(b)-f(a)}{\sin b-\sin a}=\frac{f'(\xi_1)}{\cos \xi_1},a<\xi_1<b.$$

又设 $g_2(x)=\cos x$，同理，得

$$\frac{f(b)-f(a)}{\cos b-\cos a}=\frac{f'(\xi_2)}{-\sin \xi_2},a<\xi_2<b.$$

比较两式，得

$$-\frac{\cos b-\cos a}{\sin b-\sin a}f'(\xi_2)=\frac{\sin \xi_2}{\cos \xi_1}f'(\xi_1),a<\xi_1<b.$$

从而

$$f'(\xi_2)\tan\frac{a+b}{2}=f'(\xi_1)\frac{\sin \xi_2}{\cos \xi_1}.$$

注意：$\dfrac{\cos a-\cos b}{\sin b-\sin a}=\dfrac{-2\sin\dfrac{a+b}{2}\sin\dfrac{a-b}{2}}{2\cos\dfrac{a+b}{2}\sin\dfrac{b-a}{2}}=\tan\dfrac{a+b}{2}.$

8. 求图形 $x^2+xy+y^2=1$ 围成的面积 A.

解 由于 $x^2+xy+y^2=\left(x+\dfrac{y}{2}\right)^2+\dfrac{3}{4}y^2=1$，

作变换：$u=x+\dfrac{y}{2}$，$v=\dfrac{\sqrt{3}}{2}y$，得

$$J=\frac{\partial(x,y)}{\partial(u,v)}=\begin{vmatrix} 1 & -\dfrac{\sqrt{3}}{3} \\ 0 & \dfrac{2\sqrt{3}}{3} \end{vmatrix}=\frac{2\sqrt{3}}{3}.$$

因此

$$A=\iint\limits_{D}\mathrm{d}x\mathrm{d}y=\iint\limits_{u^2+v^2\leqslant 1}\frac{2\sqrt{3}}{3}\mathrm{d}u\mathrm{d}v=\frac{2\sqrt{3}}{3}\pi.$$

9. 设 $u_n>0$，若 $\lim\limits_{n\to\infty}\dfrac{\ln u_n}{\ln n}=-q$，求证：当 $q>1$ 时，级数 $\sum\limits_{n=1}^{\infty}u_n$ 收敛；当 $q<1$ 时，级数 $\sum\limits_{n=1}^{\infty}u_n$ 发散.

证明 由于 $\lim\limits_{n\to\infty}\dfrac{\ln u_n}{\ln n}=-q$，则 $\dfrac{\ln u_n}{\ln n}=-q+\alpha_n$，其中 $\lim\limits_{n\to\infty}\alpha_n=0$.

因此 $\ln u_n=(-q+\alpha_n)\ln n$. 解得 $u_n=\dfrac{1}{n^{q-\alpha_n}}$.

当 $q>1$ 时，$q-\alpha_n\geqslant r>1$（n 足够大时），故级数 $\sum\limits_{i=1}^{\infty}\dfrac{1}{n^{q-\alpha_n}}$ 收敛，即级数 $\sum\limits_{n=1}^{\infty}u_n$ 收敛.

同理，当 $q<1$ 时，级数 $\sum\limits_{n=1}^{\infty}u_n$ 发散.

10. 设函数 $f(x)$ 在区间 $[a,b]$ 上存在二阶导数，且 $f(a)=f(b)=0$ 及满足关系式 $f''(x)+[f'(x)]^2-f(x)=0$，求证：$f(x)\equiv 0$.

证明　若存在 $c \in (a,b)$，使 $f(c) > 0$，则函数 $f(x)$ 在区间 (a,b) 存在最大值. 设 $x_0 \in (a,b)$，使

$$f(x_0) = \max_{x \in [a,b]} \{f(x)\}, f(x_0) > 0.$$

则 $f'(x_0) = 0$. 于是由 $f''(x) + [f'(x)]^2 - f(x) = 0$，得 $f''(x_0) = f(x_0) > 0$.

从而 $f(x_0)$ 为极小值. 这与"$f(x_0)$ 为最大值"矛盾.

若存在 $c \in (a,b)$，使 $f(c) < 0$. 同样可得矛盾结论.

因此 $f(x) \equiv 0$.

综合训练题（三）

1. 设函数 $F(x)$ 是函数 $f(x)$ 的原函数，且 $F(x) > 0$，$F(0) = 2$，并有

$$f(x) \cdot F(x) = e^x + \frac{x}{1 + x^4},$$

求 $F(x)$.

2. 设曲线 $y = y(x)$ 是具有二阶连续导数的上凹曲线，其上任意一点 (x, y) 处的曲率为 $\dfrac{1}{\sqrt{1 + y'^2}}$，且曲线在点 $(0, 1)$ 处的切线方程为 $y = x + 1$，求该曲线方程，并求函数 $y = y(x)$ 的极值.

3. 求函数 $f(x, y) = x^2 + y^2 - xy$ 在区域 $|x| + |y| \leqslant 1$ 上的最大值与最小值.

4. 设 $a_n > 0 (n = 1, 2, \cdots)$，且 $\lim\limits_{n \to \infty} a_n = a > 0$，求极限 $\lim\limits_{n \to \infty} \sqrt[n]{a_1 a_2 \cdots a_n}$.

5. 设函数 $f(x)$ 在区间 $[0, 1]$ 上连续、可导，在区间 $(0, 1)$ 内大于 0，并满足

$$xf'(x) = f(x) + \frac{3a}{2}x^2 \, (a \text{ 为常数}),$$

又曲线 $y = f(x)$ 与 $x = 1$，$y = 0$ 所围图形 A 的面积为 2，求函数 $y = f(x)$ 的解析式，当 a 为何值时，图形 A 绕 x 轴的旋转体的体积最小?

6. 设函数 $f(x)$ 满足 $f''(x) + [f'(x)]^2 = x$，且 $f'(0) = 0$，求证：点 $(0, f(0))$ 是曲线 $y = f(x)$ 的拐点，但 $f(0)$ 不是函数 $f(x)$ 的极值.

7. 设函数 $y = f(x)$ 是由方程 $y^3 + xy^2 + x^2y + 6 = 0$ 确定的，求函数 $f(x)$ 的极值.

8. 求级数 $\sum\limits_{n=1}^{\infty} \dfrac{1}{n \cdot 2^n}$ 的和.

9. 设对于空间 $x > 0$ 内的任意光滑有向闭曲面 Σ，均有

$$\oiint\limits_{\Sigma} xf(x)\mathrm{d}y\mathrm{d}z - xyf(x)\mathrm{d}z\mathrm{d}x - e^{2x}z\mathrm{d}x\mathrm{d}y = 0,$$

其中，函数 $f(x)$ 在区间 $(0, +\infty)$ 内具有连续的一阶导数，且 $\lim\limits_{x \to 0^+} f(x) = 1$，求 $f(x)$.

10. 设函数 $f(x)$ 在区间 $(-\infty, +\infty)$ 上有界且导数连续，又对任意 x，均有

$$|f(x) + f'(x)| \leqslant 1,$$

求证：$|f(x)| \leqslant 1$.

参考答案

1. 设函数 $F(x)$ 是函数 $f(x)$ 的原函数，且 $F(x) > 0$，$F(0) = 2$，并有

$$f(x) \cdot F(x) = e^x + \frac{x}{1 + x^4},$$

求 $F(x)$.

解　由于函数 $F(x)$ 是函数 $f(x)$ 的原函数，则 $f(x) = F'(x) + C$.

于是

$$F'(x) \cdot F(x) = \mathrm{e}^x + \frac{x}{1+x^4}.$$

两端积分，得

$$\int F'(x) \cdot F(x)\,\mathrm{d}x = \int \left(\mathrm{e}^x + \frac{x}{1+x^4} \right) \mathrm{d}x.$$

故 $F^2(x) = 2\mathrm{e}^x + \arctan x^2 + C$，即 $F(x) = \sqrt{2\mathrm{e}^x + \arctan x^2 + C}$.

由 $F(0) = 2$，得 $C = 2$. 因此 $F(x) = \sqrt{2\mathrm{e}^x + \arctan x^2 + 2}$.

2. 设曲线 $y = y(x)$ 是具有二阶连续导数的上凹曲线，其上任意一点 (x, y) 处的曲率为 $\dfrac{1}{\sqrt{1 + y'^2}}$，且曲线在点 $(0, 1)$ 处的切线方程为 $y = x + 1$，求该曲线方程，并求函数 $y = y(x)$ 的极值.

解　曲线的曲率

$$k = \frac{|y''|}{(1 + y'^2)^{\frac{3}{2}}} = \frac{1}{\sqrt{1 + y'^2}}.$$

则 $|y''| = 1 + y'^2$. 由于曲线 $y = y(x)$ 是上凹曲线，因此，$y'' \geq 0$. 故

$$y'' = 1 + y'^2.$$

解得 $y' = \tan(x + C_1)$，$y = -\ln|\cos(x + C_1)| + C_2$，$-\dfrac{\pi}{2} < x + C_1 < \dfrac{\pi}{2}$.

由于曲线在点 $(0, 1)$ 处的切线方程为 $y = x + 1$，因此，

$$y'(0) = 1, \quad y(0) = 1.$$

解得 $C_1 = \dfrac{\pi}{4}$，$C_2 = 1 - \dfrac{1}{2}\ln 2$.

于是

$$y = -\ln\left[\cos\left(x + \frac{\pi}{4} \right) \right] + 1 - \frac{1}{2}\ln 2 \quad \left(-\frac{3\pi}{4} < x + C_1 < \frac{\pi}{4} \right).$$

又 $y' = \tan\left(x + \dfrac{\pi}{4} \right)$，令 $y' = 0$，得驻点为 $x = -\dfrac{\pi}{4}$.

又 $y''\Big|_{x = -\frac{\pi}{4}} > 0$，故 $y\left(-\dfrac{\pi}{4} \right) = 1 - \dfrac{1}{2}\ln 2$ 为极小值.

3. 求函数 $f(x, y) = x^2 + y^2 - xy$ 在区域 $|x| + |y| \leq 1$ 上的最大值与最小值.

解　由 $\begin{cases} f_x(x, y) = 2x - y = 0, \\ f_y(x, y) = 2y - x = 0, \end{cases}$ 解得驻点为 $(0, 0)$，且 $f(0, 0) = 0$.

当 $x + y = 1$ 时，$f(x, 1 - x) = x^2 + (1 - x)^2 - x(1 - x) = 3x^2 - 3x + 1 (0 \leq x \leq 1)$. 解得最大值为 $f(0, 1) = f(1, 0) = 1$，最小值为 $f\left(\dfrac{1}{2}, \dfrac{1}{2} \right) = \dfrac{1}{4}$.

同样，当 $x + y = -1$ 时，最大值为 $f(0, -1) = f(-1, 0) = 1$，最小值为 $f\left(-\dfrac{1}{2}, -\dfrac{1}{2} \right) = \dfrac{1}{4}$；当 $x - y = 1$ 时，最大值为 $f(0, -1) = f(1, 0) = 1$，最小值为 $f\left(\dfrac{1}{2}, -\dfrac{1}{2} \right) = \dfrac{3}{4}$；当 $x - y = -1$ 时，最大值为 $f(0, 1) = f(-1, 0) = 1$，最小值为 $f\left(-\dfrac{1}{2}, \dfrac{1}{2} \right) = \dfrac{3}{4}$.

比较以上各值，得函数的最大值为 1，最小值为 0.

4. 设 $a_n > 0$ $(n = 1, 2, \cdots)$，且 $\lim\limits_{n \to \infty} a_n = a > 0$，求极限 $\lim\limits_{n \to \infty} \sqrt[n]{a_1 a_2 \cdots a_n}$.

解 由于 $\sqrt[n]{a_1 a_2 \cdots a_n} = e^{\frac{1}{n}(\ln a_1 + \ln a_2 + \cdots + \ln a_n)}$，记

$$x_n = \ln a_1 + \ln a_2 + \cdots + \ln a_n, y_n = n,$$

则 $\lim\limits_{n \to \infty} y_n = +\infty$.

于是由施托尔茨定理，得

$$\lim_{n \to \infty} \frac{\ln a_1 + \ln a_2 + \cdots + \ln a_n}{n} = \lim_{n \to \infty} \frac{x_n}{y_n}$$

$$= \lim_{n \to \infty} \frac{x_{n+1} - x_n}{y_{n+1} - y_n} = \lim_{n \to \infty} \ln a_{n+1} = \ln a.$$

于是

$$\lim_{n \to \infty} \sqrt[n]{a_1 a_2 \cdots a_n} = \lim_{n \to \infty} e^{\frac{1}{n}(\ln a_1 + \ln a_2 + \cdots + \ln a_n)}$$

$$= e^{\lim\limits_{n \to \infty} \frac{1}{n}(\ln a_1 + \ln a_2 + \cdots + \ln a_n)} = e^{\ln a} = a.$$

5. 设函数 $f(x)$ 在区间 $[0,1]$ 上连续、可导，在区间 $(0,1)$ 内大于 0，并满足

$$xf'(x) = f(x) + \frac{3a}{2}x^2 \text{（}a \text{ 为常数）},$$

又曲线 $y = f(x)$ 与 $x = 1$，$y = 0$ 所围图形 A 的面积为 2，求函数 $y = f(x)$ 的解析式，当 a 为何值时，图形 A 绕 x 轴的旋转体的体积最小？

解 由 $xf'(x) = f(x) + \frac{3a}{2}x^2$，得 $f'(x) - \frac{1}{x}f(x) = \frac{3a}{2}x$.

解得

$$f(x) = Cx + \frac{3a}{2}x^2.$$

由

$$S = \int_0^1 f(x) \mathrm{d}x = \int_0^1 \left(Cx + \frac{3a}{2}x^2\right) \mathrm{d}x = 2,$$

得 $\frac{c}{2} + \frac{a}{2} = 2$. 则 $c = 4 - a$. 故 $f(x) = (4 - a)x + \frac{3a}{2}x^2$.

所以旋转体的体积为

$$V = \pi \int_0^1 f^2(x) \mathrm{d}x = \pi \int_0^1 \left[(4 - a)x + \frac{3a}{2}x^2\right]^2 \mathrm{d}x$$

$$= \pi \left[\frac{9}{20}a^2 + \frac{(4 - a)^2}{3} + \frac{3a(4 - a)}{4}\right].$$

令

$$\frac{\mathrm{d}V}{\mathrm{d}a} = \pi \left[\frac{9}{10}a - \frac{2(4 - a)}{3} + \frac{6 - 3a}{2}\right] = \pi \left(\frac{a}{15} + \frac{1}{3}\right) = 0,$$

解得 $a = -5$. 又 $\frac{\mathrm{d}^2 V}{\mathrm{d}a^2} = \frac{\pi}{15} > 0$. 故当 $a = -5$ 时，旋转体的体积最小.

6. 设函数 $f(x)$ 满足 $f''(x) + [f'(x)]^2 = x$，且 $f'(0) = 0$，求证：点 $(0, f(0))$ 是曲线 $y =$

$f(x)$的拐点，但$f(0)$不是函数$f(x)$的极值.

解　取$x=0$，则由$f''(x) + [f'(x)]^2 = x$，得$f''(0) = 0$.

又$f''(x) = x - [f'(x)]^2$，于是

$$f'''(x) = 1 - 2f'(x)f''(x).$$

因此，$f'''(0) = 1$. 由于$f'''(0) = \lim\limits_{x \to 0} \dfrac{f''(x) - f''(0)}{x - 0} = \lim\limits_{x \to 0} \dfrac{f''(x)}{x} = 1$，由极限的保号性，易知点$(0, f(0))$是曲线$y = f(x)$的拐点.

又

$$f'(x) = f'(0) + f''(0)x + \frac{f'''(0)}{2!}x^2 + o(x^2) = \frac{1}{2}x^2 + o(x^2),$$

故当$|x|$足够小时，$f'(x) > 0$，即$f(0)$不是函数$f(x)$的极值.

7. 设函数$y = f(x)$是由方程$y^3 + xy^2 + x^2y + 6 = 0$确定的，求函数$f(x)$的极值.

解　方程两边对x求导，得

$$3y^2y' + y^2 + 2xyy' + 2xy + x^2y' = 0.$$

令$y' = 0$，得驻点为$x = 1$（此时$y = -2$）.

又　　　$(3y^2 + 2xy + x^2)y'' + (6y + 2x)(y')^2 + 4(y + x)y' + 2y = 0$，

将$x = 1$，$y = -2$，$y'\big|_{x=1} = 0$代入上式，得$y''\big|_{x=1} = \dfrac{4}{9} > 0$. 故$f(1) = -2$为极小值.

8. 求级数$\sum\limits_{n=1}^{\infty} \dfrac{1}{n \cdot 2^n}$的和.

解　记$s(x) = \sum\limits_{n=1}^{\infty} \dfrac{1}{n}x^n$（$-1 < x < 1$），则

$$s'(x) = \sum\limits_{n=1}^{\infty} x^{n-1} = \frac{1}{1-x} \quad (-1 < x < 1).$$

故

$$s(x) = \int_0^x s'(x)\,\mathrm{d}x + s(0) = \int_0^x \frac{1}{1-x}\,\mathrm{d}x = -\ln(1-x) \quad (-1 < x < 1).$$

于是

$$\sum_{n=1}^{\infty} \frac{1}{n \cdot 2^n} = s\left(\frac{1}{2}\right) = -\ln\left(1 - \frac{1}{2}\right) = \ln 2.$$

9. 设对于空间$x > 0$内的任意光滑有向闭曲面Σ，均有

$$\oiint_{\Sigma} xf(x)\,\mathrm{d}y\mathrm{d}z - xyf(x)\,\mathrm{d}z\mathrm{d}x - \mathrm{e}^{2x}z\mathrm{d}x\mathrm{d}y = 0,$$

其中，函数$f(x)$在区间$(0, +\infty)$内具有连续的一阶导数，且$\lim\limits_{x \to 0^+} f(x) = 1$，求$f(x)$.

解　对于在区间$x > 0$内的任意光滑有向闭曲面Σ，均有

$$\oiint_{\Sigma} xf(x)\,\mathrm{d}y\mathrm{d}z - xyf(x)\,\mathrm{d}z\mathrm{d}x - \mathrm{e}^{2x}z\mathrm{d}x\mathrm{d}y = 0,$$

由高斯公式，易得

$$\frac{\partial P}{\partial x} + \frac{\partial Q}{\partial y} + \frac{\partial R}{\partial z} = 0 \, (x > 0),$$

即

$$f(x) + xf'(x) - xf(x) - \mathrm{e}^{2x} = 0, f'(x) + \left(\frac{1}{x} - 1\right)f(x) = \frac{1}{x}\mathrm{e}^{2x}.$$

解得

$$f(x) = \frac{\mathrm{e}^x}{x}(\mathrm{e}^x + C).$$

由 $\lim\limits_{x \to 0^+} f(x) = 1$，得 $C = -1$．于是 $f(x) = \frac{\mathrm{e}^x}{x}(\mathrm{e}^x - 1)$．

10. 设函数 $f(x)$ 在区间 $(-\infty, +\infty)$ 上有界且导数连续，又对任意 x，均有

$$|f(x) + f'(x)| \leq 1,$$

求证：$|f(x)| \leq 1$．

证明　设 $F(x) = \mathrm{e}^x f(x)$，则 $F'(x) = \mathrm{e}^x[f(x) + f'(x)]$．

故

$$|F'(x)| = \mathrm{e}^x |f(x) + f'(x)| \leq \mathrm{e}^x,$$

即 $-\mathrm{e}^x \leq F'(x) \leq \mathrm{e}^x$．

于是

$$-\int_{-\infty}^x \mathrm{e}^x \mathrm{d}x \leq \int_{-\infty}^x F'(x)\mathrm{d}x \leq \int_{-\infty}^x \mathrm{e}^x \mathrm{d}x,$$

$$-\mathrm{e}^x \leq F(x) - \lim_{x \to -\infty} f(x) \leq \mathrm{e}^x.$$

又 $\lim\limits_{x \to -\infty} f(x) = \lim\limits_{x \to -\infty} \mathrm{e}^x f(x) = 0$，则 $-\mathrm{e}^x \leq F(x) \leq \mathrm{e}^x$．

从而

$$-\mathrm{e}^x \leq \mathrm{e}^x f(x) \leq \mathrm{e}^x, -1 \leq f(x) \leq 1,$$

即 $|f(x)| \leq 1$．

综合训练题（四）

1. 计算极限 $\lim\limits_{n\to\infty}\sum\limits_{i=1}^{n}\dfrac{1}{n+\dfrac{i^2+1}{n}}$.

2. 已知函数 $f(x)$ 可导，且 $f(0)=1$，$0<f'(x)<\dfrac{1}{2}$，设数列 $\{x_n\}$ 满足 $x_{n+1}=f(x_n)$ ($n=1,2,\cdots$)，求证：

（1）级数 $\sum\limits_{n=1}^{\infty}(x_{n+1}-x_n)$ 绝对收敛；

（2）$\lim\limits_{n\to\infty}x_n$ 存在，且 $1<\lim\limits_{n\to\infty}x_n<2$.

3. 设函数 $f(x)$ 具有二阶连续导函数，且 $f(0)=0$，$f'(0)=0$，$f''(x)>0$，在曲线 $y=f(x)$ 上任意取一点 $(x,f(x))$ $(x\neq0)$ 作曲线的切线，此切线在 x 轴上的截距记作 μ，求 $\lim\limits_{x\to0}\dfrac{xf(\mu)}{\mu f(x)}$.

4. 计算曲面积分 $\iint\limits_{\Sigma}(xy+yz+zx)\mathrm{d}S$，其中曲面 Σ 为锥面 $z=\sqrt{x^2+y^2}$ 被曲面 $x^2+y^2=2ax$ 所截得的部分.

5. 设函数 $f(x)$ 在区间 $[a,+\infty)$ 上单调，且级数 $\int_a^{+\infty}f(x)\mathrm{d}x$ 收敛，求证：$\lim\limits_{x\to+\infty}xf(x)=0$.

6. 设数列 $\{a_n\}$ 满足 $a_1=\sqrt{2}$，$a_{n+1}=\sqrt{2+a_n}$，求极限 $\lim\limits_{n\to\infty}\dfrac{2^n}{a_1a_2\cdots a_n}$.

7. 已知空间闭区域 $\Omega=\{(x,y,z)\,|\,x^2+5y^2+9z^2+2xy\leqslant1\}$，试计算三重积分 $\iiint\limits_{\Omega}\mathrm{e}^{\sqrt{(x^2+5y^2+9z^2+2xy)^3}}\mathrm{d}x\mathrm{d}y\mathrm{d}z$.

8. 设函数 $f(x,y)$ 在单位圆上有连续的偏导数，且边界值恒为零，设区域 D 为 $D=\{(x,y)\,|\,\varepsilon^2\leqslant x^2+y^2\leqslant1\}$，求 $\lim\limits_{\varepsilon\to0^+}\iint\limits_{D}\dfrac{xf'_x+yf'_y}{x^2+y^2}\mathrm{d}\sigma$.

9. 设二元函数 $f(x,y)$ 具有一阶连续偏导数，且 $f(0,1)=f(1,0)$，求证：单位圆周上至少存在两点满足方程 $y\dfrac{\partial f(x,y)}{\partial x}-x\dfrac{\partial f(x,y)}{\partial y}=0$.

10. 设函数 $f(x)$ 在区间 $[0,1]$ 上有二阶连续导数，求证：

（1）对 $\forall\,\xi\in\left(0,\dfrac{1}{4}\right)$ 和 $\eta\in\left(\dfrac{3}{4},1\right)$，有

$$|f'(x)|<2|f(\xi)-f(\eta)|+\int_0^1|f''(x)|\mathrm{d}x,x\in[0,1];$$

（2）当 $f(0)=f(1)=0$ 及 $f(x)\neq0$ $[x\in(0,1)]$ 时，有 $\int_0^1\dfrac{|f''(x)|}{|f(x)|}\mathrm{d}x\geqslant4$.

参考答案

1. 计算极限 $\displaystyle\lim_{n\to\infty}\sum_{i=1}^{n}\frac{1}{n+\dfrac{i^2+1}{n}}$.

解　由于 $\left(\dfrac{i}{n}\right)^2<\dfrac{i^2+1}{n^2}<\left(\dfrac{i+1}{n}\right)^2$,因此,存在 $\xi_i\in\left(\dfrac{i}{n},\dfrac{i+1}{n}\right)$,使 $\xi_i^2=\dfrac{i^2+1}{n^2}$.

于是

$$\lim_{n\to\infty}\sum_{i=1}^{n}\frac{1}{n+\dfrac{i^2+1}{n}}=\lim_{n\to\infty}\left(\sum_{i=0}^{n-1}\frac{1}{n+\dfrac{i^2+1}{n}}+\frac{1}{n+\dfrac{n^2+1}{n}}-\frac{1}{n+\dfrac{1}{n}}\right)$$

$$=\lim_{n\to\infty}\left(\sum_{i=0}^{n-1}\frac{1}{n}\cdot\frac{1}{1+\dfrac{i^2+1}{n^2}}+\frac{1}{n+\dfrac{i^2+1}{n}}-\frac{1}{n+\dfrac{1}{n}}\right)$$

$$=\lim_{n\to\infty}\left(\sum_{i=0}^{n-1}\frac{1}{n}\cdot\frac{1}{1+\xi_i^2}+\frac{1}{n+\dfrac{i^2+1}{n}}-\frac{1}{n+\dfrac{1}{n}}\right)$$

$$=\int_0^1\frac{1}{1+x^2}\mathrm{d}x+\lim_{n\to\infty}\left(\frac{1}{n+\dfrac{i^2+1}{n}}-\frac{1}{n+\dfrac{1}{n}}\right)=\frac{\pi}{4}.$$

2. 已知函数 $f(x)$ 可导,且 $f(0)=1$, $0<f'(x)<\dfrac{1}{2}$,设数列 $\{x_n\}$ 满足 $x_{n+1}=f(x_n)$($n=1,2,\cdots$),求证:

(1) 级数 $\displaystyle\sum_{n=1}^{\infty}(x_{n+1}-x_n)$ 绝对收敛;

(2) $\displaystyle\lim_{n\to\infty}x_n$ 存在,且 $1<\displaystyle\lim_{n\to\infty}x_n<2$.

证明　(1) 令 $a_n=x_{n+1}-x_n$,

由拉格朗日中值定理,得在 x_{n+1} 与 x_n 之间存在 ξ_n,使得

$$|a_n|=|x_{n+1}-x_n|=|f(x_n)-f(x_{n-1})|=|f'(\xi_n)(x_n-x_{n-1})|$$

$$<\frac{1}{2}|a_{n-1}|<\frac{1}{2^2}|a_{n-2}|<\cdots<\frac{1}{2^{n-1}}|a_1|.$$

由于级数 $\displaystyle\sum_{n=1}^{\infty}\frac{1}{2^{n-1}}|a_1|$ 绝对收敛,因此,应用比较判别法,得级数 $\displaystyle\sum_{n=1}^{\infty}|a_n|$ 收敛,即级数 $\displaystyle\sum_{n=1}^{\infty}(x_{n+1}-x_n)$ 绝对收敛.

(2) 由(1),知级数 $\displaystyle\sum_{n=1}^{\infty}(x_{n+1}-x_n)$ 收敛. 设 $\displaystyle\sum_{n=1}^{\infty}(x_{n+1}-x_n)=A$,则

$$\lim_{n\to\infty}\sum_{i=1}^{n-1}(x_{n+1}-x_n)=\lim_{n\to\infty}(x_n-x_1)=A\Rightarrow\lim_{n\to\infty}x_n=A+x_1,$$

即 $\lim\limits_{n\to\infty} x_n$ 存在.

令 $\lim\limits_{n\to\infty} x_n = B$，则由函数 $f(x)$ 连续，得令 $n\to\infty$，对 $x_{n+1} = f(x_n)$ 取极限，得

$$B = \lim_{n\to\infty} x_{n+1} = \lim_{n\to\infty} f(x_n) = f(\lim_{n\to\infty} x_n) = f(B).$$

又 $f(0) = 1$，则 $B \neq 0$. 应用拉格朗日中值定理，得

$$B - 1 = f(B) - 1 = f(B) - f(0) = f'(\xi)B.$$

注意到 $0 < f'(\xi) < \dfrac{1}{2}$.

若 $B > 0$，则

$$0 < f'(\xi)B = B - 1 < \frac{1}{2}B \Rightarrow 1 < B < 2.$$

若 $B < 0$，则

$$\frac{1}{2}B < f'(\xi)B = B - 1 < 0 \Rightarrow 2 < B < 1.$$

因此，$B < 0$ 不成立. 于是有 $1 < \lim\limits_{n\to\infty} x_n < 2$.

3. 设函数 $f(x)$ 具有二阶连续导函数，且 $f(0) = 0, f'(0) = 0, f''(x) > 0$，在曲线 $y = f(x)$ 上任意取一点 $(x, f(x))\,(x \neq 0)$ 作曲线的切线，此切线在 x 轴上的截距记作 μ，求 $\lim\limits_{x\to 0} \dfrac{xf(\mu)}{\mu f(x)}$.

    解 过点 $(x, f(x))\,(x \neq 0)$ 的曲线 $y = f(x)$ 的切线方程为

$$Y - f(x) = f'(x)(X - x).$$

又 $f(0) = 0, f'(0) = 0, f''(x) > 0$，则当 $x \neq 0$ 时，$f'(x) \neq 0$. 因此，直线在 x 轴上的截距

为 $\mu = x - \dfrac{f(x)}{f'(x)}$，且 $\lim\limits_{x\to 0}\mu = \lim\limits_{x\to 0} x - \lim\limits_{x\to 0}\dfrac{f(x)}{f'(x)} = 0$.

利用泰勒公式将 $f(x)$ 在点 $x = 0$ 处展开，得

$$f(x) = f(0) + f'(0)x + \frac{1}{2}f''(\xi_1)x^2 = \frac{1}{2}f''(\xi_1)x^2,$$

其中，ξ_1 在点 0 与 x 之间.

类似可得

$$f(\mu) = \frac{1}{2}f''(\xi_2)\mu^2,$$

其中，ξ_2 在点 0 与 μ 之间.

于是

$$\lim_{x\to 0}\frac{xf(\mu)}{\mu f(x)} = \lim_{x\to 0}\frac{x \cdot \dfrac{1}{2}f''(\xi_2)\mu^2}{\mu \cdot \dfrac{1}{2}f''(\xi_1)x^2} = \lim_{x\to 0}\frac{f''(\xi_2)}{f''(\xi_1)}\lim_{x\to 0}\frac{\mu}{x}$$

$$= \lim_{x\to 0}\frac{\mu}{x} = \lim_{x\to 0}\frac{x - \dfrac{f(x)}{f'(x)}}{x}$$

$$= \lim_{x\to 0}\frac{xf'(x) - f(x)}{xf'(x)} = \lim_{x\to 0}\frac{xf''(x)}{f'(x) + xf''(x)}$$

$$= \lim_{x\to 0}\frac{f''(x)}{\dfrac{f'(x)}{x} + f''(x)} = \frac{f''(0)}{f''(0) + f''(0)} = \frac{1}{2}.$$

4. 计算曲面积分 $\iint\limits_{\Sigma}(xy+yz+zx)\mathrm{d}S$, 其中曲面 Σ 为锥面 $z=\sqrt{x^2+y^2}$ 被曲面 $x^2+y^2=2ax$ 所截得的部分.

解 利用奇偶对称性, 得

$$\iint\limits_{\Sigma}(xy+yz+zx)\mathrm{d}S = \iint\limits_{\Sigma}xy\mathrm{d}S + \iint\limits_{\Sigma}yz\mathrm{d}S + \iint\limits_{\Sigma}zx\mathrm{d}S$$

$$= 0 + 0 + \iint\limits_{\Sigma}zx\mathrm{d}S = \iint\limits_{\Sigma}zx\mathrm{d}S.$$

对于 Σ: $z=\sqrt{x^2+y^2}$, 有 $\sqrt{1+z_x^2+z_y^2}=\sqrt{2}$, 其中 D_{xy}: $x^2+y^2\leqslant 2ax$.
则所求积分为

$$\iint\limits_{\Sigma}zx\mathrm{d}S = \sqrt{2}\iint\limits_{D_{xy}}x\sqrt{x^2+y^2}\mathrm{d}x\mathrm{d}y = \sqrt{2}\int_{-\frac{\pi}{2}}^{\frac{\pi}{2}}\mathrm{d}\theta\int_0^{2a\cos\theta}r\cdot\cos\theta\cdot r^2\mathrm{d}r$$

$$= 4\sqrt{2}a^4\int_{-\frac{\pi}{2}}^{\frac{\pi}{2}}\cos^5\theta\mathrm{d}\theta = 8\sqrt{2}a^4\int_0^{\frac{\pi}{2}}\cos^5\theta\mathrm{d}\theta$$

$$= 8\sqrt{2}a^4\cdot 1\times\frac{2}{3}\times\frac{4}{5} = \frac{64\sqrt{2}}{15}a^4.$$

5. 设函数 $f(x)$ 在区间 $[a,+\infty)$ 上单调, 且级数 $\int_a^{+\infty}f(x)\mathrm{d}x$ 收敛, 求证: $\lim\limits_{x\to+\infty}xf(x)=0$.

证明 由于函数 $f(x)$ 单调, 且 $\int_a^{+\infty}f(x)\mathrm{d}x$ 收敛, 因此, 函数 $f(x)$ 单调递减非负或函数 $f(x)$ 单调递增非正. 否则, 易证 $\int_a^{+\infty}f(x)\mathrm{d}x$ 发散.

记 $S(x)=\int_a^x f(t)\mathrm{d}t$, 由于 $\int_a^{+\infty}f(x)\mathrm{d}x$ 收敛, 因此, $\lim\limits_{x\to+\infty}S(x)$ 存在. 设 $\lim\limits_{x\to+\infty}S(x)=s$, 于是

$$\lim_{x\to+\infty}[S(2x)-S(x)] = \int_x^{2x}f(t)\mathrm{d}t = 0.$$

当函数 $f(x)$ 单调递减非负时, $f(t)\geqslant f(2x)(x\leqslant t\leqslant 2x)$, 于是

$$\int_x^{2x}f(t)\mathrm{d}t \geqslant \int_x^{2x}f(2x)\mathrm{d}t = xf(2x) \geqslant 0.$$

因此,

$$\lim_{x\to+\infty}xf(2x) = 0 \Rightarrow \lim_{x\to+\infty}2xf(2x) = 0 \Rightarrow \lim_{x\to+\infty}xf(x) = 0.$$

当函数 $f(x)$ 单调递增非正时, $f(t)\leqslant f(2x)(x\leqslant t\leqslant 2x)$, 于是

$$\int_x^{2x}f(t)\mathrm{d}t \leqslant \int_x^{2x}f(2x)\mathrm{d}t = xf(2x) \leqslant 0.$$

因此,

$$\lim_{x\to+\infty}xf(2x) = 0 \Rightarrow \lim_{x\to+\infty}2xf(2x) = 0 \Rightarrow \lim_{x\to+\infty}xf(x) = 0.$$

补充证明: 当函数 $f(x)$ 单调递减不满足 $f(x)\geqslant 0$ 时, $\int_a^{+\infty}f(x)\mathrm{d}x$ 一定发散.

设存在 $x_0\in[a,+\infty)$, 使 $f(x_0)<0$, 则当 $x\in[x_0,+\infty)$ 时, 有 $f(x)\leqslant f(x_0)$. 于是

$$\int_{x_0}^{+\infty}f(x)\mathrm{d}x \leqslant \int_{x_0}^{+\infty}f(x_0)\mathrm{d}x = f(x_0)\int_{x_0}^{+\infty}\mathrm{d}x.$$

由于 $\lim\limits_{t\to+\infty}\int_{x_0}^{t}\mathrm{d}x=+\infty$，因此，$\lim\limits_{x\to+\infty}f(x_0)\int_{x_0}^{t}\mathrm{d}x=-\infty$.

故 $\int_{x_0}^{+\infty}f(x)\,\mathrm{d}x$ 发散，即 $\int_{a}^{+\infty}f(x)\,\mathrm{d}x$ 发散.

6. 设数列 $\{a_n\}$ 满足 $a_1=\sqrt{2}$，$a_{n+1}=\sqrt{2+a_n}$，求极限 $\lim\limits_{n\to\infty}\dfrac{2^n}{a_1a_2\cdots a_n}$.

解　由于 $\dfrac{a_1a_2\cdots a_n}{2^n}=\dfrac{a_1}{2}\cdot\dfrac{a_2}{2}\cdot\cdots\cdot\dfrac{a_n}{2}$，记 $\dfrac{a_1}{2}=\cos\dfrac{x}{2}\left(x=\dfrac{\pi}{2}\right)$，

因此，

$$\frac{a_2}{2}=\sqrt{\frac{2+a_1}{4}}=\sqrt{\frac{1+\frac{1}{2}a_1}{2}}=\sqrt{\frac{1+\cos\frac{x}{2}}{2}}=\sqrt{\cos^2\frac{x}{2^2}}=\cos\frac{x}{2^2}.$$

同理，$\dfrac{a_3}{2}=\cos\dfrac{x}{2^3}$，$\cdots$，$\dfrac{a_n}{2}=\cos\dfrac{x}{2^n}$.

于是

$$\lim_{n\to\infty}\frac{a_1a_2\cdots a_n}{2^n}=\lim_{n\to\infty}\frac{a_1}{2}\cdot\frac{a_2}{2}\cdot\cdots\cdot\frac{a_n}{2}=\lim_{n\to\infty}\cos\frac{x}{2}\cos\frac{x}{2^2}\cdots\cos\frac{x}{2^n}$$

$$=\lim_{n\to\infty}\frac{2^n\cos\dfrac{x}{2}\cos\dfrac{x}{2^2}\cdots\cos\dfrac{x}{2^n}\sin\dfrac{x}{2^n}}{2^n\sin\dfrac{x}{2^n}}$$

$$=\lim_{n\to\infty}\frac{\sin x}{2^n\sin\dfrac{x}{2^n}}=\frac{\sin x}{x}=\frac{2}{\pi}.$$

故 $\lim\limits_{n\to\infty}\dfrac{2^n}{a_1a_2\cdots a_n}=\dfrac{\pi}{2}$.

7. 已知空间闭区域 $\varOmega=\{(x,y,z)\mid x^2+5y^2+9z^2+2xy\leqslant1\}$，试计算三重积分 $\iiint\limits_{\varOmega}\mathrm{e}^{\sqrt{(x^2+5y^2+9z^2+2xy)^3}}\mathrm{d}x\mathrm{d}y\mathrm{d}z$.

解　考虑二次型

$$f(x,y,z)=(x,y,z)\begin{pmatrix}1&1&0\\1&5&0\\0&0&9\end{pmatrix}\begin{pmatrix}x\\y\\z\end{pmatrix}=(x,y,z)A\begin{pmatrix}x\\y\\z\end{pmatrix}$$

$$=x^2+5y^2+9z^2+2xy,$$

易知矩阵 A 正定，设其特征值为 λ_1，λ_2，λ_3（λ_1，λ_2，$\lambda_3>0$），知 $|A|=\lambda_1\lambda_2\lambda_3=36$.

取正交变换 P，使得 $P^{\mathrm{T}}AP=\mathbf{diag}(\lambda_1,\lambda_2,\lambda_3)$.

令 $(x,y,z)^{\mathrm{T}}=P(\xi,\eta,\zeta)^{\mathrm{T}}$（正交变换），则 $|J|=1$. 因此

$$\mathrm{d}x\mathrm{d}y\mathrm{d}z=|J|\mathrm{d}\xi\mathrm{d}\eta\mathrm{d}\zeta=\mathrm{d}\xi\mathrm{d}\eta\mathrm{d}\zeta.$$

与 $\varOmega=\{(x,y,z)\mid x^2+5y^2+9z^2+2xy\leqslant1\}$ 对应的空间区域为

$$\varOmega^*=\{(\xi,\eta,\zeta)\mid\lambda_1\xi^2+\lambda_2\eta^2+\lambda_3\zeta^2\leqslant1\}.$$

此时

$$\iiint_{\Omega} e^{\sqrt{(x^2+5y^2+9z^2+2xy)^3}} dxdydz = \iiint_{\Omega^*} e^{\sqrt{(\lambda_1\xi^2+\lambda_2\eta^2+\lambda_3\zeta^2)^3}} d\xi d\eta d\zeta.$$

再作变换：$u = \sqrt{\lambda_1}\xi$，$v = \sqrt{\lambda_2}\eta$，$w = \sqrt{\lambda_3}\zeta$，得

$$|J| = \left| \frac{\partial(\xi,\eta,\zeta)}{\partial(u,v,w)} \right| = \frac{1}{\sqrt{\lambda_1}\sqrt{\lambda_2}\sqrt{\lambda_3}} = \frac{1}{\sqrt{|A|}} = \frac{1}{6}.$$

与 $\Omega^* = \{(\xi,\eta,\zeta) | \lambda_1\xi^2+\lambda_2\eta^2+\lambda_3\zeta^2 \le 1\}$ 对应的空间区域为

$$\Omega' = \{(u,v,w) | u^2+v^2+w^2 \le 1\}.$$

故

$$\iiint_{\Omega} e^{\sqrt{(x^2+5y^2+9z^2+2xy)^3}} dxdydz = \iiint_{\Omega^*} e^{\sqrt{(x^2+5y^2+9z^2+2xy)^3}} d\xi d\eta d\zeta$$

$$= \iiint_{\Omega'} e^{\sqrt{(u^2+v^2+w^2)^3}} |J| dudvdw$$

$$= \frac{1}{6}\iiint_{\Omega^*} e^{\sqrt{(u^2+v^2+w^2)^3}} dudvdw.$$

$$= \frac{1}{6}\int_0^\pi \sin\varphi d\varphi \int_0^{2\pi} d\theta \int_0^1 e^{r^3} r^2 dr = \frac{2\pi}{9}(e-1).$$

8. 设函数 $f(x,y)$ 在单位圆上有连续的偏导数，且边界值恒为零，设区域 D 为 $D = \{(x,y) | \varepsilon^2 \le x^2+y^2 \le 1\}$，求 $\lim\limits_{\varepsilon \to 0^+} \iint_D \dfrac{xf'_x + yf'_y}{x^2+y^2} d\sigma$.

解 设 $x = r\cos\theta$，$y = r\sin\theta$，

则

$$\frac{\partial f}{\partial r} = \frac{\partial f}{\partial x}\cos\theta + \frac{\partial f}{\partial y}\sin\theta = \frac{x}{r}\cdot\frac{\partial f}{\partial x} + \frac{y}{r}\cdot\frac{\partial f}{\partial y} \Rightarrow xf'_x + yf'_y = r\frac{\partial f}{\partial r}.$$

于是

$$\lim_{\varepsilon\to 0^+}\iint_D \frac{xf'_x+yf'_y}{x^2+y^2}d\sigma = \lim_{\varepsilon\to 0^+}\int_0^{2\pi}d\theta\int_\varepsilon^1 \frac{rf'_r}{r^2}\cdot rdr$$

$$= \lim_{\varepsilon\to 0^+} 2\pi f(r\cos\theta, r\sin\theta)\Big|_\varepsilon^1 = -2\pi f(0,0).$$

9. 设二元函数 $f(x,y)$ 具有一阶连续偏导数，且 $f(0,1) = f(1,0)$，求证：单位圆周上至少存在两点满足方程 $y\dfrac{\partial f(x,y)}{\partial x} - x\dfrac{\partial f(x,y)}{\partial y} = 0$.

证明 令 $x = r\cos\theta$，$y = r\sin\theta$，

则

$$\frac{\partial f}{\partial r} = \frac{\partial f}{\partial x}\cdot\frac{\partial x}{\partial r} + \frac{\partial f}{\partial y}\cdot\frac{\partial y}{\partial r} = \frac{\partial f}{\partial x}\cos\theta + \frac{\partial f}{\partial y}\sin\theta,$$

$$\frac{\partial f}{\partial \theta} = \frac{\partial f}{\partial x}\cdot\frac{\partial x}{\partial \theta} + \frac{\partial f}{\partial y}\cdot\frac{\partial y}{\partial \theta} = \frac{\partial f}{\partial x}(-r\sin\theta) + \frac{\partial f}{\partial y}(r\cos\theta).$$

于是

$$\frac{\partial f}{\partial x} = \frac{\partial f}{\partial r}\cdot\cos\theta - \frac{\partial f}{\partial \theta}\cdot\frac{\sin\theta}{r},$$

$$\frac{\partial f}{\partial y} = \frac{\partial f}{\partial r} \cdot \sin \theta + \frac{\partial f}{\partial \theta} \cdot \frac{\cos \theta}{r}.$$

注意到 $\cos \theta = \dfrac{x}{r}$，$\sin \theta = \dfrac{y}{r}$．则有

$$y \frac{\partial f(x,y)}{\partial x} - x \frac{\partial f(x,y)}{\partial y} = -\frac{\partial f(x,y)}{\partial \theta} = -\frac{\partial f(r\cos \theta, r\sin \theta)}{\partial \theta}.$$

现令 $r = 1$，并且定义 $g(\theta) = f(\cos \theta, \sin \theta)$．

由已知 $f(0,1) = f(1,0)$，可知 $g(0) = g\left(\dfrac{\pi}{2}\right) = g(2\pi)$．

由罗尔定理，得存在 $\xi \in \left(0, \dfrac{\pi}{2}\right)$ 和 $\eta \in \left(\dfrac{\pi}{2}, 2\pi\right)$ 使得 $g'(\xi) = g'(\eta) = 0$，即单位圆周上至少存在两点满足 $y \dfrac{\partial f(x,y)}{\partial x} - x \dfrac{\partial f(x,y)}{\partial y} = 0$．

10. 设函数 $f(x)$ 在区间 $[0,1]$ 上有二阶连续导数，求证：

(1) 对 $\forall \xi \in \left(0, \dfrac{1}{4}\right)$ 和 $\eta \in \left(\dfrac{3}{4}, 1\right)$，有

$$|f'(x)| < 2|f(\xi) - f(\eta)| + \int_0^1 |f''(x)| \mathrm{d}x, x \in [0,1];$$

(2) 当 $f(0) = f(1) = 0$ 及 $f(x) \neq 0[x \in (0,1)]$ 时，有 $\displaystyle\int_0^1 \frac{|f''(x)|}{|f(x)|} \mathrm{d}x \geq 4$．

证明　(1) 对函数 $f(x)$ 在区间 $[\xi, \eta]$ 上应用拉格朗日中值定理，得存在 $\theta \in (\xi, \eta)$，使得

$$f(\xi) - f(\eta) = f'(\theta)(\xi - \eta)$$

$$\Rightarrow |f(\xi) - f(\eta)| = |f'(\theta)| \cdot |\xi - \eta| > \frac{1}{2}|f'(\theta)|.$$

进而对任意 $x \in [0,1]$，有

$$|f'(x)| - 2|f(\xi) - f(\eta)| < |f'(x)| - |f'(\theta)| \leq |f'(x) - f'(\theta)|$$

$$= \left|\int_\theta^x f''(t)\mathrm{d}t\right| \leq \int_0^1 |f''(x)|\mathrm{d}x,$$

即 $|f'(x)| < 2|f(\xi) - f(\eta)| + \displaystyle\int_0^1 |f''(x)|\mathrm{d}x, x \in [0,1]$．

(2) 由函数 $f(x)$ 在区间 $[0,1]$ 上连续，得函数 $|f(x)|$ 在区间 $[0,1]$ 上连续．进而存在 $x_0 \in [0,1]$，使得 $|f(x_0)| = \max\limits_{0 \leq x \leq 1} |f(x)|$．

由于当 $x \in (0,1)$ 时，$f(x) \neq 0$，且 $f(0) = f(1) = 0$，因此，$x_0 \in (0,1)$ 且 $|f(x_0)| > 0$．

对函数 $f(x)$ 分别在区间 $[0, x_0]$ 与 $[x_0, 1]$ 上应用拉格朗日中值定理，得存在 $\xi_1 \in (0, x_0)$，使得

$$f(x_0) - f(0) = f'(\xi_1)(x_0 - 0) \Rightarrow f'(\xi_1) = \frac{f(x_0)}{x_0};$$

存在 $\xi_2 \in (x_0, 1)$，使得

$$f(1) - f(x_0) = f'(\xi_2)(1 - x_0) \Rightarrow f'(\xi_2) = -\frac{f(x_0)}{1 - x_0}.$$

进而有

$$\int_0^1 \frac{|f''(x)|}{|f(x)|} \mathrm{d}x \geqslant \frac{1}{|f(x_0)|} \int_0^1 |f''(x)| \mathrm{d}x \geqslant \frac{1}{|f(x_0)|} \left| \int_{\xi_1}^{\xi_2} f''(x) \mathrm{d}x \right|$$

$$= \frac{1}{|f(x_0)|} |f'(\xi_2) - f'(\xi_1)|$$

$$= \frac{1}{|f(x_0)|} \left| -\frac{f(x_0)}{1-x_0} - \frac{f(x_0)}{x_0} \right|$$

$$= \frac{1}{1-x_0} + \frac{1}{x_0} = \frac{1}{x_0(1-x_0)} \geqslant \frac{1}{x_0(1-x_0)} \Big|_{x=\frac{1}{2}} = 4.$$

综合训练题（五）

1. 求极限 $\lim\limits_{x \to \infty} e^{-x}\left(1 + \dfrac{1}{x}\right)^{x^2}$.

2. 设 $p > 0$，数列 $\{x_n\}$ 满足 $x_1 = \dfrac{1}{4}$，$x_{n+1}^p = x_n^p + x_n^{2p}$（$n = 1, 2, \cdots$），求证：级数 $\sum\limits_{n=1}^{\infty} \dfrac{1}{1 + x_n^p}$ 收敛，并求其和.

3. 设函数 $f(x)$ 在闭区间 $[0,1]$ 上连续，在开区间 $(0,1)$ 内可导，且 $f(0) = 0$，$f(1) = 1$，求证：对于任意给定的正数 a 和 b，在开区间 $(0,1)$ 内存在不同的 ξ，η，使得

$$\frac{a}{f'(\xi)} + \frac{b}{f'(\eta)} = a + b.$$

4. 设函数 $f(x)$ 在区间 $(x_0 - \delta, x_0 + \delta)$ 有 n 阶连续导函数，且

$$f^{(k)}(x_0) = 0, k = 2, 3, \cdots, n-1, f^{(n)}(x_0) \neq 0,$$

当 $0 < |h| < \delta$ 时，$f(x_0 + h) - f(x_0) = hf'(x_0 + \theta h)$（$0 < \theta < 1$），求证：$\lim\limits_{h \to 0} \theta = \dfrac{1}{\sqrt[n-1]{n}}$.

5. 计算曲面积分

$$\iint\limits_{\Sigma} [f(x,y,z) + x]\,\mathrm{d}y\mathrm{d}z + [2f(x,y,z) + y]\,\mathrm{d}z\mathrm{d}x + [f(x,y,z) + z]\,\mathrm{d}x\mathrm{d}y,$$

其中，函数 $f(x,y,z)$ 为连续函数，曲面 Σ 为平面 $x - y + z = 1$ 在第四卦限部分的上侧.

6. 求最小实数 c，使得满足 $\int_0^1 |f(x)|\,\mathrm{d}x = 1$ 的连续函数 $f(x)$ 都有

$$\int_0^1 f(\sqrt{x})\,\mathrm{d}x \leq c.$$

7. 设函数 $f(x)$ 在区间 $[0,1]$ 具有二阶导数，且 $f(0) = 0$，$f(1) = 1$，$\int_0^1 f(x)\,\mathrm{d}x = 1$，求证：存在 $\xi \in (0,1)$，使 $f''(\xi) = -6$.

8. 求曲面 $(z+1)^2 = (x - z - 1)^2 + y^2$ 与平面 $z = 0$ 及 $z = a$ 围成的立体 Ω 的体积，其中 $a = \sum\limits_{n=1}^{\infty} \dfrac{1 + \dfrac{1}{2} + \dfrac{1}{3} + \cdots + \dfrac{1}{n}}{(n+1)(n+2)}$.

9. 计算曲线积分 $\oint\limits_{C}(z-y)\,\mathrm{d}x + (x^2 - z)\,\mathrm{d}y + (x - y)\,\mathrm{d}z$，其中曲线 C 为 $\begin{cases} 3x^2 + y^2 + y - z = 2, \\ x^2 - y + z = 2, \end{cases}$ 从 z 轴正向往负向看，曲线 C 的方向是顺时针的.

10. 求证：曲面 $z + \sqrt{x^2 + y^2 + z^2} = x^3 f\left(\dfrac{y}{x}\right)$ 上任意一点处的切平面在 z 轴上的截距与切点到原点的距离之比为常数，并求此常数.

参考答案

1. 求极限 $\lim\limits_{x \to \infty} e^{-x}\left(1 + \dfrac{1}{x}\right)^{x^2}$.

解

$$\lim_{x\to\infty} e^{-x}\left(1+\frac{1}{x}\right)^{x^2} = \lim_{x\to\infty}\left[e^{-1}\left(1+\frac{1}{x}\right)^x\right]^x = e^{\lim\limits_{x\to\infty} x\left[\ln\left(1+\frac{1}{x}\right)^x - 1\right]}$$

$$= e^{\lim\limits_{x\to\infty} x\left[x\ln\left(1+\frac{1}{x}\right)-1\right]} = e^{\lim\limits_{x\to\infty} x\left\{x\left[\frac{1}{x}-\frac{1}{2x^2}+o\left(\frac{1}{x^2}\right)\right]-1\right\}}$$

$$= e^{\lim\limits_{x\to\infty} x\left[1-\frac{1}{2x}+o\left(\frac{1}{x}\right)-1\right]} = e^{-\frac{1}{2}}.$$

注 也可以用洛必达法则求 $\lim\limits_{x\to\infty} x\left[x\ln\left(1+\frac{1}{x}\right)-1\right]$.

$$\lim_{x\to\infty} x\left[x\ln(1+\frac{1}{x})-1\right] = \lim_{x\to\infty} x^2\left[\ln\left(1+\frac{1}{x}\right)-\frac{1}{x}\right]$$

$$= \lim_{x\to\infty}\frac{\ln\left(1+\frac{1}{x}\right)-\frac{1}{x}}{\frac{1}{x^2}} = \lim_{t\to 0}\frac{\ln(1+t)-t}{t^2} = -\frac{1}{2}.$$

2. 设 $p>0$，数列 $\{x_n\}$ 满足 $x_1=\frac{1}{4}$，$x_{n+1}^p = x_n^p + x_n^{2p}$ $(n=1,2,\cdots)$，求证：级数 $\sum\limits_{n=1}^{\infty}\frac{1}{1+x_n^p}$ 收敛，并求其和.

证明 记 $a_n = x_n^p$，则 $a_1 = x_1^p = \frac{1}{4^p}$，$a_{n+1} = a_n + a_n^2$. 由于 $a_{n+1}-a_n = a_n^2 \geqslant 0$，因此，数列 $\{a_n\}$ 单调递增. 假设该数列有上界，则 $\lim\limits_{n\to\infty} a_n$ 存在. 令 $\lim\limits_{n\to\infty} a_n = A$，从而 $A-A=A^2 \Rightarrow A=0$. 这是不可能的. 因为 $a_n \geqslant a_1 = x_1^p = \frac{1}{4^p} > 0$，所以数列 $\{a_n\}$ 无界，即 $\lim\limits_{n\to\infty} a_n = \infty$.

又 $a_{n+1} = a_n + a_n^2 = a_n(1+a_n)$，则

$$\frac{1}{a_{n+1}} = \frac{1}{a_n(1+a_n)} = \frac{1}{a_n} - \frac{1}{1+a_n} \Rightarrow \frac{1}{1+a_n} = \frac{1}{a_n} - \frac{1}{a_{n+1}}.$$

于是级数 $\sum\limits_{n=1}^{\infty}\frac{1}{1+x_n^p}$ 的部分和

$$s_n = \sum_{i=1}^{n}\frac{1}{1+x_i^p} = \sum_{i=1}^{n}\frac{1}{1+a_i} = \sum_{i=1}^{n}\frac{1}{a_i}-\frac{1}{a_{i+1}} = \frac{1}{a_1}-\frac{1}{a_{n+1}} \Rightarrow \lim_{n\to\infty} s_n = \frac{1}{a_1} = 4^p.$$

因此，级数 $\sum\limits_{n=1}^{\infty}\frac{1}{1+x_n^p}$ 收敛，且和为 4^p.

3. 设函数 $f(x)$ 在闭区间 $[0,1]$ 上连续，在开区间 $(0,1)$ 内可导，且 $f(0)=0$，$f(1)=1$，求证：对于任意给定的正数 a 和 b，在开区间 $(0,1)$ 内存在不同的 ξ，η，使得

$$\frac{a}{f'(\xi)} + \frac{b}{f'(\eta)} = a+b.$$

证明 取 $\mu\in(0,1)$，由连续函数介值定理，知存在 $c\in(0,1)$，使得 $f(c)=\mu$. 在区间 $[0,c]$ 与 $[c,1]$ 上分别应用拉格朗日中值定理，得

$$f'(\xi) = \frac{f(c)-f(0)}{c-0} = \frac{\mu}{c}, 0<\xi<c,$$

$$f'(\eta) = \frac{f(1)-f(c)}{1-c} = \frac{1-\mu}{1-c}, c<\eta<1.$$

显然 $\xi\neq\eta$. 因为 $\mu\in(0,1)$，所以 $\mu\neq 0$，$1-\mu\neq 0$，即 $f'(\xi)\neq 0$，$f'(\eta)\neq 0$.

从而

$$\frac{\mu}{f'(\xi)} = c, \frac{1-\mu}{f'(\eta)} = 1 - c.$$

于是

$$\frac{\mu}{f'(\xi)} + \frac{1-\mu}{f'(\eta)} = 1.$$

取 $\mu = \dfrac{a}{a+b}$，则 $1 - \mu = \dfrac{b}{a+b}$. 代入上式，得

$$\frac{\dfrac{a}{a+b}}{f'(\xi)} + \frac{\dfrac{b}{a+b}}{f'(\eta)} = 1,$$

即

$$\frac{a}{f'(\xi)} + \frac{b}{f'(\eta)} = a + b.$$

4. 设函数 $f(x)$ 在区间 $(x_0 - \delta, x_0 + \delta)$ 有 n 阶连续导函数，且

$$f^{(k)}(x_0) = 0, k = 2, 3, \cdots, n-1, f^{(n)}(x_0) \neq 0,$$

当 $0 < |h| < \delta$ 时，$f(x_0 + h) - f(x_0) = hf'(x_0 + \theta h)\,(0 < \theta < 1)$，求证：$\lim\limits_{h \to 0} \theta = \dfrac{1}{\sqrt[n-1]{n}}$.

证明　由泰勒公式，得

$$f(x_0 + h) - f(x_0) = hf'(x_0) + \frac{f^{(n)}(\xi)}{n!}h^n, \xi \in (x_0, x_0 + h).$$

故

$$hf'(x_0) + \frac{f^{(n)}(\xi)}{n!}h^n = hf'(x_0 + \theta h) = h\left[f'(x_0) + \frac{f^{(n)}(\eta)}{(n-1)!}(\theta h)^{n-1}\right],$$

其中，$\eta \in (x_0, x_0 + h)$.

因此 $\dfrac{f^{(n)}(\xi)}{n} = f^{(n)}(\eta)\theta^{n-1}$.

令 $h \to 0$，则有

$$\frac{f^{(n)}(x_0)}{n} = f^{(n)}(x_0)\left[\lim\limits_{h \to 0} \theta\right]^{n-1},$$

即 $\lim\limits_{h \to 0} \theta = \dfrac{1}{\sqrt[n-1]{n}}$.

5. 计算曲面积分

$$\iint\limits_{\Sigma} [f(x,y,z) + x]\mathrm{d}y\mathrm{d}z + [2f(x,y,z) + y]\mathrm{d}z\mathrm{d}x + [f(x,y,z) + z]\mathrm{d}x\mathrm{d}y,$$

其中，函数 $f(x,y,z)$ 为连续函数，曲面 Σ 为平面 $x - y + z = 1$ 在第四卦限部分的上侧.

解　利用第一类曲面积分与第二类曲面积分之间的关系来计算. 由于曲面 Σ 的单位法向

量为 $\boldsymbol{n} = (1, -1, 1)$，即 $\cos\alpha = \dfrac{\sqrt{3}}{3}$，$\cos\beta = -\dfrac{\sqrt{3}}{3}$，$\cos\gamma = \dfrac{\sqrt{3}}{3}$，因此，所求积分 I 为

$$I = \iint\limits_{\Sigma} \{ [f(x,y,z) + x]\cos\alpha + [2f(x,y,z) + y]\cos\beta + [f(x,y,z) + z]\cos\gamma \} \mathrm{d}S$$

$$= \iint\limits_{\Sigma} \frac{\sqrt{3}}{3} \{ [f(x,y,z) + x] - [2f(x,y,z) + y] + [f(x,y,z) + z] \} \mathrm{d}S$$

$$= \frac{\sqrt{3}}{3} \iint\limits_{\Sigma} (x - y + z)\mathrm{d}S = \frac{\sqrt{3}}{3} \iint\limits_{\Sigma} \mathrm{d}S = \frac{\sqrt{3}}{3} \iint\limits_{D_{xy}} \sqrt{1 + z_x^2 + z_y^2}\,\mathrm{d}x\mathrm{d}y$$

$$= \frac{\sqrt{3}}{3} \iint\limits_{D_{xy}} \sqrt{1 + 1 + 1}\,\mathrm{d}x\mathrm{d}y = \iint\limits_{D_{xy}} \mathrm{d}x\mathrm{d}y = \frac{1}{2},$$

其中，$D_{xy}: 0 \leqslant x \leqslant 1, x - 1 \leqslant y \leqslant 0$.

注　也可这样计算：$\dfrac{\sqrt{3}}{3} \iint\limits_{\Sigma} \mathrm{d}S = \dfrac{1}{\sqrt{3}} \times \dfrac{1}{2} \times \sqrt{2} \times \sqrt{2} \times \sin\dfrac{\pi}{3} = \dfrac{1}{2}$.

6. 求最小实数 c，使得满足 $\int_0^1 |f(x)|\mathrm{d}x = 1$ 的连续函数 $f(x)$ 都有

$$\int_0^1 f(\sqrt{x})\mathrm{d}x \leqslant c.$$

解　$\displaystyle\int_0^1 f(\sqrt{x})\mathrm{d}x \leqslant \int_0^1 |f(\sqrt{x})|\mathrm{d}x$

$$= \int_0^1 |f(t)|\,2t\mathrm{d}t \leqslant 2\int_0^1 |f(t)|\mathrm{d}t = 2.$$

取 $f_n(x) = (n+1)x^n$，

则 $\displaystyle\int_0^1 |f_n(x)|\mathrm{d}x \leqslant \int_0^1 (n+1)x^n\mathrm{d}x = 1.$

而　$\displaystyle\int_0^1 f_n(\sqrt{x})\mathrm{d}x = 2\int_0^1 t f_n(t)\mathrm{d}t$

$$= 2\int_0^1 (n+1)t^{n+1}\mathrm{d}t = \frac{2(n+1)}{n+2} \to 2 \quad (n \to \infty),$$

因此，最小实数为 $c = 2$.

7. 设函数 $f(x)$ 在区间 $[0,1]$ 具有二阶导数，且 $f(0) = 0, f(1) = 1, \int_0^1 f(x)\mathrm{d}x = 1$，求证：存在 $\xi \in (0,1)$，使 $f''(\xi) = -6$.

证明　令 $g(x) = x(ax + b)$，使函数 $g(x)$ 满足

$$g(0) = f(0) = 0, g(1) = f(1) = 1, \int_0^1 g(x)\mathrm{d}x = \int_0^1 f(x)\mathrm{d}x = 1.$$

解得 $a = -3$，$b = 4$，即 $g(x) = -3x^2 + 4x$.

设 $F(x) = f(x) - g(x)$，则函数 $F(x)$ 在区间 $[0,1]$ 具有二阶导数，且

$$F''(x) = f''(x) + 6.$$

又

$$F(0) = 0, F(1) = 0, F(c) = \int_0^1 F(x)\mathrm{d}x = 0 \quad [c \in (0,1)],$$

由罗尔定理，得存在 $\xi \in (0,1)$，使 $F''(\xi) = 0$. 于是 $f''(\xi) = -6$.

8. 求曲面 $(z+1)^2 = (x - z - 1)^2 + y^2$ 与平面 $z = 0$ 及 $z = a$ 围成的立体 Ω 的体积，其中 $a =$

$$\sum_{n=1}^{\infty} \frac{1 + \frac{1}{2} + \frac{1}{3} + \cdots + \frac{1}{n}}{(n+1)(n+2)}.$$

解　$\dfrac{1 + \frac{1}{2} + \frac{1}{3} + \cdots + \frac{1}{n}}{(n+1)(n+2)} = \dfrac{1 + \frac{1}{2} + \frac{1}{3} + \cdots + \frac{1}{n}}{n+1} - \dfrac{1 + \frac{1}{2} + \frac{1}{3} + \cdots + \frac{1}{n}}{n+2}$

$$= \frac{1 + \frac{1}{2} + \frac{1}{3} + \cdots + \frac{1}{n}}{(n+1)} - \frac{1 + \frac{1}{2} + \frac{1}{3} + \cdots + \frac{1}{n} + \frac{1}{n+1}}{(n+2)} + \frac{1}{(n+1)(n+2)}.$$

故

$$a = \sum_{n=1}^{\infty} \frac{1 + \frac{1}{2} + \frac{1}{3} + \cdots + \frac{1}{n}}{(n+1)(n+2)}$$

$$= \sum_{n=1}^{\infty} \left[\frac{1 + \frac{1}{2} + \frac{1}{3} + \cdots + \frac{1}{n}}{(n+1)} - \frac{1 + \frac{1}{2} + \frac{1}{3} + \cdots + \frac{1}{n} + \frac{1}{n+1}}{(n+2)} + \frac{1}{(n+1)(n+2)} \right]$$

$$= \frac{1}{2} + \frac{1}{2} = 1.$$

从而

$$V = \iiint\limits_{\Omega} \mathrm{d}v = \int_0^1 \mathrm{d}z \iint\limits_{(x-z-1)^2+y^2 \leqslant (z+1)^2} \mathrm{d}x\mathrm{d}y = \int_0^1 \pi (z+1)^2 \mathrm{d}z = \frac{7}{3}\pi.$$

9. 计算曲线积分 $\oint_C (z-y)\mathrm{d}x + (x^2-z)\mathrm{d}y + (x-y)\mathrm{d}z$，其中曲线 C 为 $\begin{cases} 3x^2 + y^2 + y - z = 2, \\ x^2 - y + z = 2, \end{cases}$ 从

z 轴正向往负向看，曲线 C 的方向是顺时针的.

解　由 $\begin{cases} 3x^2 + y^2 + y - z = 2, \\ x^2 - y + z = 2, \end{cases}$ 得 $4x^2 + y^2 = 4.$

则

$$\oint_C (z-y)\mathrm{d}x + (x^2-z)\mathrm{d}y + (x-y)\mathrm{d}z$$

$$= \oint_C (2-x^2)\mathrm{d}x + (x^2+x^2-y-2)\mathrm{d}y + (x-y)\mathrm{d}(2+y-x^2)$$

$$= \oint_C (2-x^2)\mathrm{d}x + (2x^2-y-2)\mathrm{d}y + (x-y)(\mathrm{d}y - 2x\mathrm{d}x)$$

$$= \oint_C (2-3x^2+2xy)\mathrm{d}x + (2x^2+x-2y-2)\mathrm{d}y$$

$$= -\iint\limits_{4x^2+y^2\leqslant 4} (4x+1-2x)\mathrm{d}x\mathrm{d}y = -\iint\limits_{4x^2+y^2\leqslant 1} (1+2x)\mathrm{d}x\mathrm{d}y$$

$$= -\iint\limits_{4x^2+y^2\leqslant 1} \mathrm{d}x\mathrm{d}y = -2\pi.$$

10. 求证：曲面 $z + \sqrt{x^2+y^2+z^2} = x^3 f\left(\dfrac{y}{x}\right)$ 上任意一点处的切平面在 z 轴上的截距与切点

到原点的距离之比为常数，并求此常数.

解 设 $F(x,y,z) = z + \sqrt{x^2 + y^2 + z^2} - x^3 f\left(\dfrac{y}{x}\right)$.

令 $r = \sqrt{x^2 + y^2 + z^2}$，则

$$F(x,y,z) = z + r - x^3 f\left(\dfrac{y}{x}\right) = 0, \quad F_x = \dfrac{x}{r} - 3x^2 f\left(\dfrac{y}{x}\right) + xy f'\left(\dfrac{y}{x}\right),$$

$$F_y = \dfrac{y}{r} - x^2 f'\left(\dfrac{y}{x}\right), \quad F_z = \dfrac{z}{r} + 1.$$

设曲面上任意一点的坐标为 (x_0, y_0, z_0)，则

$$r = \sqrt{x_0^2 + y_0^2 + z_0^2}$$

为其到原点的距离.

从而该点的切平面的法向量为

$$\vec{n} = \left(\dfrac{x_0}{r_0} - 3x_0^2 f\left(\dfrac{y_0}{x_0}\right) + x_0 y_0 f'\left(\dfrac{y_0}{x_0}\right), \dfrac{y_0}{r_0} - x_0^2 f'\left(\dfrac{y_0}{x_0}\right), \dfrac{z_0}{r_0} + 1\right)$$

切平面方程为

$$\left[\dfrac{x_0}{r_0} - 3x_0^2 f\left(\dfrac{y_0}{x_0}\right) + x_0 y_0 f'\left(\dfrac{y_0}{x_0}\right)\right](x - x_0) +$$

$$\left[\dfrac{y_0}{r_0} - x_0^2 f'\left(\dfrac{y_0}{x_0}\right)\right](y - y_0) + \left(\dfrac{z_0}{r_0} + 1\right)(z - z_0) = 0.$$

化简，得

$$F_x \cdot x + F_y \cdot y + F_z \cdot z = -2(r_0 + z_0).$$

所以切平面在 z 轴上的截距为 $c = \dfrac{-2(r_0 + z_0)}{F_z} = -2r_0$. 所以得到 $\dfrac{c}{r} = -2$，即截距与切点到原点的距离之比为 -2.

综合训练题（六）

1. 设函数 $f(x)$ 在区间 $[a,b]$ 上具有一阶连续导数，且 $f(a)=f(b)=0$，求证：当 $x \in [a,b]$ 时，有 $|f(x)| \leqslant \dfrac{1}{2}\displaystyle\int_a^b |f'(x)|\,\mathrm{d}x$.

2. 设函数 $f(x)$ 在区间 $[a,b]$ 上可导，且函数 $f'(x)$ 单调递增，求证：
$$\int_a^b f(x)\,\mathrm{d}x < \frac{f(a)+f(b)}{2}(b-a).$$

3. 求极限 $\displaystyle\lim_{x\to 0}\frac{(1+x)^{\frac{2}{x}}-\mathrm{e}^2[1-\ln(1+x)]}{x}$.

4. 已知当 $x\to 0$ 时，$f(x)$ 与 x^2 为等价无穷小，且当 $x>0$ 时，$f(x)>0$，记 $\alpha_n=f\left(\dfrac{1}{n}\right)(n=1,2,\cdots)$，求证：极限 $\displaystyle\lim_{n\to\infty}(1+\alpha_1)(1+\alpha_2)\cdots(1+\alpha_n)$ 存在.

5. 求证：$\displaystyle\lim_{x\to\infty}\frac{\ln n!}{\ln n^n}=1$.

6. 设数列 $\{a_b\}$，$\{b_n\}$ 是两个实数列，且满足 $\mathrm{e}^{a_n}=a_n+\mathrm{e}^{b_n}$，$n=1,2,\cdots$.
(1) 若 $a_n>0(n=1,2,\cdots)$，求证：$b_n>0(n=1,2,\cdots)$；
(2) 若 $a_n>0(n=1,2,\cdots)$，且级数 $\displaystyle\sum_{n=1}^{\infty}a_n$ 收敛，求证：级数 $\displaystyle\sum_{n=1}^{\infty}b_n$ 收敛；
(3) 若 $a_n>0(n=1,2,\cdots)$，且级数 $\displaystyle\sum_{n=1}^{\infty}a_n$ 收敛，求证：级数 $\displaystyle\sum_{n=1}^{\infty}\frac{b_n}{a_n}$ 收敛.

7. 设函数 $f(x)$ 是区间 $[0,1]$ 上的正值连续函数，且函数 $f(x)$ 单调递减，求证：
$$\frac{\int_0^1 xf^2(x)\,\mathrm{d}x}{\int_0^1 xf(x)\,\mathrm{d}x} \leqslant \frac{\int_0^1 f^2(x)\,\mathrm{d}x}{\int_0^1 f(x)\,\mathrm{d}x}.$$

8. 已知幂级数 $2+\displaystyle\sum_{n=1}^{\infty}\frac{x^{2n}}{(2n)!}$.
(1) 求此幂级数的收敛域，并证明此幂级数的和函数 $y(x)$ 满足微分方程
$$y''-y=-1;$$
(2) 求该幂级数的和函数 $y(x)$.

9. 设函数 $f(x)$ 在区间 $[0,2]$ 上二阶可导，且 $|f(x)|\leqslant 1$，$|f''(x)|\leqslant 1$，$x\in[0,2]$，求证：对一切 $x\in[0,2]$，有 $|f'(x)|\leqslant 2$.

10. 设函数 $f(x)$ 在区间 $[0,1]$ 上有二阶连续导数，且 $f'(0)=f'(1)$，求证：存在 $\xi\in(0,1)$，使得 $\displaystyle\int_0^1 f(x)\,\mathrm{d}x=\frac{f(0)+f(1)}{2}+\frac{1}{24}f''(\xi)$.

参考答案

1. 设函数 $f(x)$ 在区间 $[a,b]$ 上具有一阶连续导数，且 $f(a)=f(b)=0$，求证：当 $x\in[a,$

b]时，有 $|f(x)| \leqslant \dfrac{1}{2}\displaystyle\int_a^b |f'(x)|\,\mathrm{d}x$.

证明　当 $x \in [a,b]$ 时，有

$$f(x) = \int_a^x f'(x)\,\mathrm{d}x + f(a) = \int_a^x f'(x)\,\mathrm{d}x.$$

则

$$|f(x)| = \left| \int_a^x f'(x)\,\mathrm{d}x \right| \leqslant \int_a^x |f'(x)|\,\mathrm{d}x. \qquad ①$$

又

$$f(x) = \int_b^x f'(x)\,\mathrm{d}x + f(b) = \int_b^x f'(x)\,\mathrm{d}x = -\int_x^b f'(x)\,\mathrm{d}x,$$

则

$$|f(x)| = \left| -\int_x^b f'(x)\,\mathrm{d}x \right| \leqslant \int_x^b |f'(x)|\,\mathrm{d}x. \qquad ②$$

①+②，得　$2|f(x)| \leqslant \displaystyle\int_a^x |f'(x)|\,\mathrm{d}x + \int_x^b |f'(x)|\,\mathrm{d}x = \int_a^b |f'(x)|\,\mathrm{d}x$,

即 $|f(x)| \leqslant \dfrac{1}{2}\displaystyle\int_a^b |f'(x)|\,\mathrm{d}x$.

2. 设函数 $f(x)$ 在区间 $[a,b]$ 上可导，且函数 $f'(x)$ 单调递增，求证：

$$\int_a^b f(x)\,\mathrm{d}x < \frac{f(a)+f(b)}{2}(b-a).$$

证明　设 $F(x) = \displaystyle\int_a^x f(t)\,\mathrm{d}t - \dfrac{f(a)+f(x)}{2}(x-a)$.

由于函数 $f(x)$ 在区间 $[a,b]$ 上可导，因此，函数 $F(x)$ 在区间 $[a,b]$ 上可导，且

$$\begin{aligned}
F'(x) &= f(x) - \frac{f'(x)}{2}(x-a) - \frac{f(a)+f(x)}{2} \\
&= \frac{f(x)-f(a)}{2} - \frac{f'(x)}{2}(x-a) \\
&= \frac{f'(\xi)}{2}(x-a) - \frac{f'(x)}{2}(x-a), \qquad a < \xi < x.
\end{aligned}$$

由于函数 $f'(x)$ 单调递增，$\xi < x$，因此，$f'(\xi) < f'(x)$.

故 $F'(x) < 0 \,(x \in [a,b])$. 于是函数 $F(x)$ 在区间 $[a,b]$ 上单调递减. 故 $F(b) < F(a) = 0$,
即

$$\int_a^b f(x)\,\mathrm{d}x < \frac{f(a)+f(b)}{2}(b-a).$$

3. 求极限 $\displaystyle\lim_{x \to 0} \dfrac{(1+x)^{\frac{2}{x}} - \mathrm{e}^2[1 - \ln(1+x)]}{x}$.

解　$\displaystyle\lim_{x \to 0} \frac{(1+x)^{\frac{2}{x}} - \mathrm{e}^2[1 - \ln(1+x)]}{x} = \lim_{x \to 0} \frac{\mathrm{e}^{\frac{2}{x}\ln(1+x)} - \mathrm{e}^2[1 - \ln(1+x)]}{x}$

$$= \lim_{x \to 0}\left[\frac{\mathrm{e}^{\frac{2}{x}\ln(1+x)} - \mathrm{e}^2}{x} + \frac{\mathrm{e}^2 \ln(1+x)}{x} \right]$$

由于 $\lim\limits_{x\to0}\dfrac{\mathrm{e}^2\ln(1+x)}{x}=\mathrm{e}^2$ 及

$$\lim_{x\to0}\frac{\mathrm{e}^{\frac{2}{x}\ln(1+x)}-\mathrm{e}^2}{x}=\mathrm{e}^2\lim_{x\to0}\frac{\mathrm{e}^{\frac{2}{x}\ln(1+x)-2}-1}{x}=\mathrm{e}^2\lim_{x\to0}\frac{\dfrac{2}{x}\ln(1+x)-2}{x}$$

$$=\mathrm{e}^2\lim_{x\to0}\frac{2\ln(1+x)-2x}{x^2}=\mathrm{e}^2\lim_{x\to0}\frac{\dfrac{2}{1+x}-2}{2x}=-\mathrm{e}^2$$

故

$$\lim_{x\to0}\frac{(1+x)^{\frac{2}{x}}-\mathrm{e}^2\bigl[1-\ln(1+x)\bigr]}{x}=0.$$

4. 已知当 $x\to0$ 时，$f(x)$ 与 x^2 为等价无穷小，且当 $x>0$ 时，$f(x)>0$，记 $\alpha_n=f\left(\dfrac{1}{n}\right)$ $(n=1,2,\cdots)$，求证：极限 $\lim\limits_{n\to\infty}(1+\alpha_1)(1+\alpha_2)\cdots(1+\alpha_n)$ 存在.

证明　记 $A_n=\ln\bigl[(1+\alpha_1)(1+\alpha_2)\cdots(1+\alpha_n)\bigr]$，则
$$A_n=\ln(1+\alpha_1)+\ln(1+\alpha_2)+\cdots+\ln(1+\alpha_n).$$

由于

$$\lim_{n\to\infty}\frac{\ln(1+\alpha_n)}{\dfrac{1}{n^2}}=\lim_{n\to\infty}\frac{\ln\left[1+f\left(\dfrac{1}{n}\right)\right]}{\dfrac{1}{n^2}}=\lim_{n\to\infty}\frac{f\left(\dfrac{1}{n}\right)}{\dfrac{1}{n^2}}=1,$$

故级数 $\sum\limits_{n=1}^{n}\ln(1+\alpha_n)$ 收敛，因此，其部分和 A_n 的极限存在.

记

$$\lim_{n\to\infty}A_n=s,$$

于是

$$\lim_{n\to\infty}(1+\alpha_1)(1+\alpha_2)\cdots(1+\alpha_n)=\lim_{n\to\infty}\mathrm{e}^{A_n}=\mathrm{e}^s.$$

5. 求证：$\lim\limits_{x\to\infty}\dfrac{\ln n!}{\ln n^n}=1$.

证明　由于 $\dfrac{\ln n!}{\ln n^n}=\dfrac{\ln1+\ln2+\cdots+\ln n}{n\ln n}$，

取 $\qquad\qquad x_n=\ln1+\ln2+\cdots+\ln n,y_n=n\ln n,$

则 x_n,y_n 满足施笃兹（Stolz）定理. 因此，

$$\lim_{n\to\infty}\frac{x_n}{y_n}=\lim_{n\to\infty}\frac{x_{n+1}-x_n}{y_{n+1}-y_n}=\lim_{n\to\infty}\frac{\ln(n+1)}{(n+1)\ln(n+1)-n\ln n}$$

$$=\lim_{n\to\infty}\frac{\ln(n+1)}{\ln(n+1)+n\ln(n+1)-n\ln n}=\lim_{n\to\infty}\frac{\ln(n+1)}{\ln(n+1)+n\ln\left(1+\dfrac{1}{n}\right)}$$

$$=\lim_{n\to\infty}\frac{\ln(n+1)}{\ln(n+1)+\ln\left(1+\dfrac{1}{n}\right)^n}=1.$$

故 $\lim\limits_{x\to\infty}\dfrac{\ln n!}{\ln n^n}=1$.

6. 设数列 $\{a_n\}, \{b_n\}$ 是两个实数列，且满足 $\mathrm{e}^{a_n} = a_n + \mathrm{e}^{b_n}$, $n = 1, 2, \cdots$.

（1）若 $a_n > 0 (n = 1, 2, \cdots)$，求证：$b_n > 0 (n = 1, 2, \cdots)$；

（2）若 $a_n > 0 (n = 1, 2, \cdots)$，且级数 $\sum_{n=1}^{\infty} a_n$ 收敛，求证：级数 $\sum_{n=1}^{\infty} b_n$ 收敛；

（3）若 $a_n > 0 (n = 1, 2, \cdots)$，且级数 $\sum_{n=1}^{\infty} a_n$ 收敛，求证：级数 $\sum_{n=1}^{\infty} \dfrac{b_n}{a_n}$ 收敛.

证明　（1）$b_n = \ln(\mathrm{e}^{a_n} - a_n)$：注意到：当 $x > 0$ 时，$\mathrm{e}^x > 1 + x$，即 $\mathrm{e}^x - x > 1$. 因此，当 $a_n > 0$ 时，$\mathrm{e}^{a_n} - a_n > 1$. 所以 $b_n > 0 (n = 1, 2, \cdots)$.

（2）$\displaystyle\lim_{x \to 0^+} \frac{\ln(\mathrm{e}^x - x)}{x} = \lim_{x \to 0^+} \frac{\dfrac{1}{\mathrm{e}^x - x} \cdot (\mathrm{e}^x - 1)}{1} = 0.$

由于级数 $\sum_{n=1}^{\infty} a_n$ 收敛，因此 $\displaystyle\lim_{n \to \infty} a_n = 0$.

于是 $\displaystyle\lim_{n \to \infty} \frac{b_n}{a_n} = \lim_{n \to \infty} \frac{\ln(\mathrm{e}^{a_n} - a_n)}{a_n} = 0.$ 故级数 $\sum_{n=1}^{\infty} b_n$ 收敛.

（3）注意到：$\displaystyle\lim_{x \to 0^+} \frac{\ln(\mathrm{e}^x - x)}{x^2} = \lim_{x \to 0^+} \frac{\dfrac{1}{\mathrm{e}^x - x} \cdot (\mathrm{e}^x - 1)}{2x} = \frac{1}{2}.$

由于级数 $\sum_{n=1}^{\infty} a_n$ 收敛，因此，$\displaystyle\lim_{n \to \infty} a_n = 0$.

于是

$$\lim_{n \to \infty} \frac{\dfrac{b_n}{a_n}}{a_n} = \lim_{n \to \infty} \frac{\ln(\mathrm{e}^{a_n} - a_n)}{a_n^2} = \frac{1}{2}.$$

故级数 $\sum_{n=1}^{\infty} \dfrac{b_n}{a_n}$ 收敛.

7. 设函数 $f(x)$ 是区间 $[0, 1]$ 上的正值连续函数，且函数 $f(x)$ 单调递减，求证：

$$\frac{\displaystyle\int_0^1 x f^2(x)\,\mathrm{d}x}{\displaystyle\int_0^1 x f(x)\,\mathrm{d}x} \leqslant \frac{\displaystyle\int_0^1 f^2(x)\,\mathrm{d}x}{\displaystyle\int_0^1 f(x)\,\mathrm{d}x}.$$

证明　将原不等式变形为

$$\int_0^1 x f^2(x)\,\mathrm{d}x \cdot \int_0^1 f(x)\,\mathrm{d}x \leqslant \int_0^1 f^2(x)\,\mathrm{d}x \cdot \int_0^1 x f(x)\,\mathrm{d}x,$$

即

$$\int_0^1 x f^2(x)\,\mathrm{d}x \cdot \int_0^1 f(y)\,\mathrm{d}y \leqslant \int_0^1 f^2(y)\,\mathrm{d}y \cdot \int_0^1 x f(x)\,\mathrm{d}x,$$

$$\iint_D x f(x) f(y) [f(x) - f(y)]\,\mathrm{d}x\mathrm{d}y \leqslant 0,$$

其中，区域 $D = \{(x, y) \mid 0 \leqslant x \leqslant 1, 0 \leqslant y \leqslant 1\}$ 关于直线 $y = x$ 对称.

由轮换对称性，得

$$I = \iint\limits_{D} xf(x)f(y)\big[f(x) - f(y)\big]\mathrm{d}x\mathrm{d}y = \iint\limits_{D} yf(y)f(x)\big[f(y) - f(x)\big]\mathrm{d}x\mathrm{d}y.$$

故

$$I = \frac{1}{2}\bigg\{ \iint\limits_{D} xf(x)f(y)\big[f(x) - f(y)\big]\mathrm{d}x\mathrm{d}y +$$

$$\iint\limits_{D} yf(y)f(x)\big[f(y) - f(x)\big]\mathrm{d}x\mathrm{d}y \bigg\}$$

$$= \frac{1}{2}\iint\limits_{D} f(x)f(y)\big[f(x) - f(y)\big](x - y)\mathrm{d}x\mathrm{d}y.$$

由于函数 $f(x)$ 单调递减，故 $(x-y)\big[f(x) - f(y)\big] \leqslant 0.$ 因此，

$$I = \iint\limits_{D} xf(x)f(y)\big[f(x) - f(y)\big]\mathrm{d}x\mathrm{d}y \leqslant 0,$$

即原不等式成立.

8. 已知幂级数 $2 + \sum\limits_{n=1}^{\infty} \dfrac{x^{2n}}{(2n)!}$.

（1）求此幂级数的收敛域，并证明此幂级数的和函数 $y(x)$ 满足微分方程
$$y'' - y = -1;$$

（2）求该幂级数的和函数 $y(x)$.

解　（1）由于 $\rho = \lim\limits_{n \to \infty} \dfrac{u_{n+1}}{u_n} = \lim\limits_{n \to \infty} \dfrac{\dfrac{x^{2(n+1)}}{[2(n+1)]!}}{\dfrac{x^{2n}}{(2n)!}} = 0 < 1$，根据正项级数的比值审敛法，知

对于任意 $x \in (-\infty, +\infty)$，级数 $2 + \sum\limits_{n=1}^{\infty} \dfrac{x^{2n}}{(2n)!}$ 收敛，收敛域为 $(-\infty, +\infty)$.

由于 $y(x) = 2 + \sum\limits_{n=1}^{\infty} \dfrac{x^{2n}}{(2n)!}$，因此

$$y'(x) = \sum_{n=1}^{\infty} \frac{x^{2n-1}}{(2n-1)!}, \quad y''(x) = \sum_{n=1}^{\infty} \frac{x^{2n-2}}{(2n-2)!} = 1 + \sum_{n=1}^{\infty} \frac{x^{2n}}{(2n)!}.$$

于是

$$y'' - y = -1.$$

（2）由 $y'' - y = -1$，得 $y = C_1 \mathrm{e}^x + C_2 \mathrm{e}^{-x} + 1$.

又 $y(0) = 2$，$y'(0) = 0$，故得 $C_1 = C_2 = \dfrac{1}{2}$.

因此，

$$y = \frac{1}{2}\mathrm{e}^x + \frac{1}{2}\mathrm{e}^{-x} + 1.$$

9. 设函数 $f(x)$ 在区间 $[0,2]$ 上二阶可导，且 $|f(x)| \leqslant 1$，$|f''(x)| \leqslant 1$，$x \in [0,2]$，求证：对一切 $x \in [0,2]$，有 $|f'(x)| \leqslant 2$.

证明　对任一点 $x \in [0,2]$（x 暂时固定），在 x 处按一阶泰勒公式展开，得

$$f(t) = f(x) + f'(x)(t - x) + \frac{1}{2!}f''(\xi)(t - x)^2 \quad (\xi\ 在\ t\ 与\ x\ 之间).$$

分别令 $t = 0$，2 代入上式，得

$$f(0) = f(x) + f'(x)(0 - x) + \frac{1}{2!}f''(\xi_1)(0 - x)^2 \quad (0 < \xi_1 < x),$$

$$f(2) = f(x) + f'(x)(2 - x) + \frac{1}{2!}f''(\xi_2)(2 - x)^2 \quad (x < \xi_2 < 2).$$

两式相减并整理，得

$$2f'(x) = f(2) - f(0) + \frac{1}{2}x^2 f''(\xi_1) - \frac{1}{2}(2 - x)^2 f''(\xi_2).$$

则

$$2|f'(x)| \leqslant |f(2)| + |f(0)| + \frac{1}{2}x^2|f''(\xi_1)| + \frac{1}{2}(2 - x)^2|f''(\xi_2)|.$$

因

$$|f(x)| \leqslant 1, |f''(x)| \leqslant 1,$$

故

$$2|f'(x)| \leqslant 1 + 1 + \frac{1}{2}x^2 + \frac{1}{2}(2 - x)^2 = 2 + \frac{x^2 + (2 - x)^2}{2}.$$

由于在区间 $[0,2]$ 上，$x^2 + (2 - x)^2 \leqslant 4$，故 $2|f'(x)| \leqslant 4$，即

$$|f'(x)| \leqslant 2, \quad x \in [0,2].$$

10. 设函数 $f(x)$ 在区间 $[0,1]$ 上有二阶连续导数，且 $f'(0) = f'(1)$，求证：存在 $\xi \in (0,1)$，使得 $\int_0^1 f(x)\,dx = \dfrac{f(0) + f(1)}{2} + \dfrac{1}{24}f''(\xi)$.

证明　令 $F(x) = \displaystyle\int_0^x f(t)\,dt$，则函数 $F(x)$ 在 $x = 0$ 处的泰勒展开式为

$$F(x) = F(0) + F'(0)x + \frac{1}{2!}F''(0)x^2 + \frac{1}{3!}F'''(\xi_1)x^3$$

$$= 0 + f(0)x + \frac{1}{2}f'(0)x^2 + \frac{1}{6}f''(\xi_1)x^3,$$

其中 ξ_1 介于 x 与 0 之间.

令 $x = \dfrac{1}{2}$，则存在 $\xi_2 \in \left(0, \dfrac{1}{2}\right)$，使得

$$F\left(\frac{1}{2}\right) = \frac{1}{2}f(0) + \frac{1}{8}f'(0) + \frac{1}{48}f''(\xi_2). \tag{①}$$

函数 $F(x)$ 在 $x = 1$ 处的泰勒展开式为

$$F(x) = F(1) + F'(1)(x - 1) + \frac{1}{2!}F''(1)(x - 1)^2 + \frac{1}{3!}F'''(\eta_1)(x - 1)^3$$

$$= F(1) + f(1)(x - 1) + \frac{1}{2}f'(1)(x - 1)^2 + \frac{1}{6}f''(\eta_1)(x - 1)^3,$$

其中 η_1 介于 x 与 1 之间.

令 $x = \dfrac{1}{2}$，则存在 $\eta_2 \in \left(\dfrac{1}{2}, 1\right)$，使得

$$F\left(\frac{1}{2}\right) = \int_0^1 f(x)\,dx - \frac{1}{2}f(1) + \frac{1}{8}f'(1) - \frac{1}{48}f''(\eta_2). \tag{②}$$

②－①，得

$$\int_0^1 f(x)\,\mathrm{d}x = \frac{f(0) + f(1)}{2} + \frac{1}{24}\Big[\frac{f''(\xi_2) + f''(\eta_2)}{2}\Big]. \qquad ③$$

若 $f''(\xi_2) = f''(\eta_2)$，则 $\xi = \xi_2$ 或 $\xi = \eta_2$. 代入③ 即得所证.

若 $f''(\xi_2) \neq f''(\eta_2)$，则由函数 $f''(x)$ 在区间 $[0,1]$ 上连续，得存在函数 $f''(x)$ 在区间 $[0,1]$ 上的最大值 M 和最小值 m，使得 $m < f''(x) < M$.

从而

$$m < \frac{f''(\xi_2) + f''(\eta_2)}{2} < M.$$

由介值定理，知存在 $\xi \in (\xi_2, \eta_2) \subseteq (0,1)$，使得 $f''(\xi) = \frac{f''(\xi_2) + f''(\eta_2)}{2}$.

进而结论得证.

综合训练题（七）

1. 设函数 $f(x)$ 在 $x=0$ 的邻域具有二阶导数，且 $\lim\limits_{x\to 0}\left[1+x+\dfrac{f(x)}{x}\right]^{\frac{1}{x}}=e^3$，试计算 $f(0)$，$f'(0)$ 及 $f''(0)$.

2. 设 $a>0$，且函数 $f(x)$ 在区间 $[a,+\infty)$ 满足：对任意 $x,y\in[a,+\infty)$，有
$$|f(x)-f(y)|\le k|x-y|,$$
其中，$k\ge 0$ 为常数，求证：函数 $\dfrac{f(x)}{x}$ 在区间 $[a,+\infty)$ 有界.

3. 设当 $x>-1$ 时，可微函数 $f(x)$ 满足条件：$f(0)=1$，且
$$f'(x)+f(x)-\frac{1}{x+1}\int_0^x f(t)\,\mathrm{d}t=0,$$
求证：当 $x\ge 0$ 时，有 $e^{-x}\le f(x)\le 1$ 成立.

4. 计算三重积分 $I=\iiint\limits_{\Omega}\left(\dfrac{x^2}{a^2}+\dfrac{y^2}{b^2}+\dfrac{z^2}{c^2}\right)\mathrm{d}x\mathrm{d}y\mathrm{d}z$，其中空间区域 Ω 是椭球体 $\dfrac{x^2}{a^2}+\dfrac{y^2}{b^2}+\dfrac{z^2}{c^2}\le 1$.

5. 将函数 $f(x)=\arctan\dfrac{1-2x}{1+2x}$ 展开成 x 的幂级数，并求级数 $\sum\limits_{n=0}^{\infty}\dfrac{(-1)^n}{2n+1}$ 的和.

6. 设函数 $f(x)$ 连续且恒大于零，且
$$F(t)=\frac{\iiint\limits_{\Omega(t)}f(x^2+y^2+z^2)\mathrm{d}V}{\iint\limits_{D(t)}f(x^2+y^2)\mathrm{d}\sigma},\quad G(t)=\frac{\iint\limits_{D(t)}f(x^2+y^2)\mathrm{d}\sigma}{\int_{-t}^{t}f(x^2)\mathrm{d}x},$$
其中，$\Omega(t)=\{(x,y,z)\mid x^2+y^2+z^2\le t^2\}$，$D(t)=\{(x,y)\mid x^2+y^2\le t^2\}$.

（1）讨论函数 $F(t)$ 在区间 $(0,+\infty)$ 内的单调性；

（2）求证：当 $t>0$ 时，$F(t)>\dfrac{2}{\pi}G(t)$.

7. 求曲线积分 $I=\int_L(e^x\sin y-b(x+y))\mathrm{d}x+(e^x\cos y-ax)\mathrm{d}y$，其中 a 与 b 为正常数，曲线 L 为从点 $A(2a,0)$ 沿曲线 $y=\sqrt{2ax-x^2}$ 到点 $O(0,0)$ 的弧.

8. 设函数 $f(x)$ 在区间 $[0,1]$ 上具有二阶导数，且 $f''(x)<0$，求证：
$$\int_0^1 f(x)\,\mathrm{d}x\le f\left(\frac{1}{2}\right).$$

9. 设 $A_n=\dfrac{n}{n^2+1}+\dfrac{n}{n^2+2^2}+\cdots+\dfrac{n}{n^2+n^2}$，求 $\lim\limits_{n\to\infty}n\left(\dfrac{\pi}{4}-A_n\right)$.

10. 计算反常积分 $\int_0^{+\infty}e^{-2x}|\sin x|\,\mathrm{d}x$.

参考答案

1. 设函数 $f(x)$ 在 $x=0$ 的邻域具有二阶导数，且 $\lim\limits_{x\to 0}\left[1+x+\dfrac{f(x)}{x}\right]^{\frac{1}{x}}=e^3$，试计算 $f(0)$，

$f'(0)$及$f''(0)$.

解 由$\lim\limits_{x\to0}\left[1+x+\dfrac{f(x)}{x}\right]^{\frac{1}{x}}=\mathrm{e}^3$, 得$\lim\limits_{x\to0}\dfrac{\ln\left[1+x+\dfrac{f(x)}{x}\right]}{x}=3$. 因为分母的极限为零，从而分子极限为零，即$\lim\limits_{x\to0}\ln\left[1+x+\dfrac{f(x)}{x}\right]=0$. 可以得到$\lim\limits_{x\to0}\dfrac{f(x)}{x}=0$. 因此，$\lim\limits_{x\to0}f(x)=0=f(0)$. 由导数的定义，得

$$f'(0)=\lim\limits_{x\to0}\dfrac{f(x)-f(0)}{x-0}=0.$$

另外，由$\dfrac{x+\dfrac{f(x)}{x}}{x}\to3$, 得$f''(0)=4$.

2. 设$a>0$, 且函数$f(x)$在区间$[a,+\infty)$满足：对任意$x,y\in[a,+\infty)$, 有
$$|f(x)-f(y)|\le k|x-y|,$$
其中，$k\ge0$为常数，求证：函数$\dfrac{f(x)}{x}$在区间$[a,+\infty)$有界.

证明 由于对任意$x,y\in[a,+\infty)$, 有$|f(x)-f(y)|\le k|x-y|$, 则
$$|f(x)|\le|f(x)-f(a)|+|f(a)|\le k|x-a|+|f(a)|.$$
从而

$$\left|\dfrac{f(x)}{x}\right|\le k\dfrac{|x-a|}{|x|}+\dfrac{|f(a)|}{|x|}=k\dfrac{x-a}{x}+\dfrac{|f(a)|}{x}\le k+\dfrac{|f(a)|}{a}.$$

故函数$\dfrac{f(x)}{x}$在区间$[a,+\infty)$有界.

3. 设当$x>-1$时，可微函数$f(x)$满足条件：$f(0)=1$, 且
$$f'(x)+f(x)-\dfrac{1}{x+1}\int_0^x f(t)\mathrm{d}t=0,$$
求证：当$x\ge0$时，有$\mathrm{e}^{-x}\le f(x)\le1$成立.

证明 由题设条件，知$f'(0)=-1$, 且所给方程可变形为
$$(x+1)f'(x)+(x+1)f(x)-\int_0^x f(t)\mathrm{d}t=0.$$
两端对x求导并整理，得
$$(x+1)f''(x)+(x+2)f'(x)=0.$$
这是一个可降阶的二阶微分方程，可用分离变量法，求得$f'(x)=\dfrac{C\mathrm{e}^{-x}}{1+x}$.

由$f'(0)=-1$, 得$C=-1$, $f'(x)=-\dfrac{\mathrm{e}^{-x}}{1+x}<0(x>-1)$.

可见函数$f(x)$单调递减.

而$f(0)=1$, 所以当$x\ge0$时，$f(x)\le1$.

对$f'(t)=-\dfrac{\mathrm{e}^{-t}}{1+t}<0$在区间$[0,x]$上进行积分，得

$$f(x)=f(0)-\int_0^x\dfrac{\mathrm{e}^{-t}}{1+t}\mathrm{d}t\ge1-\int_0^x\mathrm{e}^{-t}\mathrm{d}t=\mathrm{e}^{-x}.$$

4. 计算三重积分 $I = \iiint\limits_{\Omega} \left(\dfrac{x^2}{a^2} + \dfrac{y^2}{b^2} + \dfrac{z^2}{c^2} \right) \mathrm{d}x\mathrm{d}y\mathrm{d}z$，其中空间区域 Ω 是椭球体 $\dfrac{x^2}{a^2} + \dfrac{y^2}{b^2} + \dfrac{z^2}{c^2} \leqslant 1$.

解 利用截面法（先二后一）来计算.

积分区域 Ω 可表示成 $\Omega = \left\{ (x,\ y,\ z) \ \Big| \ \dfrac{x^2}{a^2} + \dfrac{y^2}{b^2} \leqslant 1 - \dfrac{z^2}{c^2},\ -c \leqslant z \leqslant c \right\}$，则

$$\iiint\limits_{\Omega} \dfrac{z^2}{c^2} \mathrm{d}x\mathrm{d}y\mathrm{d}z = \int_{-c}^{c} \mathrm{d}z \iint\limits_{D_z} \dfrac{z^2}{c^2} \mathrm{d}x\mathrm{d}y = \int_{-c}^{c} \dfrac{z^2}{c^2} \pi ab \left(1 - \dfrac{z^2}{c^2} \right) \mathrm{d}z = \dfrac{4}{15} \pi abc.$$

由轮换对称性，易知：

$$\iiint\limits_{\Omega} \dfrac{x^2}{a^2} \mathrm{d}x\mathrm{d}y\mathrm{d}z = \dfrac{4}{15} \pi abc,\quad \iiint\limits_{V} \dfrac{y^2}{b^2} \mathrm{d}x\mathrm{d}y\mathrm{d}z = \dfrac{4}{15} \pi abc.$$

因此 $I = 3 \left(\dfrac{4}{15} \pi abc \right) = \dfrac{4}{5} \pi abc.$

5. 将函数 $f(x) = \arctan \dfrac{1-2x}{1+2x}$ 展开成 x 的幂级数，并求级数 $\displaystyle\sum_{n=0}^{\infty} \dfrac{(-1)^n}{2n+1}$ 的和.

解 由 $f(x) = \arctan \dfrac{1-2x}{1+2x}$，得

$$f'(x) = -\dfrac{2}{1+4x^2} = -\dfrac{2}{1-(-4x^2)} = -2 \sum_{n=0}^{\infty} (-1)^n 4^n x^{2n}, x \in \left(-\dfrac{1}{2}, \dfrac{1}{2} \right).$$

又 $f(0) = \dfrac{\pi}{4}$，所以

$$f(x) = f(0) + \int_0^x f'(t)\,\mathrm{d}t = \dfrac{\pi}{4} - 2 \int_0^x \left[\sum_{n=0}^{\infty} (-1)^n 4^n t^{2n} \right] \mathrm{d}t$$

$$= \dfrac{\pi}{4} - 2 \sum_{n=0}^{\infty} \dfrac{(-1)^n 4^n}{2n+1} x^{2n+1}, x \in \left(-\dfrac{1}{2}, \dfrac{1}{2} \right).$$

因为级数 $\displaystyle\sum_{n=0}^{\infty} \dfrac{(-1)^n}{2n+1}$ 收敛，函数 $f(x)$ 在 $x = \dfrac{1}{2}$ 处连续，所以函数

$$f(x) = \dfrac{\pi}{4} - 2 \sum_{n=0}^{\infty} \dfrac{(-1)^n 4^n}{2n+1} x^{2n+1}$$

的收敛区域为 $\left(-\dfrac{1}{2},\ \dfrac{1}{2} \right]$.

令 $x = \dfrac{1}{2}$，得

$$f\left(\dfrac{1}{2} \right) = \dfrac{\pi}{4} - 2 \sum_{n=0}^{\infty} \left[\dfrac{(-1)^n 4^n}{2n+1} \cdot \dfrac{1}{2^{2n+1}} \right] = \dfrac{\pi}{4} - \sum_{n=0}^{\infty} \dfrac{(-1)^n}{2n+1}.$$

由 $f\left(\dfrac{1}{2} \right) = 0$，得 $\displaystyle\sum_{n=0}^{\infty} \dfrac{(-1)}{2n+1} = \dfrac{\pi}{4} - f\left(\dfrac{1}{2} \right) = \dfrac{\pi}{4}$.

6. 设函数 $f(x)$ 连续且恒大于零，且

$$F(t) = \dfrac{\iiint\limits_{\Omega(t)} f(x^2+y^2+z^2)\,\mathrm{d}V}{\iint\limits_{D(t)} f(x^2+y^2)\,\mathrm{d}\sigma}, G(t) = \dfrac{\iint\limits_{D(t)} f(x^2+y^2)\,\mathrm{d}\sigma}{\int_{-t}^{t} f(x^2)\,\mathrm{d}x},$$

其中，$\Omega(t) = \{(x,y,z) \mid x^2 + y^2 + z^2 \leqslant t^2\}$，$D(t) = \{(x,y) \mid x^2 + y^2 \leqslant t^2\}$.

（1）讨论函数 $F(t)$ 在区间 $(0, +\infty)$ 内的单调性；

（2）求证：当 $t > 0$ 时，$F(t) > \dfrac{2}{\pi} G(t)$.

解 因为

（1）
$$F(t) = \frac{\int_0^{2\pi} \mathrm{d}\theta \int_0^{\pi} \mathrm{d}\varphi \int_0^t f(r^2) r^2 \sin\varphi \, \mathrm{d}r}{\int_0^{2\pi} \mathrm{d}\theta \int_0^t f(r^2) r \, \mathrm{d}r} = \frac{2\int_0^t f(r^2) r^2 \, \mathrm{d}r}{\int_0^t f(r^2) r \, \mathrm{d}r},$$

且

$$F'(t) = 2 \frac{tf(t^2) \int_0^t f(r^2) r(t-r) \, \mathrm{d}r}{\left[\int_0^t f(r^2) r \, \mathrm{d}r\right]^2},$$

所以在区间 $(0, +\infty)$ 上，$F'(t) > 0$. 故函数 $F(t)$ 在区间 $(0, +\infty)$ 内单调增加.

（2）证明：由于 $G(t) = \dfrac{\iint\limits_{D(t)} f(x^2 + y^2) \, \mathrm{d}\sigma}{\int_{-t}^t f(x^2) \, \mathrm{d}x}$，因此 $G(t) = \dfrac{\pi \int_0^t f(r^2) r \, \mathrm{d}r}{\int_0^t f(r^2) \, \mathrm{d}r}$.

要证明当 $t > 0$ 时，$F(t) > \dfrac{2}{\pi} G(t)$，只需证明当 $t > 0$ 时，$F(t) - \dfrac{2}{\pi} G(t) > 0$，即

$$\int_0^t f(r^2) r^2 \, \mathrm{d}r \int_0^t f(r^2) \, \mathrm{d}r - \left[\int_0^t f(r^2) r \, \mathrm{d}r\right]^2 > 0.$$

令 $g(t) = \int_0^t f(r^2) r^2 \, \mathrm{d}r \int_0^t f(r^2) \, \mathrm{d}r - \left[\int_0^t f(r^2) r \, \mathrm{d}r\right]^2$，则

$$g'(t) = f(t^2) \int_0^t f(r^2)(t-r)^2 \, \mathrm{d}r > 0.$$

故函数 $g(t)$ 在区间 $[0, +\infty)$ 内单调增加. 所以当 $t > 0$ 时，有 $g(t) > g(0) = 0$.
因此，当 $t > 0$ 时，$F(t) > \dfrac{2}{\pi} G(t)$.

7. 求曲线积分 $I = \int_L [e^x \sin y - b(x+y)] \mathrm{d}x + (e^x \cos y - ax) \mathrm{d}y$，其中 a 与 b 为正常数，曲线 L 为从点 $A(2a,0)$ 沿曲线 $y = \sqrt{2ax - x^2}$ 到点 $O(0,0)$ 的弧.

解 因为 $e^x \sin y \mathrm{d}x + e^x \cos y \mathrm{d}y = \mathrm{d}(e^x \sin y)$，所以

$$\int_L e^x \sin y \mathrm{d}x + e^x \cos y \mathrm{d}y = e^x \sin y \Big|_{(2a,0)}^{(0,0)} = 0.$$

而曲线 L 的参数方程为 $x = a + a\cos t$，$y = a\sin t$，$0 \leqslant t \leqslant \pi$，所以

$$-\int_L b(x+y) \mathrm{d}x + ax \mathrm{d}y$$

$$= -\int_0^{\pi} \left[-ba^2(\sin t + \sin t \cos t + \sin^2 t) + a^3(1+\cos t)\cos t\right] \mathrm{d}t$$

$$= a^2 b\left(\frac{\pi}{2} + 2\right) - \frac{1}{2}\pi a^3.$$

因此 $I = a^2 b\left(\dfrac{\pi}{2} + 2\right) - \dfrac{1}{2}\pi a^3$.

8. 设函数 $f(x)$ 在区间 $[0,1]$ 上具有二阶导数，且 $f''(x)<0$，求证：

$$\int_0^1 f(x)\,dx \leqslant f\left(\frac{1}{2}\right).$$

证明 将函数 $f(x)$ 在 $x_0=\frac{1}{2}$ 处展开，得

$$f(x)=f\left(\frac{1}{2}\right)+f'\left(\frac{1}{2}\right)\left(x-\frac{1}{2}\right)+f''(\xi)\left(x-\frac{1}{2}\right)^2.$$

由于 $f''(x)<0$，因此

$$f(x)\leqslant f\left(\frac{1}{2}\right)+f'\left(\frac{1}{2}\right)\left(x-\frac{1}{2}\right).$$

由定积分的性质，得

$$\int_0^1 f(x)\,dx \leqslant \int_0^1 f\left(\frac{1}{2}\right)dx + \int_0^1 f'\left(\frac{1}{2}\right)\left(x-\frac{1}{2}\right)dx$$

$$= f\left(\frac{1}{2}\right)+f'\left(\frac{1}{2}\right)\int_0^1\left(x-\frac{1}{2}\right)dx = f\left(\frac{1}{2}\right),$$

即 $\int_0^1 f(x)\,dx \leqslant f\left(\frac{1}{2}\right)$.

9. 设 $A_n=\dfrac{n}{n^2+1}+\dfrac{n}{n^2+2^2}+\cdots+\dfrac{n}{n^2+n^2}$，求 $\lim\limits_{n\to\infty} n\left(\dfrac{\pi}{4}-A_n\right)$.

解 记 $f(x)=\dfrac{1}{1+x^2}$，$x_i=\dfrac{i}{n}$，$\Delta x_i=\dfrac{1}{n}$，则

$$A_n=\frac{n}{n^2+1}+\frac{n}{n^2+2^2}+\cdots+\frac{n}{n^2+n^2}$$

$$=\frac{1}{n}\left(\frac{1}{1+\dfrac{1}{n^2}}+\frac{1}{1+\dfrac{2^2}{n^2}}+\cdots+\frac{1}{1+\dfrac{n^2}{n^2}}\right)$$

$$=\frac{1}{n}\sum_{i=1}^n \frac{1}{1+\dfrac{i^2}{n^2}}=\sum_{i=1}^n\frac{1}{1+x_i^2}\Delta x_i=\sum_{i=1}^n f(x_i)\Delta x_i.$$

故 $\lim\limits_{n\to\infty} A_n=\int_0^1 f(x)\,dx=\dfrac{\pi}{4}$. 于是

$$J_n=n\left(\sum_{i=1}^n\int_{x_{i-1}}^{x_i}f(x)\,dx-A_n\right)=n\left(\sum_{i=1}^n\int_{x_{i-1}}^{x_i}f(x)\,dx-\sum_{i=1}^n\int_{x_{i-1}}^{x_i}f(x_i)\,dx\right)$$

$$=n\left\{\sum_{i=1}^n\int_{x_{i-1}}^{x_i}[f(x)-f(x_i)]\,dx\right\}=n\left\{\sum_{i=1}^n\int_{x_{i-1}}^{x_i}f'[\xi_i(x)](x-x_i)\,dx\right\}.$$

可以证明

$$\int_{x_{i-1}}^{x_i}f'[\xi_i(x)](x-x_i)\,dx=f'(\eta_i)\int_{x_{i-1}}^{x_i}(x-x_i)\,dx$$

$$=-f'(\eta_i)\frac{(x_i-x_{i-1})^2}{2}$$

$$=-f'(\eta_i)\frac{1}{2n^2},\quad \eta_i\in(x_{i-1},x_i).$$

因此

$$J_n = n\left\{\sum_{i=1}^{n}\left[-f'(\eta_i)\frac{1}{2n^2}\right]\right\} = -\frac{1}{2n}\sum_{i=1}^{n}f'(\eta_i),$$

即

$$\lim_{n\to\infty}n\left(\frac{\pi}{4} - A_n\right) = \lim_{n\to\infty}J_n$$

$$= \lim_{n\to\infty} -\frac{1}{2n}\sum_{i=1}^{n}f'(\eta_i) = -\frac{1}{2}\int_0^1 f'(x)\,\mathrm{d}x = -\frac{1}{2}[f(1) - f(0)] = \frac{1}{4}.$$

10. 计算反常积分 $\int_0^{+\infty}\mathrm{e}^{-2x}|\sin x|\,\mathrm{d}x$.

解 由于

$$\int_0^{n\pi}\mathrm{e}^{-2x}|\sin x|\,\mathrm{d}x = \sum_{k=1}^{n}\int_{(k-1)\pi}^{k\pi}\mathrm{e}^{-2x}|\sin x|\,\mathrm{d}x$$

$$= \sum_{k=1}^{n}\int_{(k-1)\pi}^{k\pi}(-1)^{k-1}\mathrm{e}^{-2x}\sin x\,\mathrm{d}x,$$

而

$$\int_{(k-1)\pi}^{k\pi}\mathrm{e}^{-2x}\sin x\,\mathrm{d}x = -\frac{1}{2}\int_{(k-1)\pi}^{k\pi}\sin x\,\mathrm{d}\mathrm{e}^{-2x}$$

$$= -\frac{1}{2}\mathrm{e}^{-2x}\sin x\Big|_{(k-1)\pi}^{k\pi} + \frac{1}{2}\int_{(k-1)\pi}^{k\pi}\mathrm{e}^{-2x}\cos x\,\mathrm{d}x$$

$$= -\frac{1}{4}\int_{(k-1)\pi}^{k\pi}\cos x\,\mathrm{d}\mathrm{e}^{-2x}$$

$$= -\frac{1}{4}\mathrm{e}^{-2x}\cos x\Big|_{(k-1)\pi}^{k\pi} + \frac{1}{4}\int_{(k-1)\pi}^{k\pi}\mathrm{e}^{-2x}\mathrm{d}\cos x$$

$$= -\frac{1}{4}\mathrm{e}^{-2k\pi}(-1)^k + \frac{1}{4}\mathrm{e}^{-2(k-1)\pi}(-1)^{k-1} - \frac{1}{4}\int_{(k-1)\pi}^{k\pi}\mathrm{e}^{-2x}\sin x\,\mathrm{d}x,$$

即

$$\int_{(k-1)\pi}^{k\pi}(-1)^{k-1}\mathrm{e}^{-2x}\sin x\,\mathrm{d}x = \frac{1}{5}\mathrm{e}^{-2k\pi}(1 + \mathrm{e}^{2\pi}),$$

故

$$\int_0^{n\pi}\mathrm{e}^{-2x}|\sin x|\,\mathrm{d}x = \sum_{k=1}^{n}\frac{1}{5}\mathrm{e}^{-2k\pi}(1 + \mathrm{e}^{2\pi}) = \frac{1}{5}(1 + \mathrm{e}^{2\pi})\sum_{k=1}^{n}\mathrm{e}^{-2k\pi}$$

$$= \frac{1}{5}(1 + \mathrm{e}^{2\pi})\frac{\mathrm{e}^{-2\pi} - \mathrm{e}^{-2(n+1)\pi}}{1 - \mathrm{e}^{-2\pi}}$$

$$\to \frac{1}{5}\cdot\frac{\mathrm{e}^{2\pi} + 1}{\mathrm{e}^{2\pi} - 1}\quad(n\to\infty).$$

当 $n\pi\leqslant t < (n+1)\pi$ 时,

$$\int_0^{n\pi}\mathrm{e}^{-2x}|\sin x|\,\mathrm{d}x \leqslant \int_0^t\mathrm{e}^{-2x}|\sin x|\,\mathrm{d}x < \int_0^{(n+1)\pi}\mathrm{e}^{-2x}|\sin x|\,\mathrm{d}x,$$

令 $n\to\infty$,利用夹逼定理,得

$$\int_0^{+\infty}\mathrm{e}^{-2x}|\sin x|\,\mathrm{d}x = \lim_{t\to+\infty}\int_0^t\mathrm{e}^{-2x}|\sin x|\,\mathrm{d}x = \frac{1}{5}\cdot\frac{\mathrm{e}^{2\pi} + 1}{\mathrm{e}^{2\pi} - 1}.$$

综合训练题（八）

1. 设函数 $f(x)$ 在区间 $[a,b]$ 上可导，且 $b-a \geqslant 4$，求证：存在 $x_0 \in (a,b)$，使得 $f'(x_0) < 1+f^2(x_0)$.

2. 设函数 $f(x)$ 在区间 $\left[0, \dfrac{\pi}{2}\right]$ 上可导，且 $f(0) \cdot f\left(\dfrac{\pi}{2}\right) < 0$，求证：存在 $\xi \in \left(0, \dfrac{\pi}{2}\right)$，使得 $f'(\xi) = f(\xi)\tan\xi$.

3. 设函数 $f(x)$ 在区间 $[0,1]$ 上连续，在区间 $(0,1)$ 内可微，$f(0) = 0$，且当 $0 < x < 1$ 时，有 $|f'(x)| \leqslant |f(x)|$，求证：在区间 $[0,1]$ 上，$f(x) \equiv 0$.

4. 设函数 $f(x)$ 在区间 $[a,b]$ 上连续，且 $\displaystyle\int_a^b f(x)\,\mathrm{d}x = \int_a^b f(x)\mathrm{e}^x\,\mathrm{d}x = 0$，求证：函数 $f(x)$ 在区间 (a,b) 内至少有两个零点.

5. 求曲面 $2x^2 + y^2 + z^2 = 1$ 到 $2x + y - z = 10$ 的最近距离与最远距离.

6. 设函数 $f(x)$ 在区间 $[0,1]$ 上具有三阶连续导数，且 $f(0) = 1, f(1) = 2, f'\left(\dfrac{1}{2}\right) = 0$，求证：存在 $\xi \in (0,1)$，使 $|f'''(\xi)| \geqslant 24$.

7. 设函数 $f(x)$ 在 x_0 某邻域内有直到 $n+1$ 阶导数，且
$$f'(x_0) = f''(x_0) = \cdots = f^{(k-1)}(x_0) = 0, \quad f^{(k)}(x_0) \neq 0 \qquad (k \leqslant n),$$
求证：（1）当 k 为奇数时，$f(x_0)$ 不是极值；（2）当 k 为偶数时，$f(x_0)$ 为极值.

8. 设函数 $f(x)$ 在区间 $[0,1]$ 上连续，$f(0) = f(1)$，求证：对于任意正整数 n，必存在 $x_n \in (0,1)$，使 $f(x_n) = f\left(x_n + \dfrac{1}{n}\right)$.

9. 设函数 $f(x)$ 在区间 $[0,3]$ 上连续，在区间 $(0,3)$ 内可导，且 $f(0) + f(1) + f(2) = 3$，$f(3) = 1$，求证：存在 $\xi \in (0,3)$，使 $f'(\xi) = 0$.

10. 设 $u_n > 0$，若存在一个正整数 k，使 $u_{n+1} \leqslant k(u_n - u_{n+1})$，求证：级数 $\displaystyle\sum_{n=1}^{\infty} u_n$ 及 $\displaystyle\sum_{n=1}^{\infty}(u_n - u_{n+1})$ 均收敛.

参考答案

1. 设函数 $f(x)$ 在区间 $[a,b]$ 上可导，且 $b-a \geqslant 4$，求证：存在 $x_0 \in (a,b)$，使得 $f'(x_0) < 1+f^2(x_0)$.

证明　设 $\varphi(x) = \arctan f(x)$，则函数 $\varphi(x)$ 在区间 $[a,b]$ 上可导.

由拉格朗日定理，得存在 $x_0 \in (a,b)$，使
$$\varphi'(x_0) = \frac{\varphi(b) - \varphi(a)}{b-a} = \frac{\arctan f(b) - \arctan f(a)}{b-a}.$$

又 $\dfrac{\arctan f(b) - \arctan f(a)}{b-a} \leqslant \dfrac{\pi}{4} < 1$，则 $\varphi'(x_0) < 1$.

而

$$\varphi'(x_0) = \frac{f'(x_0)}{1 + f^2(x_0)},$$

于是 $\dfrac{f'(x_0)}{1 + f^2(x_0)} < 1$，即 $f'(x_0) < 1 + f^2(x_0)$.

2. 设函数 $f(x)$ 在区间 $\left[0, \dfrac{\pi}{2}\right]$ 上可导，且 $f(0) \cdot f\left(\dfrac{\pi}{2}\right) < 0$，求证：存在 $\xi \in \left(0, \dfrac{\pi}{2}\right)$，使得 $f'(\xi) = f(\xi) \tan \xi$.

证明　由于函数 $f(x)$ 在区间 $\left[0, \dfrac{\pi}{2}\right]$ 连续，且 $f(0) \cdot f\left(\dfrac{\pi}{2}\right) < 0$，因此，由零点定理，知存在 $c \in \left(0, \dfrac{\pi}{2}\right)$，使 $f(c) = 0$.

令 $F(x) = f(x) \cos x$，则函数 $F(x)$ 在区间 $\left[0, \dfrac{\pi}{2}\right]$ 上连续、可导，且

$$F'(x) = f'(x) \cos x - f(x) \sin x.$$

又 $f(c) = f\left(\dfrac{\pi}{2}\right) = 0$，由罗尔定理，知存在 $\xi \in \left(0, \dfrac{\pi}{2}\right)$，使得

$$F'(\xi) = f'(\xi) \cos \xi - f(\xi) \sin \xi = 0,$$

即 $f'(\xi) = f(\xi) \tan \xi$.

3. 设函数 $f(x)$ 在区间 $[0,1]$ 上连续，在区间 $(0,1)$ 内可微，$f(0) = 0$，且当 $0 < x < 1$ 时，有 $|f'(x)| \leqslant |f(x)|$，求证：在区间 $[0,1]$ 上，$f(x) \equiv 0$.

证明　由于函数 $f(x)$ 在区间 $[0,1]$ 上连续，因此，在 $M > 0$，使 $|f(x)| \leqslant M$.

先证当 $x \in (0,1)$ 时，$f(x) = 0$.

任取 $a \in (0,1)$，则 $f(a) - f(0) = f'(\xi_1) a$，其中 $\xi_1 \in (0, a)$.

从而

$$|f(a)| = |f'(\xi_1)| a \leqslant |f(\xi_1)| a.$$

同理，存在 $\xi_2 \in (0, \xi_1)$，使

$$|f(\xi_1)| = |f'(\xi_2)| \xi_1 \leqslant |f(\xi_2)| a.$$

以此类推，得到数列 $\{\xi_n\}$ 满足：

$$0 < \xi_n < \xi_{n-1} < \cdots < \xi_2 < \xi_1 < a < 1,$$

使

$$|f(\xi_{n-1})| = |f'(\xi_n)| \xi_{n-1} \leqslant |f(\xi_n)| a.$$

于是

$$0 \leqslant f(a) \leqslant |f(\xi_n)| a^n \leqslant M a^n.$$

又 $0 < a < 1$，则 $\lim\limits_{n \to \infty} M a^n = 0$. 故 $f(a) = 0$. 因此，在区间 $(0,1)$ 上，$f(x) = 0$.

由于函数 $f(x)$ 在区间 $[0,1]$ 上连续，则在区间 $[0,1]$ 上，$f(x) \equiv 0$.

4. 设函数 $f(x)$ 在区间 $[a,b]$ 上连续，且 $\displaystyle\int_a^b f(x)\,\mathrm{d}x = \int_a^b f(x)\mathrm{e}^x\,\mathrm{d}x = 0$，求证：函数 $f(x)$ 在区间 (a,b) 内至少有两个零点.

证明　设 $F(x) = \displaystyle\int_a^x f(x)\,\mathrm{d}x$，则 $F(a) = 0$，$F(b) = 0$，且 $F'(x) = f(x)$.

于是

$$\int_a^b f(x) e^x dx = \int_a^b e^x dF(x) = e^x F(x) \Big|_a^b - \int_a^b F(x) de^x$$

$$= 0 - \int_a^b F(x) e^x dx = F(c) e^c (b-a) = 0.$$

因此 $F(c)=0$. 由于函数 $F(x)$ 在区间 $[a,b]$ 上连续、可导，且

$$F(a) = F(c) = F(b) = 0,$$

因此，由罗尔定理，知存在 $\xi \in (a,c)$，$\eta \in (c,b)$，使得

$$F'(\xi) = f(\xi) = 0, \quad F'(\eta) = f(\eta) = 0,$$

即函数 $f(x)$ 在区间 (a,b) 内至少有两个零点.

5. 求曲面 $2x^2 + y^2 + z^2 = 1$ 到 $2x + y - z = 10$ 的最近距离与最远距离.

解 设点 $M(x,y,z)$ 为曲面 $2x^2 + y^2 + z^2 = 1$ 一点，则点 M 到平面

$$2x + y - z = 10$$

的距离为

$$d(x,y,z) = \frac{|2x + y - z - 10|}{\sqrt{6}},$$

且 $2x^2 + y^2 + z^2 = 1$. 于是只需求 $d^2(x,y,z) = \frac{(2x + y - z - 10)^2}{6}$ 在条件 $2x^2 + y^2 + z^2 = 1$ 下的最大值与最小值.

引入函数 $F(x,y,z) = \frac{(2x + y - z - 10)^2}{6} + \lambda(2x^2 + y^2 + z^2 - 1)$，则

$$\begin{cases} F_x = \frac{2}{3}(2x + y - z - 10) + 4\lambda x = 0, \\ F_y = \frac{1}{3}(2x + y - z - 10) + 2\lambda y = 0, \\ F_z = -\frac{1}{3}(2x + y - z - 10) + 2\lambda z = 0, \\ 2x^2 + y^2 + z^2 - 1 = 0. \end{cases}$$

解得驻点为 $\left(\frac{1}{2}, \frac{1}{2}, -\frac{1}{2}\right)$，$\left(-\frac{1}{2}, -\frac{1}{2}, -\frac{1}{2}\right)$，且 $d_{\min} = \frac{8}{\sqrt{6}} = \frac{4}{3}\sqrt{6}$，$d_{\max} = \frac{12}{\sqrt{6}} = 2\sqrt{6}$.

6. 设函数 $f(x)$ 在区间 $[0,1]$ 上具有三阶连续导数，且 $f(0) = 1, f(1) = 2, f'\left(\frac{1}{2}\right) = 0$，求证：存在 $\xi \in (0,1)$，使 $|f'''(\xi)| \geqslant 24$.

证明 将函数 $f(x)$ 在点 $x = \frac{1}{2}$ 处按泰勒公式展开，得

$$f(x) = f\left(\frac{1}{2}\right) + f'\left(\frac{1}{2}\right)\left(x - \frac{1}{2}\right) + \frac{1}{2}f''\left(\frac{1}{2}\right)\left(x - \frac{1}{2}\right)^2 + \frac{1}{6}f'''(\xi)\left(x - \frac{1}{2}\right)^3,$$

其中，ξ 在 x 与 $\frac{1}{2}$ 之间.

取 $x = 0$，则有

$$f(0) = f\left(\frac{1}{2}\right) + f'\left(\frac{1}{2}\right)\left(-\frac{1}{2}\right) + \frac{1}{2}f''\left(\frac{1}{2}\right)\left(-\frac{1}{2}\right)^2 + \frac{1}{6}f'''(\xi_1)\left(-\frac{1}{2}\right)^3$$

其中，$\xi_1 \in \left(0, \frac{1}{2}\right)$.

取 $x=1$，则有

$$f(1) = f\left(\frac{1}{2}\right) + f'\left(\frac{1}{2}\right) \cdot \frac{1}{2} + \frac{1}{2}f''\left(\frac{1}{2}\right)\left(\frac{1}{2}\right)^2 + \frac{1}{6}f'''(\xi_2)\left(\frac{1}{2}\right)^3.$$

其中，$\xi_2 \in \left(\frac{1}{2}, 1\right)$.

因为 $f'\left(\frac{1}{2}\right) = 0$，所以

$$|f(1) - f(0)| \leqslant \frac{1}{6}\big[|f'''(\xi_1)| + |f'''(\xi_2)|\big]\left(\frac{1}{2}\right)^3.$$

令 $f'''(\xi) = \max\{|f'''(\xi_1)|, |f'''(\xi_2)|\}$，则 $|f(1) - f(0)| \leqslant \frac{1}{24}|f'''(\xi)|$.

又 $f(0) = 1, f(1) = 2$，

所以 $|f'''(\xi)| \geqslant 24$.

7. 设函数 $f(x)$ 在 x_0 某邻域内有直到 $n+1$ 阶导数，且

$$f'(x_0) = f''(x_0) = \cdots = f^{(k-1)}(x_0) = 0, f^{(k)}(x_0) \neq 0 \qquad (k \leqslant n),$$

求证：（1）当 k 为奇数时，$f(x_0)$ 不是极值；（2）当 k 为偶数时，$f(x_0)$ 为极值.

证明　在 $x = x_0$ 处将 $f(x)$ 按泰勒公式展开，并由题设条件，可得

$$f(x) - f(x_0) = \frac{f^{(k)}(\xi)}{k!}(x - x_0)^k \qquad (\xi \text{ 在 } x \text{ 与 } x_0 \text{ 之间}),$$

且在 x_0 某邻域内 $f^{(k)}(\xi)$ 不变号.

（1）当 k 为奇数时，因为当 $x > x_0$ 与 $x < x_0$ 时，$(x - x_0)^k$ 变号，所以 $\dfrac{f^{(k)}(\xi)}{k!}(x - x_0)^k$ 变号. 从而 $f(x) - f(x_0)$ 变号，即函数 $f(x)$ 在 $x = x_0$ 点不取极值.

（2）当 k 为偶数时，$(x - x_0)^k > 0$.

若 $f^{(k)}(\xi) > 0$，则 $f(x) - f(x_0) > 0$，即 $f(x) > f(x_0)$，函数 $f(x)$ 在 $x = x_0$ 处取极小值.

若 $f^{(k)}(\xi) < 0$，则 $f(x) - f(x_0) < 0$，即 $f(x) < f(x_0)$，函数 $f(x)$ 在 $x = x_0$ 处取极大值.

8. 设函数 $f(x)$ 在区间 $[0,1]$ 上连续，$f(0) = f(1)$，求证：对于任意正整数 n，必存在 $x_n \in (0,1)$，使 $f(x_n) = f\left(x_n + \dfrac{1}{n}\right)$.

证明　令 $\varphi(x) = f(x_n) - f\left(x_n + \dfrac{1}{n}\right)$，则函数 $\varphi(x)$ 在区间 $\left[0, 1 - \dfrac{1}{n}\right]$ 上连续. 故存在最大值 M 与最小值 m，满足　$m \leqslant \varphi\left(\dfrac{k}{n}\right) \leqslant M$（$k = 0, 1, \cdots, n-1$）.

所以

$$m \leqslant \frac{1}{n}\sum_{k=0}^{n-1}\varphi\left(\frac{k}{n}\right) \leqslant M.$$

故存在 $x_n \in \left[0, 1 - \dfrac{1}{n}\right]$，使

$$\varphi(x_n) = \frac{1}{n}\sum_{k=0}^{n-1}\varphi\left(\frac{k}{n}\right) = \frac{1}{n}\left[\varphi(0) + \varphi\left(\frac{1}{n}\right) + \cdots + \varphi\left(\frac{n-1}{n}\right)\right]$$

$$= \frac{1}{n}\left[f(0) - f\left(\frac{1}{n}\right) + f\left(\frac{1}{n}\right) - f\left(\frac{2}{n}\right) + \cdots + f\left(\frac{n-1}{n}\right) - f(1)\right]$$

$$= \frac{1}{n}[f(0) - f(1)] = 0,$$

即 $f(x_n) = f\left(x_n + \frac{1}{n}\right)$.

9. 设函数 $f(x)$ 在区间 $[0,3]$ 上连续，在区间 $(0,3)$ 内可导，且 $f(0) + f(1) + f(2) = 3$，$f(3) = 1$，求证：存在 $\xi \in (0,3)$，使 $f'(\xi) = 0$.

证明　由于函数 $f(x)$ 在区间 $[0,3]$ 上连续，因此，函数 $f(x)$ 在区间 $[0,3]$ 上有最大值 M 与最小值 m. 于是

$$m \leqslant f(0) \leqslant M, \ m \leqslant f(1) \leqslant M, \ m \leqslant f(2) \leqslant M.$$

则

$$m \leqslant \frac{f(0) + f(1) + f(2)}{3} \leqslant M.$$

由介值定理，知存在 $c \in [0,2]$，使

$$f(c) = \frac{f(0) + f(1) + f(2)}{3} = 1.$$

又函数 $f(x)$ 在区间 $[0,3]$ 上连续，在区间 $(0,3)$ 内可导，且 $f(c) = f(3) = 1$，则由罗尔定理，知存在 $\xi \in (c,3) \subseteq (0,3)$，使 $f'(\xi) = 0$.

10. 设 $u_n > 0$，若存在一个正整数 k，使 $u_{n+1} \leqslant k(u_n - u_{n+1})$，求证：级数 $\sum\limits_{n=1}^{\infty} u_n$ 及 $\sum\limits_{n=1}^{\infty}(u_n - u_{n+1})$ 均收敛.

证明　由于 $u_{n+1} \leqslant k(u_n - u_{n+1})$，则有 $u_{n+1} \leqslant \frac{k}{1+k}u_n$.

因此

$$u_n \leqslant \frac{k}{1+k}u_{n-1} \leqslant \left(\frac{k}{1+k}\right)^2 u_{n-2} \leqslant \cdots \leqslant \left(\frac{k}{1+k}\right)^{n-1} u_1.$$

因为 $k > 0$，所以 $\frac{k}{1+k} < 1$，级数 $\sum\limits_{n=1}^{\infty}\left(\frac{k}{1+k}\right)^{n-1} u_1$ 收敛.

于是级数 $\sum\limits_{n=1}^{\infty} u_n$ 收敛. 从而有 $\lim\limits_{n\to\infty} u_n = 0$.

又级数 $\sum\limits_{n=1}^{\infty}(u_n - u_{n+1})$ 的部分和为

$$s_n = (u_1 - u_2) + (u_2 - u_3) + \cdots + (u_n - u_{n+1}) = u_1 - u_{n+1},$$

则 $\lim\limits_{n\to\infty} s_n = u_1$. 故级数 $\sum\limits_{n=1}^{\infty}(u_n - u_{n+1})$ 收敛.

综合训练题（九）

1. 设函数 $f(x)$ 在区间 $[a,b]$ 内是可微函数，且 $f(a) = f(b) = 0$，函数 $f'(x)$ 连续，令 $M = \max |f'(x)|$，$x \in [a,b]$，求证：$M \geqslant \dfrac{4}{(b-a)^2} \int_a^b f(x)\,\mathrm{d}x$.

2. 设函数 $f(t)$ 单调递增，在区间 $[0,T]$ 上可积，且 $\lim\limits_{T \to +\infty} \int_0^T f(t)\,\mathrm{d}t = c$（$c$ 为常数），求证：$\lim\limits_{t \to +\infty} f(t) = c$.

3. 设函数 $f(x)$ 在区间 $[-1,1]$ 上连续，求证：
$$\lim_{h \to 0^+} \frac{1}{T} \int_{-1}^1 \frac{h}{h^2 + x^2} f(x)\,\mathrm{d}x = \pi f(0).$$

4. 计算曲面积分 $\iint\limits_{\Sigma} x\mathrm{d}y\mathrm{d}z + 3y\mathrm{d}z\mathrm{d}x - (z+1)\mathrm{d}x\mathrm{d}y$，其中曲面 Σ 为上半球面 $z = \sqrt{4 - x^2 - y^2}$ 的上侧.

5. 已知函数 $f(x)$ 是区间 $[0, 2\pi]$ 上的连续函数，且 $\int_0^{2\pi} f(x)\,\mathrm{d}x = A$，求 $\lim\limits_{n \to +\infty} \int_0^{2\pi} f(x) |\sin nx|\,\mathrm{d}x$.

6. 设函数 $f(x)$ 在区间 $[-1,1]$ 上有定义，函数 $f'''(x)$ 连续，求证：级数
$$\sum_{n=1}^{\infty} \left[nf\left(\frac{1}{n}\right) - nf\left(-\frac{1}{n}\right) - 2f'(0) \right]$$
收敛.

7. 对 $|x| < 1$，$f(x) = 1 + 2x + 3x^2 + \cdots$，由
$$f(x) = \sum_{n=0}^{\infty} a_n (x+2)^n$$
确定实数 $a_0, a_1, a_2, \cdots$，并求级数 $\sum\limits_{n=0}^{\infty} a_n z^n$ 的收敛半径.

8. 设 $[x]$ 表示不大于 x 的最大整数，求证：（1）积分 $\int_0^1 x \left[\dfrac{1}{x}\right] \mathrm{d}x$ 存在，并求其值；（2）$\int_0^1 \left(\left[\dfrac{2}{x}\right] - 2\left[\dfrac{1}{x}\right] \right) \mathrm{d}x = 2\ln 2 - 1$.

9. 设函数 $f(x)$ 在区间 $[0, +\infty)$ 可导，且 $0 \leqslant f(x) \leqslant \dfrac{x}{1+x^2}$，求证：存在 $\xi > 0$，使 $f'(\xi) = \dfrac{1-\xi^2}{(1+\xi^2)^2}$.

10. 设函数 $f(x)$ 在区间 $[0, \pi]$ 上连续，在区间 $(0, \pi)$ 内可导，且
$$\int_0^\pi f(x) \sin x \mathrm{d}x = \int_0^\pi f(x) \cos x \mathrm{d}x = 0,$$
求证：存在 $\xi \in (0, \pi)$，使 $f'(\xi) = 0$.

参考答案

1. 设函数 $f(x)$ 在区间 $[a,b]$ 内是可微函数，且 $f(a) = f(b) = 0$，函数 $f'(x)$ 连续，令 $M = \max |f'(x)|$，$x \in [a,b]$，求证：$M \geqslant \dfrac{4}{(b-a)^2} \displaystyle\int_a^b f(x) \, \mathrm{d}x$.

证明 对 $x \in [a,b]$，由拉格朗日中值定理，得

$$|f(x)| = |f(x) - f(a)| = |f'(\xi)(x-a)| \leqslant M(x-a), \quad a \leqslant \xi < x,$$

及

$$|f(x)| = |f(x) - f(b)| = |f'(\eta)(x-b)| \leqslant M(b-x), \quad x < \eta \leqslant b.$$

则

$$\int_a^b f(x) \, \mathrm{d}x \leqslant \int_a^b |f(x)| \, \mathrm{d}x$$

$$= \int_a^{\frac{a+b}{2}} |f(x)| \, \mathrm{d}x + \int_{\frac{a+b}{2}}^b |f(x)| \, \mathrm{d}x$$

$$\leqslant \int_a^{\frac{a+b}{2}} M(x-a) \, \mathrm{d}x + \int_{\frac{a+b}{2}}^b M(b-x) \, \mathrm{d}x = \frac{(b-a)^2}{4} M.$$

于是 $M \geqslant \dfrac{4}{(b-a)^2} \displaystyle\int_a^b f(x) \, \mathrm{d}x$.

2. 设函数 $f(t)$ 单调递增，在区间 $[0,T]$ 上可积，且 $\lim\limits_{T \to +\infty} \displaystyle\int_0^T f(t) \, \mathrm{d}t = c$（$c$ 为常数），求证：$\lim\limits_{t \to \infty} f(t) = c$.

证明 因为函数 $f(x)$ 单调递增，所以 $\lim\limits_{t \to +\infty} f(t) = a$ 或 $\lim\limits_{t \to +\infty} f(t) = +\infty$.

若 $\lim\limits_{t \to +\infty} f(t) = +\infty$ 或 $a > c$，则存在 t_0，当 $t > t_0$ 时，使 $f(t) > f(t_0) > c$.

因此

$$\lim_{T \to +\infty} \frac{1}{T} \int_0^T f(t) \, \mathrm{d}t = \lim_{T \to +\infty} \frac{1}{T} \left[\int_0^{t_0} f(t) \, \mathrm{d}t + \int_{t_0}^T f(t) \, \mathrm{d}t \right]$$

$$= 0 + \lim_{T \to +\infty} \frac{1}{T} \int_{t_0}^T f(t) \, \mathrm{d}t \geqslant \lim_{T \to +\infty} \frac{T - t_0}{T} f(t_0)$$

$$= f(t_0) > c,$$

与已知条件矛盾.

若 $a < c$，取 b 使 $a < b < c$，则存在 t_0，当 $t > t_0$ 时，使 $f(t) < b$.

仿上可得

$$\lim_{T \to +\infty} \frac{1}{T} \int_{t_0}^T f(t) \, \mathrm{d}t \leqslant b < c,$$

仍与条件矛盾. 因而 $a = c$，即 $\lim\limits_{t \to +\infty} f(t) = c$.

3. 设函数 $f(x)$ 在区间 $[-1,1]$ 上连续，求证：

$$\lim_{h \to 0^+} \frac{1}{T} \int_{-1}^1 \frac{h}{h^2 + x^2} f(x) \, \mathrm{d}x = \pi f(0).$$

证明

$$\int_{-1}^1 \frac{h}{h^2 + x^2} f(x)\,\mathrm{d}x = \int_{-1}^{-\sqrt{h}} \frac{h}{h^2 + x^2} f(x)\,\mathrm{d}x + \int_{-\sqrt{h}}^{\sqrt{h}} \frac{h}{h^2 + x^2} f(x)\,\mathrm{d}x + \int_{\sqrt{h}}^1 \frac{h}{h^2 + x^2} f(x)\,\mathrm{d}x.$$

把右边的三个积分分别记为 I_1, I_2, I_3. 记 $M = \max\limits_{x \in [-1,1]} \{|f(x)|\}$, 则

$$|I_3| \leqslant M\left(\arctan \frac{1}{h} - \arctan \frac{\sqrt{h}}{h}\right) \to 0 \quad (h \to 0^+).$$

类似地，有

$$|I_1| \leqslant M\left[\arctan\left(-\frac{\sqrt{h}}{h}\right) - \arctan\left(-\frac{1}{h}\right)\right] \to 0 \quad (h \to 0^+).$$

再由积分中值定理，得存在 $\xi \in (-\sqrt{h}, \sqrt{h})$, 使

$$I_2 = 2f(\xi) \arctan \frac{\sqrt{h}}{h} \to \pi f(0) \quad (h \to 0^+).$$

因此

$$\lim_{h \to 0^+} \int_{-1}^1 \frac{h}{h^2 + x^2} f(x)\,\mathrm{d}x = \lim_{h \to 0^+}(I_1 + I_2 + I_3) = \pi f(0).$$

4. 计算曲面积分 $\iint\limits_{\Sigma} x\mathrm{d}y\mathrm{d}z + 3y\mathrm{d}z\mathrm{d}x - (z+1)\mathrm{d}x\mathrm{d}y$, 其中曲面 Σ 为上半球面 $z = \sqrt{4 - x^2 - y^2}$ 的上侧.

解 设曲面 Σ_1 为 $z = 0$ $(x^2 + y^2 \leqslant 4)$ 取下侧，则曲面 $\Sigma + \Sigma_1$ 为封闭曲面（取外侧）.

由高斯公式，得

$$\oiint\limits_{\Sigma + \Sigma_1} x\mathrm{d}y\mathrm{d}z + 3y\mathrm{d}z\mathrm{d}x - (z+1)\mathrm{d}x\mathrm{d}y = \iiint\limits_{\Omega} 3\mathrm{d}x\mathrm{d}y\mathrm{d}z = 16\pi.$$

于是

$$\iint\limits_{\Sigma} = \oiint\limits_{\Sigma + \Sigma_1} - \iint\limits_{\Sigma_1} = 16\pi - \iint\limits_{\Sigma_1} x\mathrm{d}y\mathrm{d}z + 3y\mathrm{d}z\mathrm{d}x - (z+1)\mathrm{d}x\mathrm{d}y$$

$$= 16\pi + \iint\limits_{\Sigma_1}(z+1)\mathrm{d}x\mathrm{d}y = 16\pi - \iint\limits_{D} \mathrm{d}x\mathrm{d}y = 12\pi.$$

5. 已知函数 $f(x)$ 是区间 $[0, 2\pi]$ 上的连续函数，且 $\int_0^{2\pi} f(x)\,\mathrm{d}x = A$, 求 $\lim\limits_{n \to +\infty} \int_0^{2\pi} f(x)\,|\sin nx|\,\mathrm{d}x$.

解 应用定积分的性质，得

$$I = \int_0^{2\pi} f(x)\,|\sin nx|\,\mathrm{d}x = \sum_{i=1}^n \int_{\frac{2\pi(i-1)}{n}}^{\frac{2\pi i}{n}} f(x)\,|\sin nx|\,\mathrm{d}x.$$

再由第一积分中值定理，得

$$I = \sum_{i=1}^n f(\xi_i) \int_{\frac{2\pi(i-1)}{n}}^{\frac{2\pi i}{n}} |\sin nx|\,\mathrm{d}x \qquad \left(\frac{2\pi(i-1)}{n} \leqslant \xi_i \leqslant \frac{2\pi i}{n}\right)$$

$$= \sum_{i=1}^n f(\xi_i) \frac{1}{n} \int_0^{2\pi} |\sin nx|\,\mathrm{d}x = \sum_{i=1}^n f(\xi_i) \cdot \frac{4}{n}$$

$$= \frac{2}{\pi} \sum_{i=1}^n f(\xi_i) \cdot \frac{2\pi}{n}.$$

因此

$$\lim_{n\to+\infty}\int_0^{2\pi}f(x)\mid\sin nx\mid\mathrm{d}x = \lim_{n\to+\infty}\frac{2}{\pi}\sum_{i=1}^n f(\xi_i)\cdot\frac{2\pi}{n}$$

$$= \frac{2}{\pi}\int_0^{2\pi}f(x)\,\mathrm{d}x = \frac{2}{\pi}A.$$

6. 设函数 $f(x)$ 在区间 $[-1,1]$ 上有定义，函数 $f'''(x)$ 连续，求证：级数

$$\sum_{n=1}^\infty\left[nf\left(\frac{1}{n}\right)-nf\left(-\frac{1}{n}\right)-2f'(0)\right]$$

收敛.

证明 由泰勒公式，得

$$f\left(\frac{1}{n}\right)=f(0)+\frac{1}{n}f'(0)+\frac{1}{2n^2}f''(\xi_1),\ 0<\xi_1<\frac{1}{n},$$

$$f\left(-\frac{1}{n}\right)=f(0)-\frac{1}{n}f'(0)+\frac{1}{2n^2}f''(\xi_2),\ -\frac{1}{n}<\xi_2<0.$$

所以

$$\left|n\left[f\left(\frac{1}{n}\right)-f\left(-\frac{1}{n}\right)\right]-2f'(0)\right| = \left|\frac{1}{2n}\left[f''(\xi_1)-f''(\xi_2)\right]\right|$$

$$= \left|\frac{1}{2n}f'''(\xi)(\xi_1-\xi_2)\right|\leqslant\frac{M}{n^2},$$

其中，$\mid\xi_1-\xi_2\mid\leqslant\frac{2}{n}$，$M$ 是函数 $\mid f'''(x)\mid$ 在区间 $[-1,1]$ 上的最大值.

因为级数 $\sum\dfrac{M}{n^2}$ 收敛，则级数 $\sum\limits_{n=1}^\infty\left[nf\left(\dfrac{1}{n}\right)-nf\left(-\dfrac{1}{n}\right)-2f'(0)\right]$ 收敛.

7. 对 $\mid x\mid<1$，$f(x)=1+2x+3x^2+\cdots$，由

$$f(x) = \sum_{n=0}^\infty a_n(x+2)^n$$

确定实数 $a_0,a_1,a_2,\cdots$，并求级数 $\sum\limits_{n=0}^\infty a_nz^n$ 的收敛半径.

解 由幂级数的和函数逐项积分的性质，得

$$\int_0^x f(x)\,\mathrm{d}x = x+x^2+x^3+\cdots.$$

则 $\int_0^x f(x)\,\mathrm{d}x = \dfrac{x}{1-x}$.

所以

$$f(x) = \left[\int_0^x f(x)\,\mathrm{d}x\right]' = \left(\frac{x}{1-x}\right)' = \frac{1}{(1-x)^2}.$$

于是

$$f^{(n)}(x) = \frac{(n+1)!}{(1-x)^{n+2}}.$$

又函数 $f(x)$ 在 $x=-2$ 处的泰勒级数为

$$f(x) = \sum_{n=0}^\infty\frac{f^{(n)}(-2)}{n!}(x+2)^n,$$

由展开式的唯一性，知 $a_n = \dfrac{f^{(n)}(-2)}{n!} = \dfrac{n+1}{3^{n+2}}$.

又 $\lim\limits_{n \to \infty} \sqrt[n]{a_n} = \dfrac{1}{3}$，故收敛半径为 3.

8. 设 $[x]$ 表示不大于 x 的最大整数，求证： （1）积分 $\displaystyle\int_0^1 x\left[\dfrac{1}{x}\right]\mathrm{d}x$ 存在，并求其值；

（2）$\displaystyle\int_0^1 \left(\left[\dfrac{2}{x}\right] - 2\left[\dfrac{1}{x}\right]\right)\mathrm{d}x = 2\ln 2 - 1$.

证明 （1）令 $\dfrac{1}{x} = y$，得 $\displaystyle\int_0^1 x\left[\dfrac{1}{x}\right]\mathrm{d}x = \int_1^{+\infty} \dfrac{[y]}{y^3}\mathrm{d}y$.

由 $\dfrac{[y]}{y^3} \leqslant \dfrac{1}{y^2}$，知 $\displaystyle\int_0^1 x\left[\dfrac{1}{x}\right]\mathrm{d}x$ 收敛，且

$$\int_0^1 x\left[\dfrac{1}{x}\right]\mathrm{d}x = \sum_{n=1}^{\infty} \int_n^{n+1} \dfrac{n}{y^3}\mathrm{d}y = \dfrac{1}{2}\sum_{n=1}^{\infty} \dfrac{2n+1}{n(n+1)^2}.$$

由于

$$\sum_{n=1}^{\infty} \dfrac{2n+1}{n(n+1)^2} = \sum_{n=1}^{\infty} \dfrac{n+n+1}{n(n+1)^2} = \sum_{n=1}^{\infty}\left[\dfrac{1}{(n+1)^2} + \dfrac{1}{n(n+1)}\right],$$

及

$$\sum_{n=1}^{\infty} \dfrac{1}{(n+1)^2} = \dfrac{1}{2^2} + \dfrac{1}{3^2} + \cdots + \dfrac{1}{n^2} + \cdots = \dfrac{\pi^2}{6} - 1,$$

$$\sum_{n=1}^{\infty} \dfrac{1}{n(n+1)} = \sum_{n=1}^{\infty}\left[\dfrac{1}{n} - \dfrac{1}{n+1}\right] = 1,$$

故 $\displaystyle\int_0^1 x\left[\dfrac{1}{x}\right]\mathrm{d}x = \dfrac{\pi^2}{12}$.

（2）令 $\dfrac{1}{x} = y$，得

$$\int_0^1 \left(\left[\dfrac{2}{x}\right] - 2\left[\dfrac{1}{x}\right]\right)\mathrm{d}x = \int_1^{\infty} ([2y] - 2[y])\dfrac{1}{y^2}\mathrm{d}y.$$

因为 $[2y] \leqslant 2y \leqslant 2[y] + 2$，所以

$$\dfrac{[2y] - 2[y]}{y^2} \leqslant \dfrac{2}{y^2}.$$

故积分 $\displaystyle\int_0^1 \left(\left[\dfrac{2}{x}\right] - 2\left[\dfrac{1}{x}\right]\right)\mathrm{d}x$ 收敛.

因为当 $n \leqslant y \leqslant n + \dfrac{1}{2}$ 时，$[2y] = 2n = 2[y]$，故

$$\int_0^1 \left(\left[\dfrac{2}{x}\right] - 2\left[\dfrac{1}{x}\right]\right)\mathrm{d}x = \sum_{n=1}^{\infty} \int_n^{n+1} ([2y] - 2[y])\dfrac{\mathrm{d}y}{y^2}$$

$$= \sum_{n=1}^{\infty} \left(\int_n^{n+\frac{1}{2}} \dfrac{[2y] - 2[y]}{y^2}\mathrm{d}y + \int_{n+\frac{1}{2}}^{n+1} \dfrac{[2y] - 2[y]}{y^2}\mathrm{d}y\right)$$

$$= \sum_{n=1}^{\infty} \int_{n+\frac{1}{2}}^{n+1} \dfrac{\mathrm{d}y}{y^2} = \sum_{n=1}^{\infty} \dfrac{2}{(2n+1)(2n+2)} = 2\sum_{n=1}^{\infty}\left(\dfrac{1}{2n+1} - \dfrac{1}{2n+2}\right)$$

$$= 2\left(\dfrac{1}{3} - \dfrac{1}{4} + \dfrac{1}{5} - \dfrac{1}{6} + \cdots\right) = 2\left(\ln 2 - \dfrac{1}{2}\right) = 2\ln 2 - 1.$$

最后第二个等式用到了已知结果：$1 - \dfrac{1}{2} + \dfrac{1}{3} - \dfrac{1}{4} + \dfrac{1}{5} - \dfrac{1}{6} + \cdots = \ln 2$.

注　$\displaystyle\sum_{n=1}^{\infty} \dfrac{1}{n^2} = 1 + \dfrac{1}{2^2} + \dfrac{1}{3^2} + \cdots + \dfrac{1}{n^2} + \cdots = \dfrac{\pi^2}{6}$.

9. 设函数 $f(x)$ 在区间 $[0, +\infty)$ 可导，且 $0 \leqslant f(x) \leqslant \dfrac{x}{1+x^2}$，求证：存在 $\xi > 0$，使 $f'(\xi) = \dfrac{1 - \xi^2}{(1+\xi^2)^2}$.

证明　令 $F(x) = \dfrac{x}{1+x^2} - f(x)$，则 $0 \leqslant F(x) \leqslant \dfrac{x}{1+x^2}$，且不难看出 $F(0) = 0$.

若 $F(x)$ 恒等于 0，则 $F'(x) = \dfrac{1-x^2}{1+x^2} - f'(x) = 0$，即 $f'(x) = \dfrac{1-x^2}{1+x^2}$，$x \in (0, +\infty)$，此时命题当然成立.

若 $F(x)$ 不恒等于 0，则存在 $\eta \in (0, +\infty)$，有 $F(\eta) \neq 0$.

不妨设 $F(\eta) > 0$. 由 $0 \leqslant F(x) \leqslant \dfrac{x}{1+x^2}$，可知 $\lim\limits_{x \to +\infty} F(x) = 0 < F(\eta)$.

根据极限的保号性，知存在 $N > \eta$，使得 $F(N) < F(\eta)$.

再根据题设，可知函数 $F(x)$ 在区间 $[0, N]$ 连续.

故存在最大值 $F(\xi) \geqslant F(\eta)$，显然 $\xi \in (0, N)$. 则 $F'(\xi) = 0$，即

$$f'(\xi) = \dfrac{1 - \xi^2}{(1+\xi^2)^2}.$$

10. 设函数 $f(x)$ 在区间 $[0, \pi]$ 上连续，在区间 $(0, \pi)$ 内可导，且

$$\int_0^\pi f(x) \sin x \, \mathrm{d}x = \int_0^\pi f(x) \cos x \, \mathrm{d}x = 0,$$

求证：存在 $\xi \in (0, \pi)$，使 $f'(\xi) = 0$.

证明　只需证明函数 $f(x)$ 在区间 $(0, \pi)$ 内至少有两个零点.

因为在区间 $(0, \pi)$ 内 $\sin x > 0$，$\int_0^\pi f(x) \sin x \, \mathrm{d}x = 0$.

若在区间 $(0, \pi)$ 内，函数 $f(x)$ 恒正，则 $\int_0^\pi f(x) \sin x \, \mathrm{d}x > 0$；若在区间 $(0, \pi)$ 内，函数 $f(x)$ 恒负，则 $\int_0^\pi f(x) \sin x \, \mathrm{d}x < 0$.

故函数 $f(x)$ 在区间 $(0, \pi)$ 内至少有一个零点.

若函数 $f(x)$ 在区间 $(0, \pi)$ 内仅有一个零点 a，则当 $x \in (0, \pi)$，且 $x \neq a$ 时，函数 $f(x) \sin(x - a)$ 必恒正或恒负.

于是

$$\int_0^\pi f(x) \sin(x - a) \, \mathrm{d}x \neq 0.$$

而

$$\int_0^\pi f(x)\sin(x-a)\,\mathrm{d}x = \int_0^\pi f(x)(\sin x\cos a - \cos x\sin a)\,\mathrm{d}x$$

$$= \cos a\int_0^\pi f(x)\sin x\,\mathrm{d}x - \sin a\int_0^\pi f(x)\cos x\,\mathrm{d}x = 0,$$

因此函数 $f(x)$ 在区间 $(0,\pi)$ 内的零点不唯一. 设存在 $x_1,x_2\in(0,\pi)$，使

$$f(x_1)=f(x_2)=0,$$

由罗尔定理，得存在 $\xi\in(x_1,x_2)\subseteq(0,\pi)$，使 $f'(\xi)=0$.

综合训练题（十）

1. 已知可微函数 $f(x)$ 对任意实数 x,h 都满足

$$f(x + h) = \int_x^{x+h} \frac{t(t^2 + 1)}{f(t)}dt + f(x), f(1) = \sqrt{2},$$

求 $f(x)$.

2. 求证：$\displaystyle\int_0^{\frac{\pi}{2}} \frac{\sin x}{1 + x^2}dx \leqslant \int_0^{\frac{\pi}{2}} \frac{\cos x}{1 + x^2}dx$.

3. 设函数 $f(x)$ 连续，且 $\displaystyle\int_0^x tf(2x - t)dt = \frac{1}{2}\arctan x^2$，$f(1) = 1$，求 $\displaystyle\int_1^2 f(x)dx$.

4. 求幂级数 $\displaystyle\sum_{n=1}^{\infty} \frac{2n - 1}{2^n}x^{2n-2}$ 的和函数，并求 $\displaystyle\sum_{n=1}^{\infty} \frac{2n - 1}{2^{2n-1}}$ 的和.

5. 设函数 $F(x)$ 是函数 $f(x)$ 的一个原函数，且 $F(0) = 1$，$F(x)f(x) = \cos 2x$，求 $\displaystyle\int_0^{\pi} |f(x)| dx$.

6. 设函数 $f(x)$ 在点 $x = 0$ 处连续，且 $\displaystyle\lim_{x \to 0}\left[\frac{\sin x}{x^2} + \frac{f(x)}{x}\right] = 2$，求 $f'(0)$.

7. 设区域 $\Omega = \{(x,y,z)| -\sqrt{a^2 - x^2 - y^2} \leqslant z \leqslant 0, a > 0\}$，曲面 Σ 为区域 Ω 的边界曲面外侧，计算 $I = \displaystyle\oiint_\Sigma \frac{ax\mathrm{d}y\mathrm{d}z + 2(x + a)y\mathrm{d}z\mathrm{d}x}{\sqrt{x^2 + y^2 + z^2 + 1}}$.

8. 已知 $x_0 = 1$，$x_1 = \dfrac{1}{x_0^3 + 4}$，$x_2 = \dfrac{1}{x_1^3 + 4}$，$\cdots$，$x_{n+1} = \dfrac{1}{x_n^3 + 4}$，$\cdots$，求证：（1）数列 $\{x_n\}$ 收敛；（2）数列 $\{x_n\}$ 的极限值 a 是方程 $x^4 + 4x - 1 = 0$ 的唯一正根.

9. 在平面 $3x - 2z = 0$ 上求一点，使它到点 $A(1,1,1)$ 及点 $B(2,3,4)$ 的距离平方和最小.

10. 设曲面 Σ 是一个光滑封闭曲面，方向朝外，给定第二类曲面积分

$$I = \iint_\Sigma (x^3 - x)\mathrm{d}y\mathrm{d}z + (2y^3 - y)\mathrm{d}z\mathrm{d}x + (3z^3 - z)\mathrm{d}x\mathrm{d}y,$$

试确定曲面 Σ，使得积分 I 的值最小，并求该最小值.

参考答案

1. 已知可微函数 $f(x)$ 对任意实数 x,h 都满足

$$f(x + h) = \int_x^{x+h} \frac{t(t^2 + 1)}{f(t)}dt + f(x), f(1) = \sqrt{2},$$

求 $f(x)$.

解　因为

$$f'(x) = \lim_{h \to 0}\frac{f(x + h) - f(x)}{h} = \lim_{h \to 0}\frac{\displaystyle\int_x^{x+h} \frac{t(t^2 + 1)}{f(t)}dt}{h}$$

$$= \lim_{h \to 0}\frac{(x + h)[(x + h)^2 + 1]}{f(x + h)} = \frac{x(x^2 + 1)}{f(x)},$$

所以
$$f(x)f'(x) = x^3 + x.$$

解得 $\dfrac{1}{2}f^2(x) = \dfrac{x^4}{4} + \dfrac{x^2}{2} + C.$ 又 $f(1) = \sqrt{2}$，则 $C = \dfrac{1}{4}.$

于是
$$f(x) = \sqrt{\dfrac{x^4}{2} + x^2 + \dfrac{1}{2}}$$

2. 求证：$\displaystyle\int_0^{\frac{\pi}{2}} \dfrac{\sin x}{1 + x^2}\mathrm{d}x \leqslant \int_0^{\frac{\pi}{2}} \dfrac{\cos x}{1 + x^2}\mathrm{d}x.$

证明　因为
$$I = \int_0^{\frac{\pi}{2}} \dfrac{\cos x - \sin x}{1 + x^2}\mathrm{d}x = \int_0^{\frac{\pi}{4}} \dfrac{\cos x - \sin x}{1 + x^2}\mathrm{d}x + \int_{\frac{\pi}{4}}^{\frac{\pi}{2}} \dfrac{\cos x - \sin x}{1 + x^2}\mathrm{d}x,$$

且
$$\int_{\frac{\pi}{4}}^{\frac{\pi}{2}} \dfrac{\cos x - \sin x}{1 + x^2}\mathrm{d}x \xlongequal{x = \frac{\pi}{2} - u} \int_{\frac{\pi}{4}}^{0} \dfrac{\cos\left(\dfrac{\pi}{2} - u\right) - \sin\left(\dfrac{\pi}{2} - u\right)}{1 + \left(\dfrac{\pi}{2} - u\right)^2}(-\mathrm{d}u)$$

$$= \int_0^{\frac{\pi}{4}} \dfrac{\sin u - \cos u}{1 + \left(\dfrac{\pi}{2} - u\right)^2}\mathrm{d}u = \int_0^{\frac{\pi}{4}} \dfrac{\sin x - \cos x}{1 + \left(\dfrac{\pi}{2} - x\right)^2}\mathrm{d}x,$$

所以
$$I = \int_0^{\frac{\pi}{4}} \left[\dfrac{\cos x - \sin x}{1 + x^2} + \dfrac{\sin x - \cos x}{1 + \left(\dfrac{\pi}{2} - x\right)^2} \right]\mathrm{d}x,$$

$$\int_0^{\frac{\pi}{4}} \left\{ \dfrac{(\cos x - \sin x)\left[1 + \left(\dfrac{\pi}{2} - x\right)^2\right] + (1 + x^2)(\sin x - \cos x)}{(1 + x^2)\left[1 + \left(\dfrac{\pi}{2} - x\right)^2\right]} \right\}\mathrm{d}x$$

$$= \int_0^{\frac{\pi}{4}} \left\{ \dfrac{(\cos x - \sin x)\left[\left(\dfrac{\pi}{2} - x\right)^2 - x^2\right]}{(1 + x^2)\left[1 + \left(\dfrac{\pi}{2} - x\right)^2\right]} \right\}\mathrm{d}x$$

$$= \int_0^{\frac{\pi}{4}} \left\{ \dfrac{\pi\left(\dfrac{\pi}{4} - x\right)(\cos x - \sin x)}{(1 + x^2)\left[1 + \left(\dfrac{\pi}{2} - x\right)^2\right]} \right\}\mathrm{d}x \geqslant 0,$$

即 $\displaystyle\int_0^{\frac{\pi}{2}} \dfrac{\sin x}{1 + x^2}\mathrm{d}x \leqslant \int_0^{\frac{\pi}{2}} \dfrac{\cos x}{1 + x^2}\mathrm{d}x.$

3. 设函数 $f(x)$ 连续，且 $\displaystyle\int_0^x tf(2x - t)\mathrm{d}t = \dfrac{1}{2}\arctan x^2$，$f(1) = 1$，求 $\displaystyle\int_1^2 f(x)\mathrm{d}x.$

解　令 $u = 2x - t$，则

$$\int_0^x tf(2x-t)\,\mathrm{d}t = \int_{2x}^x (2x-u)f(u)(-\,\mathrm{d}u)$$

$$= 2x\int_x^{2x} f(u)\,\mathrm{d}u - \int_x^{2x} uf(u)\,\mathrm{d}u.$$

于是有

$$2x\int_x^{2x} f(u)\,\mathrm{d}u - \int_x^{2x} uf(u)\,\mathrm{d}u = \frac{1}{2}\arctan x^2.$$

两边对 x 求导，得

$$2\int_x^{2x} f(u)\,\mathrm{d}u - 2x[2f(2x)-f(x)] - 4xf(2x) + xf(x) = \frac{x}{1+x^4},$$

即

$$2\int_x^{2x} f(u)\,\mathrm{d}u = \frac{x}{1+x^4} + xf(x).$$

令 $x=1$，得 $2\int_1^2 f(u)\,\mathrm{d}u = \frac{1}{2} + f(1) = \frac{3}{2}$. 所以 $\int_1^2 f(x)\,\mathrm{d}x = \frac{3}{4}$.

4. 求幂级数 $\displaystyle\sum_{n=1}^{\infty} \frac{2n-1}{2^n}x^{2n-2}$ 的和函数，并求 $\displaystyle\sum_{n=1}^{\infty} \frac{2n-1}{2^{2n-1}}$ 的和.

解　令 $S(x) = \displaystyle\sum_{n=1}^{\infty} \frac{2n-1}{2^n}x^{2n-2}$，则

$$\int_0^x S(x)\,\mathrm{d}x = \sum_{n=1}^{\infty} \int_0^x \frac{2n-1}{2^n}x^{2n-2}\,\mathrm{d}x = \sum_{n=1}^{\infty} \frac{x^{2n-1}}{2^n} = \frac{x}{2-x^2} \quad (\,|x|<\sqrt{2}\,).$$

于是

$$S(x) = \left(\frac{x}{2-x^2}\right)' = \frac{2+x^2}{(2-x^2)^2} \quad (\,|x|<\sqrt{2}\,),$$

且

$$\sum_{n=1}^{\infty} \frac{2n-1}{2^{2n-1}} = \sum_{n=1}^{\infty} \frac{2n-1}{2^n}\cdot\frac{1}{2^{n-1}} = \sum_{n=1}^{\infty} \frac{2n-1}{2^n}\left(\frac{1}{\sqrt{2}}\right)^{2n-2} = S\left(\frac{1}{\sqrt{2}}\right) = \frac{10}{9}.$$

5. 设函数 $F(x)$ 是函数 $f(x)$ 的一个原函数，且 $F(0)=1$，$F(x)f(x)=\cos 2x$，求 $\int_0^{\pi} |f(x)|\,\mathrm{d}x$.

解　由于函数 $F(x)$ 是函数 $f(x)$ 的一个原函数，因此，$F'(x)=f(x)$.

于是

$$F(x)F'(x) = \cos 2x.$$

两边积分，得

$$\int F(x)F'(x)\,\mathrm{d}x = \int \cos 2x\,\mathrm{d}x,$$

即 $F^2(x) = \sin 2x + C$.

由 $F(0)=1$，得 $C=1$. 因此

$$F(x) = \sqrt{1+\sin 2x} = |\cos x + \sin x|.$$

于是

$$|f(x)| = \frac{|\cos 2x|}{|F(x)|} = \frac{|\cos^2 x - \sin^2 x|}{|\cos x + \sin x|} = |\cos x - \sin x|.$$

因而

$$\int_0^\pi |f(x)| \, dx = \int_0^{\frac{\pi}{4}} (\cos x - \sin x) \, dx + \int_{\frac{\pi}{4}}^\pi (\sin x - \cos x) \, dx$$

$$= (\sqrt{2} - 1) + (1 + \sqrt{2}) = 2\sqrt{2}.$$

6. 设函数 $f(x)$ 在点 $x = 0$ 处连续，且 $\lim\limits_{x \to 0}\left[\dfrac{\sin x}{x^2} + \dfrac{f(x)}{x}\right] = 2$，求 $f'(0)$.

解 由于 $\lim\limits_{x \to 0}\left[\dfrac{\sin x}{x^2} + \dfrac{f(x)}{x}\right] = \lim\limits_{x \to 0}\dfrac{\sin x + xf(x)}{x^2} = 2$，因此.

$$\frac{\sin x + xf(x)}{x^2} = 2 + \alpha,$$

其中 $\lim\limits_{x \to 0}\alpha = 0$.

于是

$$\sin x + xf(x) = (2 + \alpha)x^2, \quad f(x) = \frac{(2 + \alpha)x^2 - \sin x}{x}.$$

所以 $f(0) = \lim\limits_{x \to 0} f(x) = \lim\limits_{x \to 0}\dfrac{(2 + \alpha)x^2 - \sin x}{x} = -1$.

故

$$f'(0) = \lim_{x \to 0}\frac{f(x) - f(0)}{x - 0} = \lim_{x \to 0}\frac{f(x) + 1}{x} = \lim_{x \to 0}\frac{xf(x) + x}{x^2}$$

$$= \lim_{x \to 0}\frac{\sin x + xf(x) + x - \sin x}{x^2} = 2,$$

即 $f'(0) = 2$.

7. 设区域 $\Omega = \{(x, y, z) \mid -\sqrt{a^2 - x^2 - y^2} \leqslant z \leqslant 0, a > 0\}$，曲面 Σ 为区域 Ω 的边界曲面外侧，计算 $I = \oiint\limits_{\Sigma} \dfrac{ax \, dydz + 2(x + a)y \, dzdx}{\sqrt{x^2 + y^2 + z^2 + 1}}$.

解 记 $\Sigma_1: z = -\sqrt{a^2 - x^2 - y^2}$（取下侧），$\Sigma_2: z = 0$ $(x^2 + y^2 \leqslant a^2)$（取上侧），由于

$\oiint\limits_{\Sigma_2} \dfrac{ax \, dydz + 2(x + a)y \, dzdx}{\sqrt{x^2 + y^2 + z^2 + 1}} = 0$，因此，

$$\oiint\limits_{\Sigma} = \iint\limits_{\Sigma_1} + \iint\limits_{\Sigma_2} = \iint\limits_{\Sigma_1} = \frac{1}{\sqrt{a^2 + 1}}\iint\limits_{\Sigma_1} ax dydz + 2(x + a) dzdx$$

$$= \frac{1}{\sqrt{a^2 + 1}}\left[\oiint\limits_{\Sigma} ax dydz + 2(x + a) dzdx - \iint\limits_{\Sigma_2} ax dydz + 2(x + a) dzdx\right]$$

$$= \frac{1}{\sqrt{a^2 + 1}}\oiint\limits_{\Sigma} ax dydz + 2(x + a)y dzdx - 0 = \frac{1}{\sqrt{a^2 + 1}}\iiint\limits_{\Omega} (3a + 2x) dV$$

$$= \frac{1}{\sqrt{a^2 + 1}}\iiint\limits_{\Omega} 3a dV = \frac{3a}{\sqrt{a^2 + 1}} \cdot \frac{1}{2} \times \frac{4}{3}\pi a^3 = \frac{2\pi a^4}{\sqrt{a^2 + 1}},$$

8. 已知 $x_0 = 1$，$x_1 = \dfrac{1}{x_0^3 + 4}$，$x_2 = \dfrac{1}{x_1^3 + 4}$，$\cdots$，$x_{n+1} = \dfrac{1}{x_n^3 + 4}$，$\cdots$，求证：（1）数列 $\{x_n\}$ 收敛；（2）数列 $\{x_n\}$ 的极限值 a 是方程 $x^4 + 4x - 1 = 0$ 的唯一正根.

证明 （1）易知 $0 < x_n < 1$，且

$$|x_{n+1} - x_n| = \left| \frac{1}{x_n^3 + 4} - \frac{1}{x_{n-1}^3 + 4} \right| = \frac{|x_n^3 - x_{n-1}^3|}{(x_n^3 + 4)(x_{n-1}^3 + 4)}$$

$$< \frac{|x_n - x_{n-1}||x_n^2 + x_n x_{n-1} + x_{n-1}^2|}{4^2} < \frac{3|x_n - x_{n-1}|}{16}$$

$$< \left(\frac{3}{16} \right)^2 |x_{n-1} - x_{n-2}| < \cdots < \left(\frac{3}{16} \right)^n |x_1 - x_0| = \frac{4}{5} \left(\frac{3}{16} \right)^n.$$

又级数 $\sum\limits_{n=0}^{\infty} \left(\frac{3}{16} \right)^n$ 收敛，则级数 $\sum\limits_{n=0}^{\infty} |x_{n+1} - x_n|$ 收敛.

因此，级数 $\sum\limits_{n=0}^{\infty} (x_{n+1} - x_n)$ 收敛. 易知数列 $\{x_n\}$ 收敛.

（2）令 $\lim\limits_{n \to \infty} x_n = a$，由 $0 < x_n < 1$，知 $a \geqslant 0$，且 $a = \frac{1}{a^3 + 4}$，即 $a^4 + 4a - 1 = 0$，即 a 是 $x^4 + 4x - 1 = 0$ 的正根（$a \neq 0$）

令 $f(x) = x^4 + 4x - 1$，$x \in (0, +\infty)$，则 $f'(x) = 4x^3 + 4 > 0$. 故 a 是方程 $x^4 + 4x - 1 = 0$ 的唯一正根.

9. 在平面 $3x - 2z = 0$ 上求一点，使它到点 $A(1,1,1)$ 及点 $B(2,3,4)$ 的距离平方和最小.

解 设点 $M(x,y,z)$ 为平面 $3x - 2z = 0$ 上一点，则点 M 到点 A 及点 B 的距离平方和为

$$f(x,y,z) = (x-1)^2 + (y-1)^2 + (z-1)^2 + (x-2)^2 + (y-3)^2 + (z-4)^2$$

$$= 2x^2 + 2y^2 + 2z^2 - 6x - 8y - 10z + 32.$$

引入

$$F(x,y,z) = 2x^2 + 2y^2 + 2z^2 - 6x - 8y - 10z + 32 + \lambda(3x - 2z),$$

则

$$\begin{cases} F_x = 4x - 6 + 3\lambda = 0, \\ F_y = 4y - 8 = 0, \\ F_z = 4z - 10 - 2\lambda = 0, \\ \quad 3x - 2z = 0. \end{cases}$$

解得唯一驻点为 $\left(\frac{21}{13}, 2, \frac{63}{26} \right)$. 故所求点的坐标为 $\left[\frac{21}{13}, 2, \frac{63}{26} \right]$.

10. 设曲面 Σ 是一个光滑封闭曲面，方向朝外，给定第二类曲面积分

$$I = \iint\limits_{\Sigma} (x^3 - x) \mathrm{d}y\mathrm{d}z + (2y^3 - y) \mathrm{d}z\mathrm{d}x + (3z^3 - z) \mathrm{d}x\mathrm{d}y,$$

试确定曲面 Σ，使得积分 I 的值最小，并求该最小值.

解 由高斯公式，得

$$I = \iint\limits_{\Sigma} (x^3 - x) \mathrm{d}y\mathrm{d}z + (2y^3 - y) \mathrm{d}z\mathrm{d}x + (3z^3 - z) \mathrm{d}x\mathrm{d}y$$

$$= \iiint\limits_{\Omega} (3x^2 + 6y^2 + 9z^2 - 3) \mathrm{d}V.$$

当 $(x,y,z) \in \Omega, f(x,y,z) \leqslant 0$ 时，则区域 Ω 的范围越大，$\iiint\limits_{\Omega} f(x,y,z) \mathrm{d}V$ 越小.

取 $\Omega = \Omega_1 + \Omega_2$，其中当 $(x,y,z) \in \Omega_1$ 时，$f(x,y,z) \leqslant 0$；当 $(x,y,z) \in \Omega_2$ 时，$f(x,y,z) \geqslant 0$. 所以

$$\iiint\limits_{\Omega} f(x,y,z)\,\mathrm{d}V = \iiint\limits_{\Omega_1} f(x,y,z)\,\mathrm{d}V + \iiint\limits_{\Omega_2} f(x,y,z)\,\mathrm{d}V,$$

$$\geqslant \iiint\limits_{\Omega_1} f(x,y,z)\,\mathrm{d}V.$$

因此，当区域 Ω 为 $3x^2 + 6y^2 + 9z^2 \leqslant 3$ 时，曲面 Σ 为 $3x^2 + 6y^2 + 9z^2 = 3$，即 $x^2 + 2y^2 + 3z^2 = 1$，I 最小，且

$$I = \iiint\limits_{\Omega} (3x^2 + 6y^2 + 9z^2 - 3)\,\mathrm{d}V = 3\iiint\limits_{\Omega} (x^2 + 2y^2 + 3z^2 - 1)\,\mathrm{d}V.$$

令 $u = x, v = \sqrt{2}y, w = \sqrt{3}z$，则

$$J = \frac{\partial(x,y,z)}{\partial(u,v,w)} = \begin{vmatrix} 1 & 0 & 0 \\ 0 & \dfrac{\sqrt{2}}{2} & 0 \\ 0 & 0 & \dfrac{\sqrt{3}}{3} \end{vmatrix} = \frac{\sqrt{6}}{6},$$

且 Ω: $x^2 + 2y^2 + 3z^2 \leqslant 1 \leftrightarrow \Omega'$: $u^2 + v^2 + w^2 \leqslant 1$. 于是

$$I_{\min} = 3\iiint\limits_{\Omega} (x^2 + 2y^2 + 3z^2 - 1)\,\mathrm{d}V$$

$$= 3\iiint\limits_{\Omega'} \frac{\sqrt{6}}{6}(u^2 + v^2 + w^2 - 1)\,\mathrm{d}u\mathrm{d}v\mathrm{d}w$$

$$= \frac{\sqrt{6}}{2}\int_0^{2\pi}\mathrm{d}\theta\int_0^{\pi}\mathrm{d}\varphi\int_0^1 (\rho^2 - 1)\rho^2\sin\varphi\,\mathrm{d}\rho = -\frac{4\sqrt{6}}{15}\pi.$$

第十二届全国大学生数学竞赛初赛试题

（非数学类，2020 年）

一、填空题（本题满分 30 分，每小题 6 分）

1. 极限 $\lim\limits_{x\to 0}\dfrac{(x-\sin x)\mathrm{e}^{-x^2}}{\sqrt{1-x^3}-1}=$ _____.

2. 设函数 $f(x)=(x+1)^n\mathrm{e}^{-x^2}$，则 $f^{(n)}(-1)=$ _____.

3. 设 $y=f(x)$ 是由方程 $\arctan\dfrac{x}{y}=\ln\sqrt{x^2+y^2}-\dfrac{1}{2}\ln 2+\dfrac{\pi}{4}$ 确定的隐函数，且满足 $f(1)=1$，则曲线 $y=f(x)$ 在点 $(1,1)$ 处的切线方程为_____.

4. 已知 $\int_0^{+\infty}\dfrac{\sin x}{x}\mathrm{d}x=\dfrac{\pi}{2}$，则 $I=\int_0^{+\infty}\int_0^{+\infty}\dfrac{\sin x\sin(x+y)}{x(x+y)}\mathrm{d}x\mathrm{d}y=$ _____.

5. 设函数 $f(x),g(x)$ 在 $x=0$ 的某一邻域 U 内有定义，当 $x\in U$ 时，$f(x)\neq g(x)$，且 $\lim\limits_{x\to 0}f(x)=\lim\limits_{x\to 0}g(x)=a>0$，则 $\lim\limits_{x\to 0}\dfrac{[f(x)]^{g(x)}-[g(x)]^{g(x)}}{f(x)-g(x)}=$ _____.

二、（本题满分 10 分）设数列 $\{a_n\}$ 满足：$a_1=1$，且 $a_{n+1}=\dfrac{a_n}{(n+1)(a_n+1)}$，$n\geq 1$，求极限 $\lim\limits_{n\to\infty}n!a_n$.

三、（本题满分 10 分）设 $f(x)$ 在 $[0,1]$ 上连续，$f(x)$ 在 $(0,1)$ 内可导，且 $f(0)=0,f(1)=1$. 证明：（1）存在 $x_0\in(0,1)$，使得 $f(x_0)=2-3x_0$；（2）存在 $\xi,\eta\in(0,1)$，且 $\xi\neq\eta$，使得 $[1+f'(\xi)][1+f'(\eta)]=4$.

四、（本题满分 12 分）已知 $z=xf\left(\dfrac{y}{x}\right)+2y\varphi\left(\dfrac{x}{y}\right)$，其中 f,φ 均为二次可微函数.

（1）求 $\dfrac{\partial z}{\partial x}$，$\dfrac{\partial^2 z}{\partial x\partial y}$；（2）当 $f=\varphi$，且 $\left.\dfrac{\partial^2 z}{\partial x\partial y}\right|_{x=a}=-by^2$ 时，求 $f(y)$.

五、（本题满分 12 分）计算 $I=\oint_\Gamma|\sqrt{3}y-x|\mathrm{d}x-5z\mathrm{d}z$，曲线 Γ：$\begin{cases}x^2+y^2+z^2=8\\x^2+y^2=2z\end{cases}$，从 z 轴正向往坐标原点看去取逆时针方向.

六、（本题满分 12 分）求证：$f(n)=\sum\limits_{m=1}^n\int_0^m\cos\dfrac{2\pi n[x+1]}{m}\mathrm{d}x$ 等于 n 的所有因子（包括 1 和 n 本身）之和，其中 $[x]$ 表示不超过 x 的最大整数，并计算 $f(2021)$.

七、（本题满分 14 分）设 $u_n=\int_0^1\dfrac{\mathrm{d}t}{(1+t^4)^n}(n\geq 1)$. （1）证明数列 $\{u_n\}$ 收敛，并求极限 $\lim\limits_{n\to\infty}u_n$；（2）证明级数 $\sum\limits_{n-1}^\infty(-1)^n u_n$ 条件收敛；（3）证明当 $p\geq 1$ 时，级数 $\sum\limits_{n=1}^\infty\dfrac{u_n}{n^p}$ 收敛，并求

级数 $\displaystyle\sum_{n=1}^{\infty}\dfrac{u_n}{n}$ 的和.

参考答案

1. 极限 $\displaystyle\lim_{x\to 0}\dfrac{(x-\sin x)\,\mathrm{e}^{-x^2}}{\sqrt{1-x^3}-1}=$ _____.

解 利用等价无穷小，得当 $x\to 0$ 时，有 $\sqrt{1-x^3}-1\sim-\dfrac{1}{2}x^3$.

所以

$$\lim_{x\to 0}\dfrac{(x-\sin x)\,\mathrm{e}^{-x^2}}{\sqrt{1-x^3}-1}=-2\lim_{x\to 0}\dfrac{x-\sin x}{x^3}$$

$$=-2\lim_{x\to 0}\dfrac{1-\cos x}{3x^2}=-2\lim_{x\to 0}\dfrac{\sin x}{6x}=-\dfrac{1}{3}.$$

2. 设函数 $f(x)=(x+1)^n\,\mathrm{e}^{-x^2}$，则 $f^{(n)}(-1)=$ _____.

解 利用莱布尼茨求导法则，得

$$f^{(n)}(x)=n!\,\mathrm{e}^{-x^2}+\sum_{k=0}^{n-1}\mathrm{C}_n^k\big[(x+1)^n\big]^{(k)}\big(\mathrm{e}^{-x^2}\big)^{(n-k)}.$$

所以 $f^{(n)}(-1)=\dfrac{n!}{\mathrm{e}}$.

3. 设 $y=f(x)$ 是由方程 $\arctan\dfrac{x}{y}=\ln\sqrt{x^2+y^2}-\dfrac{1}{2}\ln 2+\dfrac{\pi}{4}$ 确定的隐函数，且满足 $f(1)=1$，则曲线 $y=f(x)$ 在点 $(1,1)$ 处的切线方程为 _____.

解 对所给方程两边关于 x 求导，得 $\dfrac{\frac{y-xy'}{y^2}}{1+\left(\frac{x}{y}\right)^2}=\dfrac{x+yy'}{x^2+y^2}$，即

$$(x+y)y'=y-x.$$

所以 $f'(1)=0$，曲线 $y=f(x)$ 在点 $(1,1)$ 处的切线方程为 $y=1$.

4. 已知 $\displaystyle\int_0^{+\infty}\dfrac{\sin x}{x}\mathrm{d}x=\dfrac{\pi}{2}$，则 $I=\displaystyle\int_0^{+\infty}\int_0^{+\infty}\dfrac{\sin x\sin(x+y)}{x(x+y)}\mathrm{d}x\mathrm{d}y=$ _____.

解 令 $u=x+y$，得

$$I=\int_0^{+\infty}\dfrac{\sin x}{x}\mathrm{d}x\int_0^{+\infty}\dfrac{\sin(x+y)}{x+y}\mathrm{d}y=\int_0^{+\infty}\dfrac{\sin x}{x}\mathrm{d}x\int_x^{+\infty}\dfrac{\sin u}{u}\mathrm{d}u$$

$$=\int_0^{+\infty}\dfrac{\sin x}{x}\mathrm{d}x\left(\int_0^{+\infty}\dfrac{\sin u}{u}\mathrm{d}u-\int_0^x\dfrac{\sin u}{u}\mathrm{d}u\right)$$

$$=\left(\int_0^{+\infty}\dfrac{\sin x}{x}\mathrm{d}x\right)^2-\int_0^{+\infty}\dfrac{\sin x}{x}\mathrm{d}x\int_0^x\dfrac{\sin u}{u}\mathrm{d}u.$$

令 $F(x)=\displaystyle\int_0^x\dfrac{\sin u}{u}\mathrm{d}u$，则 $F'(x)=\dfrac{\sin x}{x}$，$\displaystyle\lim_{x\to+\infty}F(x)=\dfrac{\pi}{2}$.

所以

$$I = \frac{\pi^2}{4} - \int_0^{+\infty} F(x)F'(x)\,\mathrm{d}x = \frac{\pi^2}{4} - \frac{1}{2}\big[F(x)\big]^2\,\Big|_0^{+\infty} = \frac{\pi^2}{4} - \frac{1}{2}\Big(\frac{\pi}{2}\Big)^2 = \frac{\pi^2}{8}.$$

5. 设函数 $f(x)$, $g(x)$ 在 $x=0$ 的某一邻域 U 内有定义, 当 $x \in U$ 时, $f(x) \neq g(x)$, 且 $\lim\limits_{x \to 0} f(x) = \lim\limits_{x \to 0} g(x) = a > 0$, 则 $\lim\limits_{x \to 0} \dfrac{\big[f(x)\big]^{g(x)} - \big[g(x)\big]^{g(x)}}{f(x) - g(x)} = $ _____.

解 根据极限的保号性, 得存在 $x=0$ 的一个去心邻域 U_1, 使得当 $x \in U_1$ 时, 有 $f(x) > 0$, $g(x) > 0$. 当 $x \to 0$ 时, 有 $\mathrm{e}^x - 1 \sim x$, $\ln(1+x) \sim x$. 利用等价无穷小替换, 得

$$\lim_{x \to 0} \frac{\big[f(x)\big]^{g(x)} - \big[g(x)\big]^{g(x)}}{f(x) - g(x)} = \lim_{x \to 0} \big[g(x)\big]^{g(x)} \frac{\left[\dfrac{f(x)}{g(x)}\right]^{g(x)} - 1}{f(x) - g(x)}$$

$$= a^a \lim_{x \to 0} \frac{\left[\dfrac{f(x)}{g(x)}\right]^{g(x)} - 1}{f(x) - g(x)}$$

$$= a^a \lim_{x \to 0} \frac{\mathrm{e}^{g(x)\ln\frac{f(x)}{g(x)}} - 1}{f(x) - g(x)}$$

$$= a^a \lim_{x \to 0} \frac{g(x)\ln\dfrac{f(x)}{g(x)}}{f(x) - g(x)}$$

$$= a^a \lim_{x \to 0} \frac{g(x)\ln\left\{1 + \left[\dfrac{f(x)}{g(x)} - 1\right]\right\}}{f(x) - g(x)}$$

$$= a^a \lim_{x \to 0} \frac{g(x)\left[\dfrac{f(x)}{g(x)} - 1\right]}{f(x) - g(x)} = a^a.$$

二、(本题满分 10 分) 设数列 $\{a_n\}$ 满足: $a_1 = 1$, 且 $a_{n+1} = \dfrac{a_n}{(n+1)(a_n+1)}$, $n \geq 1$, 求极限 $\lim\limits_{n \to \infty} n!\, a_n$.

解 利用归纳法, 易知 $a_n > 0 (n \geq 1)$.

由于

$$\frac{1}{a_{n+1}} = (n+1)\Big(1 + \frac{1}{a_n}\Big) = (n+1) + (n+1)\frac{1}{a_n} = (n+1) + (n+1)\Big(n + n\frac{1}{a_{n-1}}\Big)$$

$$= (n+1) + (n+1)n + (n+1)n\frac{1}{a_{n-1}},$$

以此递推, 得 $\dfrac{1}{a_{n+1}} = (n+1)!\Big(\sum\limits_{k=1}^{n}\dfrac{1}{k!} + \dfrac{1}{a_1}\Big) = (n+1)!\sum\limits_{k=0}^{n}\dfrac{1}{k!}$.

因此

$$\lim_{n \to \infty} n!\, a_n = \frac{1}{\lim\limits_{n \to \infty}\sum\limits_{k=0}^{n-1}\dfrac{1}{k!}} = \frac{1}{\mathrm{e}}.$$

三、(本题满分 10 分) 设 $f(x)$ 在 $[0,1]$ 上连续, $f(x)$ 在 $(0,1)$ 内可导, 且 $f(0) = 0$, $f(1) = 1$, 证明: (1) 存在 $x_0 \in (0,1)$, 使得 $f(x_0) = 2 - 3x_0$; (2) 存在 $\xi, \eta \in (0,1)$, 且 $\xi \neq \eta$, 使得 $[1 + $

$f'(\xi)][1+f'(\eta)]=4.$

证明 （1）令 $F(x)=f(x)-2+3x$，则函数 $F(x)$ 在区间 $[0,1]$ 上连续，且
$$F(0)=-2,F(1)=2.$$

根据连续函数的介值定理，得存在 $x_0\in(0,1)$，使得 $F(x_0)=0$，即 $f(x_0)=2-3x_0.$

（2）在区间 $[0,x_0],[x_0,1]$ 上利用拉格朗日中值定理，得存在 $\xi,\eta\in(0,1)$，且 $\xi\neq\eta$，使得
$$\frac{f(x_0)-f(0)}{x_0-0}=f'(\xi)，且\frac{f(x_0)-f(1)}{x_0-1}=f'(\eta).$$

所以 $[1+f'(\xi)][1+f'(\eta)]=4.$

四、（本题满分 12 分）已知 $z=xf\left(\dfrac{y}{x}\right)+2y\varphi\left(\dfrac{x}{y}\right)$，其中 f,φ 均为二次可微函数.

（1）求 $\dfrac{\partial z}{\partial x},\dfrac{\partial^2 z}{\partial x\partial y}$；（2）当 $f=\varphi$，且 $\dfrac{\partial^2 z}{\partial x\partial y}\bigg|_{x=a}=-by^2$ 时，求 $f(y)$.

解 （1）$\dfrac{\partial z}{\partial x}=f\left(\dfrac{y}{x}\right)-\dfrac{y}{x}f'\left(\dfrac{y}{x}\right)+2\varphi'\left(\dfrac{x}{y}\right)$，

$\dfrac{\partial^2 z}{\partial x\partial y}=-\dfrac{y}{x^2}f''\left(\dfrac{y}{x}\right)-\dfrac{2x}{y^2}\varphi''\left(\dfrac{x}{y}\right).$

（2）$\dfrac{\partial^2 z}{\partial x\partial y}\bigg|_{x=a}=-\dfrac{y}{a^2}f''\left(\dfrac{y}{a}\right)-\dfrac{2a}{y^2}\varphi''\left(\dfrac{a}{y}\right)=-by^2.$

因为 $f=\varphi$，所以
$$\frac{y}{a^2}f''\left(\frac{y}{a}\right)+\frac{2a}{y^2}f''\left(\frac{a}{y}\right)=by^2.$$

令 $y=au$，得 $\dfrac{u}{a}f''(u)+\dfrac{2}{au^2}f''\left(\dfrac{1}{u}\right)=a^2bu^2$，即
$$u^3f''(u)+2f''\left(\frac{1}{u}\right)=a^3bu^4.$$

上式中以 $\dfrac{1}{u}$ 换 u，得 $2f''\left(\dfrac{1}{u}\right)+4u^3f''(u)=2a^3b\dfrac{1}{u}.$

联立二式，解得
$$-3u^3f''(u)=a^3b\left(u^4-\frac{2}{u}\right).$$

所以 $f''(u)=\dfrac{a^3b}{3}\left(\dfrac{2}{u^4}-u\right).$

从而有
$$f(u)=\frac{a^3b}{3}\left(\frac{1}{3u^2}-\frac{u^3}{6}\right)+C_1u+C_2.$$

故 $f(y)=\dfrac{a^3b}{3}\left(\dfrac{1}{3y^2}-\dfrac{y^3}{6}\right)+C_1y+C_2.$

五、（本题满分 12 分）计算 $I=\displaystyle\oint_{\Gamma}\left|\sqrt{3}y-x\right|\mathrm{d}x-5z\mathrm{d}z$，曲线 Γ：$\begin{cases}x^2+y^2+z^2=8,\\ x^2+y^2=2z,\end{cases}$ 从 z 轴正向往坐标原点看去取逆时针方向.

解 曲线 Γ 也可表示为 $\begin{cases} z = 2, \\ x^2 + y^2 = 4, \end{cases}$

所以曲线 Γ 的参数方程为 $\begin{cases} x = 2\cos\theta, \\ y = 2\sin\theta, \\ z = 2, \end{cases}$ 参数 θ 的范围为 $[0, 2\pi]$.

注意到在曲线 Γ 上 $\mathrm{d}z = 0$，所以

$$I = -\int_0^{2\pi} \left| 2\sqrt{3}\sin\theta - 2\cos\theta \right| 2\sin\theta\,\mathrm{d}\theta = -8\int_0^{2\pi} \left| \frac{\sqrt{3}}{2}\sin\theta - \frac{1}{2}\cos\theta \right| \sin\theta\,\mathrm{d}\theta$$

$$= -8\int_0^{2\pi} \left| \cos\left(\theta + \frac{\pi}{3}\right) \right| \sin\theta\,\mathrm{d}\theta = -8\int_{\frac{\pi}{3}}^{2\pi+\frac{\pi}{3}} |\cos t| \sin\left(t - \frac{\pi}{3}\right)\mathrm{d}t \quad \left(\diamondsuit\ t = \theta + \frac{\pi}{3}\right).$$

根据周期函数的积分性质，得

$$I = -8\int_{-\pi}^{\pi} |\cos t| \sin\left(t - \frac{\pi}{3}\right)\mathrm{d}t = -4\int_{-\pi}^{\pi} |\cos t| \left(\sin t - \sqrt{3}\cos t\right)\mathrm{d}t$$

$$= 8\sqrt{3}\int_0^{\pi} |\cos t| \cos t\,\mathrm{d}t.$$

令 $u = t - \frac{\pi}{2}$，得 $I = -8\sqrt{3}\int_{-\frac{\pi}{2}}^{\frac{\pi}{2}} |\sin u| \sin u\,\mathrm{d}u = 0$.

六、（本题满分 12 分） 求证：$f(n) = \sum\limits_{m=1}^{n} \int_0^m \cos\dfrac{2\pi n[x+1]}{m}\mathrm{d}x$ 等于 n 的所有因子（包括 1 和 n 本身）之和，其中 $[x]$ 表示不超过 x 的最大整数，并计算 $f(2021)$.

解
$$\int_0^m \cos\frac{2\pi n[x+1]}{m}\mathrm{d}x = \sum_{k=1}^m \int_{k-1}^k \cos\frac{2\pi n[x+1]}{m}\mathrm{d}x$$
$$= \sum_{k=1}^m \int_{k-1}^k \cos\frac{2\pi nk}{m}\mathrm{d}x = \sum_{k=1}^m \cos k\frac{2\pi n}{m}.$$

如果 m 是 n 的因子，那么 $\int_0^m \cos\dfrac{2\pi n[x+1]}{m}\mathrm{d}x = m$；否则，根据三角恒等式 $\sum\limits_{k=1}^m \cos kt = $

$\cos\dfrac{m+1}{2}t \cdot \dfrac{\sin\dfrac{mt}{2}}{\sin\dfrac{t}{2}}$，得

$$\int_0^m \cos\frac{2\pi n[x+1]}{m}\mathrm{d}x = \cos\left(\frac{m+1}{2} \cdot \frac{2\pi n}{m}\right) \cdot \frac{\sin\left(\dfrac{m}{2} \cdot \dfrac{2\pi n}{m}\right)}{\sin\left(\dfrac{2\pi n}{2m}\right)} = 0.$$

因此得证.

由此可得 $f(2021) = 1 + 43 + 47 + 2021 = 2112$.

七、（本题满分 14 分） 设 $u_n = \int_0^1 \dfrac{\mathrm{d}t}{(1+t^4)^n}$ $(n \geq 1)$. （1）证明数列 $\{u_n\}$ 收敛，并求极限 $\lim\limits_{n\to\infty} u_n$；（2）证明级数 $\sum\limits_{n=1}^{\infty} (-1)^n u_n$ 条件收敛；（3）证明当 $p \geq 1$ 时，级数 $\sum\limits_{n=1}^{\infty} \dfrac{u_n}{n^p}$ 收敛，并求级数 $\sum\limits_{n=1}^{\infty} \dfrac{u_n}{n}$ 的和.

证明（1）对任意 $\varepsilon > 0$，取 $0 < a < \dfrac{\varepsilon}{2}$，将积分区间分成两段，得

$$u_n = \int_0^1 \frac{dt}{(1+t^4)^n} = \int_0^a \frac{dt}{(1+t^4)^n} + \int_a^1 \frac{dt}{(1+t^4)^n}.$$

因为

$$\int_a^1 \frac{dt}{(1+t^4)^n} \leqslant \frac{1-a}{(1+a^4)^n} < \frac{1}{(1+a^4)^n} \to 0(n \to \infty),$$

所以存在正整数 N，当 $n > N$ 时，$\int_a^1 \frac{dt}{(1+t^4)^n} < \frac{\varepsilon}{2}$.

从而

$$0 \leqslant u_n < a + \int_a^1 \frac{dt}{(1+t^4)^n} < \frac{\varepsilon}{2} + \frac{\varepsilon}{2} = \varepsilon.$$

所以 $\lim\limits_{n \to \infty} u_n = 0$.

（2）显然 $0 < u_{n+1} = \int_0^1 \frac{dt}{(1+t^4)^{n+1}} \leqslant \int_0^1 \frac{dt}{(1+t^4)^n} = u_n$，即 u_n 单调递减.

又 $\lim\limits_{n \to \infty} u_n = 0$，故由莱布尼茨判别法，知级数 $\sum\limits_{n=1}^{\infty} (-1)^n u_n$ 收敛.

另一方面，当 $n \geqslant 2$ 时，有 $u_n = \int_0^1 \frac{dt}{(1+t^4)^n} \geqslant \int_0^1 \frac{dt}{(1+t)^n} = \frac{1}{n-1}(1 - 2^{1-n})$.

由于级数 $\sum\limits_{n=2}^{\infty} \frac{1}{n-1}$ 发散，级数 $\sum\limits_{n=2}^{\infty} \frac{1}{n-1} \cdot \frac{1}{2^{n-1}}$ 收敛，

因此，级数 $\sum\limits_{n=2}^{\infty} \frac{1}{n-1}\left(1 - \frac{1}{2^{n-1}}\right)$ 发散. 从而级数 $\sum\limits_{n=1}^{\infty} u_n$ 发散.

所以级数 $\sum\limits_{n=1}^{\infty} (-1)^n u_n$ 条件收敛.

（3）先求级数 $\sum\limits_{n=1}^{\infty} \frac{u_n}{n}$ 的和. 因为

$$u_n = \int_0^1 \frac{dt}{(1+t^4)^n} = \frac{t}{(1+t^4)^n}\bigg|_0^1 + n\int_0^1 \frac{4t^4}{(1+t^4)^{n+1}}dt = \frac{1}{2^n} + 4n\int_0^1 \frac{t^4}{(1+t^4)^{n+1}}dt$$

$$= \frac{1}{2^n} + 4n\int_0^1 \frac{1+t^4-1}{(1+t^4)^{n+1}}dt = \frac{1}{2^n} + 4n(u_n - u_{n+1}),$$

所以

$$\sum_{n=1}^{\infty} \frac{u_n}{n} = \sum_{n=1}^{\infty} \frac{1}{n \cdot 2^n} + 4\sum_{n=1}^{\infty} (u_n - u_{n+1}) = \sum_{n=1}^{\infty} \frac{1}{n \cdot 2^n} + 4u_1.$$

利用展开式 $\ln(1+x) = \sum\limits_{n=1}^{\infty} (-1)^{n-1} \frac{x^n}{n}$，取 $x = -\frac{1}{2}$，得 $\sum\limits_{n=1}^{\infty} \frac{1}{n \cdot 2^n} = \ln 2$.

而

$$u_1 = \int_0^1 \frac{dt}{1+t^4} = \frac{\sqrt{2}}{8}[\pi + 2\ln(1+\sqrt{2})],$$

因此 $\sum\limits_{n=1}^{\infty} \frac{u_n}{n} = \ln 2 + \frac{\sqrt{2}}{2}[\pi + 2\ln(1+\sqrt{2})]$.

最后，当 $p \geqslant 1$ 时，因为 $\frac{u_n}{n^p} \leqslant \frac{u_n}{n}$，且级数 $\sum\limits_{n=1}^{\infty} \frac{u_n}{n}$ 收敛，所以级数 $\sum\limits_{n=1}^{\infty} \frac{u_n}{n^p}$ 收敛.

第十三届全国大学生数学竞赛初赛试题

（非数学类，2021 年）

一、填空题（本题满分 30 分，每小题 6 分）

1. 极限 $\lim\limits_{x \to +\infty} \sqrt{x^2 + x + 1} \dfrac{x - \ln(e^x + x)}{x} =$ _____.

2. 设函数 $z = z(x,y)$ 是由方程 $2\sin(x + 2y - 3z) = x + 2y - 3z$ 所确定的二元隐函数，则 $\dfrac{\partial z}{\partial x} + \dfrac{\partial z}{\partial y} =$ _____.

3. 设函数 $f(x)$ 连续，且 $f(0) \neq 0$，则 $\lim\limits_{x \to 0} \dfrac{2\displaystyle\int_0^x (x-t)f(t)\,\mathrm{d}t}{x\displaystyle\int_0^x f(x-t)\,\mathrm{d}t} =$ _____.

4. 过三条直线 $L_1: \begin{cases} x = 0, \\ y - z = 2, \end{cases}$ $L_2: \begin{cases} x = 0, \\ x + y - z + 2 = 0 \end{cases}$ 与 $L_3: \begin{cases} x = \sqrt{2}, \\ y - z = 0 \end{cases}$ 的圆柱面方程为

_____.

5. 二重积分 $\displaystyle\iint_D \left(\sin x^2 \cos y^2 + x\sqrt{x^2 + y^2}\right)\mathrm{d}x\mathrm{d}y =$ _____，其中积分区域 $D = \{(x,y) \mid x^2 + y^2 \leqslant \pi\}$.

二、（本题满分 14 分）设 $x_1 = 2021$，$x_n^2 - 2(x_n + 1)x_{n+1} + 2\,021 = 0$（$n \geqslant 1$），证明数列 $\{x_n\}$ 收敛，并求极限 $\lim\limits_{n \to \infty} x_n$.

三、（本题满分 14 分）设 $f(x)$ 在 $[0, +\infty)$ 上是有界连续函数，求证：方程

$$y'' + 14y' + 13y = f(x)$$

的每一个解都在 $[0, +\infty)$ 上是有界函数.

四、（本题满分 14 分）对于 4 次齐次函数

$$f(x,y,z) = a_1 x^4 + a_2 y^4 + a_3 z^4 + 3a_4 x^2 y^2 + 3a_5 y^2 z^2 + 3a_6 x^2 z^2,$$

计算曲面积分 $\displaystyle\oiint_{\Sigma} f(x,y,z)\,\mathrm{d}S$，其中曲面 $\Sigma: x^2 + y^2 + z^2 = 1$.

五、（本题满分 14 分）设函数 $f(x)$ 在闭区间 $[a,b]$ 上有连续的二阶导数，试证明：

$$\lim_{n \to \infty} n^2 \left\{ \int_a^b f(x)\,\mathrm{d}x - \frac{b-a}{n}\sum_{k=1}^n f\left[a + \frac{2k-1}{2n}(b-a)\right] \right\} = \frac{(b-a)^2}{24}[f'(b) - f'(a)].$$

六、（本题满分 14 分）设 $\{a_n\}$ 与 $\{b_n\}$ 均为正实数列，满足：$a_1 = b_1 = 1$，且

$$b_n = a_n b_{n-1} - 2, n = 2, 3, \cdots,$$

又设 $\{b_n\}$ 为有界数列，证明级数 $\displaystyle\sum_{n=1}^\infty \frac{1}{a_1 a_2 \cdots a_n}$ 收敛，并求该级数的和.

参考答案

一、填空题（本题满分30分，每小题6分）

1. 极限 $\lim\limits_{x\to+\infty}\sqrt{x^2+x+1}\,\dfrac{x-\ln(\mathrm{e}^x+x)}{x}=$ _____.

解　$\lim\limits_{x\to+\infty}\sqrt{x^2+x+1}\,\dfrac{x-\ln(\mathrm{e}^x+x)}{x}=\lim\limits_{x\to+\infty}\sqrt{1+\dfrac{1}{x}+\dfrac{1}{x^2}}\,\ln\dfrac{\mathrm{e}^x}{\mathrm{e}^x+x}=0.$

2. 设函数 $z=z(x,y)$ 是由方程 $2\sin(x+2y-3z)=x+2y-3z$ 所确定的二元隐函数，则 $\dfrac{\partial z}{\partial x}+\dfrac{\partial z}{\partial y}=$ _____.

解　将方程两边分别关于 x 和 y 求偏导，得

$$\begin{cases}2\cos(x+2y-3z)\left(1-3\dfrac{\partial z}{\partial x}\right)=1-3\dfrac{\partial z}{\partial x},\\[2mm]2\cos(x+2y-3z)\left(2-3\dfrac{\partial z}{\partial y}\right)=2-3\dfrac{\partial z}{\partial y}.\end{cases}$$

按 $\cos(x+2y-3z)=\dfrac{1}{2}$ 和 $\cos(x+2y-3z)\neq\dfrac{1}{2}$ 两种情形，都可求得 $\begin{cases}\dfrac{\partial z}{\partial x}=\dfrac{1}{3},\\[2mm]\dfrac{\partial z}{\partial y}=\dfrac{2}{3}.\end{cases}$

因此 $\dfrac{\partial z}{\partial x}+\dfrac{\partial z}{\partial y}=1.$

3. 设函数 $f(x)$ 连续，且 $f(0)\neq0$，则 $\lim\limits_{x\to0}\dfrac{2\displaystyle\int_0^x(x-t)f(t)\,\mathrm{d}t}{x\displaystyle\int_0^x f(x-t)\,\mathrm{d}t}=$ _____.

解　原式 $=\lim\limits_{x\to0}\dfrac{2x\displaystyle\int_0^x f(t)\,\mathrm{d}t-2\displaystyle\int_0^x tf(t)\,\mathrm{d}t}{x\displaystyle\int_0^x f(u)\,\mathrm{d}u}=\lim\limits_{x\to0}\dfrac{2\displaystyle\int_0^x f(t)\,\mathrm{d}t+2xf(x)-2xf(x)}{\displaystyle\int_0^x f(u)\,\mathrm{d}u+xf(x)}$

$=\lim\limits_{x\to0}\dfrac{2\displaystyle\int_0^x f(t)\,\mathrm{d}t}{\displaystyle\int_0^x f(u)\,\mathrm{d}u+xf(x)}=\lim\limits_{x\to0}\dfrac{2xf(\xi)}{xf(\xi)+xf(x)}=1,$

其中 ξ 介于 $0,x$ 之间.

4. 过三条直线 $L_1:\begin{cases}x=0,\\y-z=2,\end{cases}$ $L_2:\begin{cases}x=0,\\x+y-z+2=0\end{cases}$ 与 $L_3:\begin{cases}x=\sqrt{2},\\y-z=0\end{cases}$ 的圆柱面方程为 _____.

解　三条直线的对称式方程分别为

$$L_1:\dfrac{x}{0}=\dfrac{y-1}{1}=\dfrac{z+1}{1},\ L_2:\dfrac{x}{0}=\dfrac{y-0}{1}=\dfrac{z-2}{1},\ L_3:\dfrac{x-\sqrt{2}}{0}=\dfrac{y-1}{1}=\dfrac{z-1}{1},$$

所以三条直线平行.

在直线 L_1 上取点 $P_1(0,1,-1)$，过该点作与三条直线都垂直的平面 $y+z=0$，分别交直线

L_2、L_3 于 $P_2(0,-1,1)$，$P_3(\sqrt{2},0,0)$ 两点. 易知经过这三点的圆的圆心为 $O(0,0,0)$. 这样，所求圆柱面的中心轴线方程为 $\dfrac{x}{0}=\dfrac{y}{1}=\dfrac{z}{1}$.

设圆柱面上任意点的坐标为 $Q(x,y,z)$，因为点 Q 到轴线的距离均为 $\sqrt{2}$，所以有

$$\frac{|(x,y,z)\times(0,1,1)|}{\sqrt{0^2+1^2+1^2}}=\sqrt{2}.$$

化简即得所求圆柱面的方程为 $2x^2+y^2+z^2-2yz=4$.

5. 二重积分 $\iint\limits_{D}(\sin x^2\cos y^2+x\sqrt{x^2+y^2})\mathrm{d}x\mathrm{d}y=$ _____ ，其中积分区域 $D=\{(x,y)\,|\,x^2+y^2\leqslant\pi\}$.

解 根据重积分的对称性，得

$$\text{原式}=\iint\limits_{D}\sin x^2\cos y^2\mathrm{d}x\mathrm{d}y=\iint\limits_{D}\sin y^2\cos x^2\mathrm{d}x\mathrm{d}y$$

$$=\frac{1}{2}\iint\limits_{D}(\sin x^2\cos y^2+\sin y^2\cos x^2)\mathrm{d}x\mathrm{d}y$$

$$=\frac{1}{2}\iint\limits_{D}\sin(x^2+y^2)\mathrm{d}x\mathrm{d}y=\frac{1}{2}\int_0^{2\pi}\mathrm{d}\theta\int_0^{\sqrt{\pi}}r\sin r^2\mathrm{d}r$$

$$=\frac{\pi}{2}(-\cos r^2)\Big|_0^{\sqrt{\pi}}=\pi.$$

二、(本题满分 14 分) 设 $x_1=2021,x_n^2-2(x_n+1)x_{n+1}+2021=0\ (n\geqslant1)$，证明数列 $\{x_n\}$ 收敛，并求极限 $\lim\limits_{n\to\infty}x_n$.

证明 记 $a=1011$，$y_n=1+x_n$，$f(x)=\dfrac{x}{2}+\dfrac{a}{x}\ (x>0)$，

则 $y_1=2a$，且 $y_{n+1}=f(y_n)\ (n\geqslant1)$.

易知当 $x>\sqrt{2a}$ 时，$x>f(x)>\sqrt{2a}$.

所以数列 $\{y_n\}$ 是单调减少且有下界的数列. 因而收敛.

由此可知数列 $\{x_n\}$ 收敛.

令 $\lim\limits_{n\to\infty}y_n=A$，则 $A>0$ 且 $A=f(A)$. 解得 $A=\sqrt{2a}$.

因此 $\lim\limits_{n\to\infty}x_n=\sqrt{2022}-1$.

三、(本题满分 14 分) 设 $f(x)$ 在 $[0,+\infty)$ 上是有界连续函数，求证：方程
$$y''+14y'+13y=f(x)$$
的每一个解都在 $[0,+\infty)$ 上是有界函数.

证明 易得对应的齐次方程 $y''+14y'+13y=0$ 的通解为
$$y=C_1\mathrm{e}^{-x}+C_2\mathrm{e}^{-13x}.$$

由 $y''+14y'+13y=f(x)$，得
$$(y''+y')+13(y'+y)=f(x).$$

令 $y_1=y'+y$，得 $y_1'+13y_1=f(x)$. 解得
$$y_1=\mathrm{e}^{-13x}\left(\int_0^x f(t)\mathrm{e}^{13t}\mathrm{d}t+C_3\right).$$

同理，由 $y'' + 14y' + 13y = f(x)$，得
$$(y'' + 13y') + (y' + 13y) = f(x).$$

令 $y_2 = y' + 13y$，得 $y'_2 + y_2 = f(x)$．解得
$$y_2 = \mathrm{e}^{-x}\left(\int_0^x f(t)\,\mathrm{e}^t\,\mathrm{d}t + C_4\right).$$

取 $C_3 = C_4 = 0$，得
$$\begin{cases} y' + y = \mathrm{e}^{-13x}\displaystyle\int_0^x f(t)\,\mathrm{e}^{13t}\,\mathrm{d}t, \\ y' + 13y = \mathrm{e}^{-x}\displaystyle\int_0^x f(t)\,\mathrm{e}^t\,\mathrm{d}t. \end{cases}$$
由此解得原方程的一个特解为
$$y^* = \frac{1}{12}\mathrm{e}^{-x}\int_0^x f(t)\,\mathrm{e}^t\,\mathrm{d}t - \frac{1}{12}\mathrm{e}^{-13x}\int_0^x f(t)\,\mathrm{e}^{13t}\,\mathrm{d}t.$$

因此，原方程的通解为
$$y = C_1\mathrm{e}^{-x} + C_2\mathrm{e}^{-13x} + \frac{1}{12}\mathrm{e}^{-x}\int_0^x f(t)\,\mathrm{e}^t\,\mathrm{d}t - \frac{1}{12}\mathrm{e}^{-13x}\int_0^x f(t)\,\mathrm{e}^{13t}\,\mathrm{d}t.$$

因为函数 $f(x)$ 在区间 $[0, +\infty)$ 上有界，所以存在 $M > 0$，使得 $|f(x)| \leq M$，$0 \leq x < +\infty$．
注意到当 $x \in [0, +\infty)$ 时，$0 < \mathrm{e}^{-x} \leq 1$，$0 < \mathrm{e}^{-13x} \leq 1$，所以
$$|y| \leq |C_1\mathrm{e}^{-x}| + |C_2\mathrm{e}^{-13x}| + \frac{1}{12}\mathrm{e}^{-x}\left|\int_0^x f(t)\,\mathrm{e}^t\,\mathrm{d}t\right| + \frac{1}{12}\mathrm{e}^{-13x}\left|\int_0^x f(t)\,\mathrm{e}^{13t}\,\mathrm{d}t\right|$$
$$\leq |C_1| + |C_2| + \frac{M}{12}\mathrm{e}^{-x}\int_0^x \mathrm{e}^t\,\mathrm{d}t + \frac{M}{12}\mathrm{e}^{-13x}\int_0^x \mathrm{e}^{13t}\,\mathrm{d}t$$
$$\leq |C_1| + |C_2| + \frac{M}{12}(1 - \mathrm{e}^{-x}) + \frac{M}{12 \times 13}(1 - \mathrm{e}^{-13x})$$
$$\leq |C_1| + |C_2| + \frac{M}{12} + \frac{M}{12 \times 13} = |C_1| + |C_2| + \frac{7M}{78}.$$

对于方程的每一个确定的解，常数是 C_1，C_2 固定的，所以原方程的每一个解都是有界的．

四、（本题满分 14 分）对于 4 次齐次函数
$$f(x,y,z) = a_1x^4 + a_2y^4 + a_3z^4 + 3a_4x^2y^2 + 3a_5y^2z^2 + 3a_6x^2z^2,$$
计算曲面积分 $\oiint\limits_{\Sigma} f(x,y,z)\,\mathrm{d}S$，其中曲面 Σ：$x^2 + y^2 + z^2 = 1$．

解　因为 $f(x,y,z)$ 为 4 次齐次函数，所以对任意 $t \in \mathbf{R}$，恒有
$$f(tx, ty, tz) = t^4 f(x,y,z).$$

对上式两边关于 t 求导，得
$$xf'_1(tx,ty,tz) + yf'_2(tx,ty,tz) + zf'_3(tx,ty,tz) = 4t^3 f(x,y,z).$$
取 $t = 1$，得
$$xf'_1(x,y,z) + yf'_y(x,y,z) + zf'_z(x,y,z) = 4f(x,y,z).$$

设曲面 Σ 上点 (x,y,z) 处的外法线方向的方向余弦为 $(\cos\alpha, \cos\beta, \cos\gamma)$，则
$$(\cos\alpha, \cos\beta, \cos\gamma) = (x,y,z).$$

因此

$$\oiint_{\Sigma} f(x,y,z)\,\mathrm{d}S = \frac{1}{4}\oiint_{\Sigma}\left[xf'_x(x,y,z) + yf'_y(x,y,z) + zf'_z(x,y,z)\right]\mathrm{d}S$$

$$= \frac{1}{4}\oiint_{\Sigma}\left[\cos\alpha f'_x(x,y,z) + \cos\beta f'_y(x,y,z) + \cos\gamma f'_z(x,y,z)\right]\mathrm{d}S$$

$$= \frac{1}{4}\oiint_{\Sigma} f'_x(x,y,z)\,\mathrm{d}y\mathrm{d}z + f'_y(x,y,z)\,\mathrm{d}z\mathrm{d}x + f'_z(x,y,z)\,\mathrm{d}x\mathrm{d}y$$

$$= \frac{1}{4}\iiint_{x^2+y^2+z^2\leqslant 1}\left[f''_{xx}(x,y,z) + f''_{yy}(x,y,z) + f''_{zz}(x,y,z)\right]\mathrm{d}x\mathrm{d}y\mathrm{d}z\ (\text{利用高斯公式})$$

$$= \frac{3}{2}\iiint_{x^2+y^2+z^2\leqslant 1}\left[x^2(2a_1+a_4+a_6) + y^2(2a_2+a_4+a_5) + z^2(2a_3+a_5+a_6)\right]\mathrm{d}x\mathrm{d}y\mathrm{d}z$$

（利用轮换对称性）

$$= \sum_{i=1}^{6} a_i\iiint_{x^2+y^2+z^2\leqslant 1}(x^2+y^2+z^2)\,\mathrm{d}x\mathrm{d}y\mathrm{d}z = \sum_{i=1}^{6} a_i\int_0^{2\pi}\mathrm{d}\theta\int_0^{\pi}\mathrm{d}\varphi\int_0^1 \rho^2\cdot\rho^2\sin\varphi\,\mathrm{d}\rho$$

$$= \frac{4\pi}{5}\sum_{i=1}^{6} a_i.$$

五、（本题满分 14 分）设函数 $f(x)$ 在闭区间 $[a,b]$ 上有连续的二阶导数，试证明：

$$\lim_{n\to\infty} n^2\left\{\int_a^b f(x)\,\mathrm{d}x - \frac{b-a}{n}\sum_{k=1}^{n} f\left[a + \frac{2k-1}{2n}(b-a)\right]\right\}$$

$$= \frac{(b-a)^2}{24}\left[f'(b) - f'(a)\right].$$

证明　记 $x_k = a + \dfrac{k(b-a)}{n}$, $\xi_k = a + \dfrac{(2k-1)(b-a)}{2n}$, $k = 1,2,\cdots,n.$

将函数 $f(x)$ 在区间 $[x_{k-1}, x_k]$ 上按泰勒公式展开，得

$$f(x) = f(\xi_k) + f'(\xi_k)(x-\xi_k) + \frac{f''(\eta_k)}{2}(x-\xi_k)^2,$$

其中 $x\in[x_{k-1}, x_k]$, η_k 介于 0 和 x 之间.

于是

$$B_n = \int_a^b f(x)\,\mathrm{d}x - \frac{b-a}{n}\sum_{k=1}^{n} f\left[a + \frac{2k-1}{2n}(b-a)\right]$$

$$= \sum_{k=1}^{n}\int_{x_{k-1}}^{x_k}\left[f(x) - f(\xi_k)\right]\mathrm{d}x$$

$$= \sum_{k=1}^{n}\int_{x_{k-1}}^{x_k}\left[f'(\xi_k)(x-\xi_k) + \frac{f''(\eta_k)}{2}(x-\xi_k)^2\right]\mathrm{d}x$$

$$= \frac{1}{2}\sum_{k=1}^{n}\int_{x_{k-1}}^{x_k} f''(\eta_k)(x-\xi_k)^2\,\mathrm{d}x.$$

设函数 $f''(x)$ 在区间 $[x_{k-1}, x_k]$ 上的最大值和最小值分别为 M_k, m_k, 因为

$$\int_{x_{k-1}}^{x_k}(x-\xi_k)^2\,\mathrm{d}x = \frac{(b-a)^3}{12n^3},$$

所以

$$\frac{(b-a)^2}{24}\sum_{k=1}^{n} m_k\frac{b-a}{n} \leqslant n^2 B_n \leqslant \frac{(b-a)^2}{24}\sum_{k=1}^{n} M_k\frac{b-a}{n}.$$

因为函数 $f''(x)$ 在区间 $[a,b]$ 上连续，所以函数 $f''(x)$ 在区间 $[a,b]$ 上可积.
根据定积分的定义及牛顿 – 莱布尼茨公式，得

$$\lim_{n\to\infty}\sum_{k=1}^{n}m_k\frac{b-a}{n}=\lim_{n\to\infty}\sum_{k=1}^{n}M_k\frac{b-a}{n}=\int_a^b f''(x)\,\mathrm{d}x=f'(b)-f'(a).$$

再根据夹逼准则，得

$$\lim_{n\to\infty}n^2 B_n=\frac{(b-a)^2}{24}[f'(b)-f'(a)].$$

六、（本题满分 14 分）设 $\{a_n\}$ 与 $\{b_n\}$ 均为正实数列，满足：$a_1=b_1=1$，且
$$b_n=a_n b_{n-1}-2,\ n=2,3,\cdots,$$

又设 $\{b_n\}$ 为有界数列，证明级数 $\displaystyle\sum_{n=1}^{\infty}\frac{1}{a_1 a_2\cdots a_n}$ 收敛，并求该级数的和.

证明 注意到 $a_1=b_1=1$，且 $a_n=\left(1+\dfrac{2}{b_n}\right)\dfrac{b_n}{b_{n-1}}$. 所以当 $n\geqslant 2$ 时，有

$$a_1 a_2\cdots a_n=\left(1+\frac{2}{b_2}\right)\left(1+\frac{2}{b_3}\right)\cdots\left(1+\frac{2}{b_n}\right)b_n.$$

由于数列 $\{b_n\}$ 有界，故存在 $M>0$，使得当 $n\geqslant 1$ 时，恒有 $0<b_n\leqslant M$. 因此

$$0<\frac{b_n}{a_1 a_2\cdots a_n}=\left(1+\frac{2}{b_2}\right)^{-1}\left(1+\frac{2}{b_3}\right)^{-1}\cdots\left(1+\frac{2}{b_n}\right)^{-1}\leqslant\left(1+\frac{2}{M}\right)^{-n+1}.$$

又 $\displaystyle\lim_{n\to\infty}\left(1+\frac{2}{M}\right)^{-n+1}=0$，则根据夹逼准则，有 $\displaystyle\lim_{n\to\infty}\frac{b_n}{a_1 a_2\cdots a_n}=0.$

考虑级数 $\displaystyle\sum_{n=1}^{\infty}\frac{1}{a_1 a_2\cdots a_n}$ 的部分和 S_n，当 $n\geqslant 2$ 时，有

$$\begin{aligned}
S_n&=\sum_{k=1}^{n}\frac{1}{a_1 a_2\cdots a_k}=\frac{1}{a_1}+\sum_{k=2}^{n}\frac{1}{a_1 a_2\cdots a_k}\cdot\frac{a_k b_{k-1}-b_k}{2}\\
&=1+\frac{1}{2}\sum_{k=2}^{n}\left(\frac{b_{k-1}}{a_1 a_2\cdots a_{k-1}}-\frac{b}{a_1 a_2\cdots a_k}\right)\\
&=\frac{3}{2}-\frac{b_n}{2a_1 a_2\cdots a_n}.
\end{aligned}$$

所以 $\displaystyle\lim_{n\to\infty}S_n=\frac{3}{2}$，这就证明了级数 $\displaystyle\sum_{n=1}^{\infty}\frac{1}{a_1 a_2\cdots a_n}$ 收敛，且其和为 $\dfrac{3}{2}$.

第十四届全国大学生数学竞赛初赛试题

（非数学类，2022 年）

一、填空题（本题满分 30 分，每小题 6 分）

1. 极限 $\lim\limits_{x \to 0} \dfrac{1 - \sqrt{1 - x^2}\cos x}{1 + x^2 - \cos^2 x} = $ _____.

2. 设 $f(x) = \begin{cases} 1, & x > 0, \\ 0, & x \leq 0, \end{cases}$ $g(x) = \begin{cases} x - 1, & x \geq 1, \\ 1 - x, & x < 1, \end{cases}$ 则复合函数 $f[g(x)]$ 的间断点为 $x = $ _____.

3. 极限 $\lim\limits_{x \to 1^-} (1 - x)^3 \sum\limits_{n=1}^{\infty} n^2 x^n = $ _____.

4. 微分方程 $\dfrac{\mathrm{d}y}{\mathrm{d}x} x \ln x \sin y + \cos y (1 - x \cos y) = 0$ 的通解为 _____.

5. 设积分区域为 $D = \left\{ (x, y) \,\middle|\, 0 \leq x + y \leq \dfrac{\pi}{2}, 0 \leq x - y \leq \dfrac{\pi}{2} \right\}$，则二重积分 $\iint\limits_{D} y \sin(x + y) \mathrm{d}x\mathrm{d}y = $ _____.

二、（本题满分 14 分）　记向量 $\overrightarrow{OA}$ 与向量 $\overrightarrow{OB}$ 的夹角为 α，$|\overrightarrow{OA}| = 1$，$|\overrightarrow{OB}| = 2$，$\overrightarrow{OP} = (1 - \lambda)\overrightarrow{OA}$，$\overrightarrow{OQ} = \lambda \overrightarrow{OB}$，$0 \leq \lambda \leq 1$.

（1）问当 λ 为何值时，$|\overrightarrow{PQ}|$ 取得最小值；

（2）设（1）中的 λ 满足 $0 < \lambda < \dfrac{1}{5}$，求夹角 α 的取值范围.

三、（本题满分 14 分）设函数 $f(x)$ 在 $(-1, 1)$ 上二阶可导，$f(0) = 1$，且当 $x \geq 0$ 时，$f(x) \geq 0$，$f'(x) \leq 0$，$f''(x) \leq f(x)$，证明：$f'(0) \geq -\sqrt{2}$.

四、（本题满分 14 分）证明：对任意正整数 n，恒有

$$\int_0^{\frac{\pi}{2}} x \left(\frac{\sin nx}{\sin x} \right)^4 \mathrm{d}x \leq \left(\frac{n^2}{4} - \frac{1}{8} \right) \pi^2.$$

五、（本题满分 14 分）设 $z = f(x, y)$ 是区域 $D = \{ (x, y) \mid 0 \leq x \leq 1, 0 \leq y \leq 1 \}$ 上的可微函数，$f(0, 0) = 0$，且 $\mathrm{d}z \big|_{(0,0)} = 3\mathrm{d}x + 2\mathrm{d}y$，求 $\lim\limits_{x \to 0^+} \dfrac{\displaystyle\int_0^{x^2} \mathrm{d}t \int_x^t f(t, u)\mathrm{d}u}{1 - \sqrt[4]{1 - x^4}}$.

六、（本题满分 14 分）设正项级数 $\sum\limits_{n=1}^{\infty} a_n$ 收敛，证明：存在收敛的正项级数 $\sum\limits_{n=1}^{\infty} b_n$，使得 $\lim\limits_{n \to \infty} \dfrac{a_n}{b_n} = 0$.

参考答案

一、填空题（本题满分 30 分，每小题 6 分）

1. 极限 $\lim\limits_{x\to 0}\dfrac{1-\sqrt{1-x^2}\cos x}{1+x^2-\cos^2 x}=$ _____.

解 利用洛必达法则，得

$$原式 = \lim_{x\to 0}\frac{\sqrt{1-x^2}\sin x+\dfrac{x\cos x}{\sqrt{1-x^2}}}{2x+2\cos x\sin x}=\lim_{x\to 0}\frac{\sqrt{1-x^2}\dfrac{\sin x}{x}+\dfrac{\cos x}{\sqrt{1-x^2}}}{2+2\dfrac{\sin x\cos x}{x}}=\frac{1}{2}.$$

2. 设 $f(x)=\begin{cases}1,x>0,\\0,x\le 0,\end{cases}$ $g(x)=\begin{cases}x-1,x\ge 1,\\1-x,x<1,\end{cases}$ 则复合函数 $f[g(x)]$ 的间断点为 $x=$

_____.

解 显然，$f[g(x)]=\begin{cases}1,g(x)>0,\\0,g(x)\le 0.\end{cases}$ 从而 $f[g(x)]=\begin{cases}1,x\ne 1,\\0,x=1.\end{cases}$

所以复合函数 $f[g(x)]$ 的唯一间断点为 $x=1$.

3. 极限 $\lim\limits_{x\to 1^-}(1-x)^3\sum\limits_{n=1}^{\infty}n^2x^n=$ _____.

解 易知级数 $\sum\limits_{n=1}^{\infty}n^2x^n$ 的和函数为 $\sum\limits_{n=1}^{\infty}n^2x^n=\dfrac{x^2+x}{(1-x)^3}$，$|x|<1$. 所以

$$\lim_{x\to 1^-}(1-x)^3\sum_{n=1}^{\infty}n^2x^n=\lim_{x\to 1^-}(x^2+x)=2.$$

4. 微分方程 $\dfrac{\mathrm{d}y}{\mathrm{d}x}x\ln x\sin y+\cos y(1-x\cos y)=0$ 的通解为 _____.

解 原方程等价于 $\dfrac{\mathrm{d}y}{\mathrm{d}x}\sin y+\dfrac{1}{x\ln x}\cos y=\dfrac{1}{\ln x}\cos^2 y$. 令 $u=\cos y$，则方程可化为 $\dfrac{\mathrm{d}u}{\mathrm{d}x}-\dfrac{1}{x\ln x}u=$

$-\dfrac{1}{\ln x}u^2$. 再令 $w=\dfrac{1}{u}$，则方程可进一步化为

$$\frac{\mathrm{d}w}{\mathrm{d}x}+\frac{1}{x\ln x}w=\frac{1}{\ln x}.$$

这是一阶线性微分方程，利用求解公式，得

$$w=\mathrm{e}^{-\int\frac{\mathrm{d}x}{x\ln x}}\left(\int\frac{1}{\ln x}\mathrm{e}^{\int\frac{\mathrm{d}x}{x\ln x}}\mathrm{d}x+C\right)=\frac{1}{\ln x}(x+C).$$

将变量 $w=\dfrac{1}{u}=\dfrac{1}{\cos y}$ 代回，得 $(x+C)\cos y=\ln x$.

5. 设积分区域为 $D=\left\{(x,y)\mid 0\le x+y\le\dfrac{\pi}{2},0\le x-y\le\dfrac{\pi}{2}\right\}$，则二重积分 $\iint\limits_{D}y\sin(x+$

$y)\mathrm{d}x\mathrm{d}y=$ _____.

解 （方法 1）利用三角公式，得 $\sin(x+y)=\sin x\cos y+\cos x\sin y$.
根据重积分的对称性，得

原式 $= 2\int_0^{\frac{\pi}{4}} y\sin y\,dy \int_y^{\frac{\pi}{2}-y} \cos x\,dx = 2\int_0^{\frac{\pi}{4}} y\sin y(\cos y - \sin y)\,dy$

$$= \int_0^{\frac{\pi}{4}} y\sin 2y\,dy + \int_0^{\frac{\pi}{4}} y\cos 2y\,dy - \int_0^{\frac{\pi}{4}} y\,dy$$

$$= \frac{1}{4} + \left(\frac{\pi}{8} - \frac{1}{4}\right) - \frac{\pi^2}{32} = \frac{\pi}{8} - \frac{\pi^2}{32}.$$

（方法 2）利用二元变量代换，令 $\begin{cases} u = x + y, \\ v = x - y, \end{cases}$ 则 $\begin{cases} x = \dfrac{1}{2}(u + v), \\ y = \dfrac{1}{2}(u - v). \end{cases}$

因为

$$J = \begin{vmatrix} \dfrac{\partial x}{\partial u} & \dfrac{\partial x}{\partial v} \\ \dfrac{\partial y}{\partial u} & \dfrac{\partial y}{\partial v} \end{vmatrix} = \begin{vmatrix} \dfrac{1}{2} & \dfrac{1}{2} \\ \dfrac{1}{2} & -\dfrac{1}{2} \end{vmatrix} = -\frac{1}{2},$$

所以

原式 $= \int_0^{\frac{\pi}{2}} \int_0^{\frac{\pi}{2}} \frac{1}{2}(u - v)\sin u\,|J|\,du\,dv$

$$= \frac{1}{4}\int_0^{\frac{\pi}{2}} dv \int_0^{\frac{\pi}{2}} u\sin u\,du - \frac{1}{4}\int_0^{\frac{\pi}{2}} v\,dv \int_0^{\frac{\pi}{2}} \sin u\,du$$

$$= \frac{1}{4} \times \frac{\pi}{2} \times 1 - \frac{1}{4} \times \frac{\pi^2}{8} \times 1 = \frac{\pi}{8} - \frac{\pi^2}{32}.$$

二、（本题满分 14 分） 记向量 $\overrightarrow{OA}$ 与向量 $\overrightarrow{OB}$ 的夹角为 α，$|OA| = 1$，$|OB| = 2$，$\overrightarrow{OP} = (1 - \lambda)\overrightarrow{OA}$，$\overrightarrow{OQ} = \lambda\overrightarrow{OB}$，$0 \le \lambda \le 1$.

（1）问当 λ 为何值时，$|\overrightarrow{PQ}|$ 取得最小值；

（2）设（1）中的 λ 满足 $0 < \lambda < \dfrac{1}{5}$，求夹角 α 的取值范围.

解 （1）注意到 $0 \le \alpha \le \pi$，根据余弦定理，得

$$f(\lambda) = |\overrightarrow{PQ}|^2 = (1 - \lambda)^2 + 4\lambda^2 - 4\lambda(1 - \lambda)\cos\alpha$$

$$= (5 + 4\cos\alpha)\lambda^2 - 2(1 + 2\cos\alpha)\lambda + 1$$

$$= (5 + 4\cos\alpha)\left(\lambda - \frac{1 + 2\cos\alpha}{5 + 4\cos\alpha}\right)^2 + 1 - \frac{(1 + 2\cos\alpha)^2}{5 + 4\cos\alpha}.$$

因此，当 $\lambda = \dfrac{1 + 2\cos\alpha}{5 + 4\cos\alpha}$ 时，$0 \le \lambda \le 1$，$|\overrightarrow{PQ}|$ 取得最小值.

（2）令 $y = \cos\alpha$，则函数 $\lambda = \dfrac{1 + 2y}{5 + 4y}$ 的反函数为 $g(\lambda) = -\dfrac{1}{2} \cdot \dfrac{5\lambda - 1}{2\lambda - 1}$. 易知函数 $g(\lambda)$ 在区间 $\left(0, \dfrac{1}{5}\right)$ 单调递增，其值域为 $\left(-\dfrac{1}{2}, 0\right)$. 所以 $-\dfrac{1}{2} < \cos\alpha < 0$. 注意到函数 $\cos\alpha$ 在区间 $[0, \pi]$ 上单调递减，解得 $\dfrac{\pi}{2} < \alpha < \dfrac{2\pi}{3}$，即夹角 α 的取值范围是 $\left(\dfrac{\pi}{2}, \dfrac{2\pi}{3}\right)$.

三、（本题满分 14 分）设函数 $f(x)$ 在 $(-1, 1)$ 上二阶可导，$f(0) = 1$，且当 $x \ge 0$ 时，$f(x) \ge 0$，$f'(x) \le 0$，$f''(x) \le f(x)$，证明：$f'(0) \ge -\sqrt{2}$.

证明　任取 $x \in (0,1)$，对函数 $f(x)$ 在区间 $[0,x]$ 上利用拉格朗日中值定理，得存在 $\xi \in (0,1)$，使得

$$f(x) - f(0) = xf'(\xi).$$

因为 $f(0) = 1$，$f(x) \geqslant 0 (x > 0)$，所以 $-\dfrac{1}{x} \leqslant f'(\xi) \leqslant 0$.

令 $F(x) = [f'(x)]^2 - [f(x)]^2$，则函数 $F(x)$ 在区间 $(0,1)$ 内可导，且

$$F'(x) = 2f'(x)[f''(x) - f(x)].$$

根据题设条件，知当 $x \geqslant 0$ 时，$f'(x) \leqslant 0$，$f''(x) \leqslant f(x)$. 所以 $F'(x) \geqslant 0$. 这表明函数 $F(x)$ 在区间 $[0,1)$ 上单调递增. 从而有 $F(\xi) \geqslant F(0)$. 可得

$$[f'(\xi)]^2 - [f'(0)]^2 \geqslant [f(\xi)]^2 - [f(0)]^2 \geqslant -1.$$

因此

$$[f'(0)]^2 \leqslant [f'(\xi)]^2 + 1 \leqslant 1 + \dfrac{1}{x^2}.$$

由于 $\lim\limits_{x \to 1^-} \left(1 + \dfrac{1}{x^2}\right) = 2$，因此，$[f'(0)]^2 \leqslant 2$. 从而有 $f'(0) \geqslant -\sqrt{2}$.

四、（本题满分 14 分）证明：对任意正整数 n，恒有

$$\int_0^{\frac{\pi}{2}} x \left(\dfrac{\sin nx}{\sin x}\right)^4 \mathrm{d}x \leqslant \left(\dfrac{n^2}{4} - \dfrac{1}{8}\right)\pi^2.$$

证明　先利用归纳法，易证：对 $n \geqslant 1$，$|\sin nx| \leqslant n\sin x \left(0 \leqslant x \leqslant \dfrac{\pi}{2}\right)$.

又 $|\sin nx| \leqslant 1$ 及 $\sin x \geqslant \dfrac{2}{\pi}x \left(0 \leqslant x \leqslant \dfrac{\pi}{2}\right)$，所以当 $n > 1$ 时，得

$$\int_0^{\frac{\pi}{2}} x \left(\dfrac{\sin nx}{\sin x}\right)^4 \mathrm{d}x = \int_0^{\frac{\pi}{2n}} x \left(\dfrac{\sin nx}{\sin x}\right)^4 \mathrm{d}x + \int_{\frac{\pi}{2n}}^{\frac{\pi}{2}} x \left(\dfrac{\sin nx}{\sin x}\right)^4 \mathrm{d}x$$

$$\leqslant n^4 \int_0^{\frac{\pi}{2n}} x \mathrm{d}x + \int_{\frac{\pi}{2n}}^{\frac{\pi}{2}} x \left(\dfrac{1}{\frac{2x}{\pi}}\right)^4 \mathrm{d}x$$

$$= \dfrac{n^4}{2}\left(\dfrac{\pi}{2n}\right)^2 + \dfrac{\pi^4}{16}\int_{\frac{\pi}{2n}}^{\frac{\pi}{2}} \dfrac{\mathrm{d}x}{x^3}.$$

$$= \dfrac{n^2\pi^2}{8} + \dfrac{\pi^4}{16} \left. \dfrac{1}{-2x^2}\right|_{\frac{\pi}{2n}}^{\frac{\pi}{2}}$$

$$= \dfrac{n^2\pi^2}{8} - \dfrac{\pi^4}{16}\left(\dfrac{2}{\pi^2} - \dfrac{2n^2}{\pi^2}\right) = \left(\dfrac{n^2}{4} - \dfrac{1}{8}\right)\pi^2.$$

当 $n = 1$ 时，$\int_0^{\frac{\pi}{2}} x \mathrm{d}x = \dfrac{\pi^2}{8}$，等号成立.

五、（本题满分 14 分）设 $z = f(x,y)$ 是区域 $D = \{(x,y) \mid 0 \leqslant x \leqslant 1, 0 \leqslant y \leqslant 1\}$ 上的可微函数，$f(0,0) = 0$，且 $\mathrm{d}z\Big|_{(0,0)} = 3\mathrm{d}x + 2\mathrm{d}y$，求 $\lim\limits_{x \to 0^+} \dfrac{\displaystyle\int_0^{x^2}\mathrm{d}t\int_x^{\sqrt{t}} f(t,u)\mathrm{d}u}{1 - \sqrt[4]{1 - x^4}}$.

解　交换二次积分的次序，得

$$\int_0^{x^2} \mathrm{d}t \int_x^{\sqrt{t}} f(t,u)\,\mathrm{d}u = -\int_0^x \mathrm{d}u \int_0^{u^2} f(t,u)\,\mathrm{d}t.$$

因为函数 $f(x,y)$ 在区域 D 上可微，所以函数 $f(x,y)$ 在点 $(0,0)$ 的半径为 1 的扇形区域内连续. 从而 $\varphi(u) = \int_0^{u^2} f(t,u)\,\mathrm{d}t$ 在 $u=0$ 的某邻域内连续. 因此

$$I = \lim_{x \to 0^+} \frac{\displaystyle\int_0^{x^2} \mathrm{d}t \int_x^{\sqrt{t}} f(t,u)\,\mathrm{d}u}{1 - \sqrt[4]{1-x^4}} = \lim_{x \to 0^+} \frac{-\displaystyle\int_0^x \varphi(u)\,\mathrm{d}u}{\dfrac{x^4}{4}}$$

$$= -\lim_{x \to 0^+} \frac{\varphi(x)}{x^3} = -\lim_{x \to 0^+} \frac{\displaystyle\int_0^{x^2} f(t,x)\,\mathrm{d}t}{x^3}$$

$$= -\lim_{x \to 0^+} \frac{f(\xi,x)x^2}{x^3} = -\lim_{x \to 0^+} \frac{f(\xi,x)}{x}\,(0 < \xi < x^2).$$

因为 $\mathrm{d}z \Big|_{(0,0)} = 3\mathrm{d}x + 2\mathrm{d}y$，所以 $f_x(0,0) = 3$，$f_y(0,0) = 2$.
又 $f(0,0) = 0$，于是

$$f(\xi,x) = f(0,0) + f_x(0,0)\xi + f_y(0,0)x + o\left(\sqrt{\xi^2 + x^2}\right)$$

$$= 3\xi + 2x + o\left(\sqrt{\xi^2 + x^2}\right).$$

注意到 $0 < \dfrac{\xi}{x} < x$，故由夹逼准则，知 $\lim_{x \to 0^+} \dfrac{\xi}{x} = 0$. 从而

$$\lim_{x \to 0^+} \frac{o\left(\sqrt{\xi^2 + x^2}\right)}{x} = \lim_{x \to 0^+} \frac{o\left(\sqrt{\xi^2 + x^2}\right)}{\sqrt{\xi^2 + x^2}} \sqrt{1 + \left(\frac{\xi}{x}\right)^2} = 0.$$

所以

$$I = -\lim_{x \to 0^+} \frac{f(\xi,x)}{x} = -\lim_{x \to 0^+} \frac{3\xi + 2x + o\left(\sqrt{\xi^2 + x^2}\right)}{x} = -2.$$

六、(本题满分 14 分) 设正项级数 $\sum_{n=1}^{\infty} a_n$ 收敛，证明：存在收敛的正项级数 $\sum_{n=1}^{\infty} b_n$，使得 $\lim_{n \to \infty} \dfrac{a_n}{b_n} = 0$.

证明 因为级数 $\sum_{n=1}^{\infty} a_n$ 收敛，所以对于任意 $\varepsilon > 0$，存在正整数 N，使得当 $n > N$ 时，$\sum_{k=n}^{\infty} a_k < \varepsilon$. 特别地，对 $k = 1,2,\cdots$，取 $\varepsilon = \dfrac{1}{3^k}$，则存在

$$1 < n_1 < n_2 < \cdots < n_{k-1} < n_k,$$

使得 $\sum_{l=n_k}^{\infty} a_l < \dfrac{1}{3^k}$.

构造数列 $\{b_n\}$ 如下：
当 $1 \leqslant n < n_1$ 时，$b_n = a_n$；当 $n_k \leqslant n < n_{k+1}$ 时，$b_n = 2^k a_n$（$k = 1,2,\cdots$）.
显然，当 $n \to \infty$ 时，$k \to \infty$，且

$$\lim_{n \to \infty} \frac{a_n}{b_n} = \lim_{k \to \infty} \frac{a_n}{2^k a_n} = \lim_{k \to \infty} \frac{1}{2^k} = 0.$$

此时有

$$\sum_{n=1}^{\infty} b_n = \sum_{n=1}^{n_1-1} a_n + \sum_{l=n_1}^{n_2-1} 2a_l + \sum_{l=n_2}^{n_3-1} 2^2 a_l + \cdots \leqslant \sum_{n=1}^{n_1-1} a_n + 2 \times \frac{1}{3} + 2^2 \times \left(\frac{1}{3}\right)^2 + \cdots$$

$$= \sum_{n=1}^{n_1-1} a_n + \sum_{k=1}^{\infty} \frac{2^k}{3^k} = \sum_{n=1}^{n_1-1} a_n + 2 < +\infty.$$

因此，正项级数 $\displaystyle\sum_{n=1}^{\infty} b_n$ 收敛.

实训自测题（一）

一、填空题（每小题 5 分）

1. 设积分区域 Ω 是由 $x^2 + y^2 + z^2 \leq 2z$ 与 $z \geq \sqrt{x^2 + y^2}$ 所确定的，则 $\iiint\limits_{\Omega} (x^2 + y^2 + z^2)\,\mathrm{d}V =$ _____.

2. 由曲线 $y = \dfrac{x^2}{2}$ 与直线 $x = 1$，$x = 2$，$y = -1$ 所围成的图形绕直线 $y = -1$ 旋转所得的旋转体的体积的定积分表达式是（不计算积分值）_____.

3. 设曲面 Σ 为立体 $0 \leq x \leq 1$，$0 \leq y \leq 1$，$0 \leq z \leq 1$ 的表面的外侧，则曲面积分 $\oiint\limits_{\Sigma} x\mathrm{d}y\mathrm{d}z + y\mathrm{d}z\mathrm{d}x + z\mathrm{d}x\mathrm{d}y =$ _____.

4. 设函数 $f(x)$ 是周期为 2 的周期函数，在区间 $(-1,1]$ 上的表达式为
$$f(x) = \begin{cases} 2, & -1 < x \leq 0, \\ x^3, & 0 < x \leq 1, \end{cases}$$
则函数 $f(x)$ 的傅里叶级数在 $x = 1$ 处收敛于_____.

5. 若 $x_n = \dfrac{(-2)^n + 3^n}{(-2)^{n+1} + 3^{n+1}}$，则 $\lim\limits_{n \to \infty} x_n =$ _____.

6. 设函数 $z = f(u,v)$ 具有二阶连续偏导数，且 $u = xy$，$v = x^2 + y^2$，则 $\dfrac{\partial^2 z}{\partial x \partial y} =$ _____.

二、解答下列各题（每小题 10 分）

1. 由曲线 $y = \dfrac{x^2}{2}$ 与直线 $x = 1$，$x = 2$，$y = -1$ 所围成的图形绕直线 $y = -1$ 旋转一周，求所得旋转体的体积.

2. 求两条异面直线 $L_1: \dfrac{x+1}{0} = \dfrac{y-1}{1} = \dfrac{z-2}{3}$ 与 $L_2: \dfrac{x-1}{1} = \dfrac{y}{2} = \dfrac{z+1}{2}$ 之间的距离.

3. 设曲面 Σ 为上半椭球面 $z = \sqrt{1 - \dfrac{x^2}{2} - \dfrac{y^2}{2}}$，点 $M(x,y,z)$ 为曲面 Σ 上的一点，平面 Π 为曲面 Σ 在点 M 处的切平面，$\rho(x,y,z)$ 为点 $(0,0,0)$ 到平面 Π 的距离，试计算曲面积分 $\iint\limits_{\Sigma} \dfrac{z\mathrm{d}S}{\rho(x,y,z)}$.

4. 求过点 $(1,2)$ 的曲线方程，使曲线上任意一点的横坐标与该点法线与 x 轴交点的横坐标之积等于该点的纵坐标的平方，其中 $x > 0$.

5. 设函数 $f(x)$ 连续，$\varphi(x) = \displaystyle\int_0^1 f(xt)\,\mathrm{d}t$，且 $\lim\limits_{x \to 0} \dfrac{f(x)}{x} = A$（$A$ 为常数），求 $\varphi'(x)$，并讨论 $\varphi'(x)$ 在 $x = 0$ 处的连续性.

6. 如图（z-1）所示，在区间 $[0,1]$ 上给出函数 $y = x^2$，当 t 取何值时，图中两直角曲边三角形的面积 S_1 与 S_2 之和最小？何时最大？

7. 设数列 $\{u_n\}$，$\{c_n\}$ 为正数列，求证：

（1）若数列 $\{u_n\}$，$\{c_n\}$ 满足：$c_n u_n - c_{n+1} u_{n+1} \leqslant 0$（$n = 1,2,\cdots$），且级数 $\sum\limits_{n=1}^{\infty} \dfrac{1}{c_n}$ 发散，则级数 $\sum\limits_{n=1}^{\infty} u_n$ 发散；

（2）若数列 $\{u_n\}$，$\{c_n\}$ 满足：$c_n \dfrac{u_n}{u_{n+1}} - c_{n+1} \geqslant a$（$n = 1, 2, \cdots$，常数 $a > 0$），且级数 $\sum\limits_{n=1}^{\infty} \dfrac{1}{c_n}$ 收敛，则级数 $\sum\limits_{n=1}^{\infty} u_n$ 收敛.

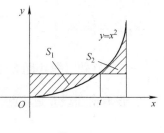

图　z-1

实训自测题（二）

一、填空题（每小题 5 分）

1. 设有向曲线 L 是从点 $A\left(1,\dfrac{1}{2}\right)$ 沿 $x^2 = 2y$ 到点 $B(2,2)$ 的弧段，则曲线积分 $\displaystyle\int_L \dfrac{2x}{y}\mathrm{d}x - \dfrac{x^2}{y^2}\mathrm{d}y$ 的值为_____.

2. 设曲面 Σ 为 $z = 1 - x^2 - y^2$ 在 $z \geq 0$ 部分的上侧，则 $\displaystyle\iint_{\Sigma} z\mathrm{d}x\mathrm{d}y$ 的值为_____.

3. 设函数 $f''(u)$ 连续，且 $n\displaystyle\int_0^1 xf''(2x)\mathrm{d}x = \int_0^2 tf''(t)\mathrm{d}t$，则 n 的值为_____.

4. 若函数 $f(x)$ 连续，且 $f(x) = x^2 + \displaystyle\int_0^2 f(x)\mathrm{d}x$，则 $f(x) = $ _____.

5. 若二元函数 $z = f(x,y)$ 在点 $(1,1)$ 处可微，且满足

$$f(1,1) = 1, \left.\dfrac{\partial f}{\partial x}\right|_{(1,1)} = 2, \left.\dfrac{\partial f}{\partial y}\right|_{(1,1)} = 3,$$

设 $\varphi(x) = f[x, f(x,x)]$，则 $\left.\dfrac{\mathrm{d}}{\mathrm{d}x}\varphi^3(x)\right|_{x=1} = $ _____.

6. 级数 $\displaystyle\sum_{n=1}^{\infty} \dfrac{1}{n \cdot 2^n}$ 的和为_____.

二、解答下列各题（每小题 10 分）

1. 设向量 $\boldsymbol{a} = (3, -5, 8)$，$\boldsymbol{b} = (-1, 1, z)$，试求常数 z，使
$$|\boldsymbol{a} + \boldsymbol{b}| = |\boldsymbol{a} - \boldsymbol{b}|.$$

2. 计算曲线积分
$$\int_L (2xy^3 - y^2\cos x)\mathrm{d}x + (x - 2y\sin x + 3x^2y^2)\mathrm{d}y,$$

其中曲线 L 为沿抛物线 $2x = \pi y^2$ 上从点 $(0,0)$ 到点 $\left(\dfrac{\pi}{2}, 1\right)$ 的一段弧.

3. 求证：当 a 是正常数，且 $0 < x < +\infty$，关于 x 的不等式
$$(x^2 - 2ax + 1)\mathrm{e}^{-x} < 1$$

成立.

4. 过椭圆 $\dfrac{x^2}{a^2} + \dfrac{y^2}{b^2} = 1$ 上的点 $M(x,y)$ 引切线，该切线与坐标轴围成一个三角形，求面积最小的三角形的面积.

5. 设函数 $f(x)$ 在区间 $(-1,1)$ 上具有二阶连续导数，且 $f''(x) \neq 0$，求证：（1）对任意 $x \in (-1,1)$ 且 $x \neq 0$，存在唯一的 $\theta(x) \in (0,1)$，使得
$$f(x) = f(0) + xf'[\theta(x)x]$$

成立；（2）$\lim\limits_{x\to 0}\theta(x) = \dfrac{1}{2}$.

6. 若级数 $\sum\limits_{n=1}^{\infty} a_n$，$\sum\limits_{n=1}^{\infty} b_n$ 都收敛，且 $a_n \leqslant c_n \leqslant b_n$，求证：级数 $\sum\limits_{n=1}^{\infty} c_n$ 收敛.

7. 设函数 $f(x)$ 和 $g(x)$ 在区间 $[a,b]$ 上连续，在区间 (a,b) 内可导，且

$$f(b) = f(a) = 0,$$

求证：在区间 (a,b) 内存在一点 ξ，使得 $f'(\xi) = 2f(\xi)g'(\xi)$.

实训自测题（三）

一、填空题（每小题 5 分）

1. 微分方程 $y'' - 3y' + 2y = 5$ 满足初始条件 $y(0) = 1$，$y'(0) = 2$ 的特解为_____．

2. 若 $\lim\limits_{x \to +\infty} \left(\dfrac{x+c}{x-c}\right)^x = \int_{-\infty}^{c} t\mathrm{e}^{2t}\mathrm{d}t$，则常数 $c = $_____．

3. 设 $z = z(x,y)$ 是由方程 $z^x = y^z$ 所确定的，则 $\mathrm{d}z = $_____．

4. 设曲面 Σ 的方程为 $z = \sqrt{x^2+y^2}$ 在 $0 \leqslant z \leqslant 1$ 之间部分的上侧，则曲面积分 $\iint\limits_{\Sigma} z\mathrm{d}y\mathrm{d}z = $_____．

5. 若 $\begin{cases} x = t\mathrm{e}^t, \\ \mathrm{e}^t + \mathrm{e}^y = 2, \end{cases}$ 则 $\dfrac{\mathrm{d}^2 y}{\mathrm{d}x^2}\Big|_{t=0} = $_____．

6. 设函数 $f(x,y)$ 为连续函数，改变二次积分
$$I = \int_0^2 \mathrm{d}y \int_{-\sqrt{y}}^{\sqrt{y}} f(x,y)\,\mathrm{d}x + \int_2^4 \mathrm{d}y \int_{-\sqrt{4-y}}^{\sqrt{4-y}} f(x,y)\,\mathrm{d}x$$
的积分次序，则 $I = $_____．

二、解答下列各题（每小题 10 分）

1. 求幂级数 $\sum\limits_{n=1}^{\infty} \dfrac{n}{(n+1)!} x^{n-1}$ 的和函数，并求级数 $\sum\limits_{n=1}^{\infty} \dfrac{n}{(n+1)!}$ 的和．

2. 在椭球面 $x^2 + 2y^2 + z^2 = 1$ 上求一点 P，使该点处的切平面与平面 $x - y + 2z = 0$ 平行，并写出该点处的切平面方程．

3. 计算三重积分 $\iiint\limits_{\Omega} (\sqrt{x^2+y^2} + z)\mathrm{d}V$，其中区域 Ω 为 $z = x^2 + y^2$ 及 $z = 1$，$z = 2$ 围成的立体．

4. 计算曲线积分 $\int_{\overparen{AMB}} [\varphi(y)\cos x - \pi y]\mathrm{d}x + [\varphi'(y)\sin x - \pi]\mathrm{d}y$，其中 $\overparen{AMB}$ 为连接点 $A(\pi, 2)$ 与 $B(3\pi, 4)$ 的线段 $\overline{AB}$ 下方的任意路径，且与线段 $\overline{AB}$ 围成图形的面积为 m．

5. 设抛物线 $y = x^2$ 上的点 $A(a, a^2)$ $(a \neq 0)$ 处的法线交该抛物线的另一点为 B，求线段 AB 的最短长度．

6. 设函数 $\varphi(u)$ 为正值连续函数．若
$$f(x) = \int_{-c}^{c} |x - u|\varphi(u)\mathrm{d}u \quad (-c < x < c, c > 0),$$
求证：函数 $y = f(x)$ 在区间 $[-c, c]$ 上是凹的．

7. 计算曲面积分
$$\iint\limits_{\Sigma} 2(1 - x^2)\mathrm{d}y\mathrm{d}z + 8xy\mathrm{d}z\mathrm{d}x - 4xz\mathrm{d}x\mathrm{d}y,$$
其中，曲面 Σ 是曲线 $\begin{cases} x = \mathrm{e}^y, \\ z = 0, \end{cases}$ $0 \leqslant y \leqslant a$ 绕 x 轴旋转一周而成的旋转曲面的外侧．

实训自测题（四）

一、填空题（每小题 5 分）

1. 设曲线 L 为圆周 $x^2 + y^2 = R^2$（$R > 0$）沿逆时针方向，则 $\oint_L y \mathrm{d}x$ 的值为_____.

2. 曲面 $\sqrt{x} + \sqrt{y} + \sqrt{z} = \sqrt{5}$ 上任意点 $M_0(x_0, y_0, z_0)$ 处的切平面在各坐标轴上的截距之和为_____.

3. 幂级数 $\displaystyle\sum_{n=1}^{\infty} \frac{(x+1)^n}{2^n \cdot n^2}$ 的收敛域为_____.

4. 微分方程 $\dfrac{\mathrm{d}y}{\mathrm{d}x} = (x+y)^2$ 的通解为_____.

5. 由 $y = 4 - x^2$（$x \geqslant 0$）与 x 轴、y 轴围成的图形绕直线 $x = 3$ 旋转一周所成旋转体的体积为_____.

6. 设 $a, b > 0$，则极限 $\displaystyle\lim_{x \to 0} \left(\frac{a^x + b^x}{2} \right)^{\frac{1}{x}} = $_____.

二、解答下列各题（每小题 10 分）

1. 计算 $\displaystyle\int_L \frac{x\mathrm{d}y - y\mathrm{d}x}{(x-y)^2}$，其中曲线 L 为从点 $A(0, -1)$ 到点 $B(1, 0)$ 的直线段.

2. 计算曲面积分 $\displaystyle\oiint_\Sigma x^2 \mathrm{d}y\mathrm{d}z + y^2 \mathrm{d}z\mathrm{d}x + z^2 \mathrm{d}x\mathrm{d}y$，其中曲面 Σ 是球面 $(x-a)^2 + (y-b)^2 + (z-c)^2 = R^2$ 的外侧.

3. 求证：当 $x > 0$ 时，$1 + x\ln(x + \sqrt{1+x^2}) > \sqrt{1+x^2}$.

4. 设 $F(t) = \displaystyle\iiint_{x^2+y^2+z^2 \leqslant t^2} f(x^2 + y^2 + z^2)\mathrm{d}x\mathrm{d}y\mathrm{d}z$，其中函数 $f(u)$ 为连续函数，$f'(0)$ 存在，且 $f(0) = 0$，$f'(0) = 1$，求极限 $\displaystyle\lim_{t \to 0^+} \frac{F(t)}{t^5}$.

5. 若函数 $f(x)$ 为区间（$-\infty$，$+\infty$）内的连续函数，且
$$F(x) = \int_0^x (x - 2t)f(t)\mathrm{d}t,$$
求证：

（1）当函数 $f(x)$ 为偶函数时，函数 $F(x)$ 为偶函数；

（2）当函数 $f(x)$ 为单调递减函数时，函数 $F(x)$ 为单调递增函数.

6. 设 $a_n > 0$，$b_n > 0$ 且 $\dfrac{a_{n+1}}{a_n} \leqslant \dfrac{b_{n+1}}{b_n}$（$n = 1, 2, \cdots$），求证：

（1）若级数 $\displaystyle\sum_{n=1}^{\infty} b_n$ 收敛，则级数 $\displaystyle\sum_{n=1}^{\infty} a_n$ 收敛；

（2）若级数 $\displaystyle\sum_{n=1}^{\infty} a_n$ 发散，则级数 $\displaystyle\sum_{n=1}^{\infty} b_n$ 发散.

7. 求连续函数 $y = f(x)$，使适合关系式
$$f(x) = x^3 + \int_1^x \frac{f(t)}{t}\mathrm{d}t \, (x > 0).$$

实训自测题（五）

一、填空题（每小题 5 分）

1. 设曲线 L 为 $|x| + |y| = 1$，取逆时针方向，则 $\oint_L \dfrac{y\mathrm{d}x - 2x\mathrm{d}y}{|x| + |y|} = $ _____.

2. 设区域 Ω 为 $z = 1 - x^2 - y^2$ 及 $z = 0$ 围成区域，则 $\iiint\limits_\Omega z\mathrm{d}V = $ _____.

3. 设 $z = f(u, v, w)$，而函数 f 具有一阶连续的偏导数，且函数 $u = \varphi(x, y)$ 的偏导数存在，函数 $v = \psi(x)$，$w = F(y)$ 均为可导函数，则 $\dfrac{\partial z}{\partial x} = $ _____.

4. 若函数 $f(x)$ 有任意阶导数，且 $f'(x) = [f(x)]^2$，则当 $n \geq 2$ 时，函数 $f(x)$ 的 n 阶导数 $f^{(n)}(x) = $ _____.

5. 若曲线 $\begin{cases} xyz = 2, \\ x - y - z = 0 \end{cases}$ 在点 $(2, 1, 1)$ 处的一个切向量与 z 轴正向成锐角，则此切向量与 y 轴正向的夹角 _____.

6. 计算 $\displaystyle\int \dfrac{\mathrm{d}x}{\sqrt{2e^{2x} + 2e^x + 1}} = $ _____.

二、解答下列各题（每小题 10 分）

1. 在曲线 $x = t$，$y = t^2$，$z = t^3$ 上求一点 P，使点 P 处的切线平行于平面 $x + 2y + z = 4$，并求出该点的切线方程.

2. 计算 $\iiint\limits_\Omega x^2 z\mathrm{d}V$，其中区域 Ω 由 $z = \sqrt{1 - x^2 - y^2}$ 与 $x^2 + y^2 = \dfrac{1}{3}z^2$ 围成.

3. 计算曲面积分 $\iint\limits_\Sigma 9xy\mathrm{d}y\mathrm{d}z + 2(1 - y^2)\mathrm{d}z\mathrm{d}x - 4yz\mathrm{d}x\mathrm{d}y$，其中曲面 Σ 是由曲线 $\begin{cases} z = \sqrt{y - 1}, \\ x = 0 \end{cases}$ $(1 \leq y \leq 3)$ 绕 y 轴旋转一周所得的曲面，其法向量与 y 轴正向的夹角不大于 $\dfrac{\pi}{2}$.

4. 曲线 $y = 2(x - 1)^2$ 在哪点处具有最小曲率半径？曲率半径是多少？

5. 设有幂级数 $\displaystyle\sum_{n=1}^\infty n^2 x^n$，求其收敛域及和函数.

6. 设函数 $\varphi(x)$ 在区间 $[0, +\infty]$ 内具有二阶连续导数，且 $\varphi(1) = 0$，$\varphi'(1) = 0$，又设在右半平面 $x > 0$ 上满足

$$[3x^3 - 2\varphi(x)]y\mathrm{d}x - [x^2\varphi'(x) + \sin y]\mathrm{d}y = 0$$

为一全微分方程，求函数 $\varphi(x)$，并求此全微分方程的通解.

7. 设函数 $f(x)$ 为区间 $[a, b]$ 上的连续函数，且 $f(x) \neq 0$，求证

$$\int_a^b f^2(x)\mathrm{d}x \cdot \int_a^b \dfrac{1}{f^2(x)}\mathrm{d}x \geq (b - a)^2.$$

［1］同济大学数学教研室. 高等数学［M］. 4 版. 北京：高等教育出版社，1996.

［2］教育部教育考试院. 全国硕士研究生招生考试数学考试大纲［M］. 北京：高等教育出版社，2022.

［3］张天德，窦慧，崔玉泉，等. 全国大学生数学竞赛辅导指南［M］. 北京：清华大学出版社，2014.

［4］龚漫奇. 高等数学习题课教程［M］. 北京：科学出版社，2001.

［5］王树忠. 高等数学方法与技巧［M］. 哈尔滨：东北林业大学出版社，1996.

［6］李文深. 高等数学习题课讲义［M］. 哈尔滨：东北林业大学出版社，1991.

［7］曹绳武，王振中，于远许，等. 高等数学习题集［M］. 大连：大连工学院出版社，1987.

［8］刘三阳. 高等数学典型题解析及自测试题［M］. 西安：西北工业大学出版社，2000.

［9］李心灿，季文铎，余仁胜，等. 大学生数学竞赛试题研究生入学考试难题解析选编［M］. 北京：机械工业出版社，2005.

［10］庄亚栋，方洪锦. 研究生入学考试基础数学试题选解［M］. 南京：江苏科学技术出版社，1986.